Office 2016 高级应用教程

张丽玮 编著

清華大學出版社

北京

内 容 简 介

本书全面介绍了Office 2016办公应用知识。全书分为20章，其中，第1章为Windows 10系统的基本操作；第2章为Office 2016基础入门；第3~9章为Word 2016应用；第10~14章为Excel 2016应用；第15~17章为PowerPoint 2016应用；第18、19章为Access 2016基础和应用；第20章为Visio 2016应用。

本书可以作为管理、财经、信息技术等专业的计算机基础性教材或教学参考书，也可以作为办公自动化培训教材以及自学考试相关科目的辅导读物，还可以供有志于学习Office实用技术、提高计算机操作技能的各方人士参考。

图书在版编目（CIP）数据

Office 2016高级应用教程 / 张丽玮编著 . —北京：清华大学出版社，2020.9
ISBN 978-7-302-56056-2

Ⅰ. ① O… Ⅱ. ①张… Ⅲ. ①办公自动化—应用软件—教材 Ⅳ. ① TP317.1

中国版本图书馆CIP数据核字(2020)第130609号

责任编辑：刘向威
封面设计：文　静
版式设计：方加青
责任校对：胡伟民
责任印制：丛怀宇

出版发行：清华大学出版社
　网　址：http://www.tup.com.cn，http://www.wqbook.com
　地　址：北京清华大学学研大厦A座　　**邮　编**：100084
　社 总 机：010-62770175　　**邮　购**：010-83470235
　投稿与读者服务：010-62776969，c-service@tup.tsinghua.edu.cn
　质 量 反 馈：010-62772015，zhiliang@tup.tsinghua.edu.cn
印 装 者：三河市铭诚印务有限公司
经　销：全国新华书店
开　本：185mm×260mm　　**印　张**：31.25　　**字　数**：765千字
版　次：2020年9月第1版　　**印　次**：2020年9月第1次印刷
印　数：1 ~ 1500
定　价：89.00元

产品编号：085841-01

前　言

随着计算机及信息技术的飞速发展，社会信息化不断向纵深发展，各行各业的信息化进程不断加速。用人单位对大学毕业生的计算机能力特别是办公处理能力提出了越来越高的要求，计算机水平成为衡量大学生业务素质与能力的突出标志。中小学计算机教育开始步入正轨，高校新生计算机知识的起点将会显著提高，但区域发展不平衡依然存在。为了顺应社会信息化进程的变化，在大学计算机基础教育中实施分级分类教学势在必行。本书在大学计算机基础教学的基础上强化工程训练，注重提高学生综合应用和处理复杂办公事务的能力，突出解决问题的方法分析与拓展，将趣味性与知识性结合，让学生能学以致用。

（1）本书说明

本书根据《全国计算机等级考试二级教程——MS Office 高级应用》编写而成，以案例为导向，针对 Office 2016 系列软件，深入浅出地介绍其高级应用知识和技能。全书分为软件基础、Word 应用、Excel 应用、PowerPoint 应用、Access 应用以及 Visio 应用六大部分，共 20 章。其中，软件基础部分介绍 Windows 10 系统软件和 Office 2016 应用软件的界面组成、窗口操作以及帮助中心使用等知识；Word 应用部分介绍 Word 2016 有关基础界面与文档创建、文档编辑、页面设置与打印、表格的创建和编辑、图文混排，以及文档高级排版等知识与应用；Excel 部分介绍 Excel 2016 有关基础界面、文本与数据的输入、工作表的编辑与打印、Excel 公式与函数、图表、数据透视表 / 图、迷你图、数据分析处理工具以及 Excel 宏等应用；PowerPoint 应用部分介绍了 PowerPoint 2016 有关基础界面窗口、演示文稿的创建与编辑、幻灯片的编辑、各种多媒体对象的插入与设计，以及演示文稿的放映设置等应用；Access 应用部分主要介绍数据库的基本概念，Access 2016 操作界面与基本术语，创建数据库的方法，创建数据表、查询以及窗体的方法，数据库的备份、压缩、修复以及加密等知识与应用；Visio 应用部分介绍 Visio 2016 的绘图环境、如何创建绘图以及调整绘图的属性及格式等应用。

（2）学习指南

本书主要针对大学计算机基础的提高班，对计算机系统基础有关知识点仅作简单介绍，重点是应用 Office 2016 系列软件对完成各种办公处理的任务提出比较明晰的思路，通过案例问题的解决和任务的完成，提高学生从实际中提出问题并解决问题的能力。老师在教学中可选择与学生紧密相关的任务进行，也可以结合学生的专业与兴趣，通过设计一些与专业性相关的任务满足学生的个性需求。老师主要给出解决问题的思路和方法，以学生自主上机学习实践为主，以提交作品作为平时的考核方式。也可以几个同学一起担任不同角色共同完成一个主题实践活动，全面培养学生的团队合作能力、学习能力、应用能力以及创新能力。

（3）面向对象

本书可以作为管理、财经、信息技术等专业的计算机基础性教材或教学参考书，也可以作为办公自动化培训教材以及自学考试相关科目的辅导读物，还可供学习 Office 实用技术、计算机操作技能的各方人士参考。

本书由首都经济贸易大学管理工程学院计算机基础课程管理组策划，张丽玮编著。在此感谢周晓磊、卢山等同事对本书的指导。

因时间仓促和水平有限，书中难免有疏漏和不足之处，欢迎广大读者批评指正。

编　者

2020 年 4 月

目　录

第 1 章 Windows 10系统基本操作

Windows 10 是微软公司在 Windows Vista 的基础上开发的，沿用了 Windows Vista 的所有优点，是具有革命性变化的视窗操作系统。该系统旨在让人们日常计算机的操作更加简单和快捷，为人们提供高效易行的工作环境。

Windows 10 界面的响应速度更快，方便用户访问最常用的文件。Windows 10 系统提供对 Microsoft Office 2016 的全面支持。与以前的版本相比，Windows 10 新增更快捷的方式来管理多个打开的窗口。使用 Windows 搜索可以方便地定位和打开 PC 上的几乎任何文件，包括文档、电子邮件和音乐等。Windows 10 更可靠安全，而且用户可以对他们的安全设置和警报数目进行更多的设置，以减少中断次数。微软公司还提供了多个不同的 Windows 10 版本来满足多种用户的需求，如 Windows 10 家庭高级版、Windows 10 专业版、Windows 10 旗舰版以及 Windows 10 简易版等。

内容提要

本章主要介绍 Windows 10 操作系统的基本操作和常用功能，包括 Windows 10 的启动与退出、桌面的组成、“开始”菜单的设置、对话框与窗口的基本操作以及使用帮助中心等知识。重点是掌握 Windows 10 系统的基本操作，为进一步学习和应用计算机奠定坚实的基础。

重要知识点

- Windows 10 的桌面组成及设置
- “开始”菜单的使用
- 对话框与窗口的基本操作
- Windows 10 帮助中心的使用

1.1 Windows 10 的启动与退出

启动与退出 Windows 10 是操作计算机的第一步，掌握启动与退出 Windows 10 的正确方法，能起到保护计算机和延长计算机寿命的作用。

1.1.1 启动Windows 10

启动 Windows 10 操作系统的具体操作步骤如下。

【1】按下显示器和主机箱上的 Power 键，系统将开始启动。

【2】在启动过程中，Windows 10 会进行自检、初始化硬件设备，如果系统运行正常，则无须进行其他任何操作。依据系统软硬件条件的不同，开机所用的事件也会有所不同。

【3】如果没有对用户账户进行任何设置，则系统将直接登录 Windows 10 操作系统；如果设置了用户密码，则在“密码”文本框中输入登录密码，然后单击 Enter 键，便可登录 Windows 10 操作系统，如图 1-1 所示。

图 1-1 Windows 10 操作系统

1.1.2 关机退出Windows 10

使用 Windows 10 完成所有的操作后，可关机退出 Windows 10，退出时应采取正确的方法，否则可能使系统文件丢失或出现错误。关机退出 Windows 10 的操作步骤如下。

【1】单击 Windows 10 工作界面左下角的“开始”按钮，弹出“开始”菜单，如图 1-2 所示。

【2】单击“关机”按钮，选择“关机”选项，计算机自动保存文件和设置后退出 Windows 10 系统。

【3】关闭显示器和其他外部设备的电源。

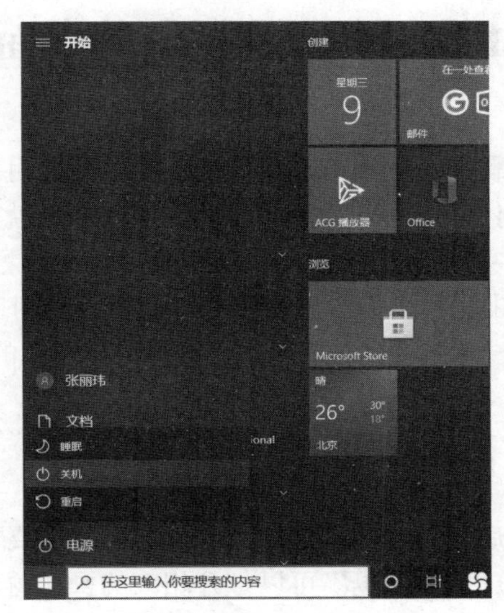

图 1-2　关机退出 Windows 10 操作系统

1.1.3　系统睡眠与重新启动

“睡眠”是操作系统的一种节能状态，“重新启动”则是在使用计算机的过程中遇到某些故障时，让系统自动修复故障并重新启动计算机的操作。

1. 系统睡眠

在进入“睡眠”状态时，Windows 10 会自动保存当前打开的文档和程序中的数据，并且使 CPU、硬盘和光驱等设备处于低能耗状态，从而达到节能省电的目的。按键盘上的任意键，计算机就会恢复到“睡眠”前的工作状态。进入“睡眠”状态的操作步骤如下。

【1】单击 Windows 10 工作界面左下角的“开始”按钮，弹出“开始”菜单。

【2】单击“电源”按钮，在弹出的菜单列表中选择“睡眠”命令，如图 1-3 所示，计算机即可进入睡眠状态。

图 1-3　选择“睡眠”命令

2. 重新启动

重新启动是指将打开的程序全部关闭并退出 Windows 10，然后计算机立即自动启动并进入 Windows 10 的过程。其操作步骤与系统“睡眠”非常类似，在图 1-3 所示的菜单列表中选择“重启”命令即可。

1.2 Windows 10 的桌面

Windows 10 的桌面是最基本的操作界面，也是用户最常用的操作界面。按下主机箱上的 Power 键，启动并登录到 Windows 10 后，看到的整个屏幕就是“桌面”。桌面是用户和计算机交流的窗口，主要由桌面、任务栏和“开始”菜单组成。桌面上排列了系统建立的“计算机”“回收站”等系统图标，用户还可以在桌面上添加常用应用程序启动快捷方式、创建文件和文件夹等。下面将主要介绍 Windows 10 桌面中各元素的作用及其相应的操作方法。

1.2.1 认识Windows 10的桌面

启动进入 Windows 10 后，出现的桌面如图 1-4 所示，主要包括桌面图标、桌面背景、任务栏和“开始”菜单。通过“桌面图标”可以打开相应的操作窗口或应用程序；“桌面背景”可以丰富桌面内容，增强用户的操作体验，但对操作系统没有实质性的作用；通过“任务栏”可以进行打开应用程序和管理窗口等操作；“开始”菜单提供了程序的快捷方式列表以及系统控制等功能。

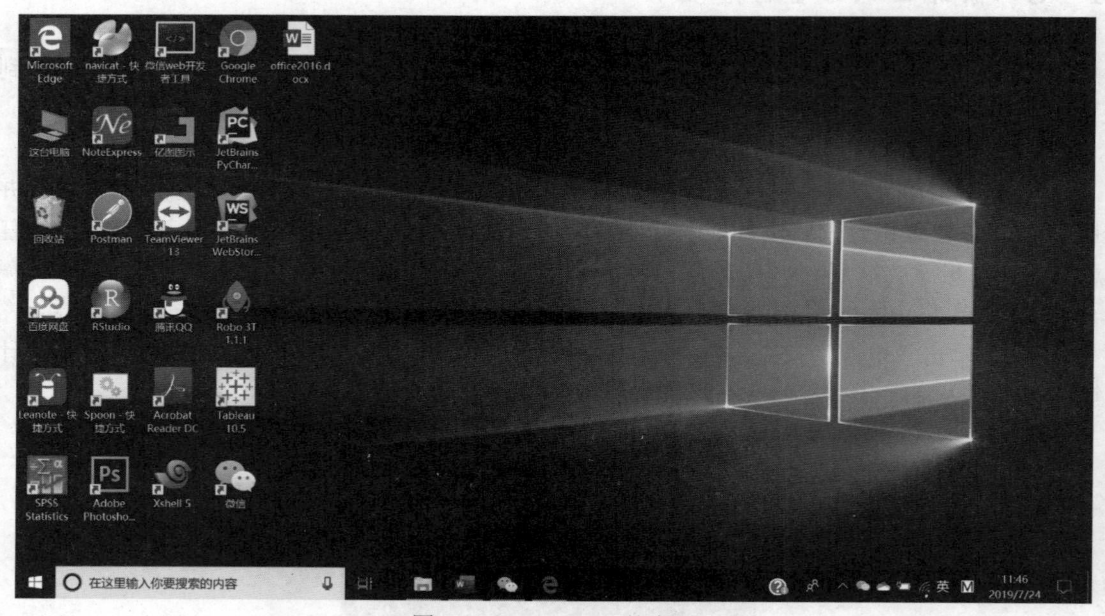

图 1-4　Windows 10 的桌面

1.2.2 桌面图标

桌面图标主要包括系统图标和快捷图标两大类，如图 1-5 所示。其中，系统图标是与系统进行相关操作的图标，如“计算机”“回收站”等；快捷图标是应用程序的快捷启动方式，其主要特征是图标左下角有一个小箭头标识，双击快捷图标可以快速启动相应的应用程序，如“腾讯 QQ”。

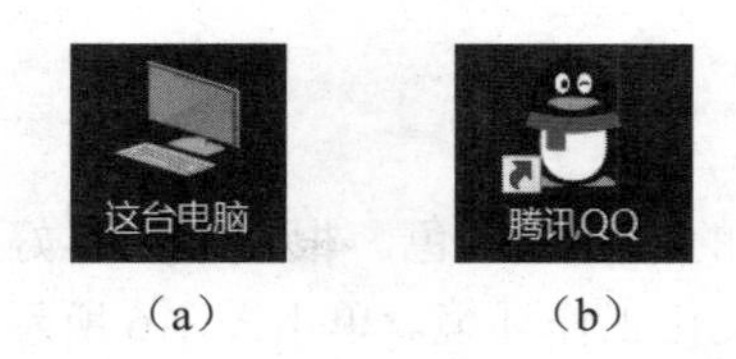

（a）　（b）

图 1-5　系统图标（a）与快捷图标（b）

1. 添加系统图标

刚安装完 Windows 10 系统时，桌面上只有一个“回收站”系统图标，为了提高使用计算机时各项操作的速度，可以根据需要添加系统图标。具体操作步骤如下。

【1】在桌面空白处右击，从弹出的快捷菜单中选择“个性化”命令，打开“个性化”窗口，如图 1-6 所示。

【2】单击导航窗口中的“主题”选项，在右侧窗口中“相关的设置”栏下单击“桌面图标设置”选项，打开“桌面图标设置”对话框，如图 1-7 所示。

【3】选中要添加到桌面上的图标所对应的复选框，这里选中“计算机”“控制面板”以及“网络”复选框。

【4】单击“确定”按钮，完成添加“计算机”“控制面板”以及“网络”图标的操作。

2. 添加快捷图标

如果需要添加文件或应用程序的桌面快捷方式，只需要选中目标文件右击，在弹出的快捷菜单中选择“发送到”命令，再在弹出的子菜单中选择“桌面快捷方式”命令，即可将相应的快捷图标添加到桌面。

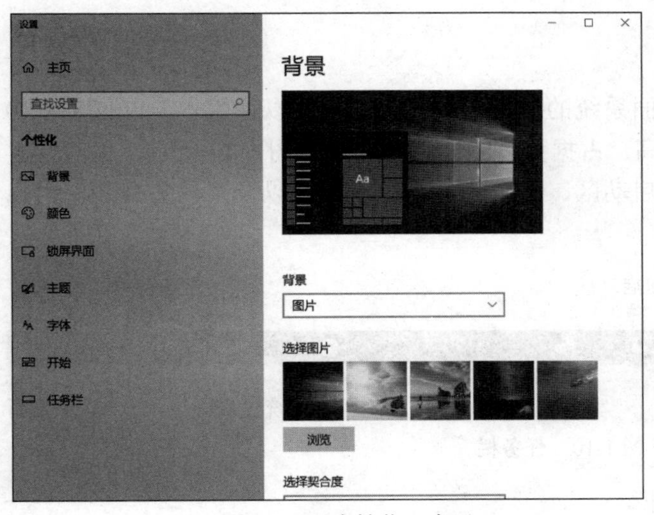

图 1-6　“个性化”窗口

图 1-7　“桌面图标设置”对话框

3. 删除桌面图标

如果桌面上的图标过多，可以根据需要将桌面上的一些图标删除。删除图标的方法是，右击需要删除的图标，在弹出的快捷菜单中选择“删除”命令；或将鼠标光标移动到需要删除的桌面图标上，按住鼠标左键不放，将该图标拖动至“回收站”图标上，当出现“移动到回收站”字样时释放鼠标左键，如图 1-8 所示，即可删除该桌面图标。

图 1-8　拖动 Word 文档到“回收站”

1.2.3 桌面背景

桌面背景是指应用于桌面的图片或颜色。根据个人喜好可以将喜欢的图片或颜色设置为桌面背景，丰富桌面内容，美化工作环境。单击图 1-6 所示的“个性化”窗口中的“背景”选项，在右侧窗口中就可以选择并设置喜欢的各种背景图片，如图 1-9 所示。

图 1-9　选择桌面背景

1.2.4 任务栏

任务栏处于桌面的最下方，是桌面系统的重要组成部分。相比以往版本，Windows 10 的任务栏有了较大变化，其任务栏更高，占据更多的屏幕空间，如图 1-10 所示。任务栏主要包括“开始”菜单、搜索框、快速启动区、语言栏、系统提示区以及“任务视图”“显示桌面”按钮等部分。

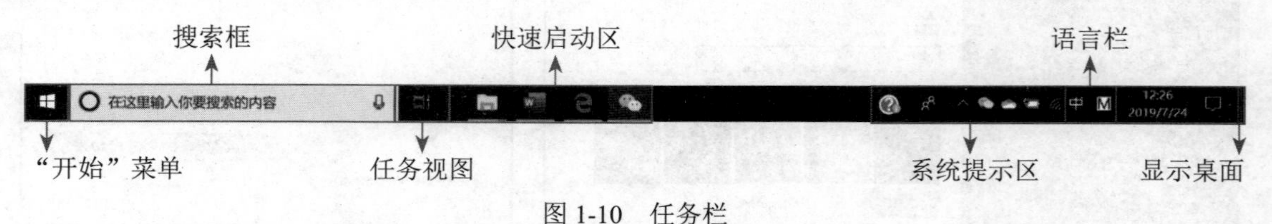

图 1-10　任务栏

任务栏各组成部分的作用介绍如下。

【1】“开始”按钮：单击该按钮会弹出“开始”菜单，将显示 Windows 10 中各种程序选项，单击其中的任意选项可启动对应的系统程序或应用程序。

【2】搜索框：Windows 10 将搜索栏从“开始”菜单内移动到任务栏，方便了用户的使用，只需在搜索框中输入需要查找的内容或对象，便能够迅速地查找到该内容或对象，同时支持语音功能。

如搜索“计算器”程序，在“在这里输入你要搜索的内容”搜索框中输入“计算器”，如图 1-11（a）所示。刚输入内容时系统就立即开始搜索，随着输入的关键字越来越完整，符合条件的内容会越来越少。在输入完成后，显示内容只剩下“计算器”程序，如图 1-11（b）所示。按键盘上的 Enter 键即可启动“计算器”应用程序。

【3】快速启动区：用于显示当前打开程序窗口对应的图标，使用该图标可以进行还原窗口到桌面、切换和关闭窗口等操作，用鼠标拖动这些图标可以改变它们的排列顺序。右击图标，可以打开其跳转列表，显示出其最近使用记录，旧历史记录会随新记录的增多而消失。

【4】任务视图：单击该按钮可以平铺形式显示当前正在运行的任务，同时还可以显示以前的历史任务，选择任务可进行快速跳转。

【5】语言栏：输入文本内容时，在语言栏中进行选择和设置输入法等操作。

【6】系统提示区：用于显示“系统音量”“网络”“电源”以及“时钟”等一些正在运行的应用程序的图标，单击相应按钮可以看到被隐藏的其他活动图标。

【7】“显示桌面”按钮：单击该按钮可以在当前打开的窗口和桌面之间进行切换。

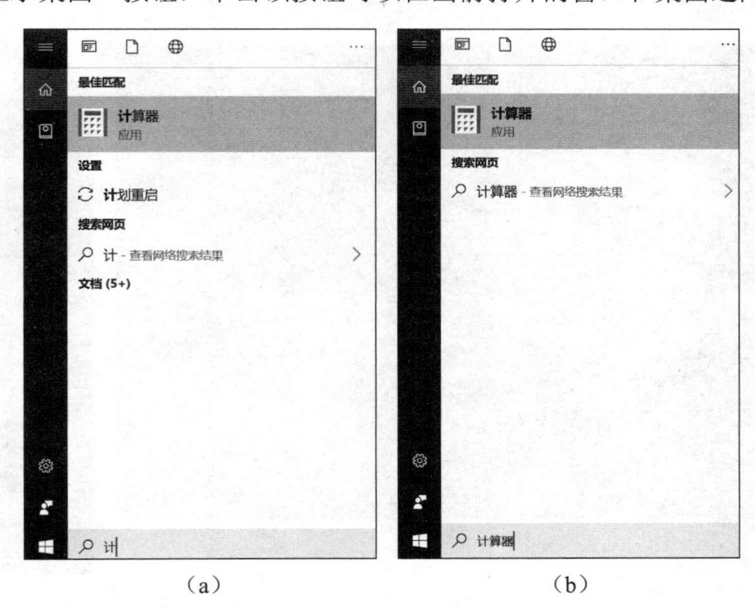

图 1-11　开始输入搜索项（a）与输入完整的搜索项后（b）

1.3　“开始”菜单

Windows 10 的“开始”菜单按钮采用具有 Windows 标志的按钮。“开始”菜单在原来的基础上做了很大改进，使用起来非常方便。

1.3.1　认识“开始”菜单

“开始”菜单是 Windows 运行应用程序的重要途径之一。单击任务栏左侧的“开始”按钮，将打开“开始”菜单。Windows 10 的“开始”菜单主要由“固定程序”列表、“常用程序”列表、“所有程序”列表和系统控制区组成，如图 1-12 所示。

“固定程序”以磁贴的形式展示出了用户自己常使用的应用程序的快捷方式；“常用程序”快捷方式列表中列出了用户最近常用的一些应用程序。通过“固定程序”和“常用程序”快捷方式列表可以快速启动常用的程序，用户还可以根据实际使用情况自行添加或删除这两个列表中的程序，并设置列表中程序显示的数目。“所有程序”列表集合了计算机中所有的程序，并按拼音顺序排列，使用 Windows 10 的“所有程序”菜单寻找某个程序时，不会产生凌乱的感觉。

在该菜单中选择某个选项，如选择 Java 选项，打开该选项下的二级菜单，该二级菜单由 Java 选项包含的所有程序组成，如图 1-13 所示。选择某个程序选项，即可启动该程序。

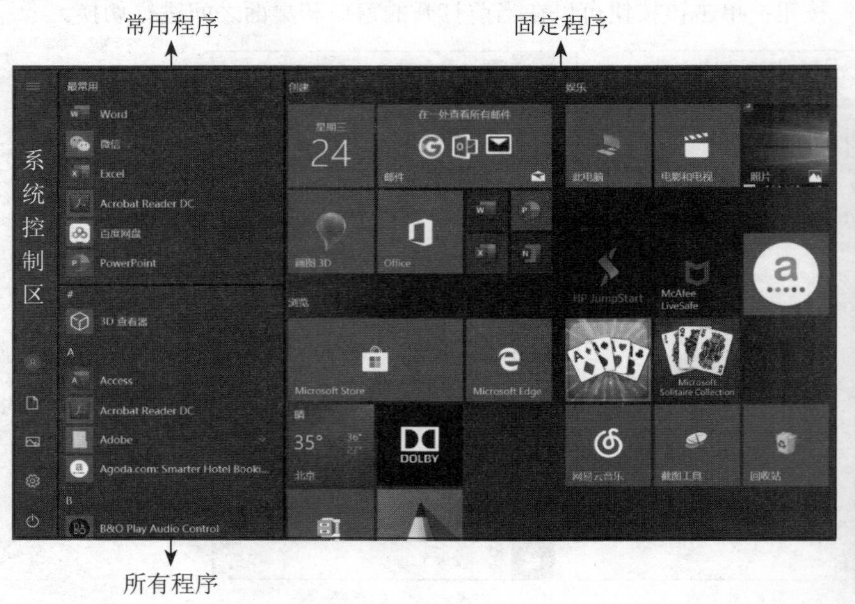

图 1-12 “开始”菜单

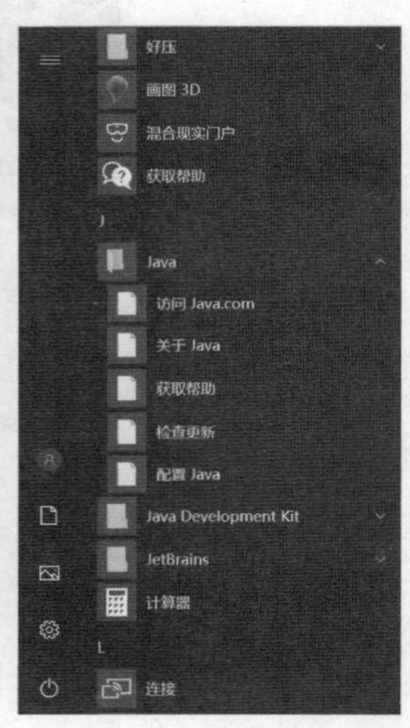

图 1-13 Java 选项中的程序

1.3.2 系统控制区

“开始”菜单最左侧是 Windows 的系统控制区。包括“用户”“文档”“图片”“设置”和“电源”等选项，选择这些选项可以快速打开对应的窗口。

1.4 Windows 10 中的对话框

Windows 10 中的对话框与 Windows 其他系列的对话框相比，外观和颜色都发生了变化，整体更加简洁。Windows 10 中的对话框提供了更多的相应信息和操作提示，使操作更准确。

选择某些命令后做进一步设置，将打开相应的对话框，其中包含了不同类型的控件元素，且不同的控件元素可实现不同的功能。“任务栏”与“开始”菜单的属性设置都可以在“个性化”菜单中找到，如图 1-14 与图 1-15 所示分别为“开始”界面和单击“选择哪些文件夹显示在‘开始’菜单上”链接后打开的对话框。

大部分操作都通过开关选项按钮进行，有“开”与“关”两种状态，单击即可改变状态，从而对“任务栏”与“开始”菜单进行设置。

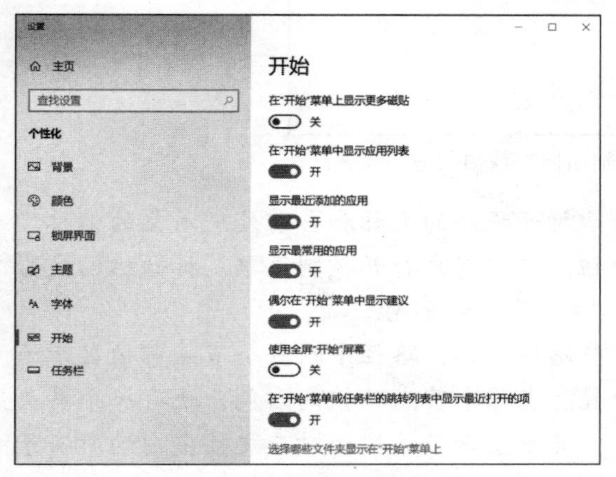

图 1-14　属性对话框

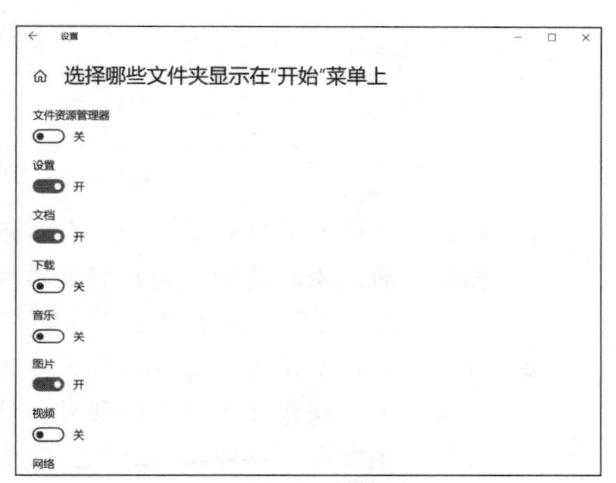

图 1-15　“开始”菜单显示对话框

1.5　操作窗口

Windows 采用图形化用户界面方式，其应用程序的基本工作方式都是“窗口”方式。通常，只要是右上方包含“最小化”“最大化 / 还原”“关闭”按钮的人机交互界面都可以称为窗口。窗口操作不需要记忆烦琐的命令或格式，通过鼠标选择或拖曳即可完成。

1.5.1　认识 Windows 10 窗口的构成

窗口一般被分为系统窗口和应用程序窗口，系统窗口指“计算机”窗口、“控制面板”窗口等 Windows 10 自身的各种窗口，主要由标题栏、地址栏、搜索框、菜单栏和内容窗口等部分组成；应用程序窗口则根据程序和功能的不同与系统窗口有所差别，但其组成部分大致相同。以 Windows 10 的“控制面板”窗口为例，如图 1-16 所示，介绍窗口的主要组成部分及其作用。

图 1-16 “控制面板”窗口

- 标题栏：位于窗口的最上方，主要显示打开程序的名称和当前处理对象的名称。标题栏的最左端是窗口的控制菜单按钮，单击它会打开控制菜单。标题栏的最右端是“最大化”“最小化”“还原”“关闭”命令按钮。
- 地址栏：用于显示当前访问位置的完整路径信息，路径中的每个节点都被显示为按钮，单击按钮可快速跳转到对应位置。在每个节点按钮的右侧，还有一个箭头按钮，单击后可以弹出一个下拉列表，其中显示了该按钮对应文件夹内的所有子文件夹。通过使用地址栏，可以快速导航到某一位置。
- 搜索框：位于地址栏的右侧，在这里可对当前位置的内容进行搜索。搜索时，在某个窗口或文件夹中输入搜索内容，表示只在该窗口或文件夹中搜索相应内容，而不是对整个计算机中的资源进行搜索。在搜索框中输入关键字时，搜索就开始进行了，随着输入的关键字越来越完整，符合条件的内容也将越来越少，直到搜索出完全符合条件的内容为止。这种在输入关键字的同时就进行搜索的方式称为“动态搜索功能”。
- 菜单栏：位于标题的下方，包含了所有可执行的命令。通过选择菜单中列出的命令，即可执行相应的操作。
- 内容窗口：不同对象的内容窗口中的内容差异较大，主要用于显示操作对象或执行某项操作后显示的内容。Word 内容窗口显示当前编辑的文档，而“资源管理器”内容窗口则以两个窗口联动的形式分别显示文件夹树和文件夹内容。当窗口内容过多显示不下时，窗口右侧或下方可以出现垂直滚动条或水平滚动条，通过拖动滚动条可查看其他未显示的内容。

1.5.2 Windows 10窗口的操作

传统的窗口操作主要有以下几种。

最小化：单击窗口标题栏右边的“最小化”按钮，或是单击窗口标题栏最左端的控制菜单按钮，在弹出的控制菜单中选择“最小化”命令；还可以右击窗口标题栏，在弹出的快捷菜单中选择“最小化”命令，均可以将窗口最小化，使窗口缩小为 Windows 桌面上任务栏中的图标。

最大化：单击窗口标题栏右边的“最大化”按钮，选择窗口标题栏控制菜单或是快捷菜单中的“最大化”命令，均可以将窗口扩大为充满整个屏幕。这时，窗口标题栏右边的“最大化”按钮变为“还原”按钮。

还原：对于已最大化的窗口，单击窗口标题栏右边的“还原”按钮，窗口标题栏左边的控制菜单或是快捷菜单中的“还原”命令，均可以将窗口还原为最大化之前的原来尺寸。对于已最小化的窗口，单击 Windows 桌面上任务栏中的应用程序图标，也可将其还原为最小化前的状态。

改变大小：将鼠标指向窗口的边缘或角，当鼠标指针变为双向箭头时，拖曳窗口为指定大小放开即可。

改变位置：将鼠标指向窗口的标题栏，拖曳到指定位置放开即可。

在 Windows 10 中，还可以通过 Aero 窗口吸附（Aero Snap）和 Aero 晃动（Aero Shake）的窗口操作，以期高效利用屏幕。

将鼠标指向窗口标题栏，按住鼠标左键拖曳窗口至屏幕最左侧或最右侧时，屏幕上会出现该窗口的虚拟边框，并自动占据屏幕一半的面积，此时放开鼠标左键，该窗口将自动填满屏幕一半的面积。若希望恢复原来大小，向屏幕中央位置拖放窗口即可。

将鼠标指向窗口的边缘，当鼠标指针变为双向箭头时，向上或向下（取决于鼠标指向窗口的上边缘还是下边缘）拖曳鼠标至屏幕顶部或底部，同样会出现一个虚拟边框，此时放开鼠标左键，该窗口将实现在垂直方向最大化。

当多个窗口都处于打开状态，而只需要使用一个窗口，希望其他所有打开的窗口都临时最小化时，只需在目标窗口的标题栏上按下鼠标左键并保持，然后左右晃动鼠标若干次，其他窗口就会被立刻隐藏。如果希望将窗口布局恢复为原来的状态，只需在标题栏上再次按下鼠标左键并保持，然后左右晃动鼠标即可。

1.6　Cortana

Cortana 是微软公司推出的人工智能软件，类似智能语音助手，既可以通过任务栏的搜索框输入想要搜索的问题，也可以直接通过语音来帮助解决问题。同时，Cortana 还具有一定的数据分析功能，通过记录历史操作，分析出用户的习惯，为用户提供设置提醒、收发信息、创建日程安排等个性化功能。

1.6.1　Cortana可以提供的帮助

想要在 Windows 10 获取帮助，可以直接通过 Cortana 系统和支持中心任务栏的搜索框进行，中心提供了多个帮助主题，每个帮助主题下都有丰富的内容。通过它可以了解更多 Windows 10 的功能和解决操作中遇到的难题。

Cortana 的基本界面如图 1-17 所示，可以设置提示信息，显示浏览记录，同时包括应用、文档、网页三个方面的搜索功能，单击相应图标即可对对应类型的内容进行搜索。

单击“查看所有提示”，会弹出 Cortana 提供的各种类型的帮助，如图 1-18 所示，单击其中的超链接，便可查看该主题下的帮助信息。

图 1-17　Cortana 界面　　图 1-18　Cortana 提供的帮助

1.6.2　Cortana的设置

单击 Cortana 界面左侧的设置图标，可对 Cortana 的图标、麦克风、快捷方式、语言等进行设置，如图 1-19 所示。单击账户图标，可对账户进行设置，登录后可以使用 Cortana 提供的更多服务与帮助。

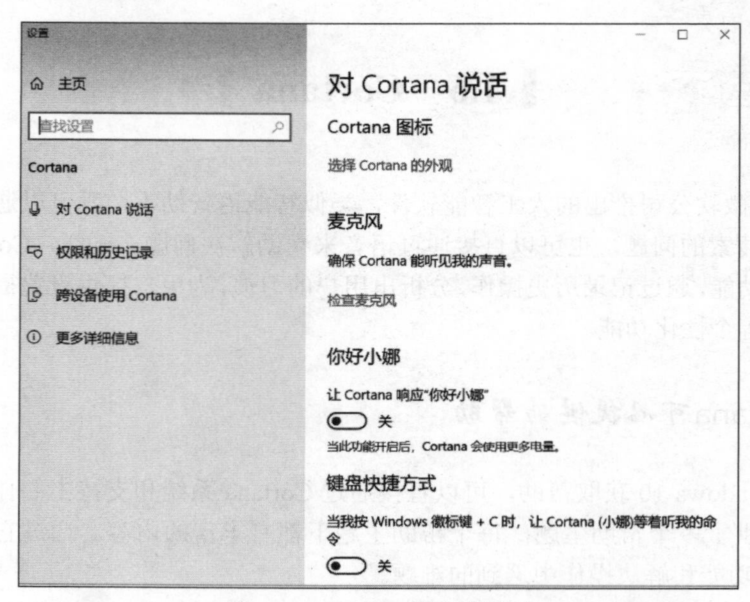

图 1-19　Cortana 的设置界面

第2章 Office 2016基础入门

Office 2016是美国微软公司2016年开发的办公自动化集成软件，它主要由Word 2016、Excel 2016、PowerPoint 2016、Access 2016、Publisher 2016、OneNote 2016、InfoPath Designer 2016、Outlook 2016以及SharePoint Workspace 2016等组件构成。自1993年8月诞生，Office经历了多个版本的发展，在程序功能、界面观感以及用户体验等方面都有非常大的提高。Office 2016共发布6个版本，分别是初级版、家庭及学生版、家庭及商业版、标准版、专业版和专业增强版，初级版完全免费，但其中仅包括Word和Excel两大工具。

内容提要

本章主要介绍Office 2016应用程序的安装与卸载方法、程序的启动/退出方式、Office 2016组件的界面构成及界面元素设置，以及如何使用Office 2016帮助中心。重点要求掌握Office 2016组件的界面构成及界面元素的设置方法，提高应用Office组件工作的能力和效率。

重要知识点

- Office 2016的界面组成
- Office 2016组件的安装与卸载操作
- Office 2016组件的启动与退出方法
- Office 2016帮助中心的使用

2.1 Office 2016 界面概述

Microsoft Office 2016 是针对 Windows 10 环境全新开发的通用应用。Office 2016 正式版中的 Word 增加 Insights for Office、Read Mode 等新功能，PowerPoint 增加了 Presenter View 功能。本节将简要介绍 Microsoft Office Fluent 用户界面，利用该界面可以通过功能区、快速访问工具栏和 Backstage 视图更轻松地查找和使用选项和功能。Office 2016 界面各个组成部分如图 2-1 所示。

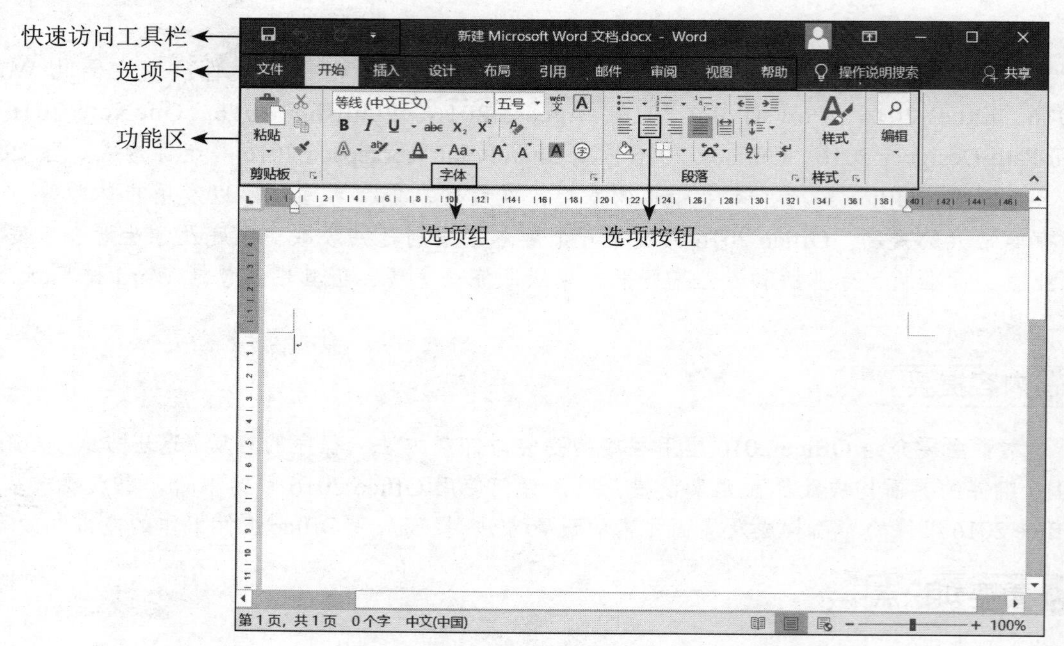

图 2-1 Office 2016 界面

2.1.1 功能区

功能区位于 Office 应用程序中工作区域的顶部，它提供了一致的外观和行为。功能区分为 3 个基本组成部分：选项卡、组（选项组）以及选项。选项卡将选项组织在逻辑组（选项组）中。连同始终呈现在屏幕上的主选项卡一起，功能区还提供了处理特定对象（如表格、图表或图像）时出现的上下文选项卡，上下文选项卡在适当的时间为特定对象提供适当的工具，如图 2-2 所示。

如果在某个组的右下角有个小箭头 ，它表示为该组提供了更多的选项。单击它可以弹出一个有更多命令的对话框或任务窗口。例如，单击“开始”|“字体”选项组右下角的小箭头，将弹出如图 2-3 所示的“字体”对话框，可以对文本字体属性进行详细设置。

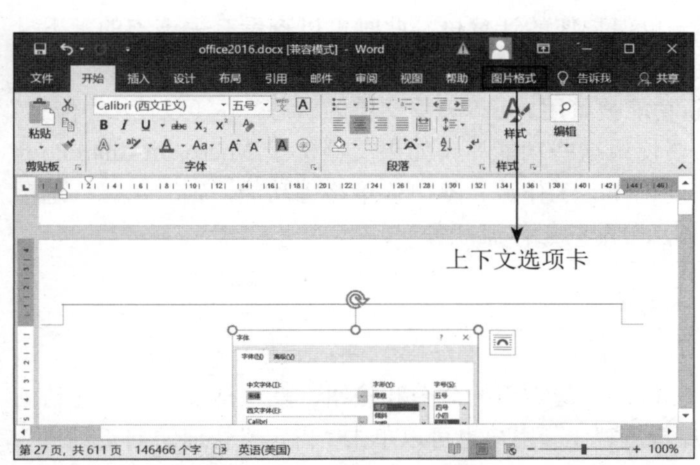

图 2-2 “上下文选项卡”示例

图 2-3 “字体”对话框

在 Office 2016 中，任何用户都可以轻松地自定义功能区选项卡，而无须使用编程方法。若要自定义功能区上列出的命令，可按以下步骤进行操作。

【1】单击“文件”选项卡，打开 Backstage 视图，如图 2-4 所示。

【2】单击“选项”命令，然后选择“自定义功能区”，如图 2-5 所示。

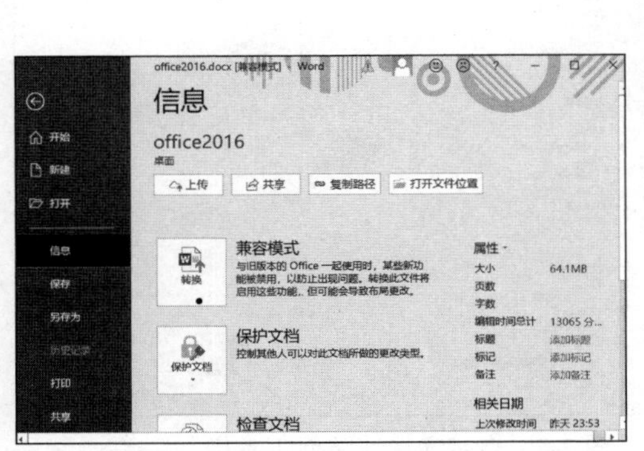

图 2-4 Office 2016 Backstage 视图

图 2-5 “自定义功能区”选项卡

【3】从中选择要添加或从功能区中移除的命令即可。

2.1.2 Backstage视图

通过单击“文件”选项卡访问 Backstage 视图（如图 2-4 所示），该视图替代了 Office 以前版本中的 Microsoft Office 按钮和“文件”菜单。支持 Office Fluent UI 的每个 Office 2016 产品中都提供了 Backstage 视图。它可以帮助用户发现和使用不在功能区中的功能，如共享、打印和发布工具。利用 Backstage 视图，可以在一个地方查看有关文档的属性、日期及作者等所有信息。

Backstage 视图还提供了上下文信息。例如，某个工作簿中有禁用的宏（该宏是文件正常工作所必要的），系统阻止了该宏以保护您的计算机。此时可以查看有关该宏的上下文信息，并通过使用“信息”选项来启用宏。又如，某个在 Office 早期版本中创建的文档在兼容模式下打开，并且某些丰富的新功能被禁用。可以查看文档的状态，并通过使用“信息”选项将文档转换为最新版本（如果要使用这些功能）。如果文档位于 Microsoft SharePoint 2016 产品网站上，并且使用诸如共同创作、工作流、签出或策略等功能，则“信息”选项将始终显示文档所发生的操作（例如，分配的工作流任务）。

2.1.3 快速访问工具栏

快速访问工具栏使得用户能够轻松访问最常用的命令和按钮。默认情况下，快速访问工具栏出现在功能区上方的应用程序标题栏上，用户也可以单击“自定义快速访问工具栏”箭头按钮选择将其移到功能区下方，如图 2-6 所示。

同功能区一样，用户也可以轻松地自定义快速访问工具栏以适应其工作环境。若要自定义快速访问工具栏上列出的命令，只需在图 2-5 所示的“Word 选项”对话框中选择“快速访问工具栏”命令，如图 2-7 所示。然后，从中选择要添加或从快速访问工具栏中移除的命令即可。

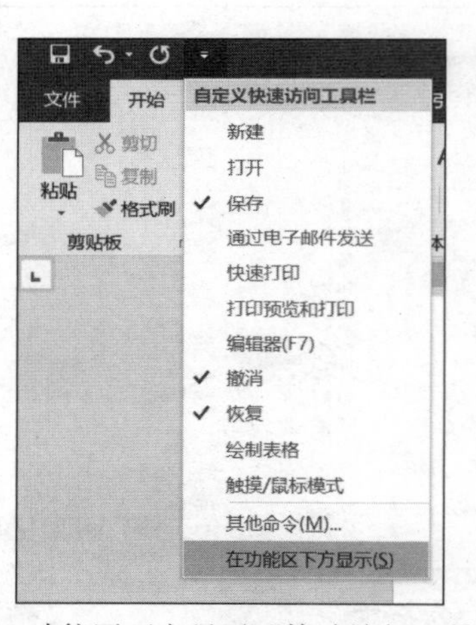

图 2-6　功能区下方显示“快速访问工具栏”

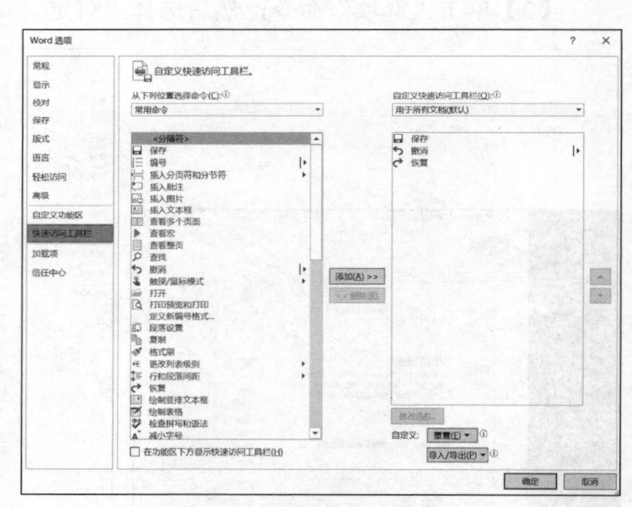

图 2-7　自定义快速访问工具栏

2.2　Office 2016 安装与卸载

2.2.1 Office 2016 的安装

和其他许多应用程序一样，Office 2016 办公应用软件可以从 CD 或 DVD 进行安装，也可以从网络或者本地的 Office 2016 软件安装包进行安装。这里介绍如何使用本地安装包进行安装。具体操作步骤如下。

【1】在计算机桌面上双击“计算机”图标，打开“我的电脑”。

【2】找到 Office 2016 软件安装包所在的文件目录，对文件进行解压，选择计算机所对应的 Office 版本，双击对应的 setup.exe 即可进行自动安装，如图 2-8 所示。

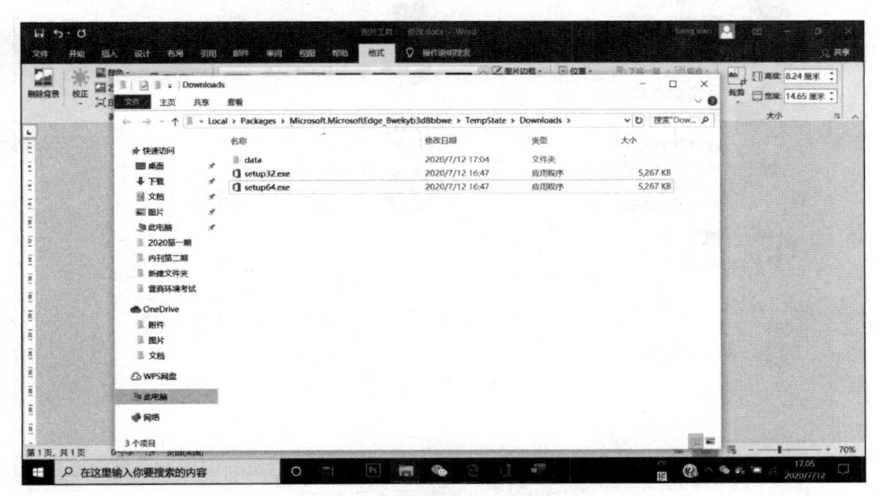

图 2-8　Office 2016 安装文件

【3】等待程序安装完毕，如图 2-9 所示。

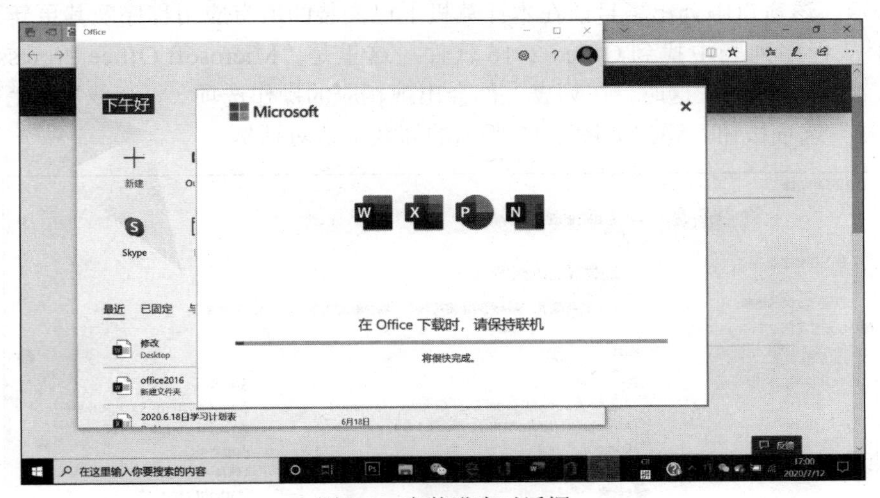

图 2-9　安装进度对话框

【4】安装完成后，重新启动计算机，即可使用 Office 2016 应用程序。

2.2.2　Office 2016的卸载

通常情况下，卸载程序可以通过控制面板中的“卸载或更改程序”来实现。下面详细介绍使用此种卸载 Office 2016 程序的方法和步骤。

【1】单击“开始”按钮，在弹出的“开始”菜单中选择“Windows 系统”文件夹下的“控制面板”，打开“控制面板”窗口，如图 2-10 所示。

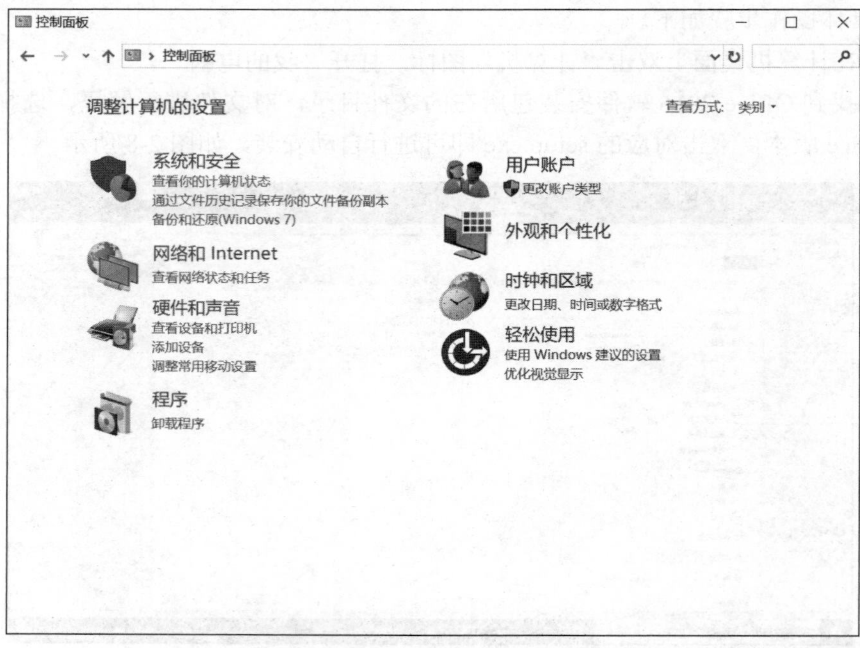

图 2-10 “控制面板”窗口

【2】单击“程序”项目中的“卸载程序”超链接，打开“卸载或更改程序”界面，如图 2-11 所示。该窗口中列出了目前在本计算机上已安装的所有应用程序及其更新列表。

【3】从程序列表中找到 Office 2016 软件（这里是“Microsoft Office Professional Plus 2016”），并将其选中。这时，在列表上部会出现相应的操作选项（“卸载”和“更改”），单击“卸载”选项按钮，弹出如图 2-12 所示的卸载确认对话框。

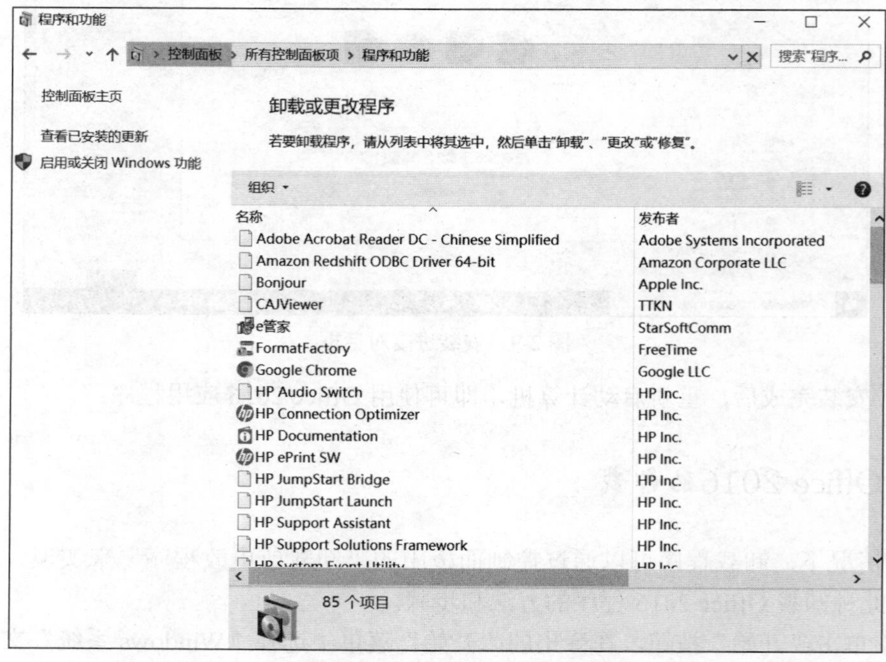

图 2-11 “卸载或更改程序”界面

【4】单击对话框中的“是”按钮，程序卸载开始。卸载完成后，显示成功卸载的提示信息，如图 2-13 所示。

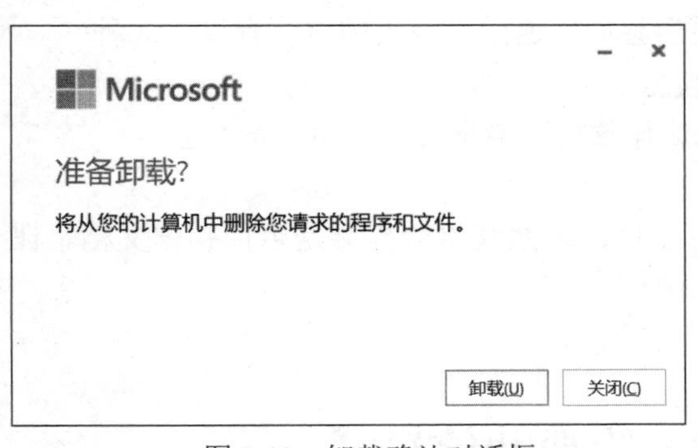

图 2-12　卸载确认对话框

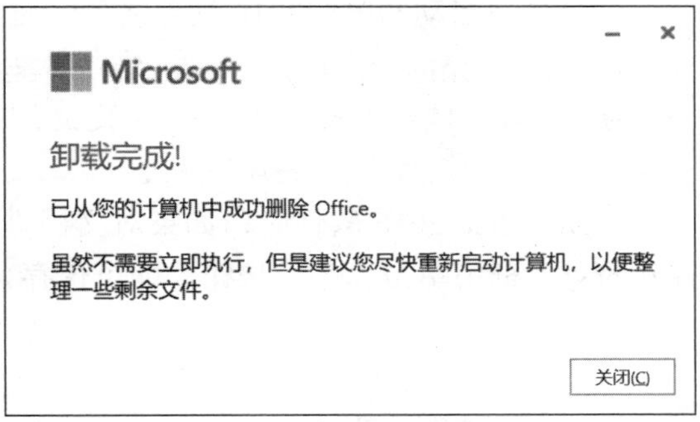

图 2-13　成功卸载对话框

【5】单击“关闭”按钮。

2.3　Office 2016 组件的启动与退出

Office 2016 软件的组件很多，它们在启动与退出的操作上基本一致。这里以 Word 2016 为例来介绍各组件的启动和退出操作。

2.3.1　启动Office 2016的3种方法

1. 使用“开始”按钮

【1】单击“开始”按钮，打开“开始”菜单。

【2】从“开始”菜单按照拼音找到对应的 Office 程序，如 Word 程序快捷方式选项并单击，如图 2-14 所示。

图 2-14　从“开始”菜单启动

2. 创建桌面快捷方式

需要启动 Microsoft Office 软件时，双击各个组件相对应的桌面快捷方式图标，即可快速启动该软件。如果在安装时没有创建桌面快捷方式，可以自行创建其桌面快捷方式图标。具体操作步骤如下。

【1】单击“开始”按钮，打开“开始”菜单。找到 Word 程序。

【2】单击 Word 程序进行拖曳，将其拖曳至桌面即可完成桌面快捷方式的设置。

3. 打开已创建的 Office 文档

双击已经创建的 Office 文档，也可以打开 Office 2016 软件。

2.3.2 退出Office 2016的3种方法

学会如何启动 Office 2016 软件之后，还要学会如何退出。退出的方法有以下 3 种。

- 单击 Office 窗口右上角的“关闭”按钮☒。
- 直接在键盘上按下 Alt+F4 快捷键，或选择控制菜单中的“关闭”命令。
- 选择“文件”|“关闭”命令。

关闭 Office 2016 软件时，如果对文档进行了修改，系统将会提醒是否保存该文档。在打开的对话框中单击“是”按钮，即可保存。

2.4 Office 2016 的帮助信息

为了能随时帮助用户解决使用过程中的疑难问题，Office 2016 提供了完善的帮助系统。

Office 2016 取消了低版本中的脱机帮助，但提供了非常丰富的联机帮助。用户可以在帮助系统中搜索相关主题或者单击帮助系统的目录浏览帮助内容。这里以搜索“辅助功能”帮助主题为例来说明如何使用 Office 2016 中的联机帮助功能。具体操作步骤如下。

【1】在 Word 2016 中选择“帮助”选项卡，单击帮助按钮，文档右侧将会显示联机“帮助”窗口，如图 2-15（a）所示。

【2】在窗口上端的“搜索帮助”文本框中输入“辅助功能”关键字，然后单击“搜索”按钮，即可搜索到 Office 2016 中关于“辅助功能”主题的所有信息，如图 2-15（b）所示。

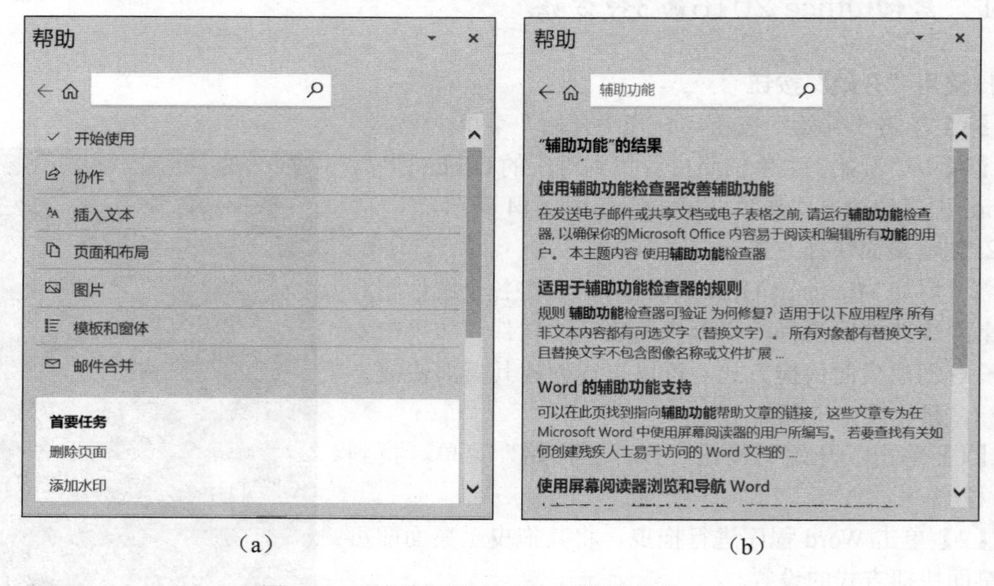

（a）　　　　（b）

图 2-15　联机帮助窗口（a）及搜索结果（b）

第3章 Word 2016基础

Word 2016 凭借其友好的界面、方便的操作、完善的功能等优点，已成为 Office 2016 中使用最为频繁、广泛的组件。无论是日常生活、工作办公等各种场合，Word 2016 随时随地被用到，使用 Word 2016 可以完成学术论文、项目报告、工作总结的撰写以及图书封面设计等工作，Word 2016 强大的文档编辑功能极大地方便了我们的工作和生活。

内容提要

本章主要介绍 Word 2016 工作界面的组成及相关功能，创建、打开以及关闭 Word 文档的多种方式，查看和设置文档不同属性的方法以及文档保护功能的应用等。该部分内容是后续 Word 编辑和应用的基础和入门。

重要知识点

- Word 2016 工作界面的组成
- 创建 Word 文档
- 设置文档属性
- 文档保护功能

3.1　Word 2016 工作界面

Word 2016 的工作界面由标题栏、选项卡、功能区、快速访问工具栏、文档编辑区以及状态栏几个部分组成，如图 3-1 所示。

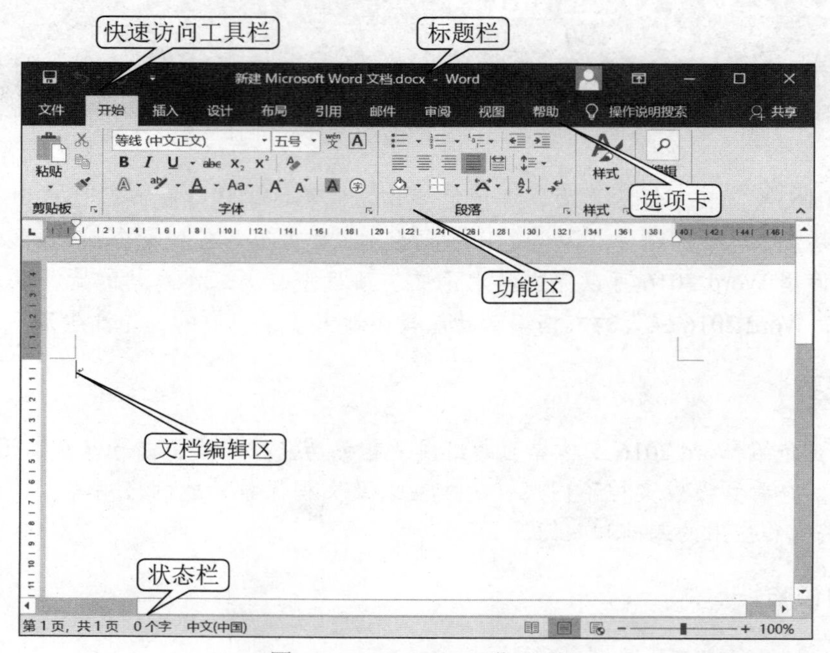

图 3-1　Word 2016 工作界面

3.1.1　标题栏

标题栏位于窗口最上方中心，显示了文档标题、程序名称和 3 个控制按钮，可以用于控制 Word 2016 窗口的最大化、最小化、还原和关闭，如图 3-2 所示。

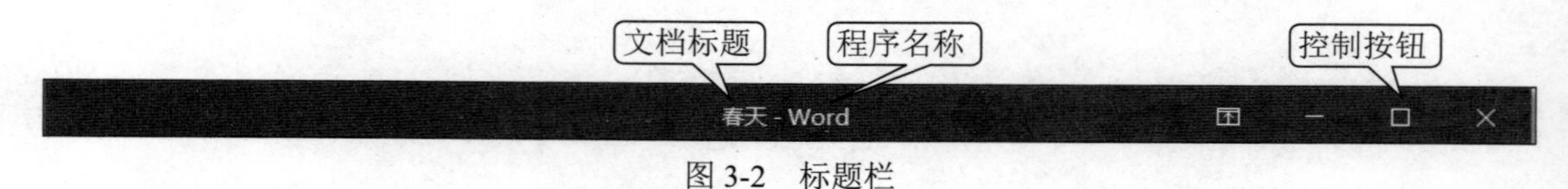

图 3-2　标题栏

3.1.2　选项卡

Office 2016 选项卡包括主选项卡和其他选项卡，在 Word 界面中默认出现的为主选项卡，如图 3-3 所示。

文件 开始 插入 设计 布局 引用 邮件 审阅 视图 帮助 操作说明搜索

图 3-3 选项卡

如果用户希望应用其他选项卡的功能时，只需右击任意选项卡，弹出下拉菜单，如图 3-4 所示。

在该下拉菜单中选择“自定义功能区”选项，弹出“Word 选项”对话框，如图 3-5 所示。其中，“Word 选项”对话框中“自定义功能区和键盘快捷键”，左边为所有选项卡，右边为“主选项卡”，用户可以根据需要从“所有选项卡”中进行添加。

图 3-4 选项卡下拉菜单　　图 3-5 添加选项卡

【说明】选项卡为一类功能的集合，添加一个选项卡表示该选项卡所包含的功能全部添加。

3.1.3 功能区

功能区位于选项卡的下方，以图标的形式提供了 Word 2016 常用的功能按钮。功能区几乎涵盖了所有的按钮、库和对话框。功能区首先将控件对象分为多个选项卡，然后在选项卡中将控件细化为不同的组，如图 3-6 所示。

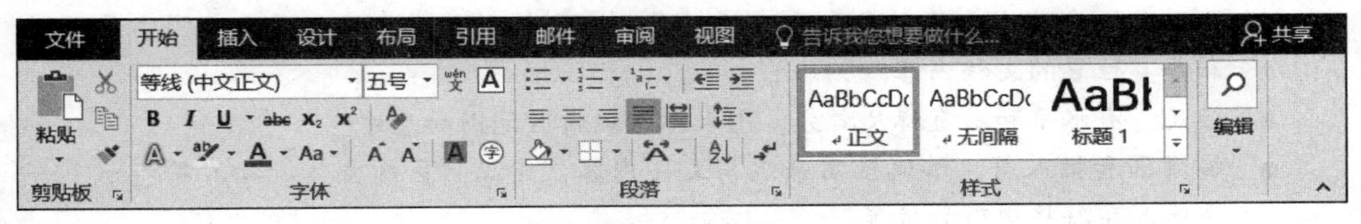

图 3-6 功能区

如果不希望功能区一直显示，可在图 3-4 的菜单中选择折叠功能区，则默认状态下只显示选项卡，只有在鼠标选中选项卡时才会出现对应的功能区。

3.1.4 快速访问工具栏

用户可以使用快速访问工具栏实现常用功能，例如，保存、撤销、恢复、打印预览和快速打印等，如图 3-7 所示。

图 3-7 快速访问工具栏

单击“自定义快速访问工具栏”右边的按钮■，在弹出的下拉列表中可以选择快速访问工具栏中显示的工具按钮，如图 3-8 所示。

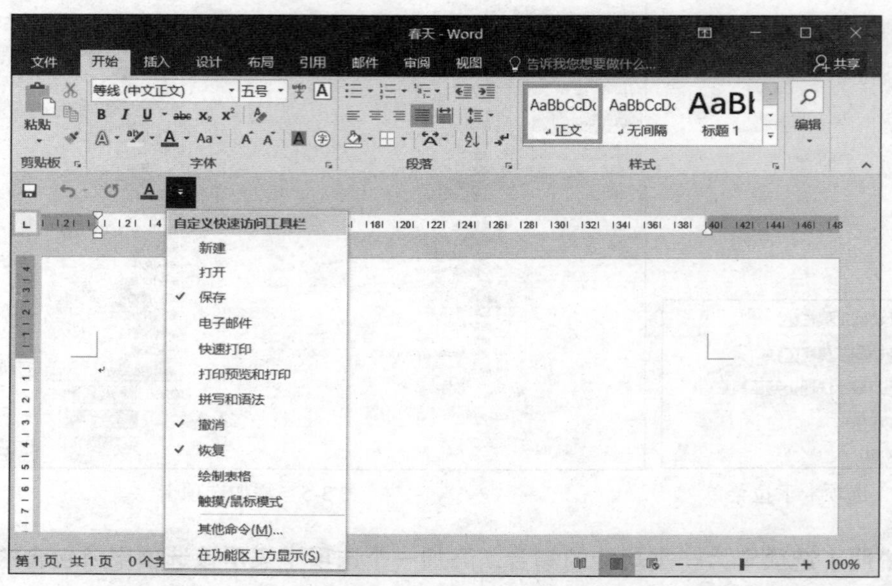

图 3-8 “自定义快速访问工具栏”下拉菜单

3.1.5 文档编辑区

文档编辑区是显示文档内容，进行文档编辑的区域。文档编辑区通常是程序窗口中最大的区域，用户可以在该区域输入文本并对文本进行编辑。

Word 2016 的工作区主要由滚动条、标尺、编辑区以及插入符组成，如图 3-9 所示。

- 滚动条。分为水平滚动条和垂直滚动条，分别拖动两者，可以显示不同水平位置和垂直位置的文档内容。
- 标尺。有水平和垂直标尺之分，用来标志编辑区范围和尺寸。
- 编辑区和插入符。编辑区用来编写文字内容，是工作区的主体。插入符指示下一个输入字符将出现的位置。

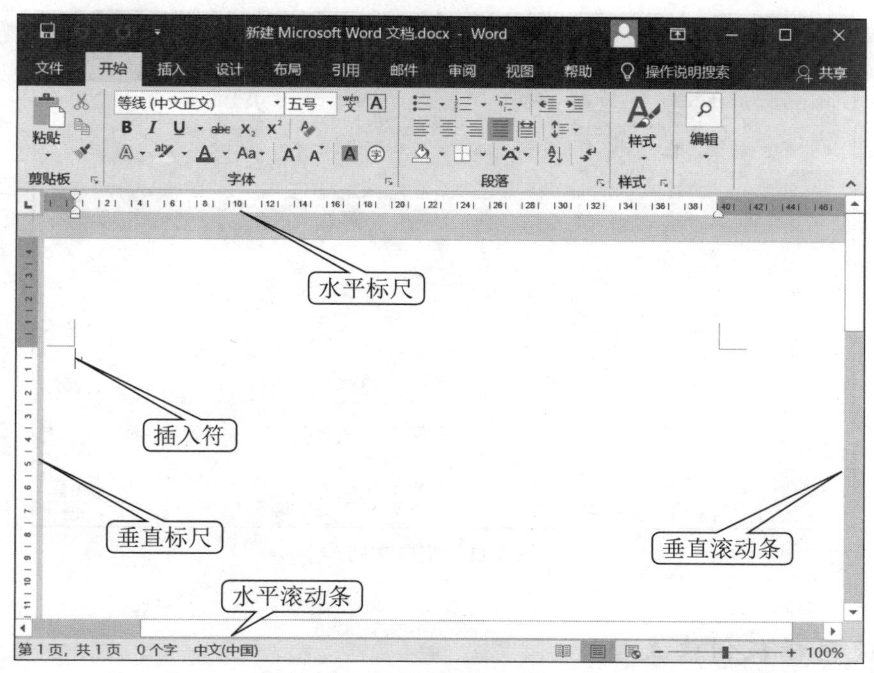

图 3-9　文档编辑区

3.1.6　状态栏

状态栏在窗口的最下方，提供页码、字数统计、拼音、语法检查、视图方式、显示比例和缩放滑块等辅助功能，以显示当前的各种编辑状态，如图 3-10 所示。

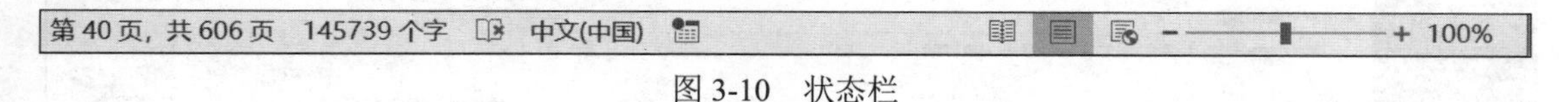

图 3-10　状态栏

该状态栏显示如下信息：当前文档共 606 页，插入符位于第 40 页，全文共 145739 字，存在校对错误，语言为中文，目前未录制任何宏，视图方式为页面视图等。

3.2　创建 Word 文档

3.2.1　创建空白文档

启动 Word 2016 软件，单击空白文档可直接生成空白文档，如图 3-11 所示。

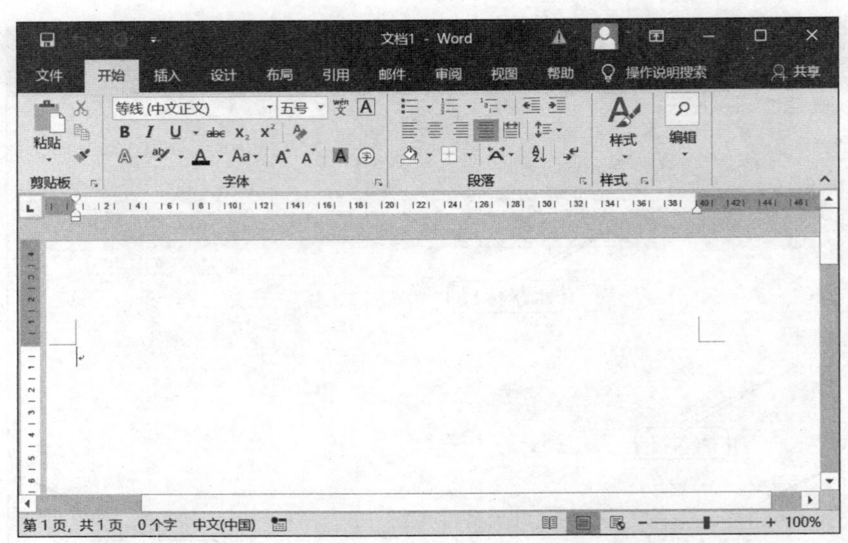

图 3-11　空白文档

3.2.2　使用模板创建文档

【1】打开“新建”界面。单击“文件”|“新建”选项，在工作区界面会显示一些可以使用的模板，通过界面上方的搜索框可以对更多模板进行搜索，但此时需要保持与互联网的链接，如图 3-12 所示。

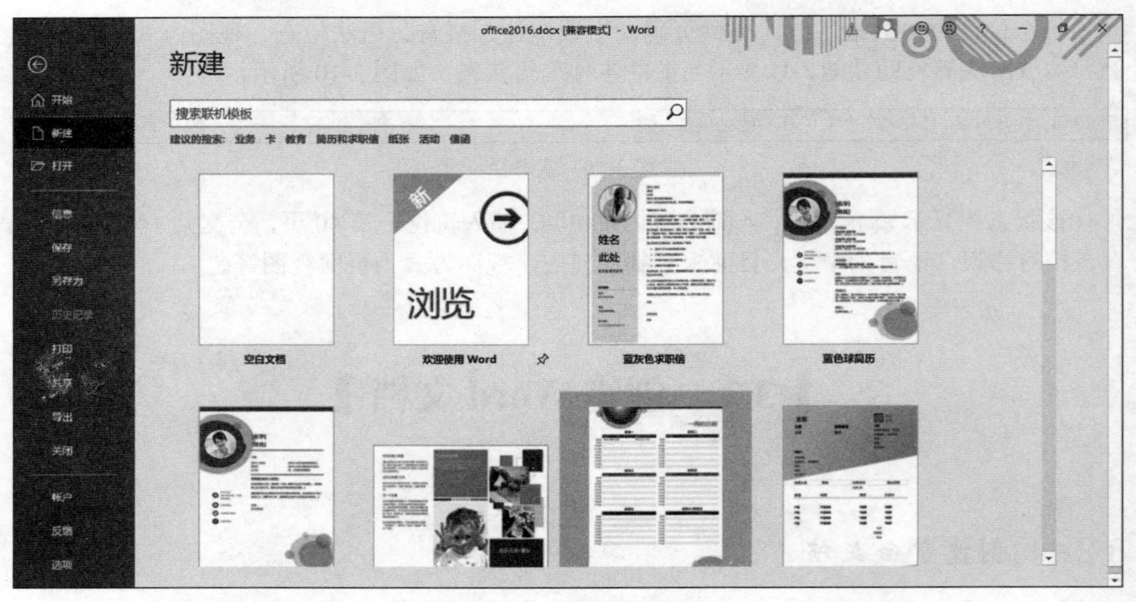

图 3-12　“新建”界面

【2】新建“聚会邀请单”文档。选择模板界面下的“聚会邀请单”模板，单击进行下载，如图 3-13 所示。

下载完成后单击创建按钮，自动生成“聚会邀请单”文档，如图 3-14 所示。

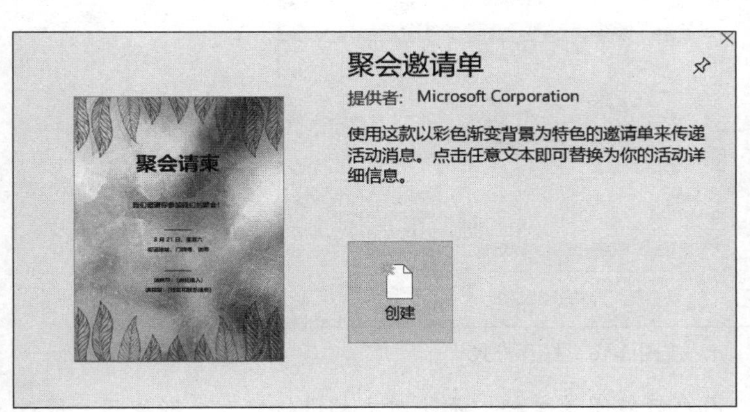

图 3-13　创建聚会邀请单

图 3-14　“聚会请柬”文档

3.3　打开文档

3.3.1　使用“打开”选项打开文档

用户可以使用“直接打开”文档，也可以使用“打开”选项打开文档。

【1】“直接打开”文档。在计算机中，找到要打开的文档，双击该文档即可打开。

【2】使用“打开”命令。

①打开“打开”界面。单击“文件”|“打开”选项，如图 3-15 所示，默认显示最近打开的文档。界面右方有“文档”“文件夹”两个选项卡，“文档”选项卡下直接显示最近打开的文档，“文件夹”选项卡下则显示最近打开过的文件夹。

②打开文档。在“文档”选项卡下直接单击选中需要打开的文档，或在“文件夹”选项卡下单击文档所在文件夹，然后单击对话框中的“打开”按钮，打开文档。

③使用其他方式打开文档。单击对话框中的“打开”旁边倒立的小三角按钮，弹出下拉菜单，如图 3-16 所示，可以选择“以只读方式打开”“以副本方式打开”“打开并修复”等。

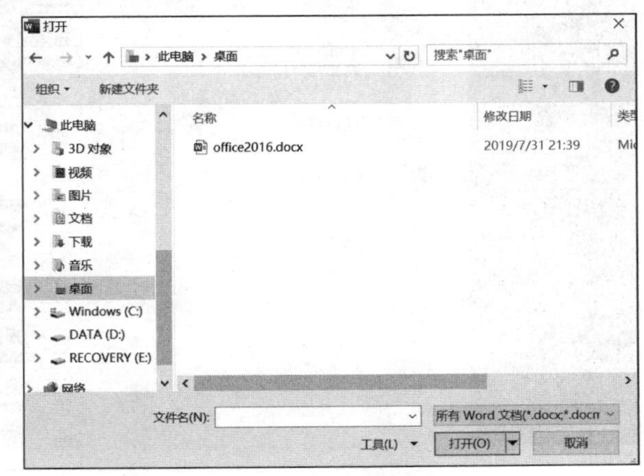

图 3-15　“打开”对话框

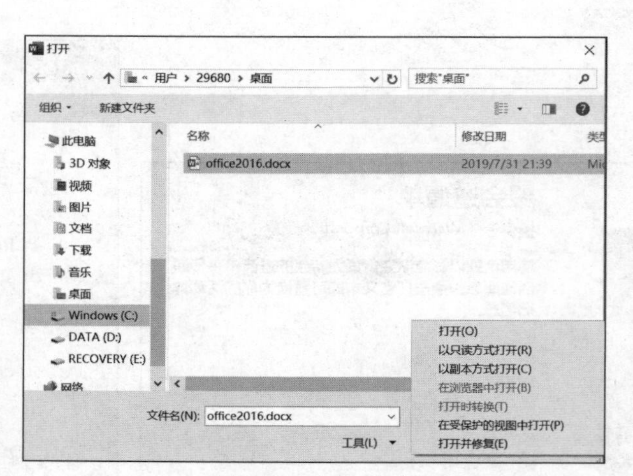

图 3-16　打开方式

- “以只读方式打开”，用户只能阅读文档，无法对文档进行修改，即使用户修改了文档，也无法以原文件名保存。
- “以副本方式打开”，是在原文档所在的文件夹中创建一个与原文档相同的副本。用户可以对该副本进行读写，但不会对原文档造成影响。
- “打开并修复”，是针对提示无法打开或已经损坏的文档。

3.3.2　迅速打开最近打开过的文档

Word 2016 可以自动记住用户最近编辑过的几个文档。使用“文件”选项卡，可以方便地打开最近使用过的文档。

【1】显示“最近使用的文档”。单击“文件”|“打开”选项，弹出“最近所用文件”界面，如图 3-17 所示。

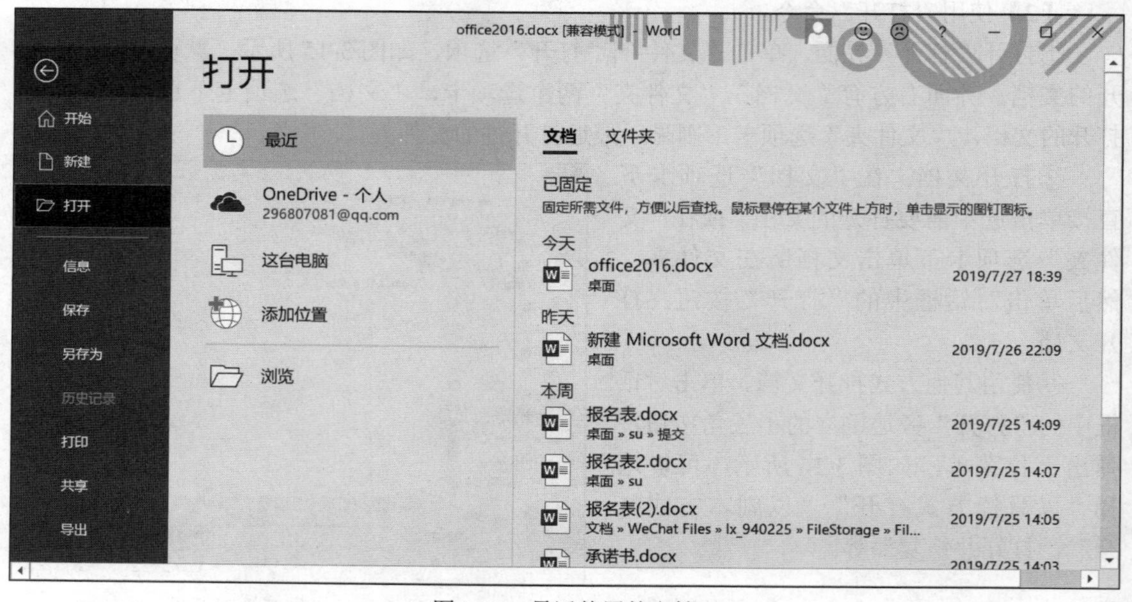

图 3-17　最近使用的文档

【2】打开文档。选择“最近使用的文档”一栏下的文档，打开所需文档。

3.4 查看并设置文档属性

3.4.1 设置文档“只读”或“隐藏”属性

【1】查看文档属性。选中文档，右击文档图标，在弹出的右键菜单中选中“属性”选项，弹出对话框，如图 3-18 所示。

【2】设置文档属性。在“常规”选项卡下，可以设置“只读”和“隐藏”复选框，如图 3-18 所示。设置为“只读”属性后，文档将无法修改；设置为“隐藏”属性后，在默认状态下，Windows 系统中将不显示该文档。

图 3-18 文档属性对话框

3.4.2 设置“标题”和“作者”等属性

【1】显示属性相关信息。打开文档，单击“文件”|“信息”选项卡，在界面的右侧出现“属性”按钮，弹出下拉菜单，如图 3-19 所示。

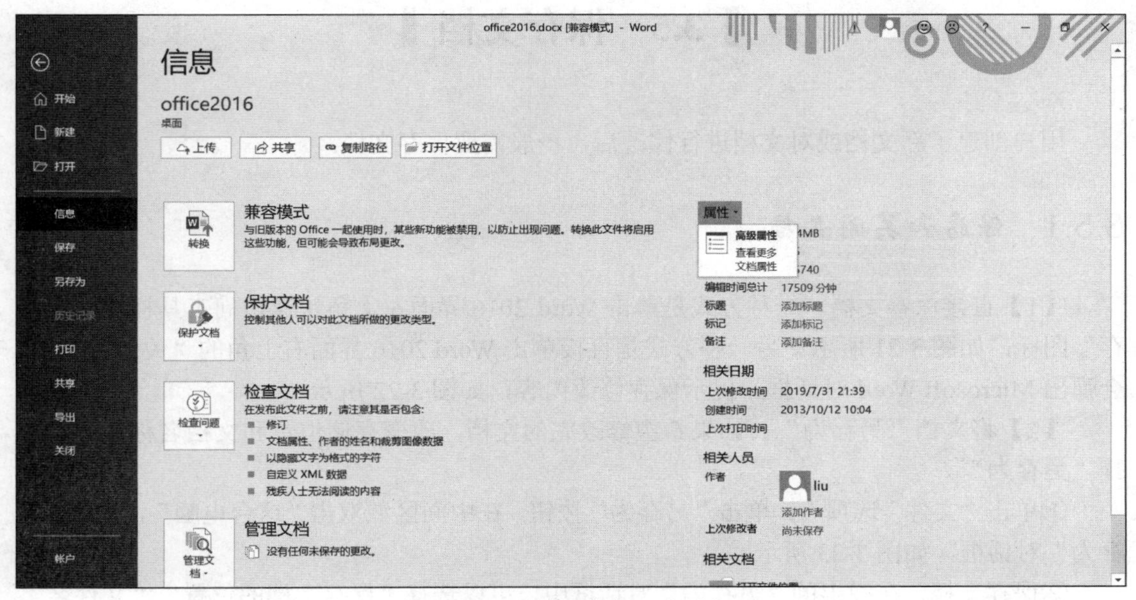

图 3-19 文档“信息”选项卡

【2】设置属性。打开“高级属性”会生成高级属性对话框，可以设置“标题”和“作者”等属性，如图 3-20 所示。

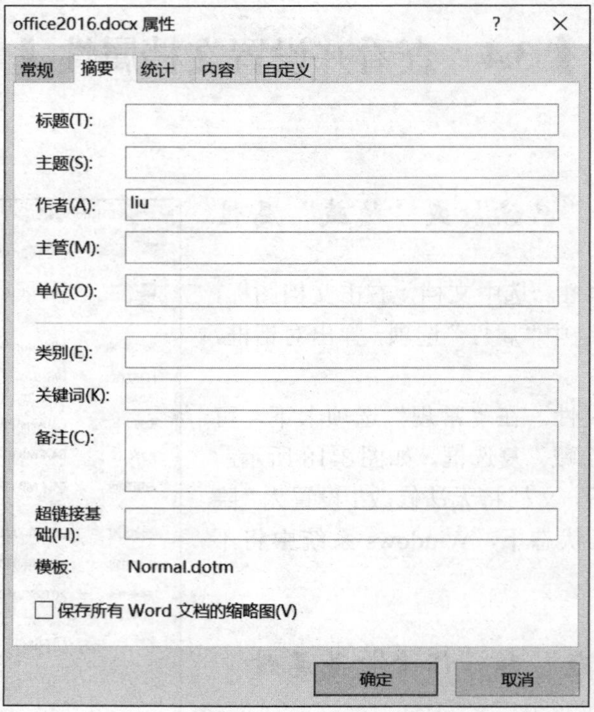

图 3-20 “高级属性”对话框

3.5 保存文档

用户创建了新文档或对文档进行修改后，一般需要保存文档。

3.5.1 保存和关闭文档

【1】直接保存文档。一种方式是单击 Word 2016 界面左上角快速访问工具栏中的“保存”图标，如图 3-21 所示。另一种方式是直接单击 Word 2016 界面右上角的“关闭”标识，会弹出 Microsoft Word 对话框，提示保存修改内容，如图 3-22 所示。

【2】将文档“另存为”。如果希望修改完的文档，改变存储位置和文档名称，可以选择“另存为”。

①单击“文件”选项卡，单击“另存为”按钮，在中间区域双击“这台电脑”，弹出“另存为”对话框，如图 3-23 所示。

②保存文档。在弹出的“另存为”对话框中，可以选择“保存文档的位置”“文件名”及“保存类型”。

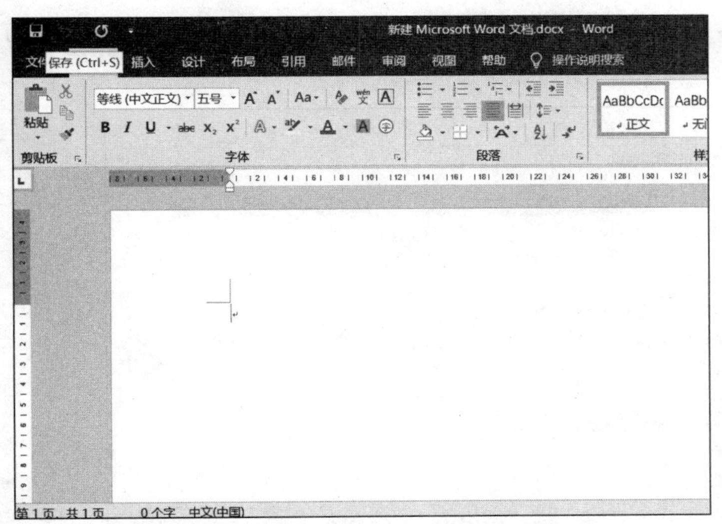

图 3-21　应用“保存”图标保存文档

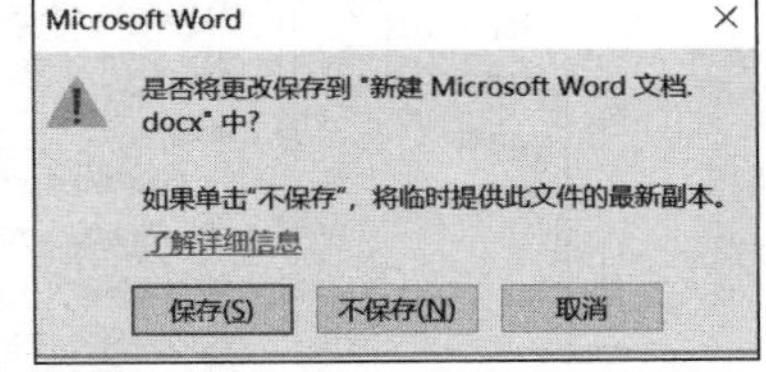

图 3-22　Microsoft Word 对话框

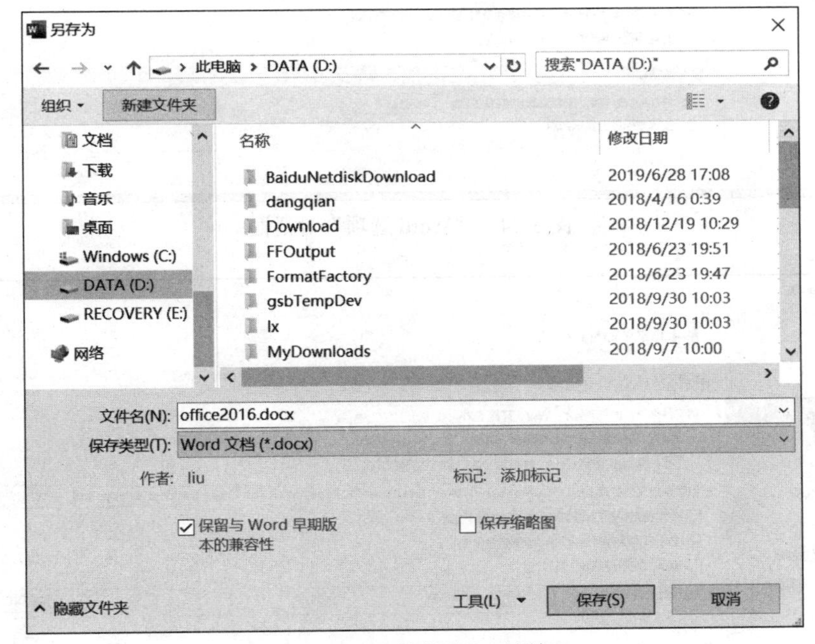

图 3-23　“另存为”对话框

3.5.2　设置自动保存文档

Word 2016 提供了自动保存文档功能，按照时间顺序自动保存对文档的修改，以免用户因为忘记存盘而丢失文档信息。用户设置了文档自动保存后，就可以专心地编辑文档，而不用时刻考虑保存文档的问题了。

【1】打开“Word 选项”对话框。单击“文件”|“选项”选项卡，将弹出“Word 选项”对话框，如图 3-24 所示。

【2】打开“保存”选项卡。单击菜单栏“保存”选项卡，将显示“自定义文档保存方式”界面，如图 3-25 所示。

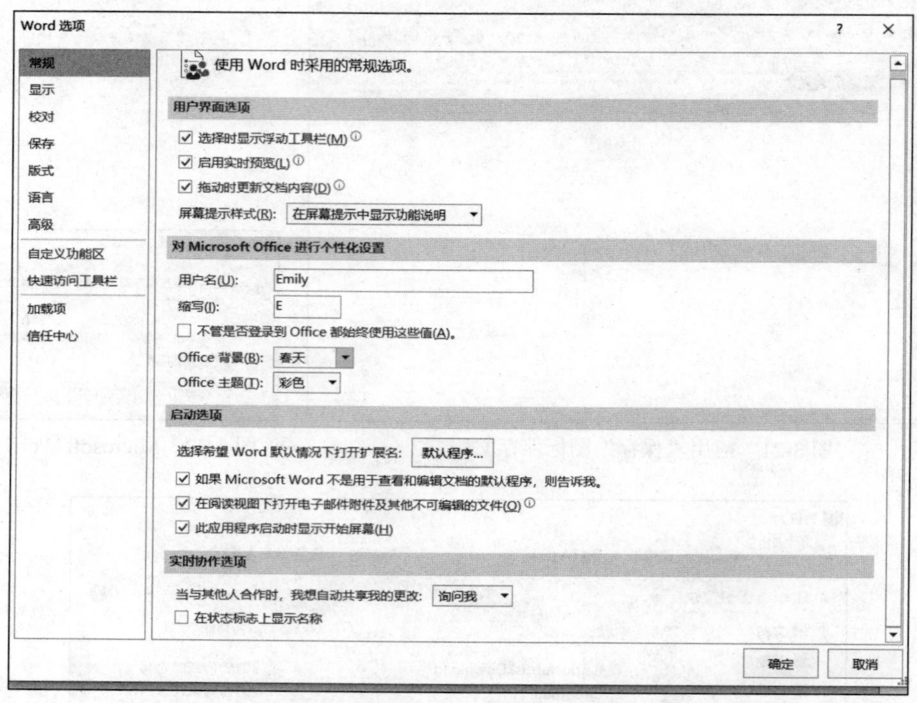

图 3-24 “Word 选项”对话框

图 3-25 “保存”选项卡

【3】设置保存选项。选中“保存自动恢复信息时间间隔”复选框，在“分钟”微调框中将出现默认的自动保存时间间隔“10”。用户也可根据自己需要设定时间间隔。

【4】完成设置。单击对话框中的“确定”按钮，完成自动保存文档设置。

3.6　文档保护功能

Word 2016 提供的文档保护功能，可以对文档的个人信息进行保护，同时可以设置阅读及修改的权限。

3.6.1　删除文档中的个人信息

在工作中，文档常用于多用户共享。由于文档本身或文档属性中会存储个人的一些隐私信息，因此在共享文档之前删除这些隐藏信息。具体删除步骤如下。

【1】打开需要删除个人信息的 Word 文档。

【2】打开“文档检查器”对话框。单击“文件”|“信息”|“检查问题”|“检查文档”选项，打开“文档检查器”对话框，如图 3-26 所示。

图 3-26　“文档检查器”对话框

【3】检查个人信息。选择要检查的隐藏内容类型，单击“检查”按钮。检查完成后，在“文档检查器”对话框中审阅检查结果，并在所要删除的内容类型旁边单击“全部删除”按钮，如图 3-27 所示。

图 3-27　检查结果

【4】检查结束。检查完毕后，单击“文档检查器”对话框中的“关闭”按钮，完成检查。

【说明】该功能在 Word 2016、Excel 2016、PowerPoint 2016 中通用。

3.6.2　文档权限设置

在工作中，如果文档已经修改结束，在文档共享之前，可首先对文档权限进行设置。具体设置步骤如下。

【1】打开“保护文档”下拉菜单。单击“文件”|“信息”|“保护文档”按钮，弹出下拉菜单，如图 3-28 所示。

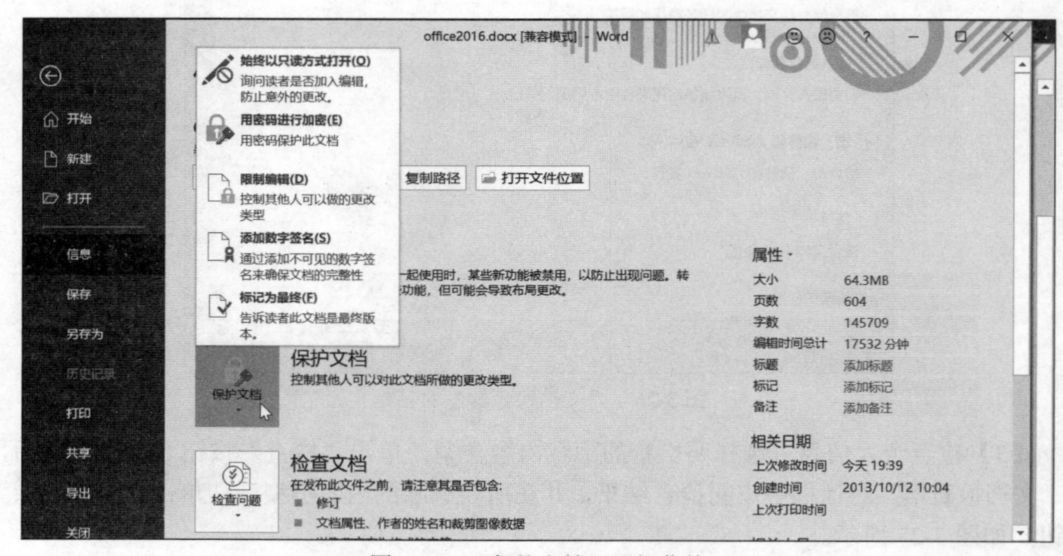

图 3-28　“保护文档”下拉菜单

【2】标记为最终状态。单击“标记为最终状态”，为文档标记最终状态来标记文档的最终版本，则文档被设置为“只读”，并禁用相关的内容编辑命令，如图 3-29 所示。如想取消，只需单击“标记为最终状态”即可。

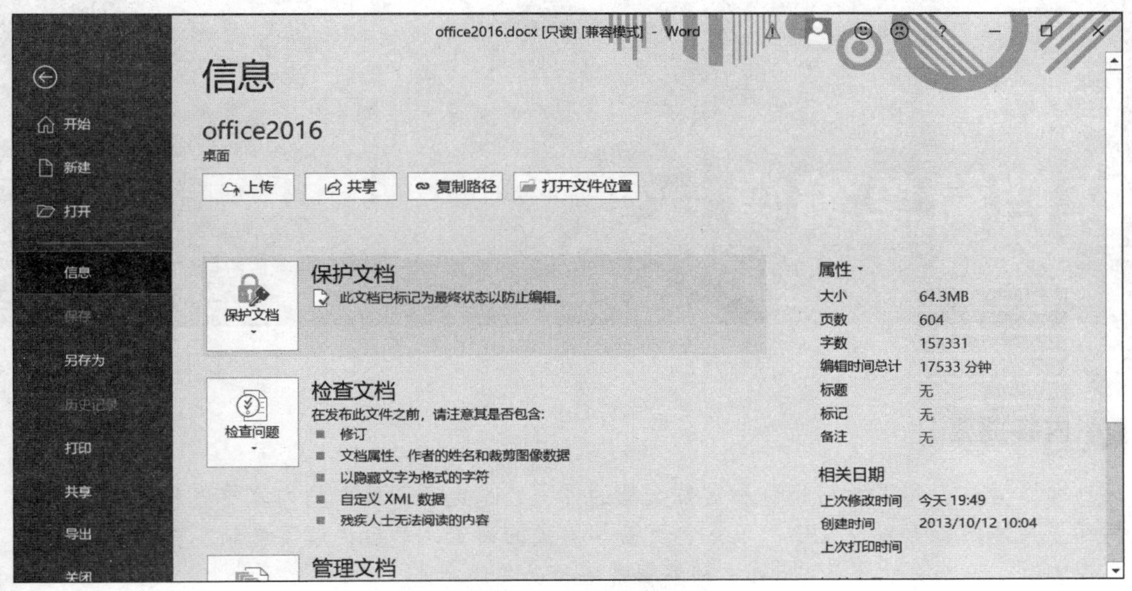

图 3-29　标记为最终状态

【3】文档加密。为文档设定密码后，共享文档的用户必须用密码才能打开文档。单击“文件”|“信息”|“保护文档”|“用密码进行加密”，弹出“加密文档”对话框，输入密码后，单击“确定”按钮，弹出“确认密码”对话框，分别如图 3-30 和图 3-31 所示。

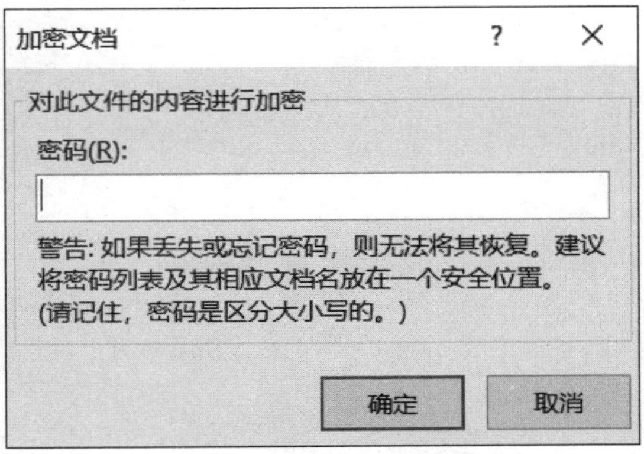

加密文档
对此文件的内容进行加密
密码(R):
警告: 如果丢失或忘记密码，则无法将其恢复。建议将密码列表及其相应文档名放在一个安全位置。(请记住，密码是区分大小写的。)
确定　取消

图 3-30　“加密文档”对话框

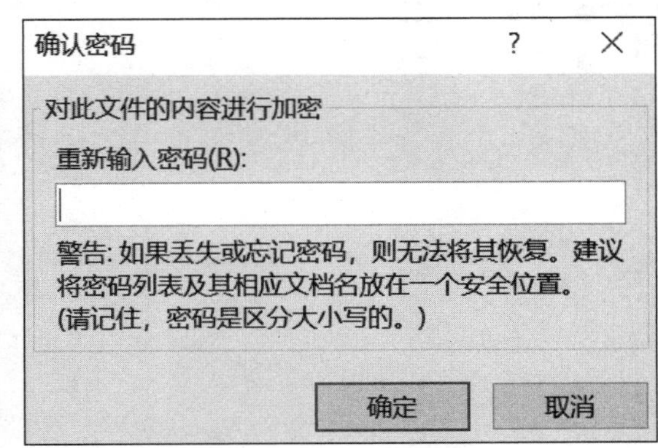

图 3-31　“确认密码”对话框

第 4 章
文档简单编辑

内容提要

本章首先介绍了如何浏览和定位文档的方式，选定不同的文档内容有多种方式，然后阐述了文本的输入以及文字、段落、页面等格式的设置，最后讲解了撤销、查找等功能的实现方法。该部分内容是 Word 文档编辑常用和必备的功能。

重要知识点

- 文档内容选定的多种方式
- 文字、段落格式的设置
- 页面格式设置
- 查找、替换功能

4.1　浏览和定位文档

长文档编辑和修改过程中，快速浏览和定位文档将极大地提高工作效率。

4.1.1　浏览文档

Word 窗口中显示的内容有限，不能显示所有内容。当用户需要对文档内容进行快速浏览时，滚动条就成为最常用的工具。Word 2016 中的滚动条分为水平滚动条和垂直滚动条两种，如图 4-1 所示。

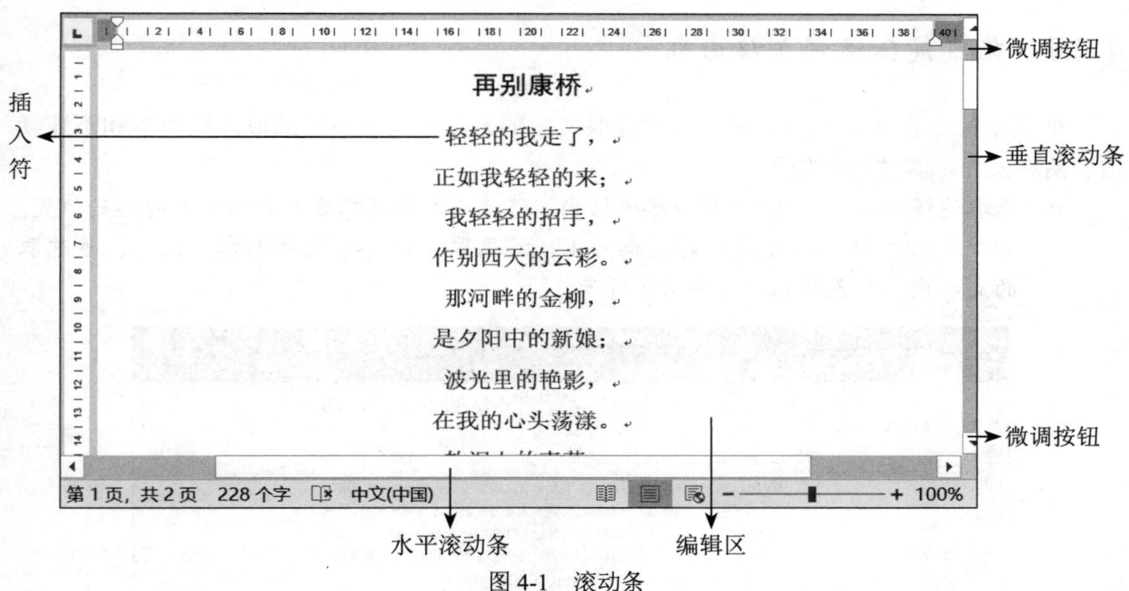

图 4-1　滚动条

用鼠标拖动滚动条，可以调整窗口中显示的内容。其中，水平滚动条控制文档在窗口中左右移动；垂直滚动条是指滚动条控制文档在窗口中上下移动。具体使用方法如下：

【1】粗调文档位置。将光标移动到垂直滚动条上方，按下鼠标，拖动垂直滚动条，使文档显示想要浏览内容的大概位置。

【2】微调文档位置。用鼠标单击垂直滚动条上下的微调按钮，能小范围调节文档位置，直到显示想要浏览的内容位置。

4.1.2　定位文档

定位文档是指定位文档中的插入符位置，一般常用键盘实现定位功能。使用键盘上的方向键以及 Page Up、Home 等键，可以快速定位插入符。

- 利用小键盘上的↑、↓、←和→四个键，可以分别上、下、左、右移动插入符。
- 按下 Home 或 End 键，将使插入符移动到当前行的起始或末尾位置。
- 利用键盘上 Page Up 或 Page Down 键，可以分别控制文档向前或向后翻一页。
- 按 Ctrl + Home 快捷键，将使插入符移动到文档起始位置。按 Ctrl + End 快捷键，将使插入符移动到文档结束位置。

4.2 选定文档内容

用户在编辑 Word 中的文本时，经常需要选定文档内容。选定文档内容的常用方法包括拖曳鼠标选定文档内容、使用 Shift 键快速选定连续内容，以及使用键盘或其他方法选定文档内容。

4.2.1 拖曳鼠标选定文档内容

拖曳鼠标选定文档内容是最常用的选取文本的方法，具体包括选取连续内容和不连续内容两种操作，具体操作如下。

- 选取连续内容。在 Word 窗口编辑区内，移动插入符到想要选取的文本的起始位置。按住鼠标左键，拖曳鼠标到结束为止，就选取了该部分文档内容，此时，被选取的文档内容反色显示，如图 4-2 所示。

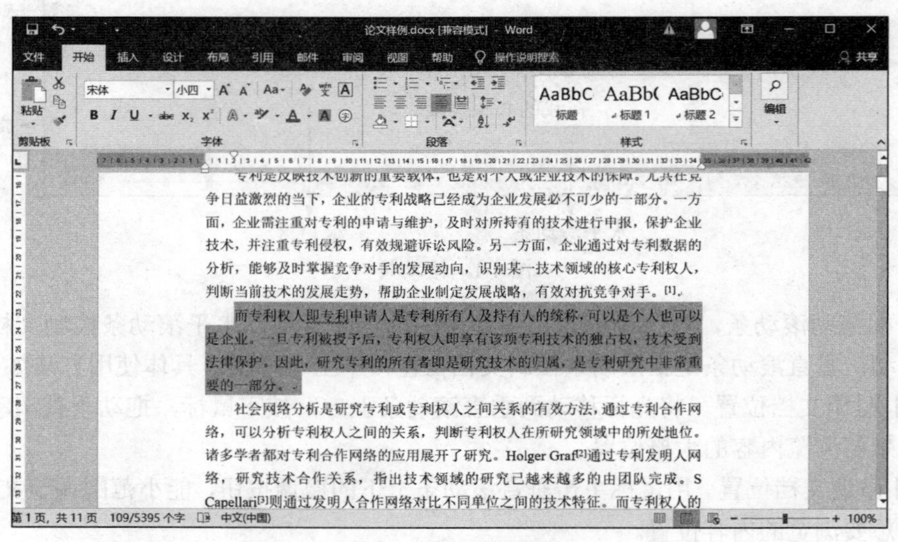

图 4-2 选取连续内容

- 选取不连续内容。按住 Ctrl 键，多次拖曳鼠标，选取不连续的文档内容，松开 Ctrl 键，完成选取，如图 4-3 所示。

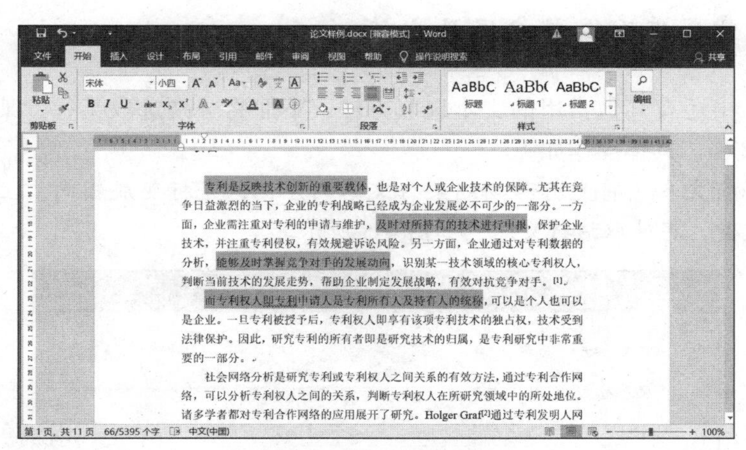

图 4-3　选取不连续内容

4.2.2　Shift键配合鼠标选定连续内容

使用鼠标配合 Shift 键，可以快速选定连续文本，具体操作如下。

【1】定位插入符。将插入符移动到想要选取文本的起始位置。

【2】选取文本。按下 Shift 键，在想要选定的内容结束位置单击，将选取这一范围内的连续文本。

4.2.3　使用键盘选定文本

使用 Shift 键，还可以配合键盘其他功能键选取文本。和 Shift 键配合选取文本的键包括：↑、↓、←、→、Page Up、Page Down、Home 和 End 键。例如，应用 Shift 配合 Home 键选取文档，具体操作如下。

【1】定位插入符。将插入符移动到想要选取文本的结束位置。

【2】选取文本。按下 Shift 键，再按下 Home 键，插入符与到该行起始位置之间的文本将被选取，如图 4-4 所示。

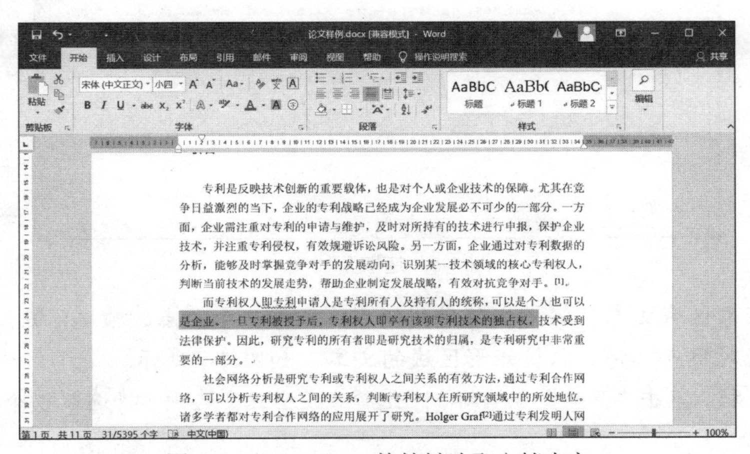

图 4-4　Shift+Home 快捷键选取文档内容

4.2.4 其他常用选取文档内容的方法

Word 2016 中还有其他常用的文本选取方法。下面将分别选取某行、某段、矩形区域文本以及全选文档，具体操作如下。

- 选取某行文本。将光标移动到某行文本的左侧，光标变成指向右上方的斜箭头，单击左键，将选取该行文本，如图 4-5 所示。

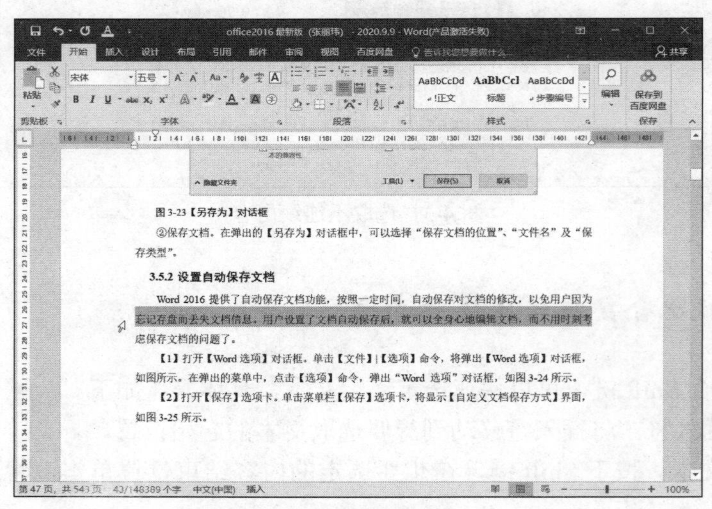

图 4-5　选取某行文本

- 选取某段文本。将光标移动到某行文本的左侧，光标变成指向右上方的斜箭头，双击左键，将选取该段文本，如图 4-6 所示。

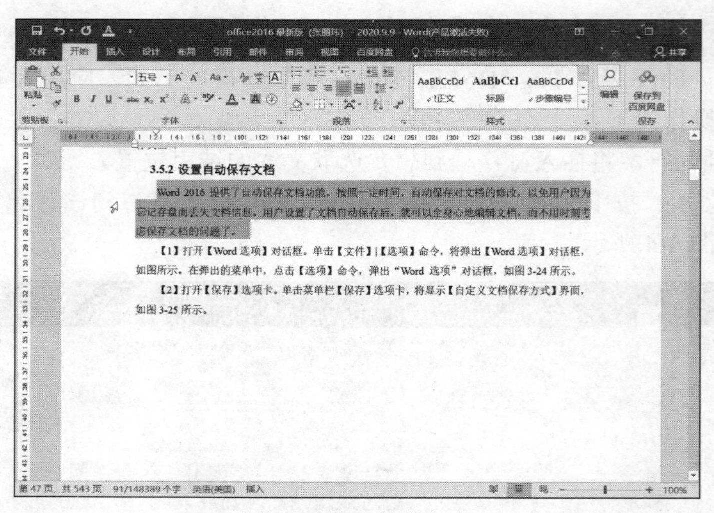

图 4-6　选取某段文本

- 选取矩形区域文本。将光标移动到矩形区域的一个角点，按 Alt 键，拖曳鼠标到该矩形的对角点，将选取该矩形区域的文本，如图 4-7 所示。
- 全选文档。单击“开始”|“编辑”|“选择”|“全选”选项，将选取整个文档，如图 4-8 所示。

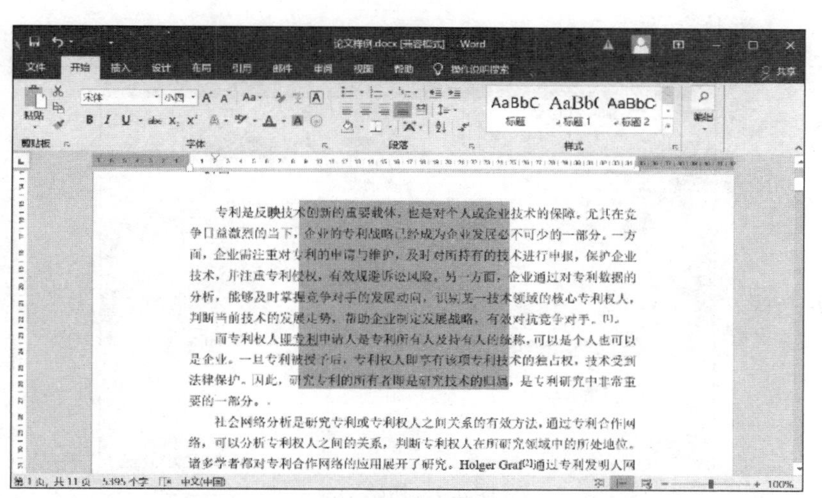

图 4-7　选取矩形区域文本

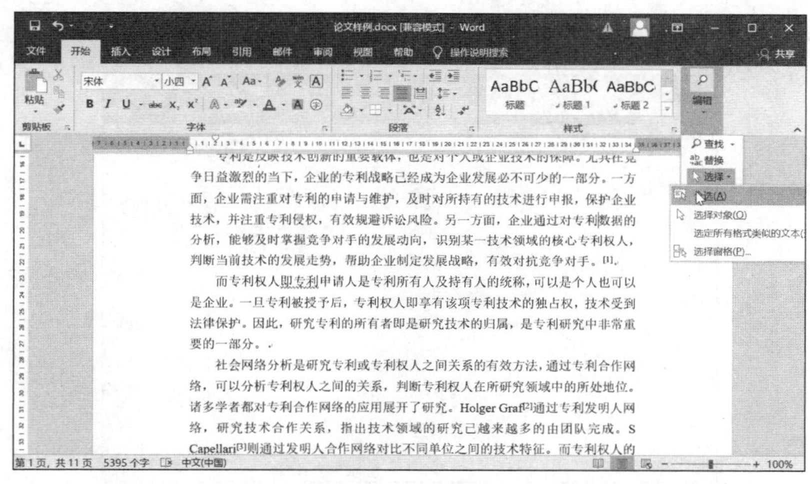

图 4-8　全选文档

4.3　输入文本

输入文本是 Word 2016 的基本操作之一，任何文档的修改、编辑都离不开文本的输入。

4.3.1　输入方式的切换

输入方式的切换是指大写与小写、全角与半角之间的转换。大写与小写针对英文文本，全角与半角则针对所有文本。

1. 大写与小写的转换

【1】选取文本。初始文本如图 4-9 所示。

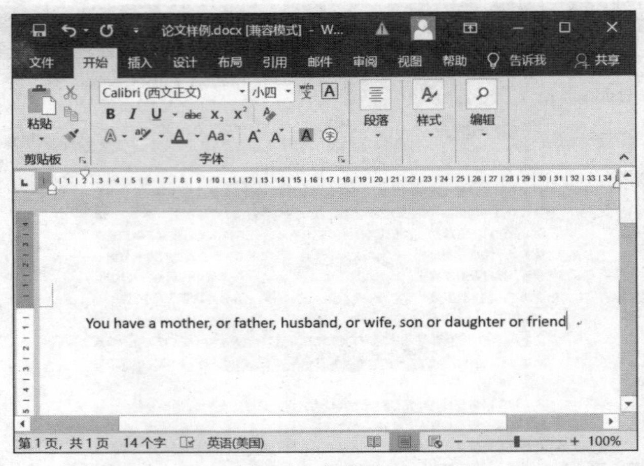

图 4-9　初始文本

【2】打开“更改大小写”功能。单击“开始”|“字体”|“Aa”选项，将弹出下拉菜单，如图 4-10 所示。

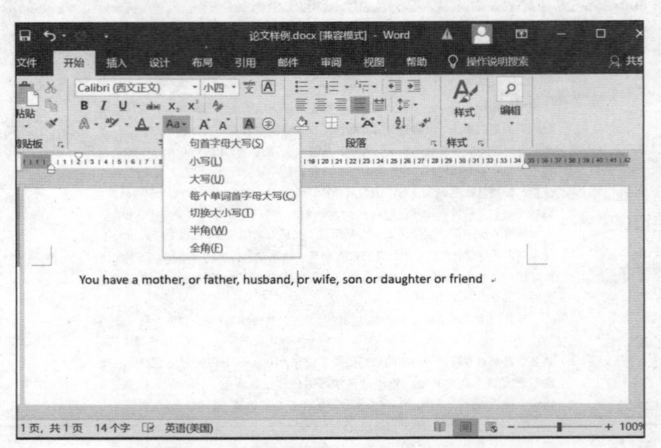

图 4-10　“更改大小写”下拉菜单

【3】更改输入方式。选中“全部大写”单选按钮，单击“确定”按钮，小写文本变为大写，如图 4-11 所示。

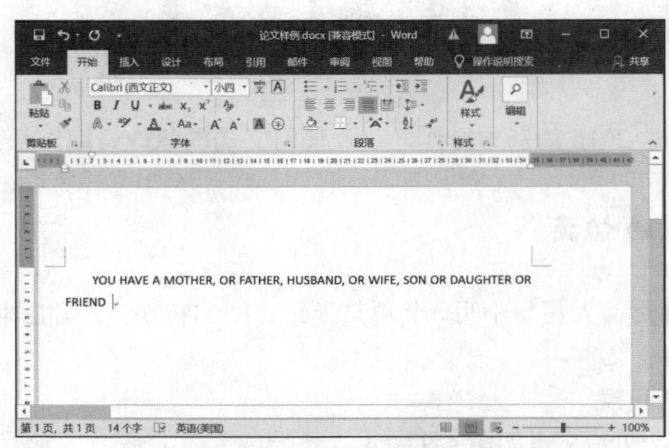

图 4-11　大小写转换后的文本

2. 全角与半角的转换

【1】选取文本。

【2】打开“全角半角转换”功能。单击“开始”|“字体”|“Aa”选项，弹出下拉菜单，如图 4-12 所示。

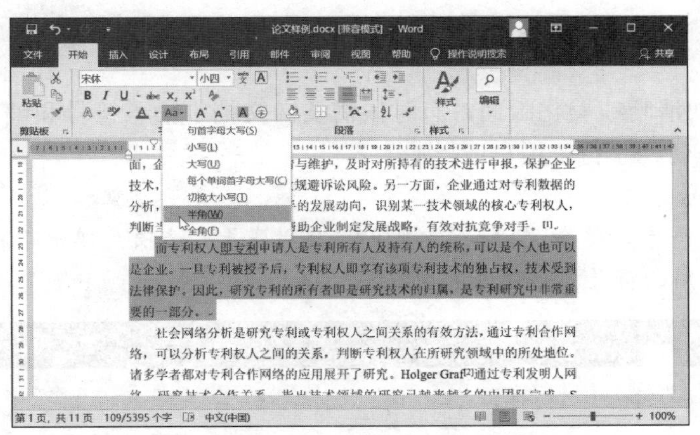

图 4-12　打开“全角半角转换”功能

【3】更改输入方式。选择“半角”命令，全角字符文本变为半角字符文本，全角状态和半角状态分别如图 4-13 和图 4-14 所示。

> 而专利权人即专利申请人是专利所有人及持有人的统称，可以是个人也可以是企业。一旦专利被授予后，专利权人即享有该项专利技术的独占权，技术受到法律保护。因此，研究专利的所有者即是研究技术的归属，是专利研究中非常重要的一部分。

图 4-13　全角状态

> 而专利权人即专利申请人是专利所有人及持有人的统称,可以是个人也可以是企业｡一旦专利被授予后,专利权人即享有该项专利技术的独占权,技术受到法律保护｡因此,研究专利的所有者即是研究技术的归属,是专利研究中非常重要的一部分｡

图 4-14　半角状态

【说明】全角与半角文本的区别在于：全角是一个字符占用两个标准字符（2B）的存储空间，汉字字符和规定了全角的英文字符及国标 GB 2312—1980 中的图形符号和特殊字符都是全角字符，一般系统命令是不用全角字符的，只是在作文字处理时才会使用全角字符；半角是一个字符占用一个标准字符（1B）的存储空间，通常的英文字母、数字键、符号键都是半角的，在系统内部，以上 3 种字符是作为基本代码处理的，所以用户输入命令和参数时一般都使用半角。

4.3.2　改写与插入状态的切换

在进行文档编辑过程中，有时需要用新的文字替换原有文本，有时需要向文档插入遗漏的文字，这两种情况下分别对应“改写”与“插入”状态。

处于“插入”状态下，新输入的文本会出现在插入符所在位置，但不会替代原有文字；处于“改写”状态下，新输入的文字会自动替代插入符后的文字。Word 2016 不会在状态栏中显示“改写”或“插入”字样，可以通过按 Insert 键完成“改写”与“插入”状态的切换。

4.3.3 符号、编号的插入

为了表达更加清晰或美化版面，有时候需要向文档中插入符号和编号。Word 2016 提供了大量的符号和特殊字符供用户选择输入。

【1】插入符号。

- 查看常用符号。单击“插入”|“符号”|“符号”选项，弹出下拉菜单，其中显示了一些常用的符号，如图 4-15 所示。

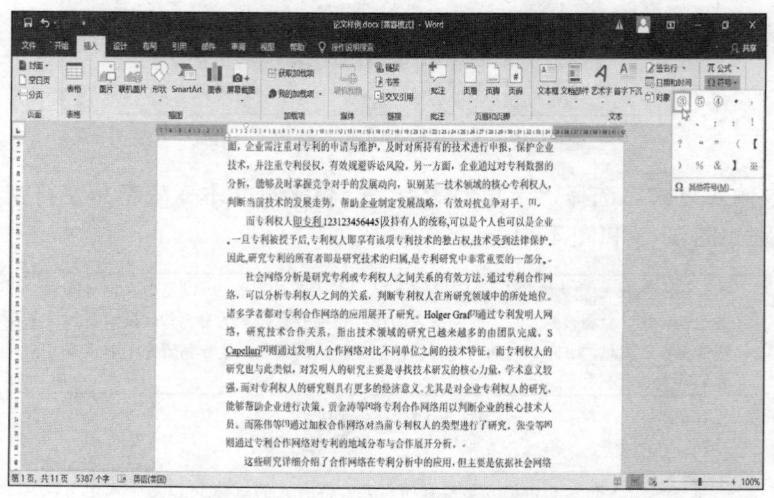

图 4-15　“符号”下拉菜单

- 打开“符号”对话框。如果所用符号不在常用符号中，可单击“其他符号”按钮，弹出“符号”对话框，在对话框中进行选取，如图 4-16 所示。

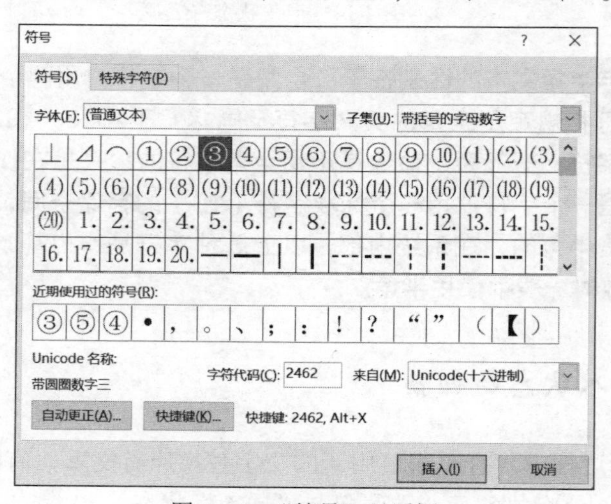

图 4-16　“符号”对话框

● 选取符号。选中符号，单击“插入”选项即可。

【2】插入公式。

● 定位插入符。在文档中，将光标定位于要插入公式的位置。

● 打开“公式”对话框。单击“插入”|“符号”|“公式”选项，弹出下拉菜单，如图 4-17 所示。

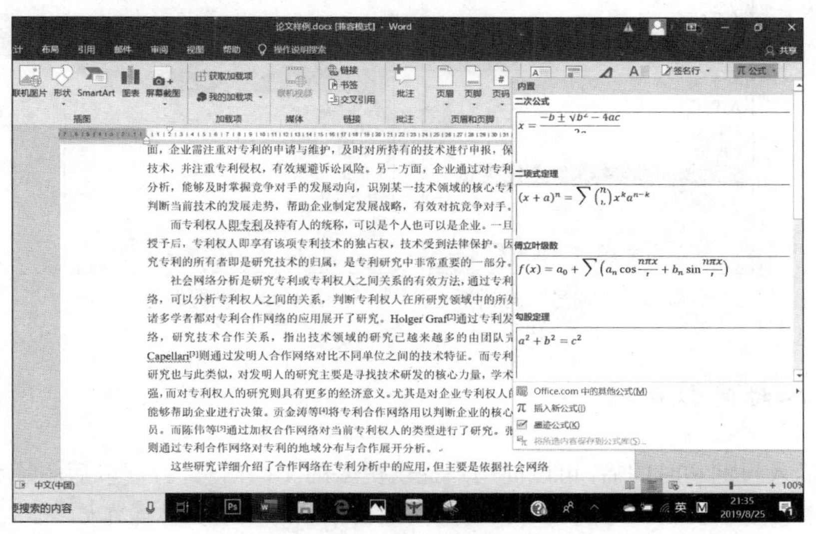

图 4-17 “公式”下拉菜单

● 选取公式。

● 如果需要自己编写公式，则单击“插入新公式”按钮，在主选项卡上会出现“公式工具（设计）”选项卡，同时在文档中出现“公式编辑区”，如图 4-18 所示。

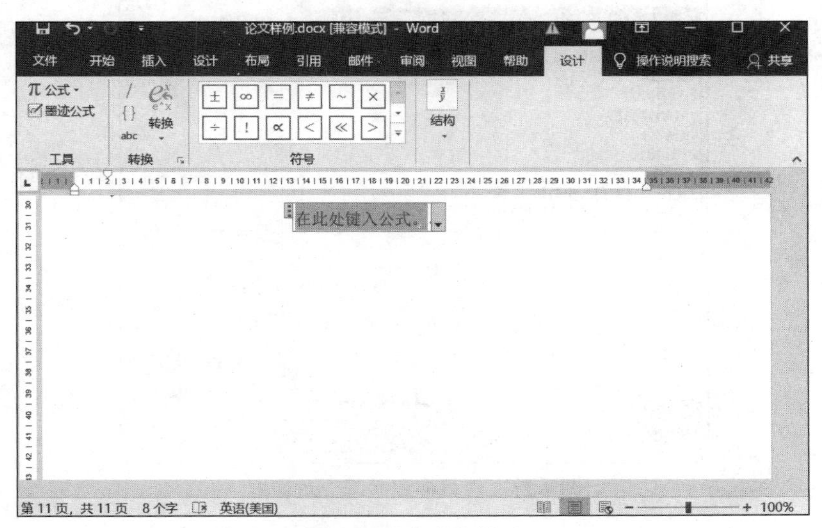

图 4-18 公式编辑区

【3】插入编号。

● 打开“编号”对话框。单击“插入”|“符号”|“编号”选项，弹出“编号”的对话框，如图 4-19 所示。

● 插入编号。在“编号”输入框中输入编号数字，在“编号类型”中选择编号类型。例如插入 i，则在“编号”输入框中输入“2”，在“编号类型”中选择“i，ii，iii，…”，如图 4-20 所示。

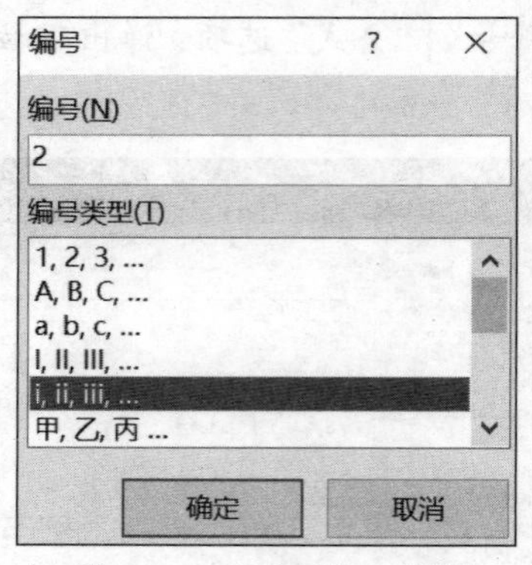

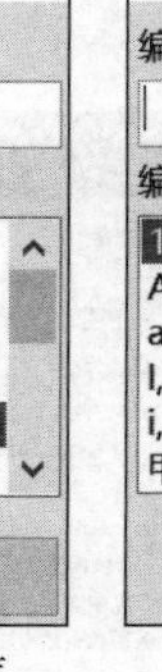

图 4-19 “编号”对话框

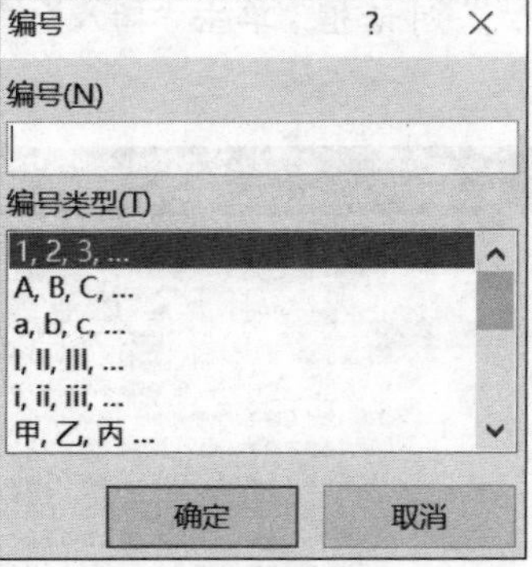

图 4-20 设置编号

4.3.4 插入时间和日期

文档中插入日期和时间后，可以向用户提供更多的文档信息，方便以后阅读和修改文档，用户通常可以使用“日期和时间”对话框来插入日期和时间，具体操作如下。

【1】打开“日期和时间”对话框。单击“插入”|“文本”|“日期和时间”选项，弹出“日期和时间”对话框，如图 4-21 所示。

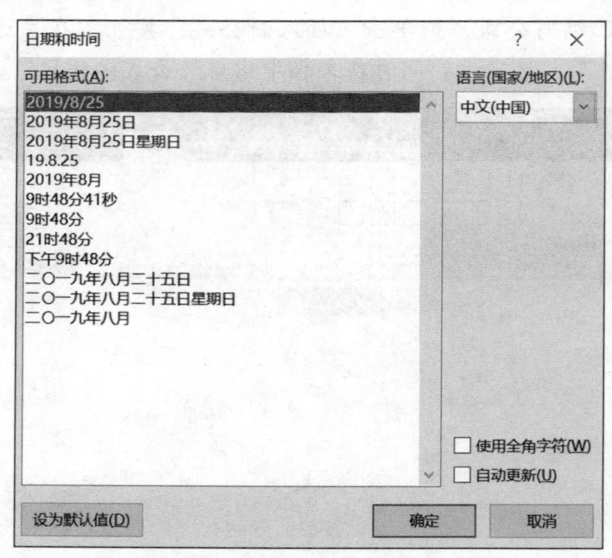

图 4-21 “日期和时间”对话框

【2】选择语言。在“日期和时间”对话框右侧的“语言（国家 / 地区）”下拉列表框中选择语言类型。

【3】选择格式。在“日期和时间”对话框左侧的“可用格式”列表框内显示了可以选用的各种格式，单击选中一种。

【4】插入日期或时间。单击“日期和时间”对话框的“确定”按钮，输入系统当天的日期和时间，如图 4-22 所示。

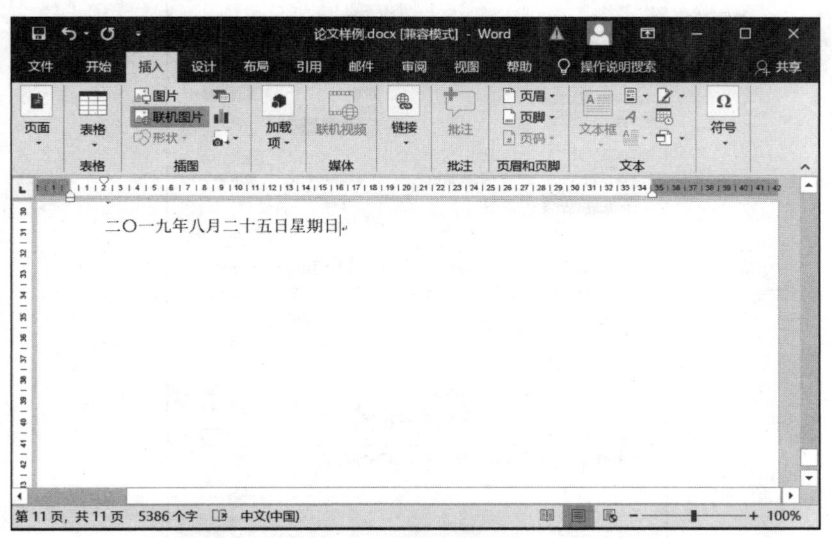

图 4-22　输入日期

4.4　设置文字格式

文字格式包括字体、字形、字号、文字颜色以及基本效果等方面的内容。设置恰当的文字格式能使文档结构更清晰，外观更美观，方便阅读与修改。

4.4.1　文字格式基本设置

【1】选中文本。

【2】打开“字体”常用工具栏。单击“开始”选项卡，在“字体”工具栏中显示常用工具，如图 4-23 所示。

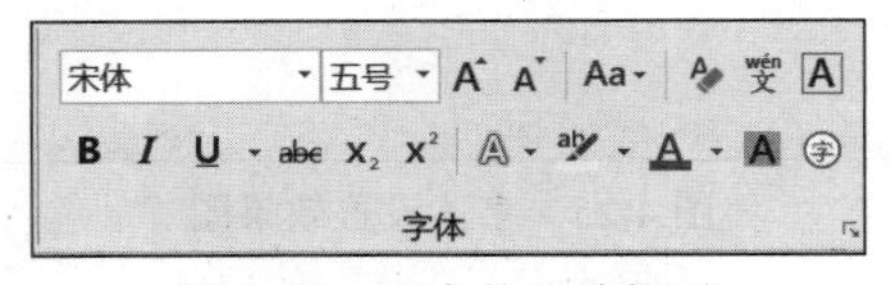

图 4-23　“字体”功能区

【3】打开“字体”对话框。如果需要更为详细的内容设置，则单击“字体”工具栏右下角按钮，弹出“字体”对话框。

【4】在“字体”对话框中，可以设置字体、字形、字号、字体颜色、下画线线型以及字体效果等。本案例设置“中文字体”为“华文新魏”，字形“加粗”，字号“小一”，字体颜色“深蓝”，如图 4-24 所示。

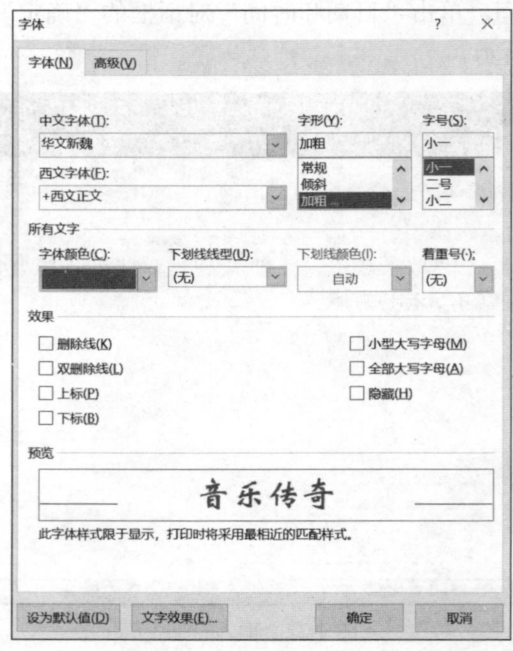

图 4-24 “字体”对话框

【5】设定完成。在“字体”对话框的“预览”中显示了文字设置的效果，单击“确定”按钮，设置完成，效果图如图 4-25 所示。

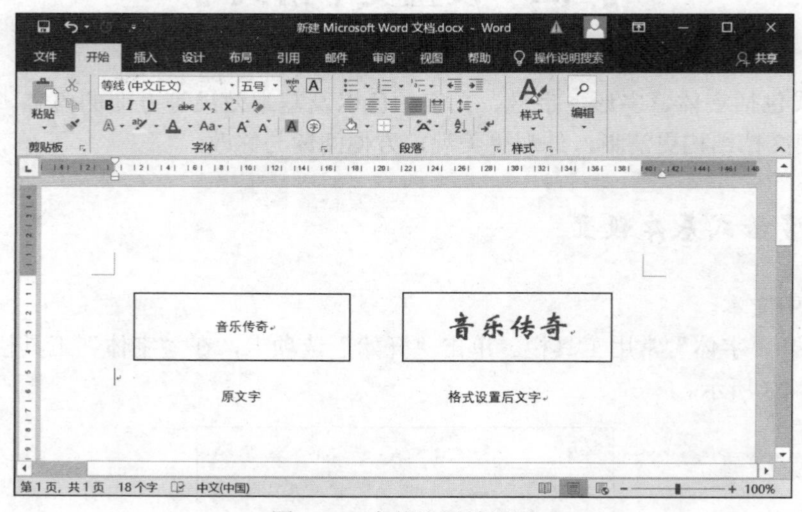

图 4-25 字体设置效果图

【技巧】用户新建文档后，可以先设置字体、字形和字号，则整个文档将按照设置的参数显示文本。

4.4.2 文字效果设置

在日常文档处理中，经常需要对文字颜色、基本效果进行设置，例如，设定文本的“发光和柔化边缘”效果，具体操作如下。

【1】选取文本。

【2】打开“设置文字效果格式”对话框。单击“开始”|“字体”|的 按钮，出现“设置文字效果和版式”下拉框，如图 4-26 所示。

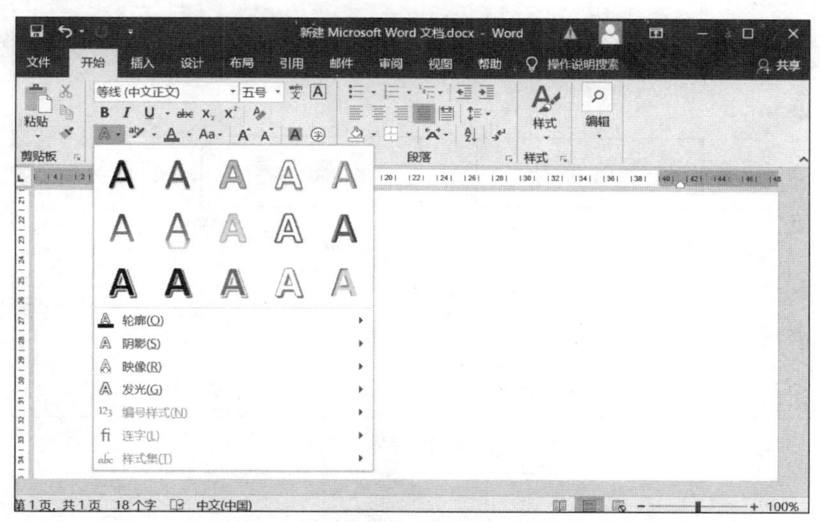

图 4-26　“设置文字效果格式”下拉框

【3】设置文本效果。选择“发光”选项，将“预设”设置为“蓝色，18 磅发光，强调文字颜色 1”，设置如图 4-27 所示。

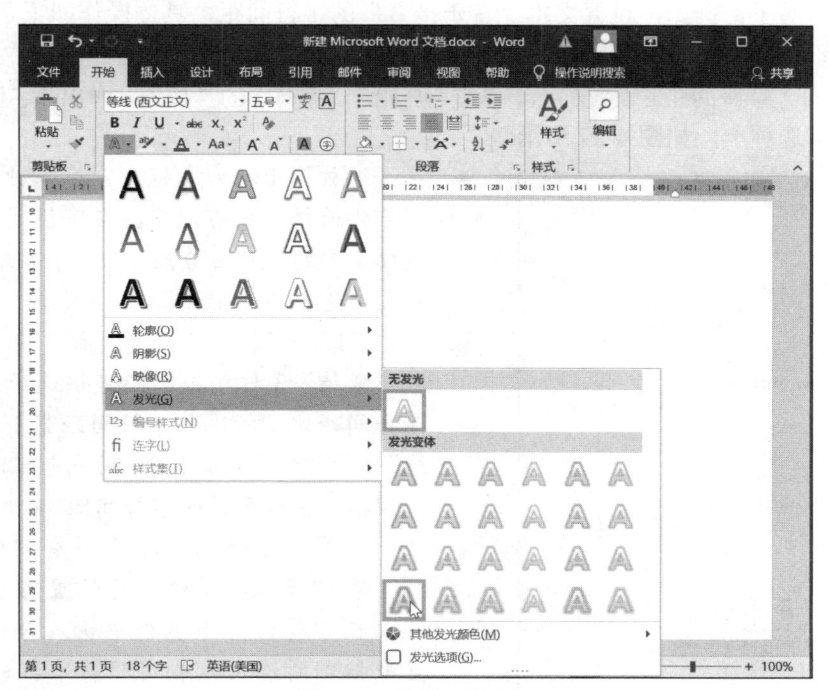

图 4-27　设置“发光”

【4】设置完成。单击要设置的效果图标，完成设置，效果如图 4-28 所示。

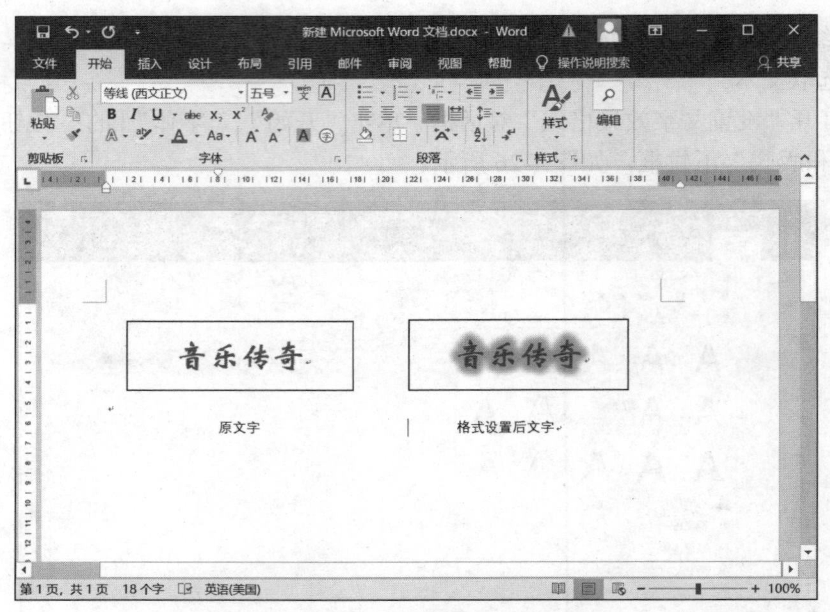

图 4-28　原图与效果图对比

4.4.3　字符间距设置

字符间距是指每行文本中相邻两个字符的距离，设置合适的字符间距，将使文档内容显示更加清晰明了。例如，设置文本“音乐传奇”的字符间距，具体操作如下。

【1】选中文本。

【2】打开“字符间距”设置界面。单击“开始”|“字体”的按钮，弹出“字体”对话框，选择“高级”选项卡，如图 4-29 所示。

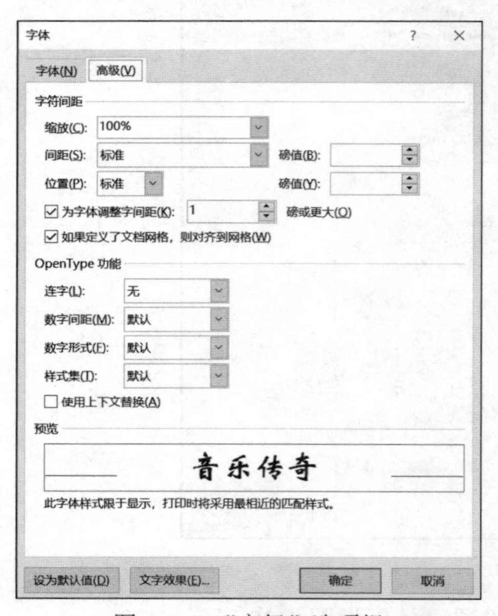

图 4-29　“高级”选项组

- 在“缩放”下拉列表框中，有多种字符缩放比例可供选择，也可以直接在下拉列表框中输入想要设定的缩放百分比数值（可不必输入“%”）对文字进行横向缩放。
- 在“间距”下拉列表框中，有“标准”“加宽”和“紧缩”3 种字符间距可供选择。“加宽”字符间距比“标准”字符间距宽 1 磅，而“紧缩”则比“标准”窄 1 磅，用户也可以在“磅值”微调框中输入合适的字符间距。
- 在“位置”下拉列表框中，有“标准”“提升”和“降低”3 种字符位置可选，用户也可以在“磅值”微调框中输入合适的字符位置来控制所选文本相对于基准线的位置。
- “为字体调整字间距”复选框用于调整文字或字母组合间的距离，以使文字看上去更加美观、均匀。

- “如果定义了文档网格，则对齐到网格”复选框，Word 2016 将自动设置每行字符数，使其与“页面设置”对话框中设置的字符数相一致。

【3】输入缩放比例。单击图 4-29 所示的对话框中的“缩放”下拉列表框，输入缩放比例“200%”，单击“确定”按钮，显示效果如图 4-30 所示。

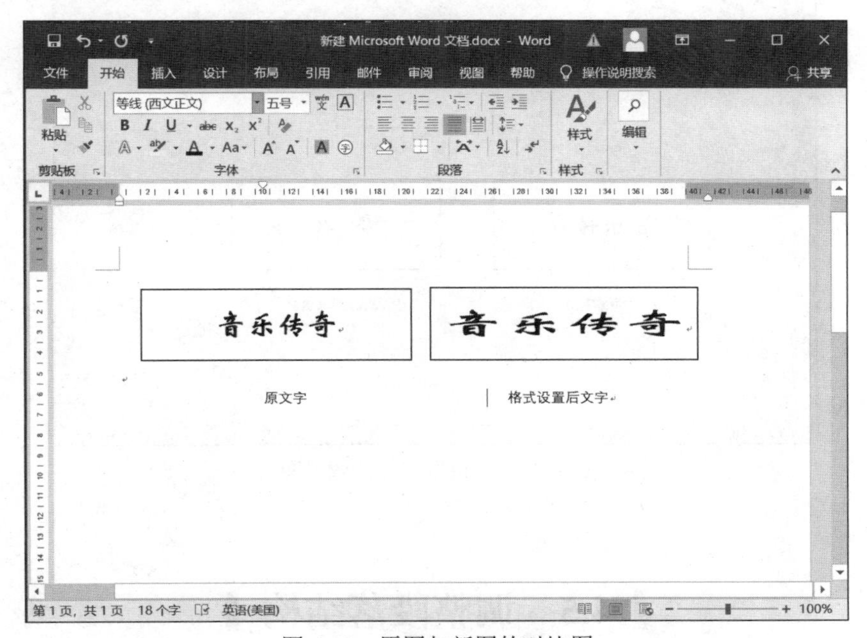

图 4-30　原图与新图的对比图

【4】设置“位置”。需要设定“位置”的文本为“音乐传奇”，首先，选定“音”字，进行设定，在“位置”下拉列表框中设定为“上升”，磅值为“12 磅”，如图 4-31 所示。

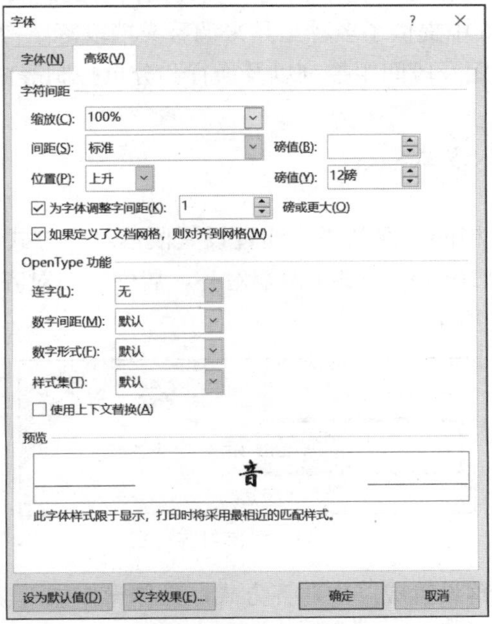

字体
字体(N)　高级(V)
字符间距
缩放(C): 100%
间距(S): 标准　磅值(B):
位置(P): 上升　磅值(Y): 12磅
为字体调整字间距(K): 1　磅或更大(O)
如果定义了文档网格，则对齐到网格(W)
OpenType 功能
连字(L): 无
数字间距(M): 默认
数字形式(F): 默认
样式集(T): 默认
使用上下文替换(A)
预览
音
此字体样式限于显示，打印时将采用最相近的匹配样式。
设为默认值(D)　文字效果(E)...　确定　取消

图 4-31　“位置”设定图

其他依次下降，字符间距为 6 磅，单击“确定”按钮，完成设置，如图 4-32 所示。

图 4-32 “位置”设定效果图

4.5 调整段落结构

段落结构是指以段落为单位的格式设置。段落结构包括了段落本身的格式和段落之间的对齐关系等内容。良好的段落结构不但能体现文档内容的逻辑关系，而且能够给用户良好的阅读感受。Word 2016 中提供了多种工具来调整文档段落结构，本节将主要介绍段落对齐方式、缩进方式、行间距及段间距控制以及换行和分页控制等内容。

4.5.1 设置段落对齐方式

段落对齐直接影响文档的版面效果。通过设置段落对齐方式，可以控制段落中文本水平方向的排列方式。Word 2016 中提供了两端对齐、居中、右对齐、左对齐、分散对齐 5 种段落对齐方式，如图 4-33 所示。

图 4-33 段落对齐方式

将下列海报标题和段落设置成居中对齐方式，具体操作如下。

【1】选取段落。

【2】设置对齐方式。选中“开始”选项卡，在“段落”选项组中有 5 种对齐方式，单击“居中”的对齐方式，显示效果原图与最新设定图分别如图 4-34 和图 4-35 所示。

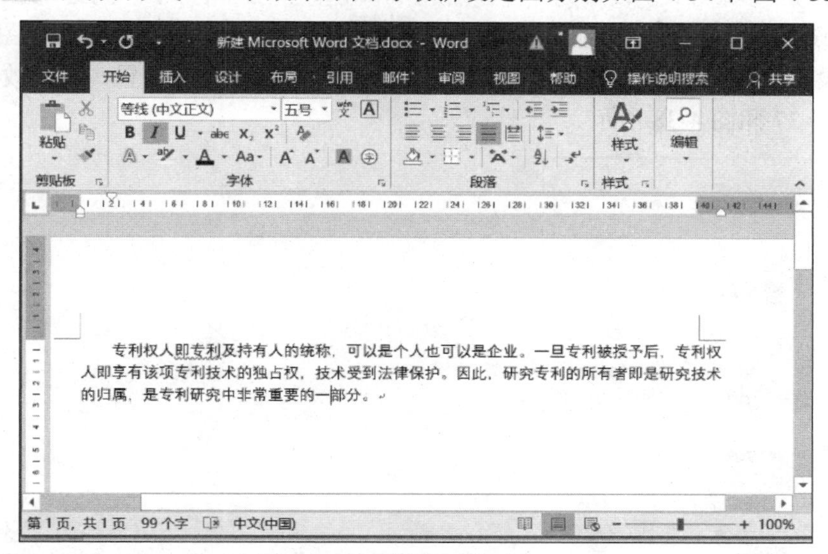

图 4-34　原图（两端对齐）

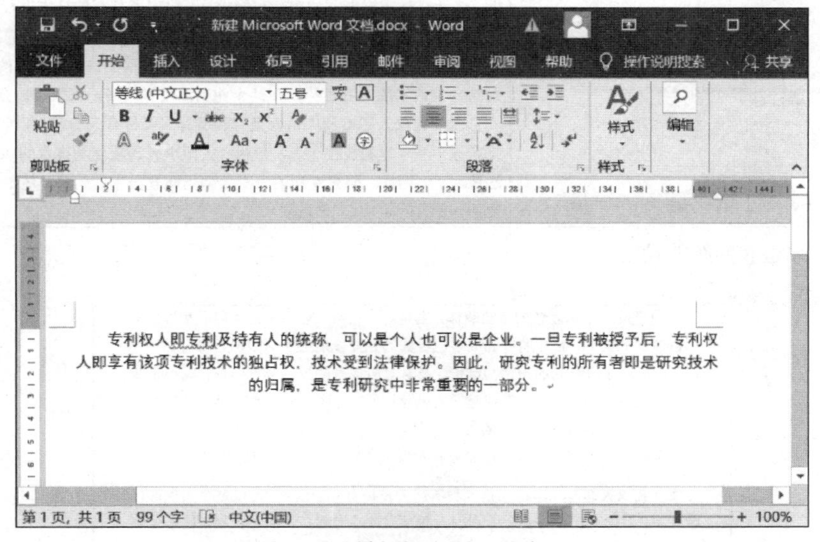

图 4-35　最新设定图（居中）

4.5.2　缩进方式和间距控制

段落缩进是指段落在水平方向的排列分布；间距控制是指控制段落之间垂直方向的距离。有效设定缩进方式和间距控制将增强文档的可读性。

例如，将正文部分设置成首行缩进 2 字符，段内行距为固定值 20 磅，段间距是段前 0.5 行，段后 0.5 行，具体操作步骤如下。

【1】选取文本。

【2】设置段落效果。单击“开始”|“段落”的按钮，弹出“段落”对话框。在对话框中，“缩进”组内的“特殊格式”设置为“首行缩进”，磅值为“2 字符”；“间距”组内的“段前”和“段后”设置为 0.5 行，“行距”设为“固定值”为“20 磅”，具体设置如图 4-36 所示。

【3】设定完成。单击“段落”对话框的“确定”按钮，完成设置，原始效果和设定效果分别如图 4-37 和图 4-38 所示。

图 4-36　缩进和间距的设定

专利是反映技术创新的重要载体，也是对个人或企业技术的保障。尤其在竞争日益激烈的当下，企业的专利战略已经成为企业发展必不可少的一部分。一方面，企业需注重对专利的申请与维护，及时对所持有的技术进行申报，保护企业技术，并注重专利侵权，有效规避诉讼风险。另一方面，企业通过对专利数据的分析，能够及时掌握竞争对手的发展动向，识别某一技术领域的核心专利权人，判断当前技术的发展走势，帮助企业制定发展战略，有效对抗竞争对手。[1]

而专利权人即专利申请人是专利所有人及持有人的统称，可以是个人也可以是企业。一旦专利被授予后，专利权人即享有该项专利技术的独占权，技术受到法律保护。因此，研究专利的所有者即是研究技术的归属，是专利研究中非常重要的一部分。

图 4-37　原始效果

专利是反映技术创新的重要载体，也是对个人或企业技术的保障。尤其在竞争日益激烈的当下，企业的专利战略已经成为企业发展必不可少的一部分。一方面，企业需注重对专利的申请与维护，及时对所持有的技术进行申报，保护企业技术，并注重专利侵权，有效规避诉讼风险。另一方面，企业通过对专利数据的分析，能够及时掌握竞争对手的发展动向，识别某一技术领域的核心专利权人，判断当前技术的发展走势，帮助企业制定发展战略，有效对抗竞争对手。[1]

而专利权人即专利申请人是专利所有人及持有人的统称，可以是个人也可以是企业。一旦专利被授予后，专利权人即享有该项专利技术的独占权，技术受到法律保护。因此，研究专利的所有者即是研究技术的归属，是专利研究中非常重要的一部分。

图 4-38　新设置段落

4.6　边框和底纹设置

边框和底纹能突出显示文档内容或者使文档更为美观。用户可以将边框或底纹添加至文字或页面中，本节将介绍文字边框、文字底纹、页面边框以及页面底纹的设置方法。

4.6.1　设置文字边框与底纹

例如，对文档中的“再别康桥”设置边框和底纹，具体操作如下。

【1】选中需要设置底纹和边框的文本。

【2】进入“边框和底纹”对话框。单击“开始”|“段落”|“边框”|“边框和底纹”选项，如图 4-39 所示，弹出“边框和底纹”对话框，如图 4-40 所示。

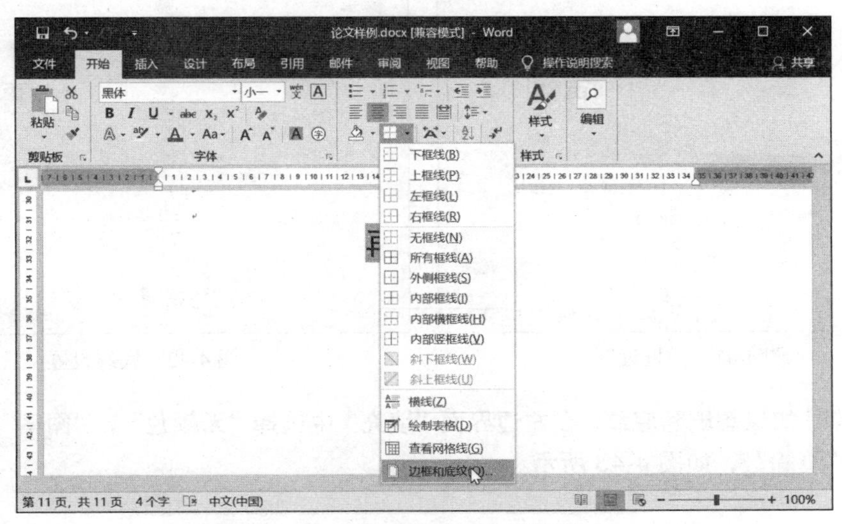

图 4-39　“边框和底纹”对话框一

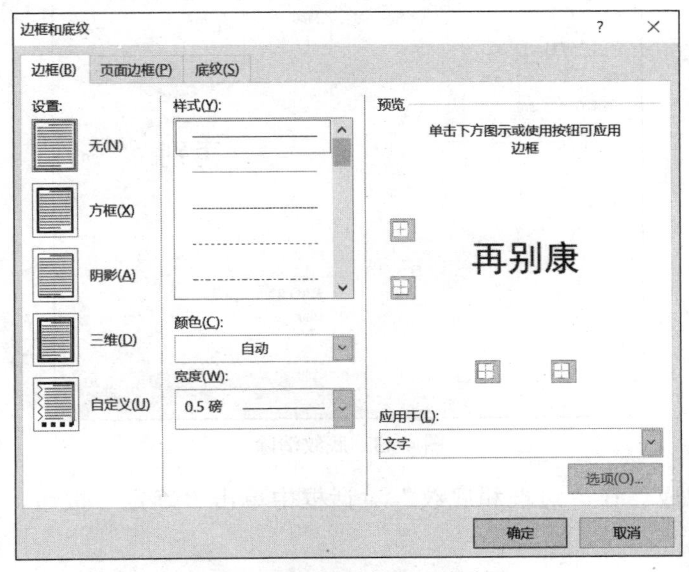

图 4-40　“边框和底纹”对话框二

【3】设置边框。在“边框和底纹”对话框中选择“边框”选项卡，在左边界面“设置”中选择“方框”；在中间界面“样式”中选择“双波浪线”，“颜色”选择“蓝色”，“宽度”设置为“0.75 磅”；在右侧界面中选择应用于“文字”。此时，在“预览”中可看到设置效果，如图 4-41 所示。

【4】设置底纹。在“边框和底纹”对话框中选择“底纹”选项卡，在左侧界面“填充”中选择“黄色”，“图案”里的“样式”选择“浅色上斜线”，“颜色”选择“红色”；在右侧界面中选择应用于“文字”。此时，在“预览”中可看到设置效果，如图 4-42 所示。

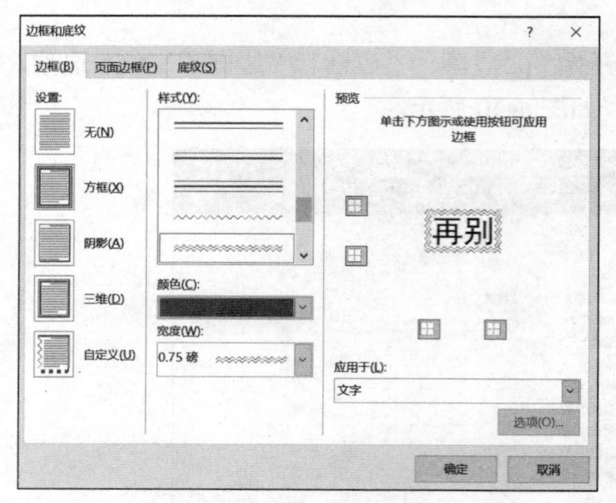

图 4-41　边框设置

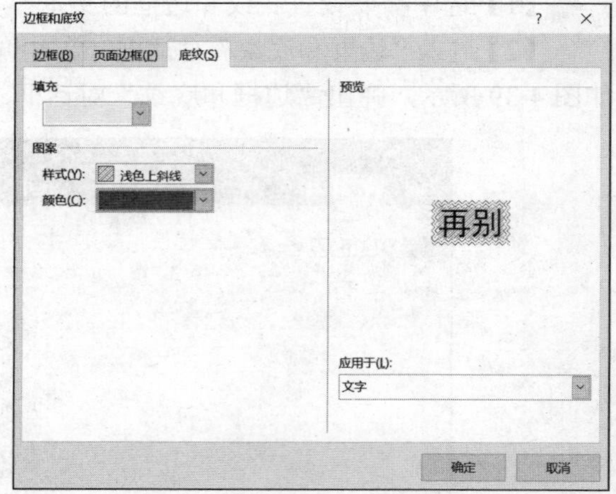

图 4-42　底纹设置

【说明】如果想删除底纹，在左边界面“填充”中选择“无颜色”，“图案”里的“样式”选择“清除”，如图 4-43 所示。

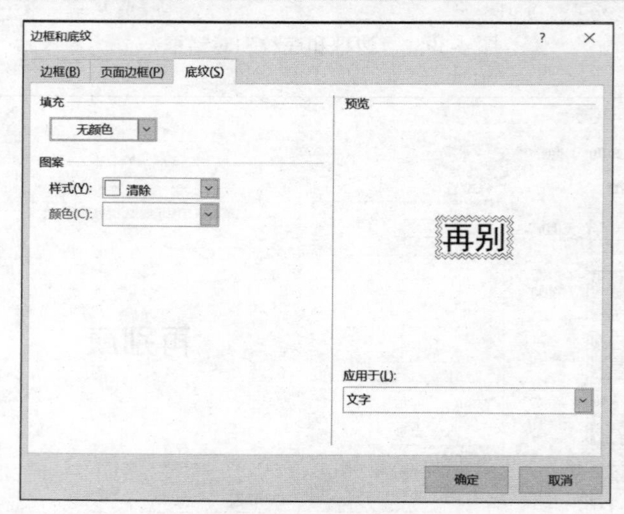

图 4-43　底纹清除

【5】设置完成。在“边框和底纹”对话框中单击“确定”按钮，完成设置，效果如图 4-44 所示。

图 4-44　设置效果图

4.6.2 设置页面边框

Word 2016 提供了多种线条样式和颜色的页面边框，用户可以为文档中每页的任意一边或所有边添加边框。

例如，对文档中的“再别康桥”设置边框，具体操作如下。

【1】选中需要设置底纹和边框的页面。

【2】打开“边框和底纹”对话框。单击“开始”|“段落”|“边框”|“边框和底纹”选项，或单击“设计”|“页面背景”|“页面板框”选项，弹出“边框和底纹”对话框。

【3】设置页面边框。选择“页面边框”选项卡，进入页面边框设置界面。

- 在左侧界面“设置”中可设置边框类型，本案例选择“方框”。
- 在中间界面可设置边框的样式、颜色以及宽度，同时也可以直接将其设为艺术型，本案例将其设置为艺术型。
- 在右侧界面中可选择所设置的边框的应用范围，本案例选择应用于“整篇文档”，同时，在“预览”中可看到设置效果，如图 4-45 所示。

【说明】如果想删除边框，只需在右侧界面中选择应用于“整篇文档”，在左侧界面“设置”中选择“无”即可。

【4】设置完成。设置完成后的效果图如图 4-46 所示。

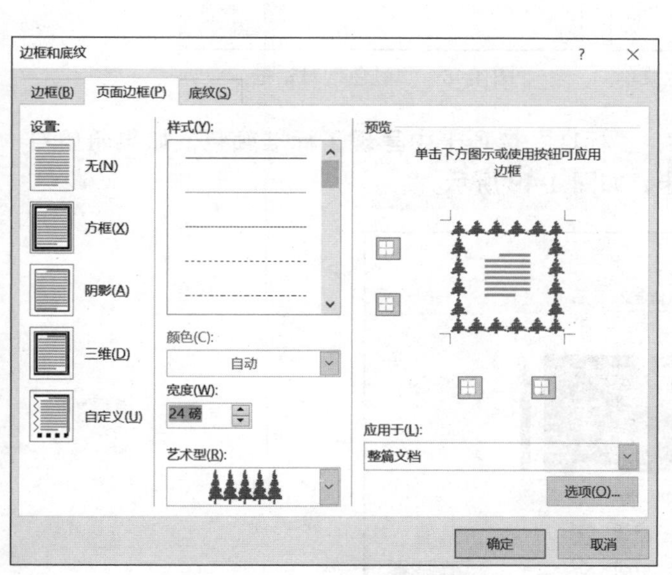

图 4-45　设置页面边框

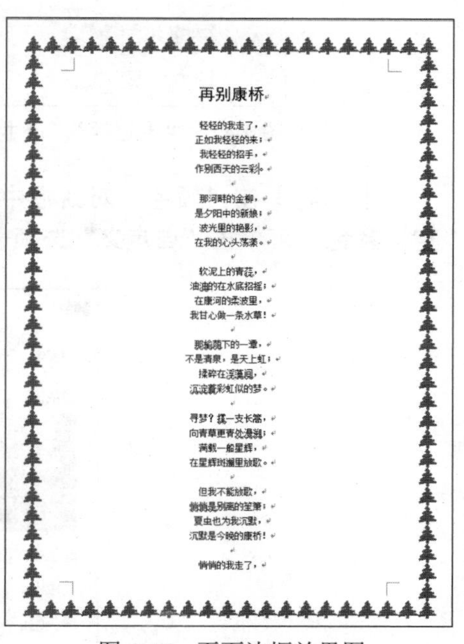

图 4-46　页面边框效果图

4.6.3 设置页面底纹

页面底纹是指文档中显示在文本后面的图案、颜色等内容。通过设置页面底纹，可以使文档更加美观。本节主要介绍设置页面背景颜色、添加图片或文字作为页面水印的方法。

【1】添加页面背景颜色。为页面添加背景颜色，是指单纯地添加颜色作为页面背景。设置合适的页面背景颜色，将获得更好的文档显示效果。用户通常可以使用“颜色”对话框来给文档添加背景颜色。

例如，下面是一个电子数码产品宣传海报，为该海报添加水蓝色的背景，具体操作如下。

①打开“颜色”对话框。单击“设计”|“页面背景”|“页面颜色”选项，弹出下拉菜单，如图 4-47 所示。

②设置背景色。既可以从主题颜色中选取背景色，也可以从标准色中选取。为了获取更加丰富的颜色选择范围，则可单击“其他颜色”按钮，弹出“颜色”对话框，如图 4-48 所示，选取湖蓝色。

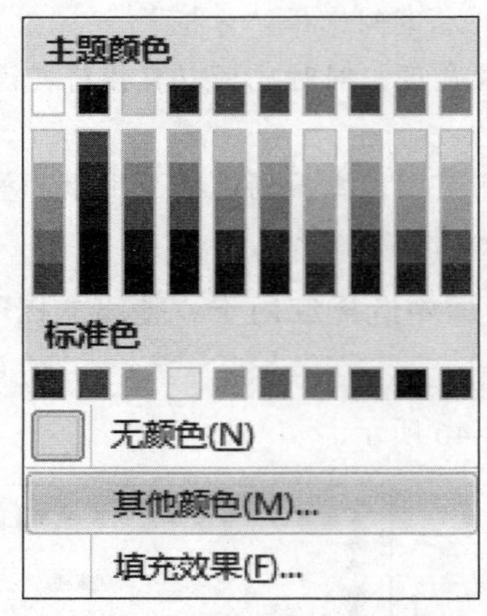

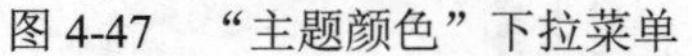

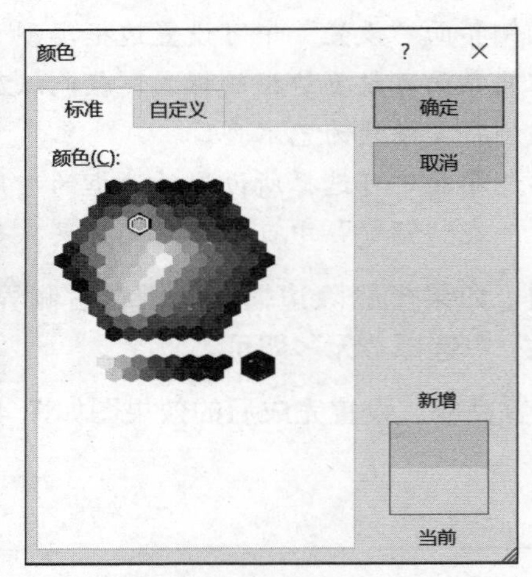

图 4-47 “主题颜色”下拉菜单　　图 4-48 “颜色”对话框

【说明】在“颜色”对话框中，“标准”选项卡中呈现了标准颜色，如果希望自定义颜色，可单击“自定义”选项卡，如图 4-49 所示。

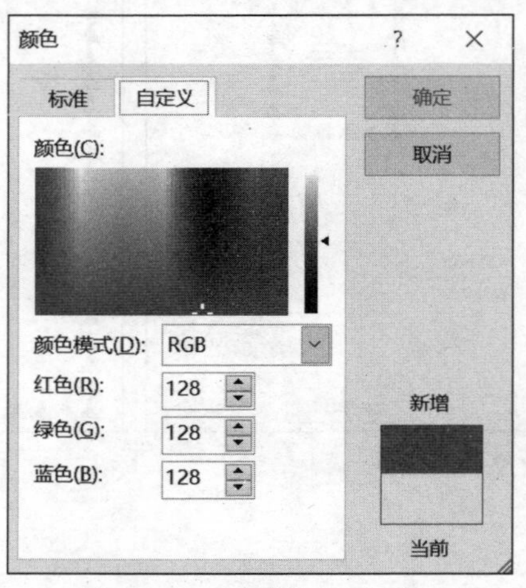

图 4-49 “自定义”选项卡

③完成背景颜色设置。单击“颜色”对话框中的“确定”按钮，完成背景色的设定，如图 4-50 所示。

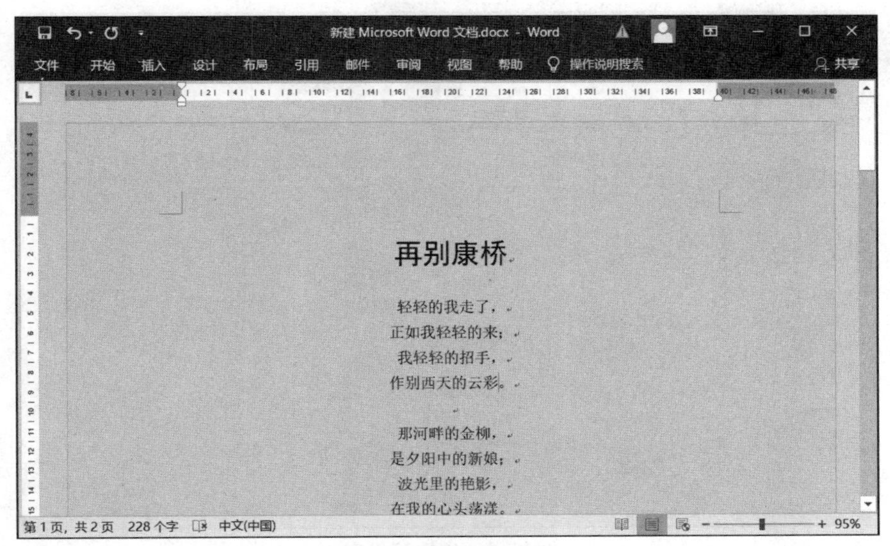

图 4-50　背景颜色设定

【2】调整页面背景填充效果。填充效果是指通过明暗、阴影、纹理、图案和图片等方式，改变页面背景的显示效果。

下面设置“再别康桥”一文的背景填充效果，具体操作如下。

①打开“填充效果”对话框。单击“设计” | “页面背景” | “页面颜色” | “填充效果”选项，打开“填充效果”对话框，如图 4-51 所示。

②设置填充效果。“颜色”部分设置为“双色”，分别选取颜色 1 为“橙色”，颜色 2 为“黄色”；“底纹样式”设置为“中心辐射”，如图 4-52 所示。

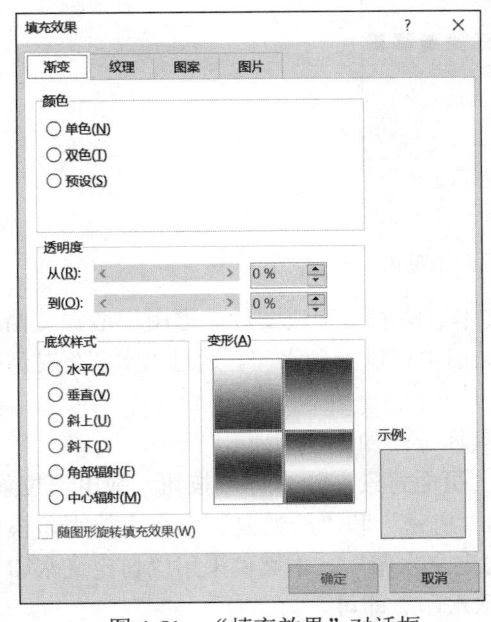

图 4-51　“填充效果”对话框

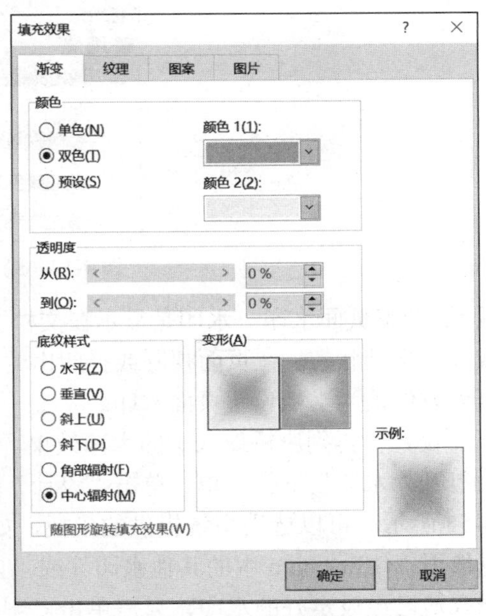

图 4-52　填充设置

③完成设置。单击“确定”按钮，完成效果设置，如图 4-53 所示。

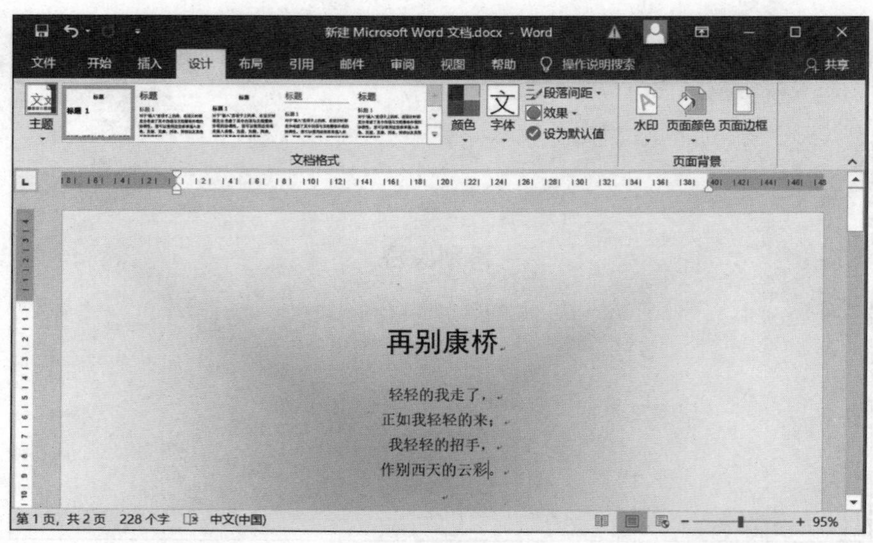

图 4-53 填充效果图

【说明】如果想删除背景颜色或填充效果，只需单击“设计”|“页面背景”|“页面颜色”选项，在弹出的下拉菜单中选择“无颜色”选项即可，如图 4-54 所示。

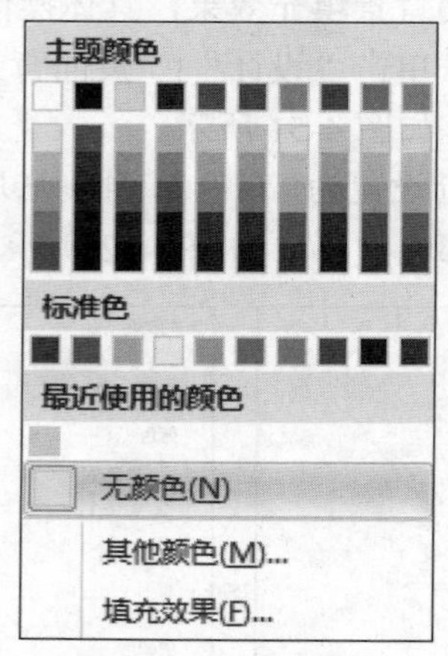

图 4-54 删除背景颜色

【3】调整页面水印。水印是显示在文档文本后面的文字或图片，可用于增强文档显示效果或标识文档状态。在页面视图或打印出的文档中可以看到水印。通过“水印”对话框，用户可以方便地为文档设置页面水印。

下面设置“再别康桥”一文的水印效果，具体操作如下。

①打开“水印”下拉菜单。单击“设计”|“页面背景”|“水印”按钮，弹出下拉菜单，如图 4-55 所示。可以选用系统提供的模板，如“机密”和“严禁复制”组内的水印模板，也可以选用“Office.com 中的其他水印”或“自定义水印”，本案例采用“自定义水印”。如果想取消已经设定好的水印，只需单击“删除水印”即可。

②打开“自定义水印”对话框。单击“自定义水印”按钮，弹出“水印”对话框，如图 4-56 所示。可选择“无水印”“图片水印”和“文字水印”。

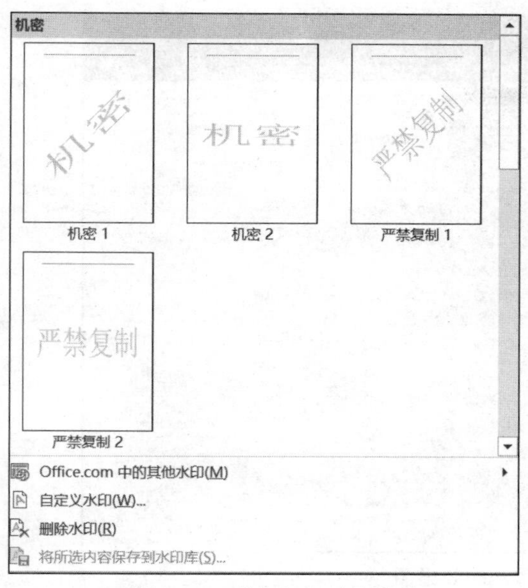

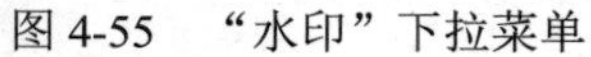
图 4-55 “水印”下拉菜单

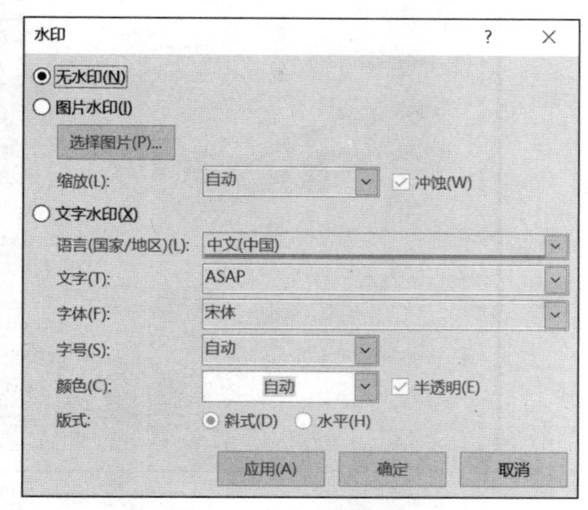

图 4-56 “水印”对话框

③设置图片水印。本案例选择“图片水印”，故选中“图片水印”选项，单击“选择图片”按钮，弹出“插入图片”对话框，共有 3 种插入图片的方式，如图 4-57 所示。选择从文件插入的方式，如图 4-58 所示。

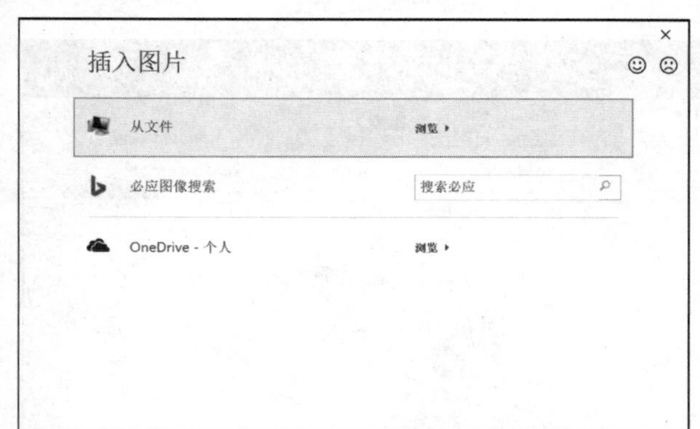

图 4-57 “插入图片”对话框

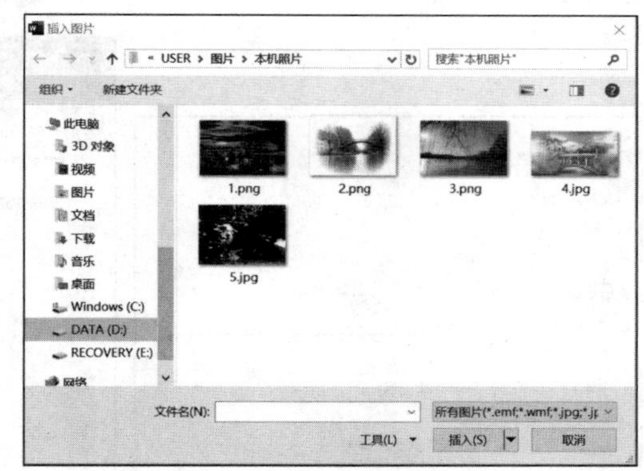

图 4-58 从文件插入

选择所需图片，为了使图片与文档尺寸更好地匹配，在“缩放”中设置为 200%，如图 4-59 所示。

④完成图片水印设置。单击“确定”按钮，关闭“水印”对话框，水印设置效果如图 4-60 所示。

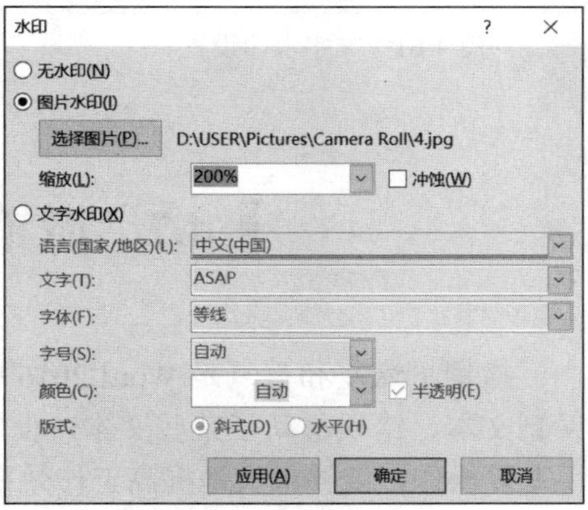

图 4-59 图片水印设置

图 4-60　图片水印效果图

⑤设置文字水印。也可以选择“文字水印”，选中“文字水印”选项，可设置“语言”“文字”“字体”和“版式”等，具体设置如图 4-61 所示。

⑥完成文字水印设置。单击“确定”按钮，关闭“水印”对话框，水印设置效果如图 4-62 所示。

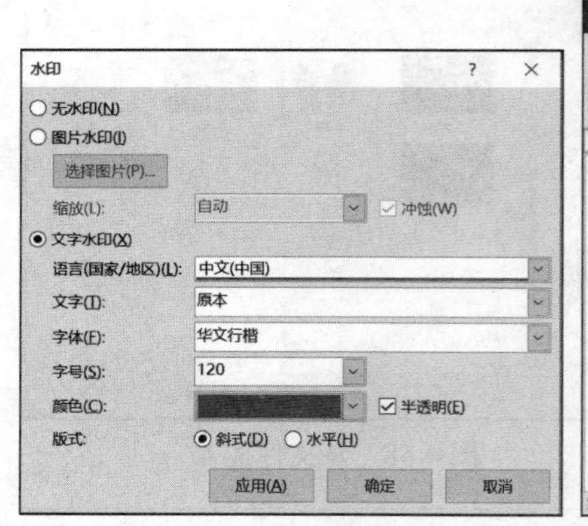

图 4-61　文字水印设置

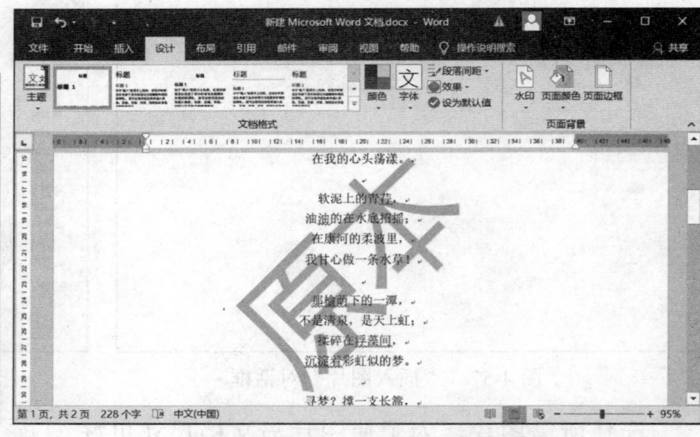

图 4-62　文字水印效果图

4.7　撤销、恢复和重复操作

撤销、恢复和重复是 Word 2016 中常用的操作。用户编辑文档时如果出现错误，例如误删文本、错误移动了某些文本，使用撤销、恢复操作可以迅速纠正错误操作。合理地使用重复操作，能够极大地提高工作效率。

4.7.1 撤销操作

撤销操作，是指当执行了错误的编辑命令后，取消错误编辑的过程。撤销操作特别适合以下情况：用户不小心按错了键盘，但又不知道执行了哪些错误操作，此时，使用撤销操作，将取消刚刚执行的错误操作，而无须细究具体执行了哪些错误操作。撤销操作可以撤销一次操作，也可以同时撤销多次操作。

【1】撤销一次操作。单击 Word 2016 界面左上角的【撤销键入】按钮，将撤销前一次操作内容，如图 4-63 所示。

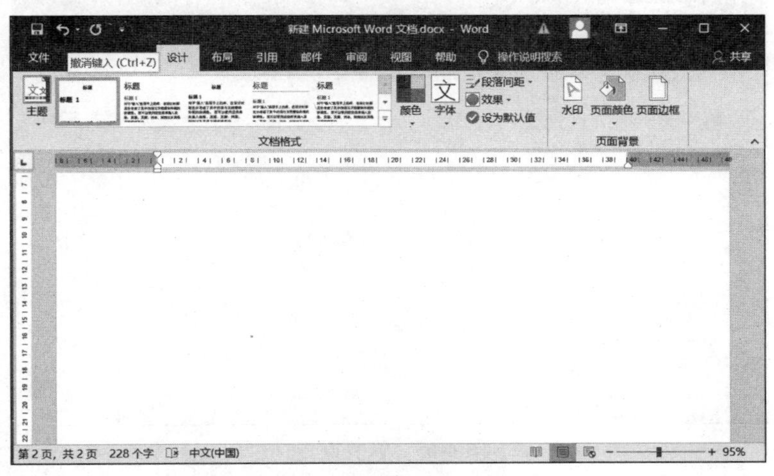

图 4-63　“撤销输入”按钮

【2】撤销多次操作

①显示最近操作。单击 Word 2016 界面左上角的“撤销键入”按钮旁的下三角按钮，将显示前几次操作的信息，如图 4-64 所示。

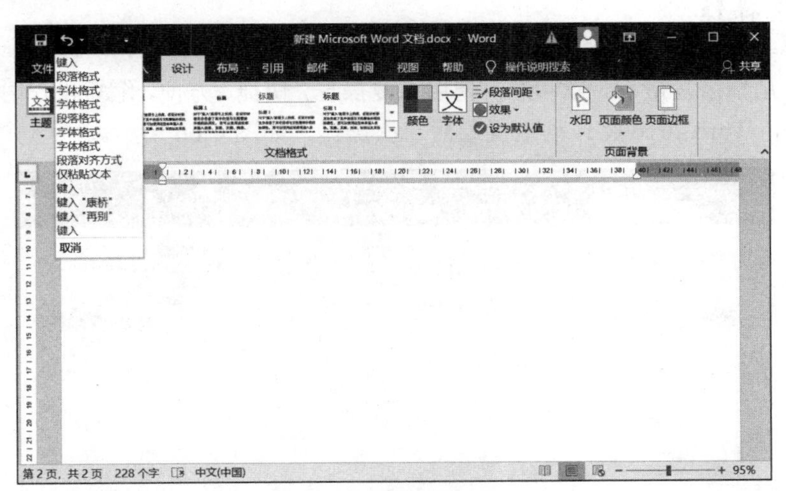

图 4-64　撤销操作

②撤销多次操作。向下移动鼠标，选中所有需要撤销的操作单击，将撤销所有选中的操作。

4.7.2 恢复操作

如果用户错误地撤销了某项操作，可以使用恢复功能，重新恢复该操作。将撤销和恢复操作配合使用，可以大幅提高工作效率。

恢复操作的方法类似于撤销操作。单击“恢复键入”按钮，将恢复一次被撤销操作，如图 4-65 所示。同样，也可以一次恢复多次操作，恢复全部的撤销操作后，文档将还原到上一次存盘前的状态。

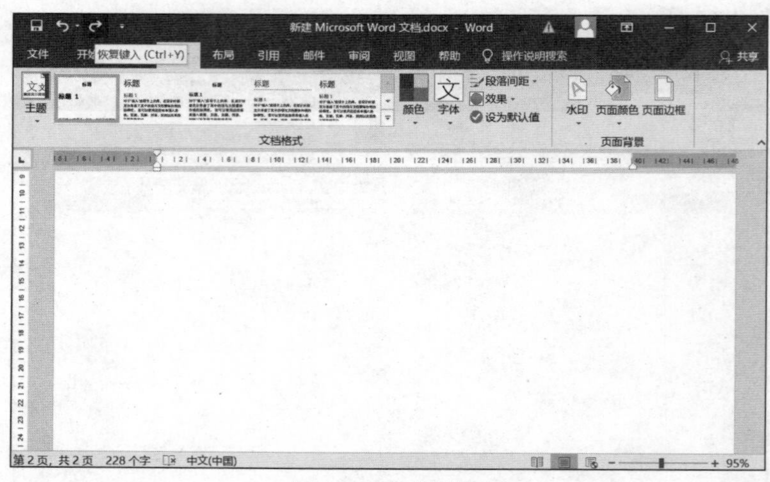

图 4-65 恢复操作

【注释】只有当用户有撤销操作的动作后，工具栏“恢复输入”按钮才被激活，可以进行恢复操作。

4.7.3 重复操作

重复操作是指重复最后一次操作，使用重复操作，快捷、方便，缩短操作时间。单击“重复键入”按钮，Word 2016 将自动重复最后一次操作，如图 4-66 所示。

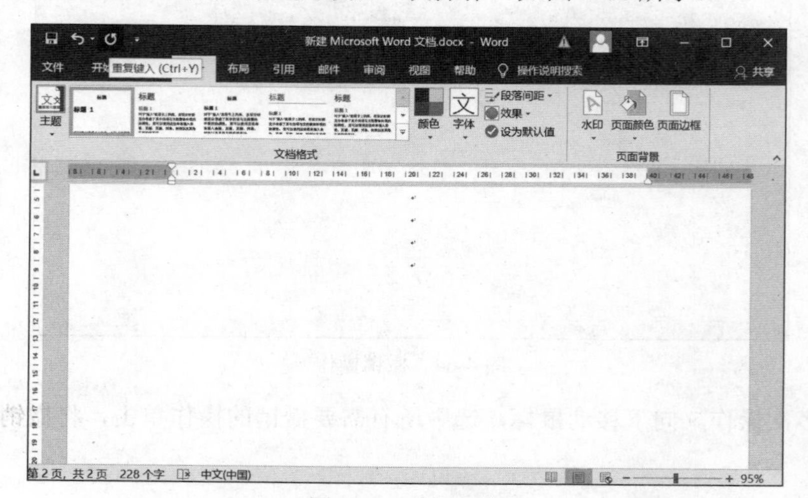

图 4-66 重复操作

4.8　查找、替换、定位功能

4.8.1　查找

当文档较长时，需要在文档中手动寻找特定的短语或文本十分不便，此时可以使用 Word 2016 提供的查找功能。查找功能仅用于定位文本，不会对文档进行任何修改，具体操作如下。

【1】打开“查找”功能。单击“开始”|“编辑”|“查找”选项，弹出“导航”界面，如图 4-67 所示。

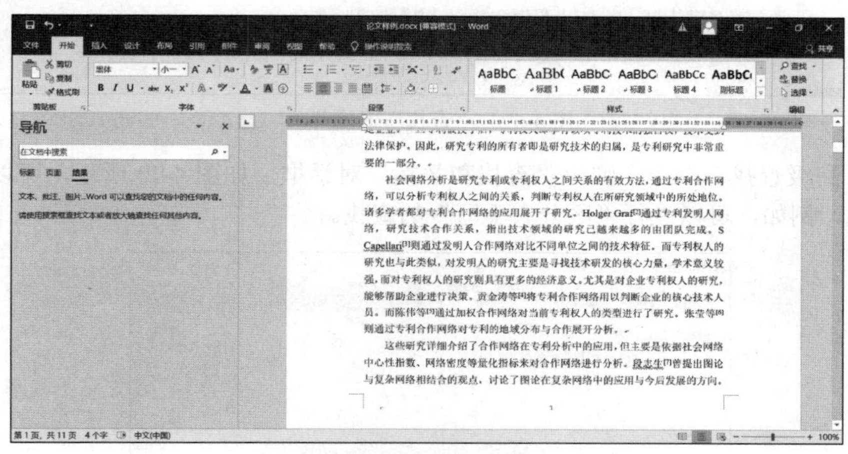

图 4-67　“导航”窗口

【2】输入查找内容，进行查找。在“导航”一栏的“搜索文档”文本框中输入“专利”，将开始查找符合要求的文本，并彩色标示，如图 4-68 所示。

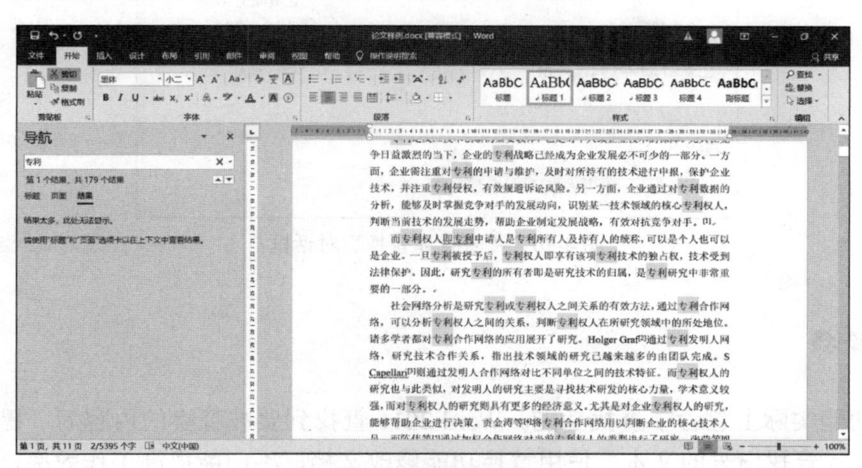

图 4-68　查找结果

【3】高级查找。单击“开始”|“编辑”|“查找”右侧的 ▾ 按钮，弹出下拉菜单，如图 4-69 所示。

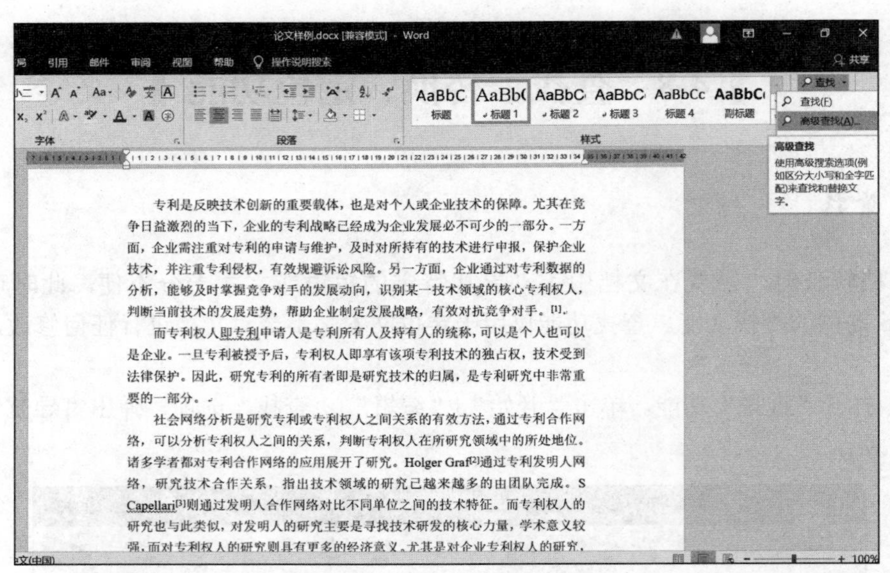

图 4-69 “查找”下拉菜单

选中“高级查找”命令，弹出“查找和替换”对话框，如图 4-70 所示，可以进行详细内容的查找，例如，可以进行“区分大小写”的查找。

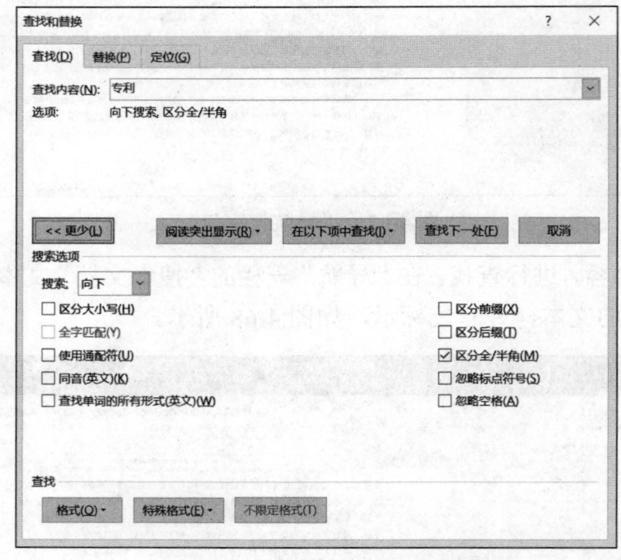

图 4-70 “查找和替换”对话框

4.8.2 替换

替换功能实际上包含了查找功能。Word 2016 查找到要被替换的内容后，提示用户将新的文本取代查找出来的文本。使用替换功能修改文档，不但能提高工作效率，同时可以确保不会错过任何一处需要替换的文本。

例如，将“专利”替换为“文献”，具体操作如下。

【1】打开“替换”功能。单击“开始”|“编辑”|“替换”选项，弹出“查找和替换”对话框，如图 4-71 所示。

【2】输入替换内容。在“查找内容”文本框中输入搜索内容“专利”；在“替换为”文本框中输入替换内容“文献”，如图 4-72 所示。

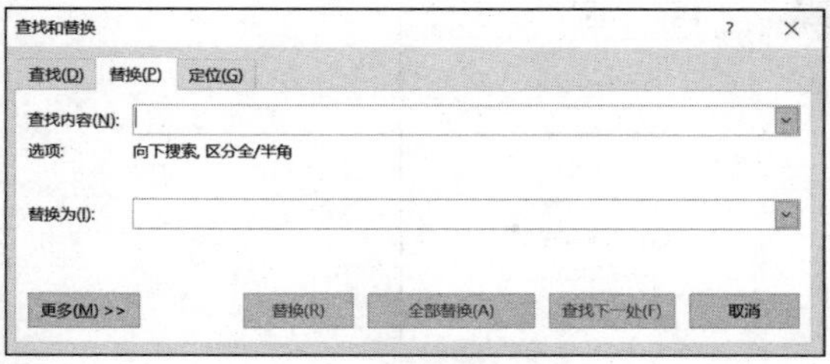

图 4-71　“查找和替换”对话框

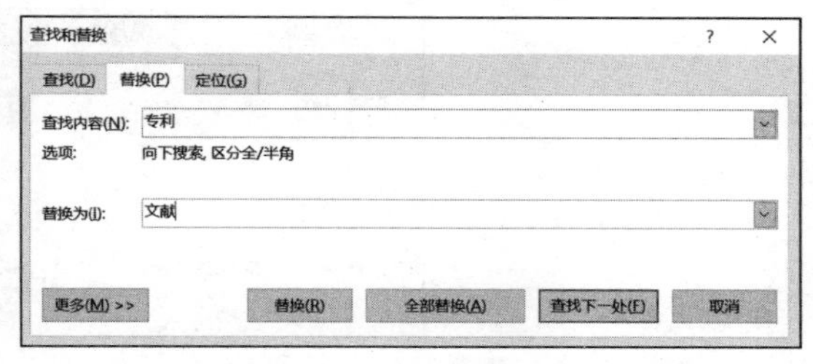

图 4-72　替换设置

内容替换时，可以特定位置替换，也可以全文替换。如果只需要替换特定位置，则查找到相应位置，单击“替换”按钮；如果需要全文替换，则单击“全部替换”按钮。

【3】高级替换。如果替换时，文字内容无变化，仅仅需要修改其格式，则可以用“高级替换”功能来完成。例如，将文档中的“专利”替换为“红色、楷体、加粗、三号字体、斜体”。

①打开“替换”更多功能。单击“查找和替换”对话框中的“更多”按钮，显示“替换”更多的功能，如图 4-73 所示。

②设置替换的内容和格式。因为内容不变，仅仅将格式更换，在“查找内容”文本框中输入“专利”，在“替换为”文本框中无须输入内容，仅仅设置格式即可。单击“格式”按钮，如图 4-74 所示。

图 4-73　“替换”高级应用

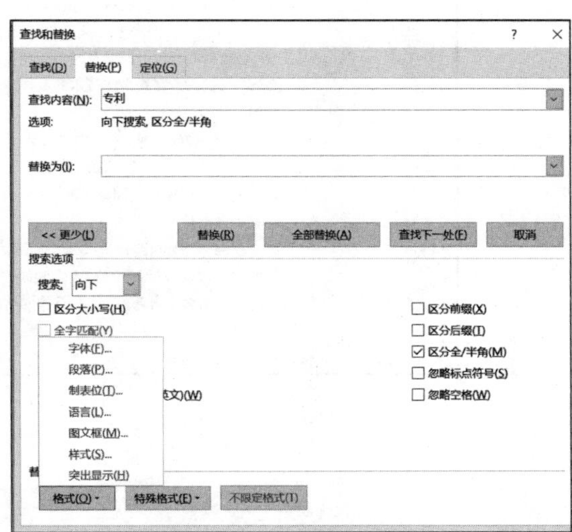

图 4-74　打开“格式”命令

设置具体要更改的格式，如图 4-75 所示。

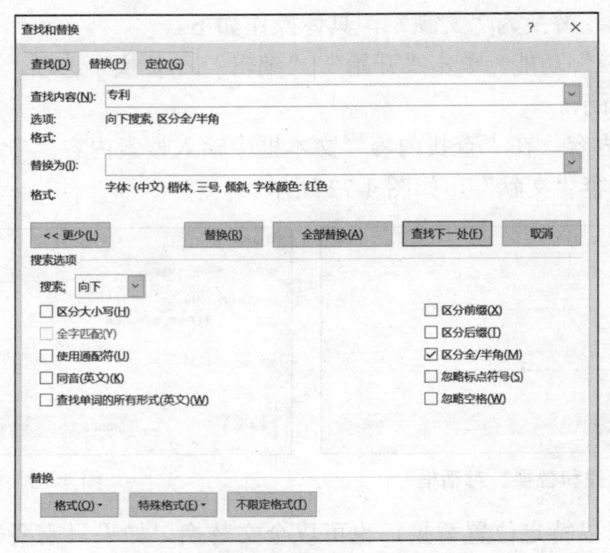

图 4-75 替换设置

设置完成后，单击“全部替换”按钮，实现全部替换，效果图如图 4-76 所示。

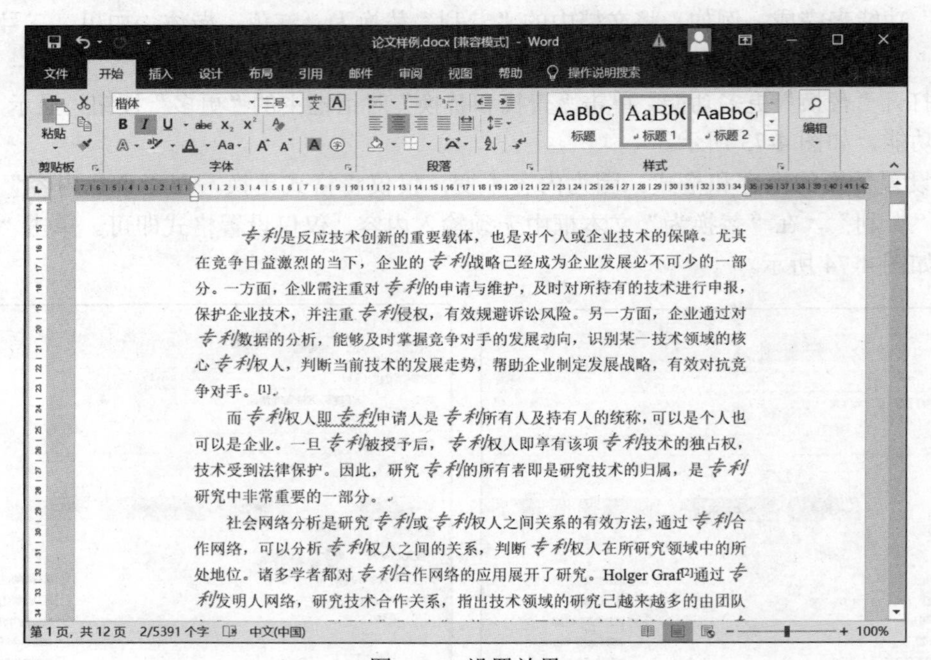

图 4-76 设置效果

第5章 页面设置与文档输出

内容提要

本章介绍了文档视图与版式的不同类型及功能；阐述了页边距、纸张大小等设置，分页和换行的方法，页眉、页脚以及页码的插入和格式设置；详细讲解了样式的应用、编辑及管理；描述了文档的打印输出设置。该部分内容是Word文档编辑和输出时所应用到的重要功能。

重要知识点

- 文档视图的类型和功能
- 分页功能的设置
- 页眉、页脚的插入
- 样式的应用和管理

5.1 选择文档视图与版式

视图是屏幕上显示文档的方式。Word 2016 中提供了页面视图、阅读版式视图、Web 版式视图、大纲视图和草稿视图 5 种文档视图。用户可以通过选择不同的视图，以适应不同的工作场合。用户可以在“视图”|“视图”中切换所需的视图，也可在状态栏右下角快速切换页面视图、阅读版式视图、Web 版式视图等。

【1】页面视图。页面视图用于查看文档的打印外观，页面视图可以显示 Word 2016 文档的打印结果外观，主要包括页眉、页脚、图形对象、分栏设置、页面边距等元素，是最接近打印结果的页面视图，如图 5-1 所示。

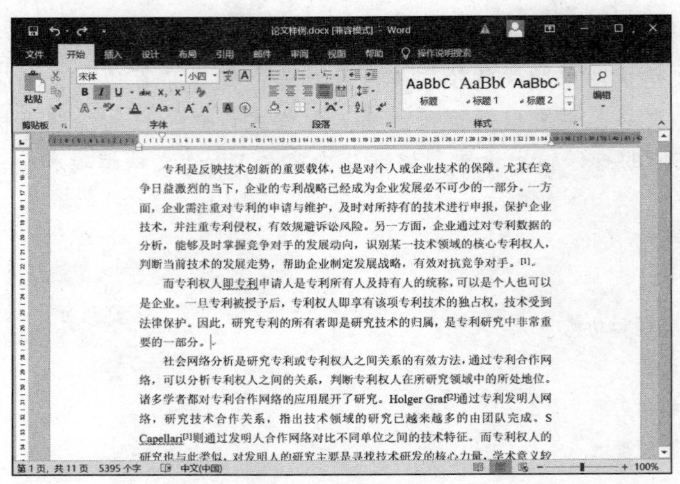

图 5-1　页面视图

【2】阅读版式视图。阅读版式视图特点是利用最大的空间来阅读或批注文档。阅读版式视图以图书的分栏样式显示 Word 2016 文档，“文件”按钮、功能区等窗口元素被隐藏起来。在阅读版式视图中，用户还可以单击“工具”按钮选择各种阅读工具，如图 5-2 所示。

【3】Web 版式视图。Web 版式视图是以网页的形式显示 Word 2016 文档，Web 版式视图适用于发送电子邮件和创建网页，如图 5-3 所示。

【4】大纲视图。大纲视图主要用于查看大纲形式的文档，并显示大纲工具和标题的层级结构，可以方便地折叠和展开各种层级的文档，大纲视图广泛用于 Word 2016 长文档的快速浏览和设置中，如图 5-4 所示。

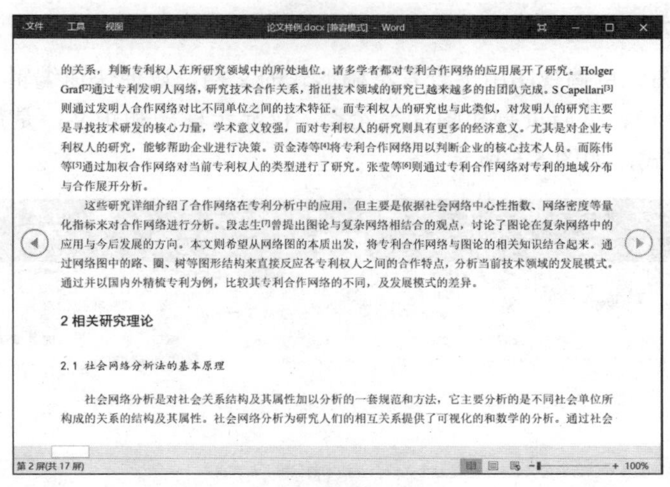

图 5-2　阅读版式视图

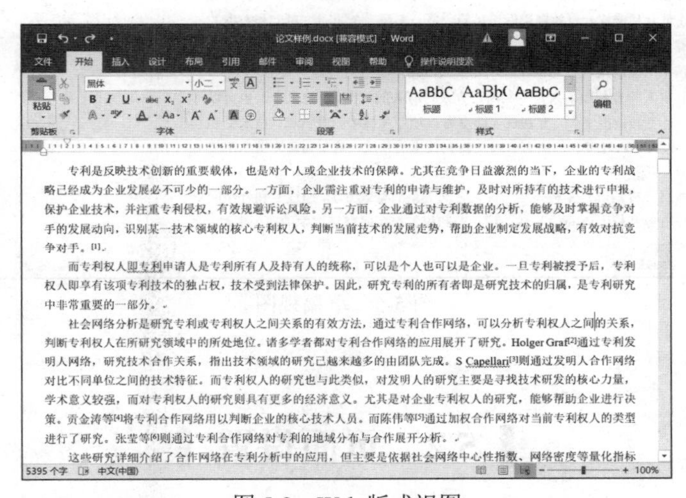

图 5-3　Web 版式视图

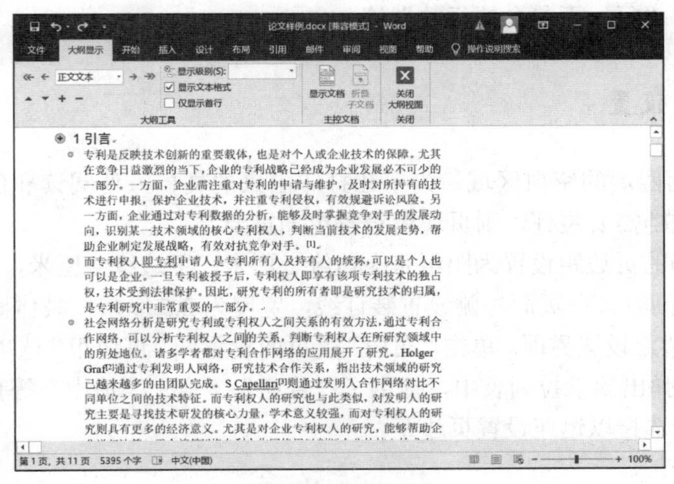

图 5-4　大纲视图

【说明】在大纲视图中，图片、分栏等格式设置无法显示。

【5】草稿视图。草稿视图用于查看草稿形式的文档，以便快速编辑文本。草稿视图取消了页面边距、分栏、页眉页脚和图片等元素，仅显示标题和正文，是最节省计算机系统硬件资源的视图方式，如图 5-5 所示。

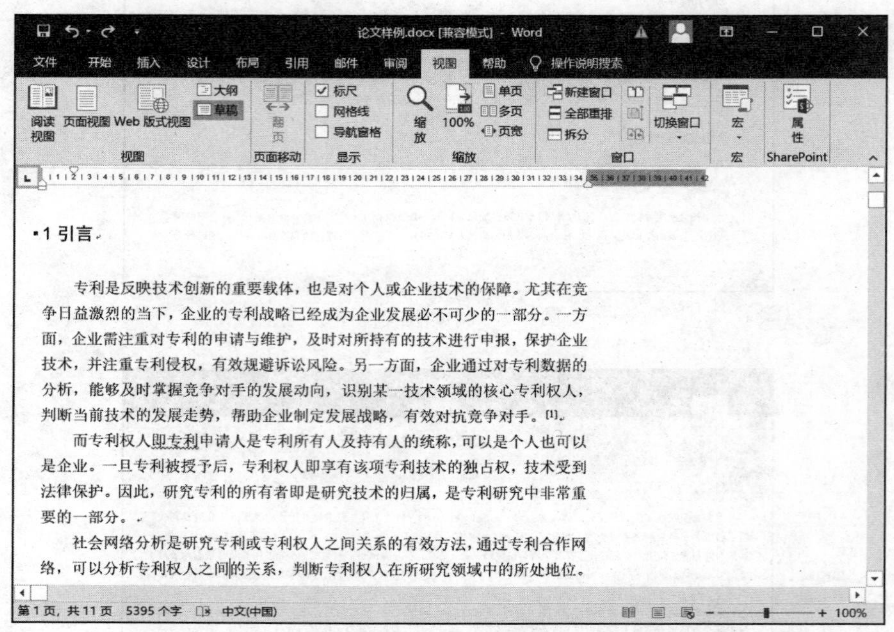

图 5-5　草稿视图

5.2　页面设置

文档打印输出前，可以根据需要对页面的参数进行设置。页面设置包括“页边距设置”“纸张大小”“每一页包含的行数”等。

5.2.1　页边距设置

页边距是页面四周的空白区域。为了让打印出来的文档方便阅读和保存，一般需要留出页边距。如果文档需要装订，则页边距设置更加重要。

例如，将文档的页边距设置为距纸张上边缘 2 厘米，下边缘 2 厘米，左边缘 1.5 厘米，右边缘 1.5 厘米，同时，在页面左侧设置装订线，宽度为 2.5 厘米，具体操作如下。

【1】打开页边距设置界面。单击“布局”|“页面设置”|“页边距”选项，弹出下拉菜单，如图 5-6 所示。在弹出的下拉列表中，提供了“普通”“窄”“适中”等预定义的页边距，用户可以从中进行选择以迅速设置页边距。

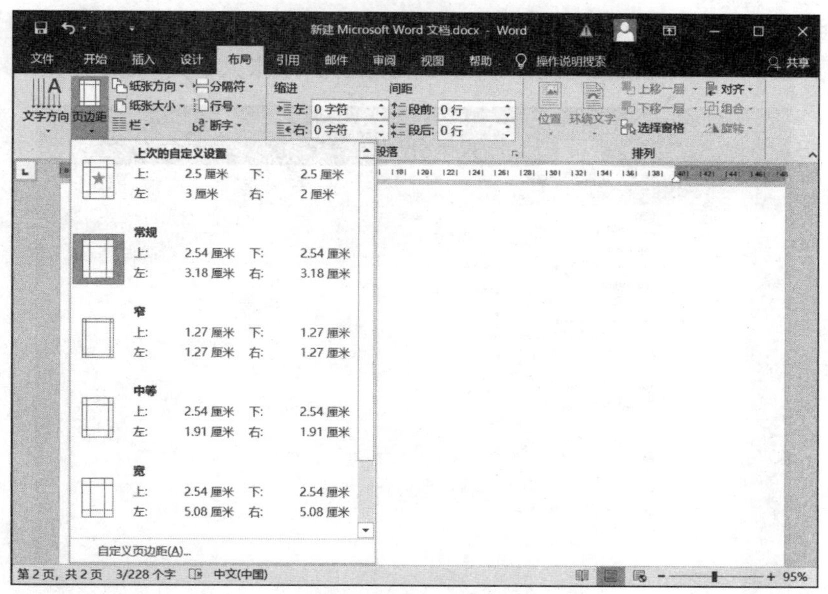

图 5-6　页边距下拉菜单

【2】自定义边距设置。如果用户需要自己指定页边距，可以在弹出的下拉列表中执行“自定义边距”命令，弹出“页面设置”对话框，选中“页边距”选项卡，在该选项卡下设定页面参数，如图 5-7 所示。其中，设置完的效果可以在“预览”部分看到。

【3】完成设置。单击“确定”按钮，完成设置。

【注意】在“页边距”选项卡下，同时可以完成“纸张方向”和“应用范围”的设置。

- “纸张方向”决定了页面所采用的布局方式，Word 2016 提供了“纵向（垂直）”和“横向（水平）”两种布局。在“页面设置”对话框中的“纸张方向”部分可进行设置。
- “应用范围”决定了“页边距”设置的应用范围，既可以是整篇文档，也可以是部分文本。在“页面设置”对话框中下部的“应用于”部分即可进行设置。

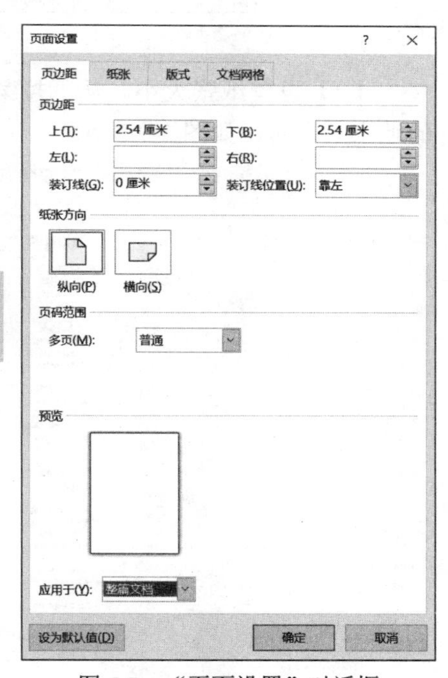

图 5-7　“页面设置”对话框

5.2.2　设置文档纸张大小

文档打印输出时，首先需要选定打印纸张。Word 文档中默认的纸张大小为 A4 型，需要文档以其他幅面的纸张显示时，可对文档纸张进行设置。

例如，将文档的打印纸张设置成 B5，具体操作如下。

【1】查看当前纸张大小。将光标定位于当前页，单击“布局”|“页面设置”|“纸张大小”选项，弹出下拉菜单，如图 5-8 所示，可以看出当前页纸张大小为“A4”型。

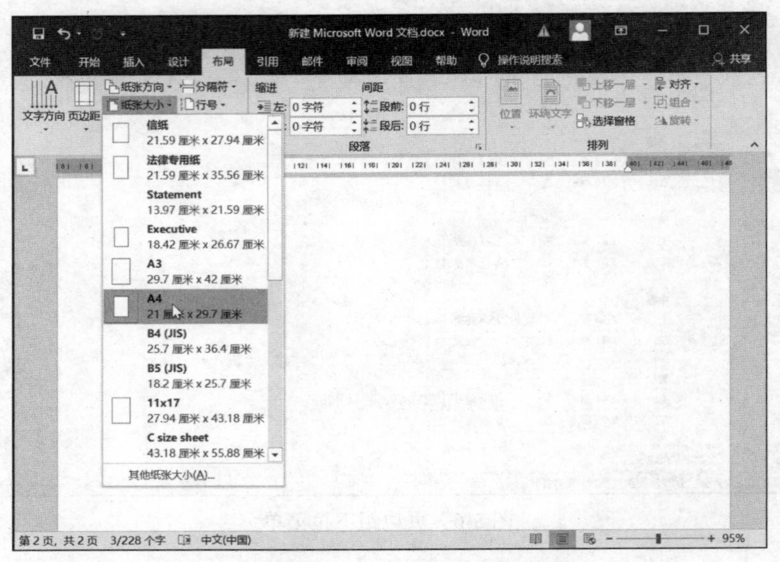

图 5-8　当前纸张大小

【2】设置纸张大小。从下拉菜单中选取“B5”型，完成设定。未设置之前和设置后的纸张大小对比如图 5-9 所示。

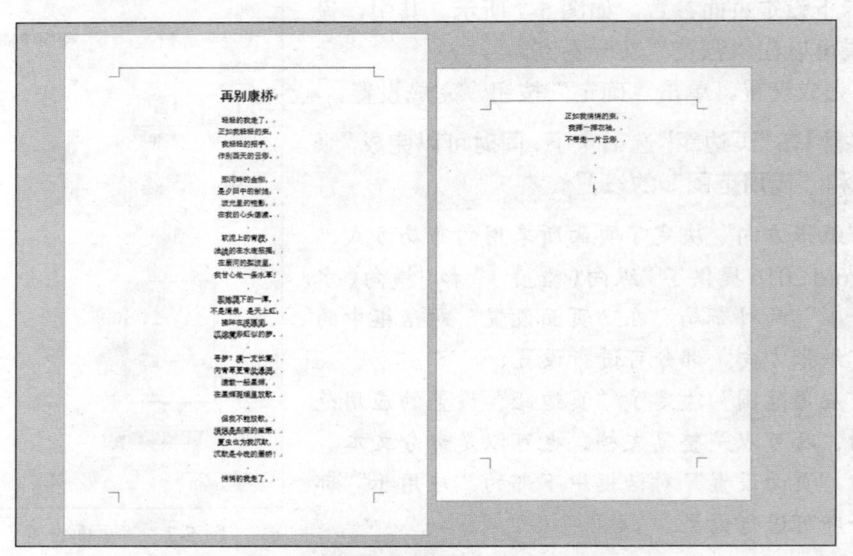

图 5-9　设置前与设置后的纸张大小比较

【说明】如果想自行设定纸张大小，可以选用页面大小自定义功能，具体操作如下。

①打开“页面设置”对话框。单击“布局”|“页面设置”|“纸张大小”选项，弹出下拉菜单，选择“其他纸张大小”命令，打开“页面设置”对话框，如图 5-10 所示。

②自定义设置。在“纸张”选项卡中的“纸张大小”选择“自定义大小”类型，“宽度”设定为 20 厘米，“高度”设定为 25 厘米，效果图在“预览”部分可见，如图 5-11 所示。

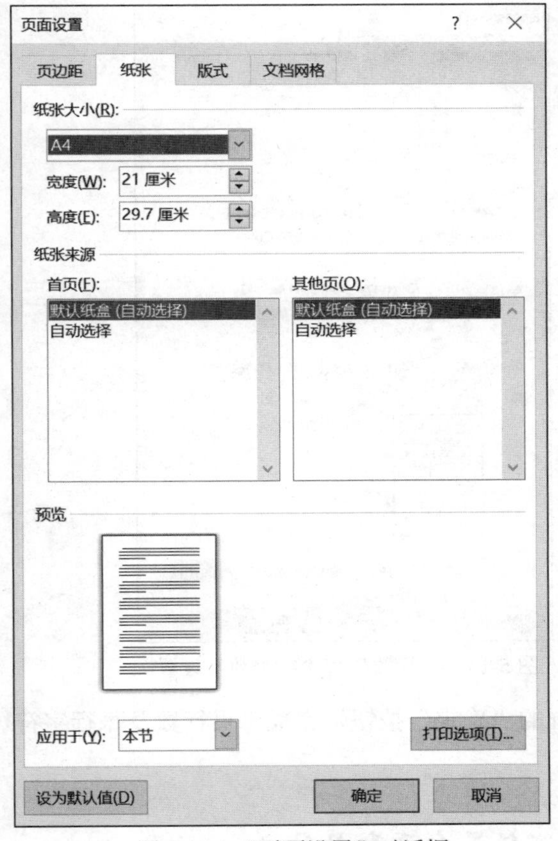

图 5-10　“页面设置”对话框

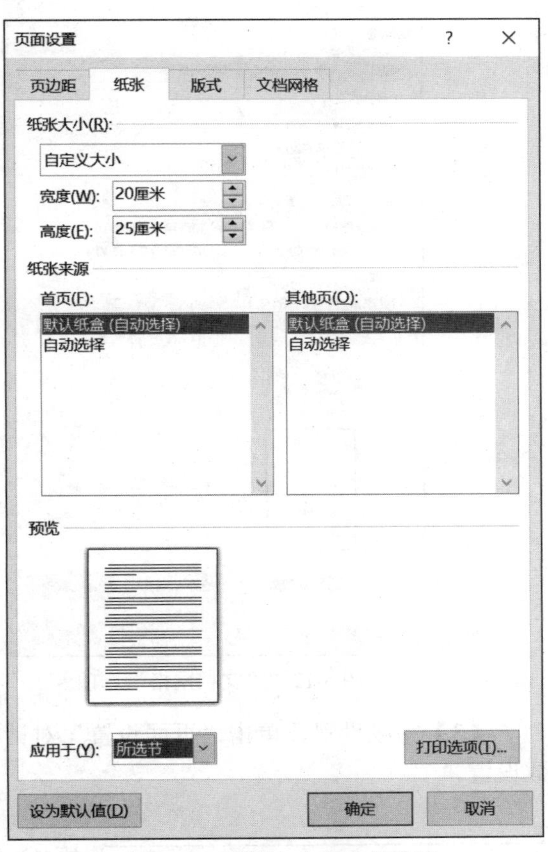

图 5-11　纸张大小自定义设置

5.2.3　设置每页行数和每行字符数

用户在期刊和杂志投稿时，对稿件文档中每页的行数及每行的字符数一般都有要求。通过对文档页面参数的设置，可以十分方便地控制文档每页行数及每页字符数。

例如，设置文档中每页显示 41 行，每行 41 个字符，具体操作如下。

【1】进入“行数”和“字符数”设定界面。单击“布局”|“页面设置”右下角的按钮，弹出“页面设置”对话框，打开“文档网格”选项卡，如图 5-12 所示。

【说明】“字符数”|“每行”微调框后的括号中所包含的范围，如“（1-43）”表明每行中所含字符数的范围，“行数”|“每页”微调框后的数字范围也是同样意思。每行的字符数及每页的行数的范围会因页面设置（如页边距、纸张大小等）的不同而有所不同。

【2】设置行数和字符数。“网格”选项组中设置为“指定行和字符网格”；通过“字符数”选项组中“每行”微调框的微调按钮，将每行字符数调整为“41”，选取“使用默认间距”复选框；通过“行”选项组中“每页”微调框的微调按钮，将每页行数调整为“41”，如图 5-13 所示。

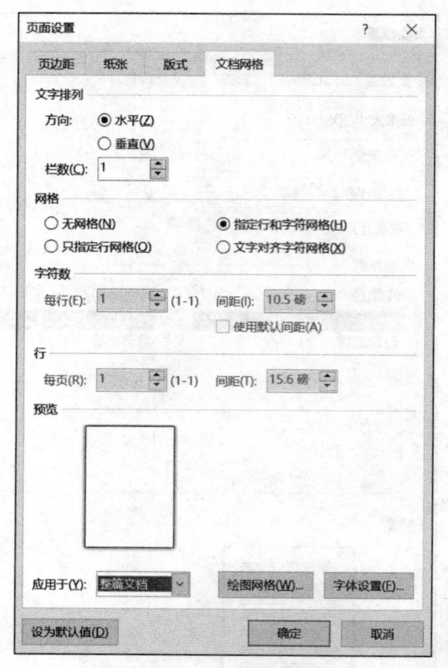

图 5-12 “文档网格”选项卡

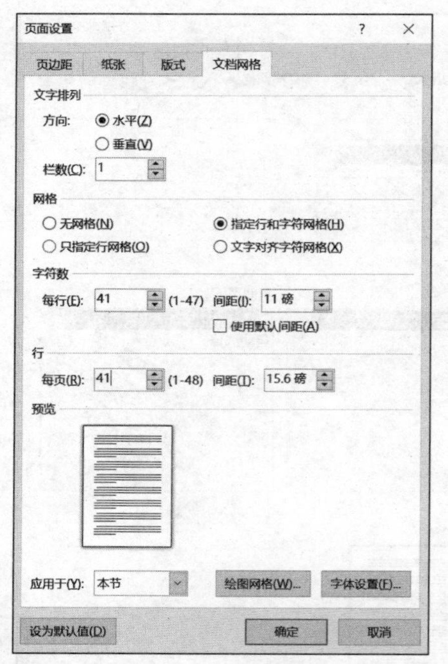

图 5-13 “行数”和“字符数”设置

【3】完成设置。单击“页面设置”对话框的“确定”按钮，完成每页行数及每行字符数设置。

5.2.4 设置分页和换行

在对文档内容进行编辑的过程中，Word 2016 会按照默认设置自动给文档分页和换行。有时默认设置并不符合阅读习惯，例如，使一个段落的第一行内容排在上个页面的最下一行，类似这种情况，可以通过设定“换行和分页”进行调整，具体操作步骤如下。

【1】打开“换行和分页”设置页面。单击“开始”|“段落”工具栏右下角的按钮，弹出“段落”对话框，选择“换行和分页”选项卡，如图 5-14 所示。

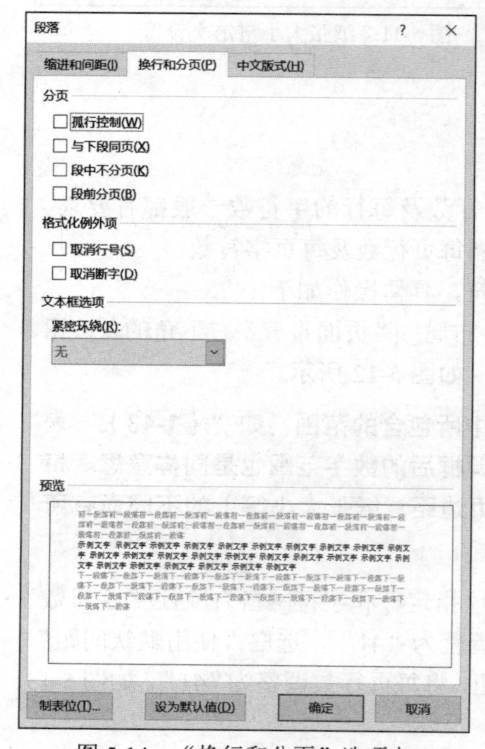

图 5-14 “换行和分页”选项卡

- 孤行控制：避免“段落的首行出现在页面底端”，“段落的最后一行出现在页面顶端”。
- 与下段同页：将所选段落与下一段落归于同一页。
- 段中不分页：使一个段落不被分在两个页面中。
- 段前分页：在所选段落前插入一个人工分页符强制分页。
- 取消行号：在所选的段落中取消行号。
- 取消断字：在所选的段落中取消断字。

【2】设置换行和分页条件。选中对话框中的“与下段同页”复选框，单击“确定”按钮，关闭该对话框，完成分页条件设置，文档中不再出现第一行标题出现在上个页面的最下一行的情况。

5.2.5　使用中文版式控制文本对齐

文本对齐，是指当某行的文本大小不一样时，可以设置文本在垂直方向上的对齐情况。文本对齐和段落对齐是有本质区别的。前者是控制文本在垂直方向的排列方式，后者是调整文本的水平对齐方式。

5.3　设置页眉页脚

页眉和页脚是文档中每个页面页边距的顶部和底部区域。用户可以在页眉和页脚中插入文本或图形，例如，页码、日期、单位标识等，这些信息通常打印在文档中每页的顶部或底部。在 Word 文档中可以对页眉、页脚进行编辑和设置。本节将对页眉、页脚工具栏和设置页眉、页脚信息的方法进行介绍。选中“插入”选项卡，进入“页眉和页脚”工具栏，其中包含页眉、页脚和页码 3 部分，如图 5-15 所示。

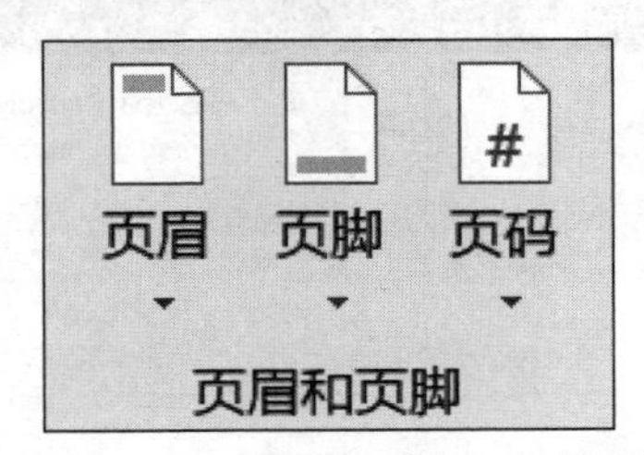

图 5-15　“页眉和页脚”工具栏

5.3.1　插入页眉

插入页眉采用“字母表型”，添加“再别康桥”文字，居中设置，四号宋体，具体操作步骤如下。

【1】选中需要设定页眉的文档或页面。将光标定位于该文档或页面的任意位置。

【2】打开“页眉”下拉菜单。单击“插入”|“页眉和页脚”|“页眉”选项，弹出下拉菜单，如图 5-16 所示，可应用下拉菜单中所提供的各种页眉的模式。

【3】插入页眉。从“页眉”的下拉菜单中选中“空白”模板，在主选项卡上会出现“页眉和页脚工具（设计）”选项卡，文档页面进入页眉页脚编辑状态，如图 5-17 所示。

在“输入文档标题”区域输入“再别康桥”，然后进入“开始”选项组的“字体”和“段落”功能区，对文字格式进行设置。

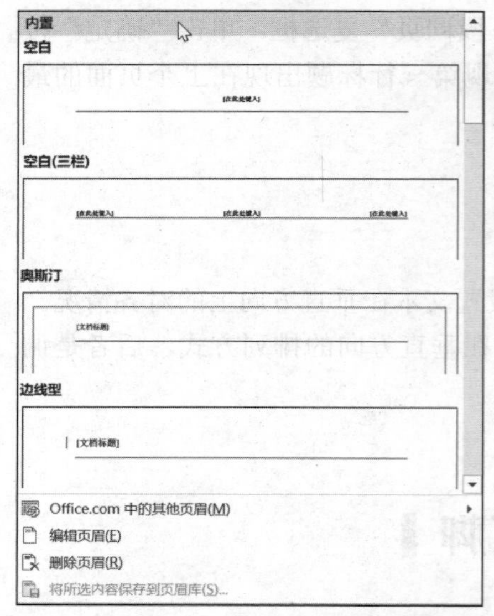

图 5-16 “页眉”下拉菜单

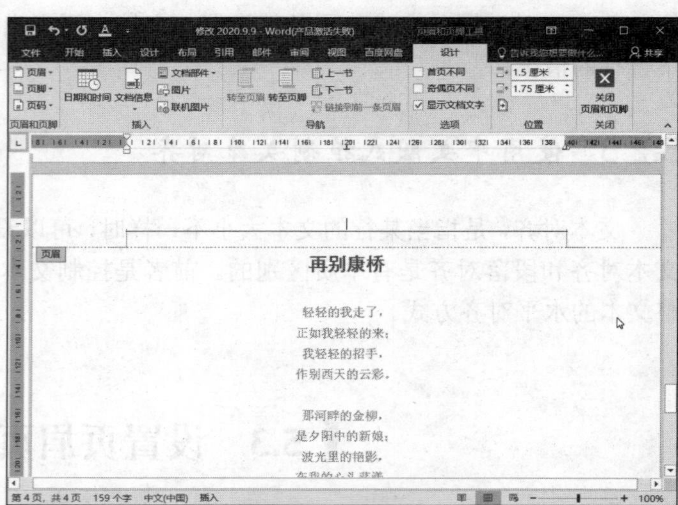

图 5-17 插入页眉

【4】完成设置。单击“页眉和页脚工具（设计）”选项卡，单击“关闭”|“关闭页眉和页脚”选项，设定完成，如图 5-18 所示。

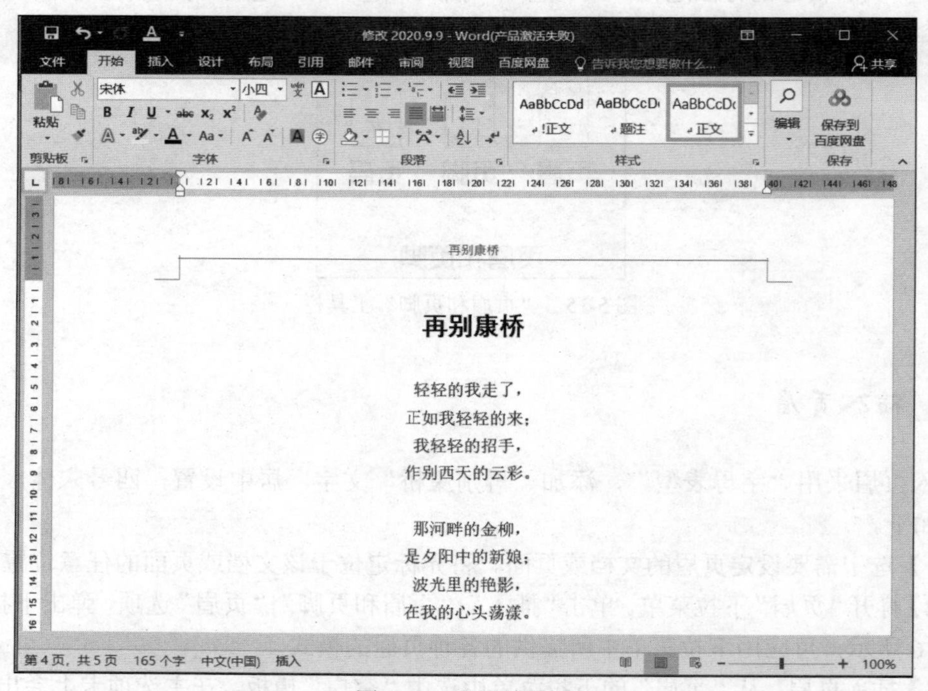

图 5-18 设置效果图

【5】删除页眉。单击“插入”|“页眉和页脚”|“页眉”选项，弹出下拉菜单，如图 5-19 所示，单击“删除页眉”按钮，设定的页眉被删除。

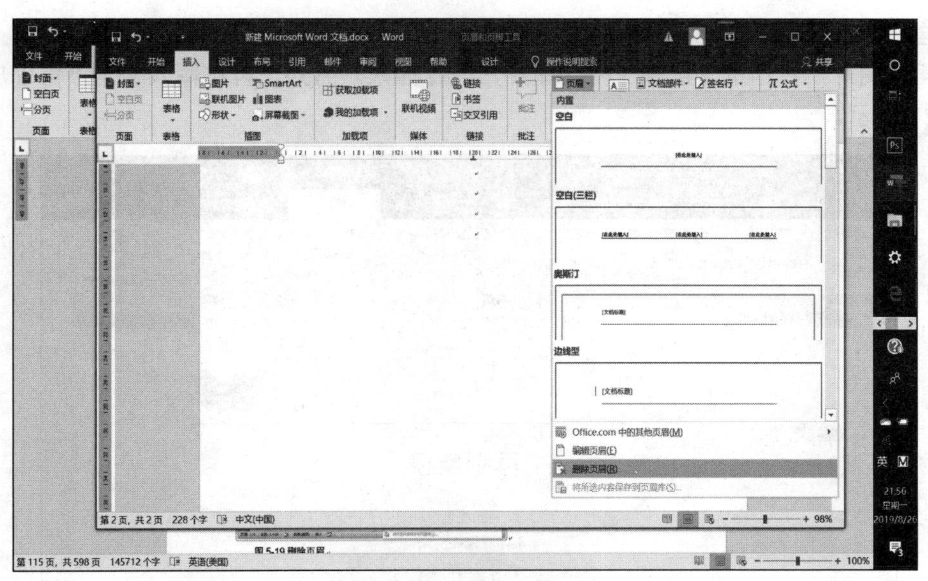

图 5-19　删除页眉

【6】自定义页眉。可套用系统提供的统一模板，也可自主设计页眉。例如，居左输入文字“再别康桥”，居右插入“桥”图片，具体操作如下。

①进入页眉编辑状态。单击“插入”|“页眉和页脚”|“页眉”|“编辑页眉”选项，则进入页眉编辑状态，光标定位于页眉编辑处，如图 5-20 所示。也可双击“页眉”按钮，进入页眉编辑状态。

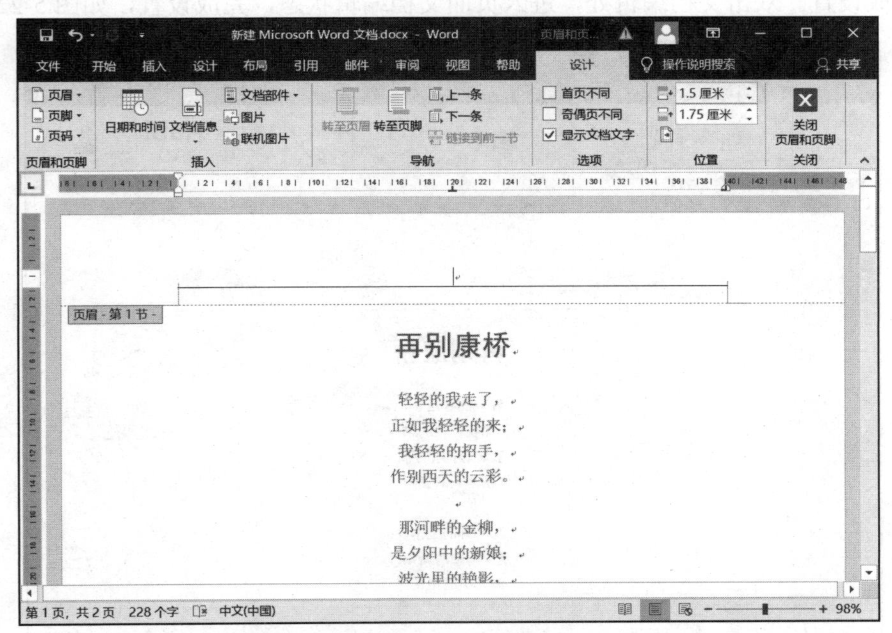

图 5-20　进入页眉编辑状态

处于页眉编辑状态，用户可以调整光标居左、居中或居右，同时可以插入文字、日期和时间、图片和剪贴画等。

②自定义页眉设置。将光标移至页眉最右端，单击“设计”|“插入”|“图片”选项，弹出“插入图片”对话框，选择“桥”图片，进行插入。另外，居左输入文字“再别康桥”，如图 5-21 所示。

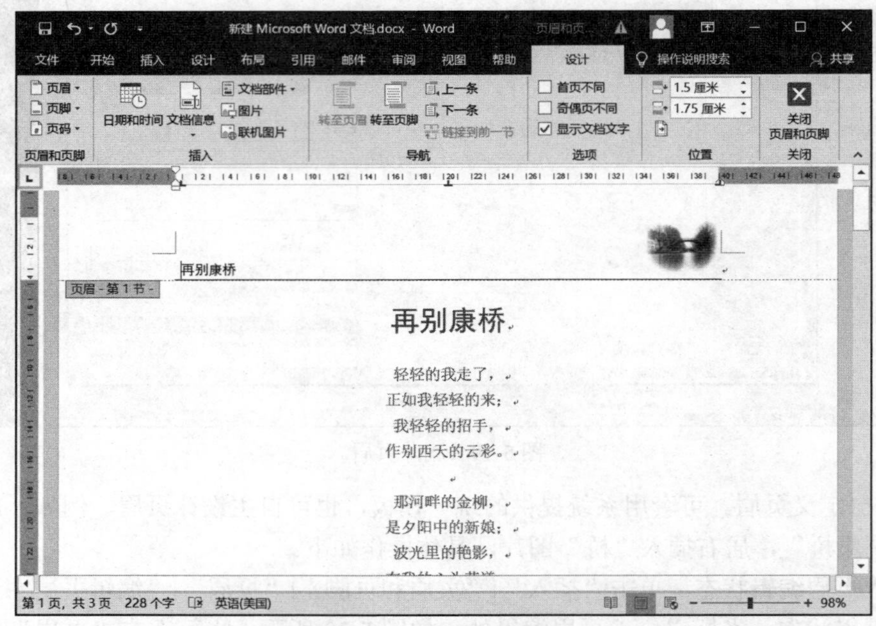

图 5-21　自定义页眉设置

③完成设置。双击文档编辑处，进入页面文档编辑状态，完成设置，如图 5-22 所示。

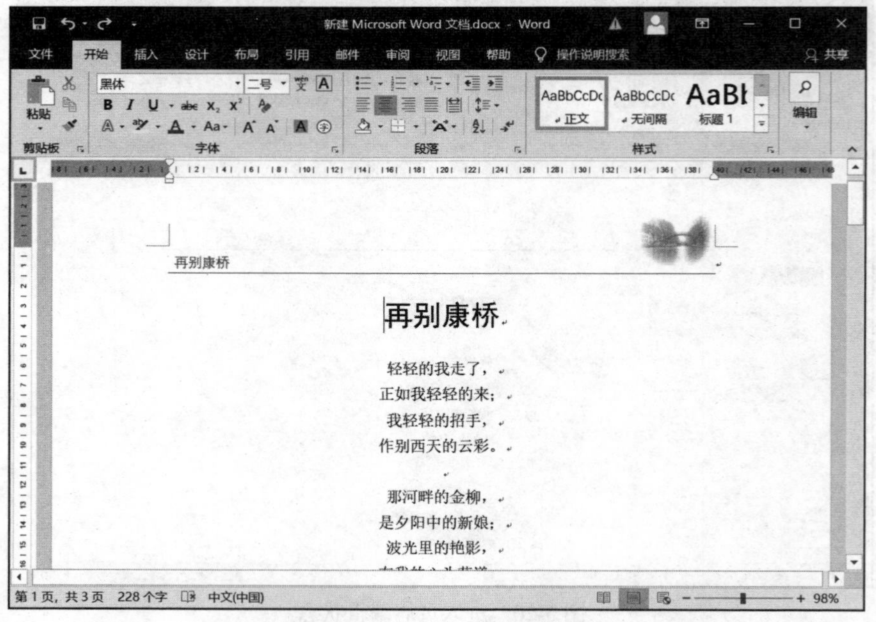

图 5-22　自定义页眉效果图

【说明】页脚与页眉插入相似，在此不再赘述。

5.3.2 调整页眉和页脚位置

5.3.1 节介绍了向页眉页脚中插入内容的方法，本节将介绍设置页眉页脚位置的方法。通过设置合适的页眉页脚位置，可以使打印出来的文档具有好的显示效果。

例如，要设置文档奇数页和偶数页的页眉和页脚不同，并使页眉和页脚距边界分别为 2 厘米和 1.6 厘米，具体操作如下。

【1】进入“页眉”和“页脚”位置设定界面。单击“布局”|“页面设置”中的按钮，弹出“页面设置”对话框，打开“版式”选项卡，如图 5-23 所示。

【2】设置页眉和页脚参数。单击选中“页眉和页脚”选项组中的“奇偶页不同”复选框。在“距边界”部分，设置“页眉”微调框中数值为“2 厘米”；“页脚”微调框中数值为“1.6 厘米”，如图 5-24 所示。

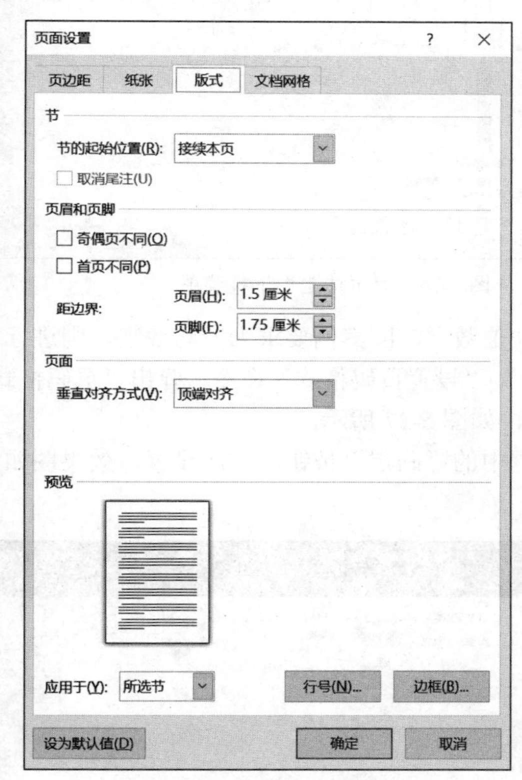

图 5-23　“版式”界面

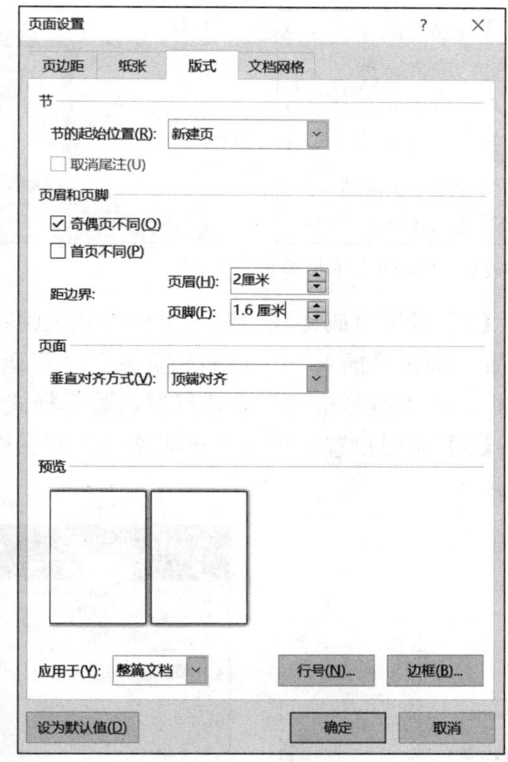

图 5-24　页眉和页脚参数设置

【3】完成设置。单击“页面设置”对话框中的“确定”按钮，完成设置。

5.3.3 设置页码

例如，本案例选用在页边距位置插入罗马数字计数。

【1】选中需要插入页码的文档或页面。将光标定位于该文档或页面的任意位置。

【2】打开“页码”下拉菜单。单击“插入”|“页眉和页脚”|“页码”选项，弹出下拉菜单，如图 5-25 所示，可选择页码插入的位置和样式。其中，页码的插入位置可位于页面顶端、

页面底端，也可位于页面左右两侧的页边距位置；页码样式可以是阿拉伯数字，也可以是英文字母抑或甲乙丙丁等。

【3】选择页码插入位置。选择“插入”|“页眉和页脚”|“页码”下拉菜单中的“页边距”命令，弹出菜单，选择“普通数字”|“框线（左侧）”选项，如图 5-26 所示。

页面顶端(T)
页面底端(B)
页边距(P)
当前位置(C)
设置页码格式(F)...
删除页码(R)

图 5-25 “页码”下拉菜单

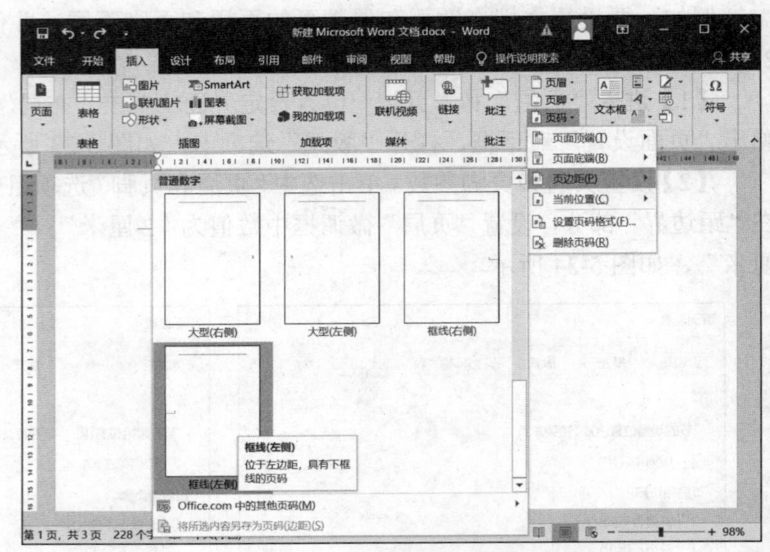

图 5-26 “页边距”下拉菜单

【4】设置页码格式。默认页码格式为阿拉伯数字，因案例要求为罗马数字，则进行格式设置。选择“插入”|“页眉和页脚”|“页码”|“设置页码格式”命令，弹出“页码格式”对话框，在“编号格式”中选择罗马数字样式，如图 5-27 所示。

【5】完成设置。单击“页码格式”对话框中的“确定”按钮，完成设置，效果图如图 5-28 所示。

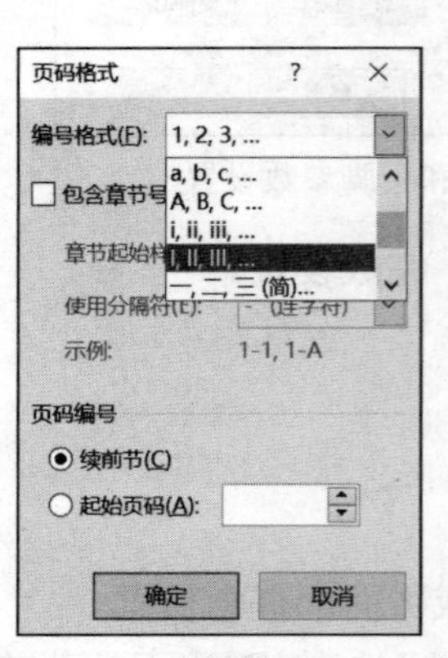

图 5-27 “页码格式”对话框

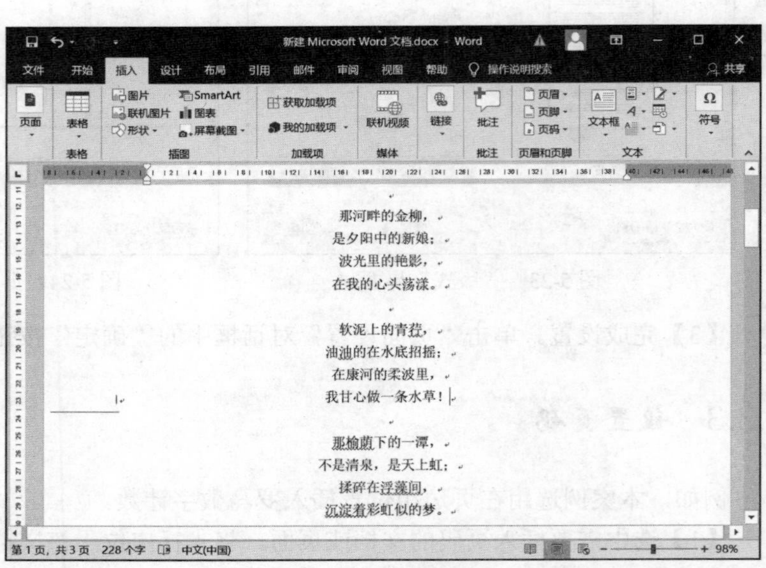

图 5-28 设置效果图

5.4　使用样式统一文档格式

样式就是应用到文档中的文本、表格和列表上的一套格式特征。它规定了文档中标题、正文等各文本元素的格式，使用样式能够迅速改变文档的外观。

使用样式有诸多便利之处，它可以帮助用户轻松统一文档的格式；辅助构建文档大纲以使内容更加有条理；简化格式的编辑和修改操作。此外，样式还可以用来生成文档目录。

5.4.1　在文档中应用样式

在编辑文档时，使用样式可以省去一些格式设置上的重复性操作。在文档中应用样式时，既可以应用“快速样式库”，也可以应用“样式”任务窗口来实现样式的快速套用。

【1】应用“快速样式库”实现样式套用。

①选取要应用样式的文本。

②打开“快速样式库”下拉菜单。单击“开始”|“样式”的“其他” 按钮，显示“快速样式库”下拉菜单，如图 5-29 所示。

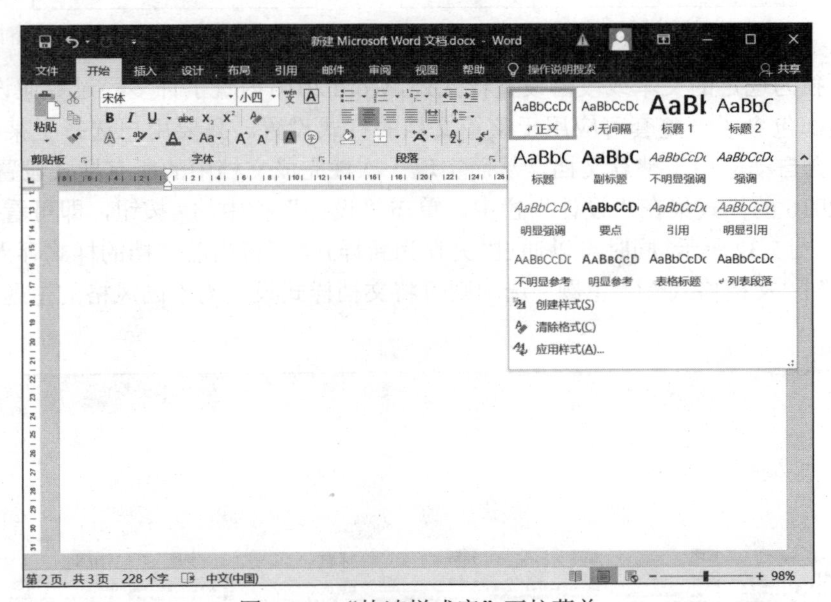

图 5-29　“快速样式库”下拉菜单

【说明】用户只需在各种样式之间轻松滑动鼠标，标题文本就会自动呈现出当前样式应用后的视觉效果，将鼠标移开，标题文本就会恢复到原来的样子。这种实时预览功能可以帮助用户节省时间，提高工作效率。

③完成设置。选择适当样式，单击选中，完成设置。

【2】应用“样式”任务窗口实现样式套用。

①选取要应用样式的文本。

②打开“样式”任务窗口。单击“开始”|“样式”的“对话框启动器”按钮，打开“样式”任务窗口，如图5-30所示，在列表框中选择希望应用到选中文本的样式，即可将该样式应用到文档中。

【说明】在“样式”任务窗口中选中下方的“显示预览”复选框可看到样式的预览效果，如图5-31所示。

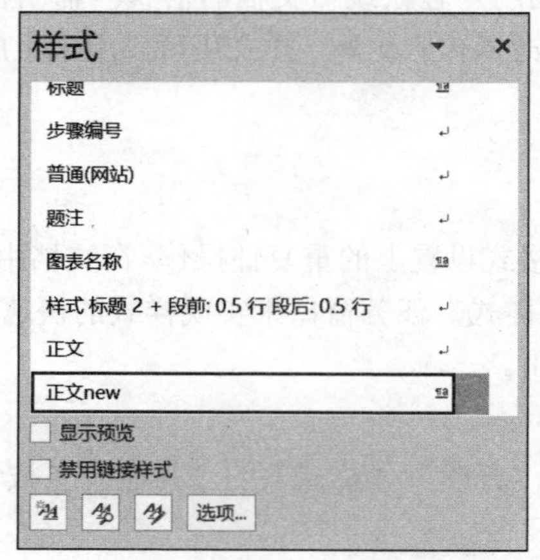

图5-30 “样式”任务窗口

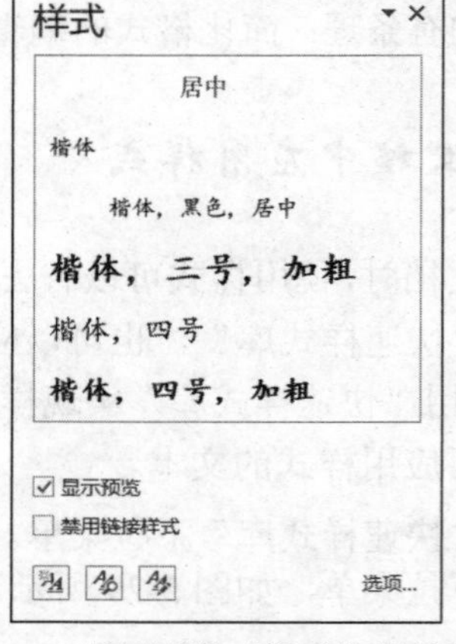

图5-31 显示预览“样式”任务窗口

除了单独为选定的文本或段落设置样式外，Word 2016内置了许多经过专业设计的样式，每个样式集都包含了一整套可应用于整篇文档的样式设置。只要用户选择了某个样式，该样式设置就会自动应用于整篇文档，从而实现一次性完成文档中的所有样式设置。

Word 2016的样式集在“设计”栏中。单击“设计”栏中的按钮，即可看到系统自带的样式集，如图5-32所示，同时可以通过“另存为新样式集”将当前文档的样式存入样式集中。单击“设计”|“文档格式”|“主题”选项则可将文档样式设置为不同风格的主题，如图5-33所示。

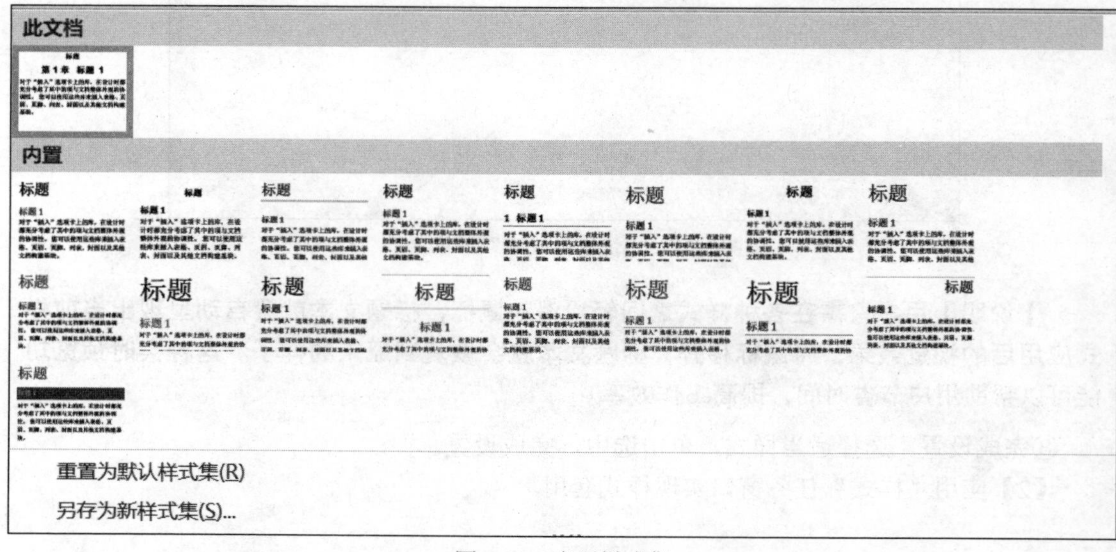

图5-32 应用样式集

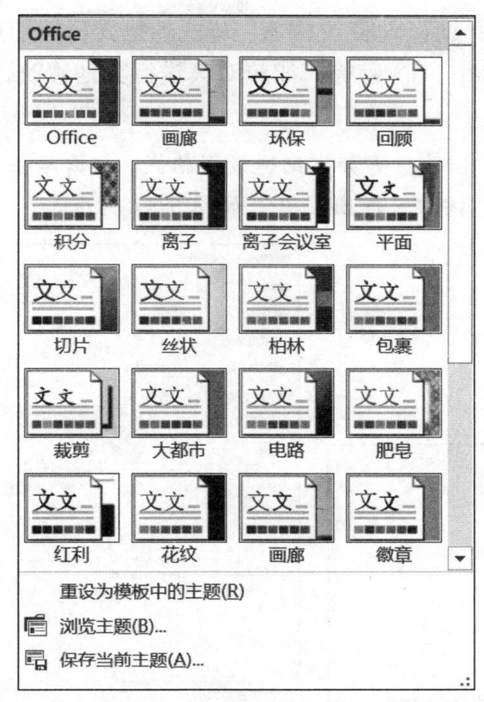

图 5-33　主题风格

5.4.2　新建样式

Word 2016 中内置了多种标准样式，可以直接使用。如果这些标准样式不满足用户的需要，用户既可以以 Word 内置的标准样式为基础，重新创建样式，也可以在用户已经创建的样式上进行修改，快速简单地建立新样式。

【1】重新创建样式。例如，创建名为“正文内容”的样式，该样式基于系统内置的“正文”样式，并在此基础上进行修改，改为“Times New Roman”“16 磅”和“1.5 倍行距”等，具体操作如下。

①打开“样式”任务窗口。单击“开始”|“样式”选项组中的“对话框启动器”按钮，打开“样式”窗口，如图 5-34 所示。

②打开“新建样式”对话框，并设置“样式”的格式。单击“样式”窗口左下角的“新建样式”按钮，弹出“根据格式化创建新样式”对话框，如图 5-35 所示。

③对样式的格式进行设置。在“根据格式化创建新样式”对话框中，用户需要对样式的格式进行设置，例如字体、段落等，设置完成后可保存为具体的样式类型，具体设置如下。

- 设置样式标题。单击“属性”选项组中的“名称”文本框，输入样式标题，如输入“正文内容”。
- 设置样式类型。选中“属性”选项组中的“样式类型”下拉列表框，选择设置样式的类型，如“段落”选项。
- 设置样式基准。选中“属性”选项组中的“样式基准”下拉列表框，选择系统内置的“正文”选项，如图 5-36 所示。

【说明】初步设置完成后，“正文内容”样式的格式已经初步形成，如图 5-36 所示，字体为 Times New Roman，13 磅等，如想对其进行其他修改，则可单击“格式”按钮进一步修正。

- 完善样式的格式。如果想更加详细地设置格式，只需单击“根据格式化创建新样式”左下方的“格式”按钮，弹出菜单，如图 5-37 所示。

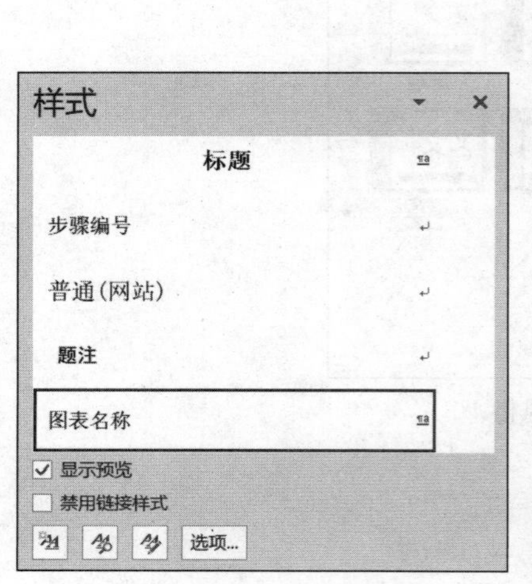

图 5-34 “样式”窗口

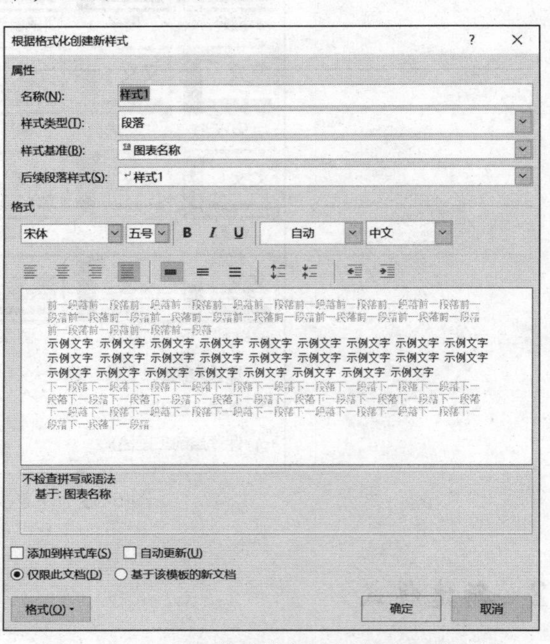

图 5-35 “根据格式化创建新样式”对话框

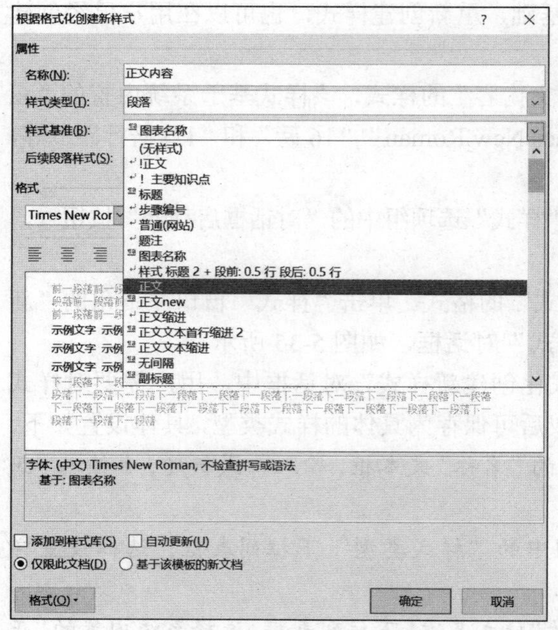

图 5-36 格式设置

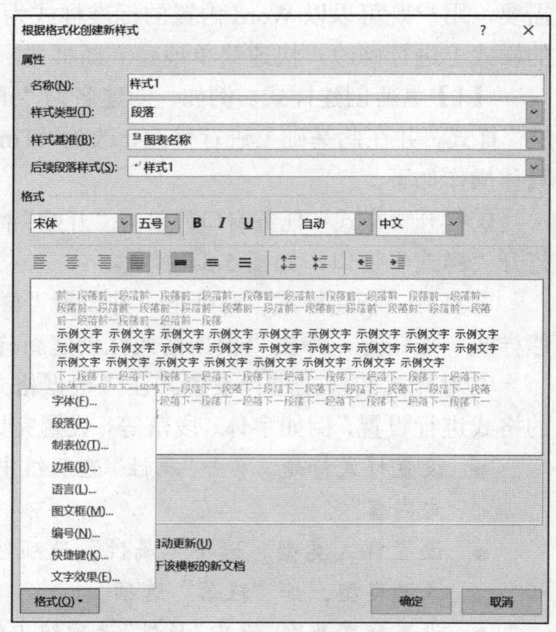

图 5-37 “格式”菜单

④完成样式创建。单击“根据格式化创建新样式”对话框中的“确定”按钮，关闭该对话框，完成样式创建，如图 5-38 所示。

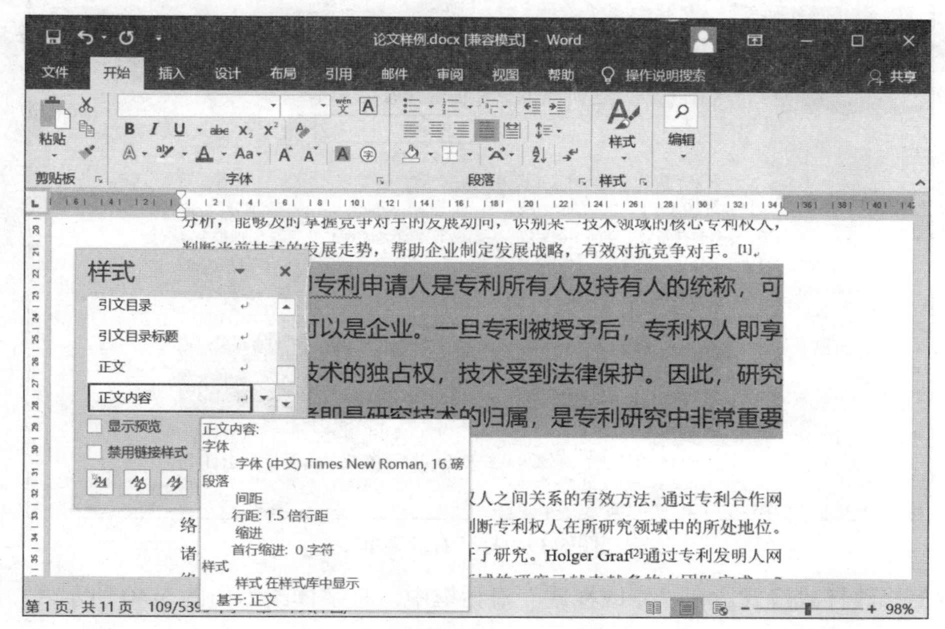

图 5-38　样式创建效果图

【说明】后续文章中的正文内容格式设置时，直接在“样式”窗口中选择“正文内容”样式，则需要设置的文档部分无论是字体、段落都会自动变为“正文内容”样式。

【2】在已有文本或段落的格式基础上构建样式。

想要在已有格式基础上构建样式，只需选中已经完成格式定义的文本或段落，再打开“新建样式”对话框，此时新样式默认为选中文本的格式，可直接单击“确定”按钮进行保存，也可在此样式基础上进行修改。

5.4.3　修改样式

修改样式是指修改文档中定义的样式的具体格式。修改样式格式后，原来应用了该样式的文本格式将相应改变。当需要改变文档中大量文本的格式时，可以通过修改样式来简单快速地实现。

例如，将“正文”样式中字体修改为“Calibri，三号，倾斜”，以改变文档中的文本格式，具体操作如下。

【1】打开“修改样式”对话框。单击“开始” | “样式”选项组中的“对话器启动按钮”，打开“样式”窗口。在“样式”窗口中右击“正文”样式，或者左击其右侧的下拉按钮，弹出菜单，如图 5-39 所示。单击“修改”按钮，弹出“修改样式”对话框。

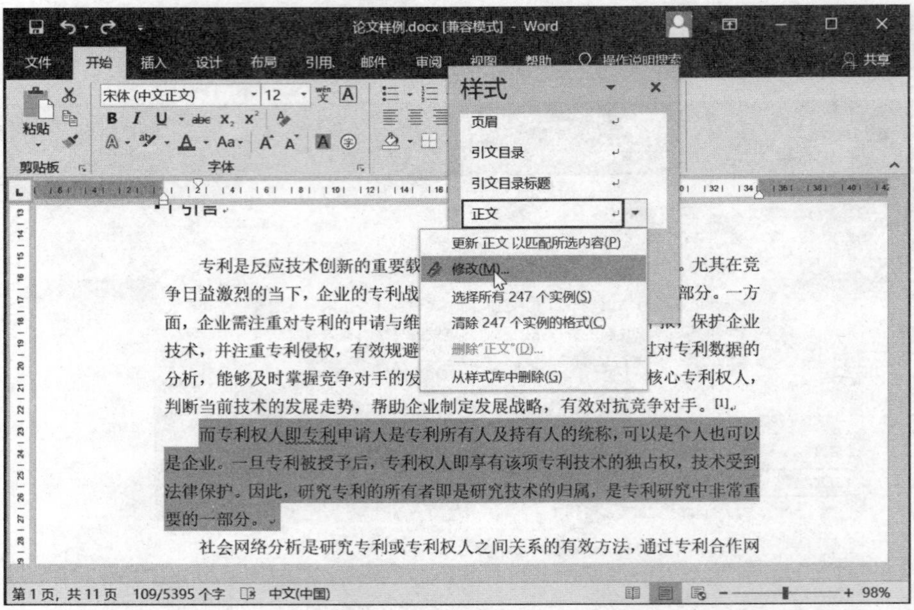

图 5-39　打开右键菜单

【2】修改样式格式。在“修改样式”对话框中，将字体改为如图 5-40 所示。

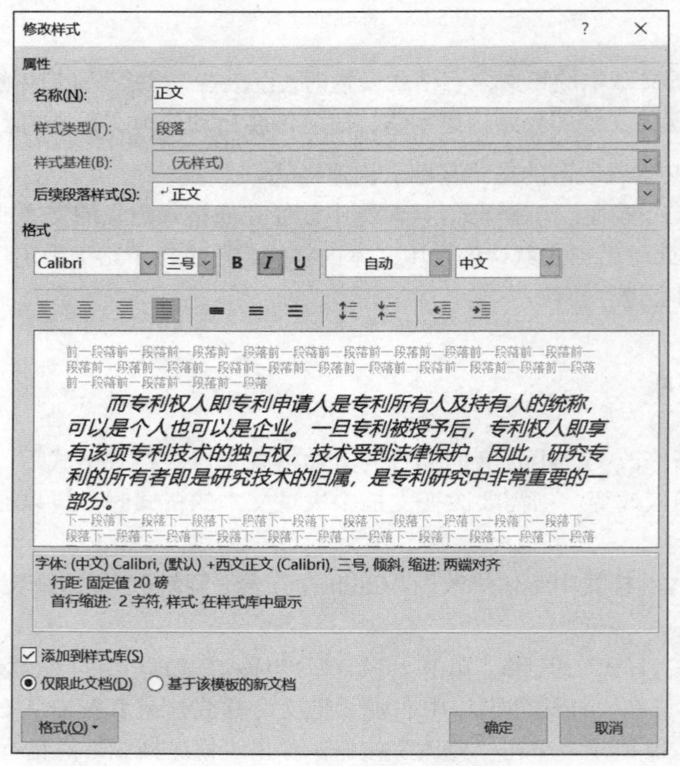

图 5-40　“修改样式”对话框

【3】完成样式修改。单击“修改样式”对话框中的“确定”按钮，完成样式修改，原来文档中应用了该样式的文本格式均会更新为修改后的样式，如图 5-41 所示。

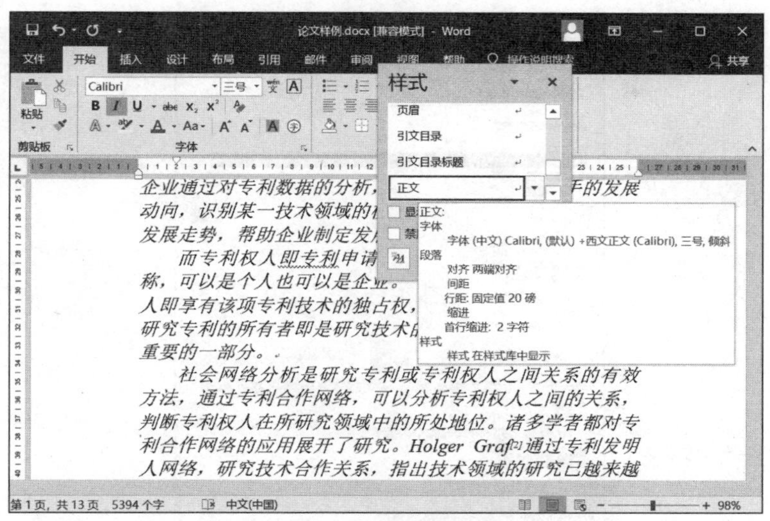

图 5-41　样式修改效果图

5.4.4　复制并管理样式

在编辑文档过程中，如果需要使用其他模板或文档的样式，可以将其复制到当前的活动文档或模板中，而不必重复创建相同的样式。

例如，将“论文样例 .docx”文档样式列表中一个或多个样式复制到“样式复制和管理 .docx”文档，具体操作步骤如下。

【1】打开“样式”任务窗口。打开需要复制样式的文档，单击“开始”|“样式”选项组中的“对话框启动器”按钮，打开“样式”任务窗口，如图 5-42 所示。

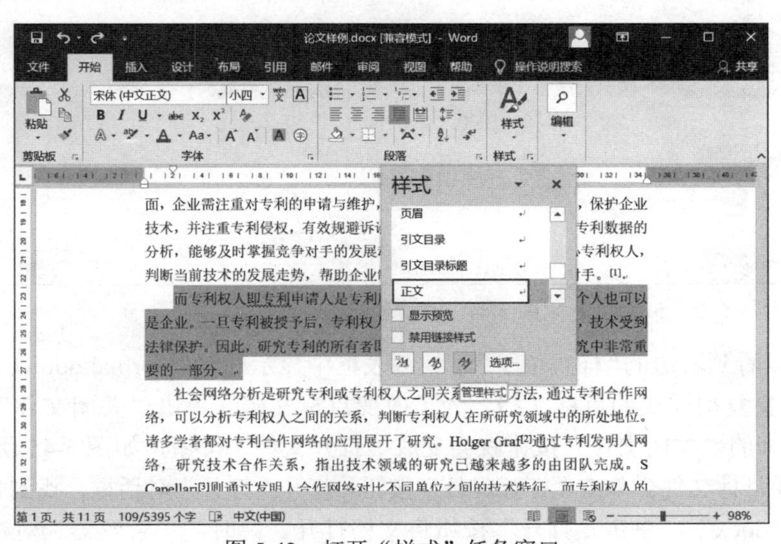

图 5-42　打开“样式”任务窗口

【2】打开“管理样式”对话框。单击任务窗口底部的“管理样式”按钮，弹出“管理样式”对话框，如图 5-43 所示。

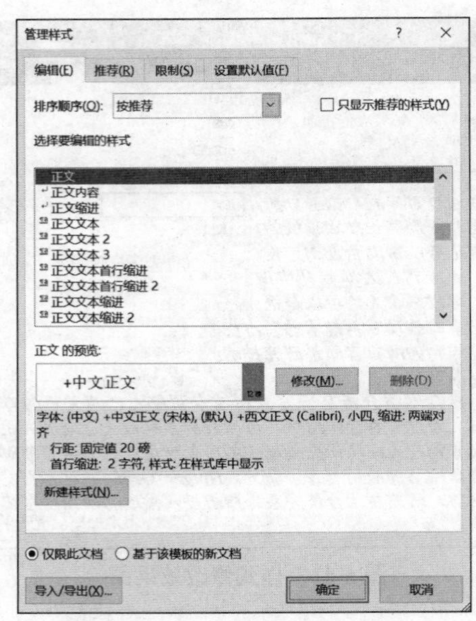

图 5-43 “管理样式”对话框

【3】打开“管理器”对话框。单击“导入/导出”按钮，打开“管理器”对话框，打开“样式”选项卡，左侧区域显示的是当前文档中所包含的样式列表，右侧区域显示 Word 默认文档模板中所包含的样式，如图 5-44 所示。

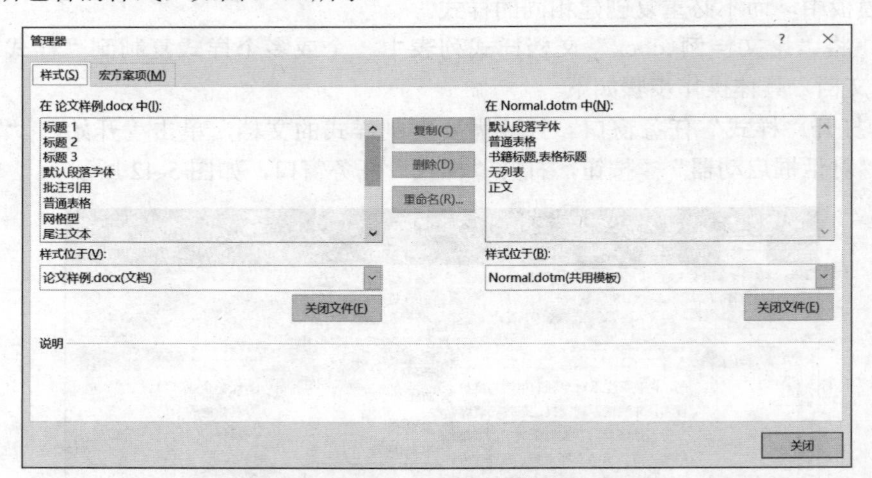

图 5-44 “管理器”对话框

这时，可以看到右边的“样式位于”下拉列表框中显示的是“Normal.dotm（共用模板）”，而不是用户所要复制样式的目标文档。为了改变目标文档，单击“关闭文件”按钮。将文档关闭后，原来的“关闭文件”按钮就会变成“打开文件”按钮，如图 5-45 所示。

【4】打开目标文件。单击“打开文件”按钮，打开“打开”对话框，找到目标文件“样式复制和管理 .docx”，单击“打开”按钮将文档打开。此时，“管理器”对话框右侧将显示出包含在“样式复制和管理 .docx”文档中的可选样式列表，如图 5-46 所示。

【5】复制格式。选中“样式复制和管理 .docx”文档样式列表中一个或多个样式，单击“复制”按钮，即可将选中的样式复制到“论文样例 .docx”文档，如图 5-47 所示。

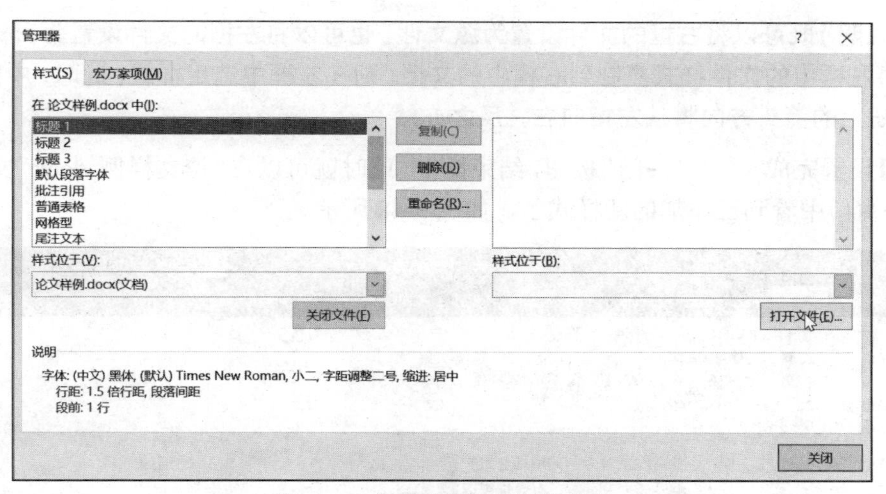

图 5-45　样式的有效范围的调整

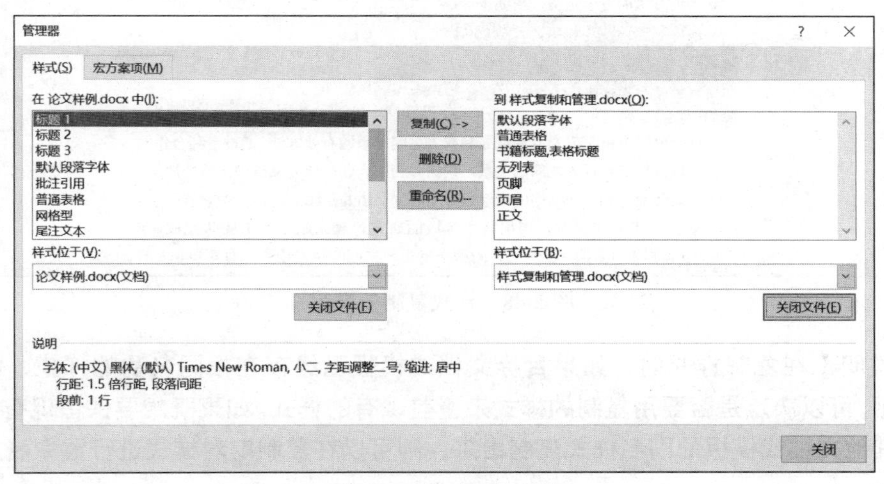

图 5-46　打开目标文件

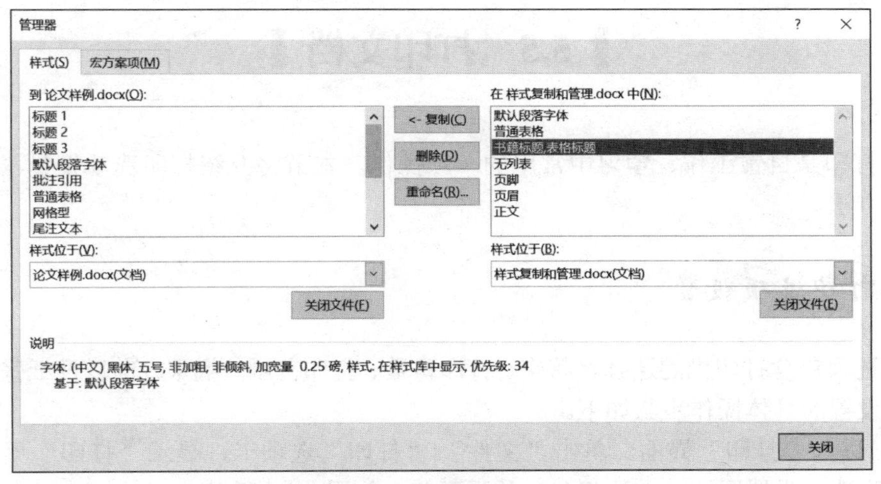

图 5-47　复制格式

【说明】既可以将右框的文件设置为源文件，也可以将左框的文件设置为目标文件。例如，将左框中的文件样式复制到右框中的文档，则在左框中选定样式，此时，中间的“复制”按钮上的箭头方向将从左指向右，反之亦然。

【6】设置完成。单击“关闭”按钮，结束操作。此时就可以在“论文样例.docx”文档的“样式”任务窗口中看到已添加的新样式了，如图 5-48 所示。

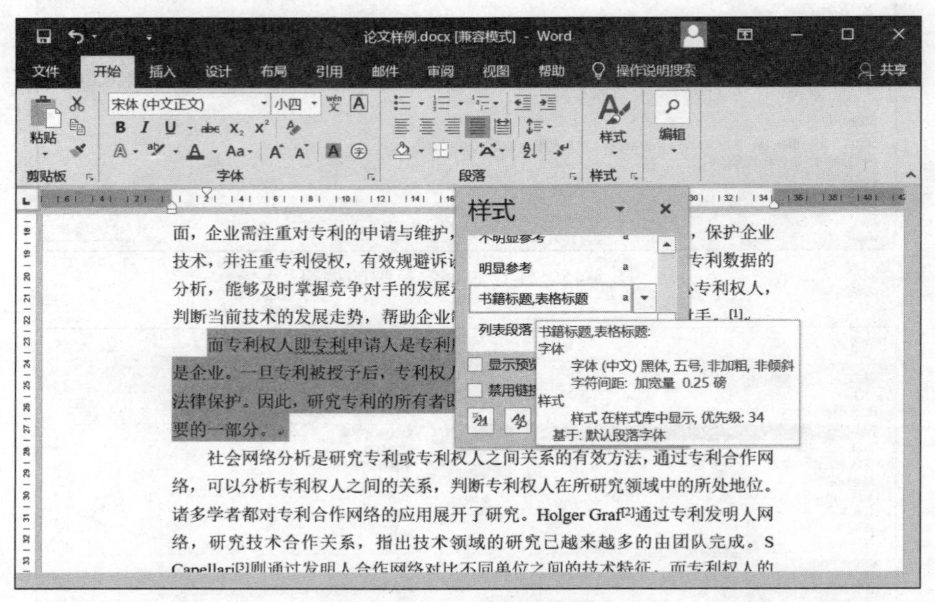

图 5-48　样式复制效果图

【说明】在复制样式时，如果目标文档或模板已经存在相同名称的样式，Word 会给出提示，可以决定是否要用复制的样式来覆盖现有的样式。如果既想要保留现有的样式，又想将其他文档或模板的同名样式复制出来，则可以在复制前对样式进行重命名。

5.5 打印文档

文档打印是日常工作、学习中常用的一项操作。本节将介绍打印选项设置、取消或暂停打印的方法。

5.5.1 打印选项设置

打印选项包含打印机的选择及状态、打印份数、打印范围、纸张方向以及纸张类型等。打印选项设置的具体操作步骤如下。

【1】进入“打印”界面。单击“文件”|“打印”选项卡，显示“打印”界面。界面中间部分为选项设置区域，右边部分为效果预览，如图 5-49 所示。

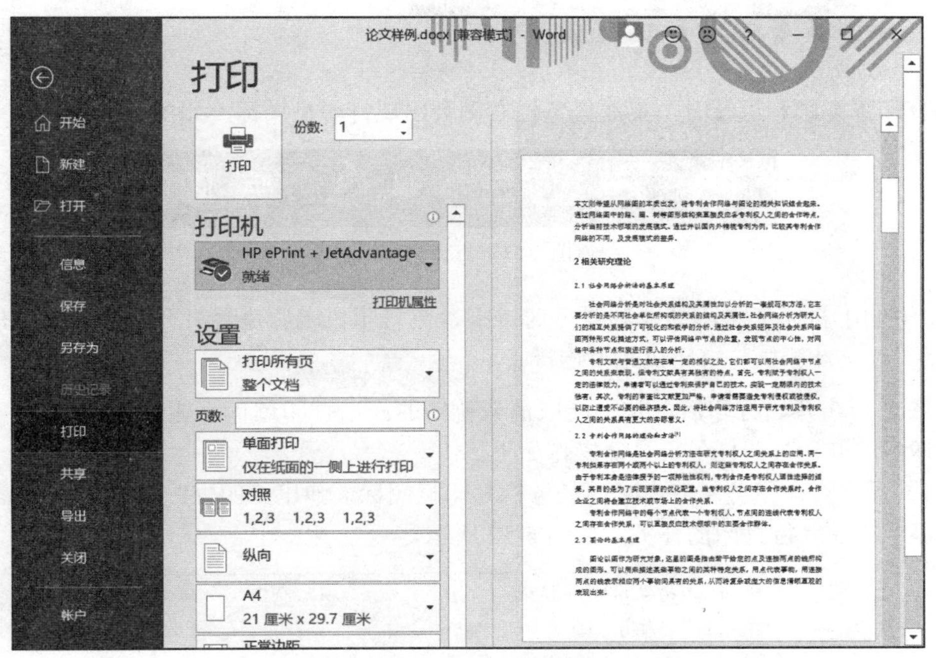

图 5-49　“打印”界面

【2】打印选项设置。设定打印“份数”为“2”，“纸张方向”为“横向”，“纸张类型”为“B5”，参数设定及设置效果预览如图 5-50 所示。

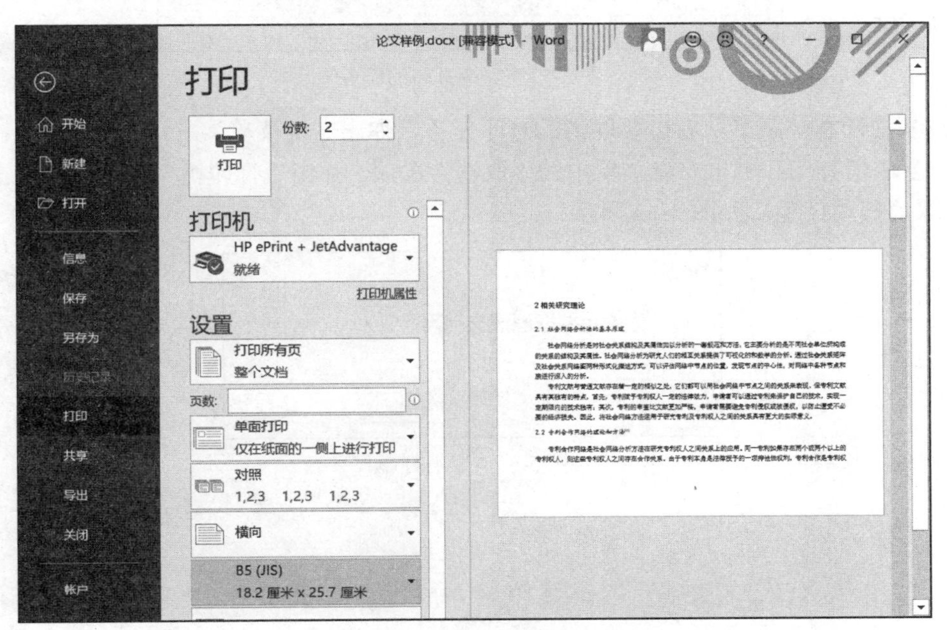

图 5-50　打印选项设置

【说明】如希望更为详细地进行设置，则单击中间部分右下角的“页面设置”按钮，弹出“页面设置”对话框，进行设置。

【3】打印文件。单击“打印”界面中部上方的“打印”按钮进行打印。

5.5.2 取消或暂停打印选项设置

当打印不能顺利进行时，桌面任务栏右侧会出现打印机图标，如图 5-51 所示。

图 5-51 打印机图标

【说明】打印任务不能顺利进行时，请检查打印机电源是否打开、打印机内是否有打印纸，以及计算机与打印机是否连接等。

一般文档在开始打印后，是不能取消或暂停的。当打印过程不能顺利进行时，可以取消打印任务。取消打印任务，具体操作如下。

【1】显示打印任务。双击桌面任务栏打印机图标，弹出“HP ePrint+JetAdvantage”对话框，显示正在等待打印的任务，如图 5-52 所示。

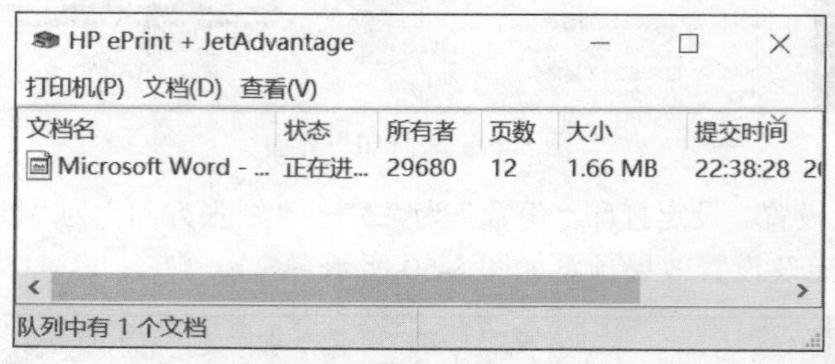

图 5-52 等待打印的任务

【2】打开右键菜单。右击要取消的打印任务，弹出右键菜单。

【3】取消打印。单击右键菜单中的“取消”选项，弹出“打印机”对话框，单击“是”按钮，取消打印任务，如图 5-53 所示。

图 5-53 取消打印

第 6 章 创建与编辑表格

Word 2016 提供了强大的表格功能，用户可以方便地在文档中插入各种形式的表格，对表格形式进行定义和编辑。同时，Word 2016 还提供了自定义表格格式功能。用户使用表格，可以十分方便地制作工资表、日程安排以及客户信息等文档。

内容提要

本章首先介绍了表格的插入、删除的多种方法，然后讲解了表格编辑功能，例如，合并、拆分单元格等；最后阐述了表格格式和布局的调整方法，其中，主要包括表格文字方向和对齐方式的设置，表格自动套用格式的设置以及文字环绕表格的方式。

重要知识点

- 文本与表格的相互转换
- 合并、拆分单元格及表格
- 设置表格文字方向和对齐方式

6.1 插入和删除表格

表格由水平的行和垂直的列组成。单元格是表格中的最小单位，是行与列相交构成的方框。本节主要介绍插入和删除表格的方法。

6.1.1 使用“表格”菜单创建简单表格

当用户需要在文档中插入一个简单的表格时，可以使用“表格”菜单快速插入表格。例如，在文档中插入一个 7 列 6 行的表格，具体操作如下。

【1】指定表格插入位置，定位光标。

【2】打开“表格”下拉菜单，进行表格参数设置。单击“插入”|“表格”|“表格”选项，弹出“插入表格”下拉菜单，最上方提供了一个 10×8 的表格选项，设置所需的 7 列 6 行表格，如图 6-1 所示。

【3】使用“插入表格”对话框制作表格。如果行数或列数超过 10，或喜欢自定义样式，则选用“插入表格”完成。选择“插入”|“表格”|“表格”|“插入表格”命令，弹出“插入表格”对话框，在“表格尺寸”处设置“列数”和“行数”，如图 6-2 所示，单击“确定”按钮，完成表格的插入。

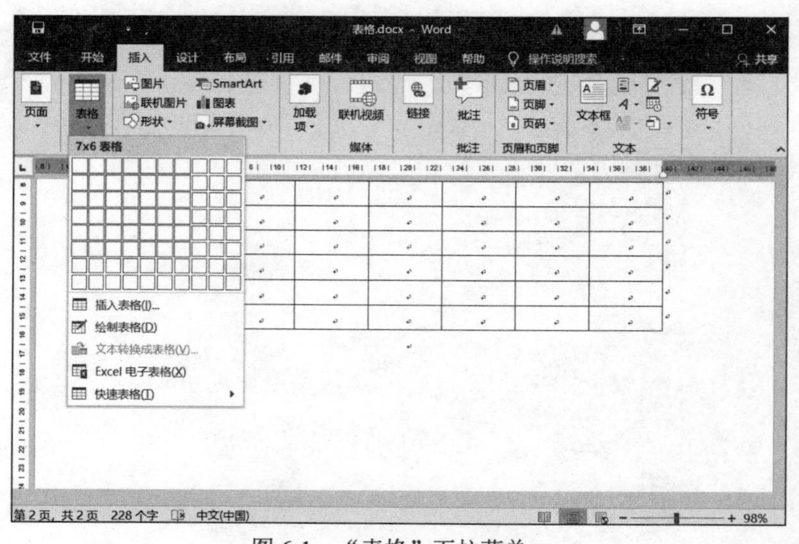

图 6-1 “表格”下拉菜单

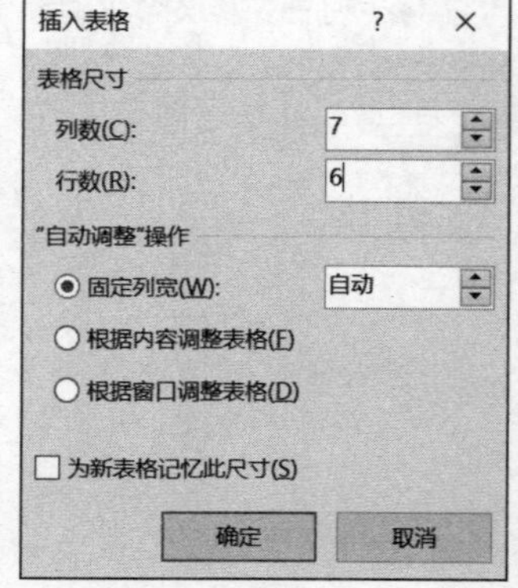

图 6-2 【插入表格】对话框

6.1.2 手动绘制表格

除了简单插入表格外，还可以使用“绘制表格”工具绘制各种不规则表格。

例如，绘制带有斜线表头的“课程表”，具体操作如下。

【1】启动画笔。选择“插入”|“表格”|“表格”|“绘制表格”命令，显示画笔。

【2】在指定位置绘制表格外形。在表格起始位置按下鼠标左键，拖曳鼠标到表格结束位置。此时，将出现一个虚线框，该虚线框即是将要插入的表格位置。

【3】生成“表格工具（设计）”选项。松开鼠标左键，在虚线框的位置出现一个表格外形，同时在主选项卡上出现“表格工具（设计）”选项，如图 6-3 所示。“表格工具（设计）”选项中，可以设置表格样式。

图 6-3　生成“表格工具（设计）”选项

【4】划分行和列。单击“表格工具（布局）”|“绘图”|“绘制表格”选项，显示光标笔，按下鼠标左键，移动光标笔，在表格范围内绘制横线，Word 程序会自动出现一条水平的虚线，但光标笔不能超出表格垂直方向的范围。

【5】横向拖曳光标笔，使虚线两端与表格外形连接上，松开鼠标，在表格中虚线的位置出现一条实线，将表格分成两行，如图 6-4 所示。

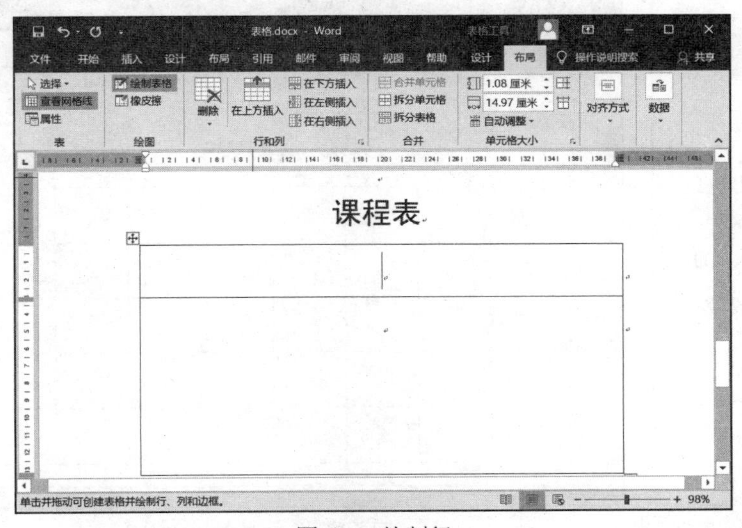

图 6-4　绘制行

【说明】具体对划分列而言，光标笔不超出表格水平方向的范围即可。

【6】重复上面划分行的操作，绘制行和列，如图 6-5 所示。

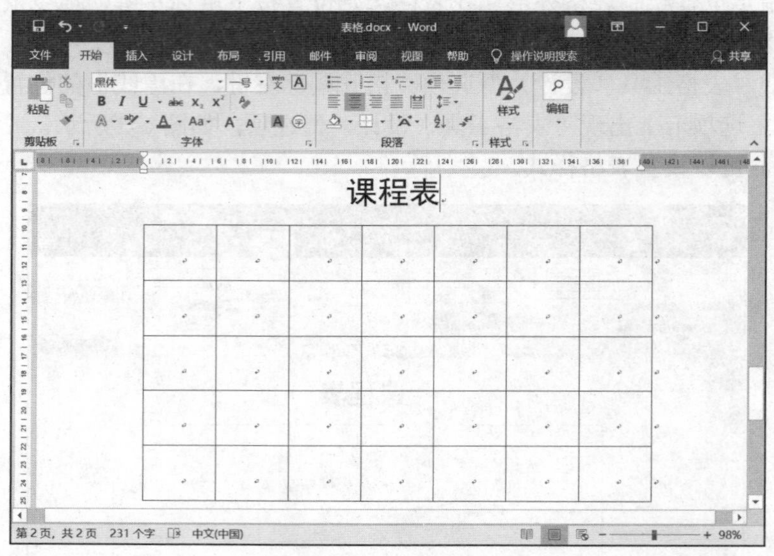

图 6-5　绘制表格

【说明】如有绘制错误，只需单击“表格工具（布局）”|“绘图”|“橡皮擦”选项，出现“橡皮擦”标识，移动鼠标擦除即可。

【说明】因在绘制过程中，行和列绘制的宽度和高度不够均匀，如需调整，只需选中表格右击，弹出下拉菜单，选择“平均分布各行”或“平均分布各列”即可，如图 6-6 所示。

【7】绘制带斜线的表头。单击想要插入斜线的单元格一角，拖曳鼠标到其对角后松开鼠标。该单元格将被斜线分成两个三角形单元格，如图 6-7 所示。

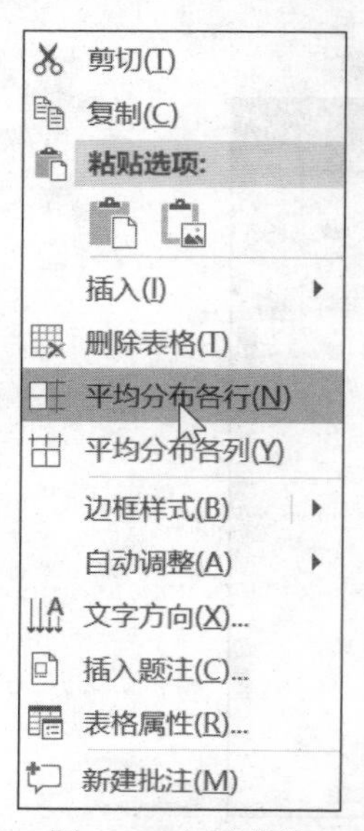

图 6-6　右键菜单

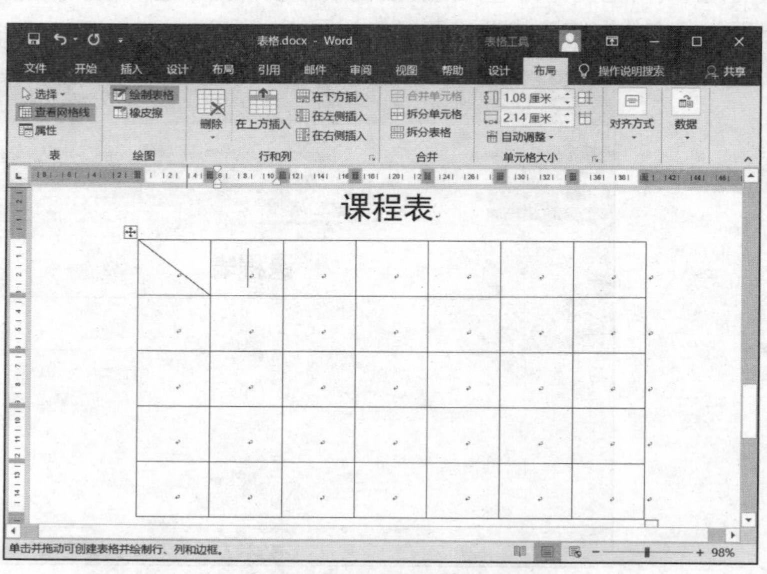

图 6-7　绘制带斜线的表头

【说明】可以在任意单元格中绘制斜线，并不局限于表头。也可以绘制左下到右上的斜线，甚至可以在一个单元格中画两条对角斜线。

6.1.3　文本与表格的相互转换

日常工作中常需要将文档中已有的文本直接以表格的形式显示或者将表格中的文字以纯文本的形式显示，这时可以使用文本与表格的转换功能。

【1】将文本转换为表格形式，具体操作如下。

①选取文本。使用鼠标选取文本，如图 6-8 所示。

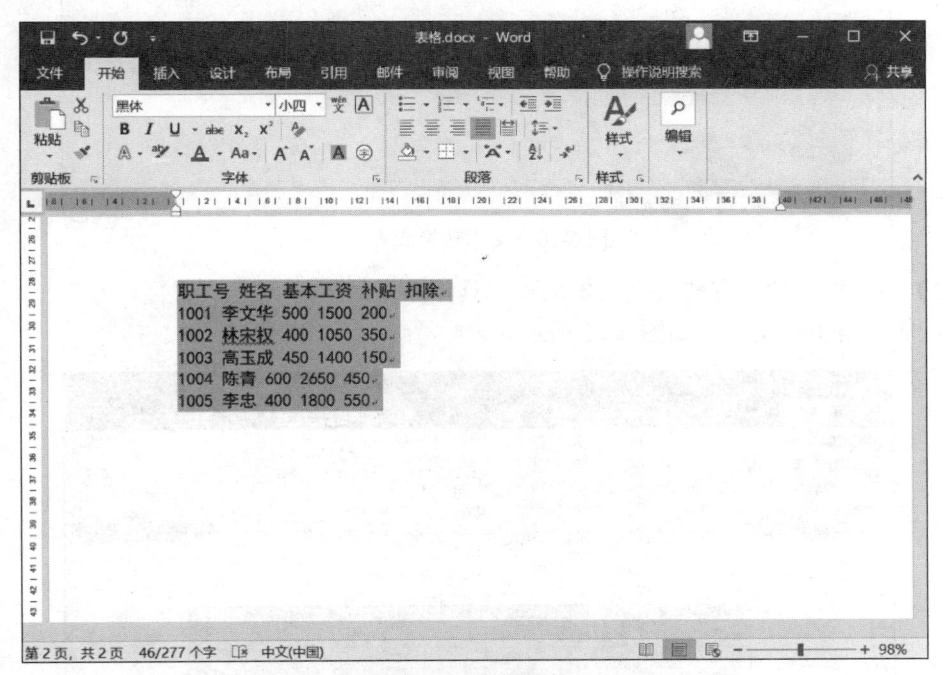

图 6-8　选取文本

②打开“将文字转换成表格”对话框，设置表格形式。单击“插入”|“表格”|“表格”选项，弹出下拉菜单，选中“文本转换成表格”选项，弹出“将文字转换成表格”对话框，在“表格尺寸”选项组中设定表格列数和行数，在“文字分隔位置”选项组中设定将文字分隔为单元格的标识，本案例鉴于文本之间为空格，故选择“空格”，如图 6-9 所示。

【说明】设置表格的行、列时，Word 会自动根据用户选取的文本情况设定表格的行、列以及文字分割位置。

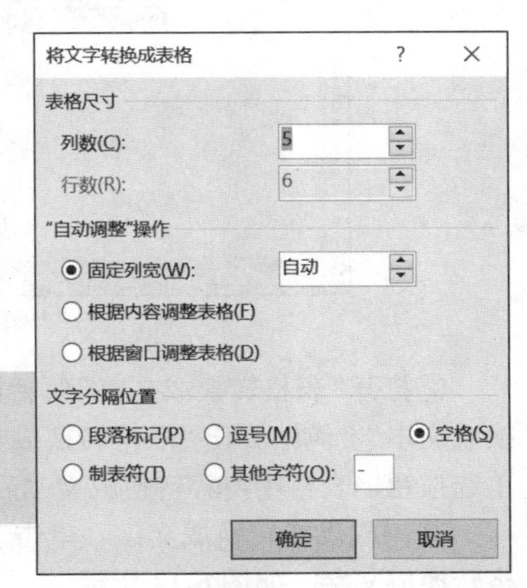

图 6-9　“将文字转换成表格”对话框

③完成文本转换成表格。单击“将文字转换成表格”对话框中的“确定”按钮，完成文本转换成表格，如图 6-10 所示。

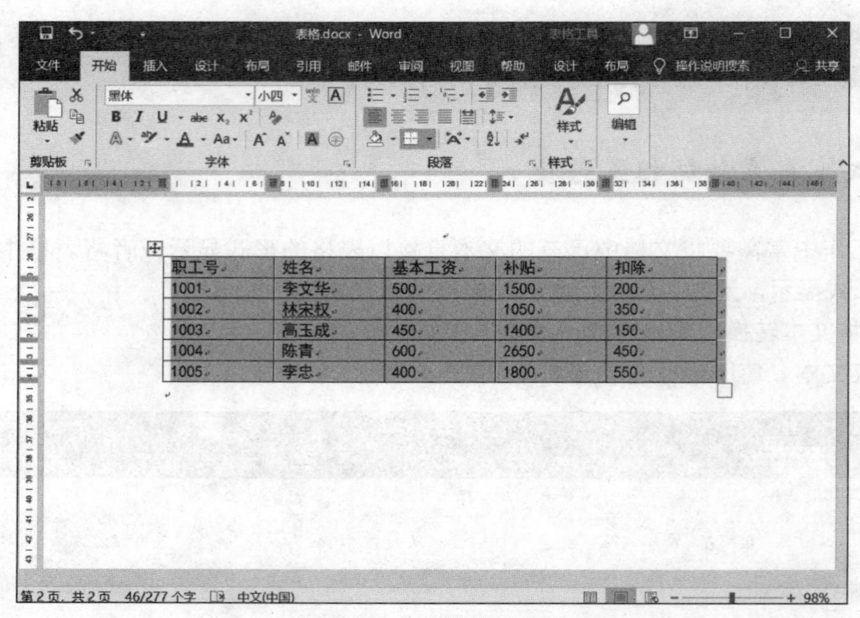

图 6-10　文本转换成表格

【2】将表格中的内容转换成文本形式，具体操作如下。

①选取表格中的文本，如图 6-11 所示。

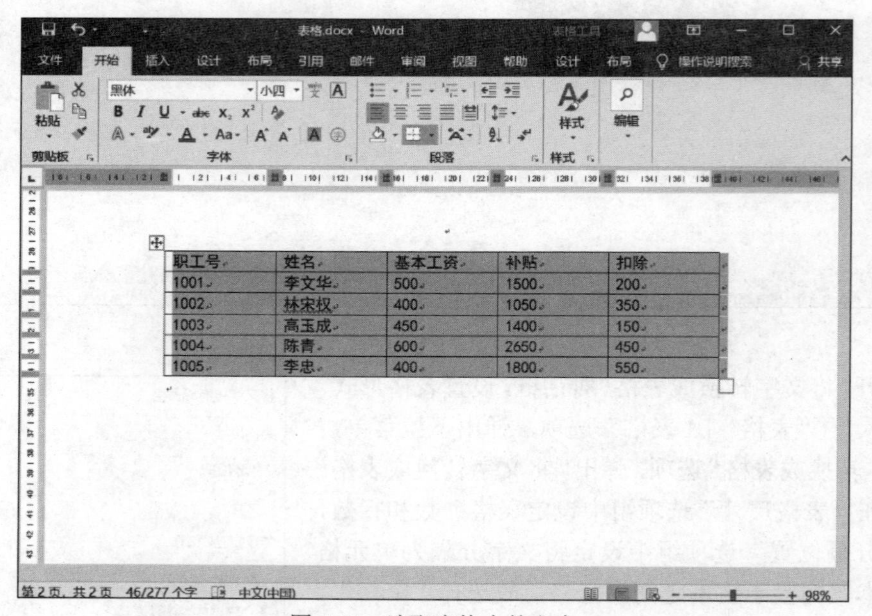

图 6-11　选取表格中的文本

②打开“表格转换成文字”对话框，设置转换方式。单击“表格工具（布局）”|“数据”|“转换成文本”选项，弹出“表格转换成文字”对话框，选中“文字分隔符”选项组中的“制表符”单选按钮，表格中内容转换成文本后，将以“制表符”分隔，如图 6-12 所示。

③完成表格转换成文字。单击“表格转换成文字”对话框中的“确定”按钮，完成表格转换成文字，如图 6-13 所示。

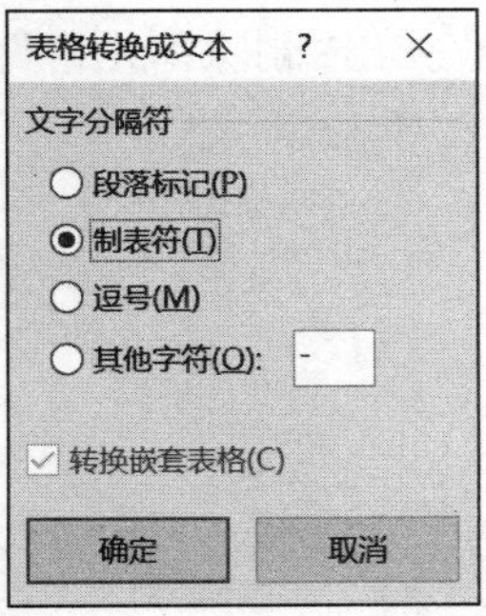

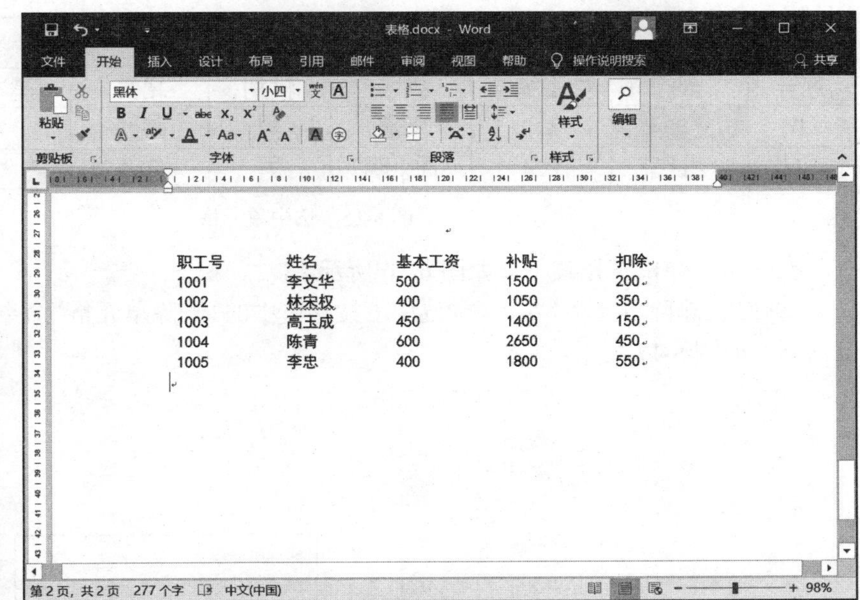

图 6-12　设置转换方式

图 6-13　转换效果图

6.1.4　删除表格

对表格的删除主要是指对表格内容的删除、表格整体删除以及表格中单元格的删除。

【1】删除表格中的内容，但要保留表格，具体操作如下。

①选取表格。移动鼠标到表格左上角，单击该处出现的“位置控制”按钮，选取表格，如图 6-14 所示。

员工信息表							
序号	部门	员工编号	姓名	性别	籍贯	基本工资	学历
1	开发部	K12	郭鑫	男	陕西	7000	博士
2	测试部	C24	周小明	男	江西	5600	硕士

图 6-14　选取表格

②删除内容。按 Delete 键，删除表格中所有内容。

【2】将表格连同其中内容一起删除，具体操作如下。

①选取表格。移动鼠标到表格左上角，单击该处“位置控制”按钮，选取表格。

②删除表格。按 BackSpace 键，删除表格以及表格中的内容。

【3】删除表格中特定单元格的方法，具体操作如下。

①选取要删除的单元格，如图 6-15 所示。

员工信息表							
序号	部门	员工编号	姓名	性别	籍贯	基本工资	学历
1	开发部	K12	郭鑫	男	陕西	7000	博士
2	测试部	C24	周小明	男	江西	5600	硕士

图 6-15 选中单元格

②右击，弹出下拉菜单，如图 6-16 所示。

③弹出“删除单元格”对话框。选中下拉菜单中的“删除单元格”命令，弹出“删除单元格”对话框，如图 6-17 所示。

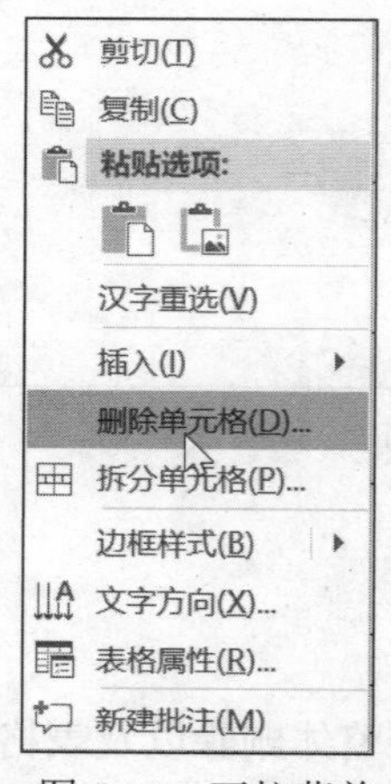

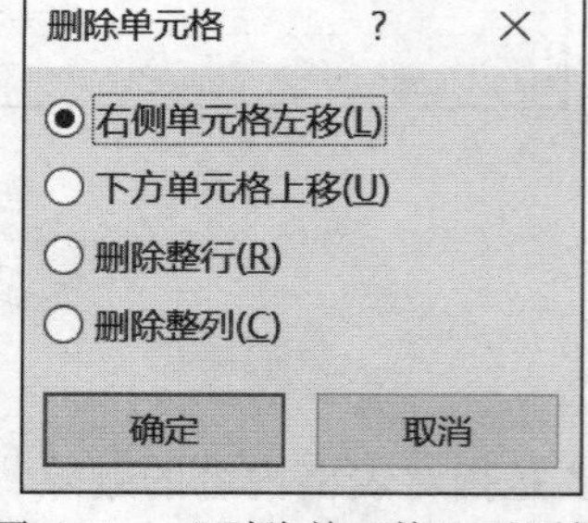

图 6-16 下拉菜单 图 6-17 “删除单元格”对话框

④删除单元格。选择“下方单元格上移”单选按钮，单击“确定”按钮，完成删除，效果图如图 6-18 所示。

员工信息表							
序号	部门	员工编号	姓名	性别	籍贯	基本工资	学历
1	测试部	K12	郭鑫	男	陕西	7000	博士
2		C24	周小明	男	江西	5600	硕士

图 6-18 删除效果图

【说明】若选择“删除单元格”对话框中的“删除整行”或“删除整列”单选按钮，则会删除单元格所在行或列。

6.2 编辑表格

编辑表格是指对表格尺寸、形式以及排列方式等内容的修改。通过对表格进行编辑，可以使表格更加美观、表格中内容的逻辑关系更加清晰。

本节将首先介绍选取、合并、拆分表格中行、列或单元格的方法。然后介绍调整行、列高度，指定单元格尺寸的方法。此外，还将介绍插入行、列或单元格的方法。最后介绍删除表格的方法。

6.2.1　选取行、列或单元格

用户对表格进行编辑时，需要先选取表格或单元格。选取表格的常用方法有两种：第一种是使用选项组内的“选择”工具进行选取，第二种是使用鼠标快速选取表格、行、列以及单元格。

【1】使用“选择”工具选取要编辑的内容，具体操作如下。

①定位插入符。将插入符移动到想要选取的单元格中，如图 6-19 所示。

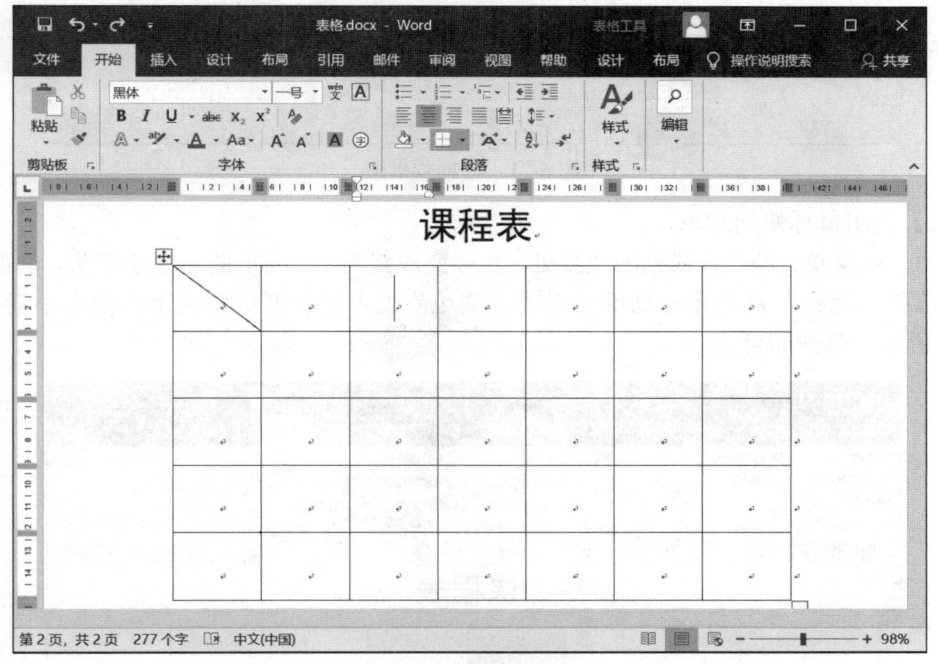

图 6-19　定位插入符

②打开选择下拉菜单。单击“表格工具（布局）”|“表”|“选择”选项，弹出下拉菜单，如图 6-20 所示。既可选择插入符所在的单元格，也可选择其所在的行、列或表格。

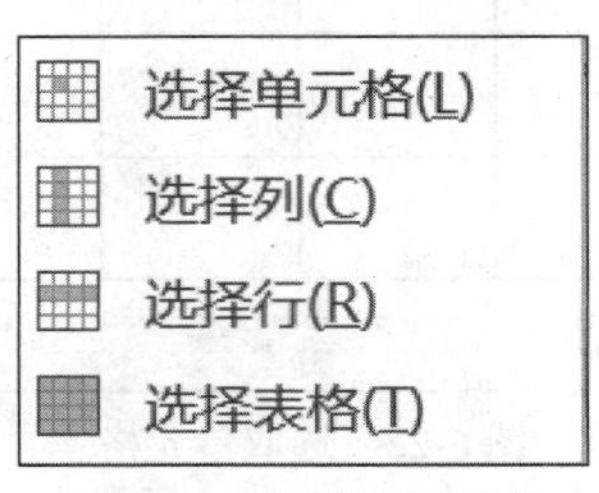

图 6-20　选择下拉菜单

③完成选择。单击选择下拉菜单中的“选择行”按钮，完成选择，效果如图 6-21 所示。

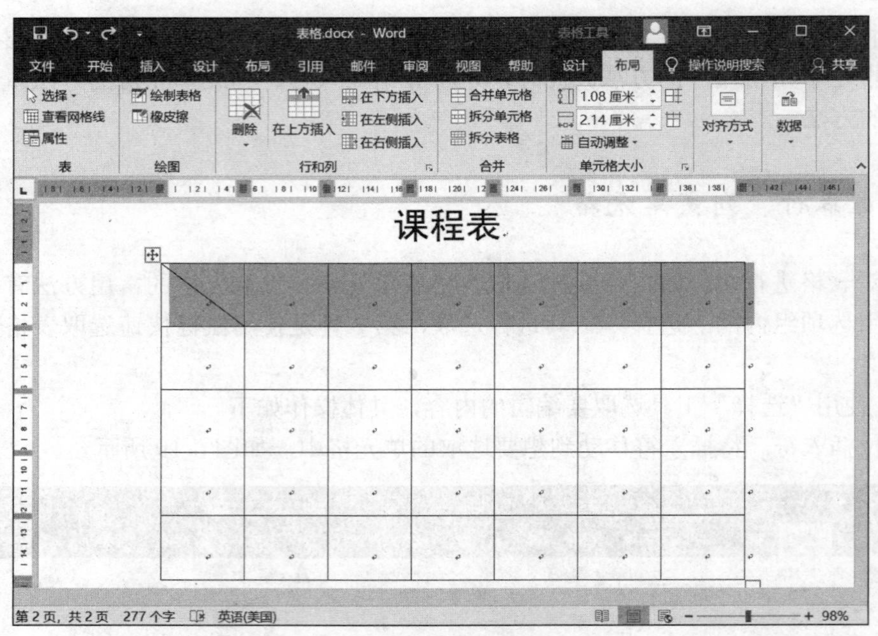

图 6-21　选择效果图

【2】使用鼠标快速选取。

移动光标至单元格、行或列的边界处，光标变成斜向上、向下的黑色小箭头，单击即可。

①选取单元格。移动光标到单元格的左侧边界处，光标变成斜向上的黑色小箭头，如图 6-22 所示，单击即可选中。

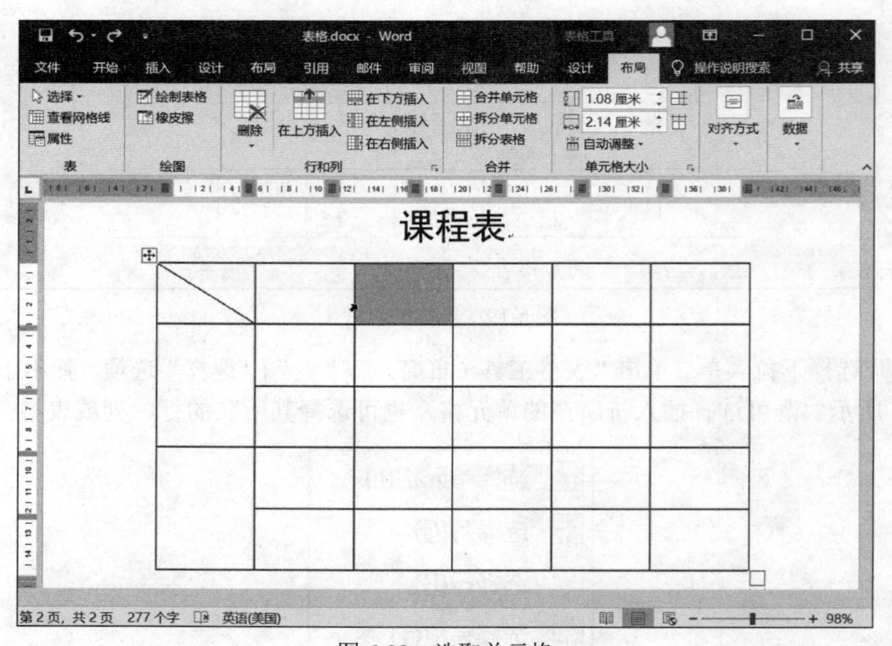

图 6-22　选取单元格

②选取单列。移动光标到所要选的列的上沿边界处，光标变成向下的黑色小箭头，单击，选中所在列，如图 6-23 所示。

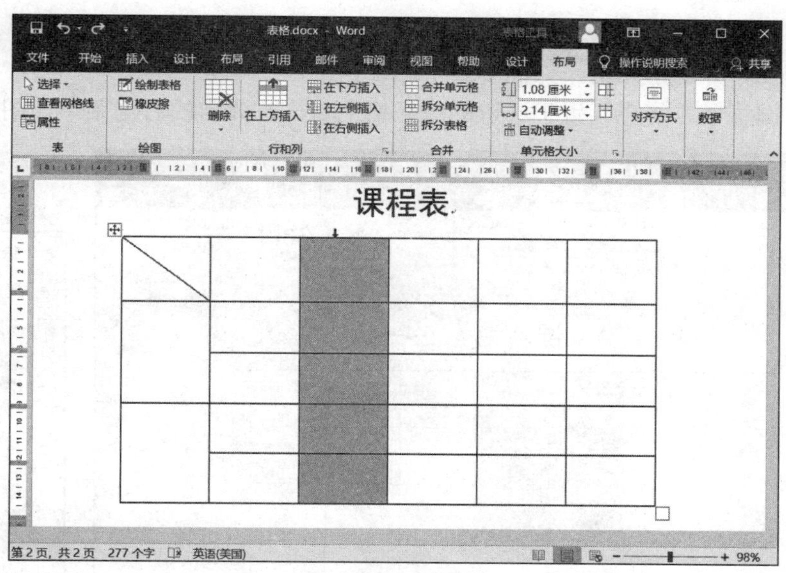

图 6-23　选取单列

③选取多列。光标变成向下的黑色小箭头后， 按下鼠标向右拖动，直到选取第 2 列到第 3 列后松开，如图 6-24 所示。

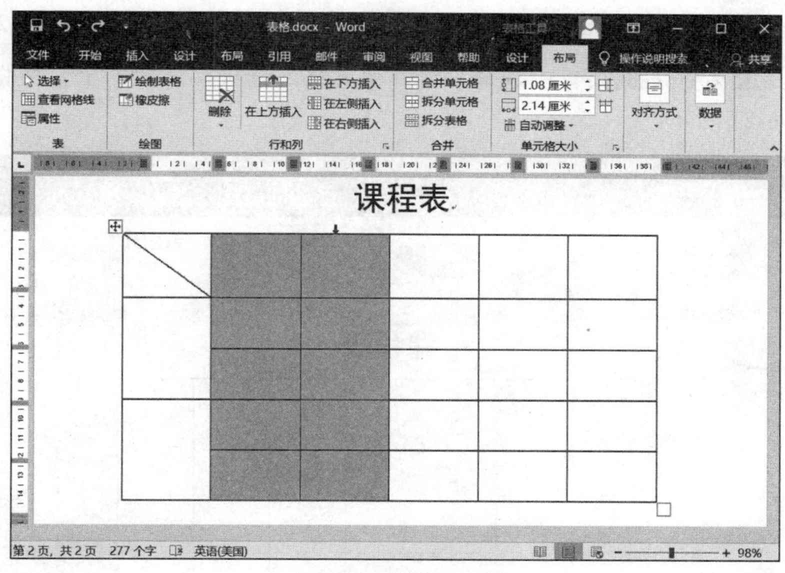

图 6-24　选取多列

6.2.2　合并单元格、拆分单元格和拆分表格

合并单元格，是指将表格中相邻的几个单元格合并成一个较大的单元格，以放置更多的内容。拆分单元格，是指将表格中的一个单元格分解成几个独立的单元格，以体现内容的独立性。拆分表格，是指将一个连续完整的表格拆分成两个或几个独立的表格。

【1】合并单元格。

①选取需要合并的单元格，如图 6-25 所示。

②打开右键菜单。将光标置于选取的单元格上右击，弹出的右键菜单如图 6-26 所示。

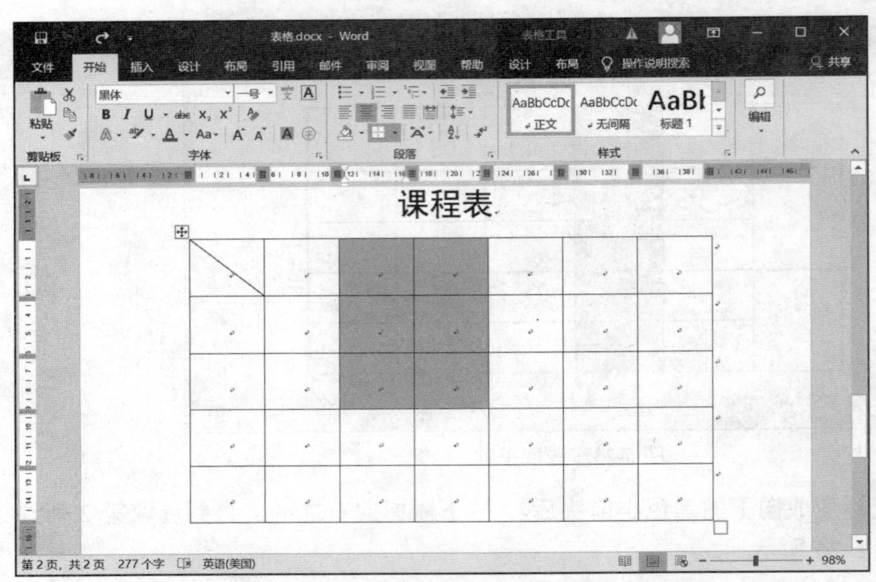

图 6-25　选取需要合并的单元格

剪切(T)
复制(C)
粘贴选项:
汉字重选(V)
插入(I)
删除单元格(D)...
合并单元格(M)
边框样式(B)
文字方向(X)...
表格属性(R)...
新建批注(M)

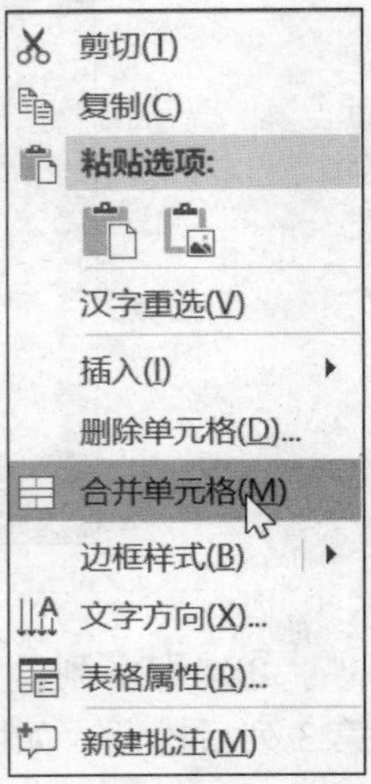

图 6-26　右键菜单

③合并单元格。在右键菜单中选择“合并单元格”选项，选取的单元格将合并成一个单元格，如图 6-27 所示。

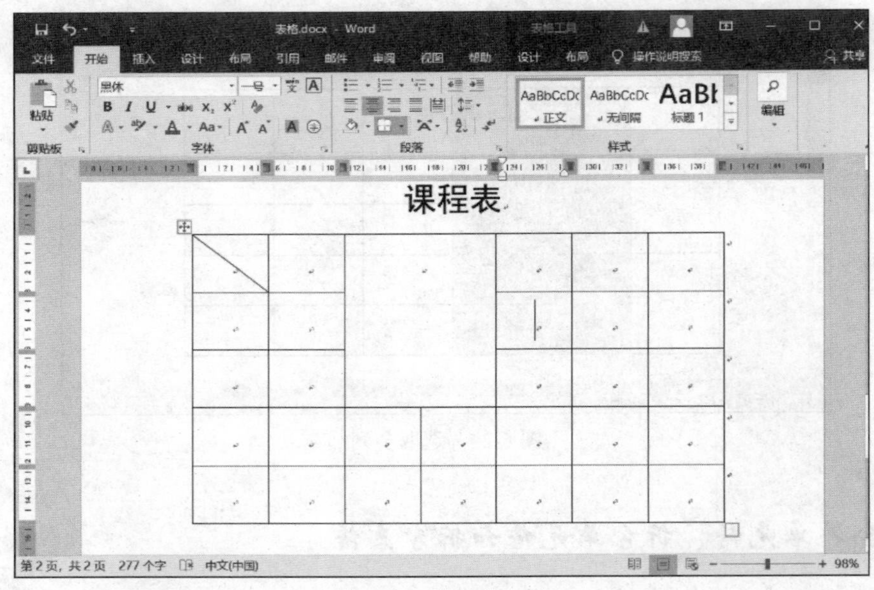

图 6-27　合并单元格

【2】拆分单元格。

①选取想要拆分的单元格，如图 6-28 所示。

②打开右键菜单。将光标置于选取的单元格上右击，弹出的右键菜单如图 6-29 所示。

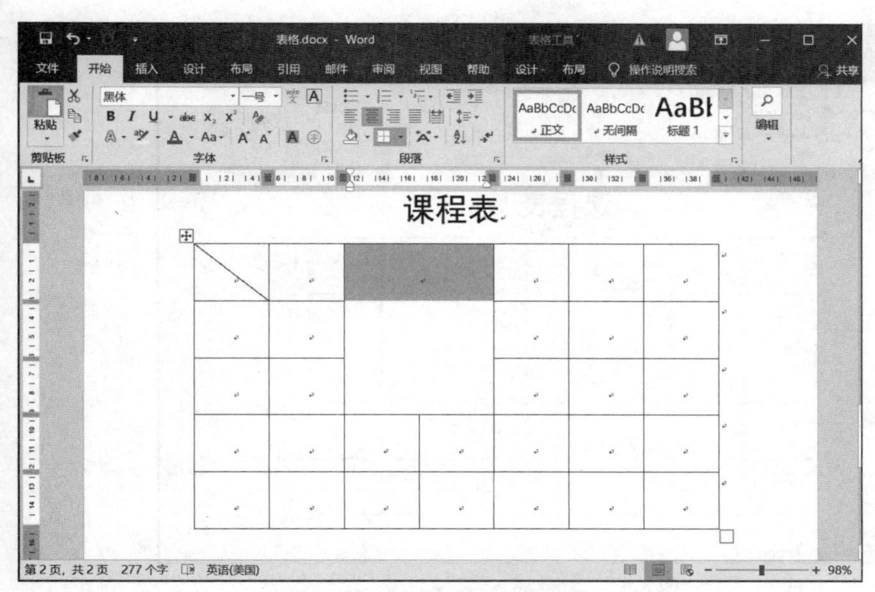

图 6-28　选取想要拆分的单元格

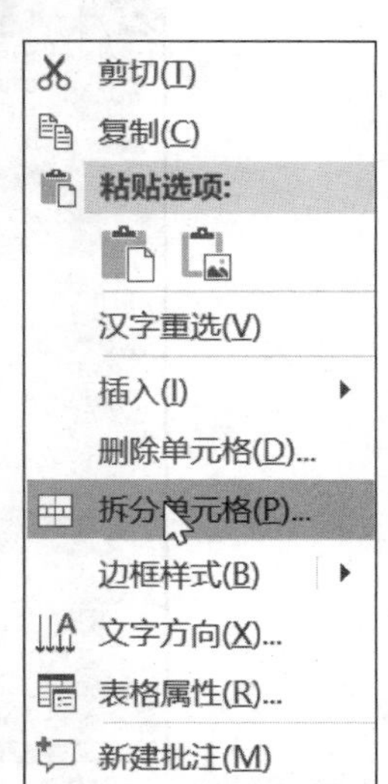

图 6-29　右键菜单

③打开“拆分单元格”对话框，设置列数与行数。在选取的单元格上右击，在弹出的右键菜单中选择“拆分单元格”选项，弹出“拆分单元格”对话框，设置列数和行数分别为 3，如图 6-30 所示。

④完成拆分单元格。单击“拆分单元格”对话框中的“确定”按钮，完成单元格拆分，如图 6-31 所示。

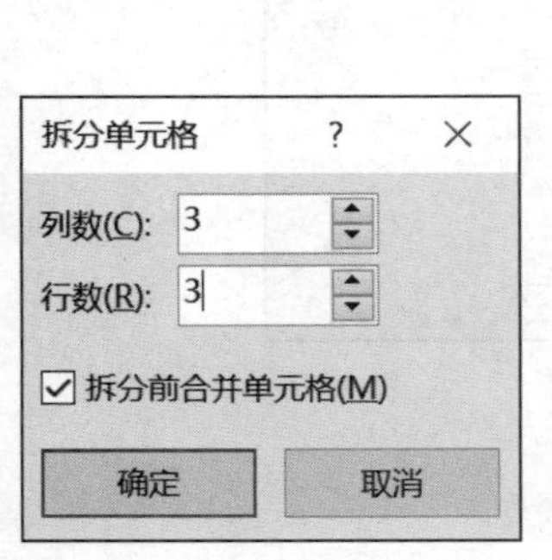

图 6-30　“拆分单元格”对话框

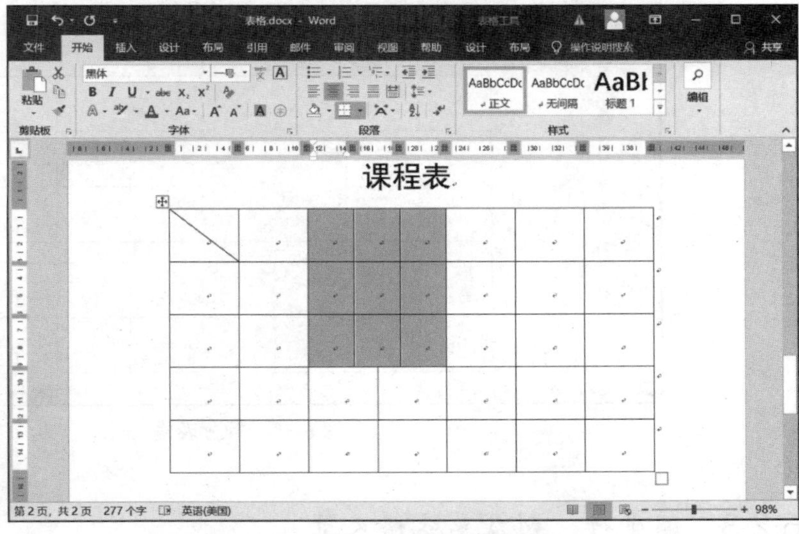

图 6-31　拆分效果图

【说明】Word 会自动调整其他行列的尺寸，以适应拆分后的单元格。

【3】拆分表格。

①定位插入符。将插入符定位在想要成为第 2 个表格的首行，如图 6-32 所示。

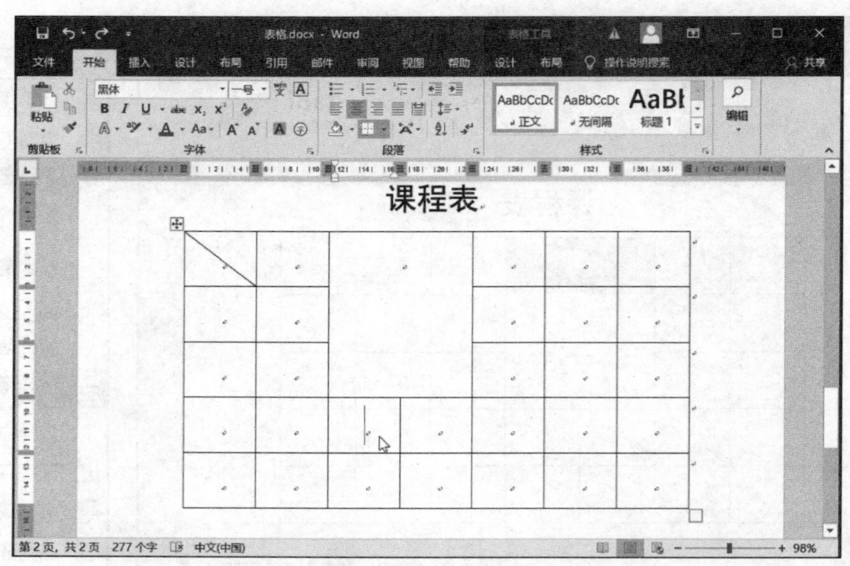

图 6-32 定位插入符

②拆分表格。单击“表格工具（布局）”|“合并”|“拆分表格”选项，表格将被拆分，效果如图 6-33 所示。

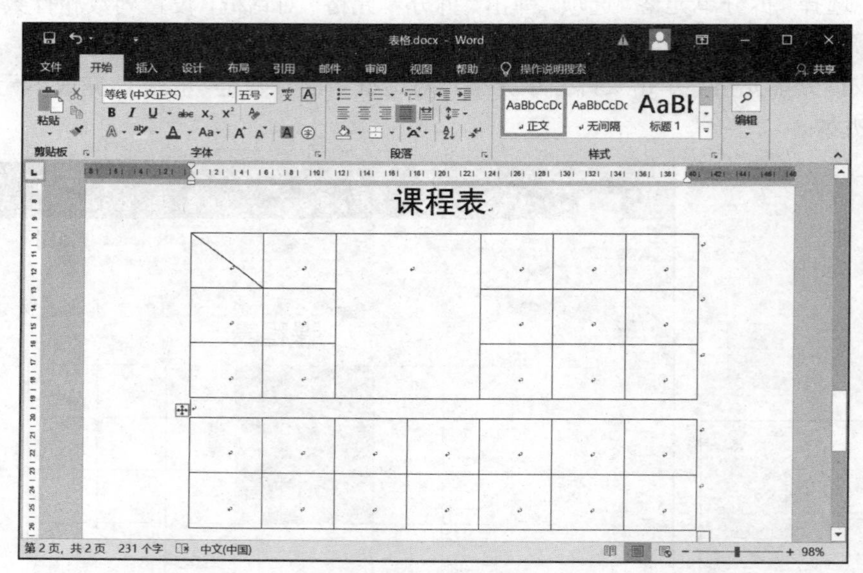

图 6-33 拆分表格

6.2.3 调整行、列及单元格尺寸

对于表格行、列尺寸以及单元格尺寸的调整既可粗略调整又可精确调整。

【1】粗略调整行、列尺寸，操作如下。

①选取列边界竖线。移动光标到表格垂直上方，光标变成指向左右两侧的双箭头形式，如图 6-34 所示。

序号	部门	员工编号	姓名	性别	籍贯	基本工资	学历
1	开发部	K12	郭鑫	男	陕西	7000	博士
2	测试部	C24	周小明	男	江西	5600	硕士

图 6-34　选取列边界竖线

②调整列宽。光标变成双箭头形式后，按住鼠标左键拖曳，移动表格列边界竖线。此时，将出现虚线指示移动后表格边界的位置，如图 6-35 所示。

序号	部门	员工编号	姓名	性别	籍贯	基本工资	学历
1	开发部	K12	郭鑫	男	陕西	7000	博士
2	测试部	C24	周小明	男	江西	5600	硕士

图 6-35　调整列宽

③完成列宽调整。将表格边界线移动到合适位置后松开鼠标，完成列宽调整。

【2】精确调整行、列尺寸，具体操作如下。

①选取要改变尺寸的行。

②打开“表格属性”对话框。在选取的行上右击，弹出右键菜单，如图 6-36 所示。选取“表格属性”选项，弹出“表格属性”对话框。

图 6-36　右键菜单

③设置行高。选择“表格属性”对话框中的“行”选项卡，选中“尺寸”选项组中的“指定高度”复选框，设定行高为 5 厘米，如图 6-37 所示。

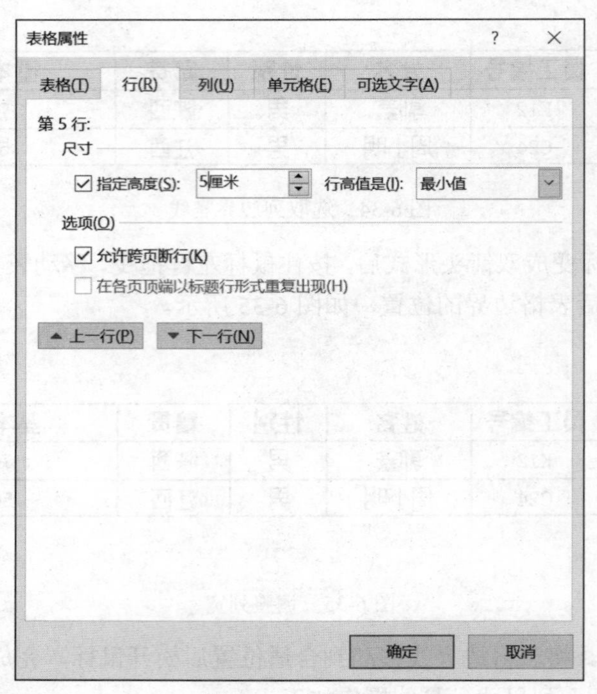

图 6-37 设置行高

④完成设置。单击“表格属性”对话框中的“确定”按钮，完成设置，效果如图 6-38 所示。

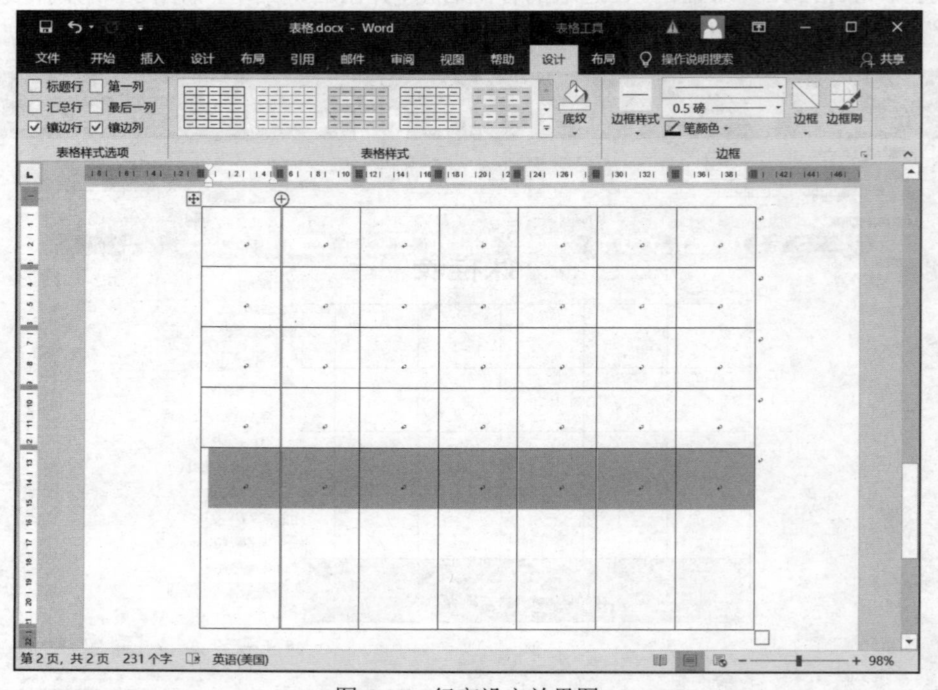

图 6-38 行高设定效果图

【说明】选取表格、列或单元格，打开“表格属性”对话框中相应的选项卡，可以分别对表格、列或单元格的尺寸进行精确控制。

6.2.4　插入行、列或单元格

当用户已经完成表格创建后，发现表格的行或列数量不够时，可以向原表格中插入行、列或单元格。插入行、列或单元格的常用方法既可以使用“表格工具（布局）”|“行和列”选项卡，又可以使用右键菜单插入。插入行的具体操作如下。

【1】选取想要插入行的位置，如图 6-39 所示。

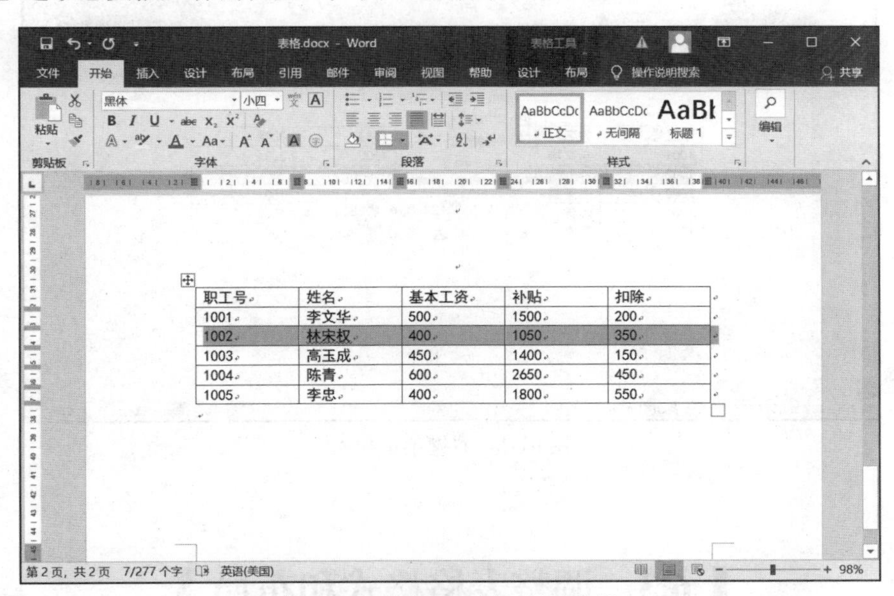

图 6-39　选取想要插入行的位置

【2】选项卡插入。单击“表格工具（布局）”|“行和列”|“在下方插入”选项，插入行，如图 6-40 所示。

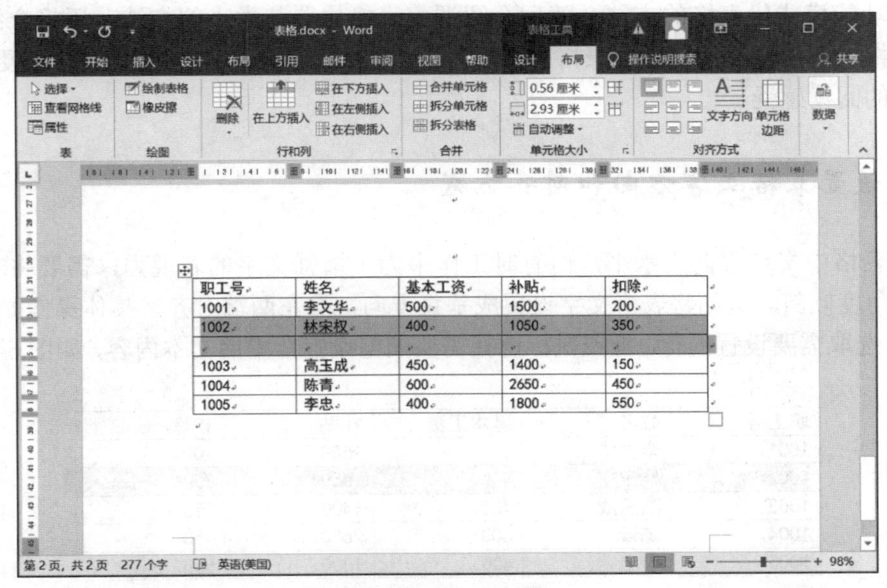

图 6-40　完成插入行

【3】右键菜单插入。将光标定位于新行插入处右击，弹出下拉菜单，如图 6-41 所示选择“插入”选项。

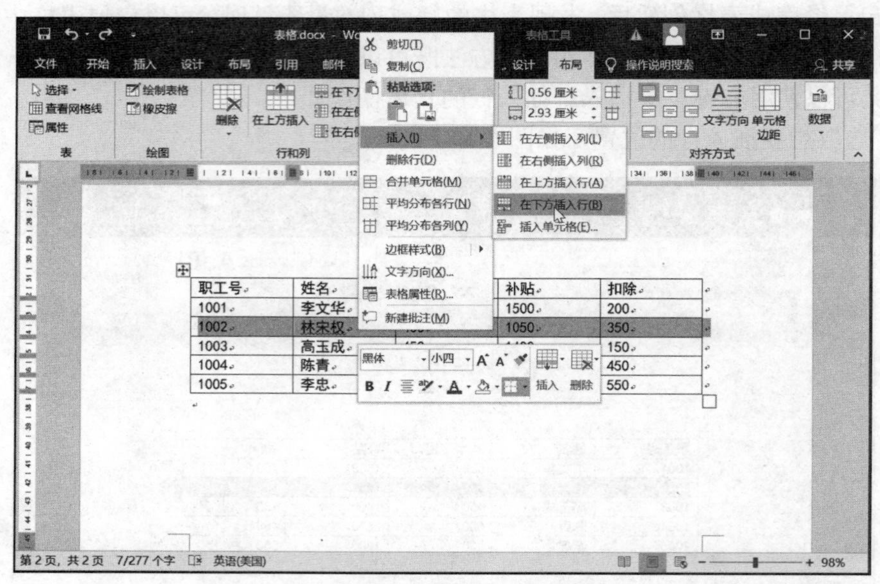

图 6-41　右键菜单插入

6.3　调整表格格式和布局

在 Word 中，可以对整个表格进行格式设置。本节首先介绍使用 Word 2016 提供的自动套用格式功能模式化表格的方法，随后介绍调整表格位置与大小的方法，还将介绍设置文字环绕表格的方法以及使用嵌套表格的方法。通过设置合适的表格格式，能使表格更加美观，改善读者的阅读感受。

6.3.1　设置表格文字方向和对齐方式

一般表格中文字方向为水平，但有时工作中为了增强文字的表现力，需要将表格文字设为一定角度倾斜。例如将表格文字设置成垂直方向，靠左两端对齐，具体操作如下。

【1】选取需要设置的行。拖曳鼠标选择需要调整设置行中的文本内容，如图 6-42 所示。

职工号	姓名	基本工资	补贴	扣除
1001	李文华	500	1500	200
1002	林宋权	400	1050	350
1003	高玉成	450	1400	150
1004	陈青	600	2650	450
1005	李忠	400	1800	550

图 6-42　选取需要设置的行

【2】打开右键菜单。在选中的行上右击，弹出右键菜单，如图 6-43 所示。

【3】打开“文字方向”对话框。单击右键菜单中的“文字方向”按钮，弹出“文字方向 - 表格单元格”对话框，如图 6-44 所示。

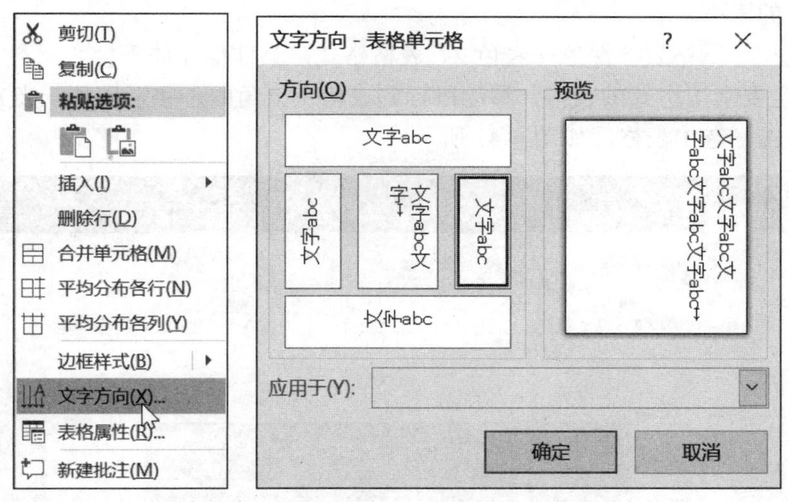

图 6-43　右键菜单　　图 6-44　“文字方向 - 表格单元格”对话框

【4】设置文字方向。在“方向”选项组中选择一种文字方向，单击“确定”按钮，设置完成，效果如图 6-45 所示。

职工号	姓名	基本工资	补贴	扣除
1001	李文华	500	1500	200
1002	林宋权	400	1050	350
1003	高玉成	450	1400	150
1004	陈青	600	2650	450
1005	李忠	400	1800	550

图 6-45　文字方向设置效果图

【5】设定文本对齐方式。选择“表格工具（布局）”|“对齐方式”可以调整文本的对齐方式，单击“中部居中”按钮，设置完成，效果如图 6-46 所示。

职工号	姓名	基本工资	补贴	扣除
1001	李文华	500	1500	200
1002	林宋权	400	1050	350
1003	高玉成	450	1400	150
1004	陈青	600	2650	450
1005	李忠	400	1800	550

图 6-46　文本对齐方式设置效果图

6.3.2 使用自动套用格式功能

Word 2016 中提供了多种表格模板供用户使用。用户使用这些模板，可以快捷地建立具有一定格式的表格。

给表格套用“网格表 5 深色—着色 2”表格格式，具体操作如下。

【1】选定要套用格式的表格。移动鼠标到表格左上角的十字箭头处，当光标变为黑色十字箭头，单击，选中表格，如图 6-47 所示。

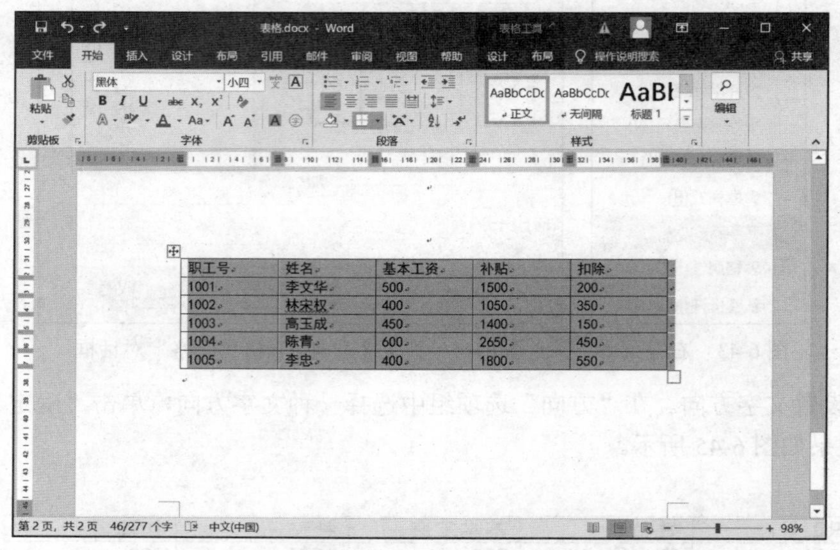

图 6-47 选定表格

【2】打开“套用格式”下拉菜单。单击“表格工具（设计）”|“表格样式”的样式模板中的 按钮，弹出“套用格式”下拉菜单，如图 6-48 所示。

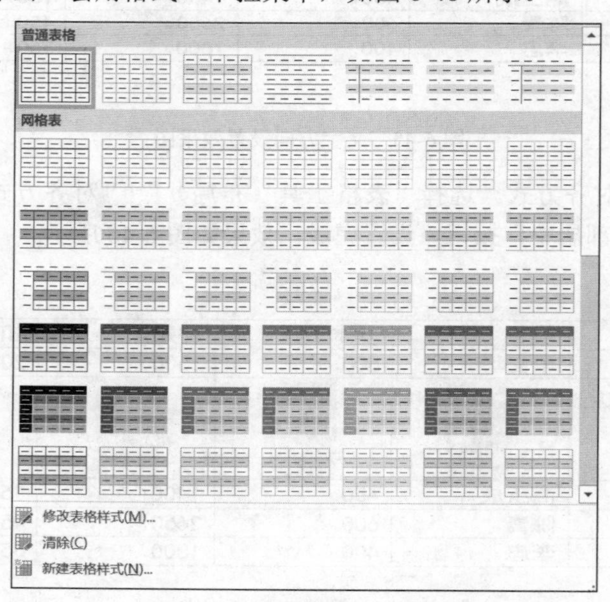

图 6-48 “套用格式”下拉菜单

【3】套用表格样式。选取“表格样式”中的“网格表 5 深色—着色 2”表格格式选项。完成表格套用格式，如图 6-49 所示。

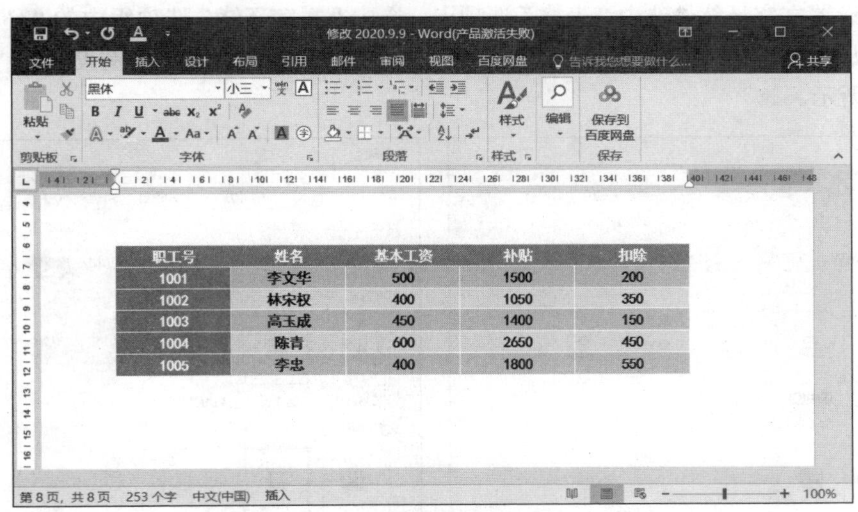

职工号	姓名	基本工资	补贴	扣除
1001	李文华	500	1500	200
1002	林宋权	400	1050	350
1003	高玉成	450	1400	150
1004	陈青	600	2650	450
1005	李忠	400	1800	550

图 6-49　设置效果图

6.3.3　设置文字环绕表格的形式

表格在文档中与其他文字的位置关系，可以通过文字环绕形式来体现。文字环绕表格后，显得文档更加紧凑，内容更加充实。

例如，将表格设置成被文字环绕的效果，具体操作如下。

【1】选中表格。移动鼠标到表格左上角的十字箭头处，当光标变为黑色十字箭头，单击，选中表格，如图 6-50 所示。

【2】打开下拉菜单。在选中的表格上右击，弹出右键菜单，如图 6-51 所示。

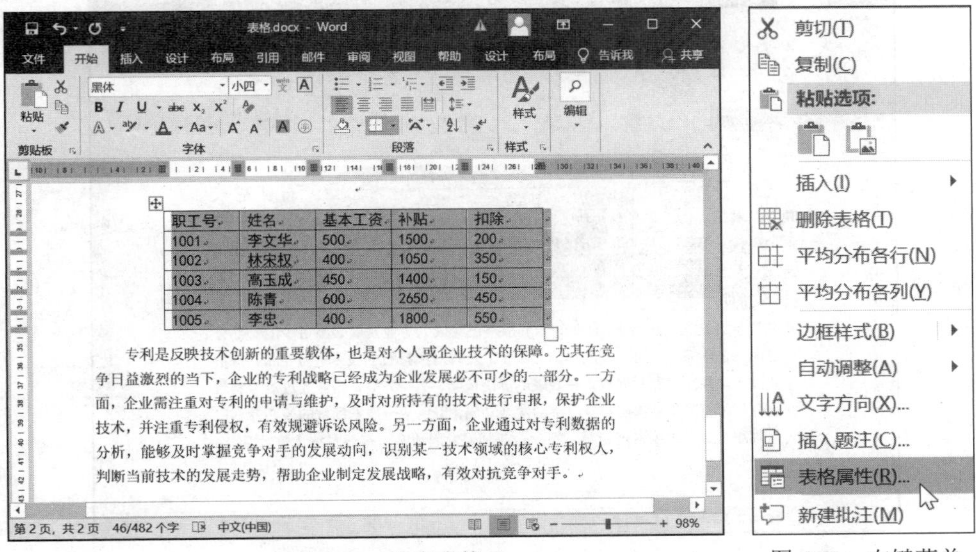

图 6-50　选中表格　　图 6-51　右键菜单

【3】打开“表格属性”对话框。单击右键菜单的“表格属性”选项，弹出“表格属性”对话框，如图 6-52 所示。

【4】设置文字环绕。选中“表格”选项卡，选中“文字环绕”选项组中的“环绕”选项。另外，可以应用“对齐方式”选项组设定表格中文字的对齐位置，本案例设置为“居中”，如图 6-53 所示。

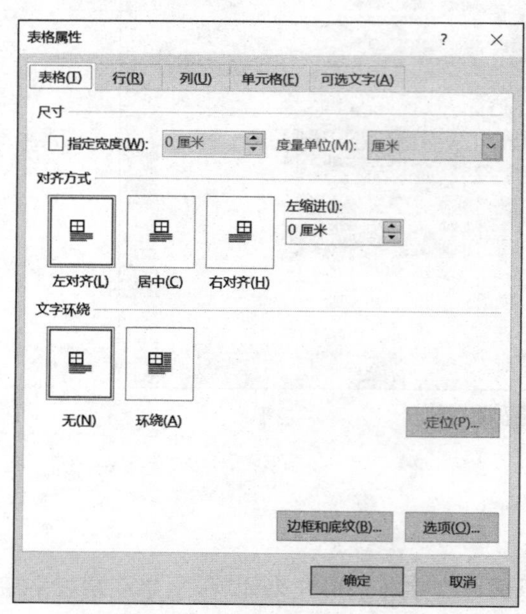

图 6-52 “表格属性”对话框

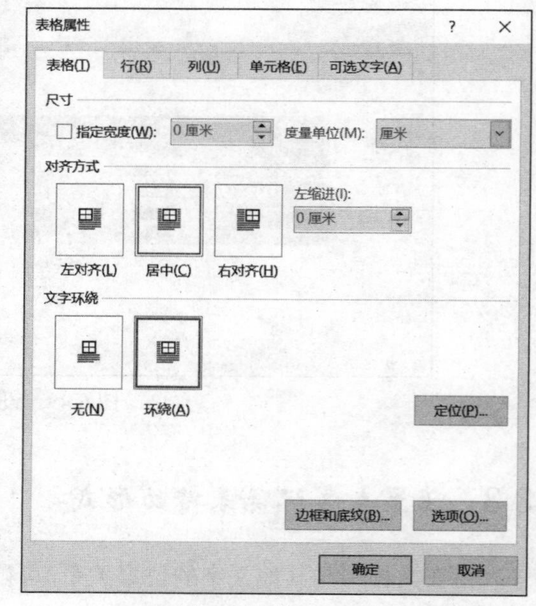

图 6-53 格式设置

【5】设置完成。单击“表格属性”对话框中的“确定”按钮，关闭该对话框，完成文字环绕设置，如图 6-54 所示。

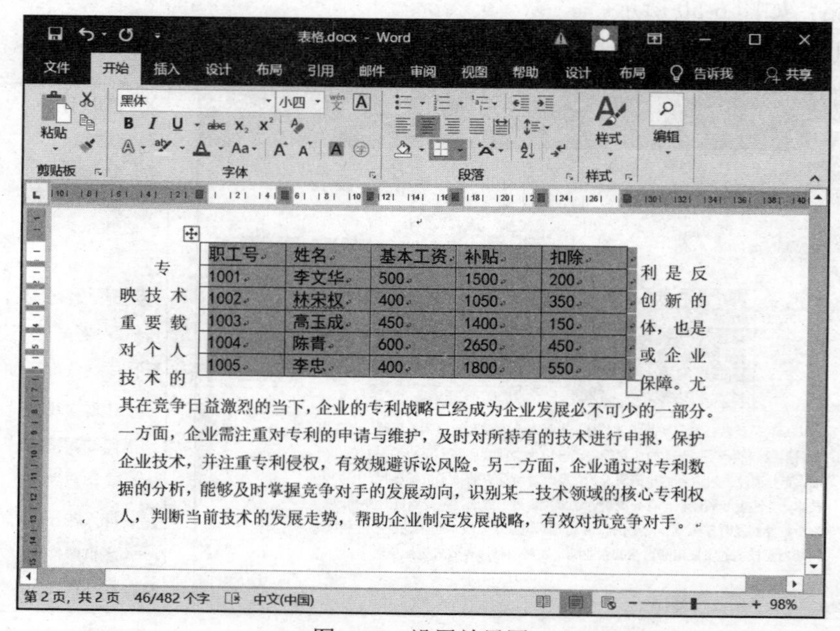

图 6-54 设置效果图

【说明】可以通过拖动表格移动表格位置，如图 6-55 所示。

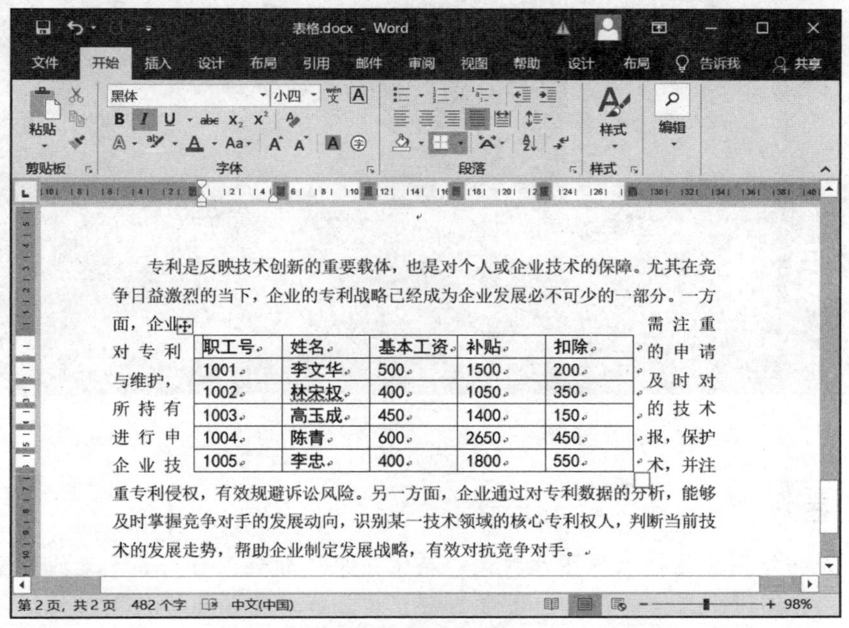

职工号	姓名	基本工资	补贴	扣除
1001	李文华	500	1500	200
1002	林宋权	400	1050	350
1003	高玉成	450	1400	150
1004	陈青	600	2650	450
1005	李忠	400	1800	550

图 6-55　移动表格位置

第7章
图文混排

内容提要

本章首先介绍图片的插入和图片映像、艺术效果、颜色、布局等元素的设置；其次介绍图形的插入、图形中文字的添加、图形的组合和分解以及SmartArt图形的插入和编辑；然后讲解文本框的创建以及文本框颜色、版式的设置；最后阐述如何应用公式编辑器插入公式。

重要知识点

- 图片映像和艺术效果的设置
- “绘图”工具的应用
- SmartArt 图形的编辑
- 文本框的设置
- 公式的输入和编辑

7.1　图片的插入和编辑

在文档中添加图片，能够简单地说明很多用文字无法准确表达的问题。向文档中插入图片后，需要对图片进一步编辑，才能获取最佳显示效果。编辑图片的手段包括调整图片颜色、亮度和对比度，设置图片方向、大小、图片版式等。

本节将介绍向文档中插入图片以及对图片进行编辑的方法。

7.1.1　从文件插入图片

从文件插入图片，是指将计算机系统中的图片文件插入文档中。插入图片后，用户可以调整图片位置并随意改变其大小。从文件插入图片是向 Word 文档中添加图片最常用的方法之一。

例如，为“再别康桥”文档增配一幅桥的图片，具体操作如下。

【1】将插入符定位于想要插入图片的位置，如图 7-1 所示。

图 7-1　定位插入符

【2】打开“插入图片”对话框。单击“插入”|“插图”|“图片”选项，弹出“插入图片”对话框，如图 7-2 所示。

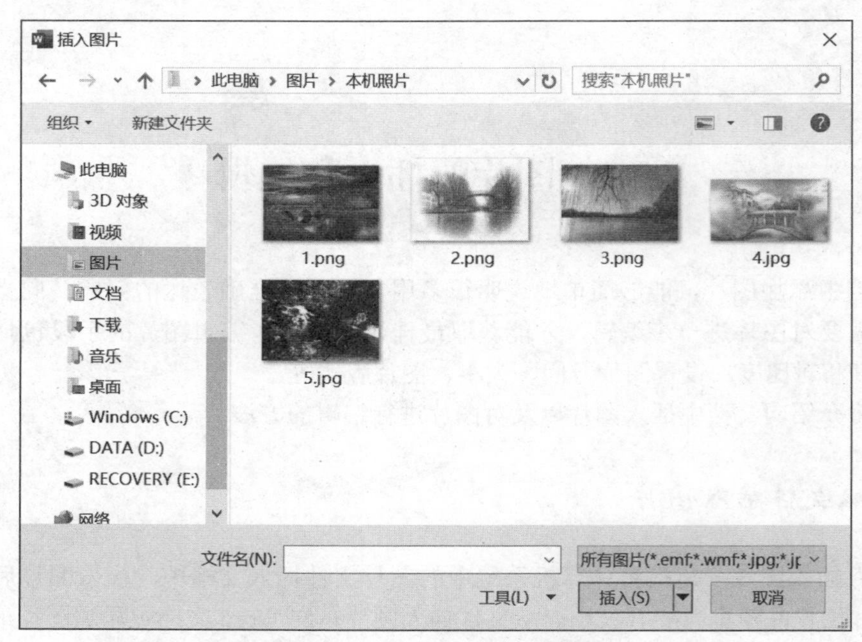

图 7-2 “插入图片”对话框

【3】完成图片插入。在“插入图片”对话框的左侧区域选择图片的存储位置，右侧区域显示该存储位置中所包含的图片，单击选中图片，单击“插入”按钮，完成图片插入，如图 7-3 所示。

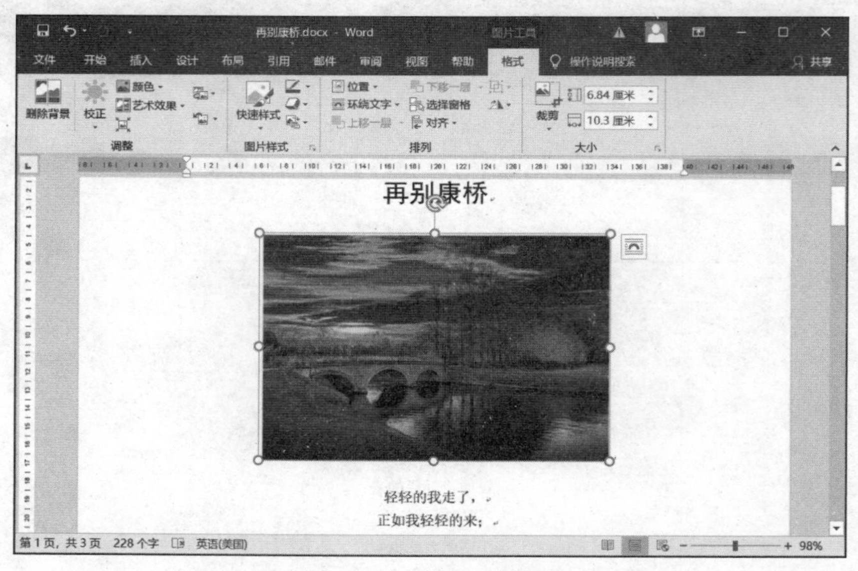

图 7-3 图片插入效果图

7.1.2 插入联机图片

联机图片是 Word 2016 提供的联机图片库。用户可以从中搜索出需要的图片，将其插入文档中并随意改变其大小。

例如，通过“联机图片”向“再别康桥”文档增配一幅桥的图片，具体操作如下。

【1】将插入符定位于想要插入图片的位置，如图 7-4 所示。

图 7-4 定位插入符

【2】打开“插入图片”窗口。单击“插入”|“插图”|“联机图片”选项，打开“插入图片”窗口，如图 7-5 所示。

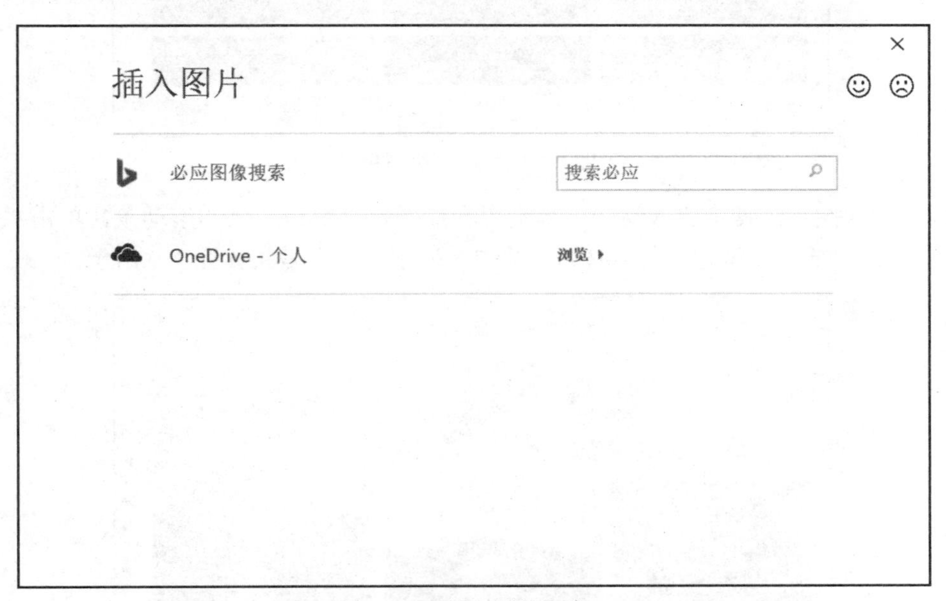

图 7-5 “插入图片”窗口

【3】搜索图片。单击“必应图像搜索”，显示“在线图片”窗口，图片按类别显示，可按类别选择需要的图片，如图 7-6 所示。在搜索框中输入“桥”，按 Enter 键进行搜索，如图 7-7 所示。

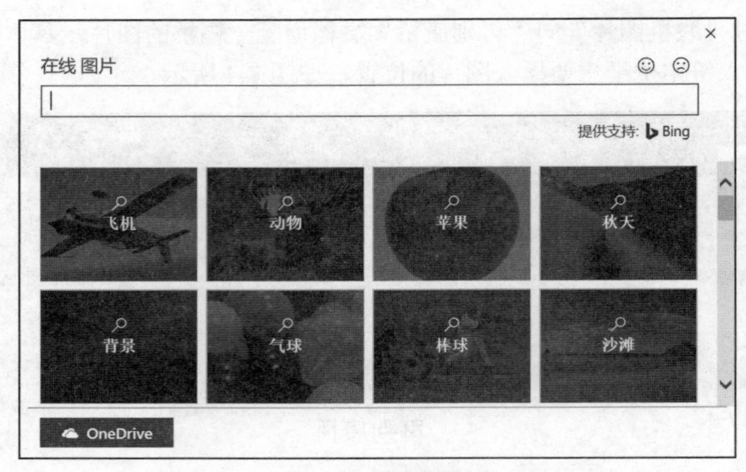

图 7-6 搜索图片

图 7-7 搜索“桥”图片

【4】插入图片。搜索完成后选中拖动“在线图片”窗口右侧的滚动条，单击想要插入的图片，单击“插入”按钮，插入图片如图 7-8 所示，插入效果如图 7-9 所示。

图 7-8 插入图片

图 7-9　插入图片效果图

7.1.3　设置图片映像和艺术效果

Word 2016 中添加了图片映像和艺术效果功能。图片映像就是为选中的 Word 图片创建一份图片副本，实现图片的倒影效果；艺术效果则使图片表现形式更为丰富、多样，艺术效果包括铅笔素描、影印、图样等多种效果。在 Word 2016 中设置图片映像和艺术效果的具体操作步骤如下。

【1】打开“设置图片格式”对话框。右击需要修改的图片，弹出右键菜单，如图 7-10 所示。选中“设置图片格式”选项，窗口右侧出现“设置图片格式”对话框，如图 7-11 所示。

图 7-10　右键菜单

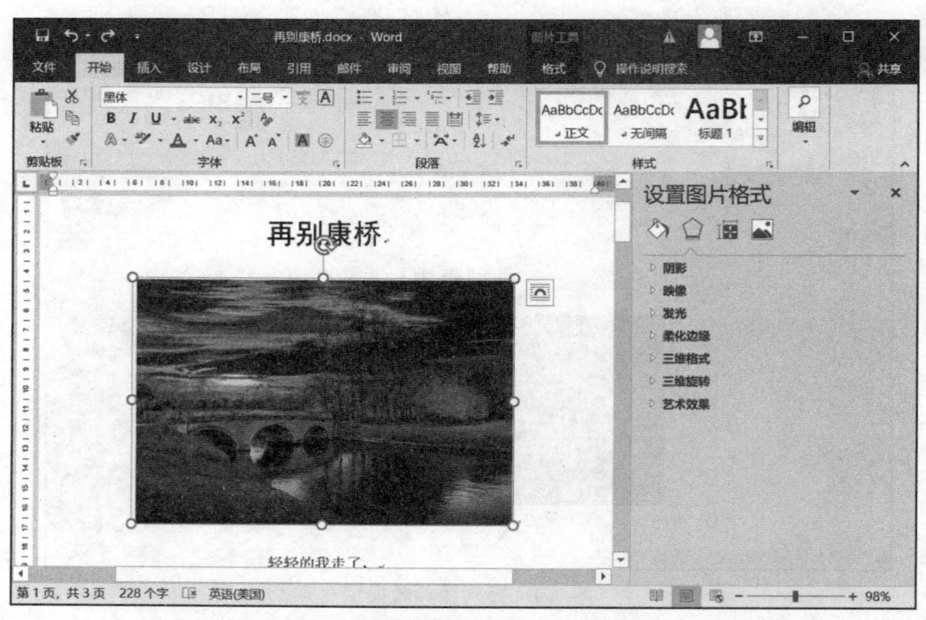

图 7-11 “设置图片格式”对话框

【2】设置图片映像和艺术效果。

①设置图片映像。选中左侧“映像”选项卡，打开“映像”选项组，单击“预设”按钮，从下拉菜单中选择“半映像，4 磅偏移量”，如图 7-12 所示；同时，设置透明度、大小、距离和虚化参数，如图 7-13 所示。

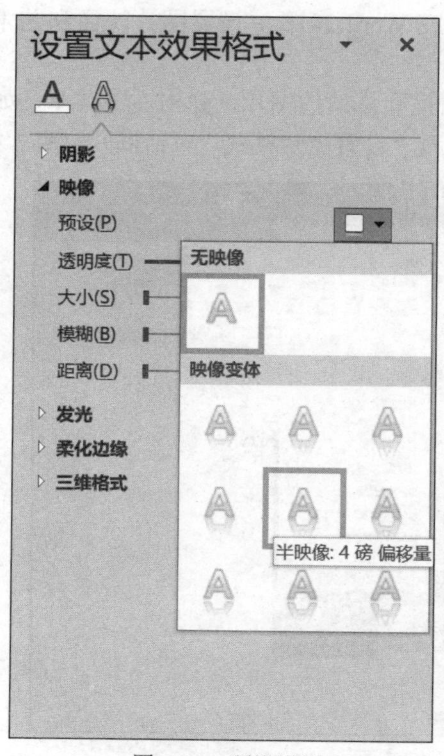

图 7-12 预设设置

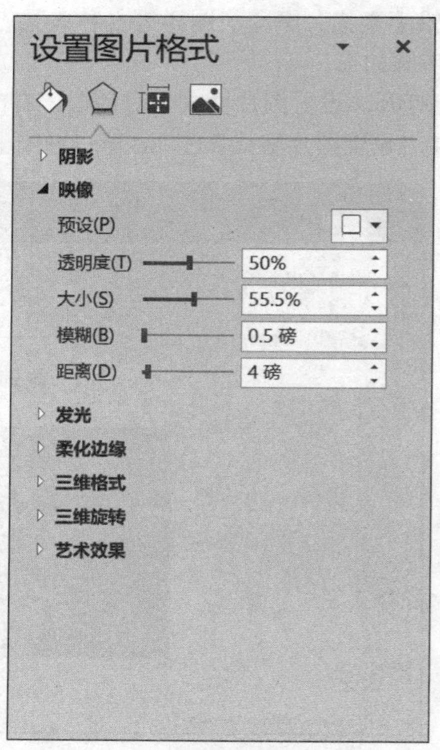

图 7-13 映像其他参数设置

②映像设置完成。效果如图 7-14 所示。

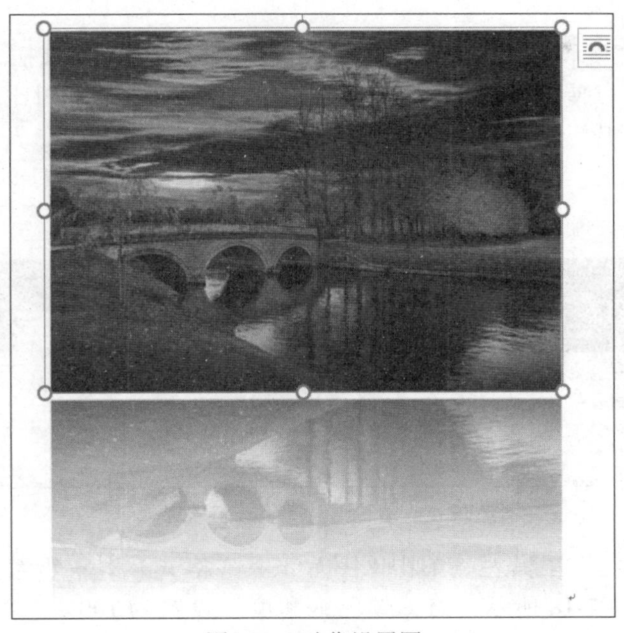

图 7-14　映像设置图

③艺术效果设置。在“设置图片格式”对话框中单击左侧“艺术效果”选项卡，在右侧“艺术效果”处单击下拉菜单，显示系统提供的模式，选择“浅色屏幕”，如图 7-15 所示。

④艺术效果设置完成。单击“关闭”按钮，完成设置，如图 7-16 所示。

图 7-15　艺术效果样式选择

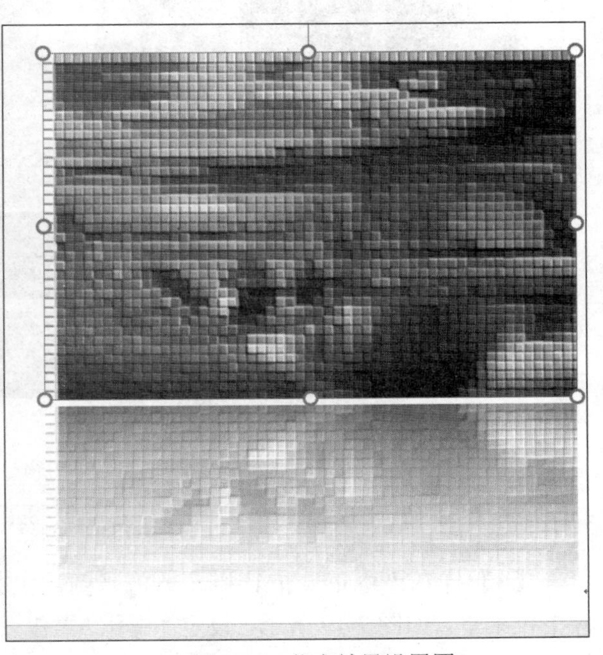

图 7-16　艺术效果设置图

7.1.4 调整图片颜色、亮度与对比度

图片的颜色、亮度和对比度直接决定了图片的显示效果。如果插入 Word 文档中的图片显示效果不佳，可以使用“图片”工具栏对图片的颜色、亮度和对比度进行修改。

例如，借助“图片”工具栏调整图片的颜色、高度以及对比度，具体操作如下。

【1】选中图片。选中需要修改的图片，在主选项卡上出现“图片工具（格式）”选项卡，如图 7-17 所示。

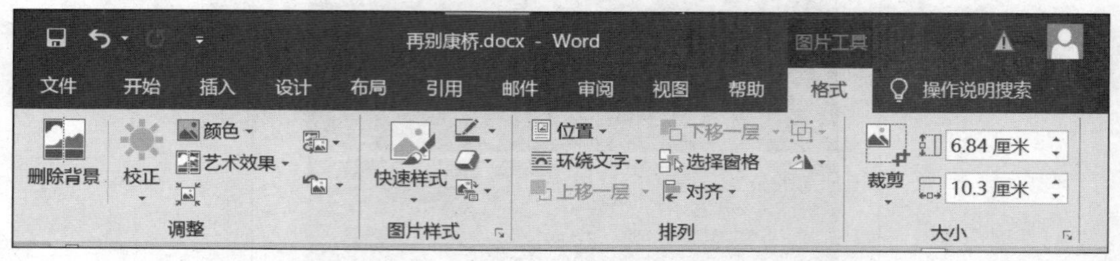

图 7-17 “图片工具（格式）”选项卡

【2】打开“颜色”工具栏。单击“图片工具（格式）”|“调整”|“颜色”选项，打开下拉菜单，如图 7-18 所示。将“颜色饱和度”设置为 100%，“色调”为“色温：6500K”，“重新着色”设置为“绿色，个性色 6 浅色”。

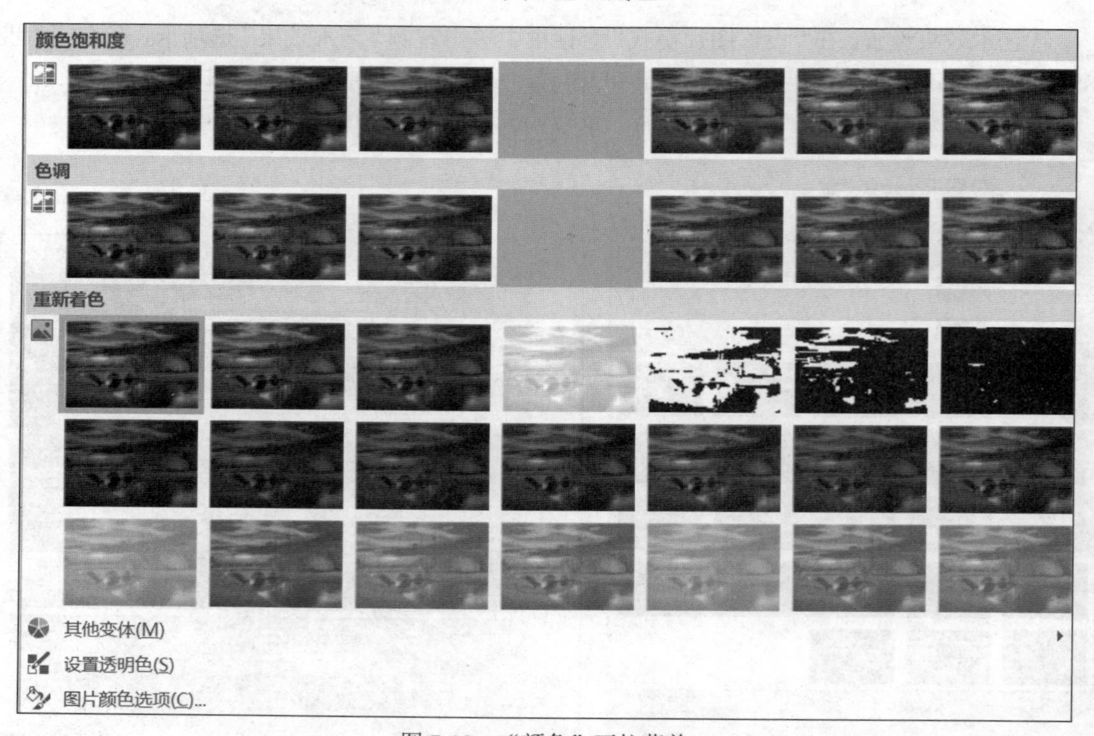

图 7-18 “颜色”下拉菜单

【3】打开“更正”工具栏。单击“图片工具（格式）”|“调整”|“更正”选项，打开下拉菜单，如图 7-19 所示。设定“锐化 / 柔化”为“柔化：25%”，“亮度 / 对比度”为“亮度：0%（正常）对比度：0%（正常）”。

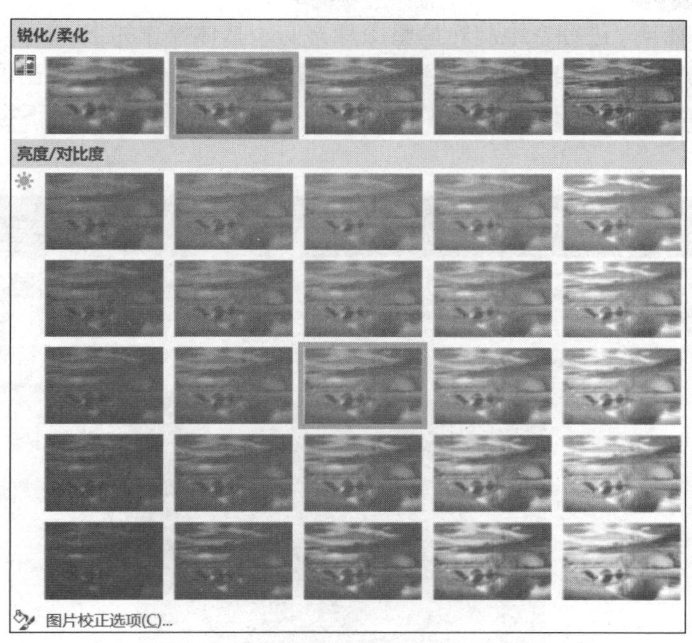

图 7-19　“更正”下拉菜单

【4】完成图片显示效果调整。原始图和完成图片效果如图 7-20 所示。

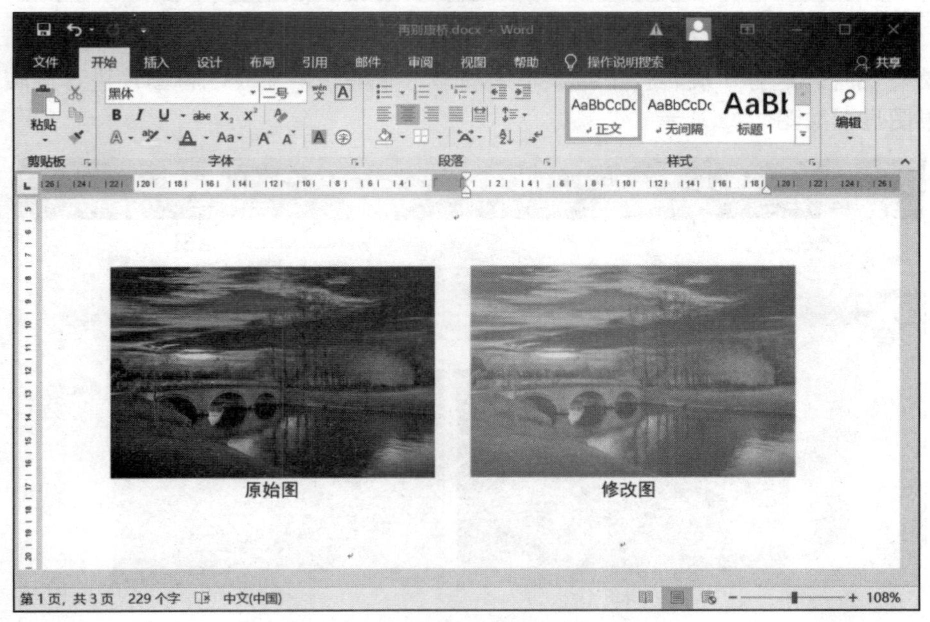

图 7-20　显示效果调整

7.1.5　调整图片方向

当插入文档中的图片方向不合适时，用户可以借助于二维旋转或三维旋转来实现对图片方向的调整。

【1】依托选项卡，进行二维旋转调整图片方向，具体操作如下。

①打开图片方向设置的下拉菜单。选中要设置的图片，主选项卡中出现“图片工具（格式）”选项卡，选中“格式”选项卡，单击“排列”|“旋转”选项，弹出下拉菜单，如图 7-21 所示。

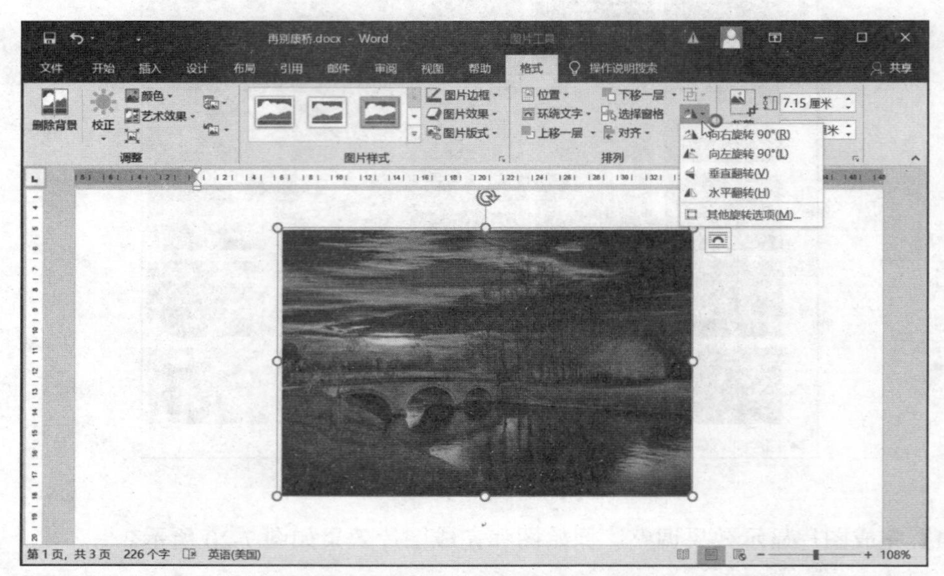

图 7-21　图片方向设置的下拉菜单

②旋转图片。选择“旋转”下拉菜单中的“水平翻转”命令，将图片进行旋转，原始图与结果图显示如图 7-22 所示。

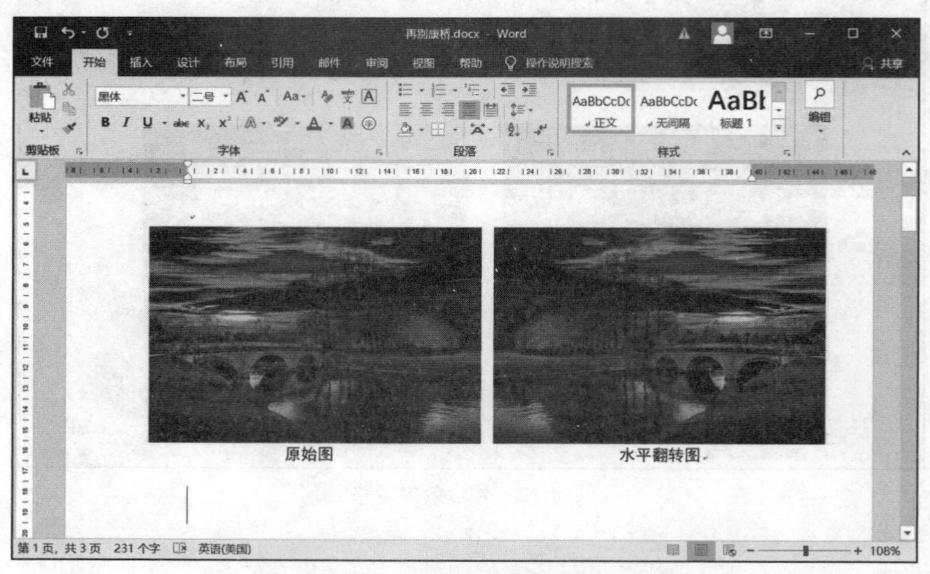

图 7-22　原始图与结果图比较

【2】依托鼠标自定义旋转，进行二维旋转调整图片方向，具体操作如下。

①选中图片，光标定位。选中图片，将鼠标移至图形上方的顺时针旋转标识，如图 7-23 所示。

②旋转图形。按住鼠标左键，旋转图形。

【说明】选中图片后，图片边缘的点状标识用于改变图形大小，上方的圈状顺时针旋转标识用来旋转图片，按住鼠标标识即可对图片大小及方向进行改变。

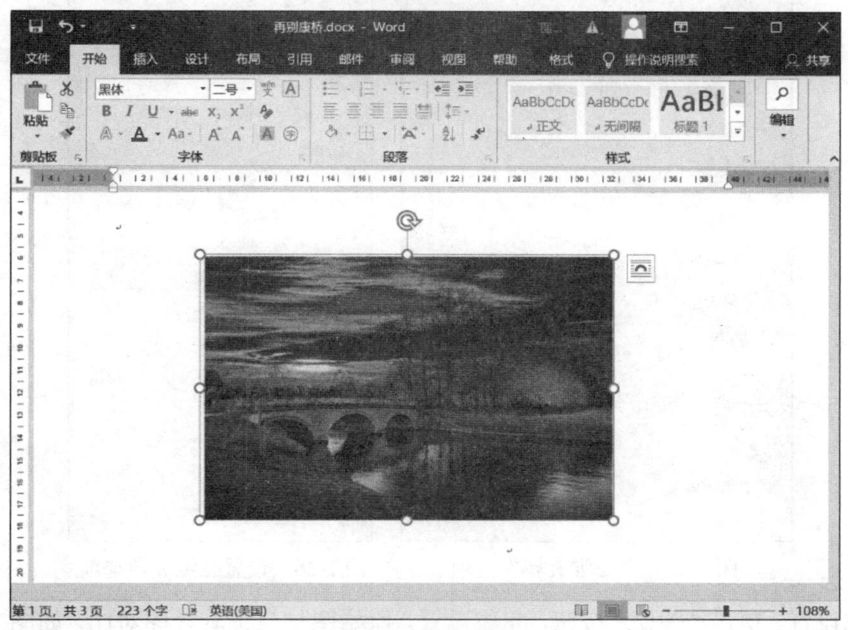

图 7-23　定位光标

③完成设置。松开鼠标，完成设置，效果如图 7-24 所示。

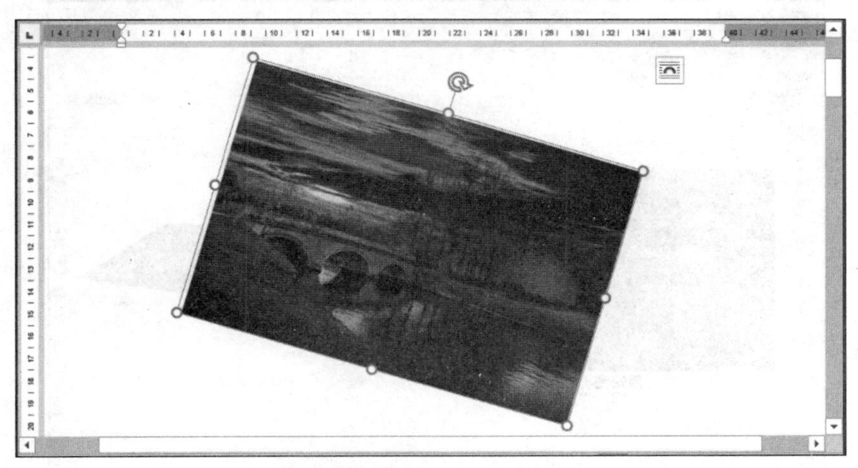

图 7-24　自定义旋转效果图

【3】三维调整图片方向，具体操作如下。

①选择“三维旋转”选项。右击要设置的图片，弹出菜单，单击“设置图片格式”按钮，弹出“设置图片格式”对话框，选择“三维旋转”选项卡，如图 7-25 所示。

②设置三维旋转选项。选择“预设”，弹出下拉菜单，选择“离轴 1：上”，如图 7-26 所示。

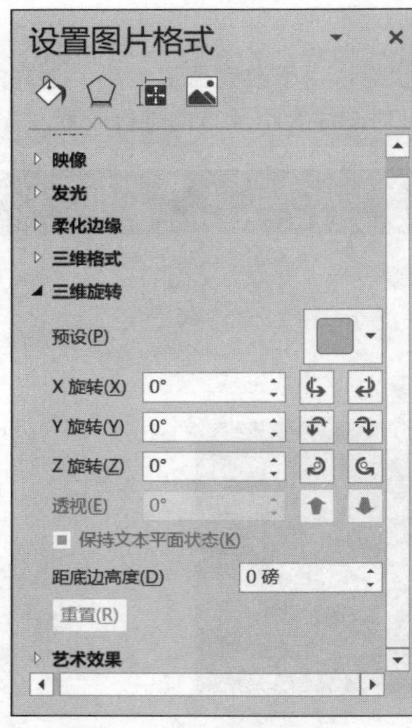

图 7-25　“三维旋转”选项

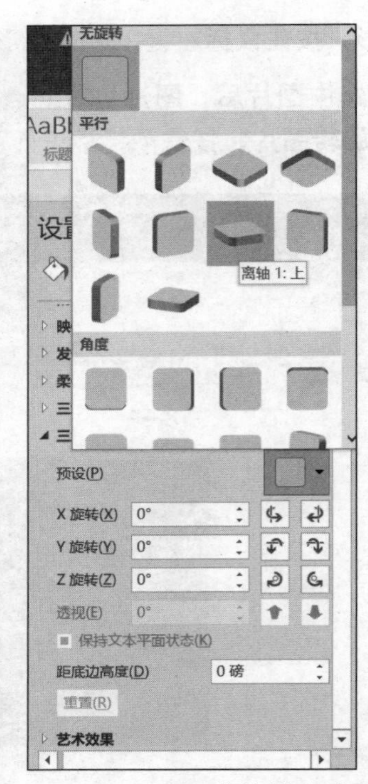

图 7-26　设置三维旋转选项

③完成设置。单击“关闭”按钮，完成设置，原始图与三维旋转图对比，如图 7-27 所示。

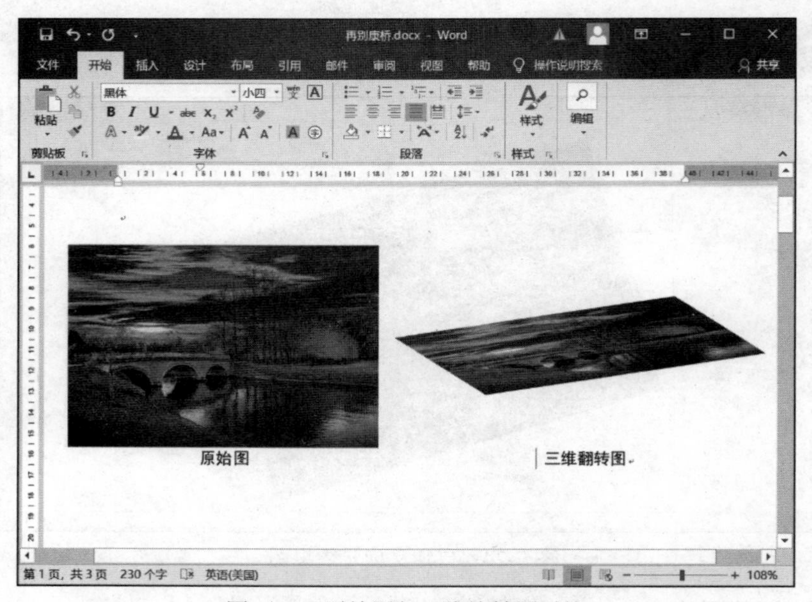

图 7-27　原始图与三维旋转图对比

7.1.6　调整图片大小

调整图片大小的常用方法有两种：一是缩放图片；二是裁剪图片。缩放图片是指在不改变图片显示内容的前提下，缩放图片尺寸。裁剪图片是通过减少图片中显示的内容来改变图片尺寸。应该注意到，通过裁剪图片，可能将图片中特定的内容突出显示。

【1】全局缩放图片，具体操作如下。

①选中图片。选中图片，将鼠标移至图形四角的任一白色控点，光标变为双向箭头，如图 7-28 所示。

图 7-28　选中图片

【说明】如果水平缩放，则选取左右两侧中央位置的白色控制点；垂直放大，则选取上下两边中央位置的白色控制点。

②缩放图片。按下鼠标左键，开始放大，光标变为十字形，如图 7-29 所示。

图 7-29　缩放图片

③完成缩放。松开鼠标左键，完成放大，如图 7-30 所示。

图 7-30　全局缩放图片效果图

【2】裁剪图片。

裁剪图片突出显示图片局部，例如，剪切“心形”形状，具体操作如下。

①打开“裁剪”功能。选中需要修改的图片，在工具栏中选择“图片工具（格式）”|“大小”|“裁剪”选项。

②裁剪图片。进入裁剪状态后，在图片四周会出现 8 个短粗线控制边框，裁剪去掉边框以外的图片，如图 7-31 所示。根据裁剪所需，可以水平、垂直和对角线方向进行裁剪。

图 7-31　裁剪状态

本案例采用对角线方向进行裁剪，按住鼠标左键，分别从右下和左上两个方向进行裁剪，如图 7-32 和图 7-33 所示。

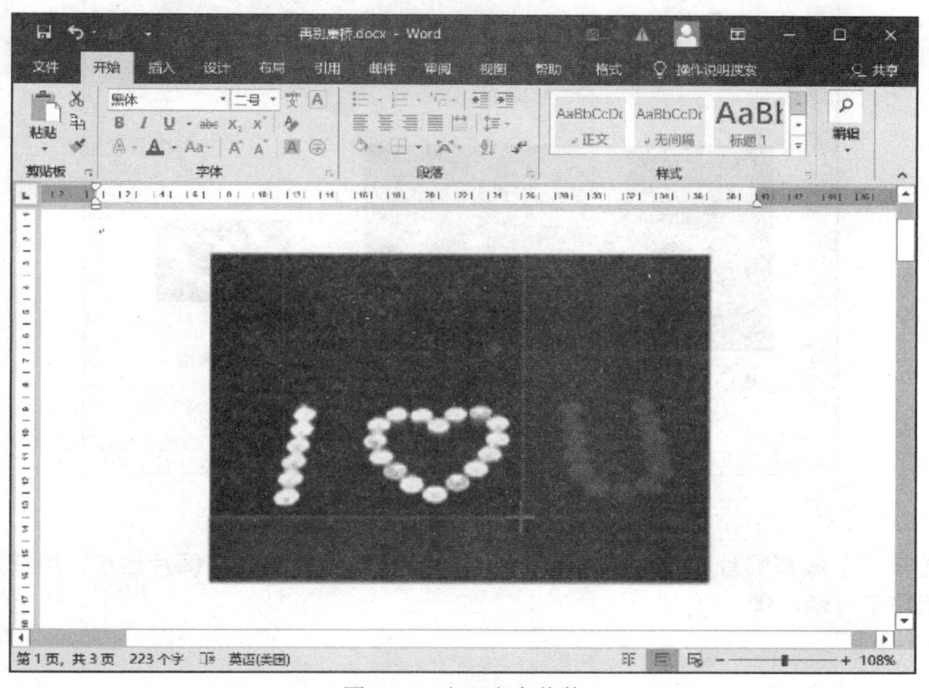

图 7-32　右下方向裁剪

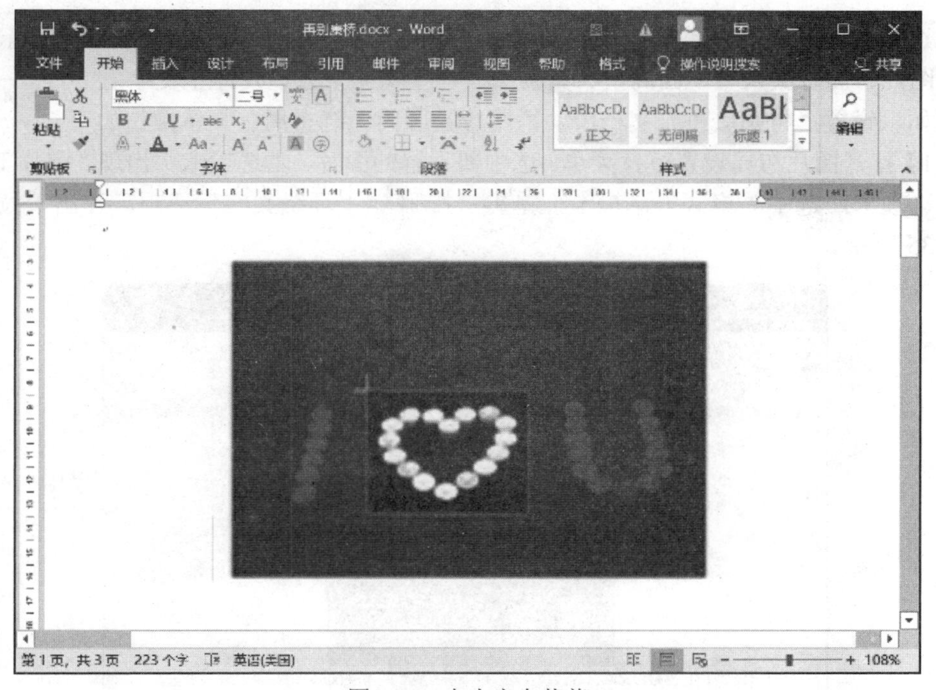

图 7-33　左上方向裁剪

③完成裁剪。松开鼠标，完成裁剪，原始图和裁剪效果对比如图 7-34 所示。

图 7-34　原始图和裁剪效果图

【技巧】裁剪图片和缩放图片的区别在于，裁剪图片减少了图片信息，而缩放图片只是调整了显示比例。

7.1.7　图片布局设置

通过设置图片布局，可以改变文档中文字与图形的排列方式，获取最佳的显示效果。常用的图片布局有嵌入型、四周型、紧密型、衬于文字下方以及浮于文字上方等。

例如，设置“再别康桥”文档中的桥图片为四周环绕布局，具体操作如下。

【1】打开图片布局设置下拉菜单。选中要设置的图片，主选项卡中出现“图片工具（格式）”选项卡，选中“格式”选项卡，单击“排列”|“环绕文字”选项，弹出下拉菜单，如图 7-35 所示。

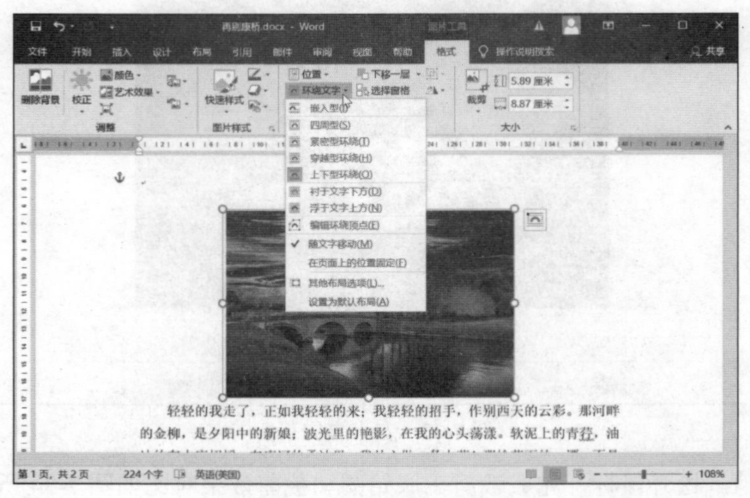

图 7-35　图片布局下拉菜单

【2】设置四周环绕布局。选择下拉菜单中的“四周型”命令，文字和图片的排列方式发生改变，如图 7-36 所示。

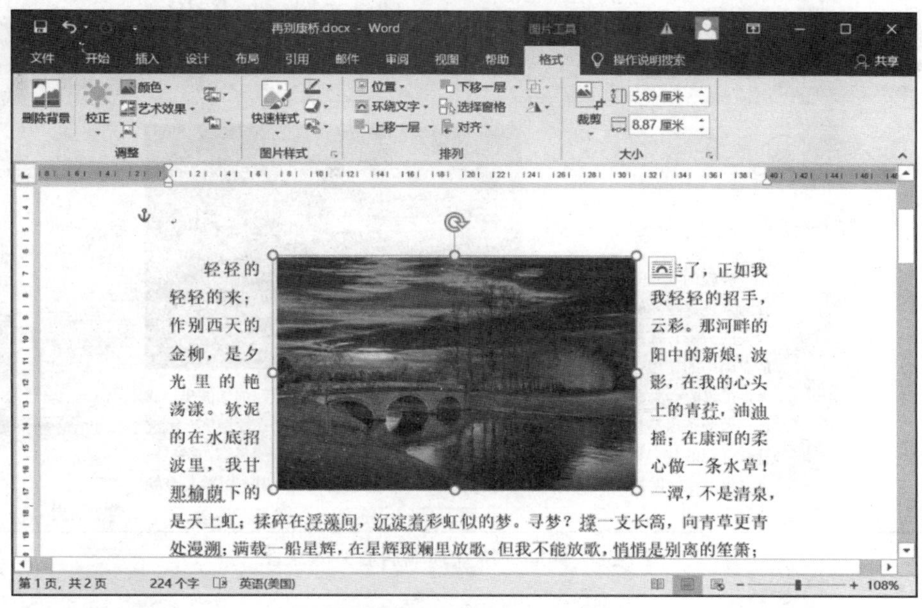

图 7-36　设置四周环绕布局

【3】进一步设置四周环绕的不同样式。单击“图片工具（格式）”|“排列”|“位置”选项，弹出下拉菜单，在“文字环绕”部分提供了 9 种四周型文字环绕的文本与图片的排列方式，选择“顶端居右，四周型文字环绕”方式，如图 7-37 所示。

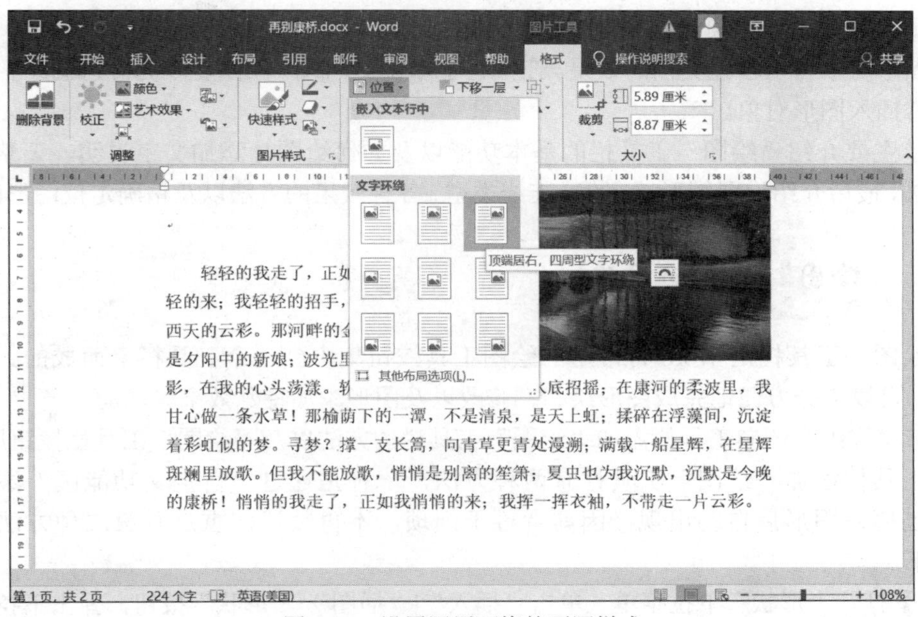

图 7-37　设置四周环绕的不同样式

【4】完成设置。设置结束，文档显示效果如图 7-38 所示。

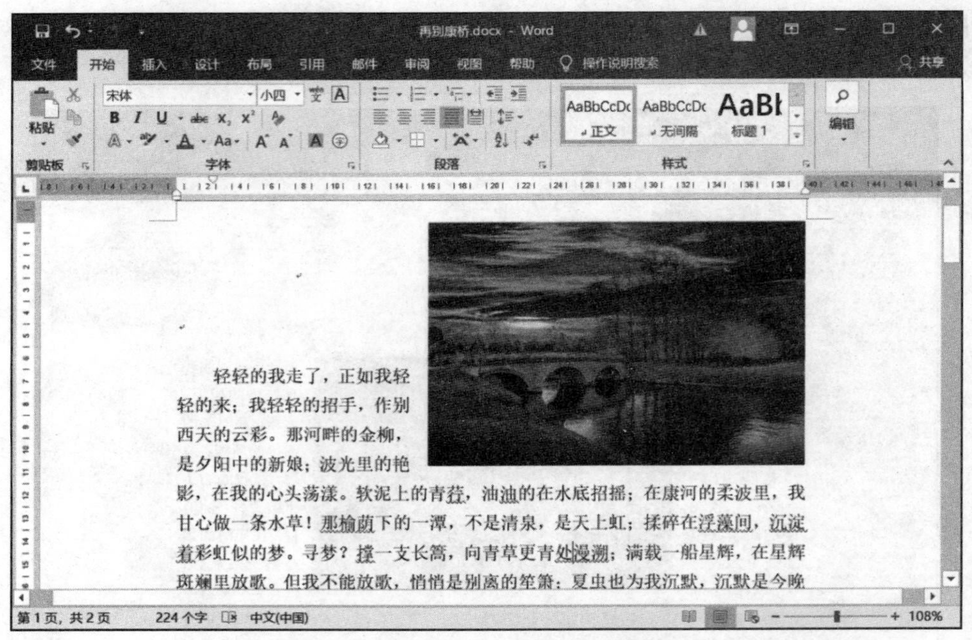

图 7-38　四周环绕（顶端居右）效果图

7.2　图形的插入和编辑

图形对象包括自选图形、图表、曲线以及线条对象。这些对象都是 Word 文档的一部分。合适的图形对象可以增强文档的效果。在撰写学术论文，制作各种宣传资料、海报等文档时，需要经常插入图形对象。

本节主要介绍“绘图”工具栏的基本功能以及如何给图片添加文字说明、调整图形参数等方法。最后介绍设置图形填充色、连线类型、各种效果的方法以及精确定位图形的方法。

7.2.1　“绘图”工具的用途

“绘图”工具栏是 Word 将常用的绘图工具按钮集中到一个工具栏上而成的。使用该工具栏，可以十分方便地完成图形绘制、修改以及图形添加特殊效果等功能。

本节将详细介绍向工具栏添加“绘图”工具栏的方法以及“绘图”工具栏按钮用途。

向工具栏添加“绘图”工具栏有两种方法，一种是通过“自定义功能区”添加；一种是通过插入图形后自动出现。因前者过于烦琐，不再赘述，重点看第二种方法，具体操作如下。

【1】打开“形状”下拉菜单。单击“插入”|“插图”|“形状”按钮，弹出下拉菜单，如图 7-39 所示。

【2】打开“绘图工具（格式）”选项组。在下拉菜单中选择“新建画布”命令，则在文档中出现“绘图画布”，同时在主选项卡中出现“绘图工具（格式）”选项卡，显示多种绘图工具，如图 7-40 所示。

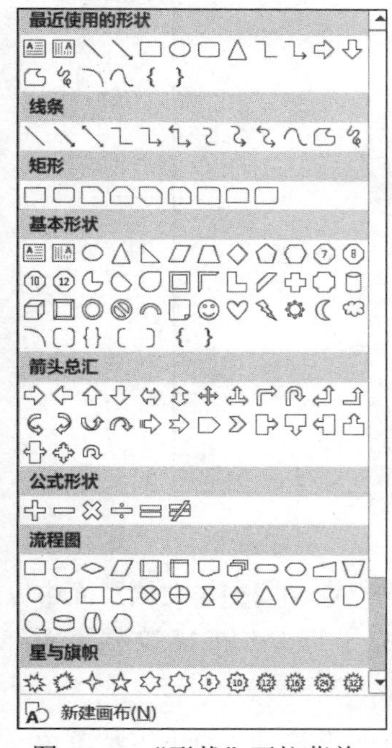

图 7-39　“形状”下拉菜单

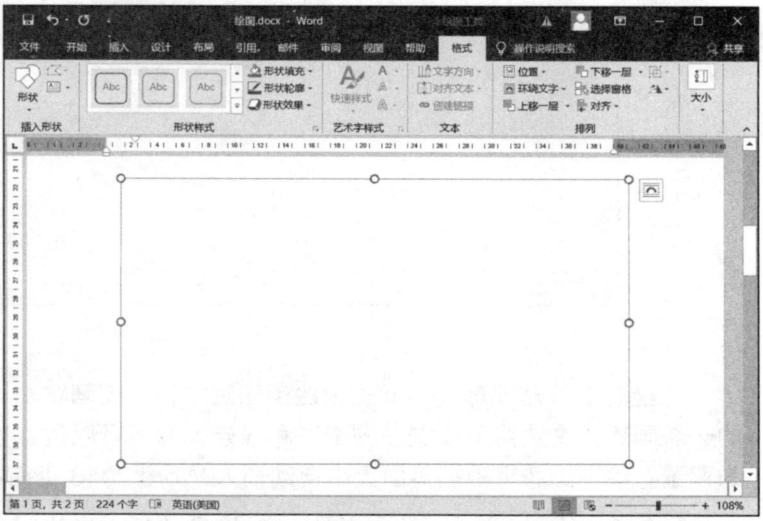

图 7-40　打开“绘图工具（格式）”选项组

“绘图工具（格式）”选项组提供了丰富的功能，下面详细介绍重点功能。

- “插入形状”部分，提供了“形状”“文本框”等。其中，单击“形状”按钮打开下拉菜单，菜单中提供了多种自选图形；使用“文本框”按钮可以方便地在图形中添加文本。
- “形状样式”部分，提供了“形状填充”“形状轮廓”和“形状效果”等，用于设置和修改形状的填充颜色、阴影格式、三维格式等。
- “艺术字样式”部分，提供了“文本效果”“文本填充”和“文本轮廓”等，用于修饰图形中的文字内容。

7.2.2　绘制图形并添加文字

利用“绘图工具（格式）”选项组，可以在文档合适的位置绘制图形，并能够在图形中添加说明文字。

例如，在 Word 文档中绘制一幅“层次聚类示意图”，具体操作如下。

【1】创建绘图画布。选择“插入”|“插图”|“形状”|“新建绘图画布”命令，则在文档中出现“绘图画布”，同时在主选项卡中出现“绘图工具（格式）”选项卡，如图 7-41 所示。

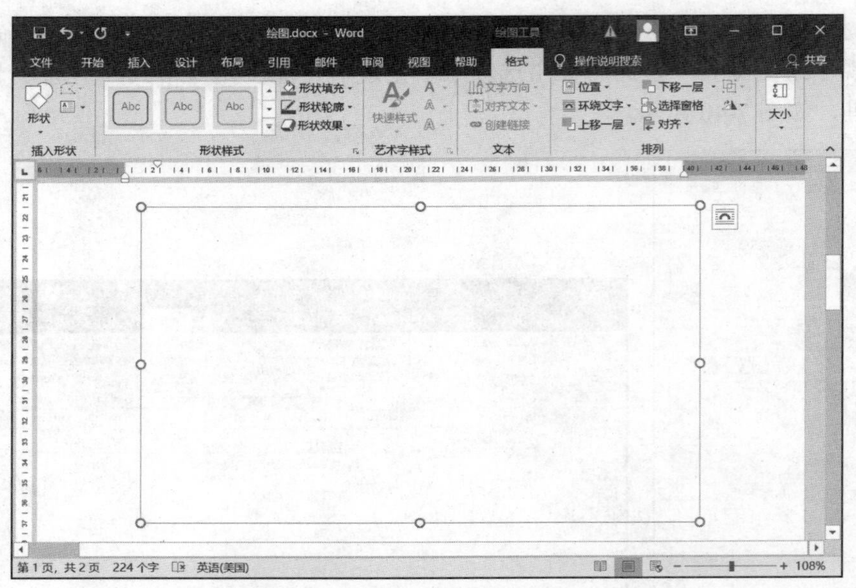

图 7-41 创建绘图画布

【说明】绘制图形前通常先创建绘图画布，绘图画布相当于 Word 2016 文档页面中的一块画板，主要用于绘制各种图形和线条，并且可以设置独立于 Word 2016 文档页面的背景。绘图画布将根据页面大小自动插入 Word 2016 页面中。

【2】开始绘图。单击“绘图工具（格式）”|“插入形状”|“形状”选项，弹出下拉菜单。选取要绘制的形状，绘图画布中开始绘制，如图 7-42 所示。

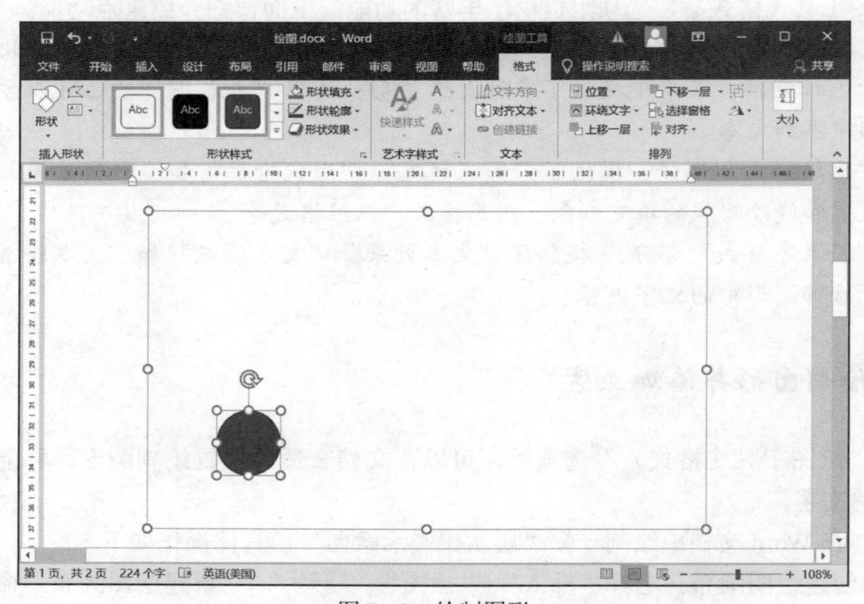

图 7-42 绘制图形

【3】添加文字。选中图形右击，弹出右键菜单，单击“添加文字”按钮，如图 7-43 所示，光标出现在图形中央，即可输入和编辑文字。

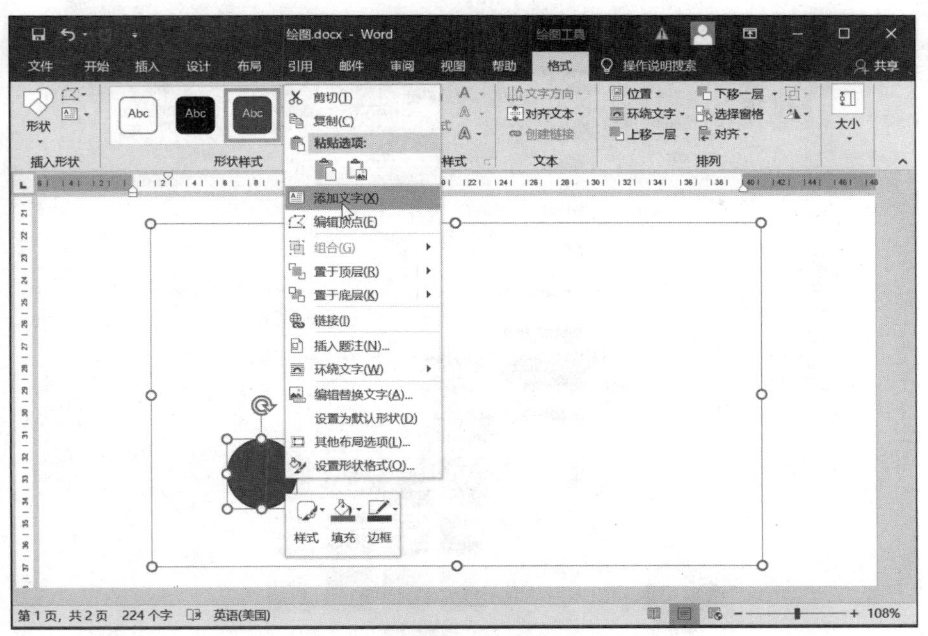

图 7-43　添加文字

【4】设定图形样式。选中图形，在“绘图工具（格式）”|“形状样式”部分，设定图形的样式和颜色。单击“形状样式”选项组的按钮，弹出下拉菜单，选中“强烈效果 - 蓝色，强调颜色 5”，显示效果如图 7-44 所示。单击“形状效果”按钮，在弹出的下拉菜单中选择“棱台”，选择“松散嵌入”，如图 7-45 所示。

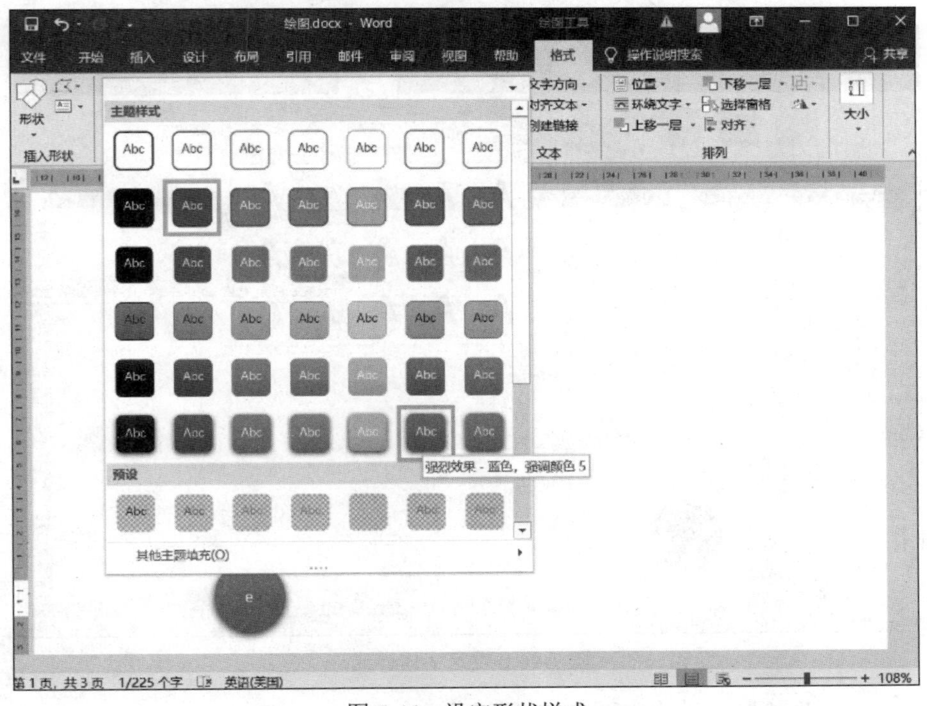

图 7-44　设定形状样式

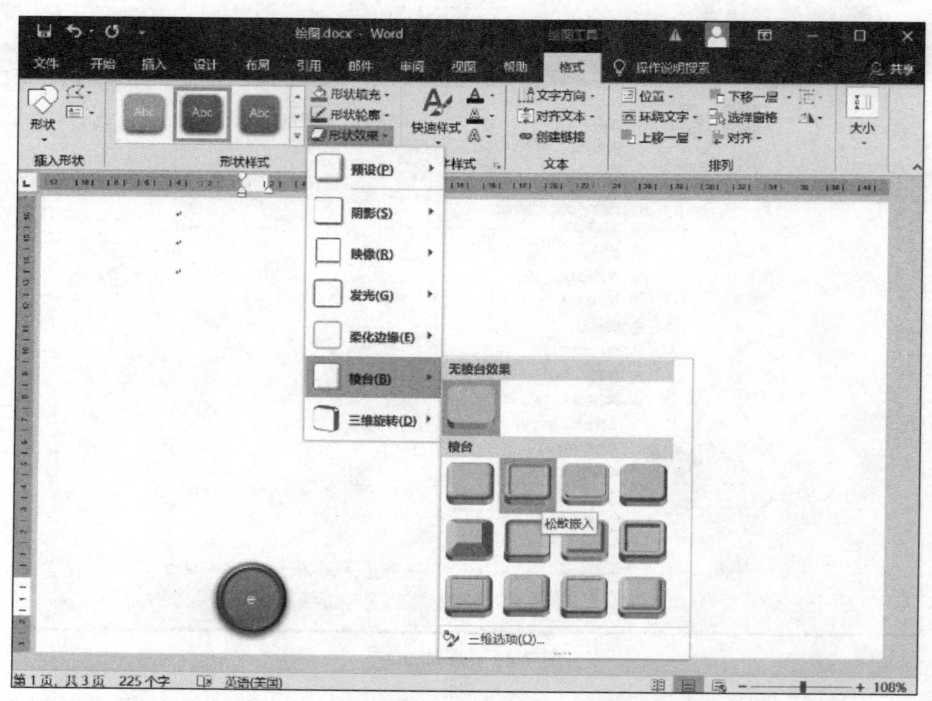

图 7-45　设定形状效果

【5】设定字体样式。选中图形中的文字，在“绘图工具（格式）”|“艺术字样式”部分，设定字体的样式和颜色。单击“艺术字样式”选项组的 按钮，弹出下拉菜单，选中“填充：白色，边框：蓝色，主题色 1；发光，蓝色，主题色”，如图 7-46 所示。

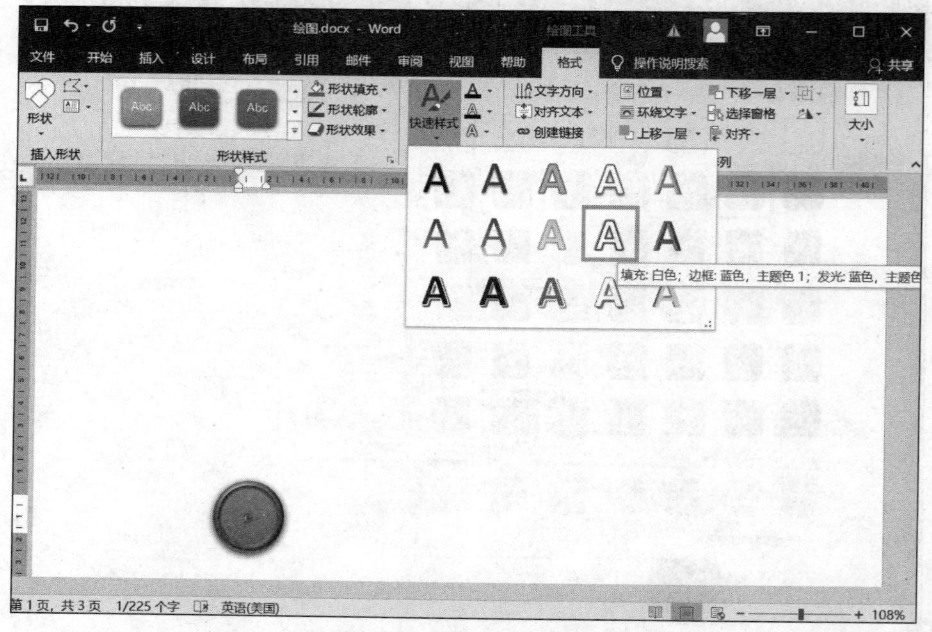

图 7-46　设定字体样式

【6】完成图形绘制，效果如图 7-47 所示。

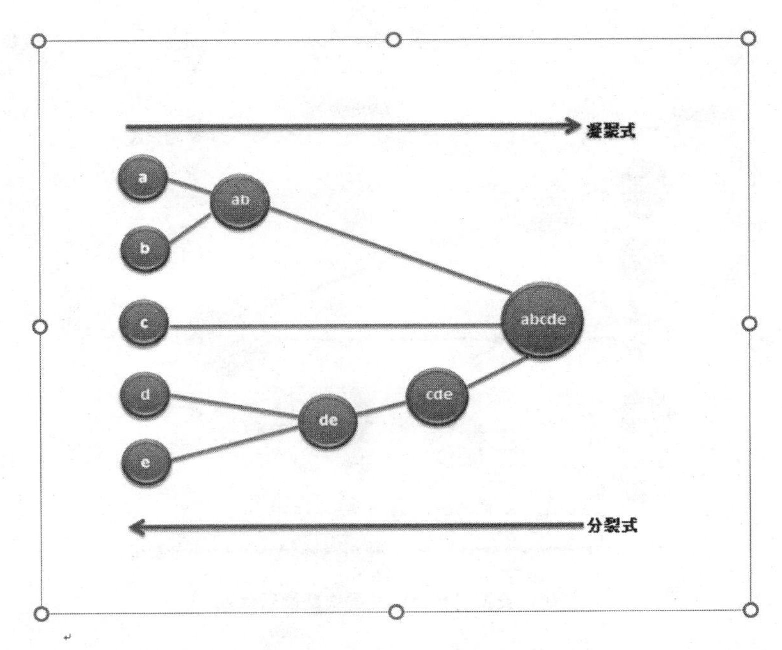

图 7-47　设定效果图

【7】添加文字说明。在绘图画布上添加文本框，添加说明文字。选择“绘图工具（格式）”|“插入形状”|“文本框”|“绘制文本框”命令，生成文本框，在文本框中输入文字，如图 7-48 所示。右击文本框，在弹出的下拉菜单中选择“设置形状格式”命令，弹出“设置形状格式”对话框，在“填充”中选择“无填充”，在“线条颜色”中选择“无线条”，单击“关闭”按钮，完成设置，如图 7-49 所示。

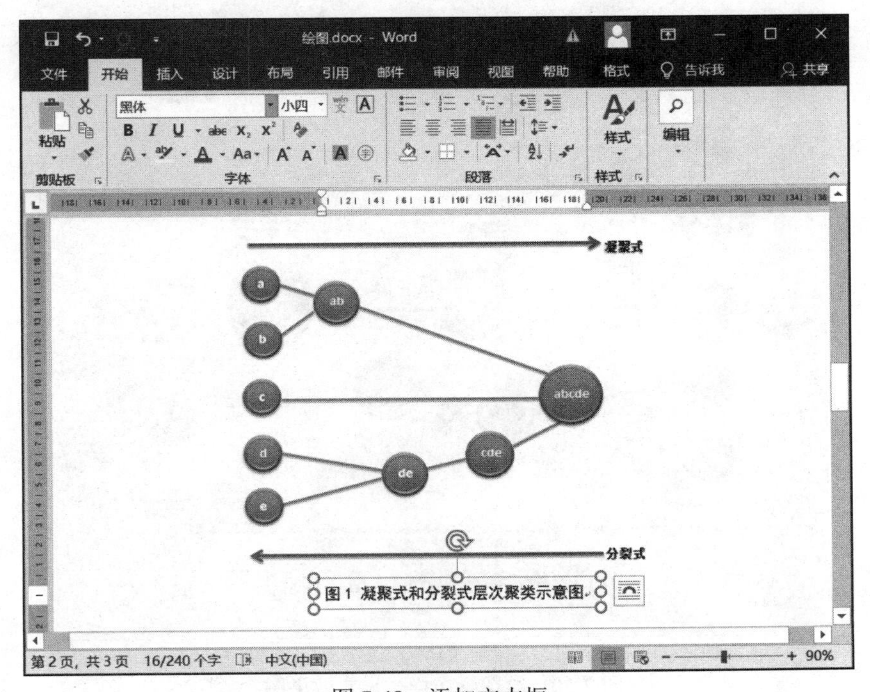

图 7-48　添加文本框

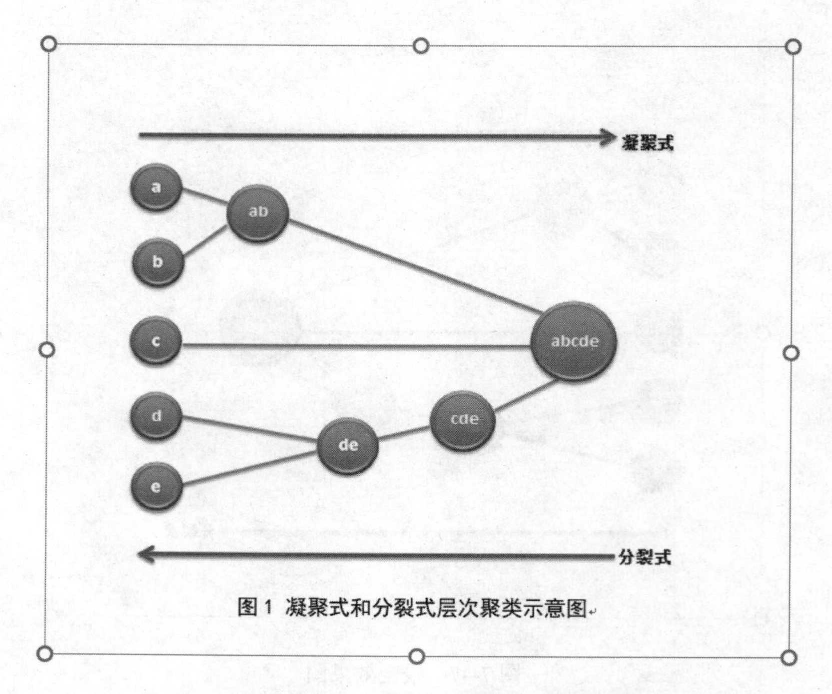

图 7-49　文本框样式设定效果图

【8】设置绘图画布的样式。选中画布，选择“绘图工具（格式）”|“形状样式”|“形状填充”|“纹理”命令，选择“蓝色面巾纸”样式；选择“绘图工具（格式）”|“形状样式”|“形状轮廓”|“主题颜色”命令，选择“绿色，个性色 6，深色 25%”。设置效果如图 7-50 所示。

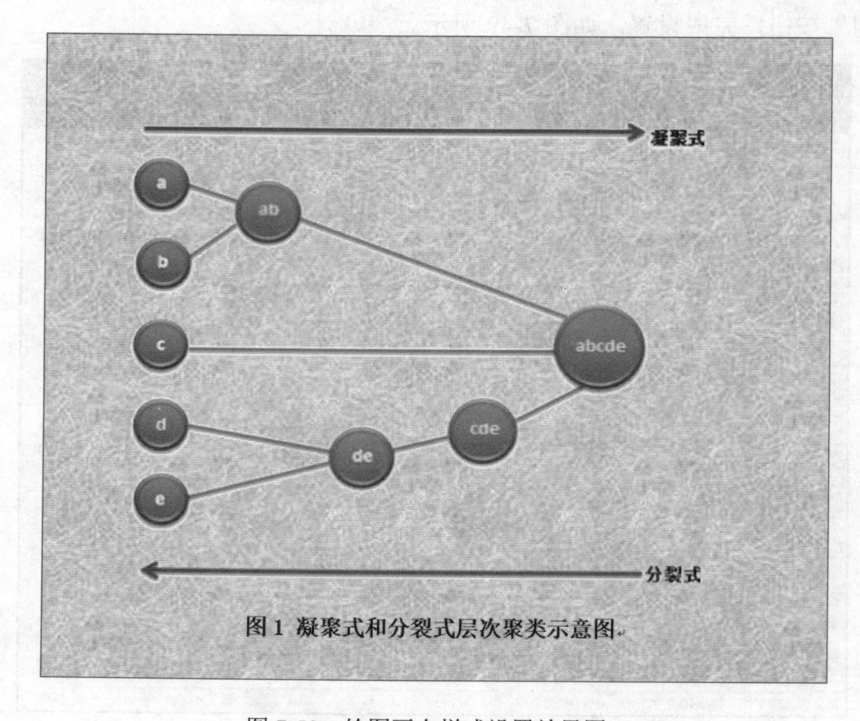

图 7-50　绘图画布样式设置效果图

7.2.3　组合与分解多个图形

组合图形是指将多个不同的图形组合成一个。组合中的所有图形对象可以作为一个单元来进行翻转、旋转，以及调整放大或缩放等操作。此外，还可以同时更改组合中所有图形对象的属性。分解图形就是指取消图形对象组合，还可以对分解后的图形进行单独编辑。合理利用组合和分解图形功能，可以提高工作效率。

将下面的流程图的组成图形组合一个图形，具体操作如下。

【1】选取需要组合的图形。按住 Shift 健，依次单击选取要组合的图形，如图 7-51 所示。

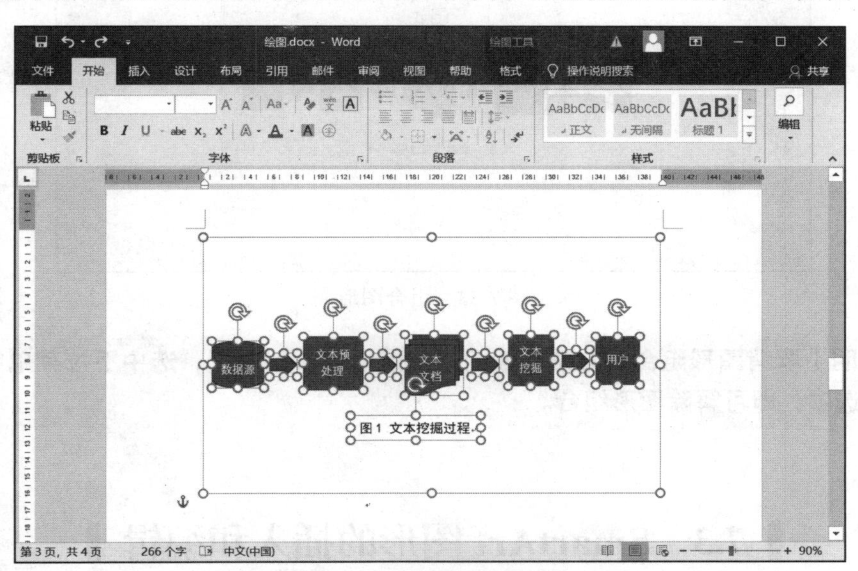

图 7-51　选取需要组合的图形

【2】打开右键菜单。右击，弹出下拉菜单，如图 7-52 所示。

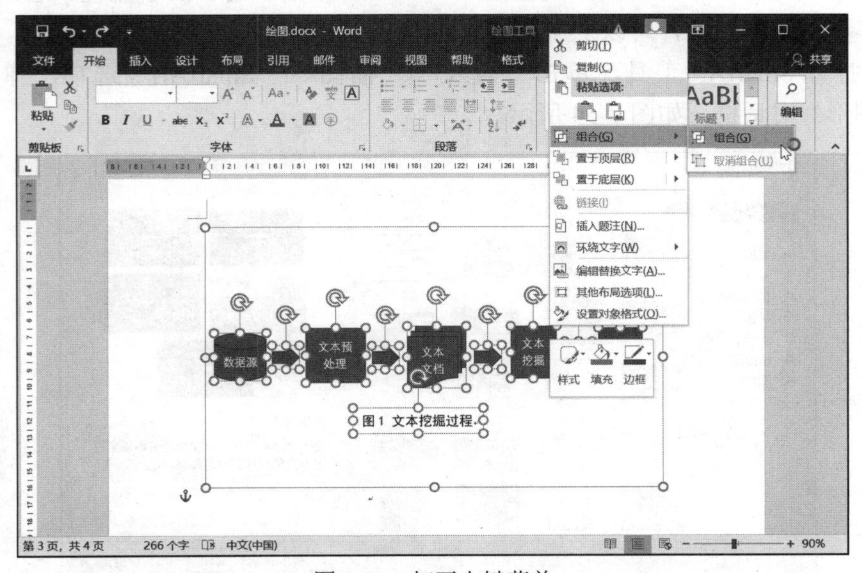

图 7-52　打开右键菜单

【3】组合图形。选中“组合”选项，单击“组合”按钮，将选取的图形组合成一个图形，如图 7-53 所示。

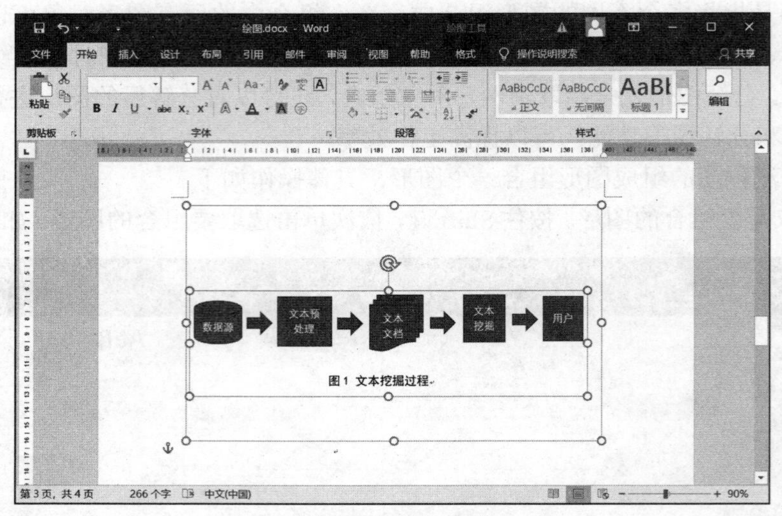

图 7-53　组合图形

【说明】取消图形组合的方法比较简单，选取组合的图形，选中下拉菜单中的“取消组合”选项，即可解除图形组合。

7.3　SmartArt 图形的插入和编辑

Word 2016 的 SmartArt 工具，是指插入 SmartArt 图形，用于演示流程、层次结构、循环或关系。熟悉这一工具，可以更加快捷地制作出精美文档。

【1】打开 SmartArt 工具。单击“插入”|“插图”|“SmartArt”选项，弹出“选择 SmartArt 图形”对话框，如图 7-54 所示。

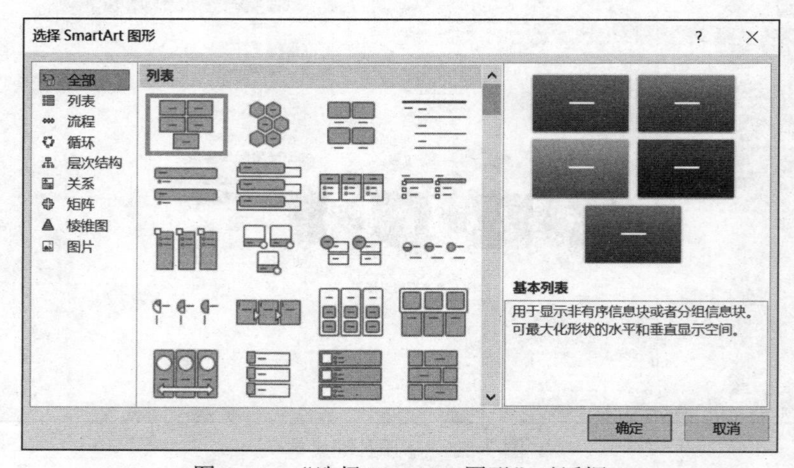

图 7-54　“选择 SmartArt 图形”对话框

SmartArt 的图形库提供了 80 种不同类型的模板，有列表、流程、循环、层次结构、关系、矩阵、棱锥图等七大类。在每个类别下还分为很多种。

【2】插入所需图形。单击想要插入组织结构图的位置，选择“选择 SmartArt 图形”对话框中“循环”选项卡，选择“射线循环”，如图 7-55 所示，单击“确定”按钮，完成插入，则在 Word 文档主选项卡上出现“SmartArt 工具（设计）”和“SmartArt 工具（格式）”选项卡，如图 7-56 所示。

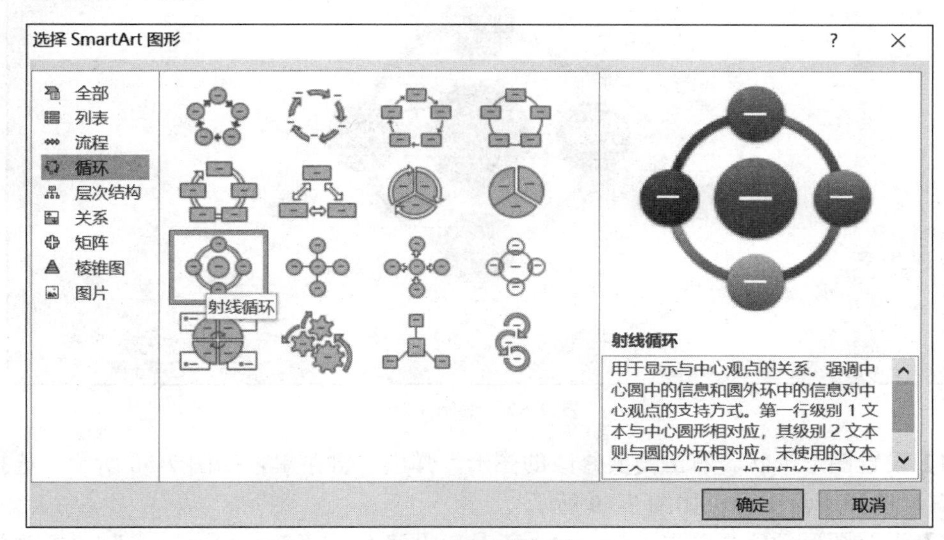

图 7-55　选择图形

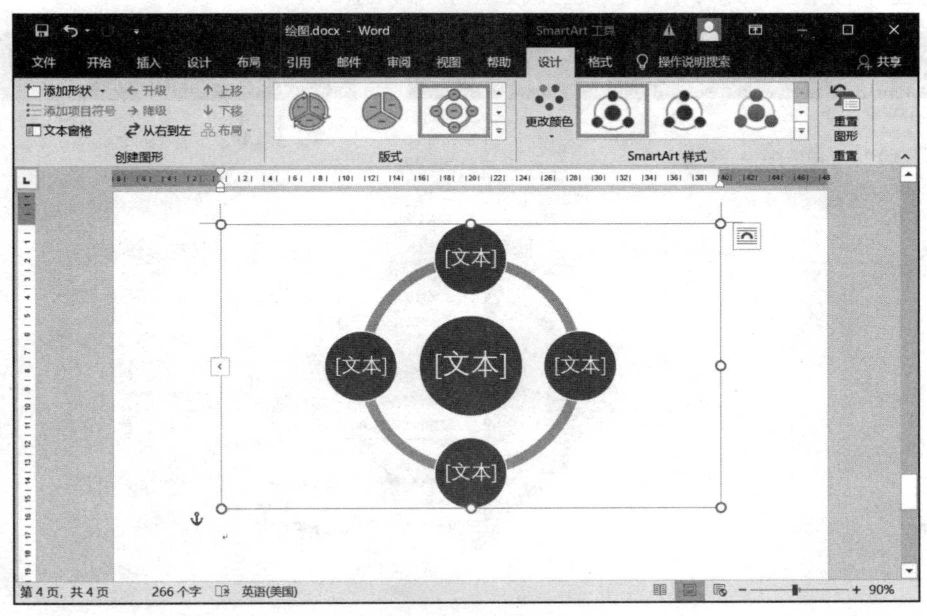

图 7-56　插入图形

【3】编辑文字。单击“文本”按钮，填写需要输入的内容，如图 7-57 所示。

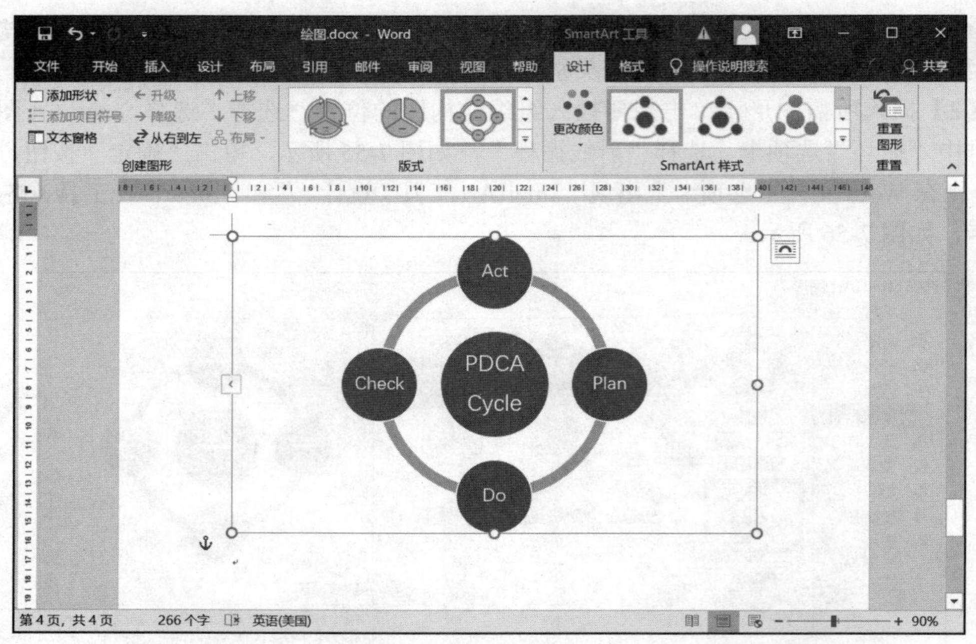

图 7-57　编辑文字

【4】设置图形形状。右击需要修改的图形，弹出右键菜单，如图 7-58 所示。选择“更改形状”，选择所需图形，如图 7-59 所示。

【5】设置图形颜色。单击“SmartArt 工具（设计）”|“SmartArt 样式”|“更改颜色”选项，弹出下拉菜单，选择所需的颜色，如图 7-60 所示。

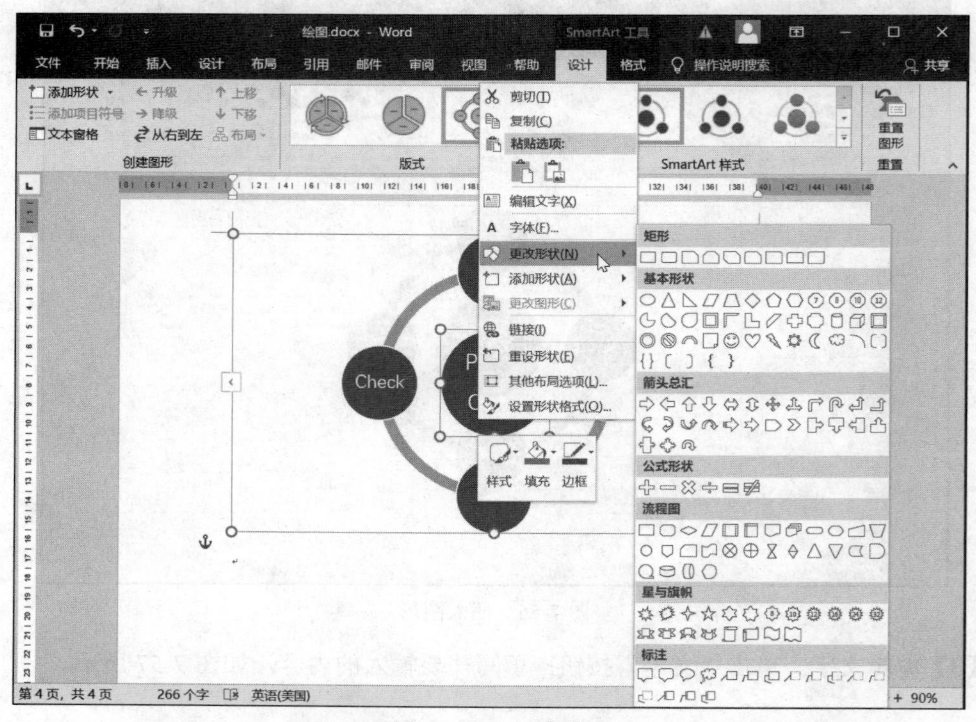

图 7-58　右键菜单

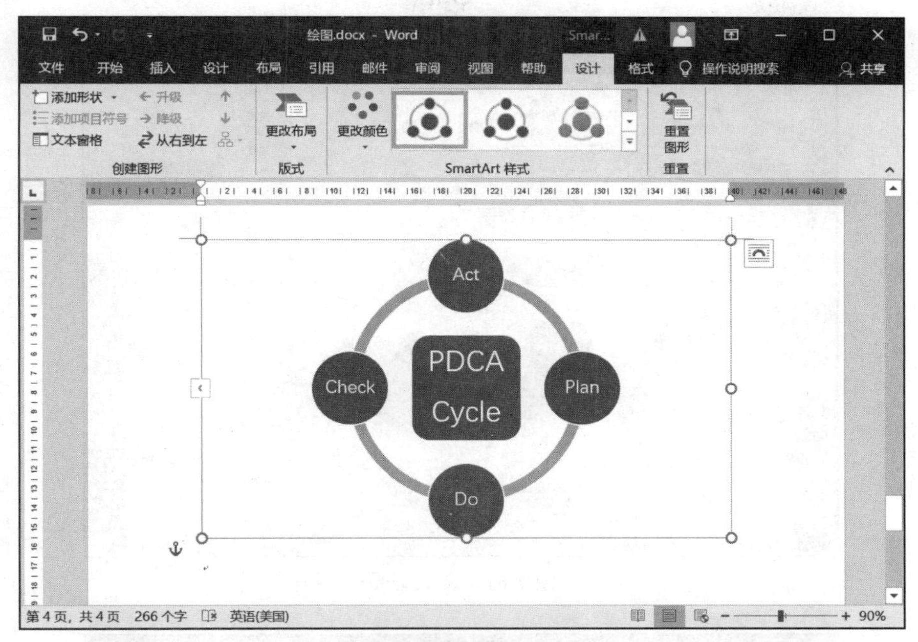

图 7-59　更改形状

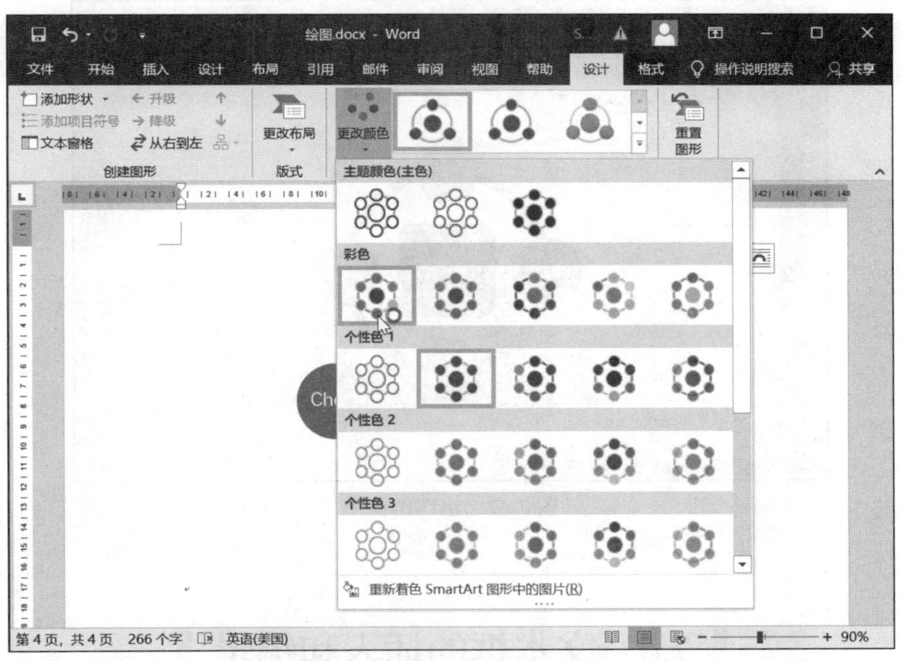

图 7-60　“更改颜色”下拉菜单

主色调确定好之后，为使显示效果更为美观，可进行进一步调整。将鼠标移至“SmartArt 样式”下“更改颜色”右侧区域，进行选择，单击“其他”按钮，弹出下拉菜单，选择“三维 - 嵌入”样式，显示效果如图 7-61 所示。

【6】完成组织结构图制作。单击组织结构图以外的文档空白处，退出组织结构图编辑状态，显示变更完成后的组织结构图，如图 7-62 所示。

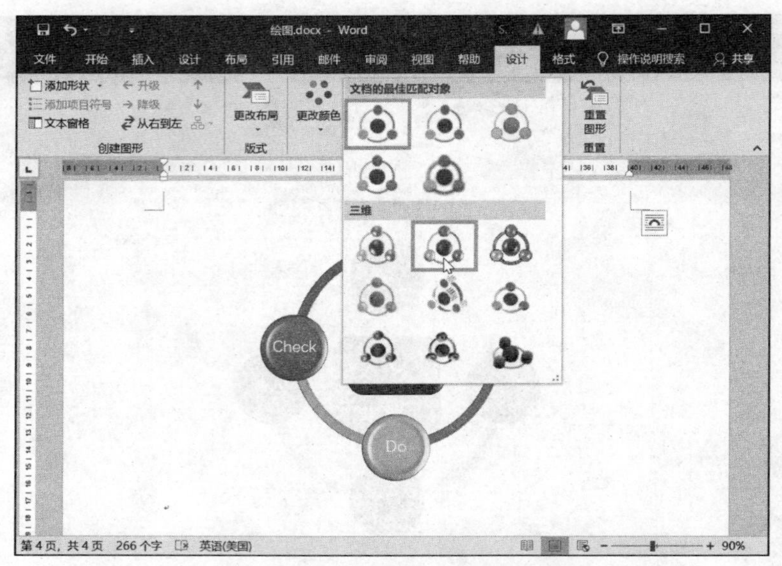

图 7-61　样式设置

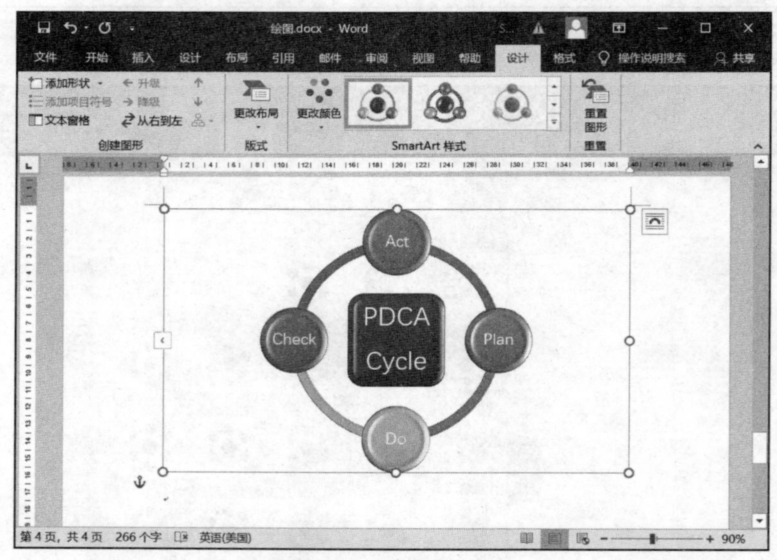

图 7-62　组织结构图

7.4　文本框的插入和编辑

文本框是图形对象的一种，文本框内部可以输入文本。用户可以在页面的任意位置添加文本框对图形、表格等进行说明、解释。

本节首先介绍创建文本框的方法，还将介绍调整文本框颜色、线条、版式、尺寸以及内部边距的方法。

7.4.1　创建文本框

在 Word 中一般使用“插入”选项组或者“绘图”选项组来创建文本框。文本框有横排文本框和竖排文本框两种。

例如，为下文添加名称，名称存于文本框中，具体操作如下。

【1】将插入符定位到需要插入文本框的位置，如图 7-63 所示。

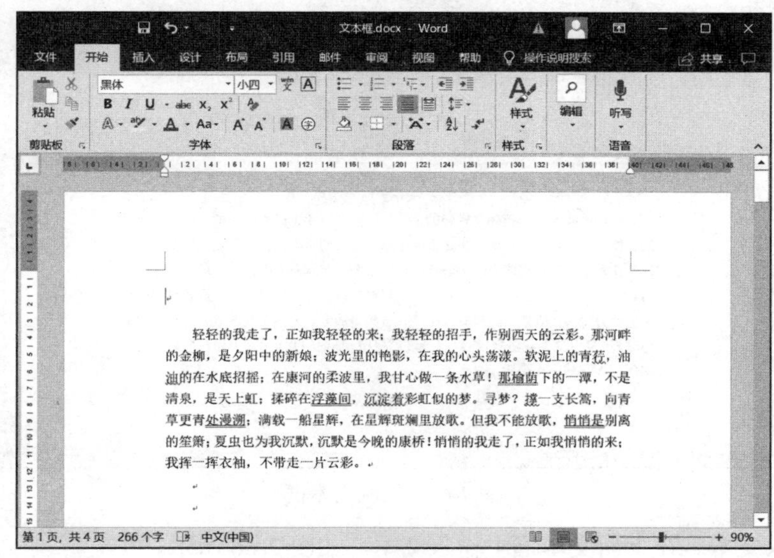

图 7-63　定位插入符

【2】打开文本框下拉菜单。单击“插入”|“文本”|“文本框”选项，弹出下拉菜单，提供了内置的文本框模板，同时，也可自行绘制文本框，如图 7-64 所示。

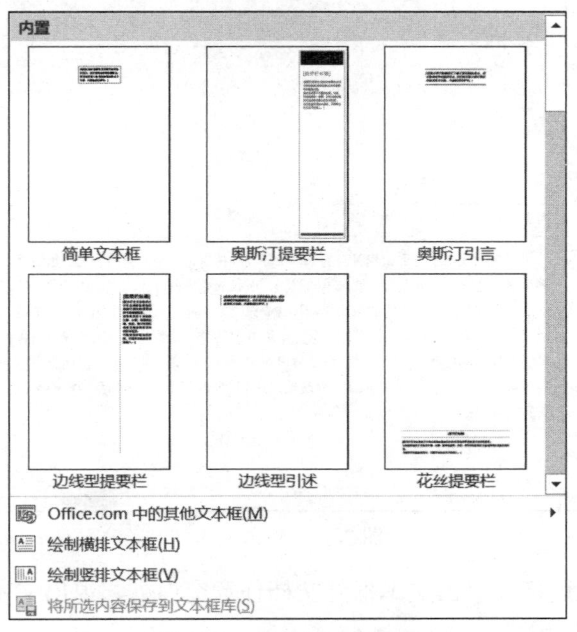

图 7-64　文本框下拉菜单

【3】绘制文本框。选择“文本框”下拉菜单中的“绘制文本框”命令，指针变为十字形，按下鼠标左键，拖动鼠标到文本框结束位置，将创建一个矩形文本框，如图 7-65 所示。

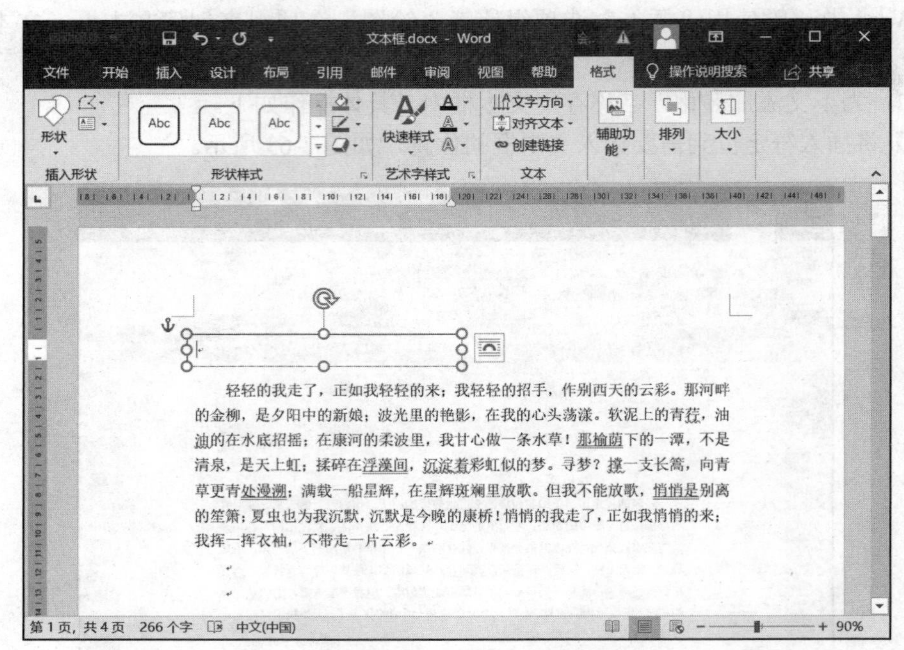

图 7-65　绘制文本框

【4】输入文本。在上面文本框中输入文本，如图 7-66 所示。

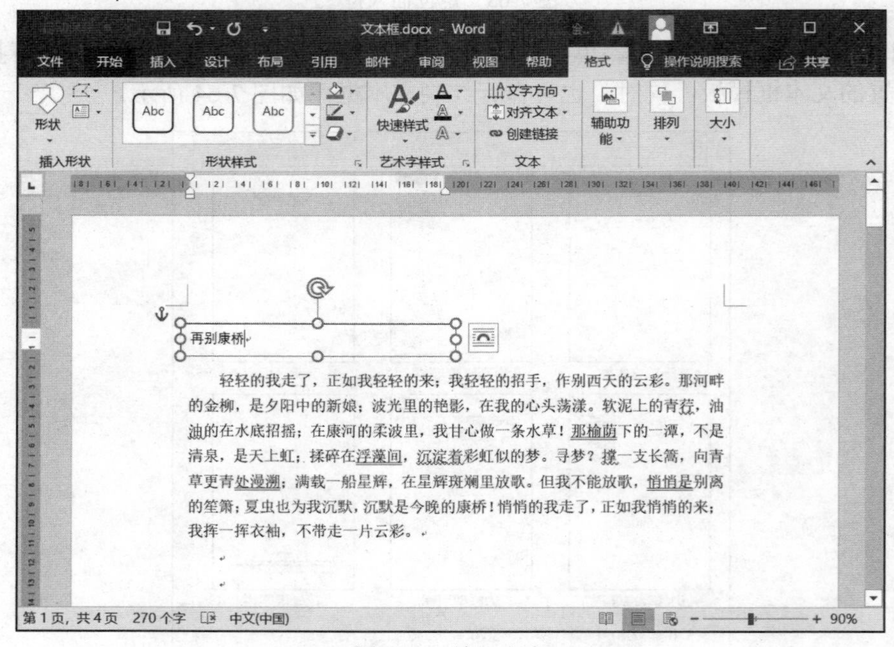

图 7-66　输入文本

【5】完成文本框创建。单击文本框外文档任意空白处，退出文本框编辑状态，完成文本框创建，如图 7-67 所示。

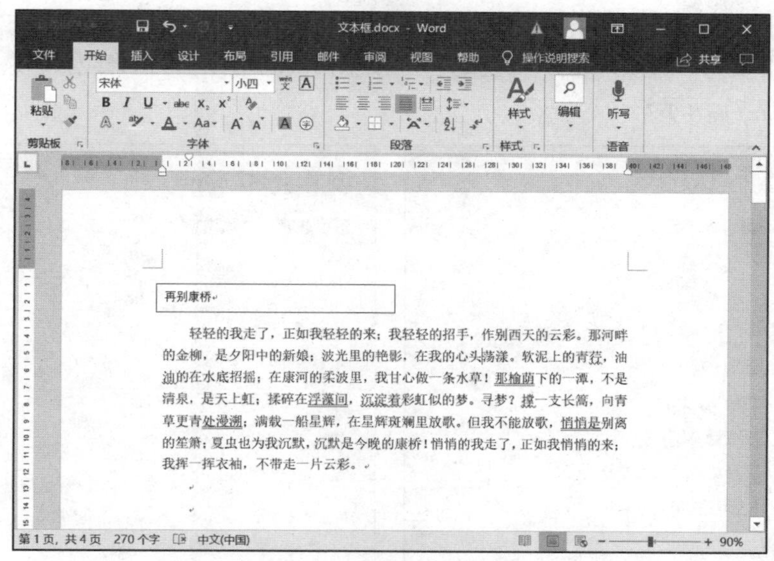

图 7-67　完成文本框创建

7.4.2　调整文本框颜色、线条与版式

文本框用于存储文字，作为对表格、图片等的有效补充，故常将其设为无填充颜色、无边框形式。

【说明】由于文本框是图形对象的一种，前面介绍的设置图形对象格式的方法完全适应文本框。

例如，将文本框设置成无边框，以获取较好的显示效果，具体操作如下。

【1】单击选取要编辑的文本框，如图 7-68 所示。

【2】打开右键菜单。右击，弹出右键菜单，如图 7-69 所示。

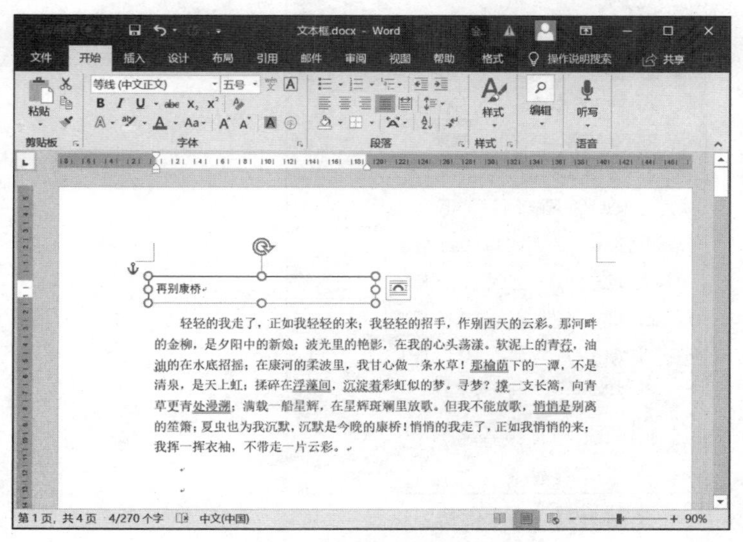

图 7-68　选取要编辑的文本框

图 7-69　右键菜单

【3】打开“设置文本框格式”对话框。单击“设置形状格式”按钮，在文档右侧出现对话框，单击“填充”选项，选择“无填充”，如图 7-70 所示；单击“线条”选项，选择“无线条”，如图 7-71 所示。

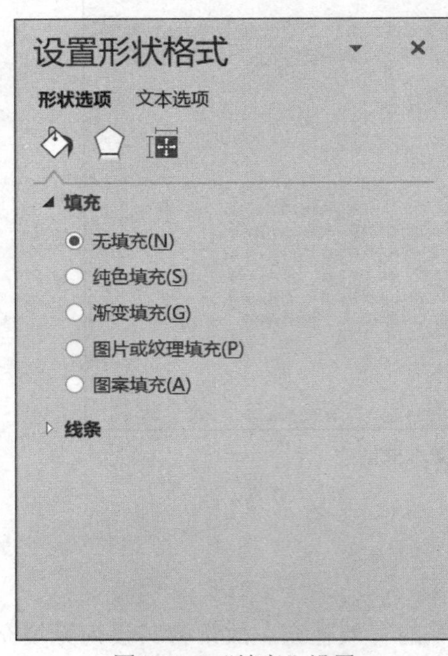

图 7-70 “填充”设置

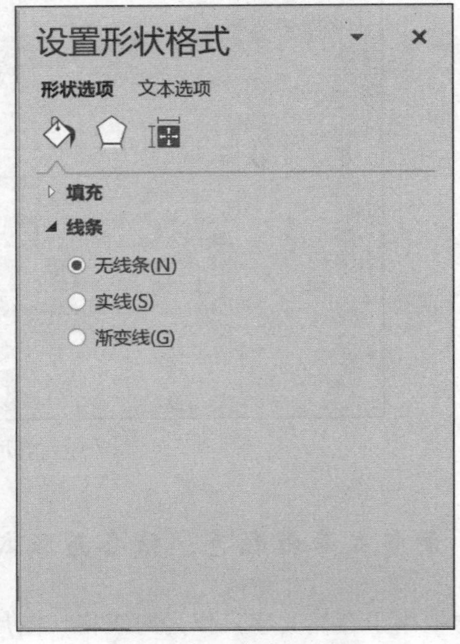

图 7-71 “线条”设置

【说明】通常会用到设置文本框中的文字与文本框边界的边距，需单击“文本框”选项，在“内部边距”处，设定“上、下、左、右”的距离，如图 7-72 所示。

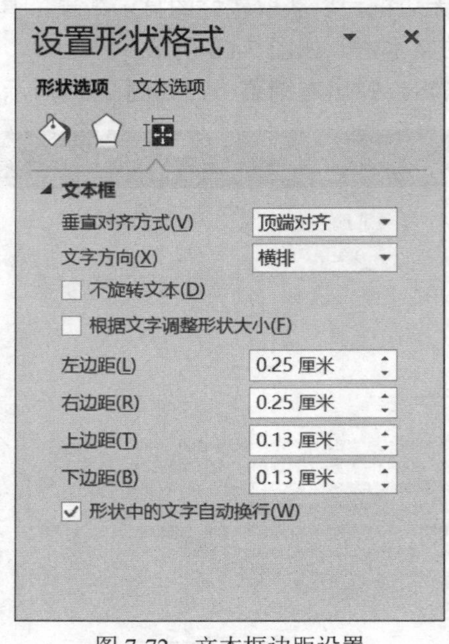

图 7-72 文本框边距设置

7.5　使用公式编辑器插入公式

在编辑某些科技论文时，常常需要插入大量的公式进行论证阐述。但是，公式往往在字形、格式以及排列情况等方面跟 Word 文档中的文本区别较大，在 Word 2016 中采用公式编辑器，以图形格式插入公式。

公式编辑器是 Word 提供的一个可选安装组件。使用公式编辑器，可以十分方便地在 Word 文档中插入各种数学公式。

例如，向文档中插入积分公式，具体操作如下。

【1】打开“公式”下拉菜单。单击“插入”|“符号”|“公式”选项，弹出下拉菜单，如图 7-73 所示。在下拉菜单中，既可选择“内置”所提供的公式，也可选择“插入新公式”命令，自定义公式。

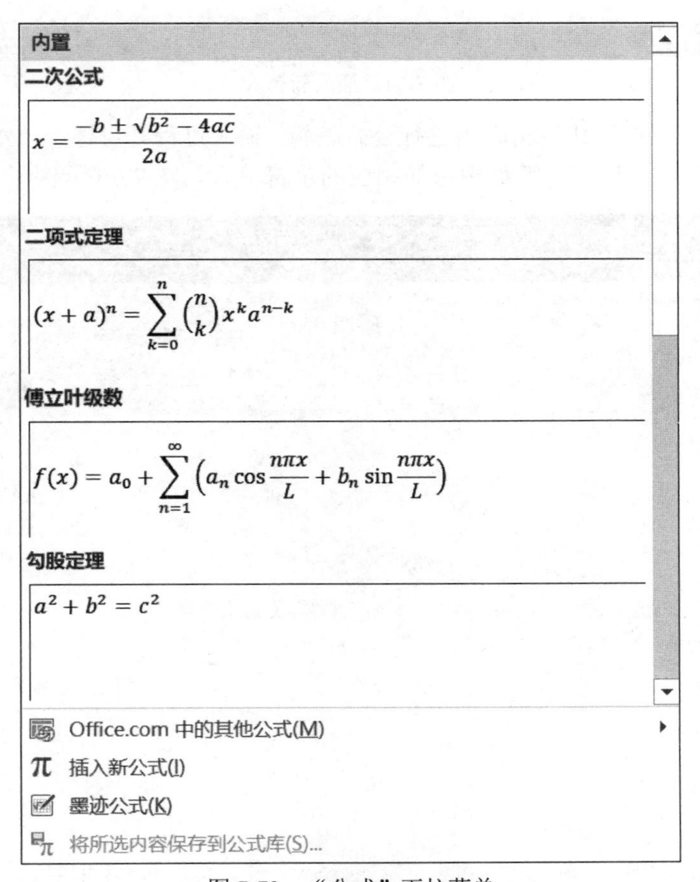

图 7-73　“公式”下拉菜单

【2】自定义公式。打开“公式”下拉菜单的“插入新公式”，在 Word 文档的主选项卡上出现“公式工具（设计）”选项卡，提供了公式编辑工具，同时，在 Word 编辑页面中，出现公式编辑区，提示“在此处输入公式”，如图 7-74 所示。

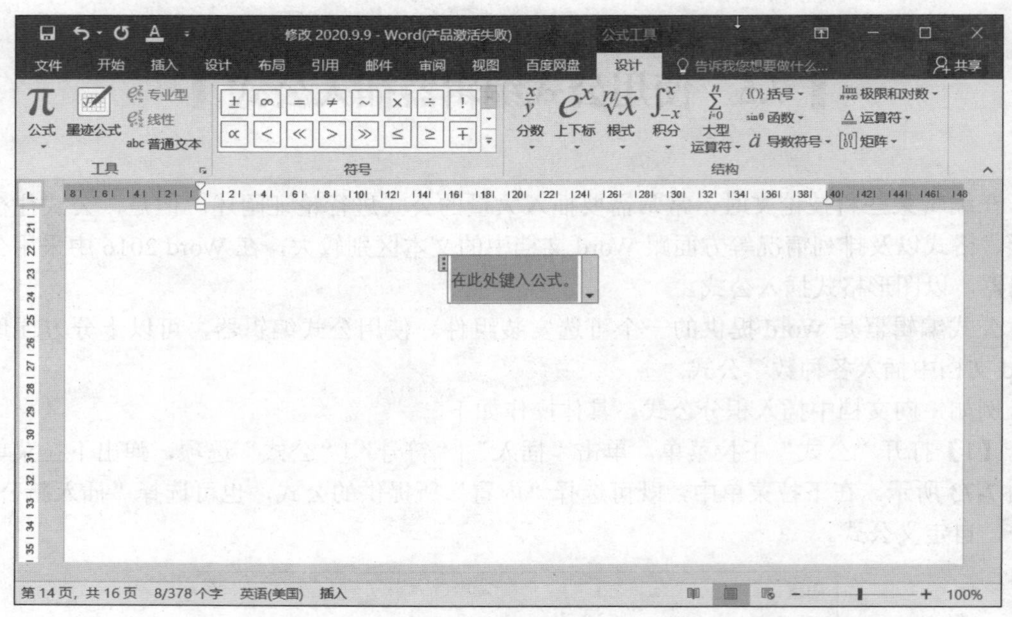

图 7-74　插入新公式

【3】编辑公式。在公式编辑区内进行公式编辑，输入过程既可选择“公式工具（设计）”选项组中提供的工具，也可在键盘中选择相应的字符输入，图 7-75 示例了一个输入的公式。

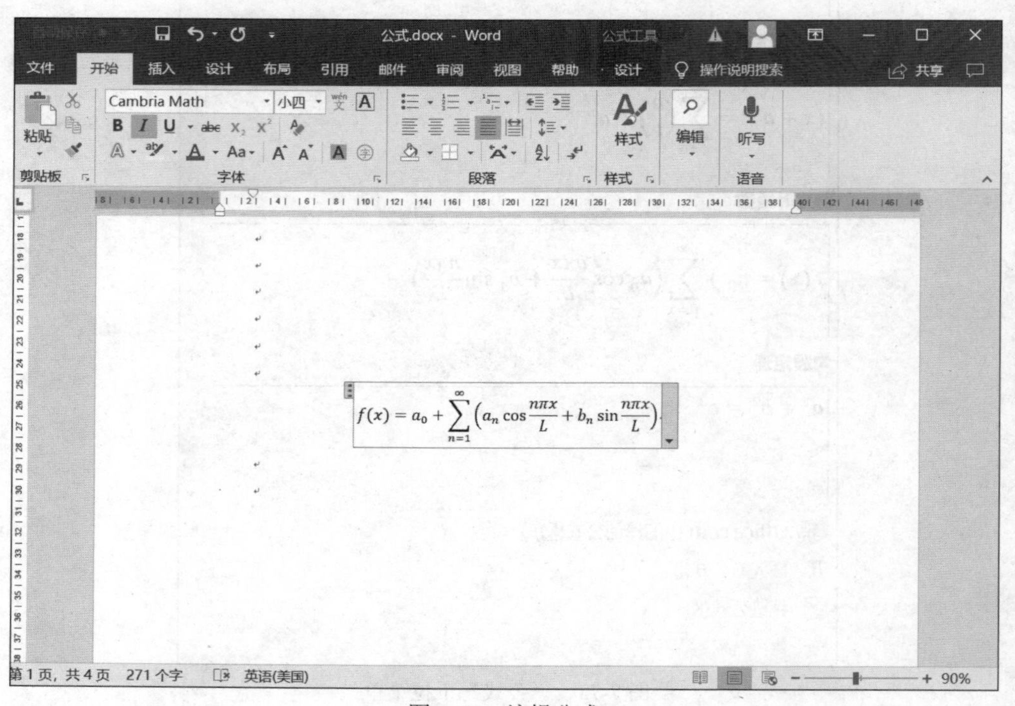

图 7-75　编辑公式

【4】完成公式编辑。单击公式编辑区以外的任意位置，退出公式编辑器，完成公式编辑。

【5】调整公式格式。如果感觉公式字体太小，可选中公式，选择“开始”|“字体”选项，通过字体大小设置进行调整。

第8章 高级排版功能

Word 2016 提供的高级排版功能为用户带来了极大便利：使用目录，可以列出文档中的各级标题以及标题所在的页码，方便读者阅读；索引的添加，可以将文档中的关键词及其位置列出，方便读者查找；编号和项目符号的使用，能够使文档的层次结构和逻辑结构更加清晰；脚注和尾注的创建，可以对文档正文中没有涉及的内容进行补充说明；文档的审阅功能的应用，将为文档的修改提供好的交互平台。

内容提要

本章首先介绍项目符号的应用和多级编号的自动化生成，其次介绍索引的创建和脚注、尾注的应用，然后介绍目录的创建和更新，最后讲解文档的审阅。Word 2016 高级排版功能的应用可以对文档进行各种高级的编排，使文档编辑更为快捷、方便，同时也更加美观、有条理。

重要知识点

- 多级编号的自动化生成
- 索引的创建
- 脚注、尾注的应用
- 目录的自动化生成
- 文档的审阅

8.1 项目符号和编号

项目符号是指通过特定的符号标识将并列的文档内容列出，用以添加强调效果。一般项目符号中的内容是严格并列的。编号是指为同一级别，并且内容具有先后关系的文档添加的数字编号。通过使用项目符号和编号，可以使文章更有条理，逻辑关系更加明确，方便读者阅读和理解。

8.1.1 插入项目符号

当文档中的段落内容是并列关系时，可以插入无差别项目符号，将并列的内容集中列出。

例如，在文档中设置无差别项目符号，首先添加“♦”项目编号，然后将其更改为“💧”项目编号，具体操作如下。

【1】选取要添加项目符号的文档内容。

【2】打开“项目符号库”下拉菜单。单击“开始”|“段落”|“项目符号”的下三角按钮，弹出“项目符号库”下拉菜单，如图 8-1 所示。

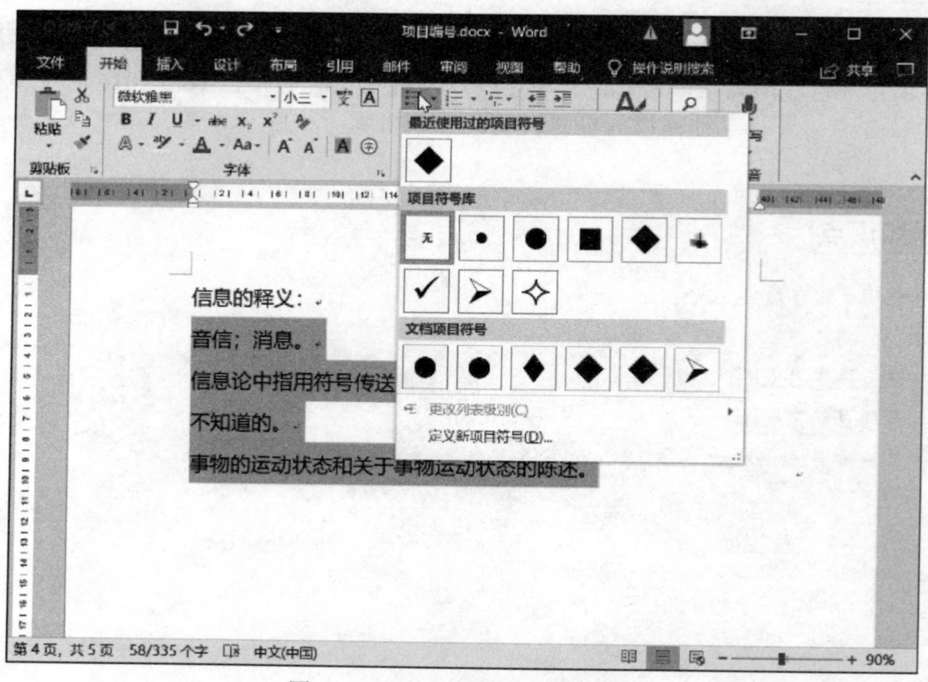

图 8-1 “项目符号库”下拉菜单

【3】项目符号设置。单击“项目符号库”下拉菜单中合适的项目符号样式，完成项目符号添加，如图 8-2 所示。

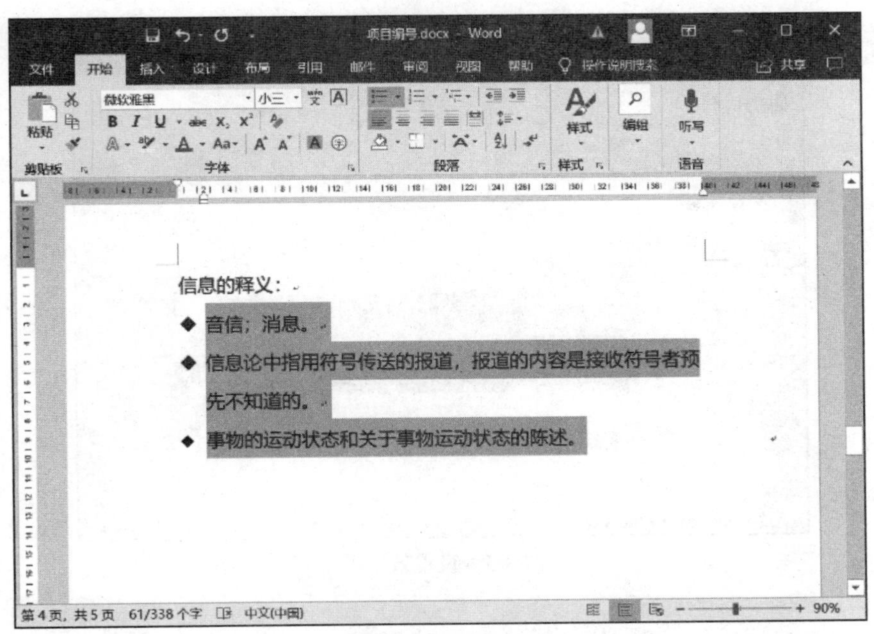

图 8-2　项目符号设置

【4】修改项目符号样式。

①打开“定义新项目符号”对话框。单击“项目符号库”下拉菜单中的“定义新项目符号”，弹出“定义新项目符号”对话框，如图 8-3 所示。

其中，“符号”和“图片”用于改变项目符号的形状；“字体”用于改变项目符号的颜色和大小；“对齐方式”用于显示项目符号的对齐位置；“预览”显示设定效果图。

②更改项目编号。单击“定义新项目符号”中的“符号”按钮，弹出“符号”对话框，选择“水滴”图案，如图 8-4 所示。

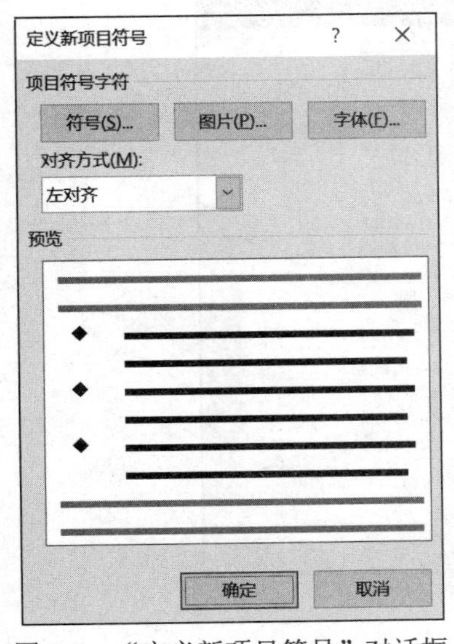

图 8-3　“定义新项目符号”对话框

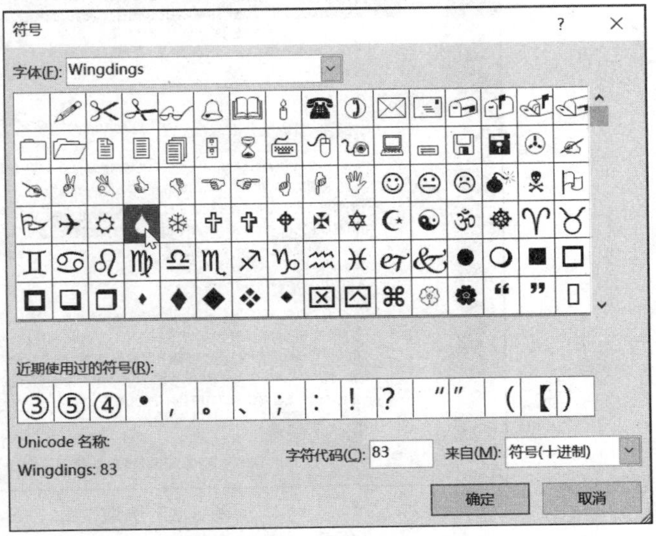

图 8-4　“符号”对话框

单击“确定”按钮，完成设置，设置效果图如图 8-5 所示。

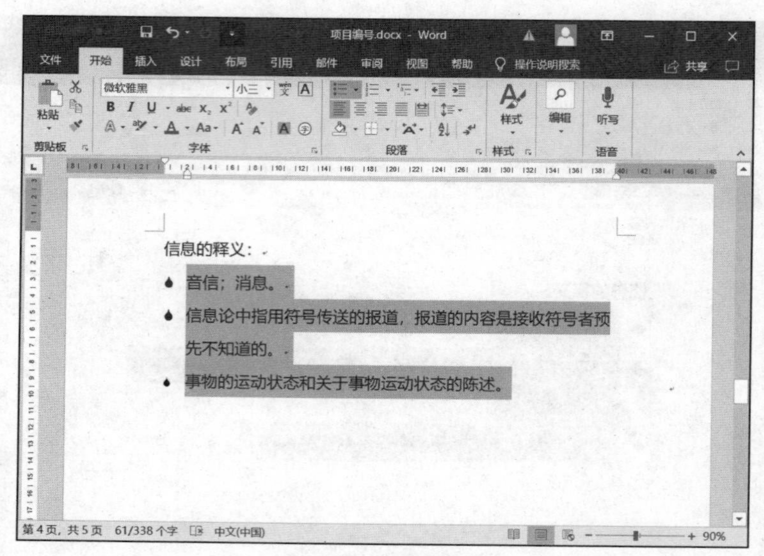

图 8-5　设置效果图

8.1.2　插入编号

在 Word 2016 文档中可以插入一级编号，也可以插入多级编号，还可以自定义编号的样式。一般使用“项目符号和编号”对话框或者工具栏“编号”按钮，在文档中插入编号。

例如，为下面的论文的三个小标题添加编号，具体操作如下。

【1】选取要添加编号的文本。按下 Ctrl 键，拖曳鼠标分别选取要添加编号的标题，如图 8-6 所示。

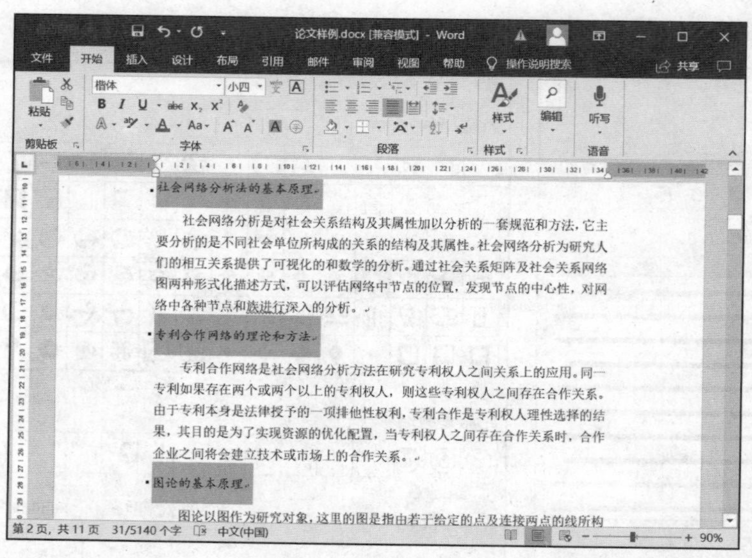

图 8-6　选取文本

【2】打开“编号库”下拉菜单。单击“开始”|“段落”|“编号”按钮旁边的倒立三角按钮，弹出“编号库”下拉菜单，如图 8-7 所示。

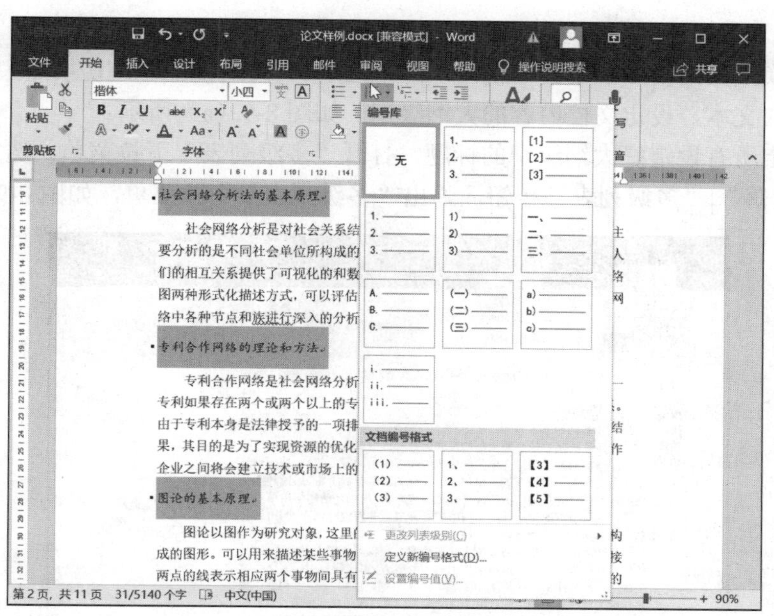

图 8-7　“编号库”下拉菜单

【3】编号设置。在“编号库”下拉菜单中，单击选取合适的编号样式，完成标号设置，如图 8-8 所示。

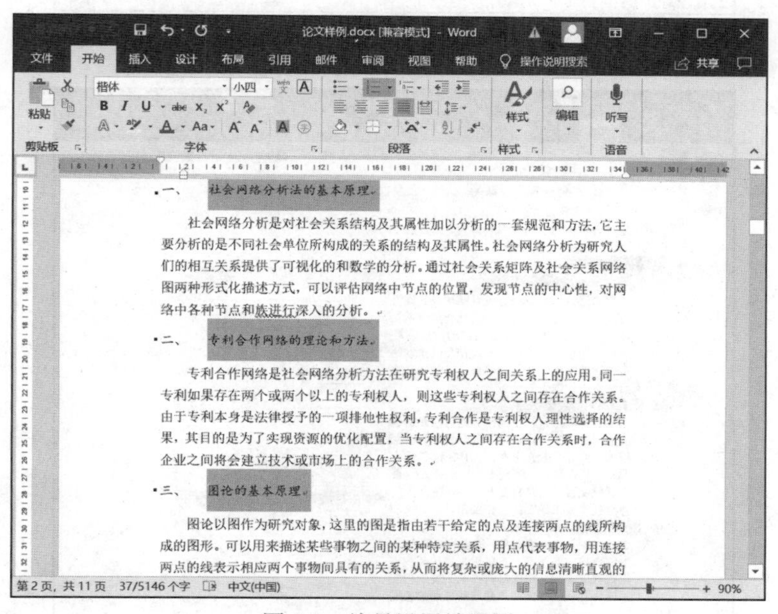

图 8-8　编号设置效果图

8.1.3　插入多级编号

当文档中的层次关系比较复杂时，可以利用 Word 2016 的多级编号功能，给文档标题添加多级编号。多级编号将清晰地显示文章的层次结构。

例如，为下面的论文添加多级编号，具体操作如下。

【1】切换至大纲视图。单击“视图”|“视图”|“大纲视图”，切换为大纲视图。

【2】选取文本，设定文档内容的大纲级别，如图 8-9（a）所示。

【3】选定所有设定好大纲级别的标题，打开“多级列表”下拉菜单。选定标题，单击“开始”|“段落”|“多级列表”按钮，弹出“多级列表”下拉菜单，如图 8-9（b）所示。

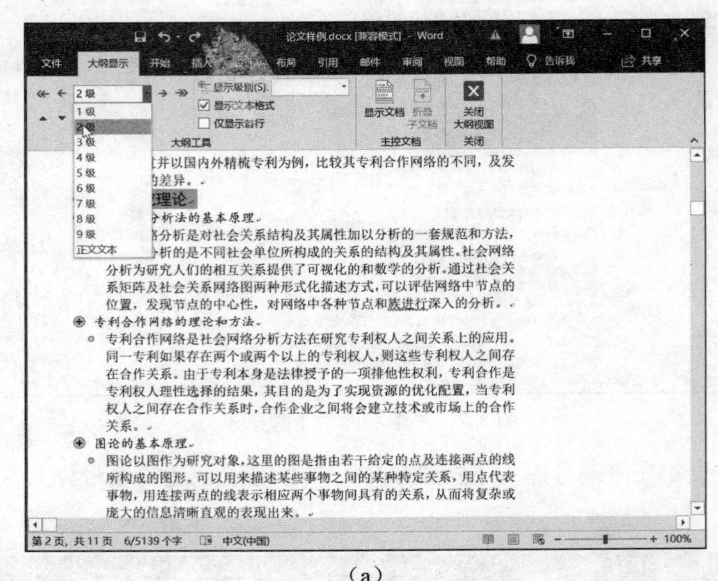

（a）

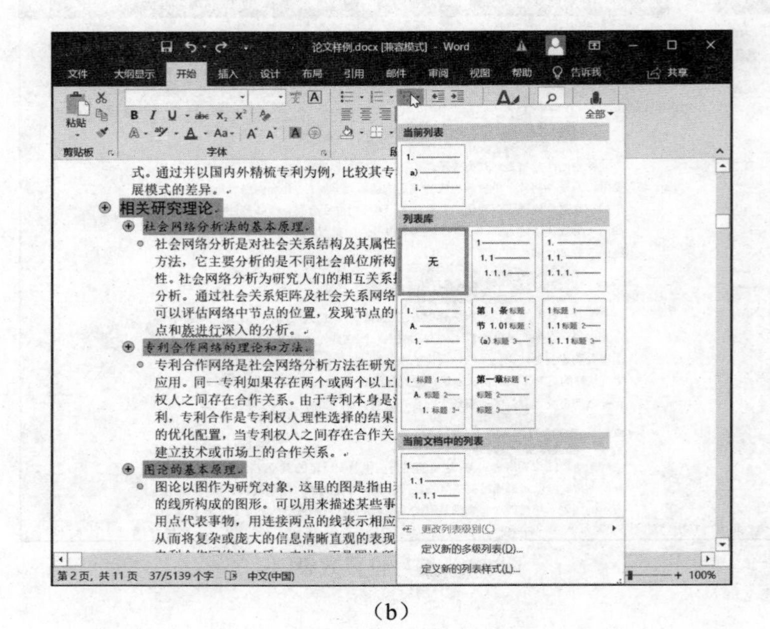

（b）

图 8-9　设定大纲级别和多级列表

【4】设置多级编号。在“多级列表”下拉菜单中选取适合的多级编号类型，设置多级编号，如图 8-10 所示。

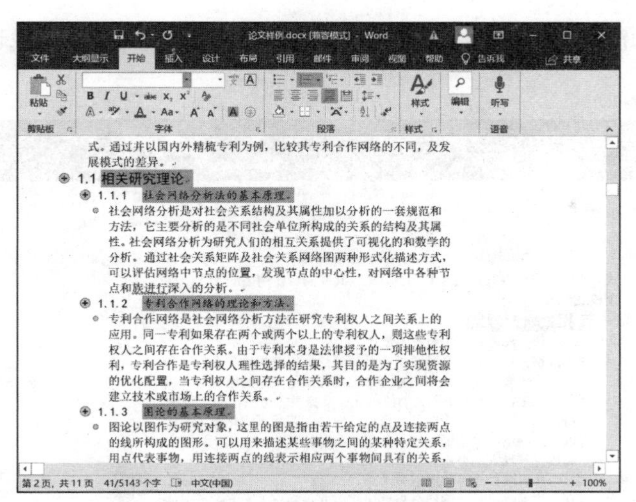

图 8-10　多级编号设置效果图

【5】更改多级编号样式。如果在“多级列表”下拉菜单中未找到适合的多级编号样式，可自行创建，具体操作步骤如下。

①打开“定义新多级列表”对话框。选择“多级列表”下拉菜单中的“定义新的多级列表”命令，打开“定义新多级列表”对话框，如图 8-11 所示。

- “编号格式”用以确定编号的样式，对应的“此级别的编号样式”下拉菜单中提供了一系列的编号样式类型。
- “位置”部分用以确定编号在文档页面中的位置。

【注意】也可以在原有编号样式基础上进行修改，比如将“1”改为“第 1 章”，在原有的“1”前面和后面分别加入“第”和“章”，但不要删除“1”后，重新输入“第 1 章”，因为原先“1”为灰色背景，代表自动化编号功能，如删除重新输入，则自动化编号功能失去，无法完成多级编号的功能。

②设置多级编号，如图 8-12 所示。

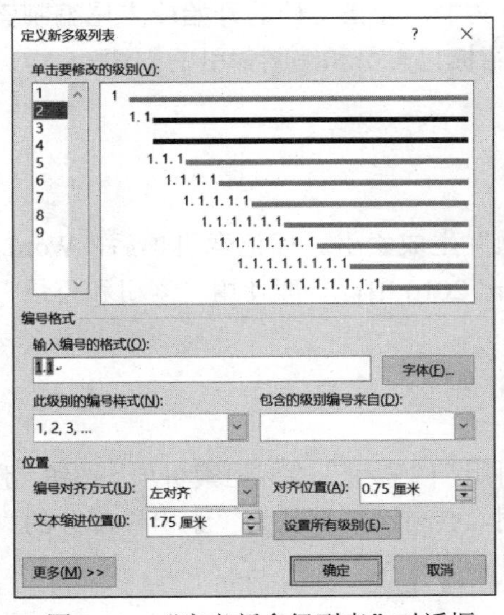

图 8-11　“定义新多级列表”对话框

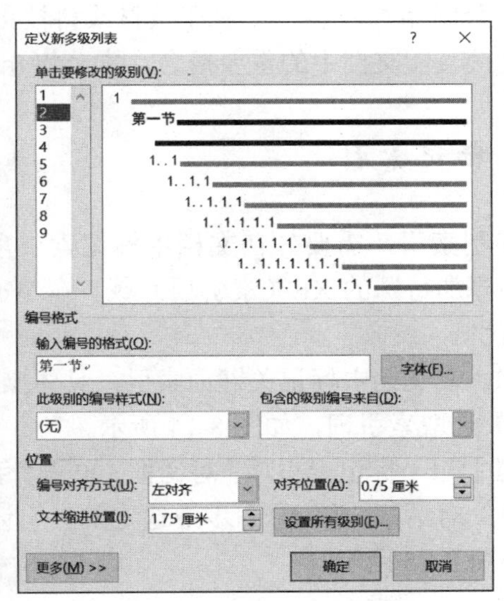

图 8-12　设置多级编号

③完成设置。单击“定义新多级列表”对话框中的“确定”按钮，完成设置，效果如图 8-13 所示。

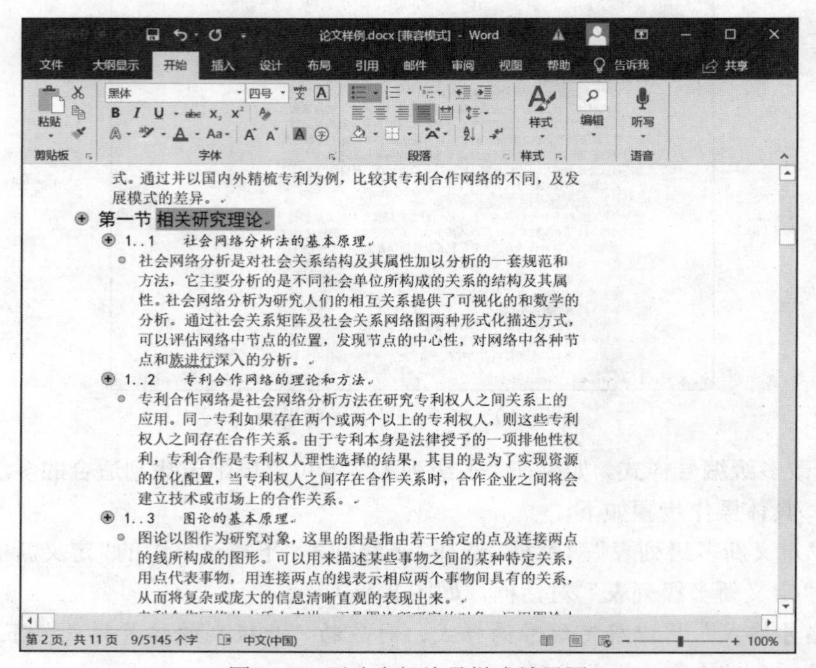

图 8-13 更改多级编号样式效果图

8.2 标记和编制索引

索引，是将文档中的某些单词、词组或短语单独列出。索引中标出了上述内容的页码，方便用户查阅相关内容。一般在教材或科技论文中，会在文档的开始或末尾编制索引，方便读者直接查阅文档中的重要概念。本节将介绍标记索引和编制索引的方法。

8.2.1 标记索引

要编制索引，需要先在文档中标记索引项并生成索引。标记索引项后，Word 2016 会在文档中添加特殊的 XE（索引项）域。在 Word 2016 中，一般使用“索引和目录”对话框来标记索引。

例如，在文档中标记关键词索引，具体操作如下。

【1】选取索引词，如图 8-14 所示。

【2】打开“标记索引项”对话框。单击“引用”|“索引”|“标记索引项”按钮，弹出“标记索引项”对话框。第【1】步中选定的索引词，会自动被默认为“索引”部分的“主索引项”，如图 8-15 所示。

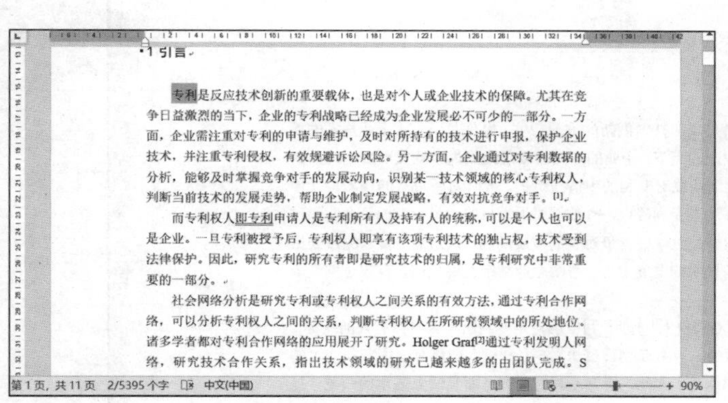

图 8-14 选取索引词

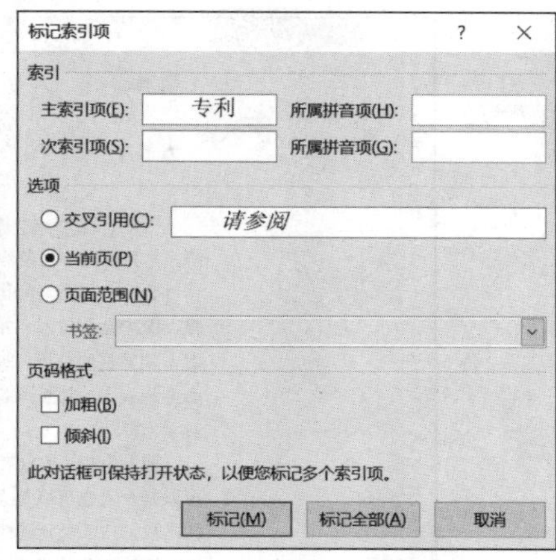

图 8-15 “标记索引项”对话框

【3】标记索引项。单击“标记索引项”对话框中的“标记”按钮，将词组标记为索引项，如图 8-16 所示。

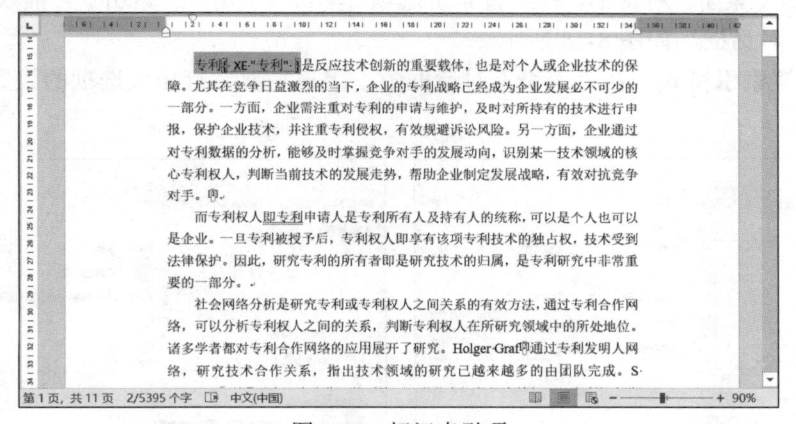

图 8-16 标记索引项

【注意】“标记索引项”对话框可以保持在文档上方不关闭，以便方便地标记其他索引项。

【4】选取其他索引词。选中其他索引词后，单击“标记索引项”对话框中“索引”选项组的“主索引项”文本框，选中其他需要标记的索引词，单击“标记”按钮，进行标记。

【5】完成标记索引。单击“标记索引项”对话框中的“关闭”按钮，关闭该对话框，完成标记索引。

8.2.2 编制索引

在标记好了所有的索引项之后，需要选择一种设计好的索引格式来生成最终的索引。Word 会自动收集索引项，将其按字母顺序排序，引用其页码。

例如，将 8.2.1 节中标记的索引项编制成索引目录，具体操作如下。

【1】指定放置索引的位置。将插入符置于想要放置索引的位置，如图 8-17 所示。

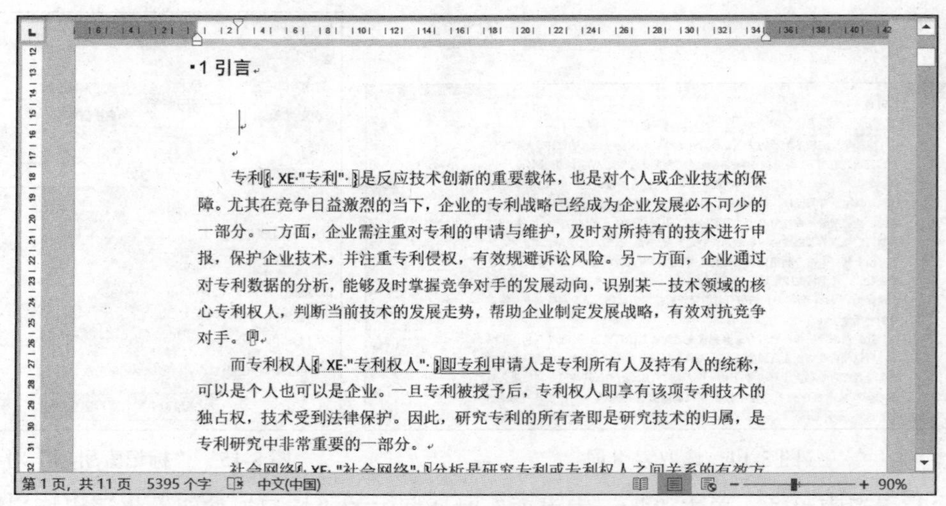

图 8-17　定位索引位置

【2】打开“索引”对话框，并设置索引选项。单击“引用”|“索引”|“插入索引”按钮，弹出“索引”对话框，如图 8-18 所示。

【3】设置索引格式。在“索引”对话框中，用户需要进行相关选项的设置，具体设置如图 8-19 所示。

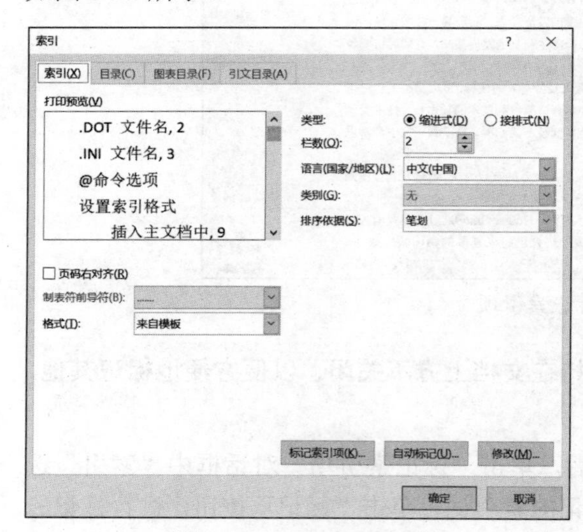

图 8-18　“索引”对话框

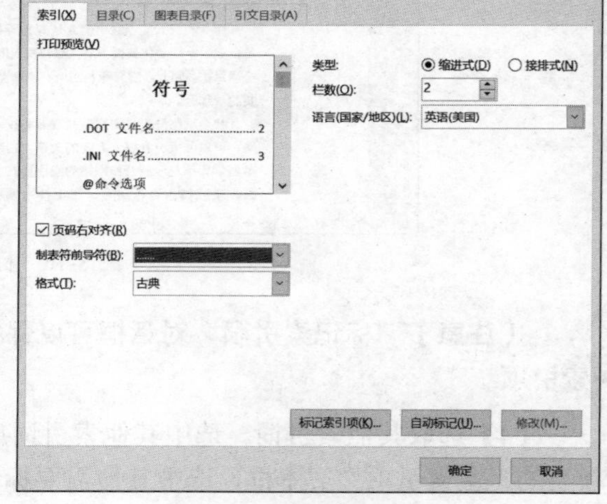

图 8-19　设置索引格式

- 设置栏数。单击“栏数”微调框中的微调按钮，将“栏数”设置为“2”。
- 设置语言。单击“语言”下拉列表框，选取下拉列表框中的“英语（美国）”选项。
- 设置格式。单击“格式”下拉列表框，选取下拉列表框中的“古典”选项。
- 设置页码对齐方式。选中“页码右对齐”前的复选框，并设置“制表符前导符”样式。

【4】完成索引编制。单击“索引”对话框中的“确定”按钮，关闭该对话框，完成索引编制，如图 8-20 所示。

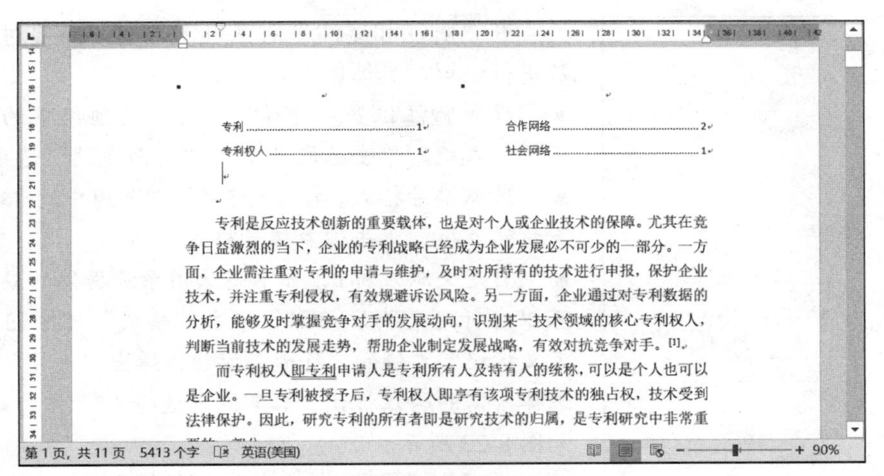

图 8-20　索引设置效果图

8.3　脚注和尾注的使用

脚注和尾注一般用于在文档和书籍中显示应用资料的来源，或者用于输入说明性或补充性的信息。“脚注”位于当前页面的底部或指定文字的下方，“尾注”则位于文档的结尾处或者指定节的结尾。脚注和尾注都是用一条短横线和正文分开，而且两者都用于包含注释文本，两者的注释文本一般都比正文文本的字号小一些。

例如，在下面论文中，将词语注释以脚注的形式显示，具体操作如下。

【1】确定要插入脚注的位置。单击将插入符置于要插入脚注的位置，如图 8-21 所示。

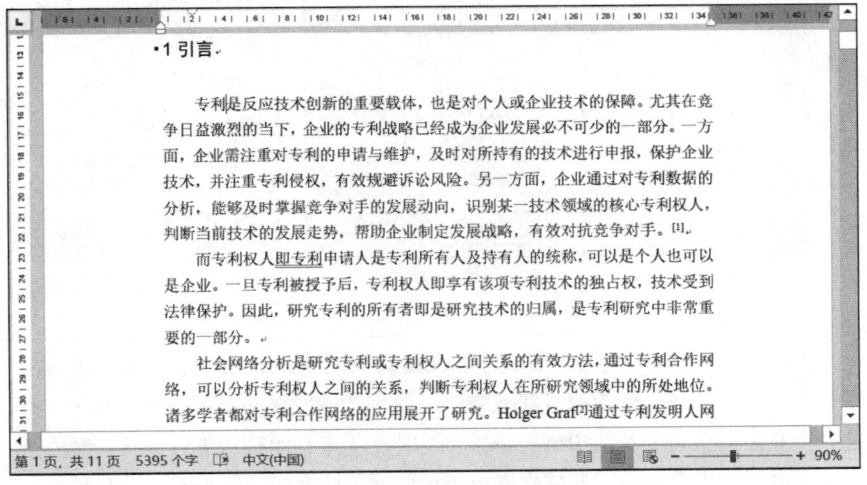

图 8-21　插入脚注的位置

【2】设置脚注选项。单击“引用”|“脚注”选项组的“对话框启动器”按钮，弹出“脚注和尾注”对话框，如图 8-22 所示。

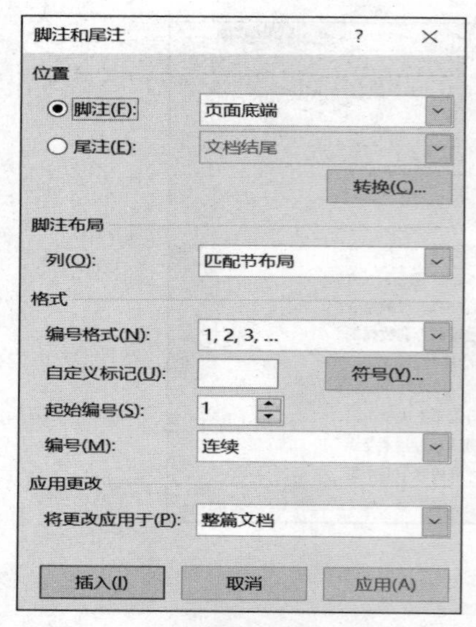

图 8-22 “脚注和尾注”对话框

在“脚注和尾注”对话框中，用户需要对脚注的参数进行设置，具体如下。

● 设置脚注位置。选择“位置”选项组中的“脚注”下拉列表框。单击选取其中的“页面底端”选项。

● 选取编号格式。打开“格式”选项组中的“编号格式”下拉列表框，单击选取编号格式。

● 自定义脚注标识。如不想选用系统提供的编号格式，可以自行定义脚注标识。单击“格式”选项组中的“自定义标记”右侧的“符号”按钮，弹出“符号”对话框，选择所需的脚注标识，本案例中选择“*”作为脚注标识，如图 8-23 所示。

【3】完成设置。单击“确定”按钮，完成设置，返回“脚注和尾注”对话框，如图 8-24 所示。单击“插入”按钮，完成脚注标识的设定，返回 Word 编辑界面，如图 8-25 所示。

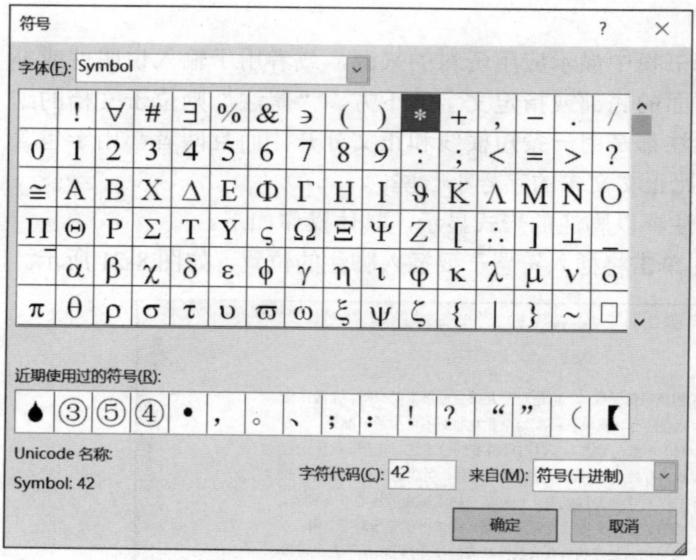

图 8-23 “符号”对话框

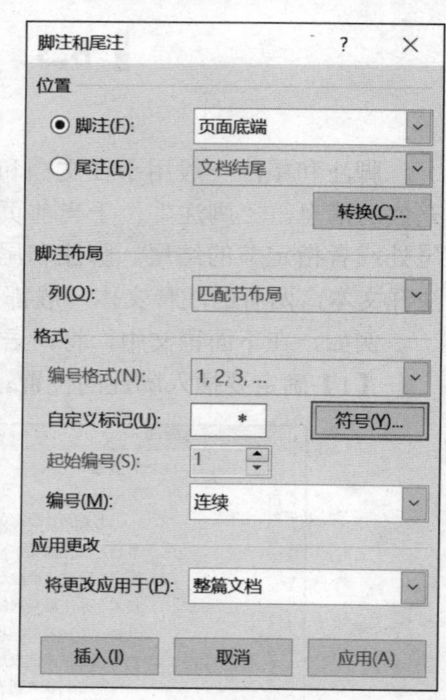

图 8-24 自定义脚注标识

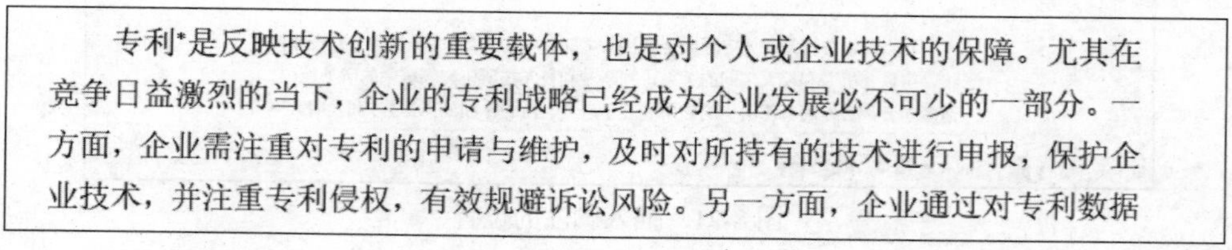

专利*是反映技术创新的重要载体，也是对个人或企业技术的保障。尤其在竞争日益激烈的当下，企业的专利战略已经成为企业发展必不可少的一部分。一方面，企业需注重对专利的申请与维护，及时对所持有的技术进行申报，保护企业技术，并注重专利侵权，有效规避诉讼风险。另一方面，企业通过对专利数据

图 8-25 脚注标识插入区

【4】编辑脚注文本。在脚注文本编辑区中输入脚注的内容，如图 8-26 所示。

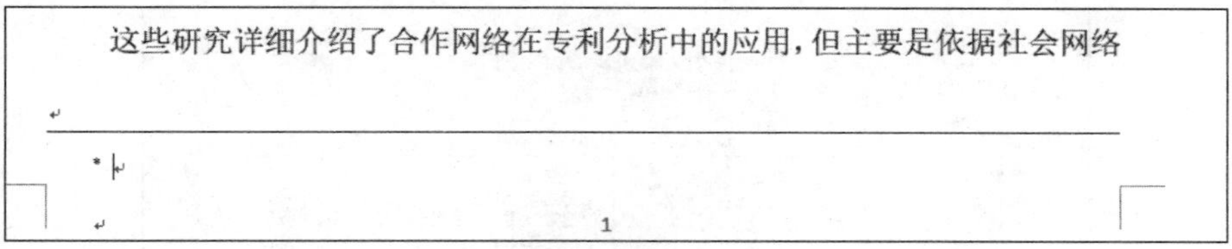

这些研究详细介绍了合作网络在专利分析中的应用，但主要是依据社会网络

*

1

图 8-26　脚注文本编辑区

【5】完成脚注文本编辑，查看脚注效果。单击正文文本，即可退出脚注文本编辑状态，脚注效果如图 8-27 所示。

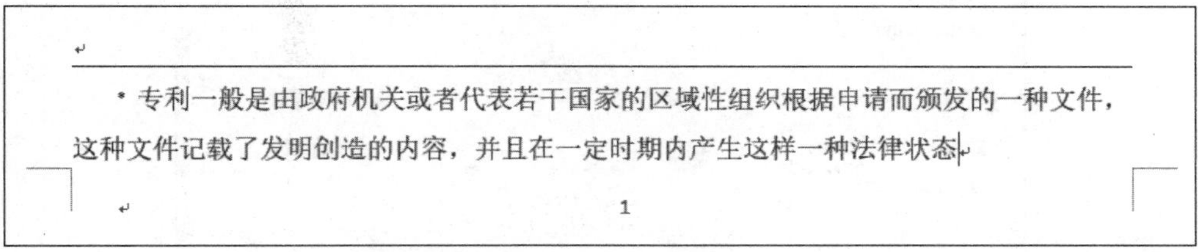

* 专利一般是由政府机关或者代表若干国家的区域性组织根据申请而颁发的一种文件，这种文件记载了发明创造的内容，并且在一定时期内产生这样一种法律状态。

1

图 8-27　脚注效果图

【说明】由于脚注和尾注的添加编辑方法完全相同，在此不再赘述。

8.4　自动创建目录

目录就是文档中各级标题以及其对应的页码的列表，通常放在文章之前。Word 目录分为文档目录、图目录、表格目录等多种类型。以为本案例书籍自动创建文档目录为例来说明。

【1】设置各级标题样式。将需要设置为目录的标题项应用不同的标题样式，例如将“第 6 章 Access 2016 基础”应用标题 1 的样式，“6.1 数据库基本概念”应用标题 2 的样式，“6.1.1 数据库系统”应用标题 3 的样式，……

【2】将光标定位到文档中需要建立目录的位置，单击“引用”|“目录”|“目录”按钮，弹出“内置”列表，如图 8-28 所示。

【3】“内置”列表会显示几个默认的目标模板。如果需要使用其他样式，则单击列表中的“自定义目录”按钮，打开“目录”对话框，如图 8-29 所示。按需要更改各级目录显示的样式。

内置

手动目录

目录

键入章标题(第 1 级)........1
键入章标题(第 2 级)........2
键入章标题(第 3 级)........3

自动目录 1

目录

标题 1........1
标题 2........1
标题 3........1

自动目录 2

目录

标题 1........1
标题 2........1
标题 3........1

Office.com 中的其他目录(M)
自定义目录(C)...
删除目录(R)
将所选内容保存到目录库(S)...

图 8-28　“内置”列表

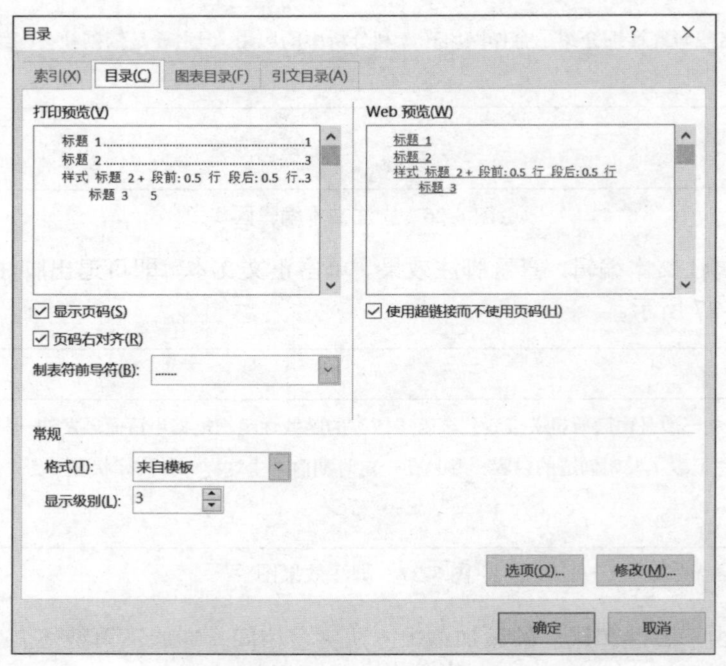

图 8-29 “目录”对话框

【4】单击“确定”按钮，返回“目录”对话框。单击“目录”对话框中的“确定”按钮，即可完成目录的插入，如图 8-30 所示。

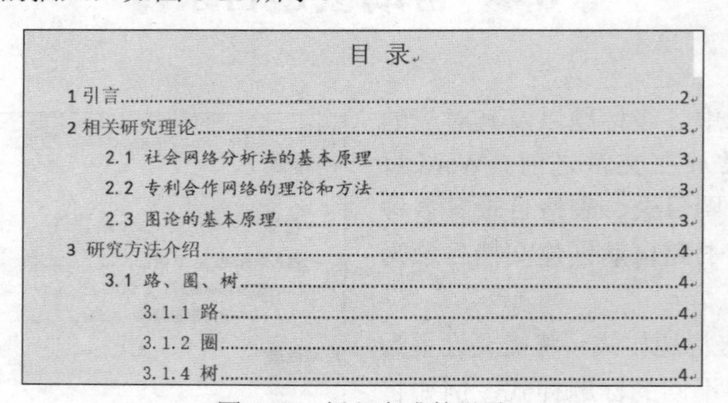

图 8-30 插入完成的目录

【说明】当需要为表格、图表或公式等创建图表目录时，首先对这些对象分别使用题注进行编号，然后在创建目录设置“目录选项”对话框中将创建目录的样式改为题注的样式即可。图表目录不用划分级别，所有目录项均处于同一级别。

8.5 文档的审阅

Word 2016 提供了多种方式来协助用户完成文档审阅的相关操作，同时用户还可以通过全新的审阅窗口来快速对比、查看、合并统一文档的多个修订版本。

8.5.1　文档的修订

在对文本进行修改时，希望记下修改的痕迹，跟踪文档中所有内容的变化状况，则需要将文档设置为修订状态。用户在修订状态下对文档内容的操作会通过颜色、下画线等方式标记下来，记录修改的痕迹。

例如，对文档内容进行删除、插入等操作，具体操作如下。

【1】设置为修订状态。打开所要修订的文档，单击“审阅” | “修订” | “修订”按钮，在弹出的下拉菜单中选择“修订”选项，开启文档的修订状态，如图 8-31 所示。

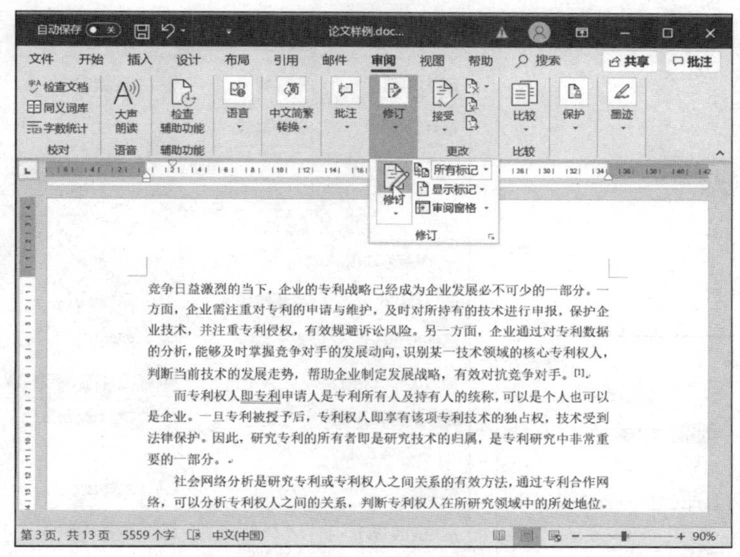

图 8-31　开启修订状态

【2】修改文档，显示操作痕迹。对文档进行插入、删除等操作，被修改的内容会通过颜色等效果标记下来，如图 8-32 所示，图中所示两部分分别是删除和插入的内容。

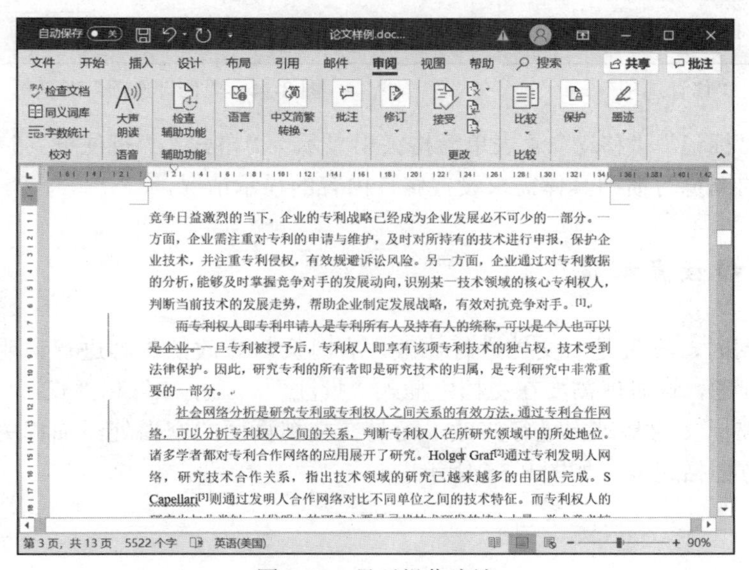

图 8-32　显示操作痕迹

当多个用户同时参与对同一文档进行修订时，文档将通过不同的颜色来区分不同用户的修订内容，从而有效避免由于多人参与文档修订而造成的混乱局面。

【3】自定义修订样式。Word 2016 还允许用户对修订内容的样式进行自定义设置，具体操作如下。

①打开“修订选项”对话框。单击“审阅”|“修订”的按钮，弹出“修订选项”对话框，如图 8-33 所示，单击“高级选项”按钮，弹出“高级修订选项”对话框，如图 8-34 所示。

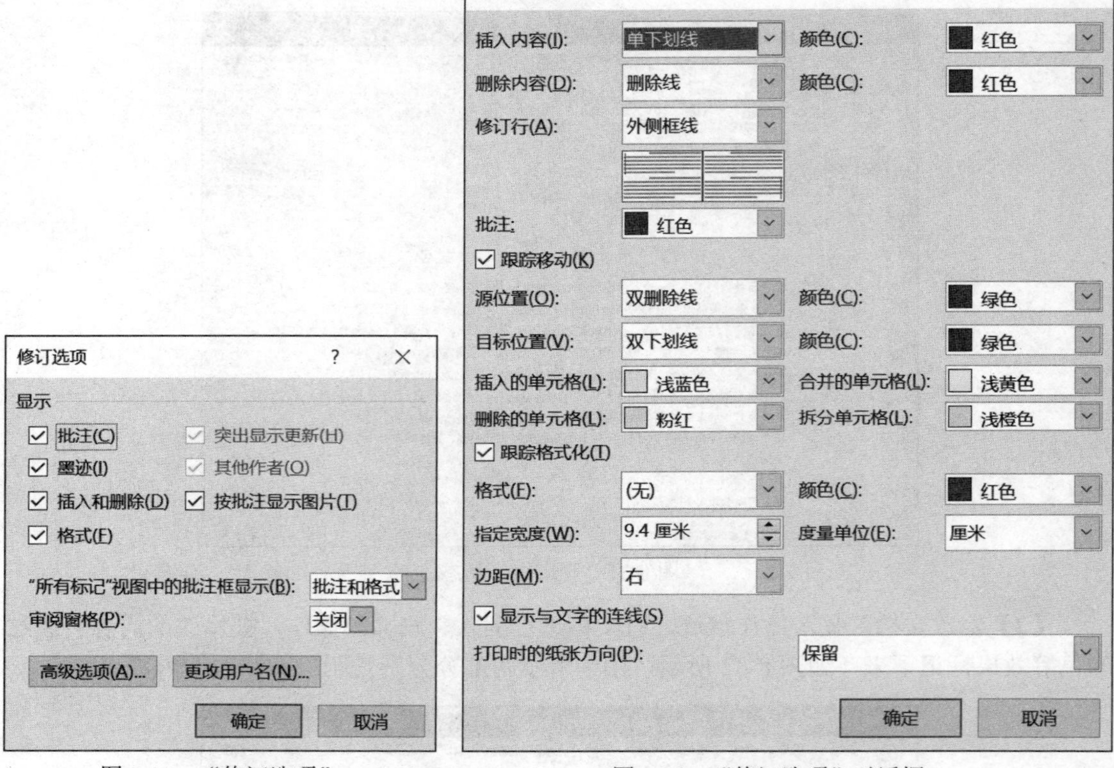

图 8-33 “修订选项”　　　　图 8-34 “修订选项”对话框

②用户在“标记”“移动”“表单元格突出显示”“格式”“批注框”5 个选项区域中，可以根据自己的浏览习惯和具体需求设置修订内容的显示情况。

8.5.2 为文档设置批注

在文档审阅时，不仅是对文档进行修改，有时会对修改的内容进行说明，或者向文档作者询问一些问题，这时就需要在文档中插入“批注”。“批注”和“修订”的区别在于，“批注”并不在原文的基础上进行修改，而是在文档页面的空白处添加相关的注释信息，并用有颜色的方框括起来，如图 8-35 所示。

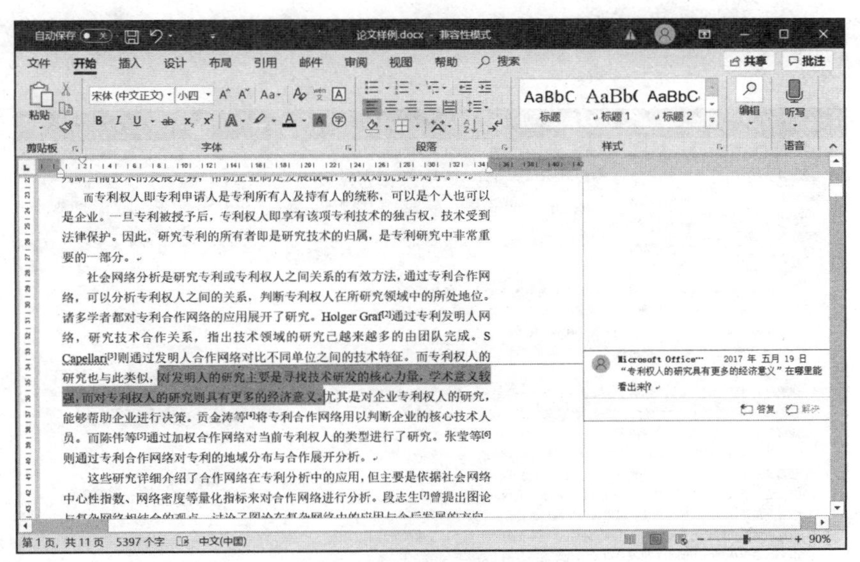

图 8-35　“批注”信息

例如，为文档添加批注信息，具体操作如下。

【1】选中需要添加批注信息的文本。

【2】添加批注。单击“审阅”|“批注”|“新建批注”按钮，在所选内容的右侧空白区域出现“批注编辑框”，如图 8-36 所示。

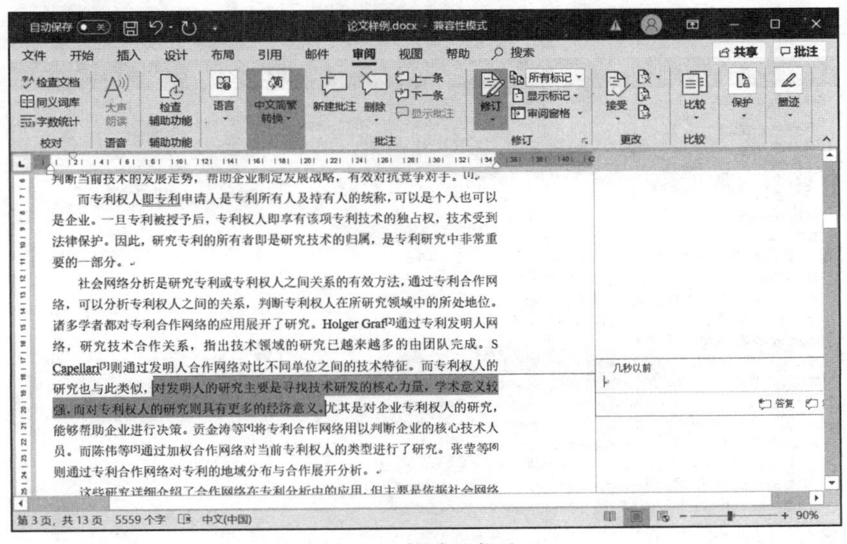

图 8-36　新建“批注”

【3】编辑批注。在“批注”编辑框里，输入意见文本，完成批注设置。

【说明】除了在文档中插入文本批注信息以外，用户还可以插入音频或视频批注信息。

【4】删除批注。如果问题已经解决，标注需要删除时，则进行删除操作，既可以只删除一条批注，也可以所有批注同时删除。

①删除一条批注。右击所要删除的批注，在打开的右键菜单中执行“删除批注”命令，如图 8-37 所示。

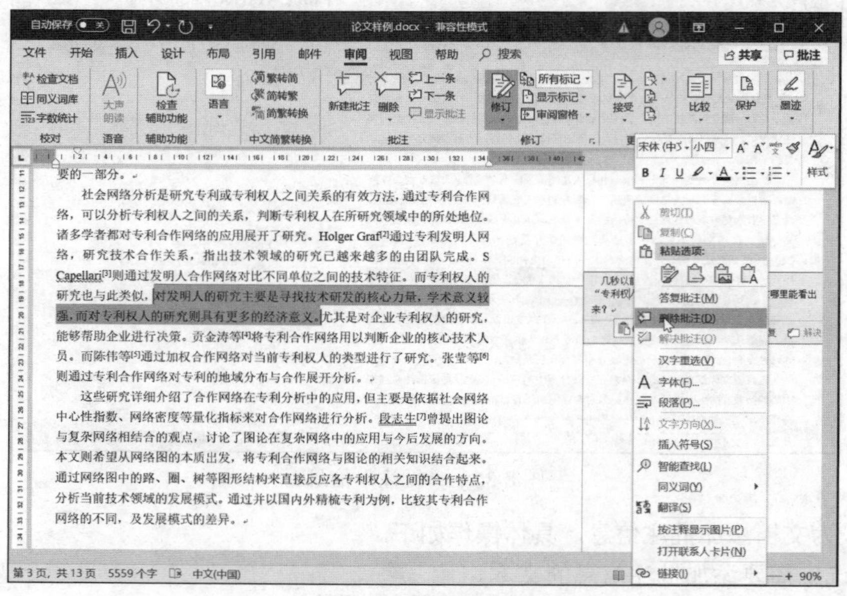

图 8-37　删除单条批注

②删除文档中所有批注。选取任意批注信息，单击“审阅”|“批注”|“删除”下方的▾按钮，弹出下拉菜单，选择“删除文档中所有批注”，如图 8-38 所示。

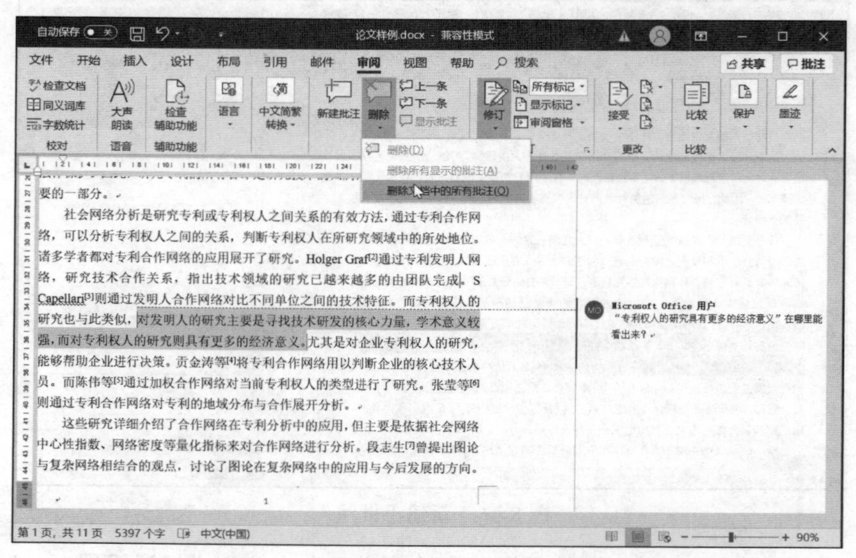

图 8-38　删除所有批注

8.5.3　筛选修订和批注

文档通常会被大量不同人员进行修订和添加批注，Word 文档对不同人的修改痕迹予以不同的颜色加以区分。例如，当文档被多人修订或添加批注后，会在页面上显示出不同修订人名称，在“高级修订选项”对话框中的“批注”栏中，可根据不同修订人设置修订颜色，如图 8-39，修订结果如图 8-40 所示，不同修订人的修订颜色分别为紫色和绿色。

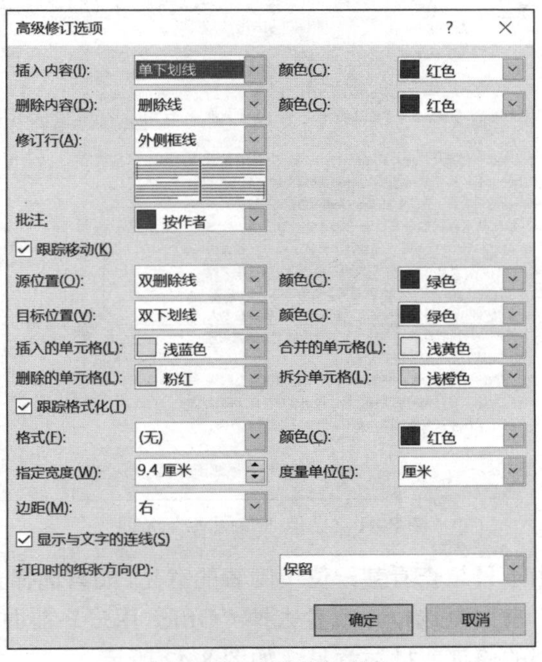

图 8-39　设置修订颜色

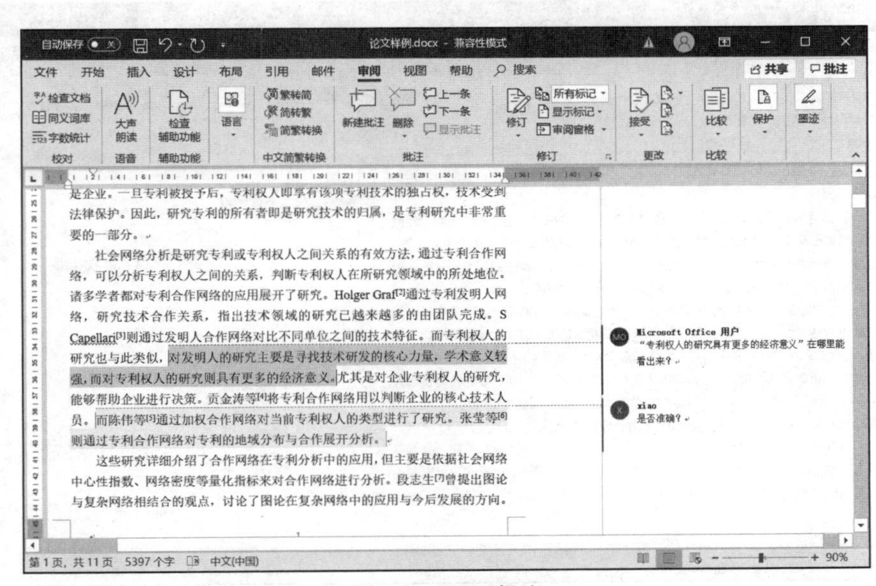

图 8-40　显示批注

但实际工作中，可能需要对不同人员的修订和批注意见分别进行处理，有时仅希望文档中只显示某一人员的修订和批注意见，具体设置方法如下。

【1】显示“审阅者”选项。单击“审阅”|“修订”|“显示标记”按钮，弹出下拉菜单，将鼠标移至“特定人员”，显示“审阅者”选项，如图 8-41 所示。从图中可以看出，目前审阅者共两位：“Office 用户”与“xiao”。

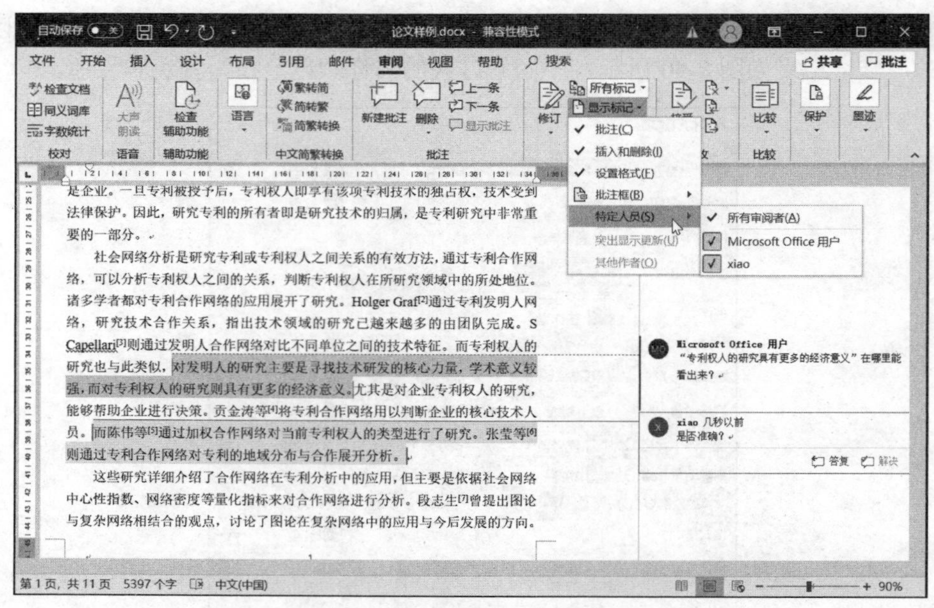

图 8-41 显示“审阅者”选项

【2】选择审阅者。由于只想查看某一位审阅者的意见，如只选择查看“xiao”的审阅意见，则可以通过选择“xiao”前面复选框，或者去掉“Office 用户”前面复选框中的“√”，从而查看“xiao”对本文档的修订或批注意见，如图 8-42 所示。

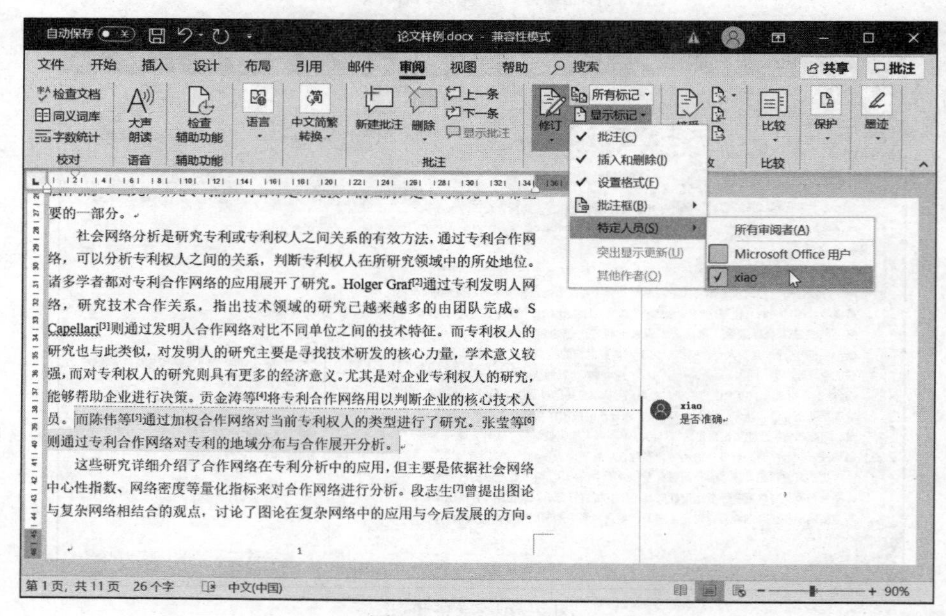

图 8-42 选择审阅者

8.5.4 审阅修订和批注

文档内容修订完成以后，文档作者还需要对文档的修订和批注状况进行最终审阅。

例如，对“专著”文档的相关修订和批注进行审阅，具体操作如下。

【1】定位修订或批注。单击“审阅”|“更改”选项组中“上一条”或“下一条”按钮，定位到文档中的上一条（下一条）修订或批注，如图 8-43 所示。

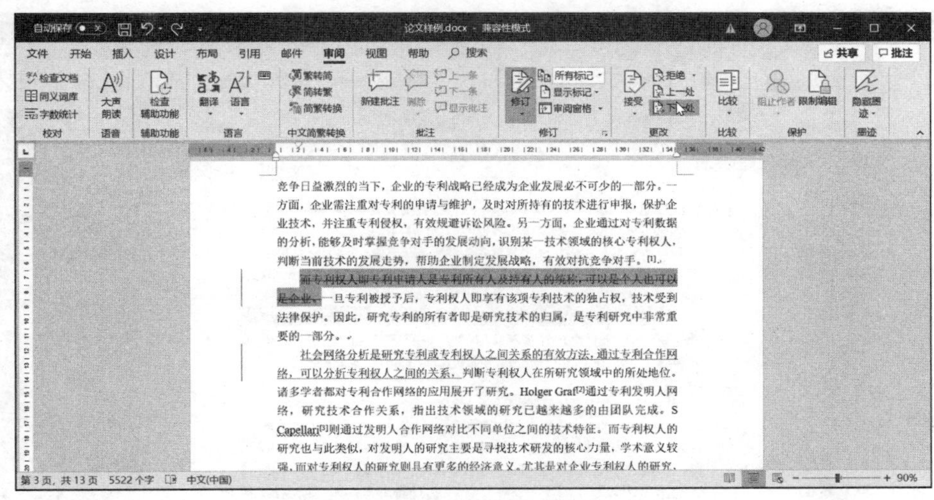

图 8-43 定位修订或批注

【2】审阅修订或批注。对“修订”部分和“批注”部分进行不同操作：“修订”部分认同的进行“接受”操作，不认同的进行“拒绝”操作；而对于“批注”部分则进行删除操作。其中，对“修订”部分具体操作如下。

①“修订”部分认同的进行“接受”操作。单击“审阅”|“更改”|“接受”的 ▾ 按钮，弹出下拉菜单，如图 8-44 所示。根据需要，选择“接受并移到下一条”“接受修订”或“接受对文档的所有修订”命令。

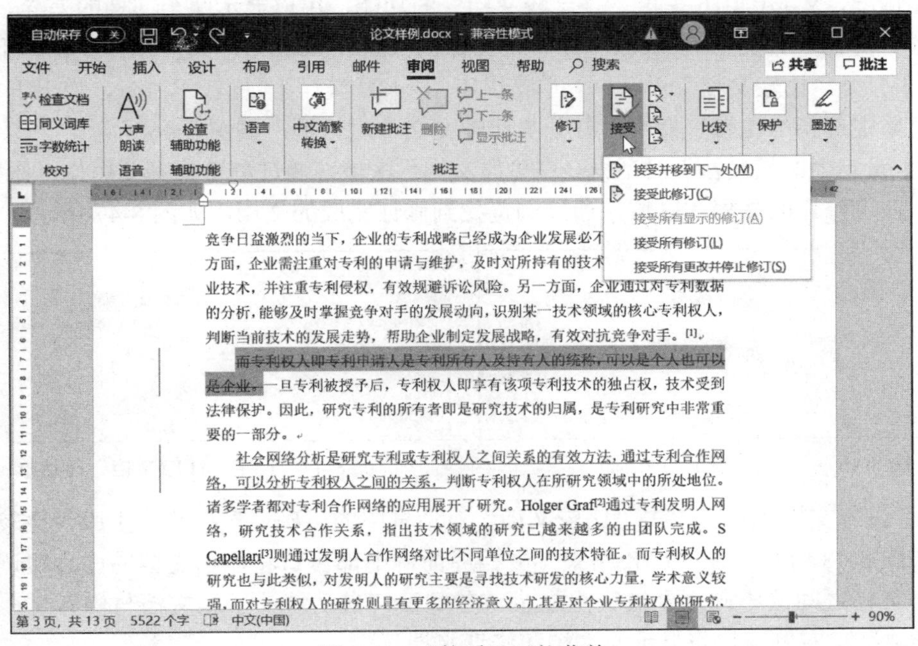

图 8-44 “接受”下拉菜单

②“修订”部分不认同的进行“拒绝”操作。单击“审阅”|“更改”|“拒绝”的 ▾ 按钮，弹出下拉菜单，如图 8-45 所示，根据需要，选择“拒绝并移到下一条”“拒绝修订”或“拒绝对文档的所有修订”命令。

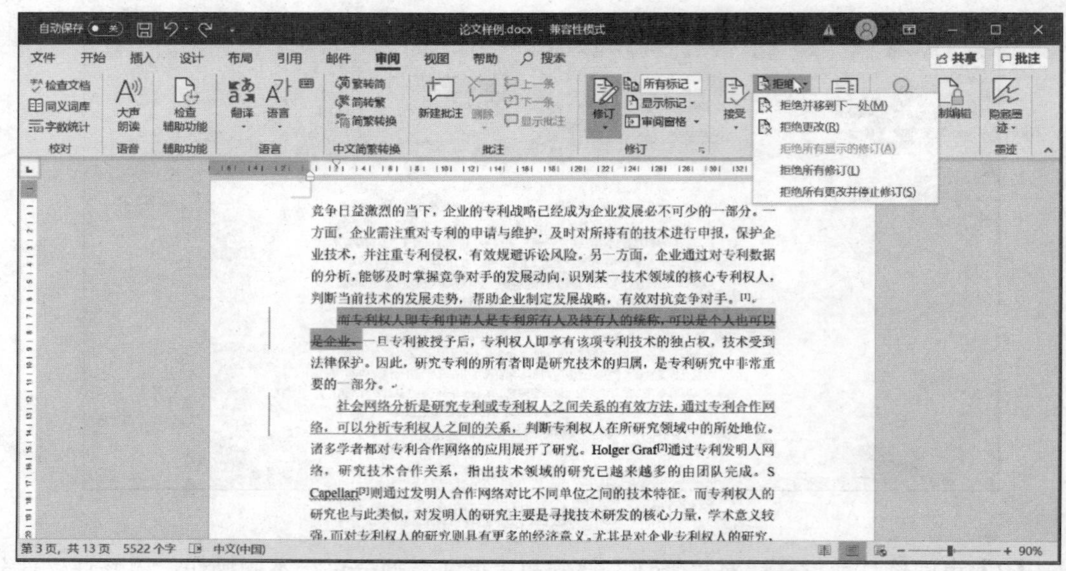

图 8-45　“拒绝”下拉菜单

8.5.5　快速比较文档

文档经过最终审阅以后，用户多半希望能够通过对比的方式查看修订前后两个文档版本的变化情况，Word 2016 提供了“比较文档”的功能，用以显示两个文档的差异。

例如，对比“论文样例 .docx”和“论文样例（新）.docx”，具体操作步骤如下。

【1】打开“比较文档”对话框。单击“审阅”|“比较”|“比较”命令，弹出下拉菜单，在下拉菜单中选择“比较”命令，打开“比较文档”对话框，如图 8-46 所示。

【2】设定“比较文档”对话框。在“原文档”区域，通过浏览找到要用作“原始文档”的文档；在“修订的文档”区域，通过浏览找到修订完成的文档，如图 8-47 所示。

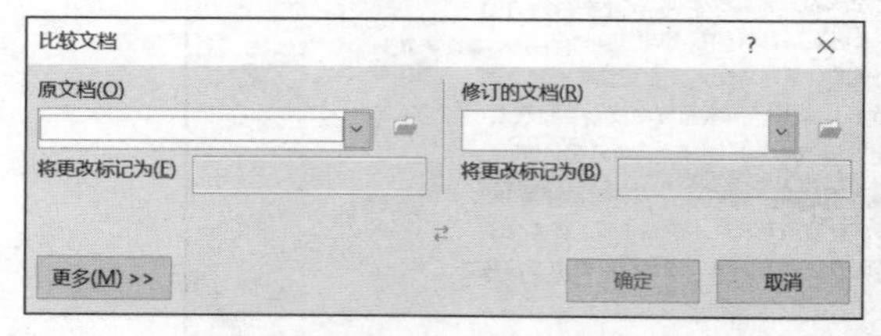

图 8-46　“比较文档”对话框

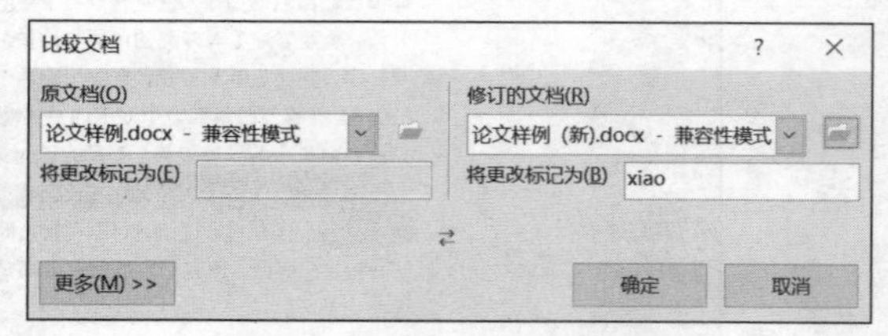

图 8-47　设定“比较文档”对话框

【3】进行文档比对。单击“比较文档”对话框中的“确定”按钮，生成“比较结果”文档，如图 8-48 所示。在“比较结果”文档界面，中部窗口将显示文档的修订痕迹，原文档与修订文档之间的不同之处被突出显示。左侧窗口自动统计了原文档与修订文档之间的具体差异情况；右侧窗口将显示原文档和修订文档。

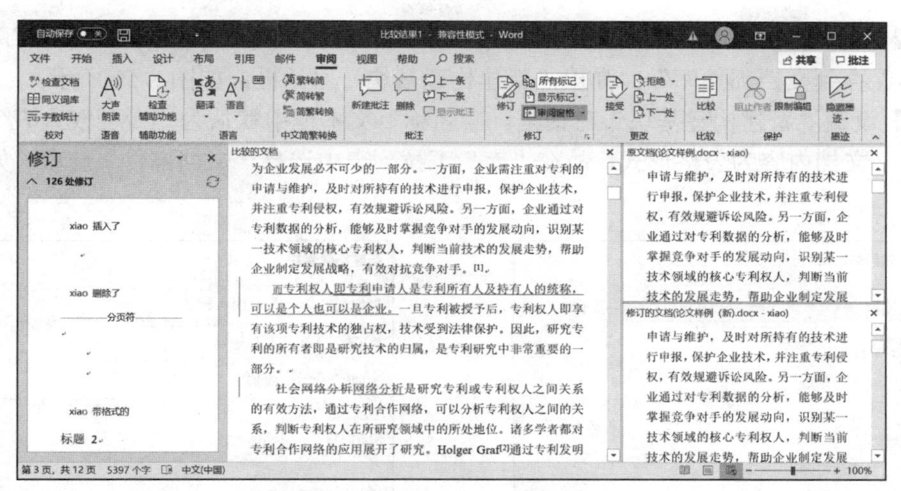

图 8-48　比较结果

8.5.6　构建并使用文档部件

文档部件是指对某段频繁使用的文档内容（文本、图片、表格、段落等文档对象）进行封装，从而方便保存和重复使用，能快速生成成品文档。“文档部件”功能为在文档中共享已有的设计或内容提供了高效手段。

例如，论文样例文档中“专利权人表”在撰写其他同类文档时会经常被使用，因此希望通过文档部件的方式进行保存并反复使用，具体操作步骤如下。

【1】选取准备保存为“文档部件”的文档内容。选取“专利权人表”表格，如图 8-49 所示。

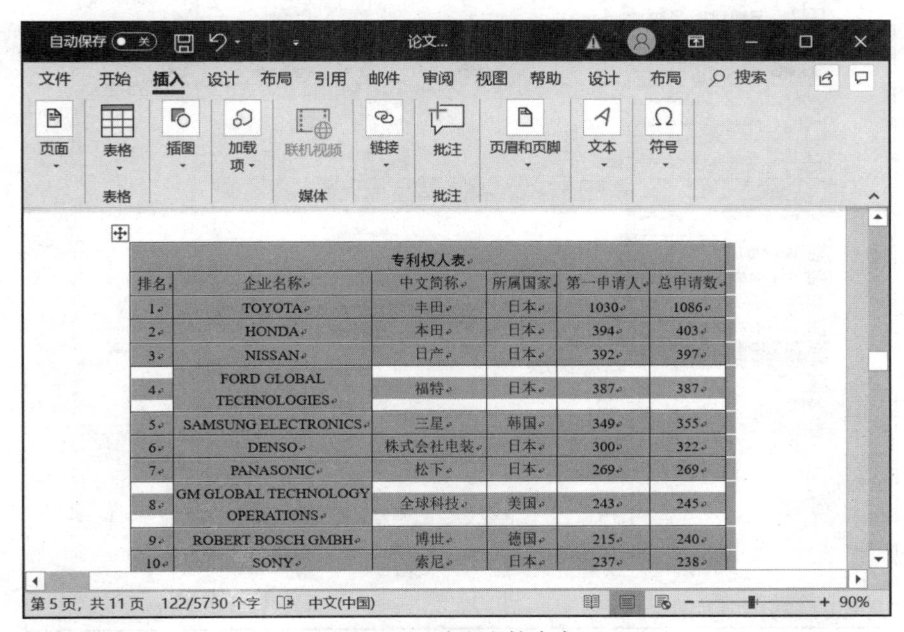

专利权人表

排名	企业名称	中文简称	所属国家	第一申请人	总申请数
1	TOYOTA	丰田	日本	1030	1086
2	HONDA	本田	日本	394	403
3	NISSAN	日产	日本	392	397
4	FORD GLOBAL TECHNOLOGIES	福特	日本	387	387
5	SAMSUNG ELECTRONICS	三星	韩国	349	355
6	DENSO	株式会社电装	日本	300	322
7	PANASONIC	松下	日本	269	269
8	GM GLOBAL TECHNOLOGY OPERATIONS	全球科技	美国	243	245
9	ROBERT BOSCH GMBH	博世	德国	215	240
10	SONY	索尼	日本	237	238

图 8-49　选取文档内容

【2】执行“将所选内容保存到文档部件库”命令。选择“插入”|“文本”|“文档部件”|“将所选内容保存到文档部件库”，弹出“新建构建基块”对话框，如图 8-50 所示。

【3】设置“新建构建基块”对话框。“名称”文本框中默认为“专利权人表”，无须修改；由于文档内容为表格形式，故在“库”下拉列表中选择“文档部件”选项，如图 8-51 所示。

新建构建基块
名称(N): 专利权人表
库(G): 文档部件
类别(C): 常规
说明(D):
保存位置(S): Building Blocks.dotx
选项(O): 仅插入内容
确定 取消

图 8-50 “新建构建基块”对话框

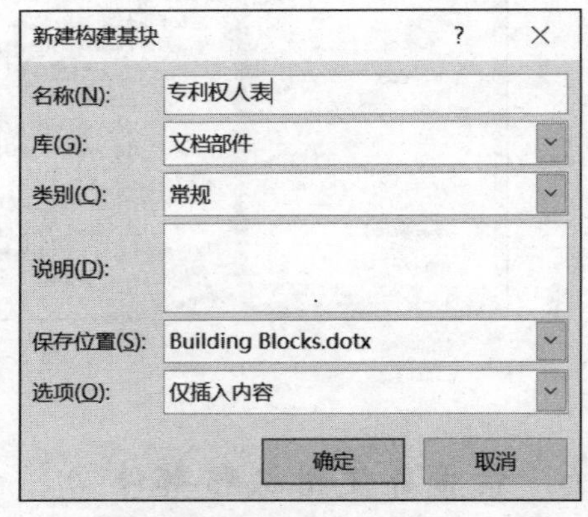

图 8-51 设置“新建构建基块”对话框

【4】完成文档部件创建。单击“确定”按钮，完成文档部件的创建工作。打开或新建另外一个文档，将光标定位在要插入文档部件的位置，单击“插入”|“表格”|“快速表格”按钮，从其下拉列表中就可以直接找到刚才新建的文档部件，并可将其直接重用在文档中，如图 8-52 所示。

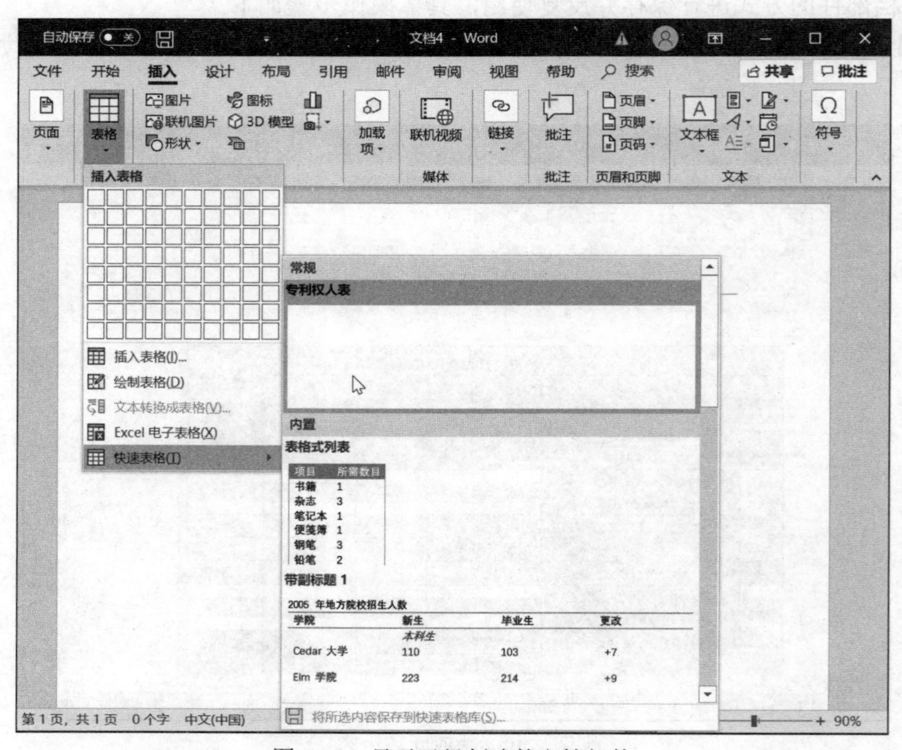

图 8-52 显示已经创建的文档部件

8.6　拼写和语法检查

在编辑文档时，用户经常会因为疏忽而造成一些错误，很难保证输入文本的拼写和语法都完全正确。Word 2016 的拼写和语法检查开启后，将自动在它认为有错误的字句下面加上波浪线，从而提醒用户。如果出现拼写错误，则用红色波浪线进行标记；如果出现语法错误，则用绿色波浪线进行标记。

8.6.1　开启拼写和语法检查功能

【1】打开 Word 2016 文档。

【2】打开“Word 选项”对话框。单击“文件”|“选项”按钮，弹出“Word 选项”对话框，切换到“校对”选项卡，如图 8-53 所示。在“校对”选项卡区域，可以设置拼写和语法检查功能，例如，在“在 Microsoft Office 程序中更正拼写时”部分，可以设定需要标注的词的类型。同时，如果不希望开启“拼写和语法检查”功能，则在“在 Word 中更正拼写和语法时”部分，取消选中“键入时检查拼写”复选框中的对勾。

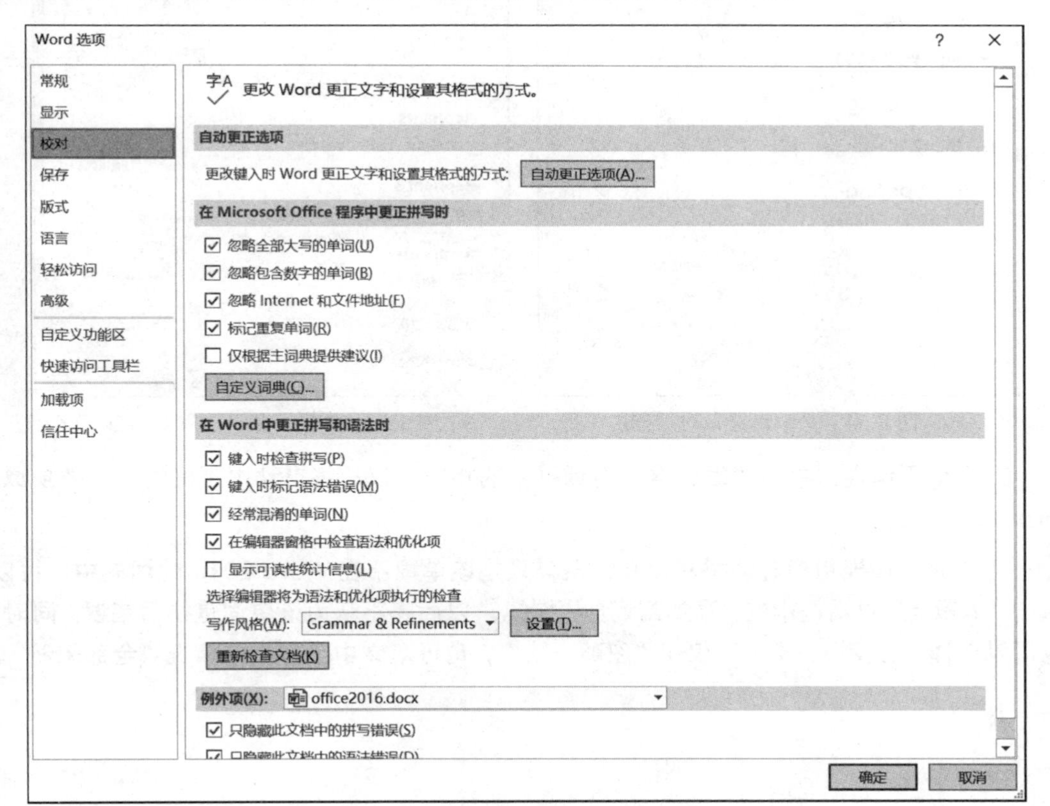

图 8-53　拼写和语法检查功能设置

【3】完成设置。单击“确定”按钮，拼写和语法检查功能的开启工作完成。

8.6.2 拼写和语法检查功能应用

应用拼写和语法检查功能，可以快速、自动地识别文档中的拼写和语法错误，无须逐字逐句地进行检查，极大地提高了工作效率。

例如，检查某一文档的拼写和语法错误，具体操作如下。

【1】打开“拼写和语法”对话框。单击“审阅”|“校对”|“拼写和语法”按钮，右侧出现“编辑器”对话框，显示全部的拼写和语法错误，如图 8-54 所示。

【2】Word 2016 会自动检查出拼写或语法错误，并以红色标记。直接单击文中被标记的地方，或单击“编辑器”对话框的更正项处，会在“编辑器”对话框中显示被标记的错误，并在“建议”栏中给出更正提示，如图 8-55 所示。

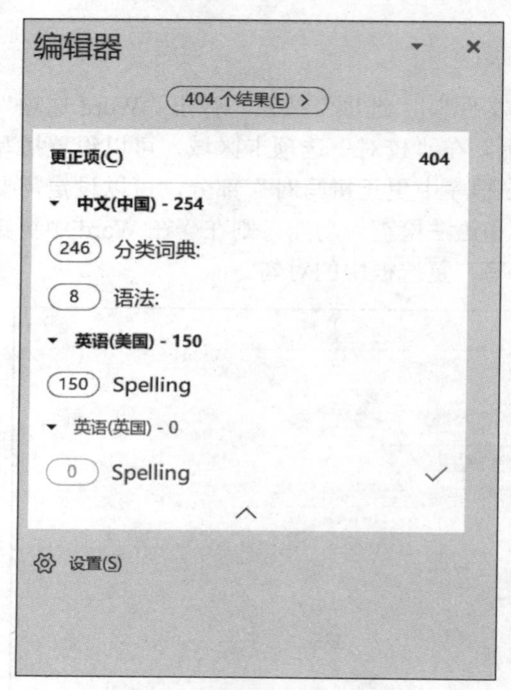

图 8-54 “编辑器”对话框

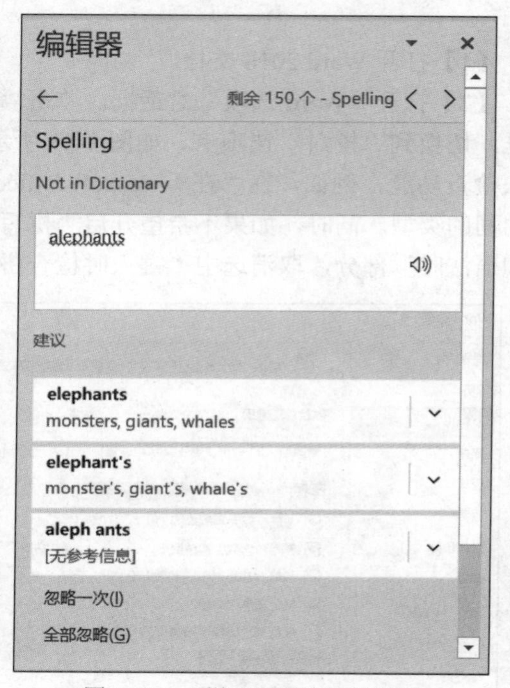

图 8-55 “拼写和语法”对话框

【3】更正错误。单击“编辑器”对话框中的相应建议，将自动用正确的单词替换原有单词。

【说明】如果用户确认拼写没有错误，只是该单词不在 Word 2016 的词典中，可以单击“编辑器”对话框中的“添加到词典”按钮，以后将不认为该单词是拼写错误。同时，也可以选择“忽略”，既可以仅仅“忽略一次”，也可对文中全部类似情况“全部忽略”。

第 9 章 Word排版实例

内容提要

以一篇毕业论文的格式修改为例，进行格式修改，主要实现以下功能：

- 标题格式设置
- 正文格式设置
- 参考文献及注释设置
- 分节符添加
- 目录设置
- 页眉及页码设置
- 页面设置

以一篇毕业论文的格式修改为例，主要包括标题及正文格式设置，参考文献及注释的设置，分节符的添加，目录设置，页眉及页码设置，页面设置几部分，如图 9-1 所示。

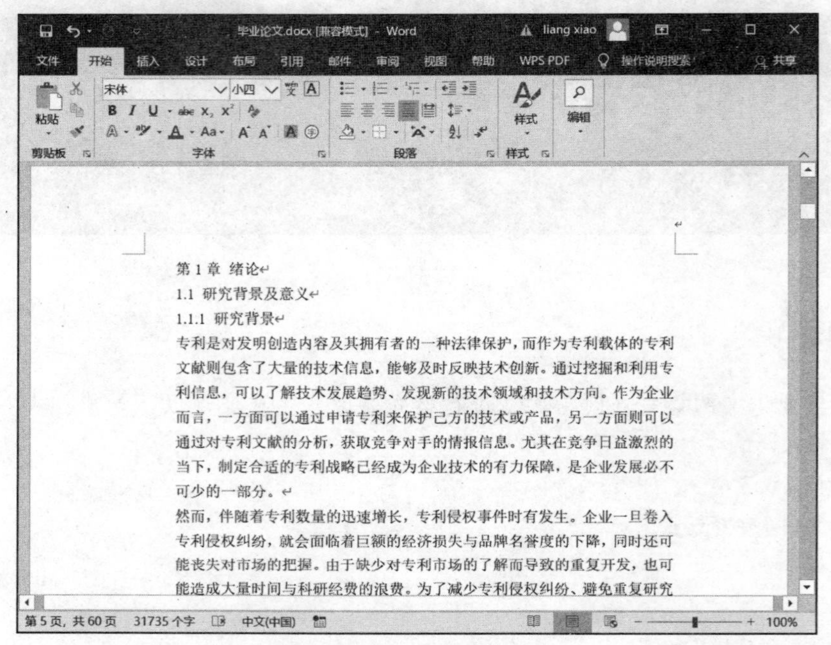

图 9-1　未设置格式的论文

9.1　标题及正文格式设置

论文包括一级、二级、三级标题、正文，以及图表标题，由于这些部分都有着相同的格式且内容量较大，因此可借助样式及格式刷来设置。

9.1.1　样式设置

在“开始”|“样式”中有着大量的格式样式，可以将所需格式预设在格式库中。

如将一级标题设置为“中文字符用黑体，英文字符用 Times New Roman，三号字，居中书写，单倍行距，段前空 24 磅，段后空 18 磅”的格式。

单击“样式”的箭头，单击“新建样式”的按钮，打开“根据格式化创建新样式”窗口，如图 9-2 所示，可对样式名称等信息进行设置。单击左下角的“格式”按钮，可对字体与段落格式进行具体设置，如图 9-3、图 9-4 所示。为了后续建立目录，在设置段落格式时将一级标题的大纲级别设置为 1 级。同理，将二级标题设置为 2 级，三级标题设置为 3 级，而将正文及图表标题的大纲级别设置为正文文本。

建立样式后，新建样式会自动出现在样式库中，如图 9-5 所示。

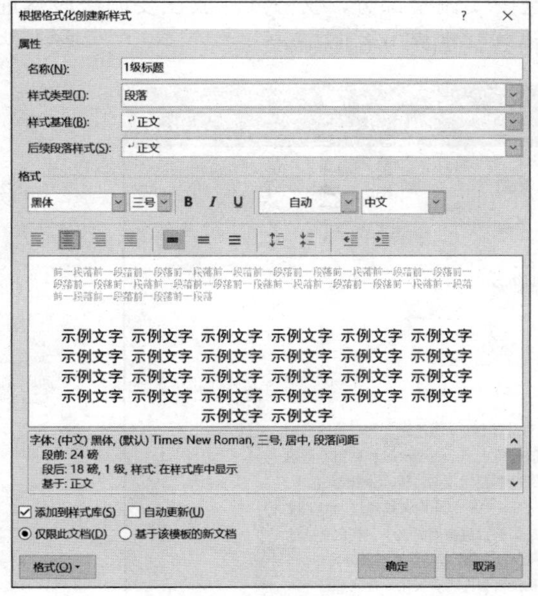

图 9-2　创建新样式

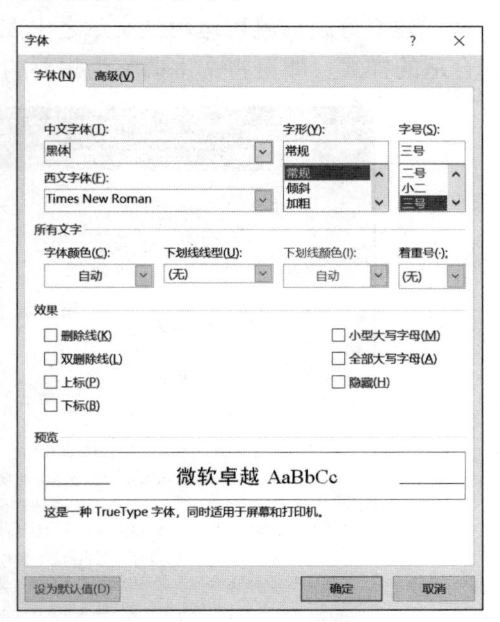

图 9-3　设置字体格式

图 9-4　设置段落格式

图 9-5　样式库

建立样式的优点在于，后期如需对文本格式有所调整，直接对对应样式进行改变，就可将这个样式所对应内容的全部格式调整完毕。

9.1.2 格式设置

样式建立好之后就可运用到文章之中，选中要调整部分，或将鼠标放在要调整段落前，选择合适的样式，即可将文本调整为想要的格式，如图 9-6 所示。

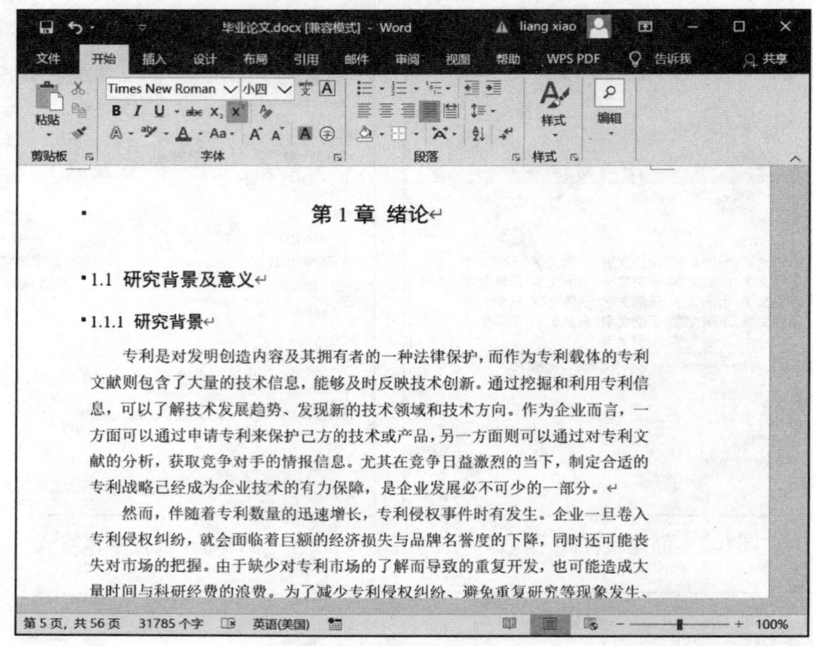

图 9-6　格式设置

9.1.3 格式刷的运用

其他章节的格式也可用此方法继续调整，也可使用“格式刷”功能，对格式进行调整。选中已经更改好格式的文本，单击“开始”|“剪贴板”中的“格式刷”，鼠标光标旁会出现刷子样式，单击可使用格式刷一次，双击则可连续使用格式刷。鼠标选中要更改格式的部分，放开鼠标左键，即可完成对格式的修改。

9.2　参考文献及注释的设置

9.2.1 参考文献设置

参考文献一般在论文结尾处，添加参考文献有两种方式：一种是以尾注形式插入；另一种是通过交叉引用，来引入参考文献。

【1】通过尾注添加参考文献。单击“引用”|“脚注”的按钮，打开“脚注及尾注”设置对话框，对尾注格式进行调整，如图 9-7 所示。

将鼠标光标放在需插入参考文献处的文字后，单击“引用”|“脚注”|“插入尾注”选项，页面会自动跳转到文章末尾处，如图 9-8 所示，在编号标记后即可添加对应的参考文献，同时文章插入处右上角会出现对应的符号标记，如图 9-9 所示。将鼠标放在标记处，单击“引用”|“脚注”|“显示备注”选项或按 Ctrl 键同时单击，即可在插入处与对应参考文献之间快速跳转。

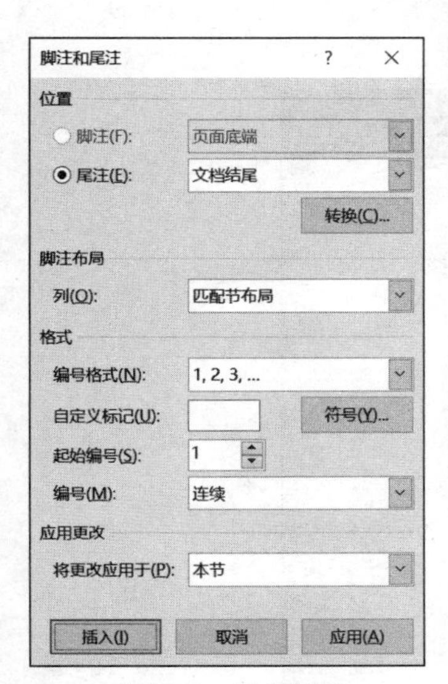

图 9-7　设置尾注

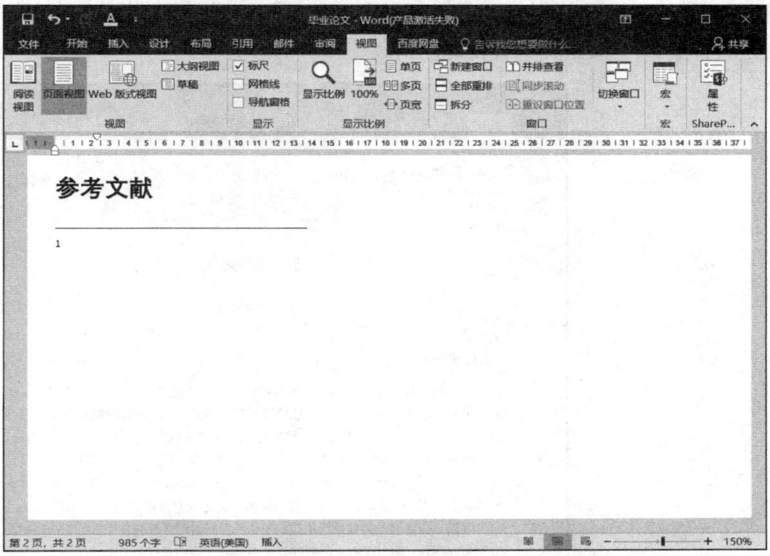

图 9-8　添加参考文献

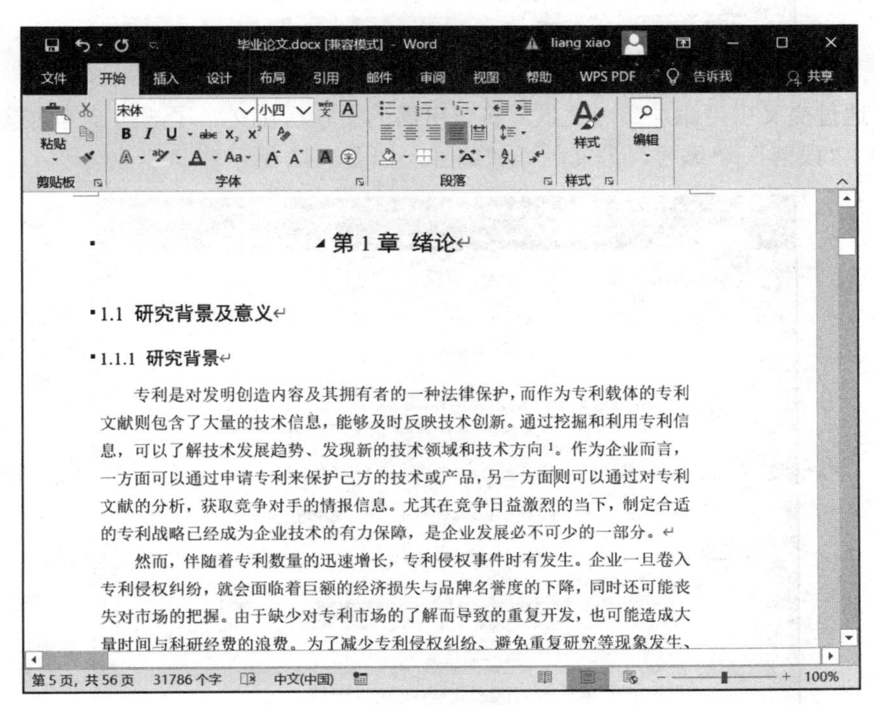

图 9-9　插入文献处

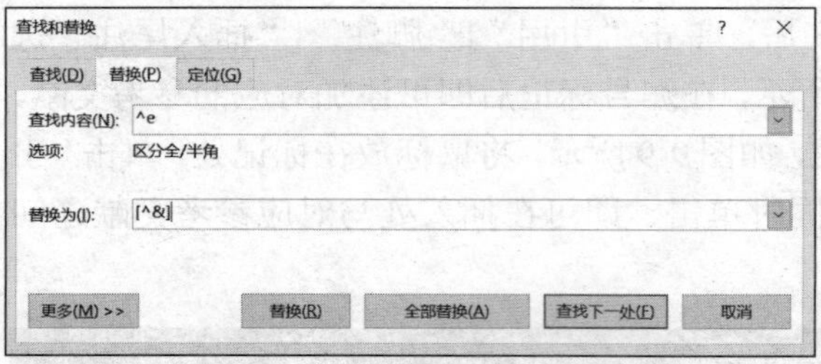

可利用替换功能，对尾注编号样式进行调整，将编号样式更改为“[1]，[2]，[3]，...”，如图 9-10 所示。“^e”代表尾注标记，可快速定位到所有尾注，如果是脚注则用“^f”符号。修改后参考文献标识如图 9-11 所示。

图 9-10　替换尾注格式

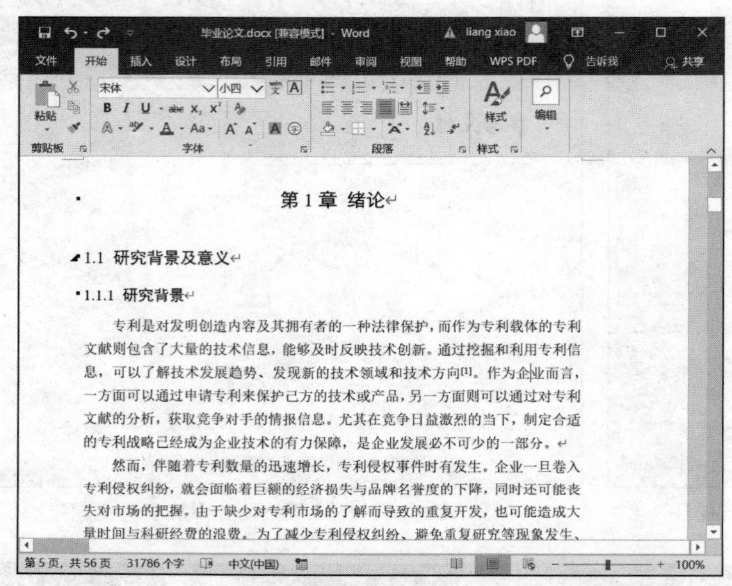

图 9-11　尾注格式

【2】通过交叉引用添加参考文献。将要引用的文献写在文章尾部的参考文献处，并通过“开始”|“段落”|“编号”为文献添加编号，如图 9-12 所示。

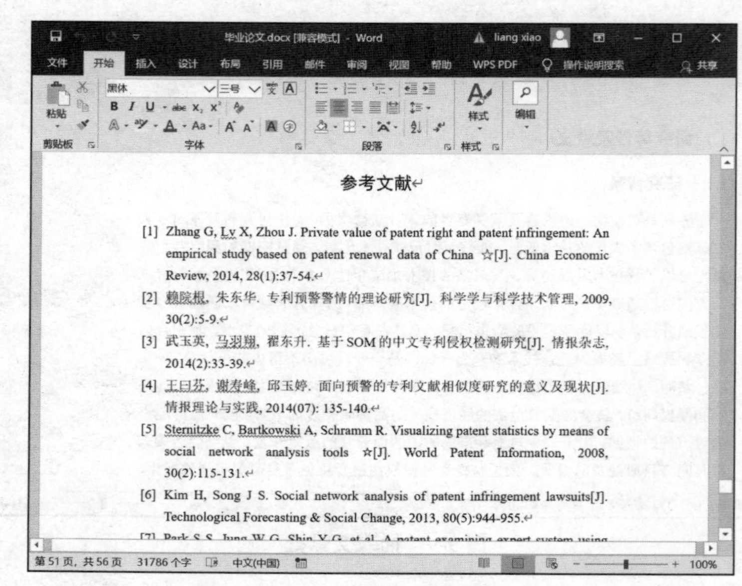

图 9-12　要引用的文献

将光标放在正文中需要引用参考文献的位置，单击“引用”|“题注”|“交叉引用”选项，弹出“交叉引用”对话框，“引用类型”选择“编号项”，“引用内容”选择“段落编号”，在“引用哪一个编号项”栏中选择想要引用的文献，如图 9-13 所示，单击插入，完成引用。

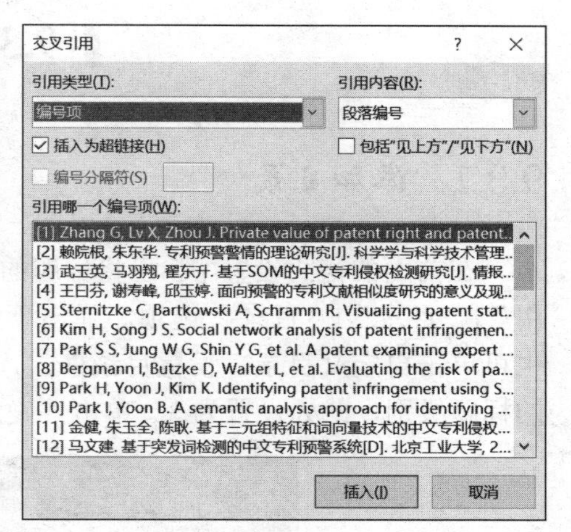

图 9-13　“交叉引用”对话框

9.2.2　注释设置

脚注的添加与尾注类似，在要插入注释地方选择“引用”|“脚注”|“插入脚注”命令，将在页面底端出现一条横线，下方即是添加具体注释的区域，如图 9-14 所示。

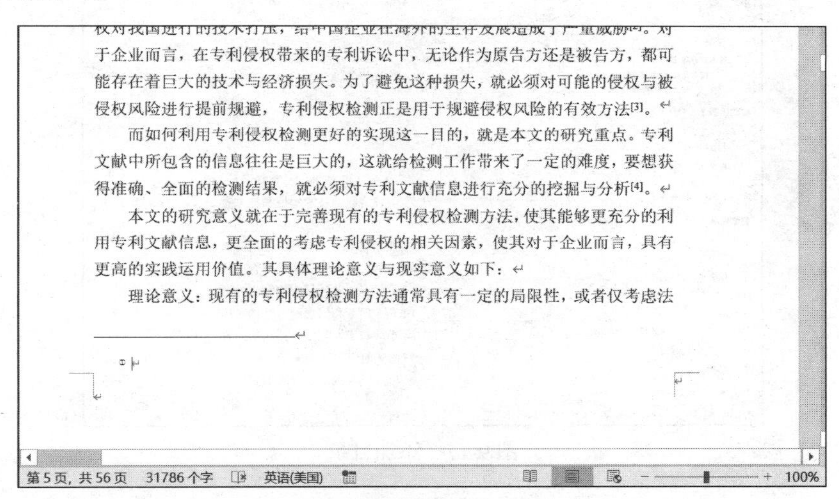

图 9-14　插入脚注

若想删除脚注上方的横线，可在草稿视图下单击“引用”|“脚注”|“显示备注”选项，在弹出的对话框中选择“查看脚注区”，如图 9-15 所示。将会在页面底端出现添加的脚注，在下拉框中选择“脚注分隔符”项，如图 9-16 所示。鼠标选中横线，单击删除，即可去除横线。

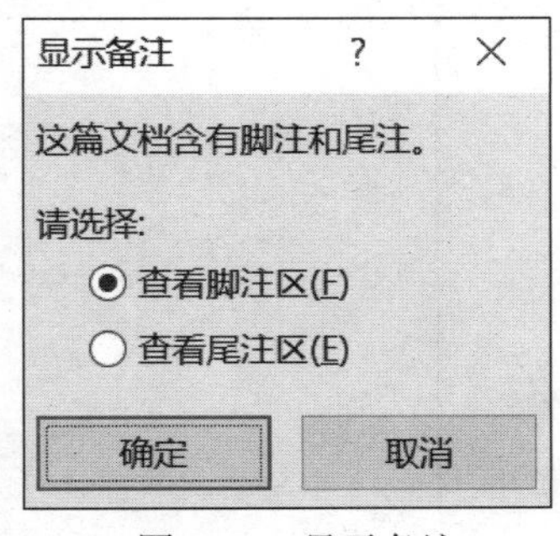

图 9-15　显示备注

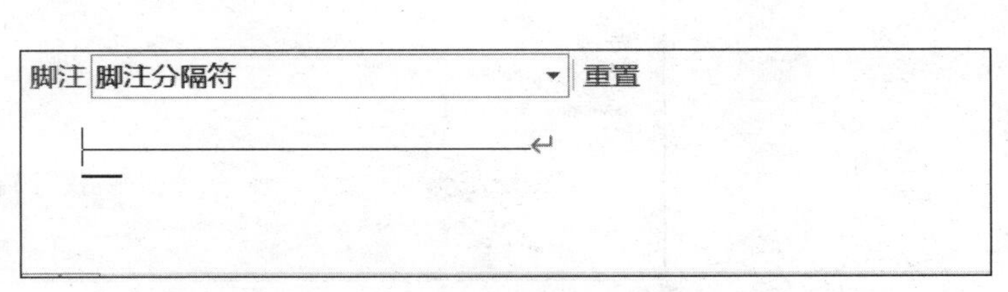

图 9-16　删除脚注分隔符

9.3 目录设置

9.3.1 添加目录

在前面的格式设置中，已将标题的大纲级别设置为不同级别，在插入目录处，单击“引用”|“目录”|“目录”选项，弹出下拉框，如图 9-17 所示，选择想要添加的目录样式。也可单击自定义目录，设置目录格式，如图 9-18 所示，将显示级别设置为想在目录中出现的标题级别，此处设置为 3。单击“确定”按钮，即可生成目录。

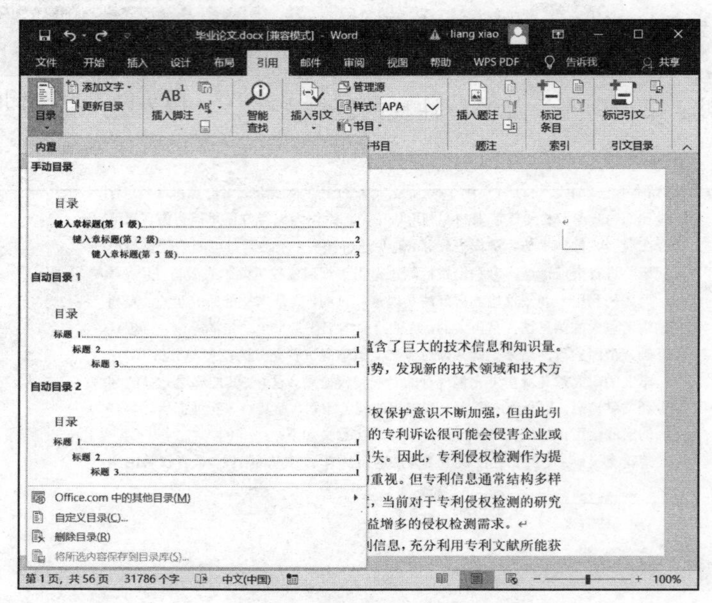

图 9-17 添加目录

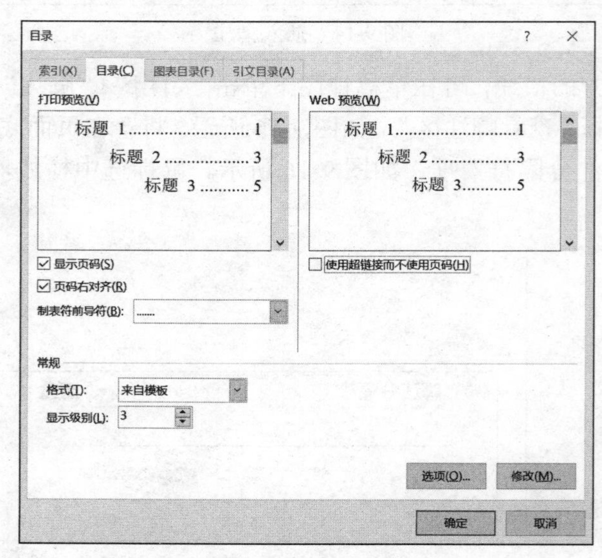

图 9-18 设置目录

对目录格式进行微调后，显示如图 9-19。

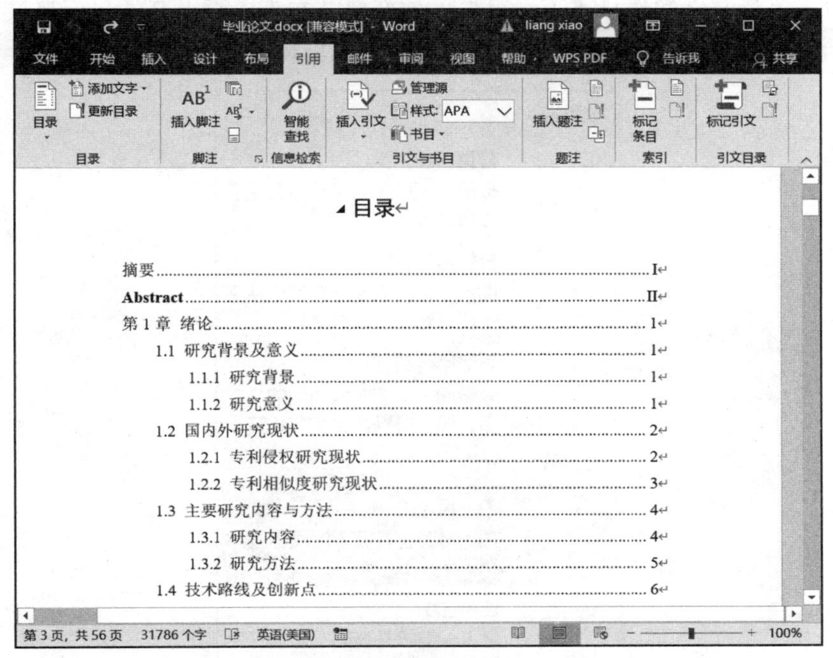

图 9-19　显示目录

9.3.2　更新目录

若后续对文章内容进行修改，导致目录发生变化，单击“更新目录”按钮，弹出“更新目录”对话框，如图 9-20 所示。若只是文章页码发生变化，选择“只更新页码”选项；若标题内容发生改变，则选择“更新整个目录”选项，单击“确定”按钮，即可对目录进行调整。

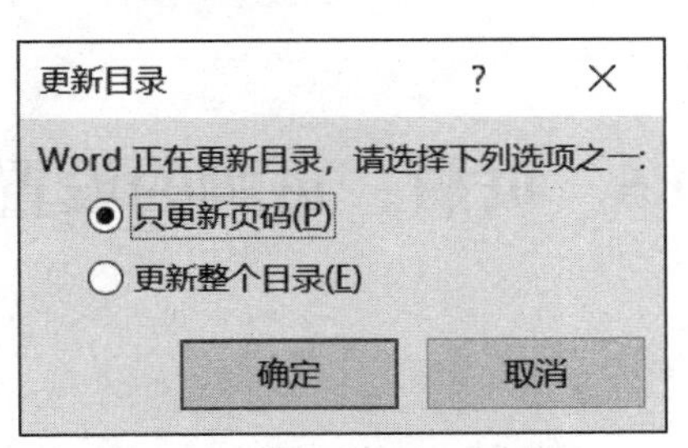

图 9-20　“更新目录”对话框

9.4　分节符的添加

毕业论文中往往要求每一章节、部分的开头都另起一页，同时为了方便后续页眉的设置，可在每一章节结尾处添加“分节符”。

单击“布局”|“页面设置”|“分隔符”选项，在弹出的下拉菜单中选择合适的分节符，如图 9-21 所示。章节之间选择“下一页”，使新章节在下一页上开始，而目录与正文之间往往选用“奇数页”形式的分隔符，使正文部分可以出现在下个奇数页上。

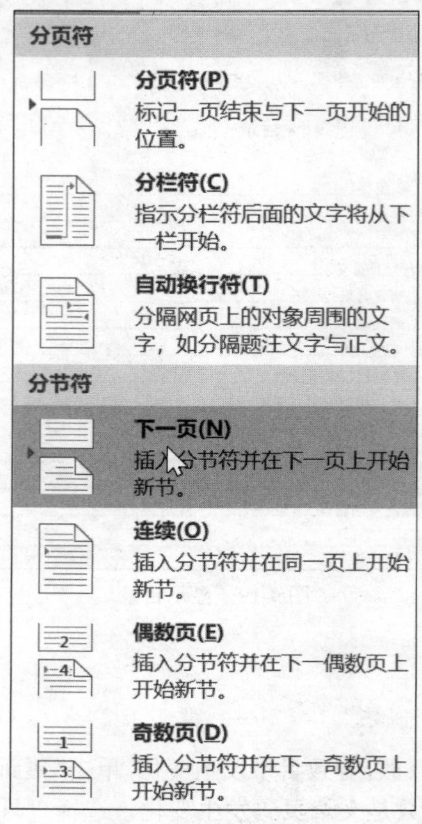

图 9-21　插入分节符

9.5　页眉、页脚的设置

9.5.1　页眉设置

毕业论文中的页眉往往需设置为奇偶页不一致，本例中将奇数页设置为学校名称，而偶数页设置为章节名称。

在文本奇数页，单击“插入”|“页眉和页脚”|“页眉”选项，在下拉菜单中单击“编辑页眉”按钮，进入页眉编辑状态，同时勾选“设计”|“选项”栏中的“奇偶页不同”选项，在页眉横线上方光标处输入学校名称，即可将全部奇数页页眉设置为学校名称，如图 9-22 所示。还可通过“设计”|“位置”调整页眉的具体位置。

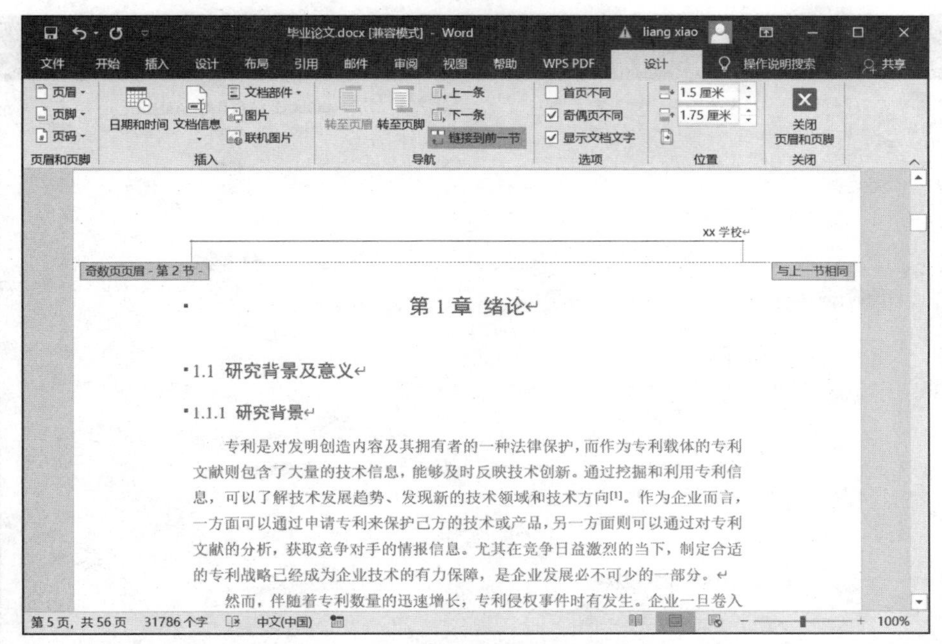

图 9-22　奇数页页眉

选中文本中第一处要插入偶数页的页眉处，取消“设计”|“导航”栏中的对“链接到前一节”的选择，这样可以使偶数页每一节的页眉保持不同，在“插入”|“文本”|“文档部件”的下拉菜单中单击“域”，打开“域”对话框，从“类别”列表中选择“链接和引用”，从“域名”列表选择 StyleRef，再从“样式名”列表框选择前面定义的章标题格式名称，1 级标题，单击确定后，完成设置，如图 9-23 所示。在之后的每一章开头偶数页处重复该操作，完成全文的偶数页页眉设置，如图 9-24 所示。

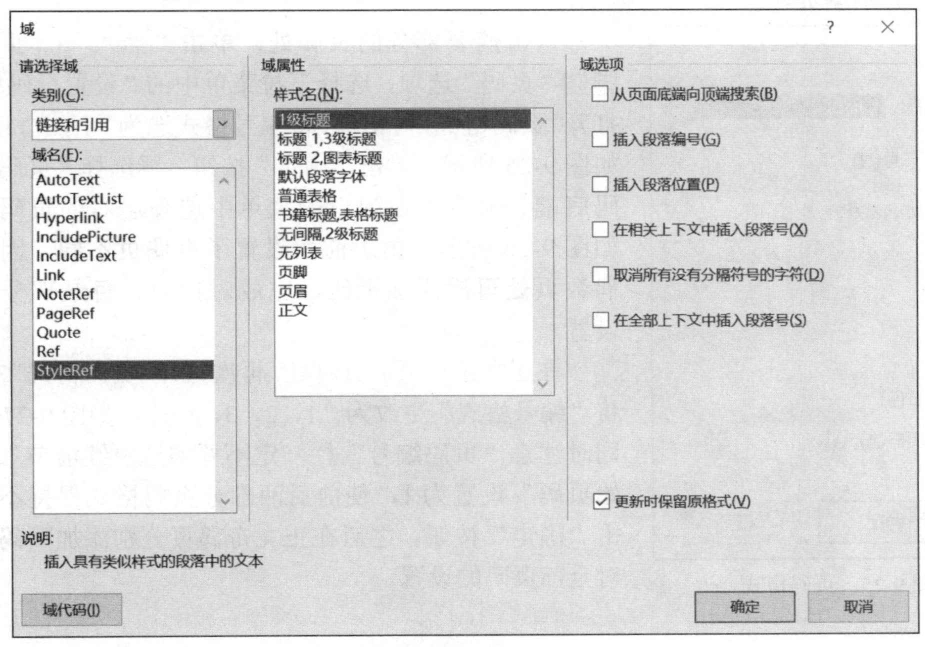

图 9-23　“域”设置

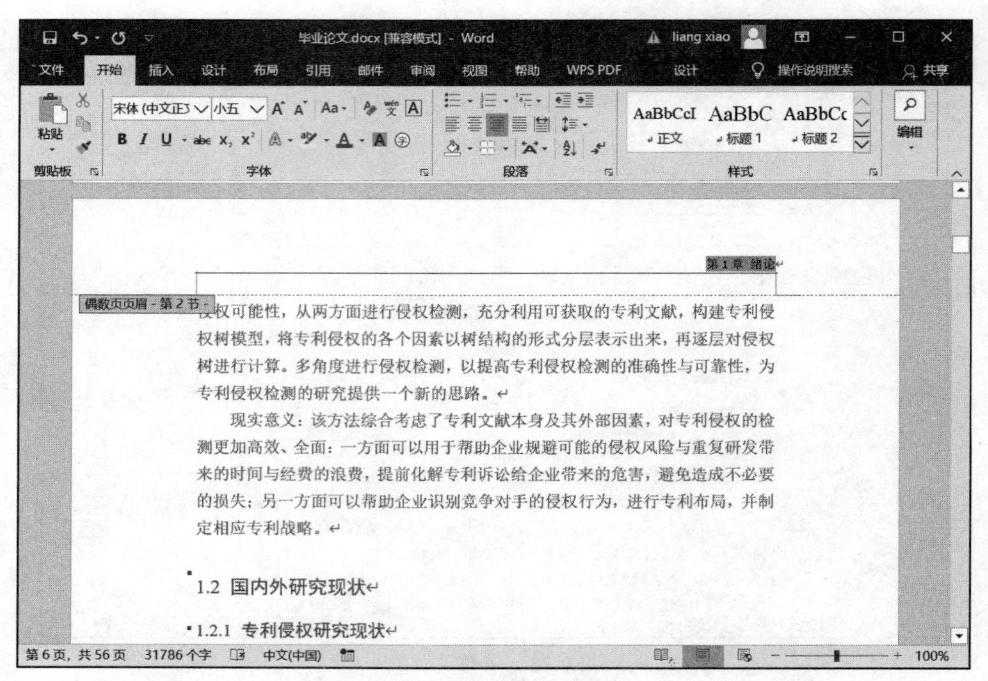

图 9-24　偶数页页眉

9.5.2 页码设置

毕业论文的页码共分为两部分：一部分是正文前的摘要、目录部分，用的是罗马数字“Ⅰ，Ⅱ，Ⅲ，…”；另一部分则是正文部分的页码，采用阿拉伯数字，“1，2，3，…”，且两部分分别编页。

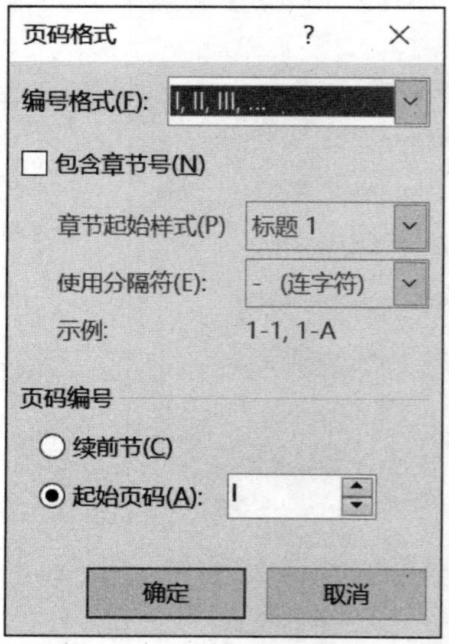

页码格式
编号格式(F): I, II, III, ...
包含章节号(N)
章节起始样式(P) 标题 1
使用分隔符(E): - (连字符)
示例: 1-1, 1-A
页码编号
续前节(C)
起始页码(A): I
确定　取消

图 9-25　页码格式

双击摘要部分的页脚处，单击“插入”|“页眉和页脚”|“页码”选项，选择下拉菜单中的“设置页码格式”，打开“页码格式”对话框，将编号格式选为“Ⅰ，Ⅱ，Ⅲ，…”，如图 9-25 所示，单击“确定”按钮。再选择“页码”|“页码底端”命令，在弹出的菜单中选择居右的页码格式，如图 9-26 所示。由于前面设置了奇偶页不同，因此需在偶数页处再次添加页码，完成对摘要、目录部分的页码设置。

在正文第一页的页脚处，再次打开“页码格式”对话框，将“编号格式”更改为“1，2，3，…”，如图 9-27 所示。同时注意“页码编号”栏一定不要勾选“续前节”，“起始页码”设置为 1，使前后两部分页码格式保持不同，单击“确定”按钮。之后在正文奇偶页分别添加页码，完成对全部页码的设置。

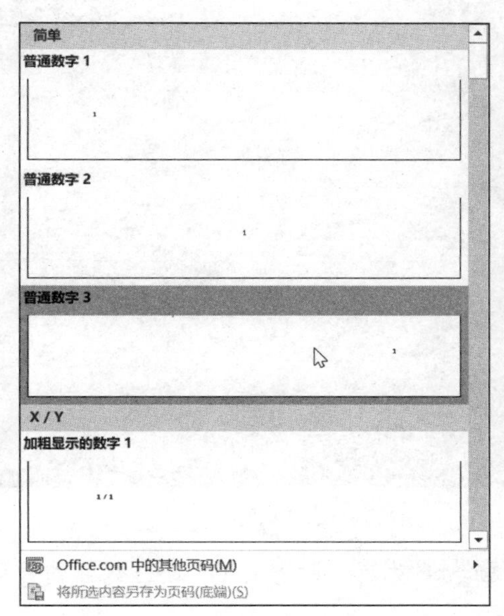

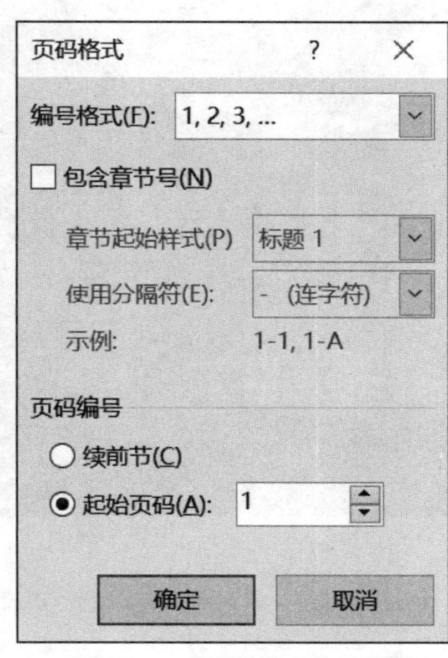

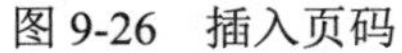

图 9-26　插入页码　　　　图 9-27　“页码格式”对话框

9.6　页面设置

将论文页边距调整为“上边距：25mm；下边距：25mm；左边距：30mm；右边距：20mm”。单击“布局”|“页面设置”|“页边距”选项，在下拉菜单中选择自定义页边距，在如图 9-28 所示“页面设置”对话框中，将页边距的上下左右调整为要求的距离，单击“确定”按钮，完成页面设置。

至此，一篇毕业论文的格式设置已经基本完毕。

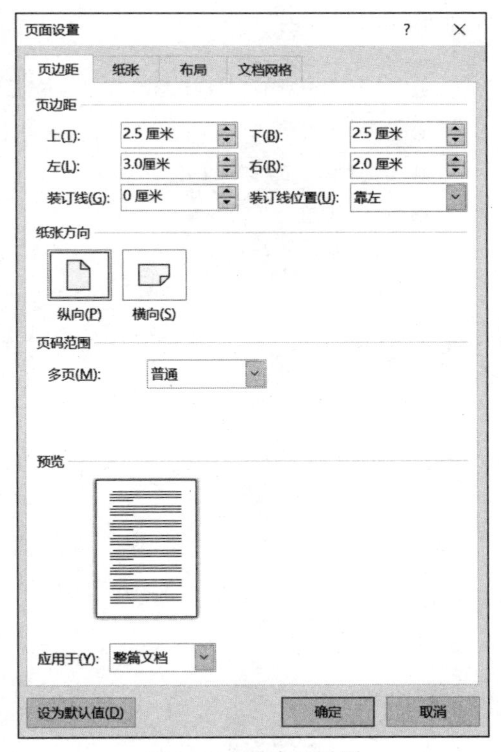

图 9-28　页边距设置

第10 章 Excel基础

Excel 2016 是电子表格专用软件，具有强大的功能。应用 Excel 进行数据的管理和分析已经成为人们当前学习和工作的必备技能。

内容提要

本章首先对 Excel 2016 工作界面的组成和功能进行了描述；其次介绍工作表的相关操作，如插入、移动以及隐藏工作表等；然后介绍在 Excel 工作表中输入文本与数据和快速填充数据和公式的方法；最后介绍选择性粘贴功能，其中包括“加”“乘”和“转置”粘贴。

重要知识点

- 负数、分数以及文本类型数字的输入
- 移动、复制工作表
- 设置工作表标签颜色
- 冻结窗格
- 数据和公式的填充
- 选择性粘贴

10.1　Excel 工作界面

Excel 工作界面如图 10-1 所示。

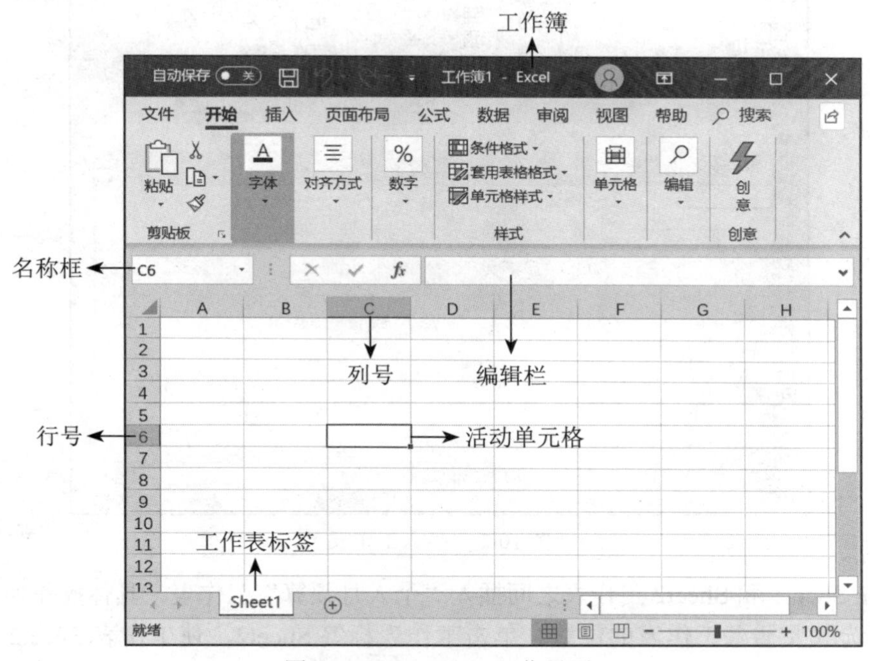

图 10-1　Excel 2016 工作界面

- 工作簿与工作表：工作簿就是一个电子表格文件，在 Excel 2016 中其文件扩展名为 xlsx。一个工作簿可以包含多张工作表，默认为一个，以 Sheet1 命名，新建工作表依次默认命名为 Sheet2、Sheet3。一张工作表就是一张规整的表格，由若干行和列构成。
- 名称框：用于显示活动单元格的地址或已命名单元格区域的名称。
- 编辑栏：用于显示、输入、编辑或修改当前单元格中的文本或公式。

10.2　工作表操作

在 Excel 2016 中，一个工作簿可以包含多个工作表。用户可以根据需要，在工作簿中任意插入、删除、重命名、移动或复制工作表，还可以通过隐藏和加密工作表的方法，对工作表进行保护。

10.2.1 插入工作表

在 Excel 2016 中，一个工作簿默认包含了一个工作表。如果现有工作表无法满足用户需要，则用户可以利用“插入”选项卡，在工作簿中插入新的工作表。

单击工作表标签旁边的加号，即可快速添加新的工作表，如图 10-2 所示。

图 10-2　插入工作表

若想在 Sheet1 和 Sheet2 工作表之间插入“个人月预算”工作表，具体操作如下。

【1】选取要插入工作表的位置。单击工作表标签 Sheet2，使工作表 Sheet2 成为活动工作表，如图 10-3 所示。

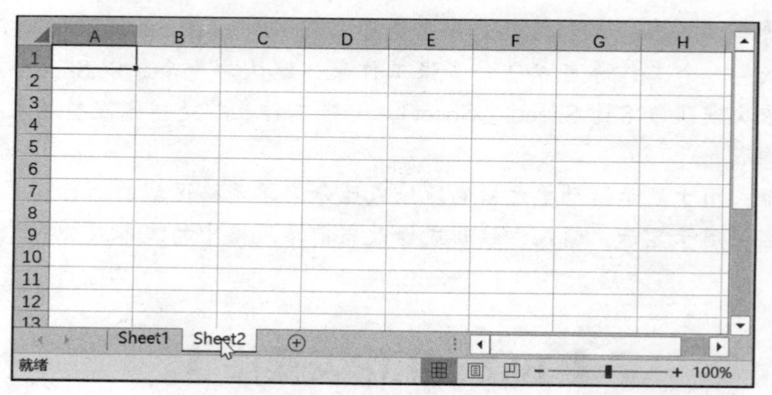

图 10-3　新表插入位置

【说明】插入的新工作表，将出现在当前活动工作表的前面。

【2】弹出右键菜单。右击工作表标签“sheet2”，弹出右键菜单，如图 10-4 所示。

【3】打开“插入”对话框。单击右键菜单中的“插入”按钮，弹出“插入”对话框，如图 10-5 所示。

图 10-4 右键菜单

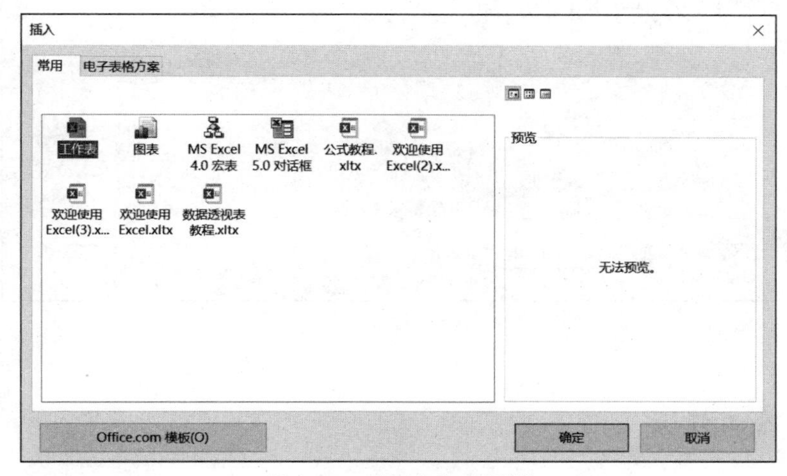

图 10-5 “插入”对话框

“插入”对话框的“常用”选项卡中包含“工作表”“图表”“MS Excel 4.0 宏表”和“MS Excel 5.0 对话框”等可供选择；“电子表格方案”选项卡中提供了“贷款分期付款”“个人月预算”等工作表模板，如图 10-6 所示。

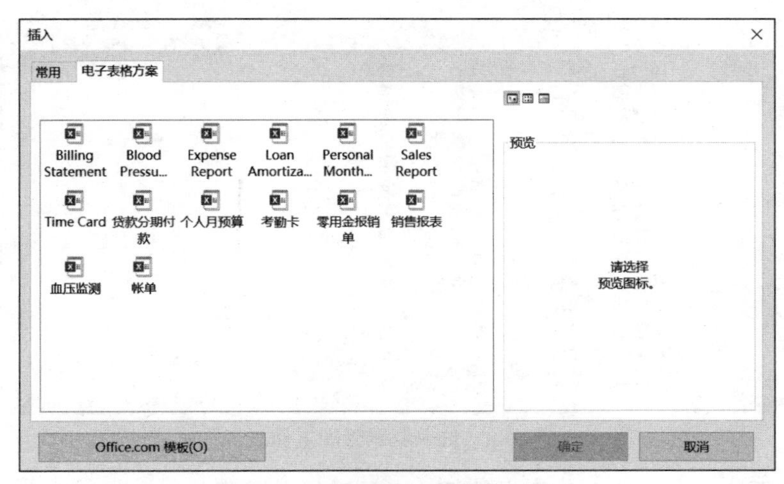

图 10-6 “电子表格方案”选项卡

【4】完成工作表插入。选择“个人月度预算”工作表，单击“确定”按钮，完成插入，如图 10-7 所示。

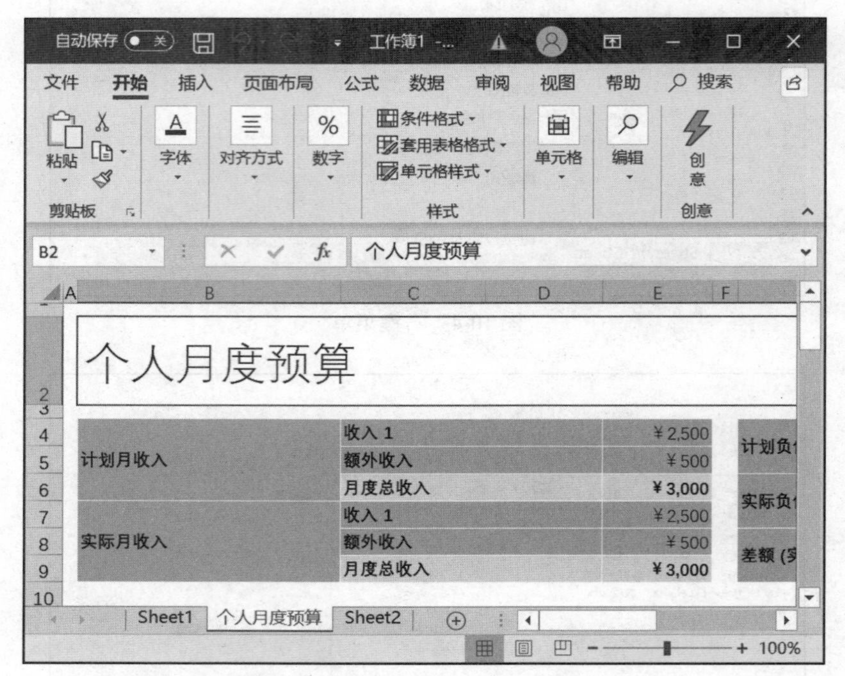

图 10-7　插入工作表

10.2.2 删除工作表

当不再需要工作簿中的工作表时，可以将工作表删除。

例如，删除工作簿中的 Sheet1 工作表，具体操作如下。

【1】选取要删除的工作表。单击工作表标签 Sheet1，使工作表 Sheet1 成为活动工作表，如图 10-8 所示。

	A	B	C	D	E	F	G	H
1	序号	部门	员工编号	姓名	性别			
2	1	开发部	K12	郭鑫	男			
3	2	测试部	C24	周小明	男			
4	3	文档部	W24	刘思萌	女			
5	4	市场部	S21	杨灵	男			
6	5	市场部	S20	尹红群	女			
7	6	开发部	K01	田明	男			
8	7	文档部	W22	黄振华	男			
9	8	测试部	C22	赵文	男			
10	9	开发部	K11	王童童	女			
11	10	市场部	S10	张淑芳	女			
12	11	市场部	S13	胡刚	男			
13	12	测试部	C19	周静怡	女			

Sheet1 个人月度预算 Sheet2

就绪 100%

图 10-8　选取要删除的工作表

【2】删除工作表。右击工作表标签 Sheet1，弹出右键菜单，如图 10-9 所示。

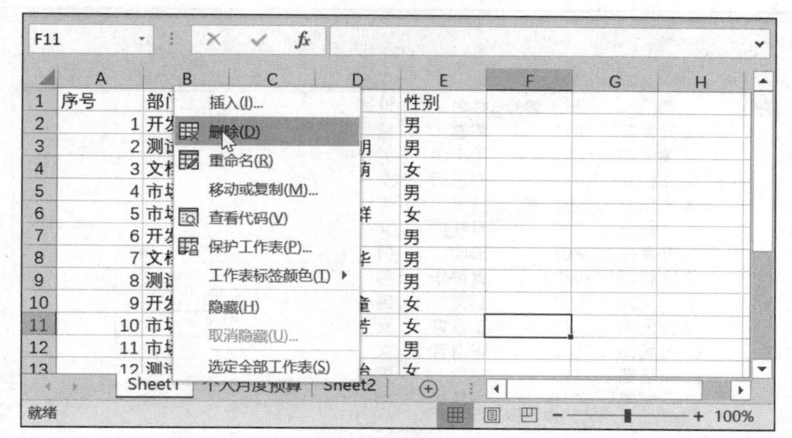

图 10-9　右键菜单

单击“删除”按钮，将弹出 Microsoft Excel 对话框，并提示将删除工作表，如图 10-10 所示。

【3】完成删除。单击 Microsoft Excel 对话框中的“删除”按钮，完成删除。

图 10-10　Microsoft Excel 对话框

10.2.3　重命名工作表

在 Excel 中，工作表会被自动命名，用户可根据需要进行重命名，从而有效标识不同的工作表。

例如，将工作表 Sheet1 重命名为“员工信息表”，具体操作如下。

【1】选取要重命名的工作表。单击工作表标签 Sheet1，使工作表 Sheet1 成为活动工作表，如图 10-11 所示。

	A	B	C	D	E
1	序号	部门	员工编号	姓名	性别
2	1	开发部	K12	郭鑫	男
3	2	测试部	C24	周小明	男
4	3	文档部	W24	刘思萌	女
5	4	市场部	S21	杨灵	男
6	5	市场部	S20	尹红群	女
7	6	开发部	K01	田明	男
8	7	文档部	W22	黄振华	男
9	8	测试部	C22	赵文	男
10	9	开发部	K11	王童童	女
11	10	市场部	S10	张淑芳	女
12	11	市场部	S13	胡刚	男
13	12	测试部	C19	周静怡	女

Sheet1　个人月度预算　Sheet2

图 10-11　选取工作表

【2】激活工作表标签。双击要重命名的工作表标签，工作表标签反色显示，进入标签编辑状态，如图 10-12 所示。

	A	B	C	D	E	F	G	H
1	序号	部门	员工编号	姓名	性别			
2	1	开发部	K12	郭鑫	男			
3	2	测试部	C24	周小明	男			
4	3	文档部	W24	刘思萌	女			
5	4	市场部	S21	杨灵	男			
6	5	市场部	S20	尹红群	女			
7	6	开发部	K01	田明	男			
8	7	文档部	W22	黄振华	男			
9	8	测试部	C22	赵文	男			
10	9	开发部	K11	王童童	女			
11	10	市场部	S10	张淑芳	女			
12	11	市场部	S13	胡刚	男			
13	12	测试部	C19	周静怡	女			

G10 | Sheet1 | 个人月度预算 | Sheet2 | 就绪 | 100%

图 10-12 激活工作表标签

【3】重命名工作表。在工作表标签中输入“员工信息表”，完成工作表重命名，如图 10-13 所示。

	A	B	C	D	E	F	G	H
1	序号	部门	员工编号	姓名	性别			
2	1	开发部	K12	郭鑫	男			
3	2	测试部	C24	周小明	男			
4	3	文档部	W24	刘思萌	女			
5	4	市场部	S21	杨灵	男			
6	5	市场部	S20	尹红群	女			
7	6	开发部	K01	田明	男			
8	7	文档部	W22	黄振华	男			
9	8	测试部	C22	赵文	男			
10	9	开发部	K11	王童童	女			
11	10	市场部	S10	张淑芳	女			
12	11	市场部	S13	胡刚	男			
13	12	测试部	C19	周静怡	女			

员工信息表 | 个人月度预算 | Sheet2 ... | 就绪 | 100%

图 10-13 重命名工作表

10.2.4 移动、复制工作表

移动和复制工作表的方法基本相同，这里仅以移动工作表为例进行介绍。工作表可以在同一个工作簿中移动，也可以在不同的工作簿中移动。

例如，将“工作进展”工作簿中的“商品销售表”工作表移至“员工记录”工作簿中的“员工信息表”工作表之前，具体操作如下。

【1】选取要移动的工作表。单击“工作进展”工作簿中的“商品销售表”工作表标签，激活该工作表，如图 10-14 所示。

【2】打开“移动或复制工作表”对话框，设置目标位置。右击“商品销售表”工作表标签，弹出右键菜单，如图 10-15 所示。选择“移动或复制”命令，打开“移动或复制工作表”对话框，如图 10-16 所示。

	A	B	C	D	E	F	G	H
1	产品	第 1 季度钅	第 2 季度钅	第 3 季度钅	第 4 季度销售额小计			
2	蒙古大草原	2667.6	4013.1	4836	6087.9			
3	大茴香籽i	544	600	140	440			
4	上海大闸蟹	1768.41	1978	4412.32	1656			
5	法国卡门贝	3182.4	4683.5	9579.5	3060			
6	王大义十三	225.28	2970	1337.6	682			
7	秋葵汤	0	0	288.22	85.4			
8	混沌皮	187.6	742	289.8	904.75			
9	意大利羊乳	464.5	3639.37	515	2681.87			
10	老奶奶波森	0	0	1750	750			
11	怡保咖啡	1398.4	4496.5	1196	3979			
12	新英格兰杰	385	1325.03	1582.6	1664.62			
13	德国慕尼黑	0	518	350	42			

商品销售表　Sheet1

图 10-14　激活“商品销售表”

图 10-15　右键菜单

移动或复制工作表
将选定工作表移至
工作簿(T):
工作进展.xlsx
下列选定工作表之前(B):
商品销售表
Sheet1
(移至最后)
建立副本(C)
确定　取消

图 10-16　“移动或复制工作表”对话框

【3】设置工作表要移动到的目标位置，具体操作如下。

①设置目标工作簿。单击“工作簿”下拉列表框，选取“员工记录 .xlsx”工作簿，如图 10-17 所示。

②设置目标位置。选取“下列选定工作表之前”列表框中的“员工信息表”工作表，如图 10-18 所示。

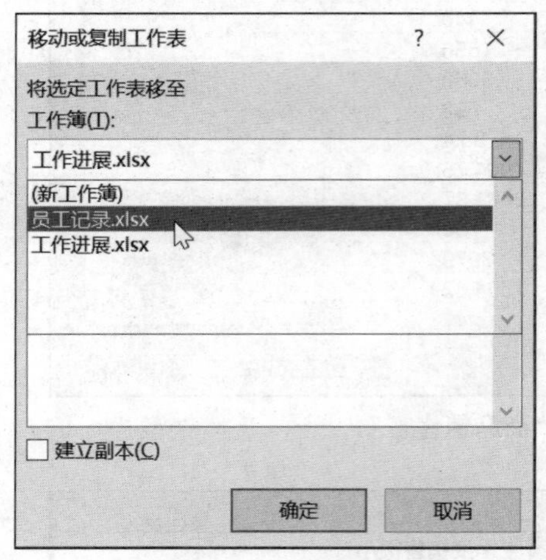

图 10-17　设置目标工作簿

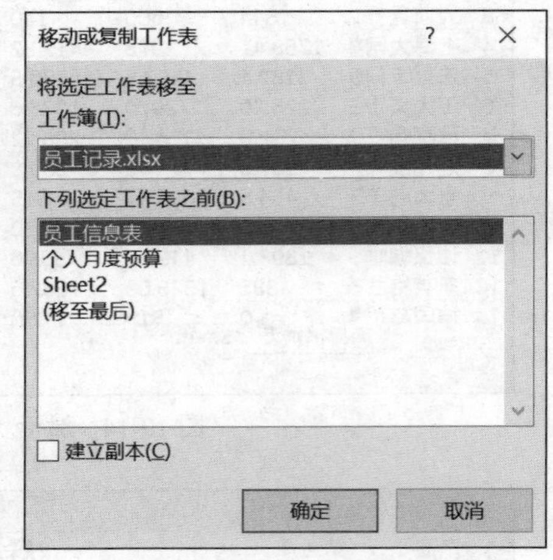

图 10-18　设置目标位置

③设置移动方式。移动工作表时既可以采用复制的方式保存原来工作簿中的工作表，同时，在目标工作簿中出现一份工作表的副本；也可以采用剪切的方式，仅在目标工作簿中出现该工作表。用户选取“建立副本”复选框时，即为复制工作表的方法，在原来的工作簿保留该工作表，在目标工作簿中出现该工作表副本。

【4】完成工作表移动。单击“移动或复制工作表”对话框中的“确定”按钮，完成工作表移动，如图 10-19 所示。

	A	B	C	D	E	F	G	H
1	产品	第 1 季度钅	第 2 季度钅	第 3 季度钅	第 4 季度销售额小计			
2	蒙古大草原	2667.6	4013.1	4836	6087.9			
3	大茴香籽识	544	600	140	440			
4	上海大闸蟹	1768.41	1978	4412.32	1656			
5	法国卡门贝	3182.4	4683.5	9579.5	3060			
6	王大义十三	225.28	2970	1337.6	682			
7	秋葵汤	0	0	288.22	85.4			
8	混沌皮	187.6	742	289.8	904.75			
9	意大利羊乳	464.5	3639.37	515	2681.87			
10	老奶奶波森	0	0	1750	750			
11	怡保咖啡	1398.4	4496.5	1196	3979			
12	新英格兰杰	385	1325.03	1582.6	1664.62			
13	德国慕尼黑	0	518	350	42			

H15　商品销售表　员工信息表　个人月度预... 　100%

图 10-19　完成工作表移动

【技巧】在工作表标签上按住鼠标拖动，可以方便地在同一个工作簿中移动工作表。

10.2.5　设置工作表标签颜色

工作中应用的工作簿会包含多份工作表，为了对某一份工作表进行突出显示，可以通过设定工作表标签颜色来实现。

例如，设定“工作进展”工作簿中的“商品销售”工作表标签颜色为“红色”，具体操作步骤如下。

【1】选取要设定颜色的工作表标签。单击“工作进展”工作簿中的“商品销售表”工作表标签，激活该工作表，如图 10-20 所示。

图 10-20　激活“商品销售”工作表

【2】打开“工作表标签颜色”菜单。右击“商品销售表”工作表标签，弹出右键菜单，将鼠标移至“工作表标签颜色”命令，弹出“颜色”菜单，如图 10-21 所示。

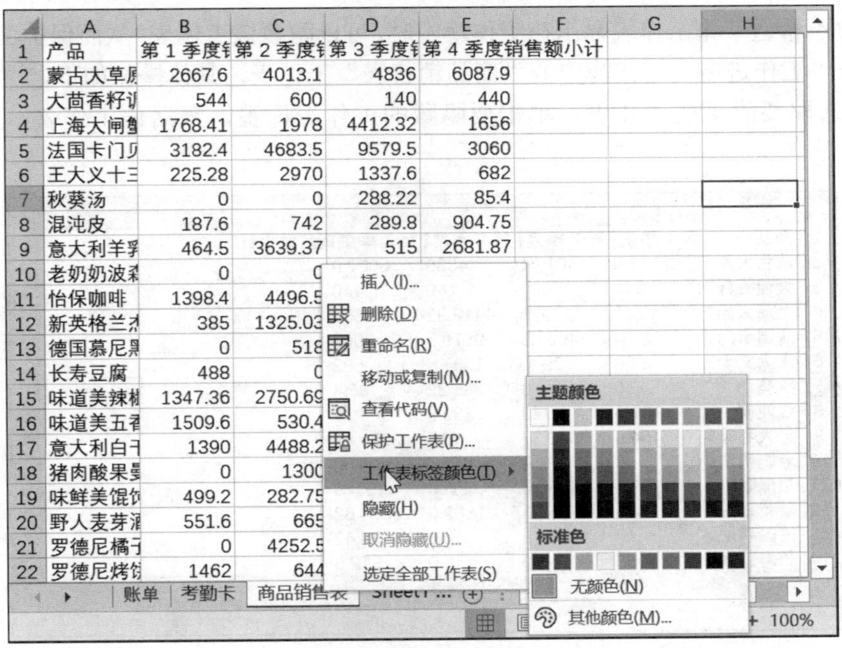

图 10-21　“工作表标签颜色”设定

【3】完成工作表标签颜色设置。在“颜色”菜单中选择“红色”，完成工作表标签颜色设定，如图 10-22 所示。

	A	B	C	D	E	F	G	H
1	产品	第 1 季度钅	第 2 季度钅	第 3 季度钅	第 4 季度销售额小计			
2	蒙古大草原	2667.6	4013.1	4836	6087.9			
3	大茴香籽识	544	600	140	440			
4	上海大闸蟹	1768.41	1978	4412.32	1656			
5	法国卡门贝	3182.4	4683.5	9579.5	3060			
6	王大义十三	225.28	2970	1337.6	682			
7	秋葵汤	0	0	288.22	85.4			
8	混沌皮	187.6	742	289.8	904.75			
9	意大利羊乳	464.5	3639.37	515	2681.87			
10	老奶奶波森	0	0	1750	750			
11	怡保咖啡	1398.4	4496.5	1196	3979			
12	新英格兰杰	385	1325.03	1582.6	1664.62			
13	德国慕尼黑	0	518	350	42			
14	长寿豆腐	488	0	0	512.5			
15	味道美辣椒	1347.36	2750.69	1375.62	3899.51			
16	味道美五香	1509.6	530.4	68	850			
17	意大利白干	1390	4488.2	3027.6	2697			
18	猪肉酸果曼	0	1300	0	2960			
19	味鲜美馄饨	499.2	282.75	390	984.75			
20	野人麦芽酒	551.6	665	0	890.4			
21	罗德尼橘子	0	4252.5	3061.8	0			
22	罗德尼烤饼	1462	644	1733	1434			

账单 | 考勤卡 | 商品销售表 | Sheet1 ... 100%

图 10-22　完成工作表标签颜色设置

10.2.6　隐藏工作表

当用户不希望某张工作表显示在工作簿中时，可以隐藏该工作表，从而保护工作表数据。例如，隐藏“工作进展”工作簿中的“商品销售表”工作表，具体操作如下。

【1】选取要隐藏的工作表。单击要隐藏的工作表标签，激活该工作表，如图 10-23 所示。

	A	B	C	D	E	F	G	H
1	产品	第 1 季度钅	第 2 季度钅	第 3 季度钅	第 4 季度销售额小计			
2	蒙古大草原	2667.6	4013.1	4836	6087.9			
3	大茴香籽识	544	600	140	440			
4	上海大闸蟹	1768.41	1978	4412.32	1656			
5	法国卡门贝	3182.4	4683.5	9579.5	3060			
6	王大义十三	225.28	2970	1337.6	682			
7	秋葵汤	0	0	288.22	85.4			
8	混沌皮	187.6	742	289.8	904.75			
9	意大利羊乳	464.5	3639.37	515	2681.87			
10	老奶奶波森	0	0	1750	750			
11	怡保咖啡	1398.4	4496.5	1196	3979			
12	新英格兰杰	385	1325.03	1582.6	1664.62			
13	德国慕尼黑	0	518	350	42			
14	长寿豆腐	488	0	0	512.5			

账单 | 考勤卡 | 商品销售表 | Sheet1 ... 100%

图 10-23　激活“商品销售表”工作表

【2】打开右键菜单。右击“商品销售表”工作表标签，弹出右键菜单，如图 10-24 所示。

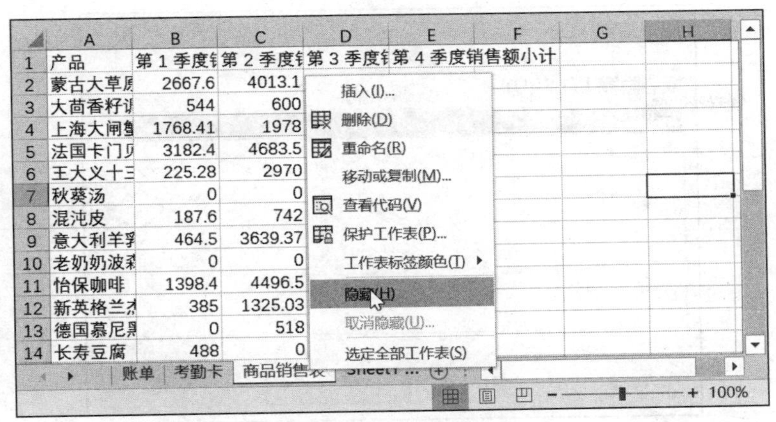

图 10-24　右键菜单

【3】完成隐藏设置。单击“隐藏”命令，“商品销售表”工作表被隐藏，如图 10-25 所示。

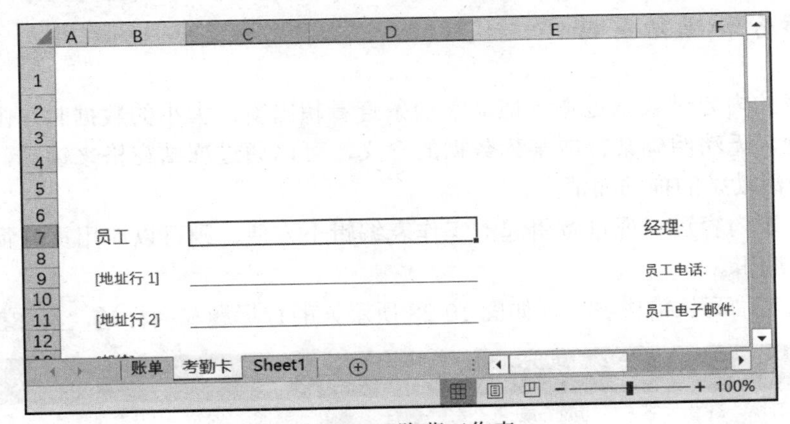

图 10-25　隐藏工作表

【4】取消隐藏。如果想恢复被隐藏的工作表，则右击该工作簿中任一工作表标签，弹出右键菜单，如图 10-26 所示。单击“取消隐藏”命令，弹出“取消隐藏”对话框，如图 10-27 所示，选中需要恢复的“商品销售表”，单击“确定”按钮，“商品销售表”在工作簿中重新显示。

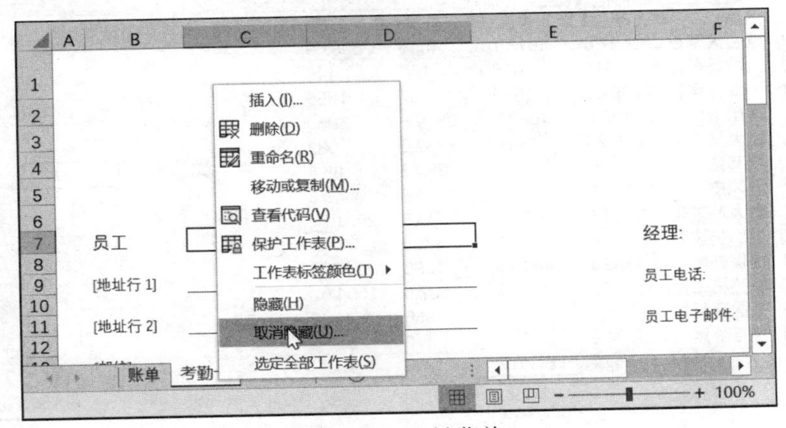

图 10-26　右键菜单

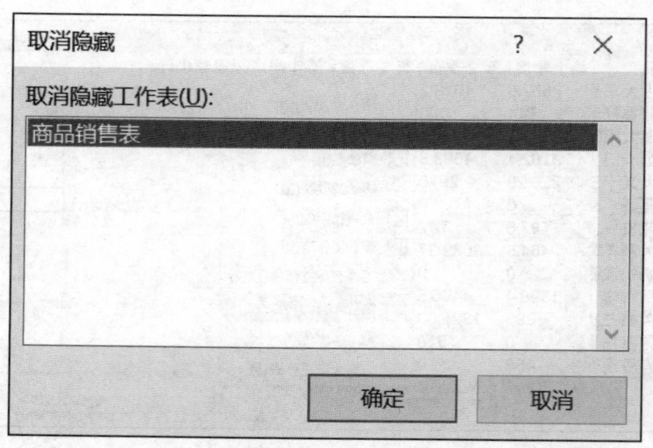

图 10-27　“取消隐藏”对话框

10.2.7　拆分和冻结窗格

当工作表的内容过长或过宽，拖动滚动条查看超出窗口大小的数据时，由于看不到行标题和列标题，无法明确某行或某列数据的含义，可以通过冻结窗格来锁定，行和标题、列标题不会随滚动条的拖动而消失。

由于工作表内容过长或过宽引起的工作表编辑不方便，则可以应用拆分窗口，对每个窗口分别进行编辑。

例如，锁定“商品销售表”（如图 10-28 所示）的行标题和列标题，具体操作如下。

	A	B	C	D	E	F	G	H
1	产品	第 1 季度钅	第 2 季度钅	第 3 季度钅	第 4 季度销售额小计			
2	蒙古大草原	2667.6	4013.1	4836	6087.9			
3	大茴香籽训	544	600	140	440			
4	上海大闸蟹	1768.41	1978	4412.32	1656			
5	法国卡门贝	3182.4	4683.5	9579.5	3060			
6	王大义十三	225.28	2970	1337.6	682			
7	秋葵汤	0	0	288.22	85.4			
8	混沌皮	187.6	742	289.8	904.75			
9	意大利羊乳	464.5	3639.37	515	2681.87			
10	老奶奶波森	0	0	1750	750			
11	怡保咖啡	1398.4	4496.5	1196	3979			
12	新英格兰杰	385	1325.03	1582.6	1664.62			
13	德国慕尼黑	0	518	350	42			
14	长寿豆腐	488	0	0	512.5			

图 10-28　商品销售表

【1】选定“冻结”单元格。单击行标题和列标题交叉单元格对角线下的单元格，本案例中选定 B2 单元格。

【2】冻结窗格。单击“视图”|“窗口”|“冻结窗格”选项，弹出下拉菜单，选择“冻结拆分窗格”命令，完成冻结，如图 10-29 所示。

自动保存 关 工作进展....

文件 开始 插入 页面布局 公式 数据 审阅 视图 帮助 搜索

普通 分页预览 工作簿视图 显示 缩放 100% 缩放到选定区域 缩放 新建窗口 全部重排 冻结窗格 窗口 切换窗口 宏 宏

B2 fx 2667.6

	A	B	C	D	E	F	G	H
1	产品	第 1 季度铂	第 2 季度铂	第 3 季度铂	第 4 季度销售额小计			
2	蒙古大草原	2667.6	4013.1	4836	6087.9			
3	大茴香籽训	544	600	140	440			
4	上海大闸蟹	1768.41	1978	4412.32	1656			
5	法国卡门贝	3182.4	4683.5	9579.5	3060			
6	王大义十三	225.28	2970	1337.6	682			
7	秋葵汤	0	0	288.22	85.4			
8	混沌皮	187.6	742	289.8	904.75			
9	意大利羊乳	464.5	3639.37	515	2681.87			
10	老奶奶波森	0	0	1750	750			
11	怡保咖啡	1398.4	4496.5	1196	3979			
12	新英格兰木	385	1325.03	1582.6	1664.62			
13	德国慕尼黑	0	518	350	42			
14	长寿豆腐	488	0	0	512.5			

账单 考勤卡 商品销售表 Sheet1 ... 100%

图 10-29　冻结窗格

【3】取消冻结窗格。单击“视图”|“窗口”|“冻结窗格”选项，弹出下拉菜单，选择“取消冻结窗格”命令，取消冻结。

10.3　输入文本与数据

在 Excel 中，可以输入数值、文本、日期等各种类型的数据。输入数据的基本方法是选中单元格，输入数据，按 Enter 键或 Tab 键。这里重点讲解负数、分数、时间和特殊文本的输入方法。

10.3.1　输入负数

Excel 中输入负数的方法比较特殊，常用的输入负数的方法有使用直接输入和间接输入两种。

将“最低气温”测量结果输入工作表中，具体的操作如下。

【1】选取单元格。单击要输入负数的单元格 B2。

【2】直接输入负数。输入“-”号，然后输入负数的数值。

【3】间接输入负数。输入负数的数值，并给该数值添加圆括号，如图 10-30 所示。单击 Enter 键，完成负数输入。

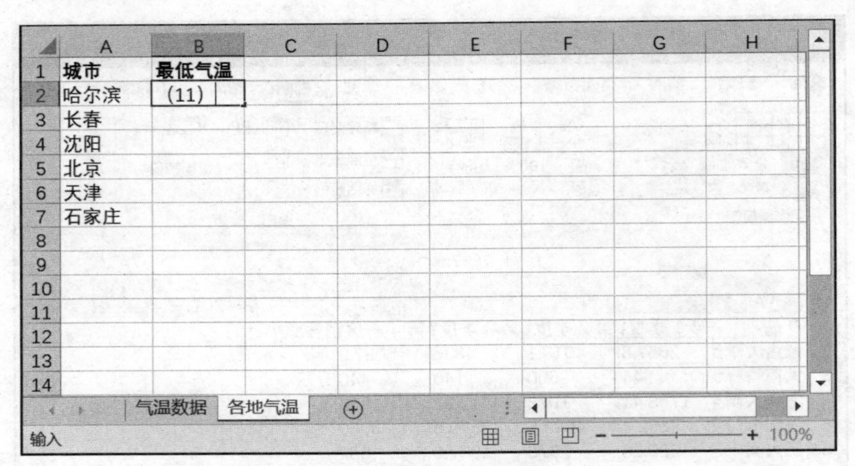

图 10-30　间接输入负数

10.3.2　输入分数

分数的输入在 Excel 中也比较特殊，在输入分数时，必须在分数前输入前缀“0”和空格，否则 Excel 表格会自动将其识别为日期。

例如，在单元格 B2 中输入“3/4”，具体的操作如下。

【1】选取单元格。单击单元格 B2。

【2】输入分数。输入“0”和空格后再输入“3/4”，如图 10-31 所示。

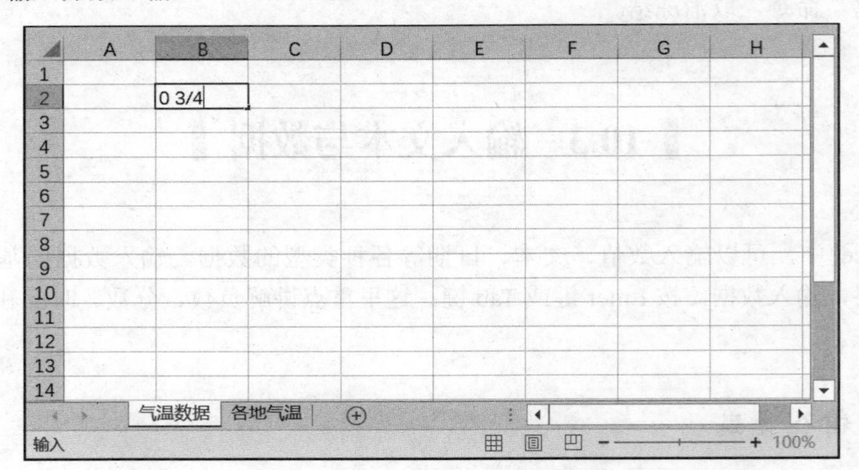

图 10-31　输入分数

【3】完成分数输入。单击 Enter 键，完成分数输入。此时，单元格 B2 中显示“3/4”。如果不添加“0”和空格，则显示为“3 月 4 日”，如图 10-32 中 B5 单元格所示。

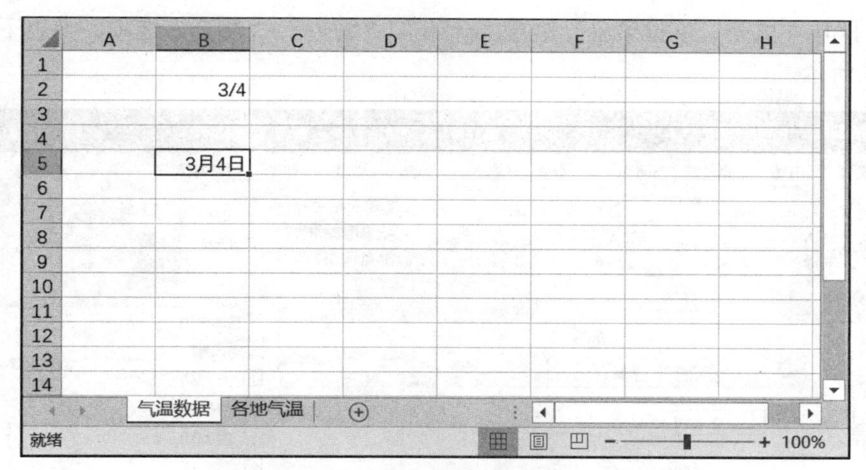

图 10-32　不加“0”和空格的显示结果

10.3.3　输入文本类型数字

有些数字代表了一些文本符号，如电话号码、证件号码等，但在 Excel 表格中输入时，常无法正确输入。例如，在 Excel 工作表中，输入区号“010”，直接会变为“10”，无法成功输入。通常有以下两种解决方法。

【1】在输入第一个字符前，输入单引号。

例如，输入’010，然后按 Enter 键，单元格中将显示文本格式的 010。

【2】先输入等号，并在数字前后加上双引号。

例如，输入 =“010”，然后按 Enter 键，单元格中将显示文本格式的 010。

10.4　填充

填充功能是 Excel 提供的一项非常强大的功能，能极大地减轻工作量，帮助完成烦琐的重复工作。当表格中的行或列的部分数据形成了一个序列时（所谓序列，是指行或者列的数据有一个相同的变化趋势。例如，数字 2、4、8、64…，日期 1 月 1 日、2 月 1 日……），我们就可以使用 Excel 提供的自动填充功能来快速填充数据。

Excel 2016 的自动填充一般包括：数据的自动填充和公式的自动填充。常用的填充方法一般有两种：使用“开始”选项组中的“填充”选项和拖动填充柄。

10.4.1　“填充”选项填充数据

应用“填充”选项可以快速完成复杂数据序列的填充。

例如，在 B2:F2 区域填充等比数列“3、9、27、81、243”，具体操作如下所示。

【1】起始单元格中输入序列数据的起始数据。在单元格 B2 中输入“3”。

【2】打开“填充”下拉菜单。单击“开始”|“编辑”|“填充”选项，弹出下拉菜单，如图 10-33 所示。

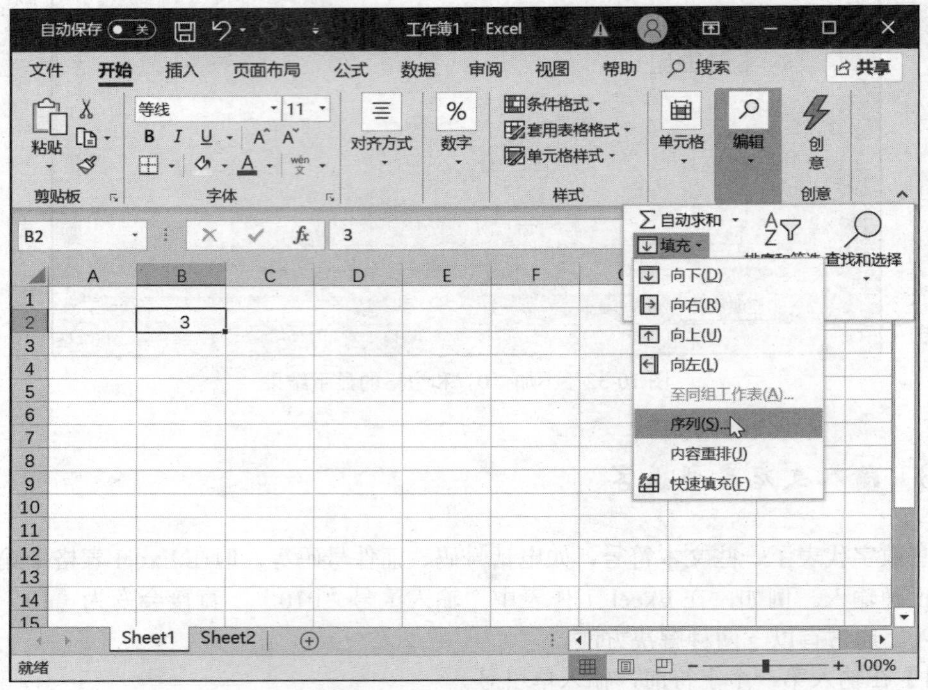

图 10-33 “填充”下拉菜单

【3】设置填充选项。选择“序列”，弹出“序列”对话框，在“序列产生在”选项组中选择“行”，“类型”选项组中选择“等比序列”，“步长值”设为“3”，“终止值”设为“500”，参数设置如图 10-34 所示。

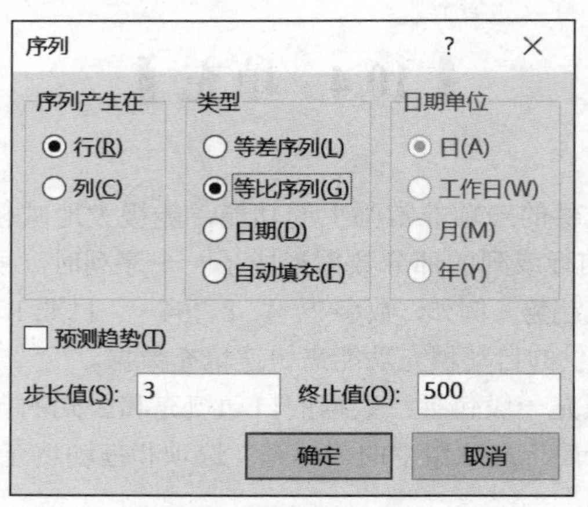

图 10-34 填充选项设置

【说明】“终止值”可以为数据序列中的值，也可以不是，仅仅起到一个界限的作用。

【4】设置完成。单击“序列”对话框中的“确定”按钮，完成等比序列的填充，在 B2:F2 区域完成等比数列“3、9、27、81、243”的填充，如图 10-35 所示。

图 10-35　等比数列填充效果图

10.4.2　填充柄填充数据

在 Excel 表格中，要在连续的列或行中填充数值时，可以利用填充柄来快速实现。应用填充柄填充数据时，既可以填充完全一样的数据，也可以填充序列数值。

【1】重复内容的填充。

例如，在 B3:B9 区域输入“中国”，具体操作如下。

①起始单元格中输入“中国”。在 B3 单元格中输入“中国”，如图 10-36 所示。

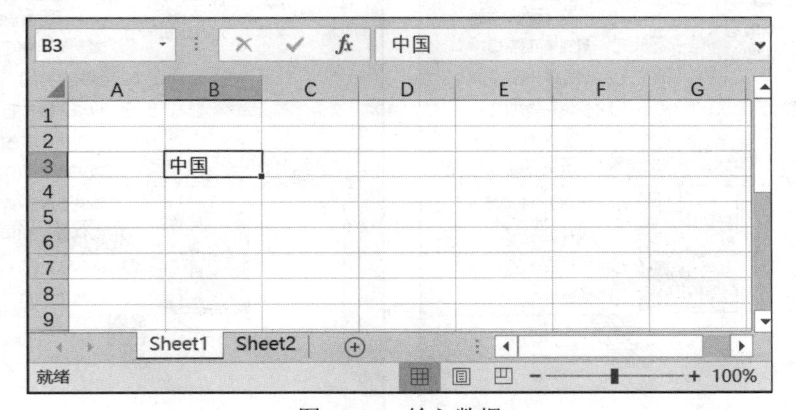

图 10-36　输入数据

②自动填充。选中 B3 单元格，将鼠标指向单元格的右下角，鼠标变成一个黑色的“十”字，按住鼠标左键，向下拖动鼠标到 B8 单元格，松开鼠标，设置效果如图 10-37 所示。

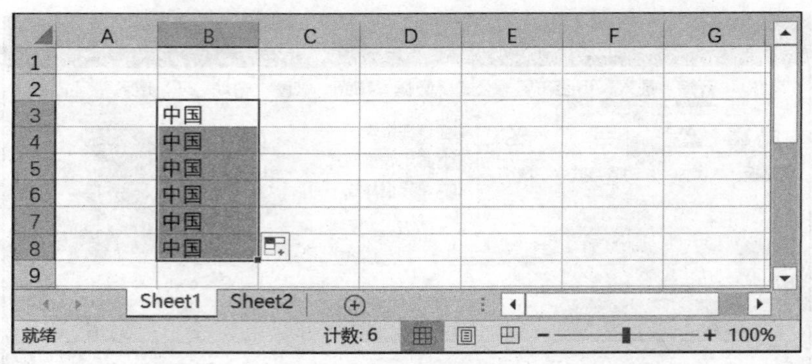

图 10-37　自动填充

【2】序列数据填充。

例如，在 B1:B5 区域分别输入“1 月 1 日”“1 月 2 日”“1 月 3 日”“1 月 4 日”和“1 月 5 日”，具体操作如下。

①起始单元格中输入序列中的起始数据。在 B1 单元格中输入“1 月 1 日”。

②自动填充。将鼠标指向 B1 单元格的右下角，鼠标变成一个黑色的“十”字，按住鼠标左键，向下拖动鼠标到 B5 单元格，松开鼠标，出现“1 月 2 日”“1 月 3 日”“1 月 4 日”和“1 月 5 日”。

③改变填充规则。上述填充数据时差为一天，如果希望以“月”作为时差，即“1 月 1 日”“2 月 1 日”等，则需要补充设置。当应用填充柄，完成 B1:B5 区域自动填充时，在区域右下对角点处显示“自动填充选项”按钮，单击该按钮，弹出下拉菜单，当前状态为“以天数填充”，如图 10-38 所示。选择“以月填充”，则序列数据会变为“1 月 1 日”“2 月 1 日”等，如图 10-39 所示。

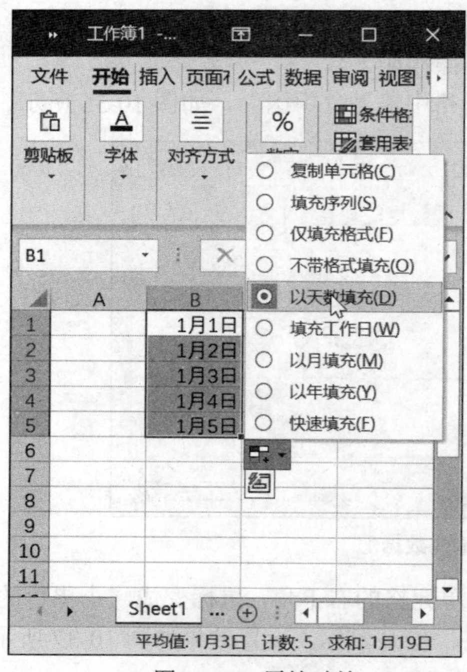

图 10-38　原始时差

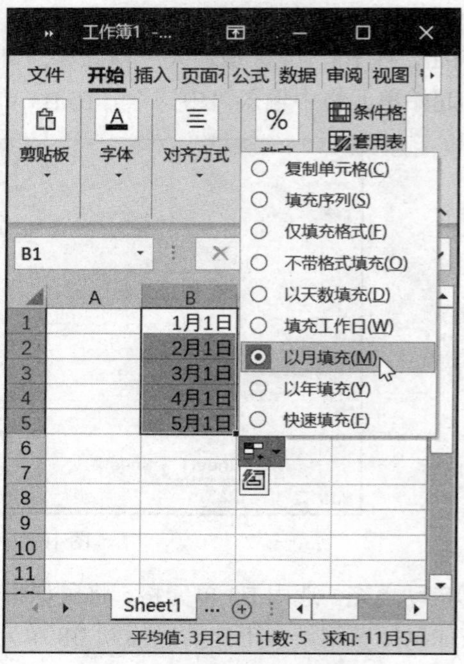

图 10-39　修改时差

10.4.3　填充柄填充公式

公式自动填充，是指应用同一个公式对不同数据进行计算时，只需计算出其中一个，其他数据只需要应用填充柄自动填充即可获得计算结果，并自动填充到相应单元格中。使用公式自动填充，可以迅速完成表格中数据的计算和结果的输入工作。

例如，计算并填写员工的公积金金额，具体操作步骤如下。

【1】选取包含公式的单元格。选中单元格 D2，D2 中所包含的公式显示在编辑框中，如图 10-40 所示。

D2　=(B2+C2)*0.1

	A	B	C	D	E	F	G
1	姓名	基本工资	职务工资	公积金			
2	郭鑫	800	450	125			
3	周小明	700	450				
4	刘思萌	700	450				
5	杨灵	800	400				
6	尹红群	900	600				
7	田明	650	300				
8	黄振华	700	300				
9	赵文	800	450				
10	王童童	800	450				
11	张淑芳	800	450				

Sheet1　Sheet2

就绪　100%

图 10-40　选取包含公式的单元格

【2】公式填充。单击单元格 D2，将光标移动到该单元格右下角，光标变为粗“十”字状，拖动鼠标框选要填充的区域，如图 10-41 所示。

D2　=(B2+C2)*0.1

	A	B	C	D	E	F	G
1	姓名	基本工资	职务工资	公积金			
2	郭鑫	800	450	125			
3	周小明	700	450				
4	刘思萌	700	450				
5	杨灵	800	400				
6	尹红群	900	600				
7	田明	650	300				
8	黄振华	700	300				
9	赵文	800	450				
10	王童童	800	450				
11	张淑芳	800	450				
12	胡刚	700	350				
13	周静怡	900	550				
14							

Sheet1　Sheet2

向内拖动选定区域以删除单元格　100%

图 10-41　公式填充

【3】完成自动填充。松开鼠标左键，完成公式的自动填充，如图 10-42 所示。

	A	B	C	D
1	姓名	基本工资	职务工资	公积金
2	郭鑫	800	450	125
3	周小明	700	450	115
4	刘思萌	700	450	115
5	杨灵	800	400	120
6	尹红群	900	600	150
7	田明	650	300	95
8	黄振华	700	300	100
9	赵文	800	450	125
10	王童童	800	450	125
11	张淑芳	800	450	125
12	胡刚	700	350	105
13	周静怡	900	550	145
14				

图 10-42　完成自动填充

10.5　选择性粘贴

通过使用“选择性粘贴”能够将复制来的内容过滤掉格式和样式，粘贴为不同于内容源的格式。“选择性粘贴”能够在工作和学习中起到非常大的作用和帮助。

10.5.1　“选择性粘贴”工具栏

右击，鼠标放在“选择性粘贴”指令上，显示“选择性粘贴”对话框，一般分为 4 个区域：粘贴方式区域、运算方式区域、特殊处理设置区域和按钮区域，如图 10-43 所示。

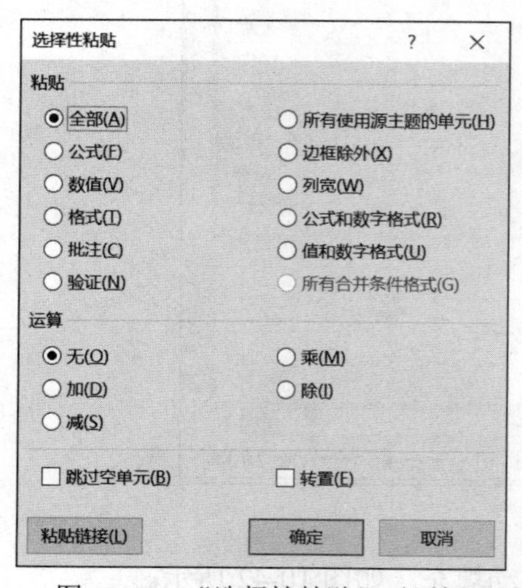

图 10-43　“选择性粘贴”对话框

1. 常用的“粘贴”方式

【全部】包括内容、和格式等，其效果等于直接粘贴。

【公式】只粘贴文本和公式，不粘贴字体、格式、边框、注释、内容校验等（当复制公式时，单元格引用将根据所用引用类型而变化。如要使单元格引用保持不变，请使用绝对引用）。

【数值】只粘贴文本，单元格的内容是计算公式的话只粘贴计算结果。

【格式】仅粘贴源单元格格式，但不改变目标单元格的文字内容（功能相当于格式刷）。

【批注】把源单元格的批注内容复制过来，不改变目标单元格的内容和格式。

2. “运算”方式

【无】对源区域，不参与运算，按所选择的粘贴方式粘贴。

【加】把源区域内的值，与新区域相加，得到相加后的结果。

【减】把源区域内的值，与新区域相减，得到相减后的结果。

【乘】把源区域内的值，与新区域相乘，得到相加乘的结果。

【除】把源区域内的值，与新区域相除，得到相除后的结果（此时如果源区域是 0，那么结果就会显示“#DIV/0! 错误”）。

3. 特殊处理区域

【跳过空单元】当复制的源数据区域中有空单元格时，粘贴时空单元格不会替换粘贴区域对应单元格中的值。

【转置】将被复制数据的列变成行，将行变成列。源数据区域的顶行将位于目标区域的最左列，而源数据区域的最左列将显示于目标区域的顶行。

10.5.2　选择性“加”粘贴

例如，将“职工工资表”中所有员工“基本工资”上调 800 元，具体操作如下。

【1】选中单元格输入上调数据。选中 F3 单元格，输入“800”，如图 10-44 所示。

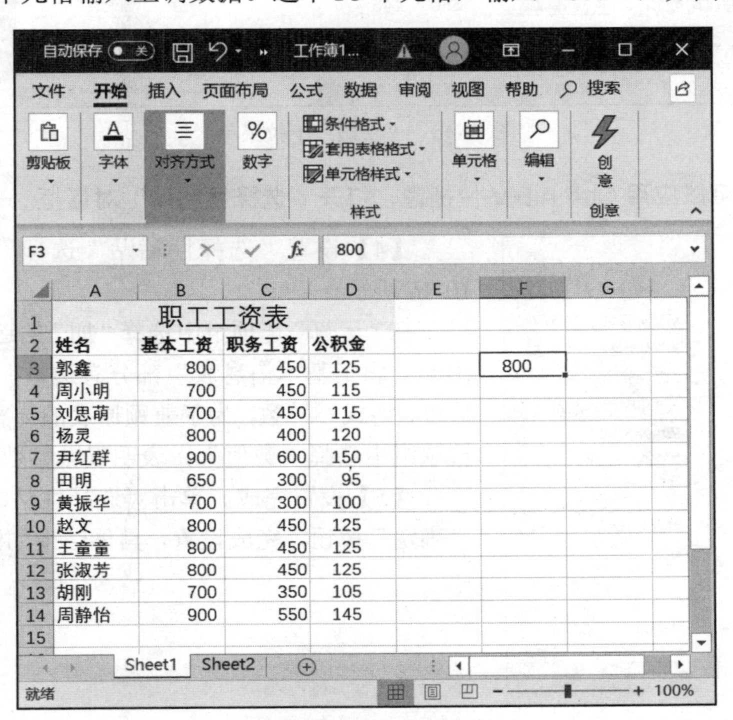

图 10-44　输入上调数据

【2】复制上调数据，并选中原数据。复制F3单元格后，选中需要调整的单元格B3:B14。

【3】打开“选择性粘贴”对话框。单击“开始”|“剪贴板”|“粘贴”下的倒立三角，打开“粘贴”下拉菜单，如图10-45所示。单击下拉菜单中的“选择性粘贴”按钮，打开“选择性粘贴”对话框。

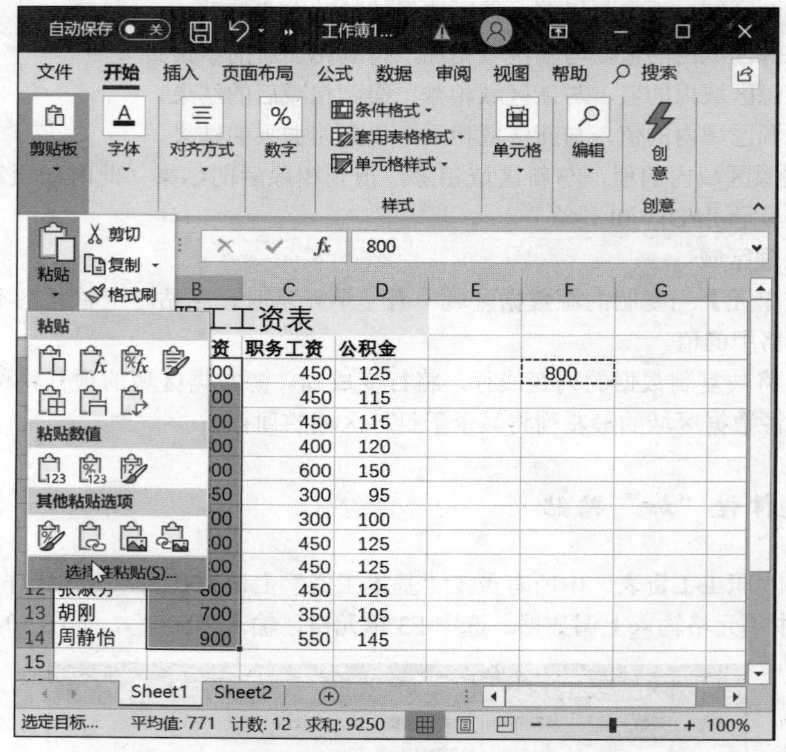

图10-45 “粘贴”下拉菜单

【技巧】可以应用Ctrl+Alt+V快捷键，打开“选择性粘贴”对话框。

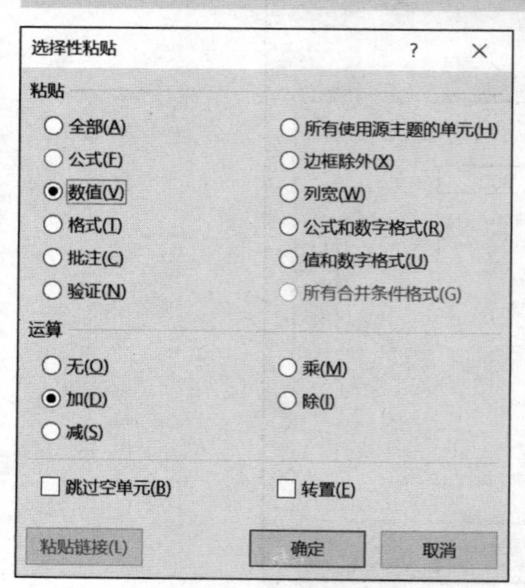

图10-46 设置“选择性粘贴”选项

【4】设置“选择性粘贴”选项。具体设置如图10-46所示。

在“运算”选项组中选择“加”的运算方式。另外，由于“职工基本信息表”部分有边框，而J2单元格无边框，格式不一致，为了兼顾原表的完整性，在“粘贴”选项组中选择“数值”，表明仅粘贴数值。

【5】设置完成。单击“选择性粘贴”对话框中的“确定”按钮，完成设置，具体结果如图10-47所示。

图 10-47 选择性粘贴效果图

10.5.3 选择性“乘”粘贴

在用 Excel 制作表格时，经常要输入一些负数，一般的做法是在输入数据时，在数据的前面输入“-”号，如果负数比较多，这样的输入方法就比较麻烦，应用“选择性粘贴”则可快速解决问题。

例如，快速输入大量负数，具体操作如下。

【1】在表格中输入数据。在 B2:B8 区域输入数据绝对值。

【2】选中单元格输入调整负号。在 C2 单元格中“-1”，如图 10-48 所示。

图 10-48 数据输入

【3】打开“选择性粘贴”对话框。复制C2单元格，并选中B2:B8区域，单击“开始”|“剪贴板”|“粘贴”下的倒立三角，打开“粘贴”下拉菜单，单击“选择性粘贴”按钮，打开“选择性粘贴”对话框。

【4】设置选择性粘贴选项。在“选择性粘贴”对话框中，选择“运算”选项组中的“乘”单选按钮，如图10-49所示。

【5】完成设置。单击“选择性粘贴”对话框中的“确定”按钮，选中的那些单元格中的数据就全部变为负值了，如图10-50所示。

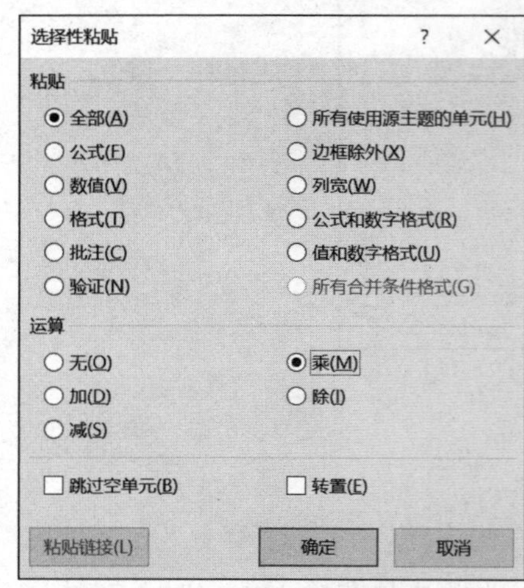

图10-49　设置选择性粘贴选项

图10-50　选择性“乘”粘贴结果

10.5.4　选择性“转置”粘贴

有时，为了满足数据处理软件的要求，需要将表格中数据行和列进行交换，即所谓的转置。例如，将“职工工资表”中数据，如图10-51所示，进行转置，具体操作如下。

职工工资表

姓名	基本工资	职务工资	公积金
郭鑫	1600	450	205
周小明	1500	450	195
刘思萌	1500	450	195
杨灵	1600	400	200
尹红群	1700	600	230
田明	1450	300	175
黄振华	1500	300	180
赵文	1600	450	205
王童童	1600	450	205
张淑芳	1600	450	205
胡刚	1500	350	185
周静怡	1700	550	225

图10-51　职工工资表

【1】选中转置区域。选中 A2:D14 区域。

【2】打开“选择性粘贴”对话框。单击“开始”|“剪贴板”|“粘贴”下的倒立三角，打开“粘贴”下拉菜单，单击“选择性粘贴”按钮，打开“选择性粘贴”对话框。

【3】设置选择性粘贴选项。在“选择性粘贴”对话框中，在特殊处理区域中，选中“转置”复选框，如图 10-52 所示。

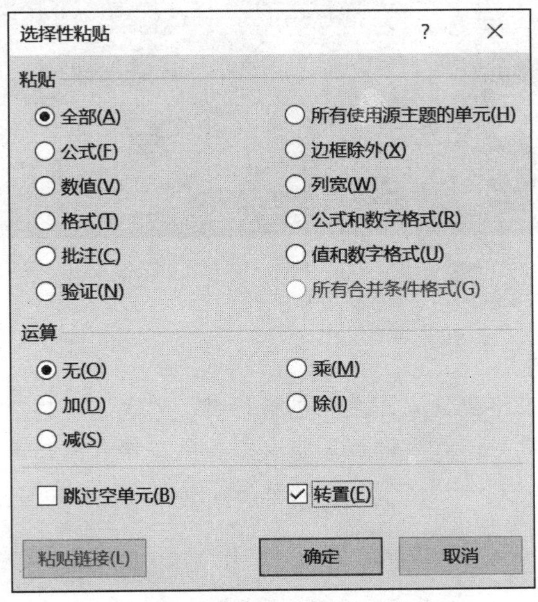

图 10-52 选择性粘贴选项设置

【4】完成设置。单击“选择性粘贴”对话框中的“确定”按钮，表格完成转置，如图 10-53 所示。

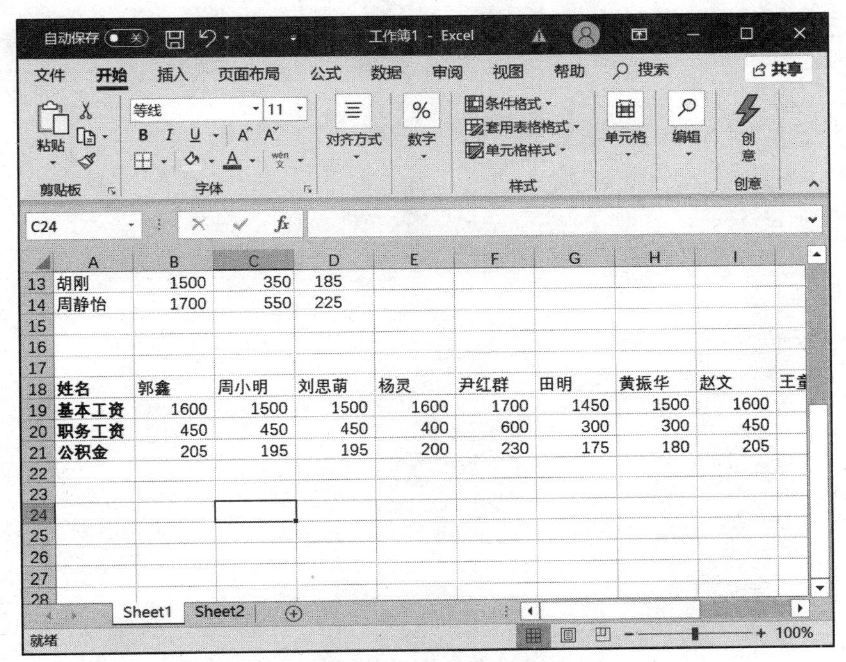

图 10-53 选择性“转置”粘贴结果

第11章
编辑工作表

内容提要

本章首先介绍工作表格式设置，主要包括行高、列宽、表格边框、主题等；其次介绍工作表批注的添加、编辑等；然后讲解工作表组以及工作表保护等功能；最后介绍工作表的页面设置和打印输出。

重要知识点

- 主题和预设表格格式的应用
- 批注的添加、查看、修改和删除
- 工作表组设置
- 工作表保护设置
- 工作表打印设置

11.1　工作表格式设置

Excel 2016 提供了多样的格式设置工具，通过这些工具的应用，可以对工作表格式进行设置。本节将介绍调整行高与列宽，设置对齐方式，修改数字格式、字体，添加边框和底纹等方法。

11.1.1　调整工作表列宽、行高

在 Excel 2016 中，列宽有默认的固定值，不会根据单元格中内容的长度而调整。因此，在编辑工作表时，可能会遇到单元格中的内容不能完全显示的情况。此时，需要对单元格的列宽进行调整。相比而言，工作表的行高会灵活一些，行高会根据单元格中的字体大小自动调整。用户也可以根据不同的需要，自行设置工作表行高。设置方法常用的有两种：“精确设置”和“粗略调整”。

例如，“商品销售”数据表中“金额”一列中的内容由于列宽的限制，无法显示，如图 11-1 所示。通过调整单元格列宽，使列表中的数据全部显示出来，具体操作如下。

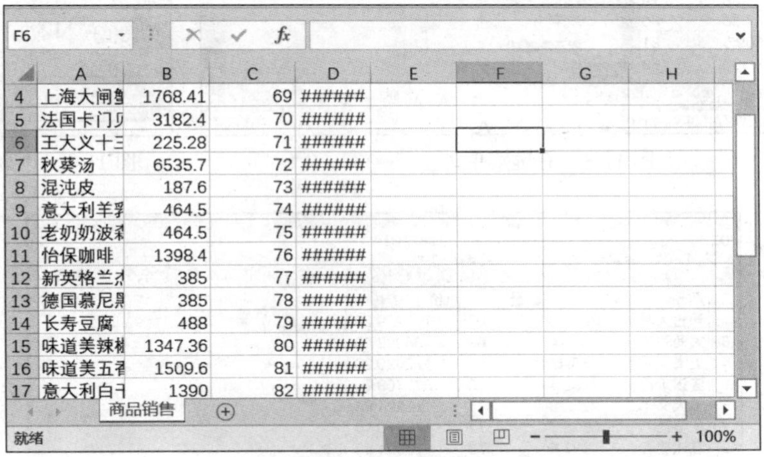

图 11-1　“商品销售”数据表

【1】选取要调整列宽的区域。将光标定位于 D 列标处，当光标变为向下的黑色箭头，单击选中 D 列，如图 11-2 所示。

【2】打开“列宽”对话框，精确设置列宽，具体操作如下所示。

①设置列宽。选中 D 列后右击，弹出右键菜单，如图 11-3 所示。选择“列宽”命令，弹出“列宽”对话框，在“列宽”文本框中输入“12”，设置列宽，如图 11-4 所示。

②完成列宽调整。单击“列宽”对话框中的“确定”按钮，关闭该对话框，完成列宽调整，如图 11-5 所示。

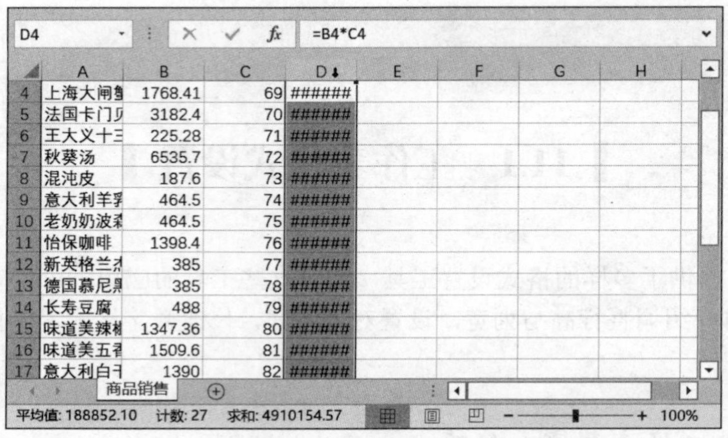

图 11-2　选取要调整列宽的区域

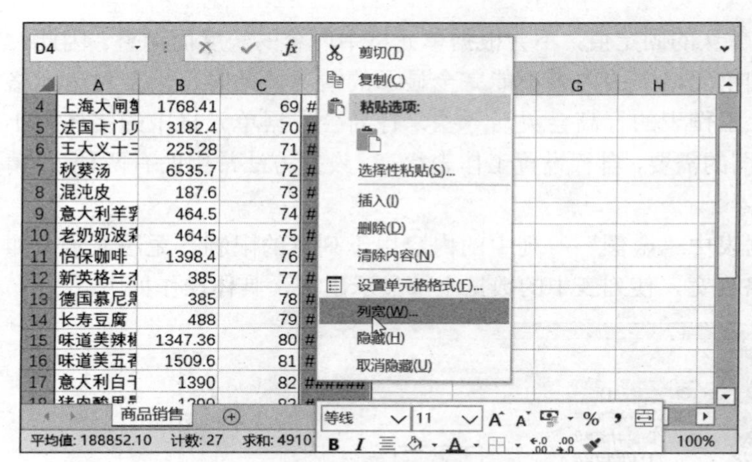

图 11-3　右键菜单

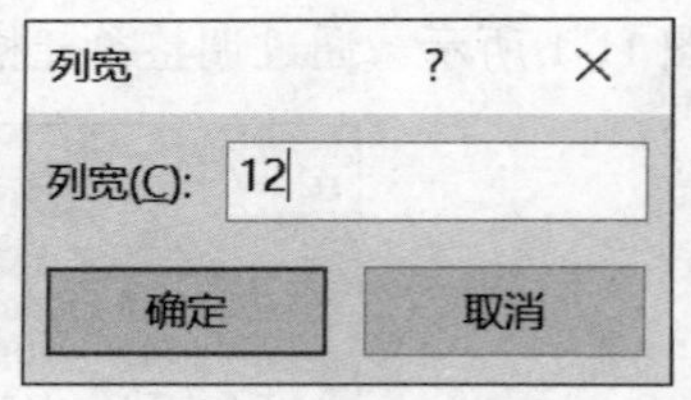

图 11-4　“列宽”对话框

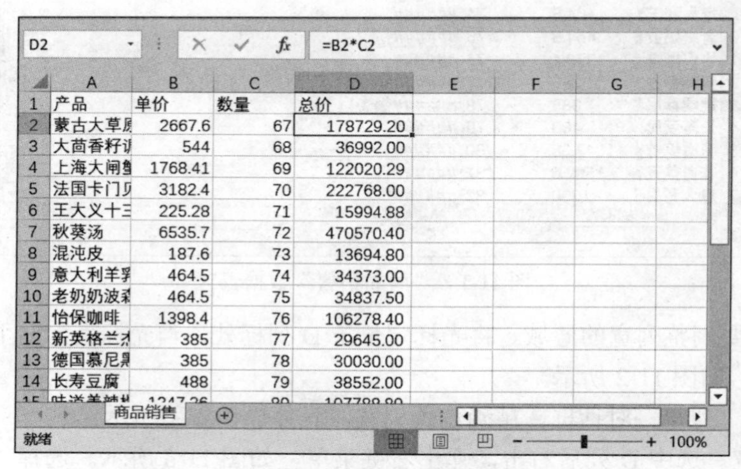

图 11-5　列宽调整

【3】粗略设置列宽。具体操作如下。

①选中 D 列后，移动光标到 D 列与 E 列之间，光标变成反向双箭头状，如图 11-6 所示。

D4　=B4*C4

	A	B	C	D	E	F	G	H
4	上海大闸蟹	1768.41	69	######				
5	法国卡门贝	3182.4	70	######				
6	王大义十三	225.28	71	######				
7	秋葵汤	6535.7	72	######				
8	混沌皮	187.6	73	######				
9	意大利羊乳	464.5	74	######				
10	老奶奶波森	464.5	75	######				
11	怡保咖啡	1398.4	76	######				
12	新英格兰杰	385	77	######				
13	德国慕尼黑	385	78	######				
14	长寿豆腐	488	79	######				
15	味道美辣椒	1347.36	80	######				
16	味道美五香	1509.6	81	######				
17	意大利白干	1390	82	######				

商品销售

平均值: 188852.10　计数: 27　求和: 4910154.57　100%

图 11-6　光标定位

②按下鼠标，拖动行边线到目标位置，此时，出现一条虚线表示调整后列宽的情况，如图 11-7 所示。

D4　=B4*C4　宽度: 12.67 (159 像素)

	A	B	C	D	E	F	G	H
1	产品	单价	数量	总价				
2	蒙古大草原	2667.6	67	######				
3	大茴香籽调	544	68	######				
4	上海大闸蟹	1768.41	69	######				
5	法国卡门贝	3182.4	70	######				
6	王大义十三	225.28	71	######				
7	秋葵汤	6535.7	72	######				
8	混沌皮	187.6	73	######				
9	意大利羊乳	464.5	74	######				
10	老奶奶波森	464.5	75	######				
11	怡保咖啡	1398.4	76	######				
12	新英格兰杰	385	77	######				
13	德国慕尼黑	385	78	######				
14	长寿豆腐	488	79	######				

商品销售

平均值: 188852.10　计数: 27　求和: 4910154.57　100%

图 11-7　列宽调整

③完成列宽调整。松开鼠标，完成列宽调整，如图 11-8 所示。

D2　=B2*C2

	A	B	C	D	E	F	G	H
1	产品	单价	数量	总价				
2	蒙古大草原	2667.6	67	178729.20				
3	大茴香籽调	544	68	36992.00				
4	上海大闸蟹	1768.41	69	122020.29				
5	法国卡门贝	3182.4	70	222768.00				
6	王大义十三	225.28	71	15994.88				
7	秋葵汤	6535.7	72	470570.40				
8	混沌皮	187.6	73	13694.80				
9	意大利羊乳	464.5	74	34373.00				
10	老奶奶波森	464.5	75	34837.50				
11	怡保咖啡	1398.4	76	106278.40				
12	新英格兰杰	385	77	29645.00				
13	德国慕尼黑	385	78	30030.00				
14	长寿豆腐	488	79	38552.00				

商品销售

就绪　100%

图 11-8　列宽设定图

【说明】行高和列宽设定方法类似，在此不再赘述。

11.1.2 调整对齐方式

对齐方式是指Excel表格中的文字在表格中的位置，包含水平方向和垂直方向两个维度。另外也可以设置一定的倾斜角度。

例如，将“商品销售表”中的内容调整为水平、垂直都居中，且文字倾斜45º，具体操作如下。

【1】选取要调整对齐方式区域，如图11-9所示。

A1 产品

	A	B	C	D
1	产品	单价	数量	总价
2	蒙古大草原	2667.6	67	178729.20
3	大茴香籽调	544	68	36992.00
4	上海大闸蟹	1768.41	69	122020.29
5	法国卡门贝	3182.4	70	222768.00
6	王大义十三	225.28	71	15994.88
7	秋葵汤	6535.7	72	470570.40
8	混沌皮	187.6	73	13694.80
9	意大利羊乳	464.5	74	34373.00
10	老奶奶波森	464.5	75	34837.50
11	怡保咖啡	1398.4	76	106278.40
12	新英格兰杰	385	77	29645.00
13	德国慕尼黑	385	78	30030.00
14	长寿豆腐	488	79	38552.00

商品销售

平均值: 63727.87423 计数: 108 求和: 4970774.19

图11-9 选取调整区域

【2】打开“单元格格式”对话框。单击“开始”|“对齐方式”的“对话框启动器”按钮，弹出“设置单元格格式”对话框，选中“对齐”选项卡，可用设置选项如图11-10所示。

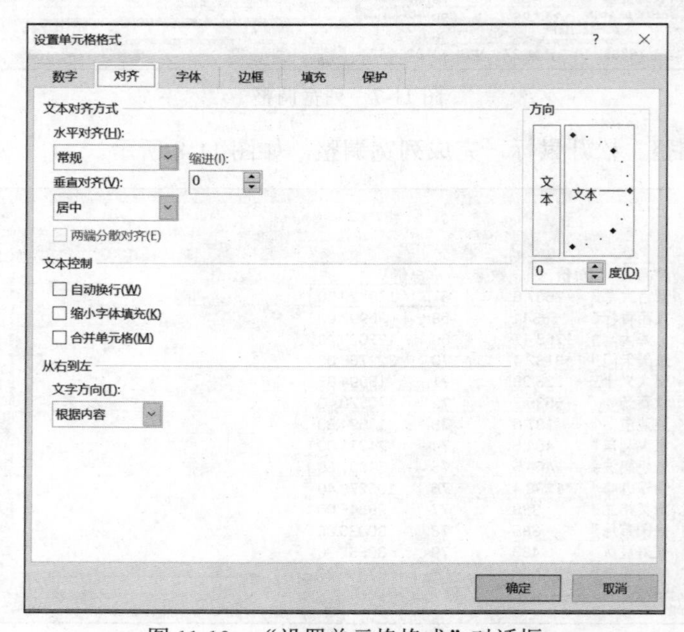

图11-10 “设置单元格格式”对话框

【3】设置对齐方式和文本方向。具体设置步骤如下，设定参数配置如图 11-11 所示。

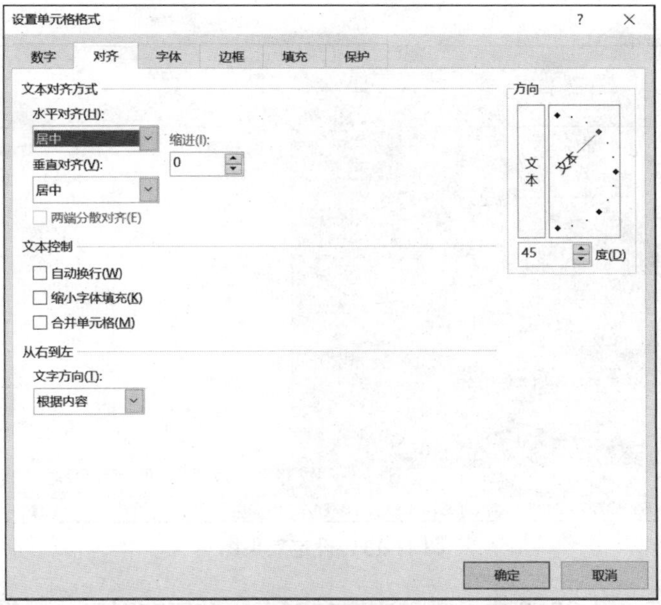

图 11-11　设定参数配置

①设置水平对齐方式。打开“水平对齐”下拉列表框，选取“居中”选项。

②设置垂直对齐方式。打开“垂直对齐”下拉列表框，选取“居中”选项。

③设置文本方向。单击“方向”选项组中的“度”微调框中的微调按钮，将“文字方向”调整为“45”度。

【说明】“文字方向”设置时，也可单击文本指针，选择文本方向，如图 11-12 所示。

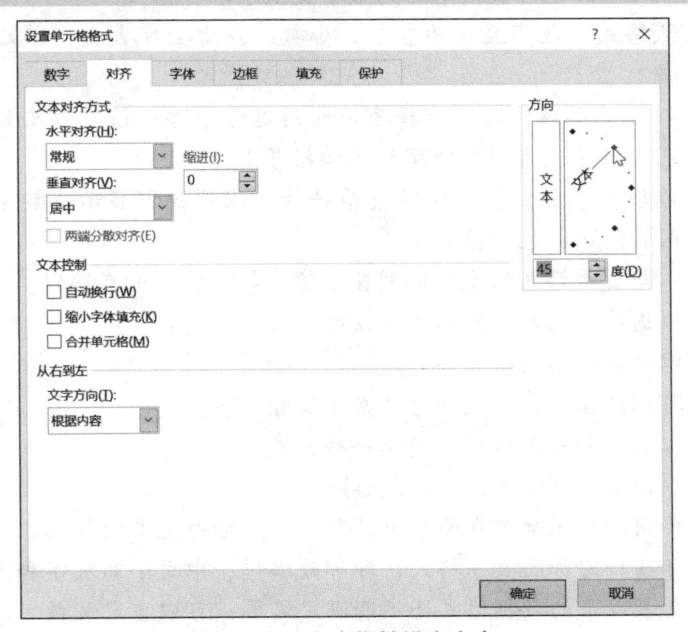

图 11-12　文本指针设定方向

【4】完成对齐方式调整。单击“确定”按钮，关闭该对话框，完成对齐方式调整，如图 11-13 所示。

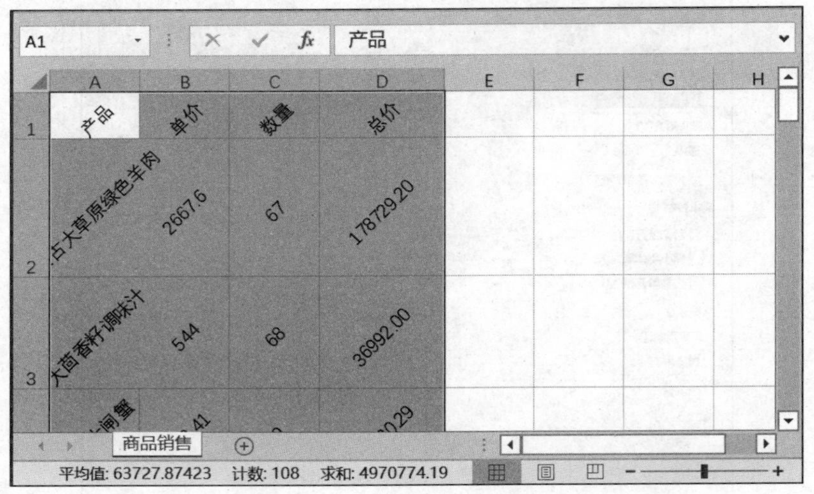

图 11-13　设定效果图

【说明】在 Excel 2016 中，默认文本左对齐，数字右对齐，逻辑值和错误值居中对齐。

11.1.3　修改数字格式

数据格式是指表格中数据的外观形式，改变数据格式并不影响数值本身，数值本身会显示在编辑栏中。在 Excel 电子表格中，为数字提供了多种格式。

- 常规：默认格式。数字显示为整数、小数，或者数字太大，单元格无法显示时用科学记数法。
- 数值：可以设置小数位数、选择是否使用逗号分隔千位，以及如何显示负数（用负号、红色、括号或者同时使用红色和括号）。
- 货币：可以设置小数位数、选择货币符号，以及如何显示负数（用负号、红色、括号或者同时使用红色和括号）。
- 会计专用：与货币格式的主要区别在于货币符号总是垂直排列。
- 日期：可以选择不同的日期格式。
- 时间：可以选择不同的时间格式。
- 百分比：可以选择小数位数并总是显示百分号。
- 分数：可以从 9 种分数格式中选择一种格式。
- 科学记数：用指数符号（E）显示数字。
- 文本：主要用于设置那些表面看来是数字，实际是文本的数据。
- 特殊：包括 3 种附加的数字格式，即邮政编码、中文小写数字和中文大写数字。
- 自定义：如果以上的数据格式还不能满足需要，可以自定义数字格式。

例如，设置员工信息表中的“出生日期”一列格式，具体操作如下。

【1】选取要修改数字格式的区域。在“员工信息表”工作表中选取F列，如图11-14所示。

	A	B	C	D	E	F
1	序号	部门	员工编号	姓名	性别	出生日期
2	1	开发部	K12	郭鑫	男	1969/7/12
3	2	测试部	C24	周小明	男	1972/7/6
4	3	文档部	W24	刘思萌	女	1984/8/2
5	4	市场部	S21	杨灵	男	1989/7/1
6	5	市场部	S20	尹红群	女	1972/1/15
7	6	开发部	K01	田明	男	1975/6/17
8	7	文档部	W22	黄振华	男	1991/3/18
9	8	测试部	C22	赵文	男	1990/8/5
10	9	开发部	K11	王童童	女	1978/2/18
11	10	市场部	S10	张淑芳	女	1975/4/15
12	11	市场部	S13	胡刚	男	1988/9/30
13	12	测试部	C19	周静怡	女	1984/12/23

图 11-14　选取修改区域

【2】打开“设置单元格格式”对话框。单击“开始”|“数字”的“对话框启动器”按钮，打开“设置单元格格式”对话框，如图 11-15 所示。

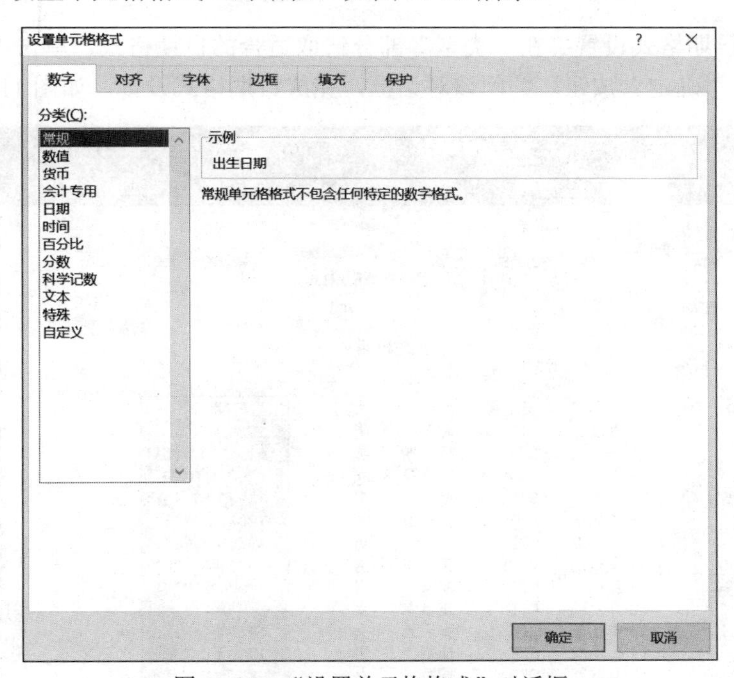

图 11-15　“设置单元格格式”对话框

【3】设置日期格式。单击“分类”列表框中的“日期”选项，弹出日期格式设置界面，如图 11-16 所示。

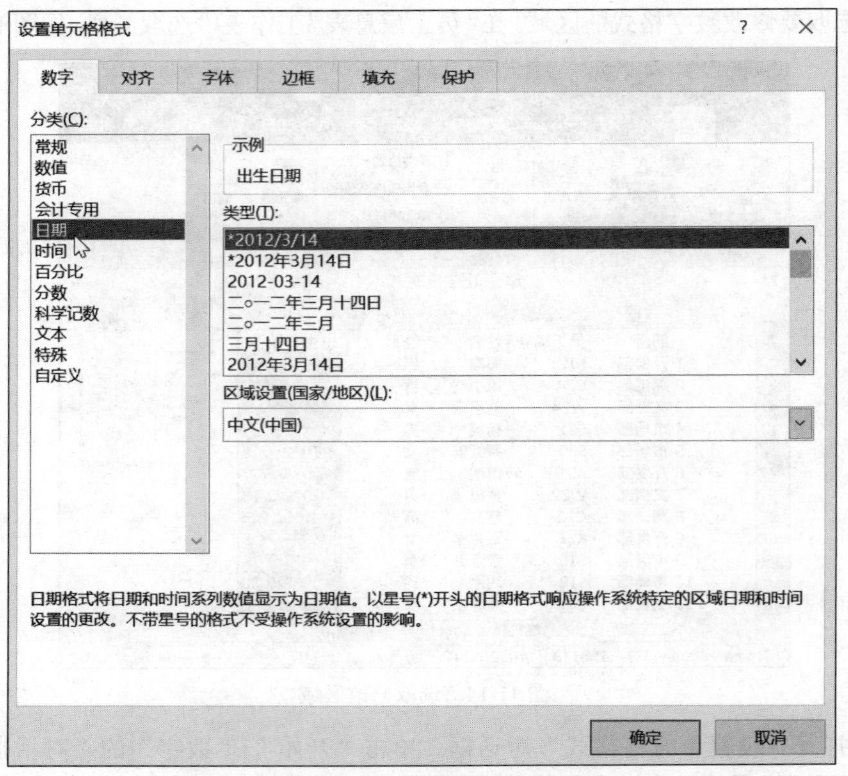

图 11-16　日期格式设置界面

【4】完成日期格式设置。在“类型”部分选取适合的日期格式，单击“设置单元格格式”对话框中的“确定”按钮，关闭该对话框，完成日期格式设置，如图 11-17 所示。

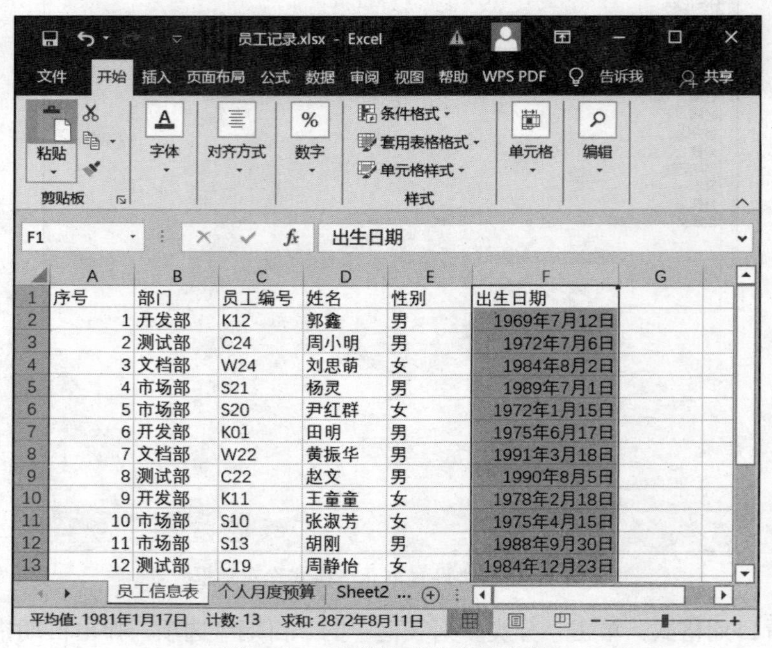

图 11-17　日期格式设置效果图

11.1.4　设置表格底纹

表格底纹能突出显示表格中的内容。例如，为“员工信息表”工作表的 B4:D11 区域设置底纹，具体操作如下。

【1】选取要设置底纹的区域。选中区域，鼠标变为“十”字形，如图 11-18 所示。

B4　文档部

	A	B	C	D	E	F	G
1	序号	部门	员工编号	姓名	性别	出生日期	
2	1	开发部	K12	郭鑫	男	1969年7月12日	
3	2	测试部	C24	周小明	男	1972年7月6日	
4	3	文档部	W24	刘思萌	女	1984年8月2日	
5	4	市场部	S21	杨灵	男	1989年7月1日	
6	5	市场部	S20	尹红群	女	1972年1月15日	
7	6	开发部	K01	田明	男	1975年6月17日	
8	7	文档部	W22	黄振华	男	1991年3月18日	
9	8	测试部	C22	赵文	男	1990年8月5日	
10	9	开发部	K11	王童童	女	1978年2月18日	
11	10	市场部	S10	张淑芳	女	1975年4月15日	
12	11	市场部	S13	胡刚	男	1988年9月30日	
13	12	测试部	C19	周静怡	女	1984年12月23日	

员工信息表　个人月度预算　Sheet2 ...

就绪　计数: 24　100%

图 11-18　选取要设置底纹的区域

【2】打开“单元格格式”对话框。右击选定区域，弹出右键菜单如图 11-19 所示。

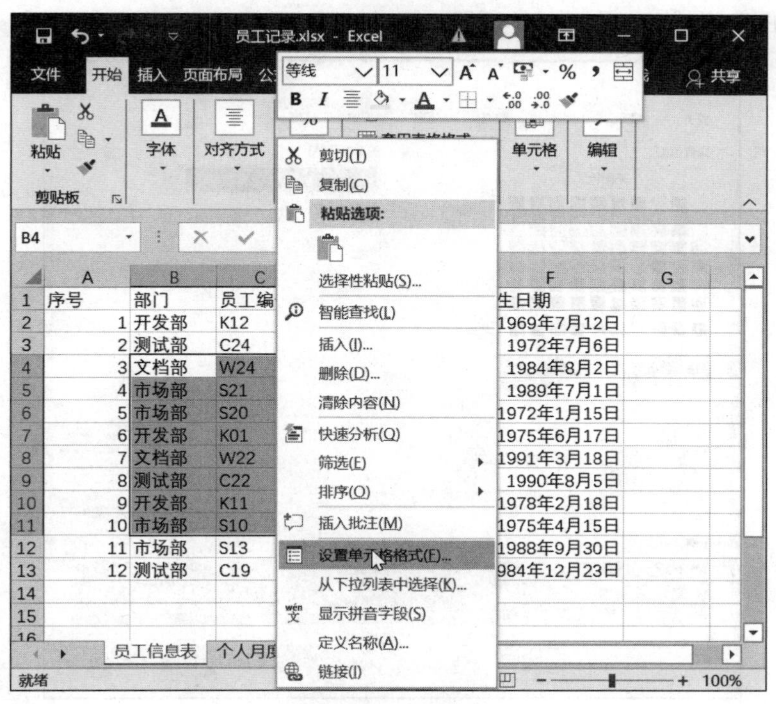

图 11-19　右键菜单

单击右键菜单中的“设置单元格格式”，弹出“设置单元格格式”对话框，如图 11-20 所示。

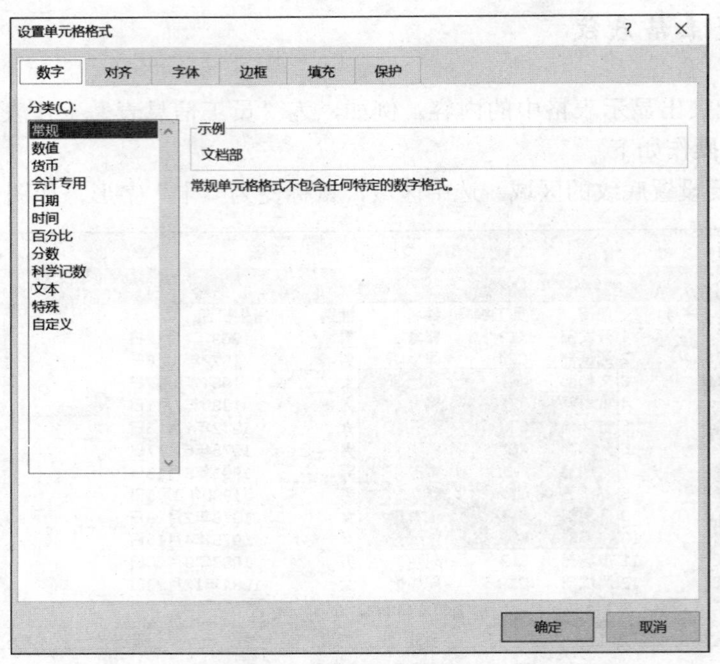

图 11-20 “设置单元格格式”对话框

【3】设置底纹。打开“填充”选项卡，进入设置界面，先对背景色进行设置，然后设置图案颜色与图案样式，如图 11-21 所示。

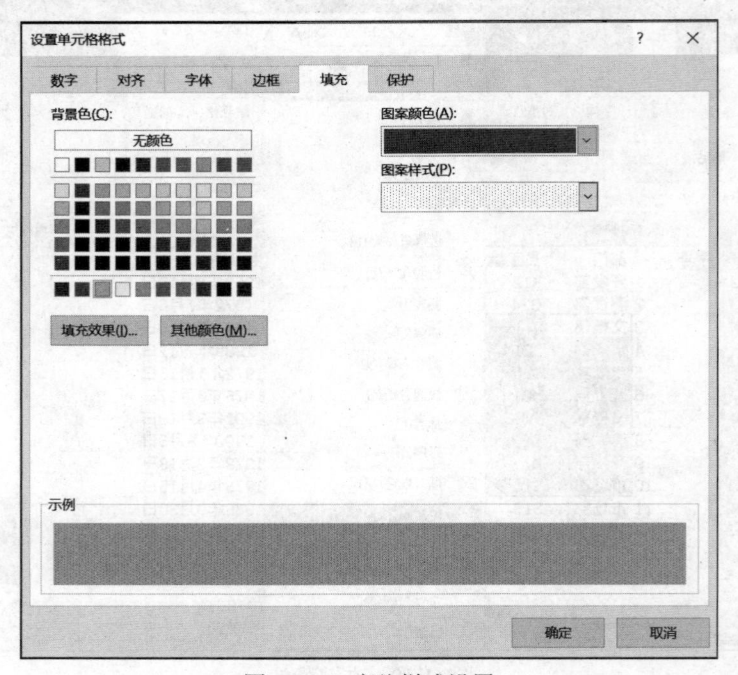

图 11-21 底纹样式设置

【4】完成底纹添加。单击“设置单元格格式”对话框中的“确定”按钮，关闭该对话框，完成底纹添加，如图 11-22 所示。

	A	B	C	D	E	F	G
1	序号	部门	员工编号	姓名	性别	出生日期	
2	1	开发部	K12	郭鑫	男	1969年7月12日	
3	2	测试部	C24	周小明	男	1972年7月6日	
4	3	文档部	W24	刘思萌	女	1984年8月2日	
5	4	市场部	S21	杨灵	男	1989年7月1日	
6	5	市场部	S20	尹红群	女	1972年1月15日	
7	6	开发部	K01	田明	男	1975年6月17日	
8	7	文档部	W22	黄振华	男	1991年3月18日	
9	8	测试部	C22	赵文	男	1990年8月5日	
10	9	开发部	K11	王童童	女	1978年2月18日	
11	10	市场部	S10	张淑芳	女	1975年4月15日	
12	11	市场部	S13	胡刚	男	1988年9月30日	
13	12	测试部	C19	周静怡	女	1984年12月23日	
14							
15							

员工信息表 | 个人月度预算 | Sheet2 ...

图 11-22 底纹设置效果图

11.1.5 设置表格边框

在 Excel 2016 中，可以通过设置表格边框改善表格的显示效果，既可以为整个表格添加边框，也可以为表格中的部分区域添加边框。

例如，为“员工信息表”工作表的 B4:D11 区域添加边框，具体操作如下。

【1】选取要添加边框的区域。选中区域，鼠标变为“十”字形，如图 11-23 所示。

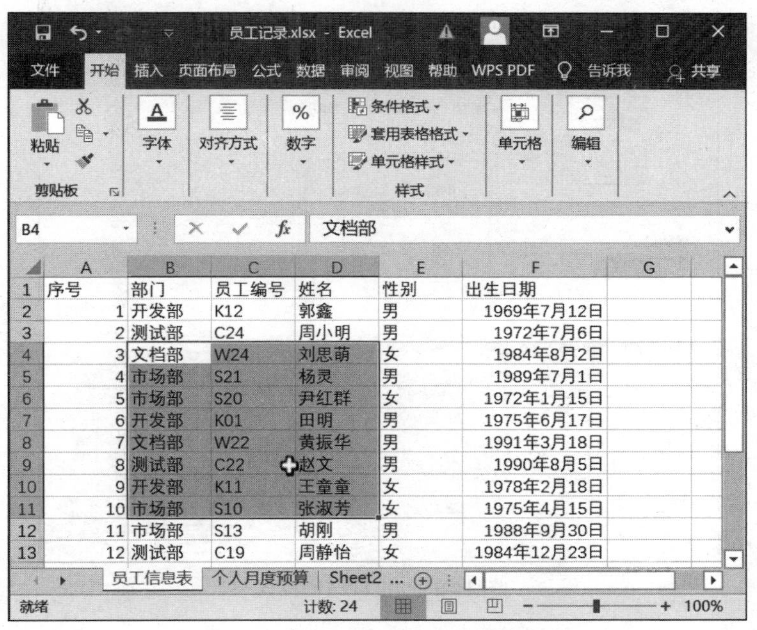

	A	B	C	D	E	F	G
1	序号	部门	员工编号	姓名	性别	出生日期	
2	1	开发部	K12	郭鑫	男	1969年7月12日	
3	2	测试部	C24	周小明	男	1972年7月6日	
4	3	文档部	W24	刘思萌	女	1984年8月2日	
5	4	市场部	S21	杨灵	男	1989年7月1日	
6	5	市场部	S20	尹红群	女	1972年1月15日	
7	6	开发部	K01	田明	男	1975年6月17日	
8	7	文档部	W22	黄振华	男	1991年3月18日	
9	8	测试部	C22	赵文	男	1990年8月5日	
10	9	开发部	K11	王童童	女	1978年2月18日	
11	10	市场部	S10	张淑芳	女	1975年4月15日	
12	11	市场部	S13	胡刚	男	1988年9月30日	
13	12	测试部	C19	周静怡	女	1984年12月23日	

图 11-23 选取区域

【2】打开“单元格格式”对话框。右击选定区域，弹出右键菜单，单击菜单中的“设置单元格格式”命令，弹出“设置单元格格式”对话框，如图 11-24 所示。

【3】设置边框。单击“边框”选项卡，进入边框设置界面，对边框样式进行设置，具体操作如下。

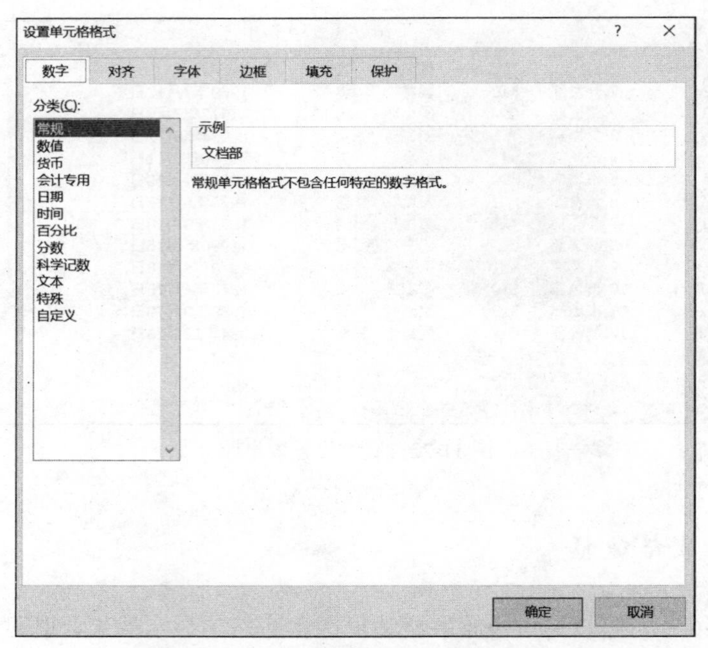

图 11-24 “设置单元格格式”对话框

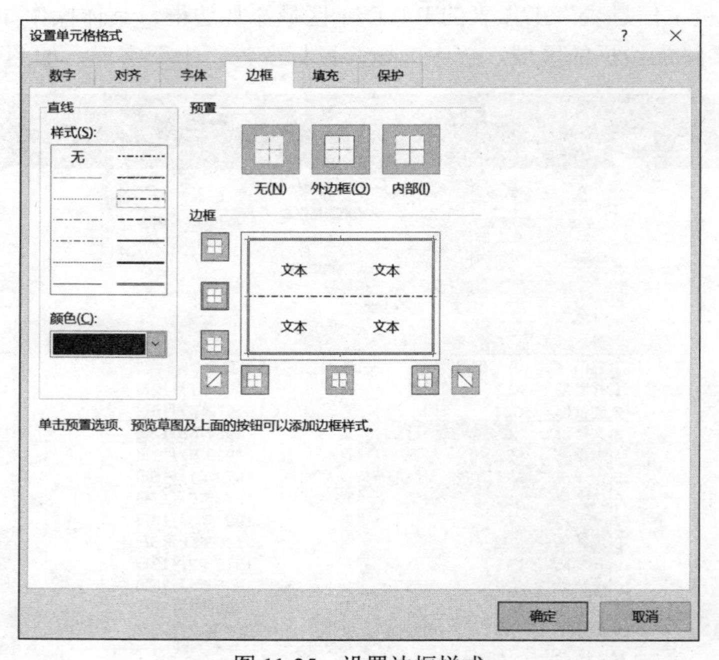

图 11-25 设置边框样式

①设置线条样式和颜色。单击选取“线条”选项组中“样式”列表框中的线条样式和“颜色”下拉菜单中的颜色。

②设置边框区域。单击选取“预置”选项组中的“外边框”与“内部”选项。

③自选边框区域。单击选取或取消“边框”选项组中的某一条边框。

【说明】边框设定效果会出现在“边框”部分，呈现效果预览图，如图 11-25 所示。

【4】完成边框添加。单击“单元格格式”对话框中的“确定”按钮，关闭该对话框，完成边框添加，如图 11-26 所示。

E9　男

	A	B	C	D	E	F	G
1	序号	部门	员工编号	姓名	性别	出生日期	
2	1	开发部	K12	郭鑫	男	1969年7月12日	
3	2	测试部	C24	周小明	男	1972年7月6日	
4	3	文档部	W24	刘思萌	女	1984年8月2日	
5	4	市场部	S21	杨灵	男	1989年7月1日	
6	5	市场部	S20	尹红群	女	1972年1月15日	
7	6	开发部	K01	田明	男	1975年6月17日	
8	7	文档部	W22	黄振华	男	1991年3月18日	
9	8	测试部	C22	赵文	男	1990年8月5日	
10	9	开发部	K11	王童童	女	1978年2月18日	
11	10	市场部	S10	张淑芳	女	1975年4月15日	
12	11	市场部	S13	胡刚	男	1988年9月30日	
13	12	测试部	C19	周静怡	女	1984年12月23日	
14							
15							

员工信息表　个人月度预算　Sheet2 ...

图 11-26　边框添加效果图

11.1.6　设定和使用主题

主题是一组格式集合，其中包含主题的颜色、字体和效果等，通过设定文档主题，可快速设定文档格式基调并使其看起来更加美观且专业。Excel 提供了大量内置的文档主题，并可自定义设置文档主题。

例如，为“员工信息表”设定为“环保”型主题，具体应用步骤如下。

【1】打开需要应用主题的工作表。

【2】打开主题菜单。单击“页面布局”|“主题”|“主题”选项，弹出主题菜单，如图 11-27 所示。

图 11-27　主题菜单

【3】设定主题。选择主题内置菜单中的“环保”型，完成设置，效果如图 11-28 所示。

B8 | 文档部

	A	B	C	D	E	F	G
1	序号	部门	员工编号	姓名	性别	出生日期	
2	1	开发部	K12	郭鑫	男	1969年7月12日	
3	2	测试部	C24	周小明	男	1972年7月6日	
4	3	文档部	W24	刘思萌	女	1984年8月2日	
5	4	市场部	S21	杨灵	男	1989年7月1日	
6	5	市场部	S20	尹红群	女	1972年1月15日	
7	6	开发部	K01	田明	男	1975年6月17日	
8	7	文档部	W22	黄振华	男	1991年3月18日	
9	8	测试部	C22	赵文	男	1990年8月5日	
10	9	开发部	K11	王童童	女	1978年2月18日	
11	10	市场部	S10	张淑芳	女	1975年4月15日	
12	11	市场部	S13	胡刚	男	1988年9月30日	
13	12	测试部	C19	周静怡	女	1984年12月23日	
14							
15							
16							
17							

员工信息表 | 个人月度预算 | Sheet2 ...

图 11-28　效果设定图

【4】自定义主题。如果希望根据自己的喜好，对表格的颜色、字体和效果进行重新设计，则可自定义主题。操作步骤如下。

①新建主题颜色。单击“页面布局”|“主题”|“颜色”选项，打开下拉菜单，选择“自定义颜色”命令，弹出“新建主题颜色”对话框，如图 11-29 所示。在对话框中设定背景、文字等各项元素的颜色，设定名称，单击“保存”按钮，完成设定。

②新建主题字体。单击“页面布局”|“主题”|“字体”选项，打开下拉菜单，选择“自定义字体”命令，弹出“新建主题字体”对话框，如图 11-30 所示。在对话框中设定“标题字体”和“正文字体”，设定“名称”，单击“保存”按钮，完成设定。

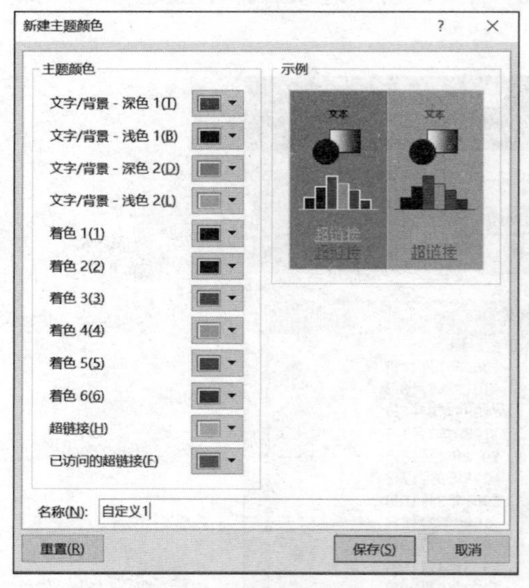

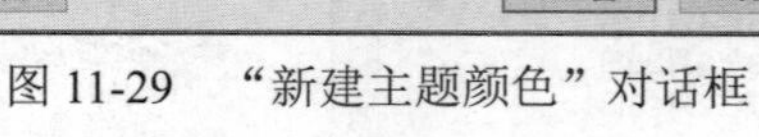

图 11-29　“新建主题颜色”对话框

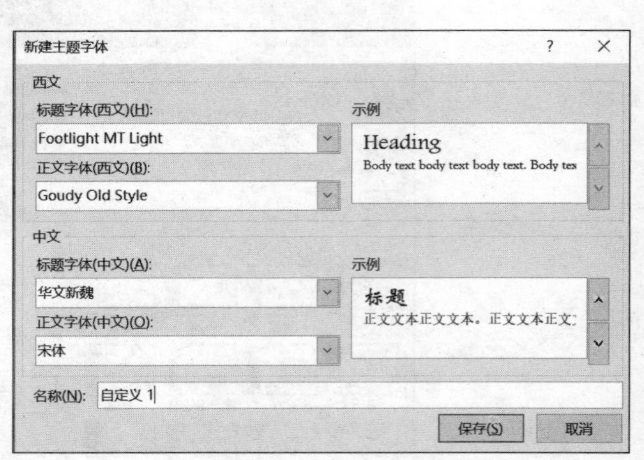

图 11-30　“新建主题字体”对话框

③新建主题效果。单击“页面布局”|“主题”|“效果”选项，打开下拉菜单，从菜单中选择适宜的效果类型，完成设定，如图 11-31 所示。

④完成设置。单击“页面布局”|“主题”|“主题”选项，打开下拉菜单，选择“保存当前主题”命令，弹出“保存当前主题”对话框，输入“文件名”为“自定义 1.thmx”，单击“保存”按钮，完成设置，如图 11-32 所示。

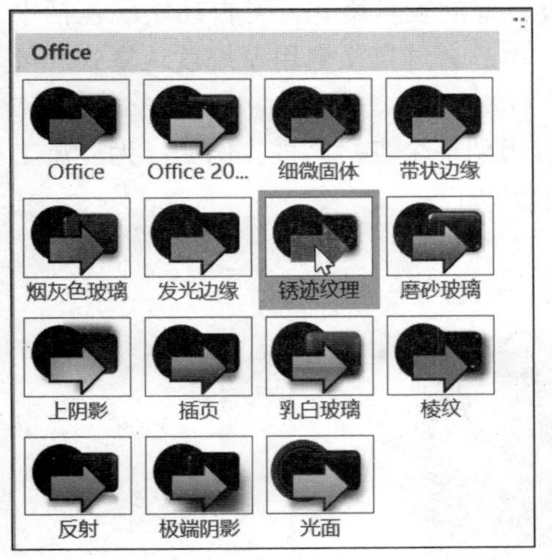

图 11-31　“效果”菜单

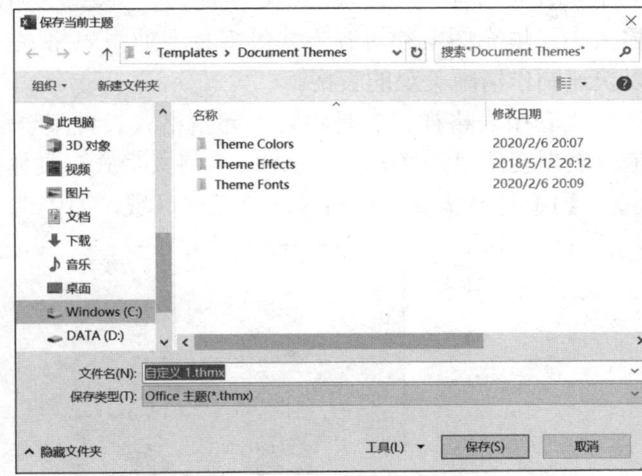

图 11-32　“保存当前主题”对话框

再次应用时，打开“页面布局”|“主题”|“主题”时，下拉菜单中将会出现“自定义 1”主题，如图 11-33 所示。

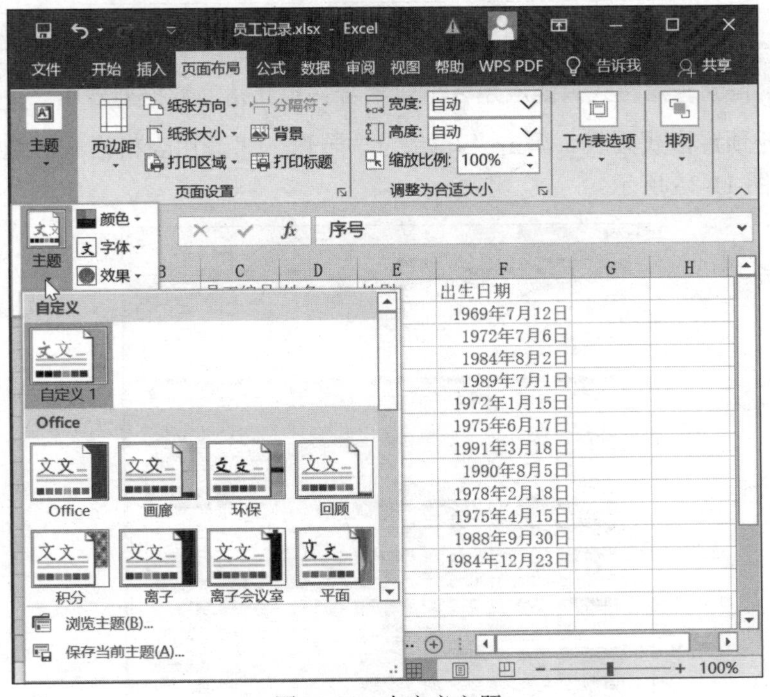

图 11-33　自定义主题

【说明】文档主题可以在 Office 各种程序之间共享，从而使所有的 Office 文档具有同一外观。

11.1.7 应用预设表格样式

在文档主题设定之后，文档色彩基调被确定，如果对表格的样式还不太满意，可选择应用预设表格样式。Excel 2016 中提供了大量已经设置好的表格格式，可自动实现包括字体大小、填充图案和对齐方式等多种专业报表格式，用户通过直接套用系统默认格式，可以快速制作清晰美观的表格。

“套用表格样式”是将对单元格格式设置集合应用到整个表格区域。例如，为“员工信息表”套用“表样式中等深浅 5”格式形式，具体操作如下。

【1】选择需要套用格式的单元格区域，如图 11-34 所示。

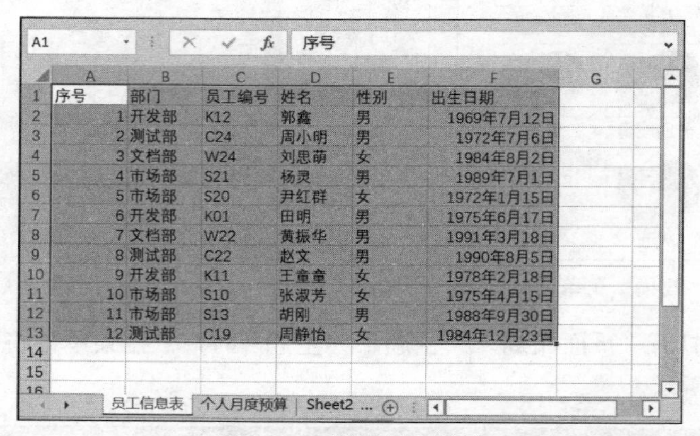

序号	部门	员工编号	姓名	性别	出生日期
1	开发部	K12	郭鑫	男	1969年7月12日
2	测试部	C24	周小明	男	1972年7月6日
3	文档部	W24	刘思萌	女	1984年8月2日
4	市场部	S21	杨灵	男	1989年7月1日
5	市场部	S20	尹红群	女	1972年1月15日
6	开发部	K01	田明	男	1975年6月17日
7	文档部	W22	黄振华	男	1991年3月18日
8	测试部	C22	赵文	男	1990年8月5日
9	开发部	K11	王童童	女	1978年2月18日
10	市场部	S10	张淑芳	女	1975年4月15日
11	市场部	S13	胡刚	男	1988年9月30日
12	测试部	C19	周静怡	女	1984年12月23日

图 11-34 选择设定区域

【注意】自动套用格式只能应用在不包括合并单元格的数据列表中。

【2】打开预置格式列表。单击“开始”|“样式”|“套用表格格式”选项，打开预置格式列表，如图 11-35 所示。

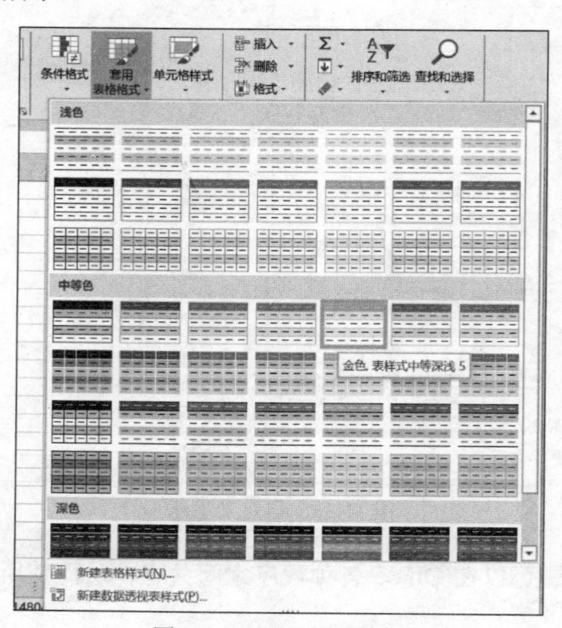

图 11-35 预置格式列表

【3】完成格式套用。拖动预置格式列表右侧的滚动条，选取要套用的样式“表样式中等深浅 5”，完成格式套用，效果图如图 11-36 所示。

G10

	A	B	C	D	E	F
1	序号	部门	员工编号	姓名	性别	出生日期
2	1	开发部	K12	郭鑫	男	1969年7月12日
3	2	测试部	C24	周小明	男	1972年7月6日
4	3	文档部	W24	刘思萌	女	1984年8月2日
5	4	市场部	S21	杨灵	男	1989年7月1日
6	5	市场部	S20	尹红群	女	1972年1月15日
7	6	开发部	K01	田明	男	1975年6月17日
8	7	文档部	W22	黄振华	男	1991年3月18日
9	8	测试部	C22	赵文	男	1990年8月5日
10	9	开发部	K11	王童童	女	1978年2月18日
11	10	市场部	S10	张淑芳	女	1975年4月15日
12	11	市场部	S13	胡刚	男	1988年9月30日
13	12	测试部	C19	周静怡	女	1984年12月23日
14						

员工信息表　个人月度预算

图 11-36　设定效果图

【4】自定义套用表格格式。如果对系统提供的表格样式不满意，可自行对套用表格的样式进行设置，操作步骤如下。

①打开“新建表样式”对话框。单击“开始”|“样式”|“套用表格格式”选项，弹出下拉菜单，选择“新建表样式”命令，弹出“新建表样式”对话框，如图 11-37 所示。

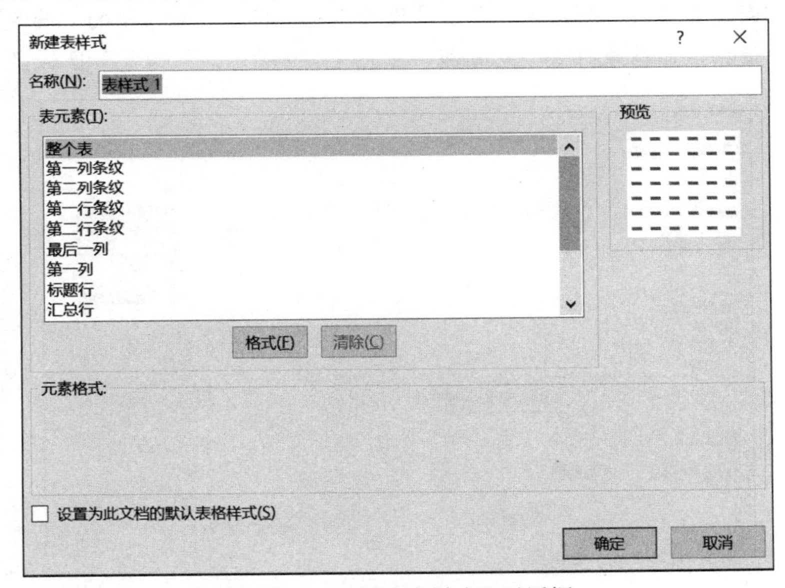

图 11-37　“新建表样式”对话框

②设置快速样式。

- 设定样式名称。在“名称”文本框中，输入样式名称。
- 选取设定对象。在“表元素”列表区域指定需要设定的表元素，可以将整个表设置为统一格式，也可以对表格的不同区域分别进行格式设置。

- 格式设置。单击“格式”按钮，弹出“设置单元格格式”对话框，如图 11-38 所示。在该对话框中，设定表格的字体、边框和填充格式。

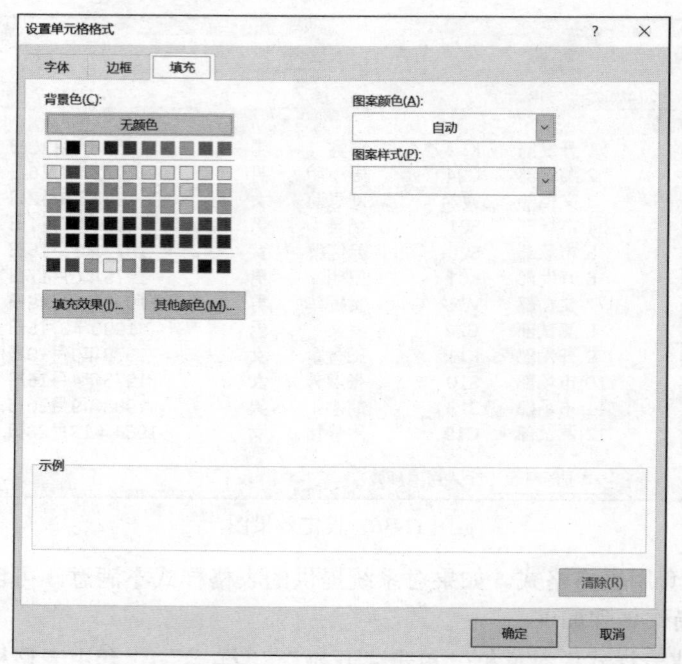

图 11-38 “设置单元格格式”对话框

- 返回“新建表样式”对话框。单击“设置单元格格式”对话框的“确定”按钮，完成设置。返回“新建表样式”对话框，如图 11-39 所示，“预览”区域显示格式效果。

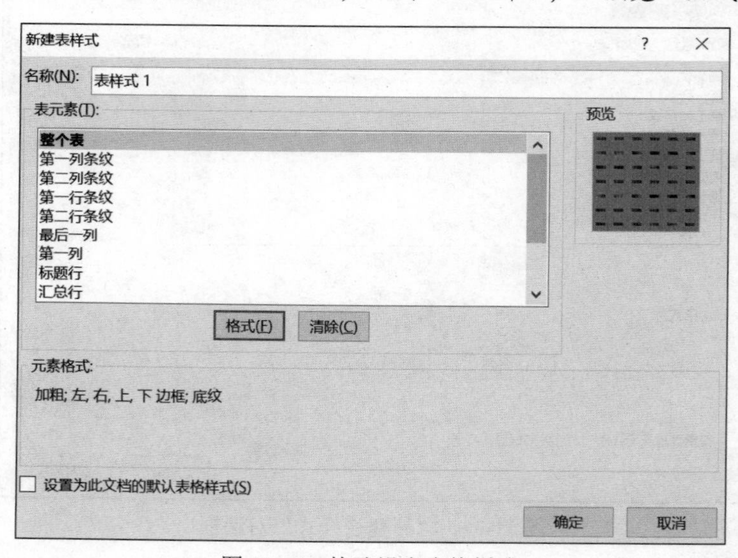

图 11-39 快速设定表格样式

③完成设定。单击“新建表样式”对话框的“确定”按钮，完成设置。单击“格式”|“样式”|“套用表格格式”按钮，打开预置格式列表时，会出现自定义的表格样式，如图 11-40 所示。

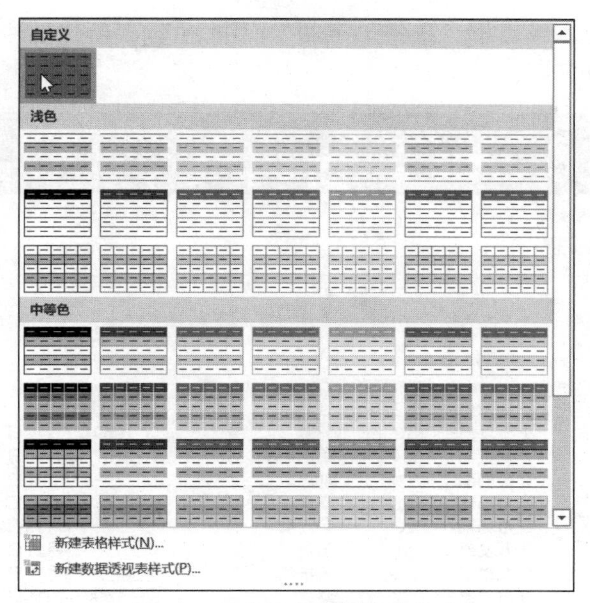

图 11-40　自定义套用表格格式

11.2　添加工作表批注

批注是对单元格中内容的解释说明。Excel 2016 默认情况下，批注不会直接显示，而是在单元格的右上角出现红色的三角表示，当鼠标指针移动到该单元格上方时，会自动显示批注内容。本节将主要介绍批注的添加、查看、编辑以及删除批注的方法。

11.2.1　添加批注

例如，对“员工信息”工作表的单元格添加关于批注，具体操作如下。

【1】选取要添加批注的单元格。单击要添加批注的单元格 D5，如图 11-41 所示。

D5　杨灵

	A	B	C	D	E	F
1	序号	部门	员工编号	姓名	性别	出生日期
2	1	开发部	K12	郭鑫	男	1969年7月12日
3	2	测试部	C24	周小明	男	1972年7月6日
4	3	文档部	W24	刘思萌	女	1984年8月2日
5	4	市场部	S21	杨灵	男	1989年7月1日
6	5	市场部	S20	尹红群	女	1972年1月15日
7	6	开发部	K01	田明	男	1975年6月17日
8	7	文档部	W22	黄振华	男	1991年3月18日
9	8	测试部	C22	赵文	男	1990年8月5日
10	9	开发部	K11	王童童	女	1978年2月18日
11	10	市场部	S10	张淑芳	女	1975年4月15日
12	11	市场部	S13	胡刚	男	1988年9月30日
13	12	测试部	C19	周静怡	女	1984年12月23日
14						

员工信息表　个人月度预算

图 11-41　选定单元格

【2】打开批注文本编辑框。选择“审阅”|“批注”|“新建批注”命令，生成批注文本编辑框，如图 11-42 所示。

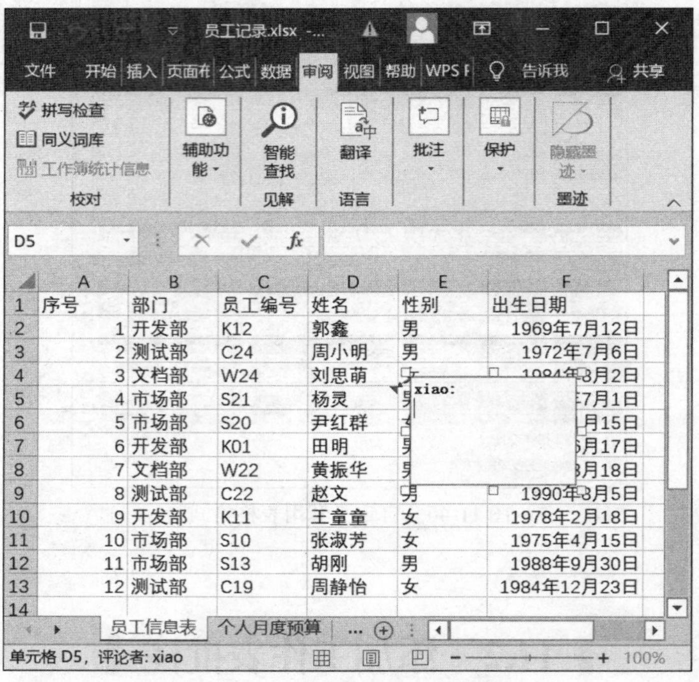

图 11-42 生成批注文本编辑框

【3】输入批注文本。在批注文本编辑框中，输入批注文本，如图 11-43 所示。

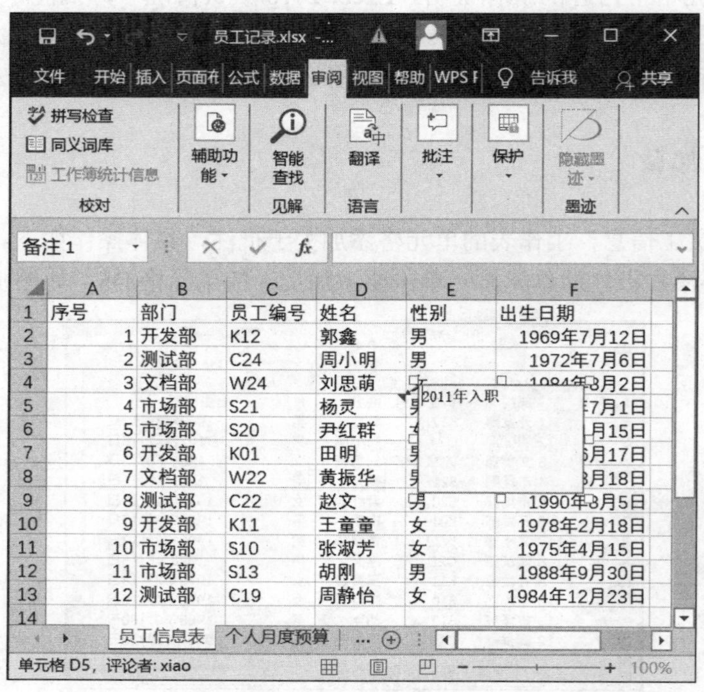

图 11-43 输入批注文本

【4】完成批注。单击批注文本编辑框以外的地方，完成批注添加。此时，有批注的单元格右上角出现一个红色小三角块，如图 11-44 所示。

	A	B	C	D	E	F
1	序号	部门	员工编号	姓名	性别	出生日期
2	1	开发部	K12	郭鑫	男	1969年7月12日
3	2	测试部	C24	周小明	男	1972年7月6日
4	3	文档部	W24	刘思萌	女	1984年8月2日
5	4	市场部	S21	杨灵	男	1989年7月1日
6	5	市场部	S20	尹红群	女	1972年1月15日
7	6	开发部	K01	田明	男	1975年6月17日
8	7	文档部	W22	黄振华	男	1991年3月18日
9	8	测试部	C22	赵文	男	1990年8月5日
10	9	开发部	K11	王童童	女	1978年2月18日
11	10	市场部	S10	张淑芳	女	1975年4月15日
12	11	市场部	S13	胡刚	男	1988年9月30日
13	12	测试部	C19	周静怡	女	1984年12月23日
14						

员工信息表　个人月度预算

图 11-44　完成批注

11.2.2　查看批注

Excel 2016 中默认情况下批注并不显示，只有将鼠标移动到有批注的单元格上方，Excel 将自动显示批注内容。当需要同时显示多个批注内容时，则需要单独设置。

例如，将“员工信息表”中的批注设置为显示状态，具体操作如下。

【1】显示批注。单击“审阅”|“批注”|“显示所有批注”选项，将显示所有批注内容，如图 11-45 所示。

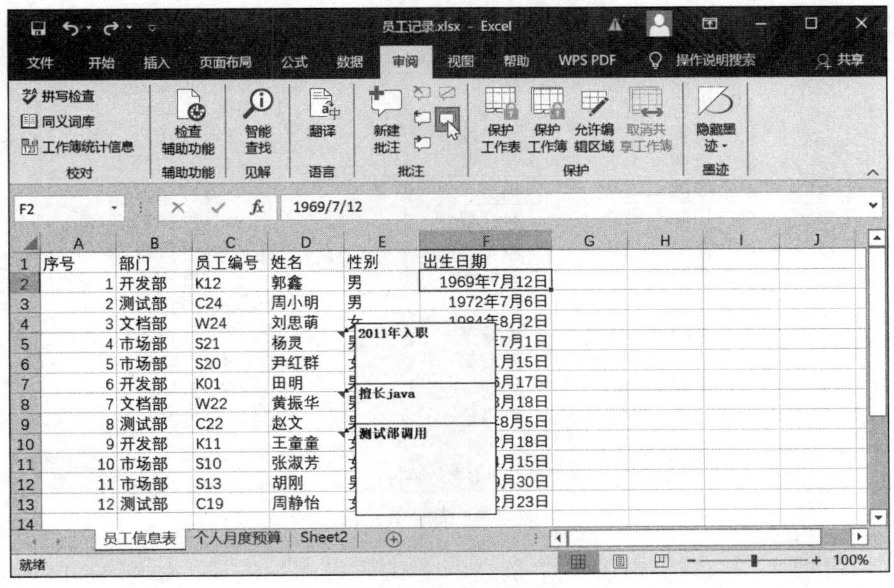

图 11-45　显示批注

【2】隐藏批注。依次单击“审阅”|“批注”|“显示 / 隐藏批注”选项，将隐藏批注，如图 11-46 所示。

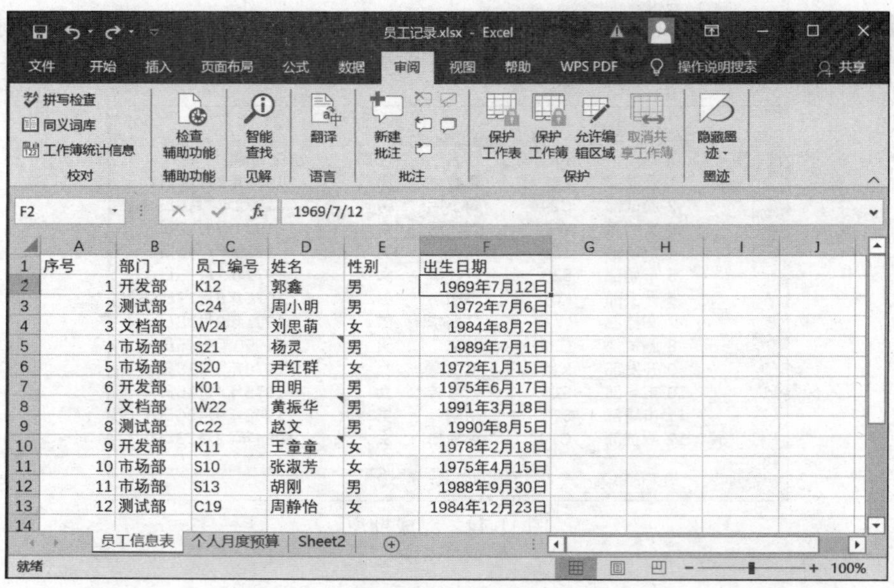

	A	B	C	D	E	F
1	序号	部门	员工编号	姓名	性别	出生日期
2	1	开发部	K12	郭鑫	男	1969年7月12日
3	2	测试部	C24	周小明	男	1972年7月6日
4	3	文档部	W24	刘思萌	女	1984年8月2日
5	4	市场部	S21	杨灵	男	1989年7月1日
6	5	市场部	S20	尹红群	女	1972年1月15日
7	6	开发部	K01	田明	男	1975年6月17日
8	7	文档部	W22	黄振华	男	1991年3月18日
9	8	测试部	C22	赵文	男	1990年8月5日
10	9	开发部	K11	王童童	女	1978年2月18日
11	10	市场部	S10	张淑芳	女	1975年4月15日
12	11	市场部	S13	胡刚	男	1988年9月30日
13	12	测试部	C19	周静怡	女	1984年12月23日

图 11-46 隐藏批注

11.2.3 修改批注

在单元格中添加批注后，可以对批注进行修改，具体操作步骤如下。

【1】选取要修改批注的单元格，如图 11-47 所示。

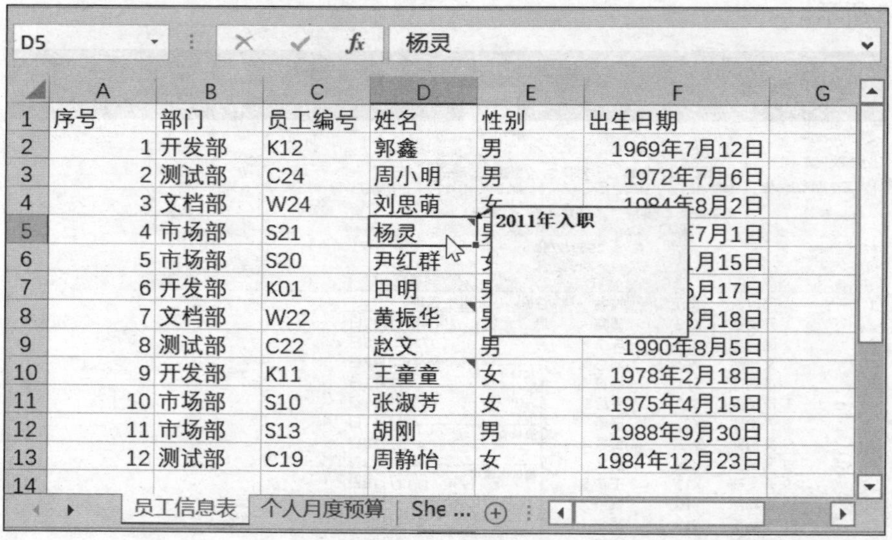

	A	B	C	D	E	F
1	序号	部门	员工编号	姓名	性别	出生日期
2	1	开发部	K12	郭鑫	男	1969年7月12日
3	2	测试部	C24	周小明	男	1972年7月6日
4	3	文档部	W24	刘思萌	女	1984年8月2日
5	4	市场部	S21	杨灵	男	1989年7月1日
6	5	市场部	S20	尹红群	女	1972年1月15日
7	6	开发部	K01	田明	男	1975年6月17日
8	7	文档部	W22	黄振华	男	1991年3月18日
9	8	测试部	C22	赵文	男	1990年8月5日
10	9	开发部	K11	王童童	女	1978年2月18日
11	10	市场部	S10	张淑芳	女	1975年4月15日
12	11	市场部	S13	胡刚	男	1988年9月30日
13	12	测试部	C19	周静怡	女	1984年12月23日

2011年入职

图 11-47 选取单元格

【2】编辑批注。选择“审阅”|“批注”|“编辑批注”选项，如图 11-48 所示。弹出批注文本编辑框，编辑批注。

【3】完成批注编辑。单击批注文本编辑框外的表格，退出批注文本编辑状态，完成批注编辑。

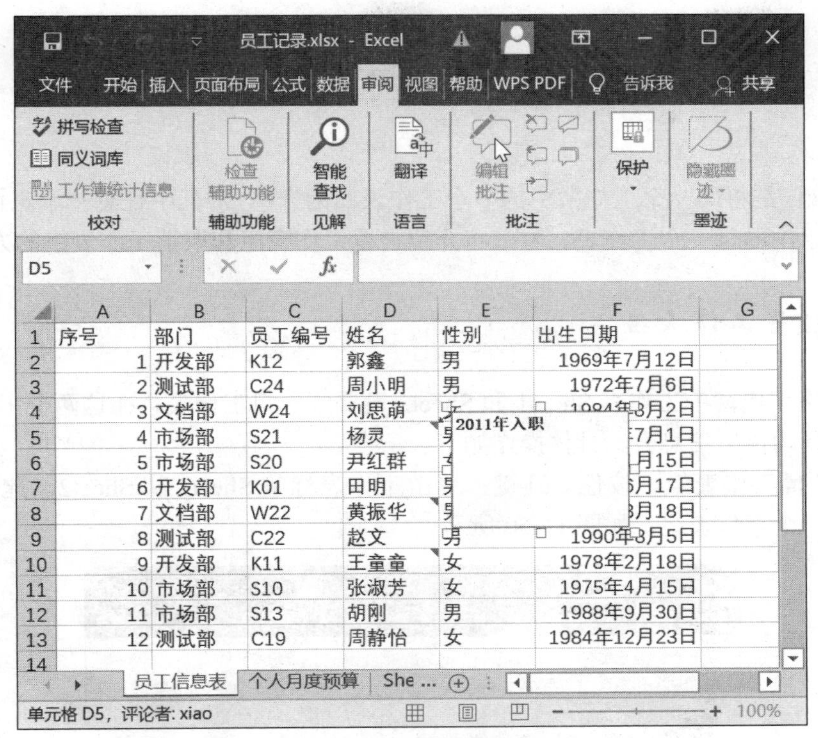

图 11-48　编辑批注

11.2.4　删除批注

在单元格中的批注不再需要时，可对批注进行删除，具体操作如下。

【1】选取要删除批注的单元格，如图 11-49 所示。

D5　杨灵

	A	B	C	D	E	F
1	序号	部门	员工编号	姓名	性别	出生日期
2	1	开发部	K12	郭鑫	男	1969年7月12日
3	2	测试部	C24	周小明	男	1972年7月6日
4	3	文档部	W24	刘思萌	女	1984年8月2日
5	4	市场部	S21	杨灵		7月1日
6	5	市场部	S20	尹红群		月15日
7	6	开发部	K01	田明		月17日
8	7	文档部	W22	黄振华		月18日
9	8	测试部	C22	赵文	男	1990年8月5日
10	9	开发部	K11	王童童	女	1978年2月18日
11	10	市场部	S10	张淑芳	女	1975年4月15日
12	11	市场部	S13	胡刚	男	1988年9月30日
13	12	测试部	C19	周静怡	女	1984年12月23日

2011年入职

员工信息表　个人月度预算　She ...

图 11-49　选取单元格

【2】删除批注。选择“审阅”|“批注”|“删除”选项，删除批注。

11.3 设置工作表组

工作表组，是将同一个工作簿中的多个工作表归为一组，对其中任意一个工作表的操作，将应用到该组中的每一个工作表。本节将介绍设置工作表组和取消工作表组的方法。

11.3.1 设置工作表组

例如，将工作簿中工作表 Sheet1 和 Sheet2 设置成一组工作表。在这两个工作表中创建一个格式相同的员工信息表，具体操作如下。

【1】设置工作表组。按住 Ctrl 键，单击工作表标签 Sheet1 和 Sheet2，此时，这两个工作表组成一个工作表组，如图 11-50 所示。

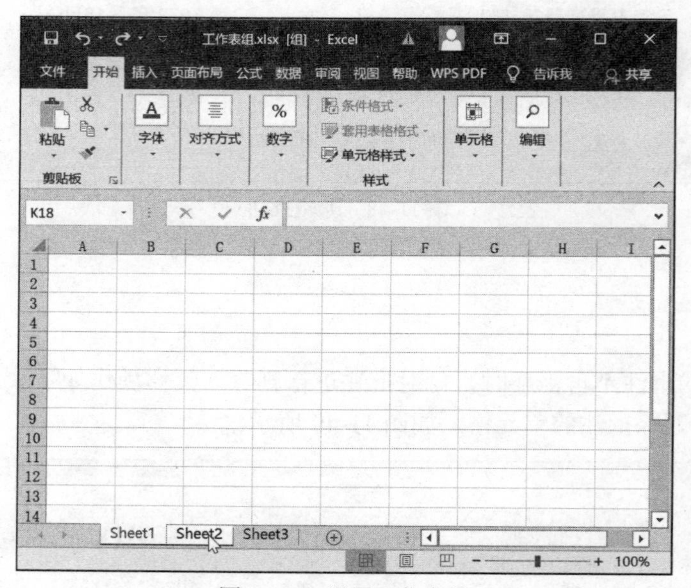

图 11-50 设置工作表组

【注意】Excel 标题栏中出现“组”字样，且工作表标签 Sheet1 和 Sheet2 同时保持高亮。

【2】创建员工信息表。在 Sheet1 中创建员工信息表，Sheet2 中会同时出现。

11.3.2 取消工作表组

取消工作表组，就是将已经成组的工作表拆分成独立的工作表。取消工作表组后，可以对工作表进行单独的操作。

拆分“工作表组 .xlsx”文档中的 Sheet1 和 Sheet2 构成的工作表组，并查看不同的工作表内容，具体操作如下。

【1】应用菜单命令取消工作表组。将光标放置于 Sheet1 和 Sheet2 任意一工作表标签上右击，弹出右键菜单，如图 11-51 所示，选择“取消组合工作表”命令，取消工作表组。

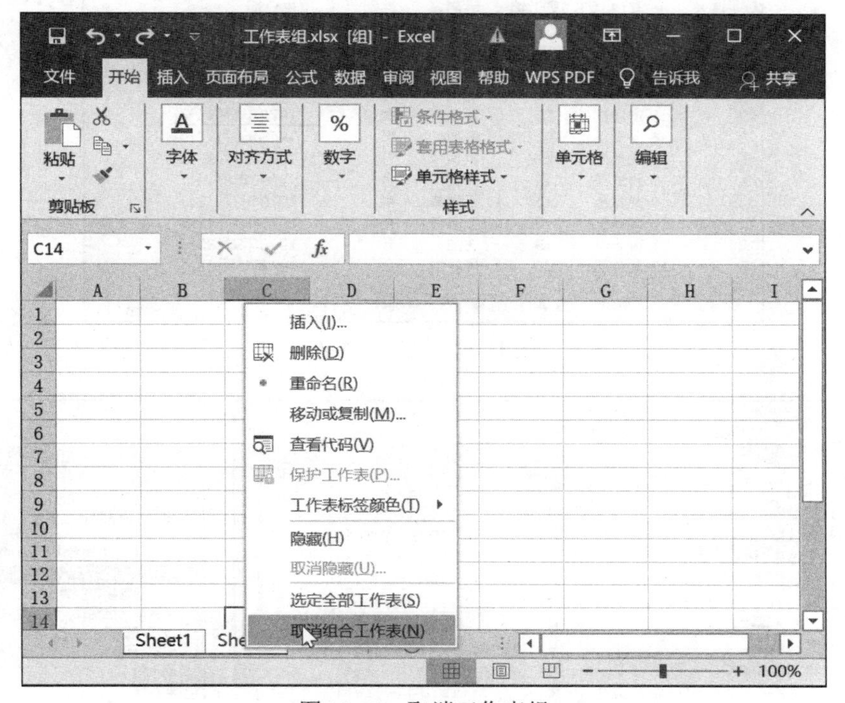

图 11-51　取消工作表组

【2】快捷方式取消工作表组。单击工作表标签 Sheet3，将取消 Sheet1 和 Sheet2 工作表组。

11.4　保护工作表

为了防止工作表中重要的实验数据、商业情报被改动或复制，可以设定对工作表进行保护。当工作表被保护后，该工作表中的所有单元格都会被锁定，其他用户不能对其进行任何更改。

11.4.1　保护工作表

保护工作表，即使得任何一个单元格都不允许被更改。例如，对“员工信息表”设定保护，具体操作步骤如下。

【1】选取要设置保护的工作表。单击要设置保护的工作表标签，选取该工作表，如图 11-52 所示。

【2】打开“保护工作表”对话框。右击“员工信息表”标签，弹出右键菜单，如图 11-53 所示。选择“保护工作表”命令，弹出“保护工作表”对话框，如图 11-54 所示。

	A	B	C	D	E	F	G
1	序号	部门	员工编号	姓名	性别	出生日期	
2	1	开发部	K12	郭鑫	男	1969年7月12日	
3	2	测试部	C24	周小明	男	1972年7月6日	
4	3	文档部	W24	刘思萌	女	1984年8月2日	
5	4	市场部	S21	杨灵	男	1989年7月1日	
6	5	市场部	S20	尹红群	女	1972年1月15日	
7	6	开发部	K01	田明	男	1975年6月17日	
8	7	文档部	W22	黄振华	男	1991年3月18日	
9	8	测试部	C22	赵文	男	1990年8月5日	
10	9	开发部	K11	王童童	女	1978年2月18日	
11	10	市场部	S10	张淑芳	女	1975年4月15日	
12	11	市场部	S13	胡刚	男	1988年9月30日	
13	12	测试部	C19	周静怡	女	1984年12月23日	
14							

图 11-52　选取工作表

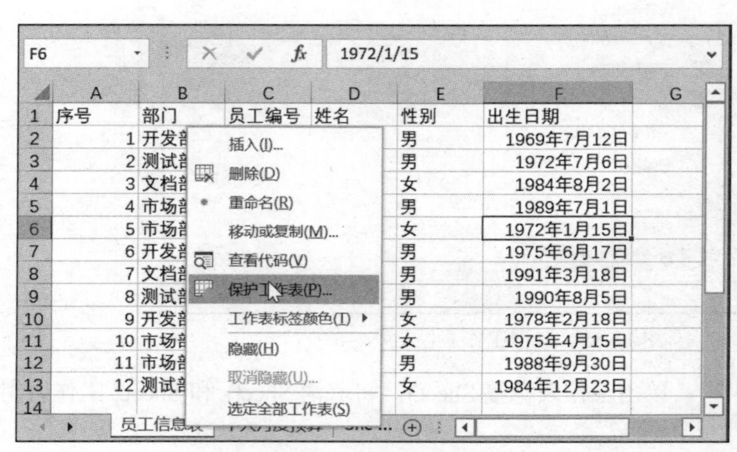

图 11-53　保护工作表

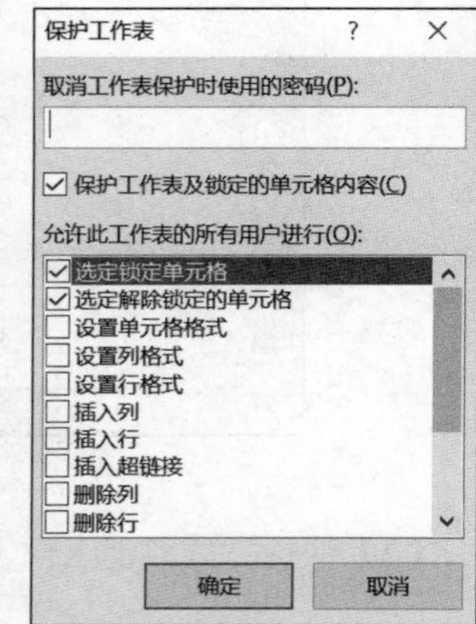

图 11-54　“保护工作表”对话框

【3】设置保护选项。

- 在“允许此工作表的所有用户进行”选项组中，选择允许他人能够更改的项目，本案例保持默认选项，只允许选定单元格。
- 在“取消工作表保护时使用的密码”文本框中输入密码，该密码用于设置者取消保护，单击“确定”按钮，弹出“确认密码”对话框，重复输入确认密码后完成设置，如图 11-55 所示。

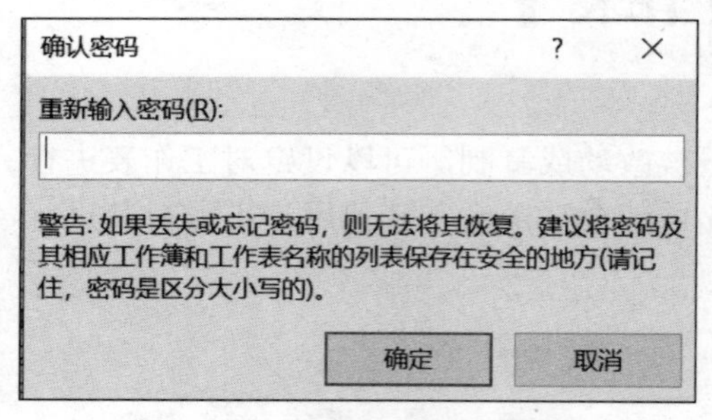

图 11-55　“确认密码”对话框

【4】完成设置。保护选项设置完成后，在被保护工作表的任意一个单元格中输入数据或更改格式时，均会出现提示信息，如图 11-56 所示。

图 11-56　保护提示信息

11.4.2　取消工作表的保护

例如，对“员工信息表”取消保护，具体操作步骤如下。

【1】选取要取消保护的工作表。单击要取消保护的工作表标签，激活该工作表，如图 11-57 所示。

F6　1972/1/15

	A	B	C	D	E	F
1	序号	部门	员工编号	姓名	性别	出生日期
2	1	开发部	K12	郭鑫	男	1969年7月12日
3	2	测试部	C24	周小明	男	1972年7月6日
4	3	文档部	W24	刘思萌	女	1984年8月2日
5	4	市场部	S21	杨灵	男	1989年7月1日
6	5	市场部	S20	尹红群	女	1972年1月15日
7	6	开发部	K01	田明	男	1975年6月17日
8	7	文档部	W22	黄振华	男	1991年3月18日
9	8	测试部	C22	赵文	男	1990年8月5日
10	9	开发部	K11	王童童	女	1978年2月18日
11	10	市场部	S10	张淑芳	女	1975年4月15日
12	11	市场部	S13	胡刚	男	1988年9月30日
13	12	测试部	C19	周静怡	女	1984年12月23日

员工信息表　个人月度预算　She ...

图 11-57　选取工作表

【2】打开“撤销工作表保护”对话框。右击“员工信息表”标签，弹出右键菜单，如图 11-58 所示。选择“撤销工作表保护”命令，弹出“撤销工作表保护”对话框，如图 11-59 所示。

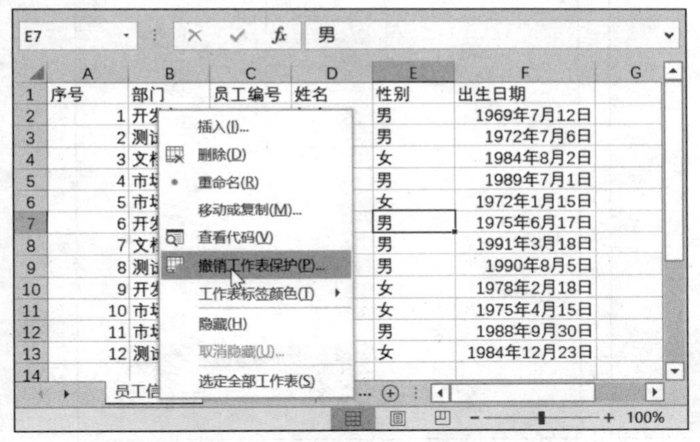

图 11-58　撤销工作表保护

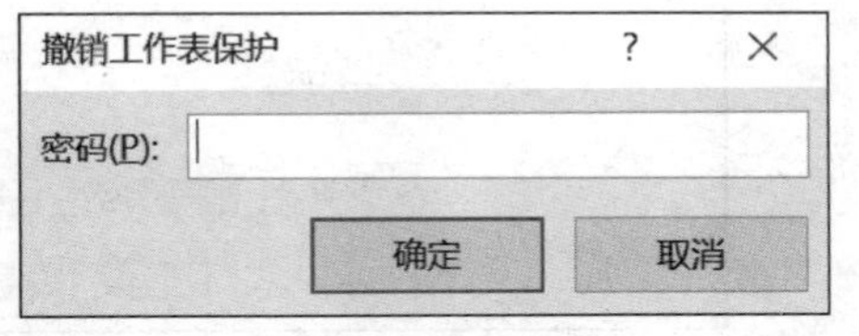

图 11-59　“撤销工作表保护”对话框

【3】撤销工作表保护。在“密码”框中输入设置保护时使用的密码，单击“确定”按钮，工作表保护撤销。

11.5　打印工作表

日常工作中，经常需要对 Excel 表格打印输出。Excel 表格在打印输出前，需要对页面参数进行设置。同时，Excel 表格的打印输出和 Word 文档略有不同，由于 Excel 2016 中文档的打印非常灵活，用户可以打印选定区域、活动工作表以及打印整个工作簿，用户在对Excel表格打印输出时，需要事先设定打印范围。

11.5.1 页面设置

为了让打印出来的文档方便阅读和保存，在Excel 2016中电子表格在打印输出前，需要对页面的参数进行设置。页面参数包括页边距设置、纸张大小以及页眉页脚等内容。

例如，将Excel表格的页边距设置为距纸张上边缘2.3厘米、下边缘2.3厘米、左边缘1.9厘米、右边缘2.9厘米，将页眉和页脚距离设置为0.8厘米，B5纸张，横向显示，同时，设定页眉和页脚，具体操作如下。

【1】打开“页面设置”对话框。单击“页面布局”|“页面设置”的“对话框启动器”按钮，弹出“页面设置”对话框，如图11-60所示。

【2】页边距、居中方式等设置。打开“页边距”选项卡，设置页边距以及页眉页脚距离，同时将表格内容在纸张上的位置，居中方式设置为“水平”，页面参数设置如图11-61所示。

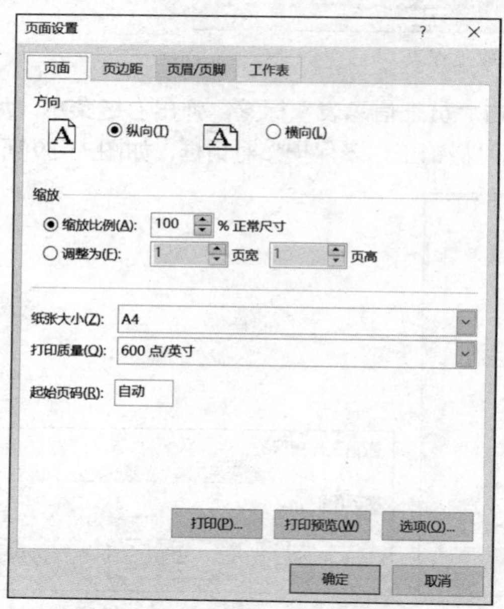

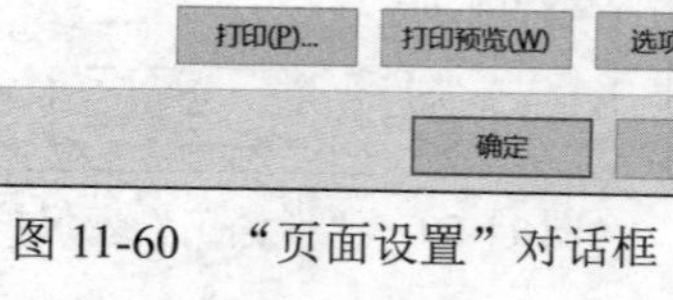

图11-60 “页面设置”对话框

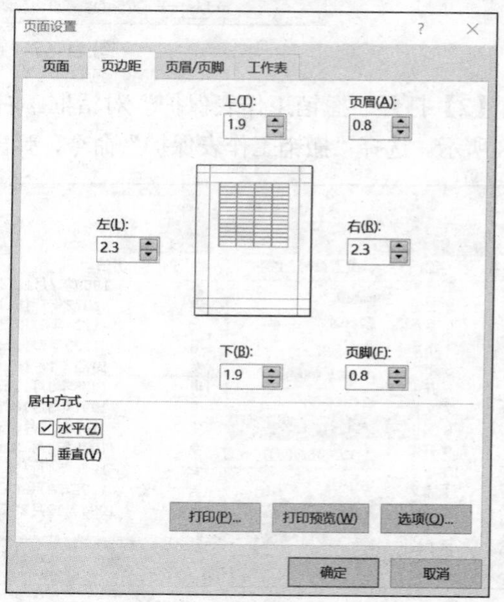

图11-61 页边距设置

【3】设置纸张和打印方向。Excel 2016中默认的纸张为A4幅面的纸张，需要以其他幅面的纸张打印时，可对纸张进行设置。打印方向是指打印输出时Excel表格中内容的排列方向。

本案例选择“横向”打印，“B5纸张”，具体操作如下。

①设置打印方向。单击“页面”选项卡，在“方向”选项组中选择“横向”。

②设置纸张大小。单击打开“纸张大小”下拉列表框，拖动其右侧滚动条，选取下拉列表框中的“B5”选项，如图11-62所示。

【4】页眉页脚设置。页眉页脚的内容，可以作为表格正文的说明或提供表格的一些属性信息。例如，为“员工信息表”设置页眉和页脚信息，具体操作如下。

①打开“页眉/页脚”选项卡，如图11-63所示。

图 11-62　打印方向和纸张大小设置

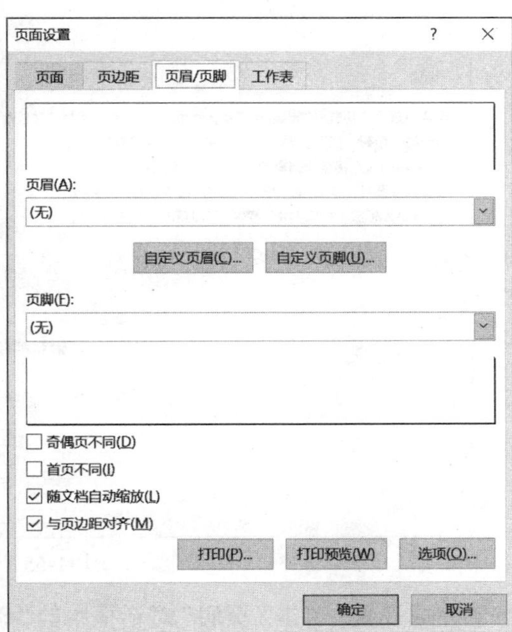

图 11-63　“页眉 / 页脚”选项卡

②设置页眉内容。单击打开“页眉”下拉列表框，选取想要添加的内容，如图 11-64 所示。

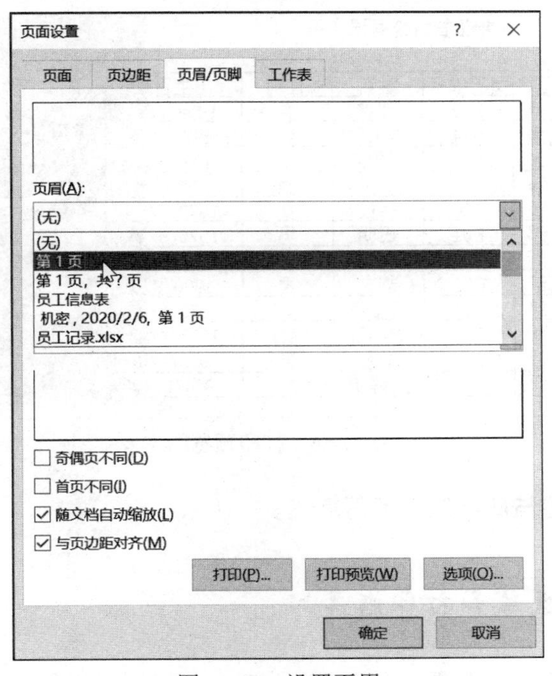

图 11-64　设置页眉

③自定义页眉。如果想自行定义页眉，则单击“自定义页眉”按钮，弹出“页眉”对话框，“页眉”对话框下部有左、中、右 3 个区域，分别指的是文档页眉处的左、中、右区域，可以在这些区域插入文本、图片、时间以及日期等，具体设置如图 11-65 所示。

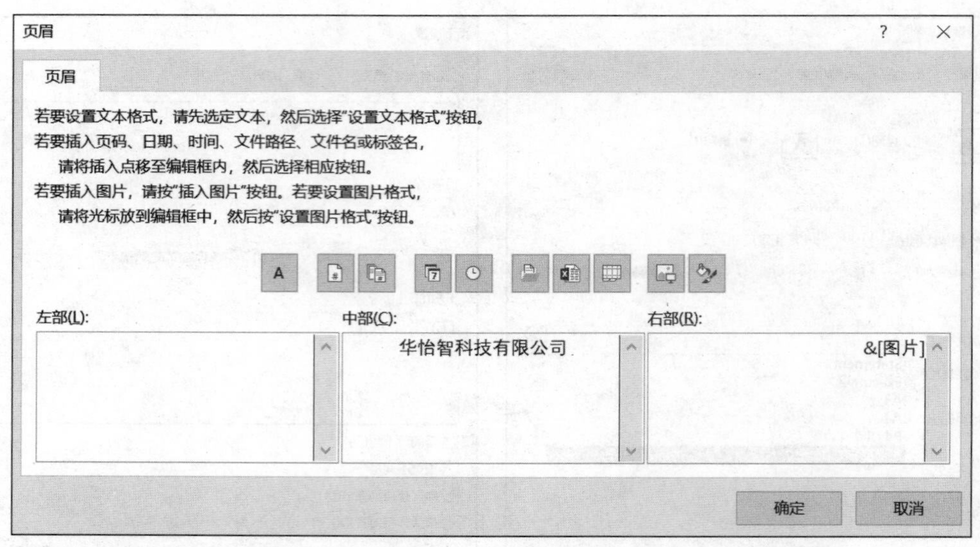

图 11-65　自定义页眉

④完成设置。单击“页眉”对话框中的“确定”按钮，返回“页面设置”文本框，单击“确定”按钮，完成设置。

⑤预览打印效果图。单击“页面设置”文本框中的“打印预览”按钮，查看打印预览图，如图 11-66 所示。

华怡智科技有限公司

序号	部门	员工编号	姓名	性别	出生日期
1	开发部	K12	郭鑫	男	1969/7/12
2	测试部	C24	周小明	男	1972/7/6
3	文档部	W24	刘思萌	女	1984/8/2
4	市场部	S21	杨灵	男	1989/7/1
5	市场部	S20	尹红群	女	1972/1/15
6	开发部	K01	田明	男	1975/6/17
7	文档部	W22	黄振华	男	1991/3/18
8	测试部	C22	赵文	男	1990/8/5
9	开发部	K11	王童童	女	1978/2/18
10	市场部	S10	张淑芳	女	1975/4/15
11	市场部	S13	胡刚	男	1988/9/30
12	测试部	C19	周静怡	女	1984/12/23

图 11-66　打印预览图

【说明】页脚设置与此类似，不再赘述。

11.5.2 设置打印区域和打印顺序

Excel 表格有时比较大，需要分页打印。此时，可以通过设置打印顺序，控制表格不同部分的打印顺序。同时，如果表格需要分页打印时，可以设置每页都打印该表格的共用标题，以方便阅读和理解表格内容。

例如，设置员工信息表的打印标题和打印顺序，具体操作如下。

【1】打开“工作表”选项卡。单击“页面布局”|“工作表选项”的“对话框启动器”按钮，弹出“页面设置”对话框，在对话框中打开“工作表”选项卡，如图 11-67 所示。

【2】选取标题行和打印区域。输入或选取要作为打印区域和标题行的区域，进行设定。

【3】打印样式设定。在“打印”选项组区域，勾选“网格线”左侧的复选框，设置打印输出的表格上显示网格线。

【4】设置打印顺序。选中“页面设置”对话框“打印顺序”选项组中的“先行后列”单选按钮，表明当表格内容一张纸内无法全部涵盖，需要分页显示时，则按先行后列的顺序进行输出，打印设置如图 11-68 所示。

图 11-67 “工作表”选项卡

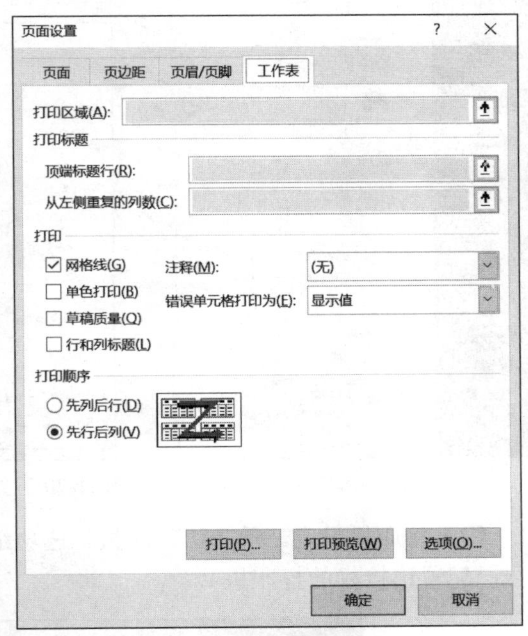

图 11-68 工作表打印设置

【5】预览效果。初步设置完成后，单击“打印预览”按钮，预览打印效果，如图 11-69 所示。

员工信息表

序号	部门	员工编号	姓名	性别	出生日期
1	开发部	K12	郭鑫	男	1969/7/12
2	测试部	C24	周小明	男	1972/7/6
3	文档部	W24	刘思萌	女	1984/8/2
4	市场部	S21	杨灵	男	1989/7/1
5	市场部	S20	尹红群	女	1972/1/15
6	开发部	K01	田明	男	1975/6/17
7	文档部	W22	黄振华	男	1991/3/18
8	测试部	C22	赵文	男	1990/8/5
9	开发部	K11	王童童	女	1978/2/18
10	市场部	S10	张淑芳	女	1975/4/15
11	市场部	S13	胡刚	男	1988/9/30
12	测试部	C19	周静怡	女	1984/12/23

图 11-69 效果预览图

11.5.3 打印设置

当文档打印设置基本完成后，进入打印状态，准备打印相关因素设置。

【1】进入打印界面。单击“文件”|“打印”选项，显示“打印”界面，如图 11-70 所示，其中界面中部为打印设定区域，右部为打印效果预览区域。

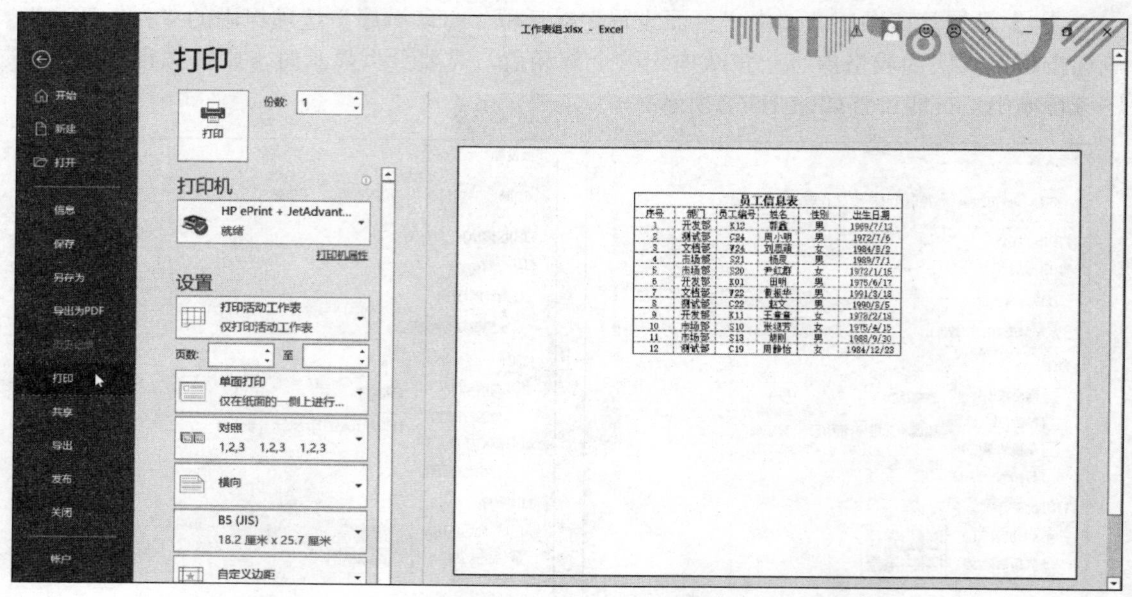

图 11-70　“打印”界面

【2】打印机设定。单击“打印机”选项组中的按钮，弹出下拉菜单，如图 11-71 所示，选择已配置连接好的打印机。

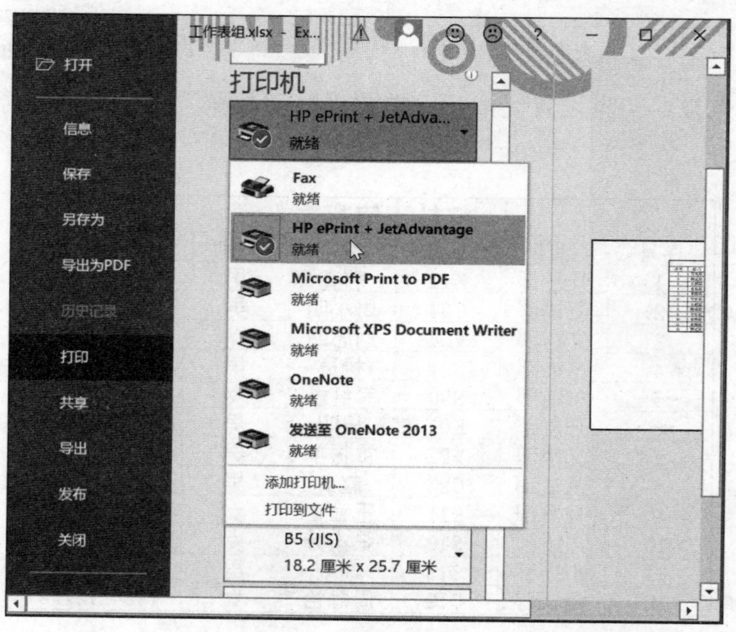

图 11-71　选择打印机

【3】设定打印范围。单击“设置”选项组的“打印活动工作表”按钮，弹出下拉菜单，如图 11-72 所示。其中，可以打印当前活动工作表、整个工作簿以及打印选定区域，如果前面已经设置完成打印区域，则直接选择“打印选定区域”即可。

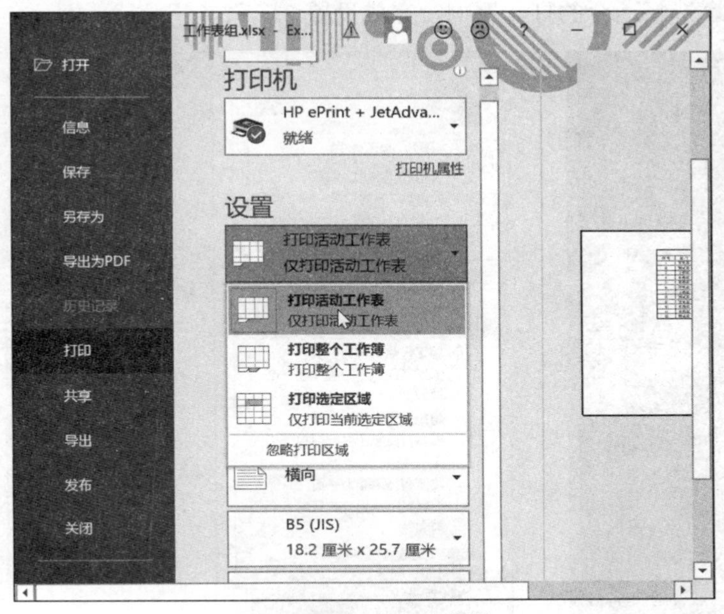

图 11-72　设定打印范围

【4】打印方式设定。单击“单面打印”按钮，弹出下拉菜单，如图 11-73 所示，可以选择不同的打印方式。

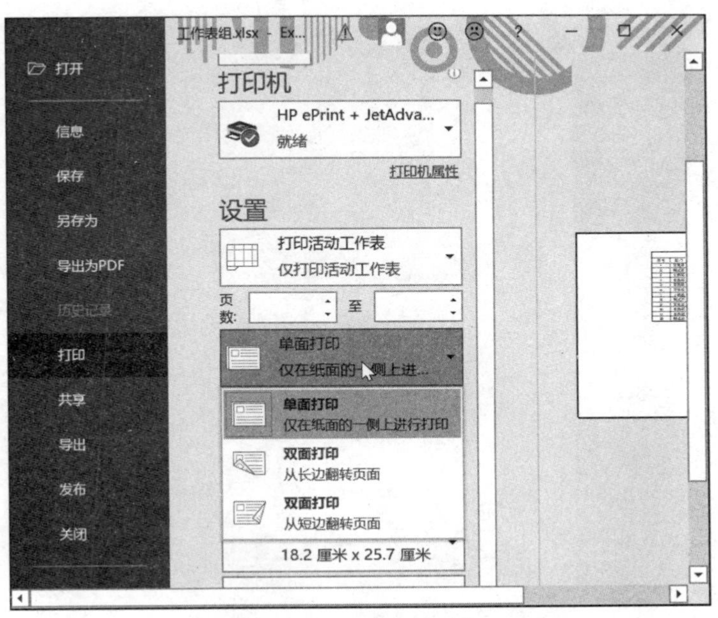

图 11-73　打印方式选择

【说明】打印方式和所选用的打印机有关，有的打印机只能提供单面打印功能。

【5】打印比例设定。Excel 2016 默认状态下，工作表在打印输出时无缩放，100% 比例显示。但有些情况，如表格内容一页存放不下，有很少一部分需要第 2 页进行存放，但用户希望所有内容只用一页纸显示，这时则需要设定缩放：单击“无缩放”按钮，弹出菜单，如图 11-74 所示。选择适合的打印比例，完成设置。

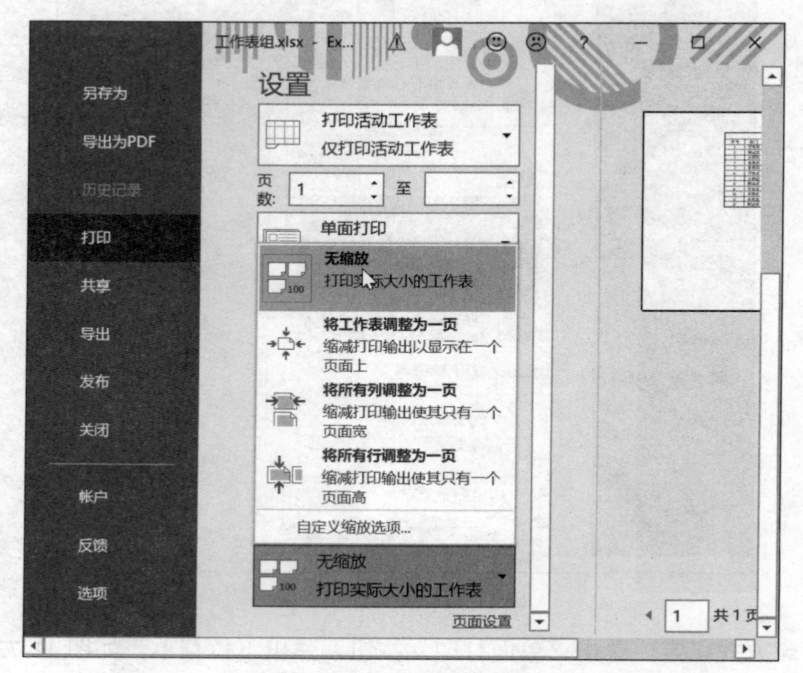

图 11-74　设定打印比例

第12章
公式和函数

公式和函数是Excel的重要组成部分，经常应用于数据分析、报表统计等。在单元格中输入正确的公式或函数后，会立即在单元格中显示计算出来的结果。如果改变了工作表中与公式有关的或作为函数参数的单元格中的数据，Excel会自动更新计算结果，这种自动特性为用户进行数据分析和统计带来了极大的方便。

内容提要

本章首先介绍公式中常用的运算符和单元格引用；其次介绍公式、函数输入和编辑方法及常见错误；然后介绍各种类型的常用函数；最后结合5个案例对函数应用进行了详细讲解。

重要知识点

- 运算符
- 单元格引用
- 函数的输入和编辑
- 公式和函数中的常见错误
- 常用函数

12.1 运算符

Excel 包含常用的 4 种类型的运算符：算术运算符、比较运算符、文本运算符和引用运算符。

12.1.1 算术运算符

算术运算符主要用于完成基本的数学运算，分别是：

+（加号）：主要用于加法运算，例如单元格 A1 和单元格 A2 中的数据相加，可表示为“A1+A2”；

–（减号）：主要用于减法运算，例如单元格 A1 中的数据与数值“1”相减，可表示为“A1–1”；

*（星号）：主要用于乘法运算，例如单元格 A1 中的数据与数值“3”相乘，可表示为“A1*3”；

/（斜杠）：主要用于除法运算，例如单元格 A1 中的数据除以数值“4”，可表示为“A1/4”；

%（百分号）：主要用于表示百分比，例如“20%”；

^（脱字符）：主要用于乘方运算，例如数值“4”的平方，可表示为“4^2”。

例如，计算“算术运算符”工作表中的下列运算，运算符示例如图 12-1 所示。

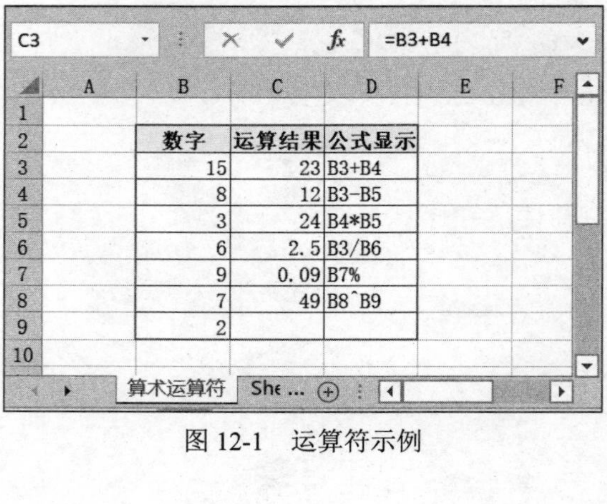

C3 =B3+B4

数字	运算结果	公式显示
15	23	B3+B4
8	12	B3-B5
3	24	B4*B5
6	2.5	B3/B6
9	0.09	B7%
7	49	B8^B9
2		

算术运算符 She ...

图 12-1 运算符示例

12.1.2 比较运算符

比较运算符用作比较两个数值的大小关系。当用操作符比较两个值时，结果是一个逻辑值，为 TRUE 或 FALSE，其中 TRUE 表示“真”，FALSE 表示“假”。比较运算符分别是：

- =（等号）：主要用于判断两个数值是否相等，例如比较单元格 A1 和单元格 B1 中的数据是否相等，可表示为“A1=B1”，如果相等，则结果为 TRUE，否则为 FALSE。
- >（大于号）或 <（小于号）：主要用于判断两个数值之间的大小，例如判断单元格 A1 中的数据是否大于单元格 B1 中的数据，可表示为“A1>B1”，如果大于，则结果为 TRUE，否则为 FALSE。
- >=（大于等于号）或 <=（小于等于号）：主要用于判断两个数值之间的大小，例如判断单元格 A1 中的数据是否大于或等于单元格 B1 中的数据，可表示为“A1>=B1”，如果大于或等于，则结果为 TRUE，否则为 FALSE。
- <>（不等于号）：主要用于判断两个数值是否相等，例如比较单元格 A1 和单元格 B1 中的数据是否不相等，可表示为“A1<>B1”，如果不相等，则结果为 TRUE，否则为 FALSE。

例如，学生成绩如果高于 90 分，则在 G 列的相应单元格进行填写，具体操作如下。

【1】选取单元格。选取存放判断结果的单元格 G3。

【2】输入计算公式。在编辑框中输入“=F3>=90”。

【3】输出结果。单击 Enter 键，H3 显示为 TRUE。

【4】填充结果到相应单元格。拖动 H3 填充柄到 H17，显示结果如图 12-2 所示。

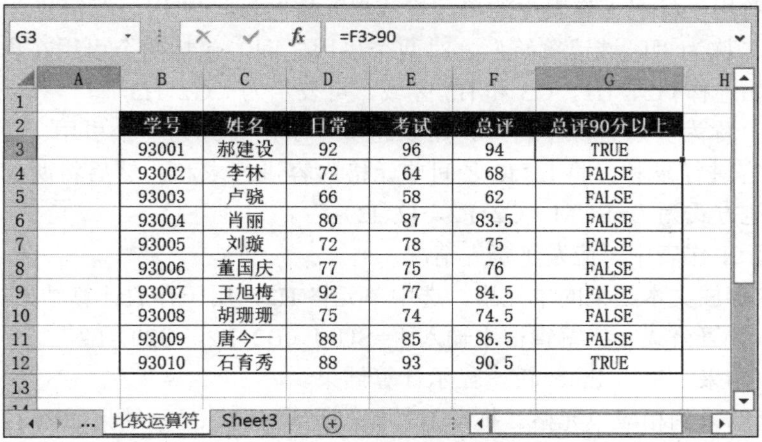

G3　=F3>90

学号	姓名	日常	考试	总评	总评90分以上
93001	郝建设	92	96	94	TRUE
93002	李林	72	64	68	FALSE
93003	卢骁	66	58	62	FALSE
93004	肖丽	80	87	83.5	FALSE
93005	刘璇	72	78	75	FALSE
93006	董国庆	77	75	76	FALSE
93007	王旭梅	92	77	84.5	FALSE
93008	胡珊珊	75	74	74.5	FALSE
93009	唐今一	88	85	86.5	FALSE
93010	石育秀	88	93	90.5	TRUE

比较运算符　Sheet3

图 12-2　比较运算符

12.1.3　文本运算符

文本运算符（&）用于将一个或多个文本连接为一个组合文本的运算符号。

例如，应用文本运算符显示工作表中某位学生的成绩情况，具体操作如下所示。

【1】选取存放文本结果的单元格。文本结果存放于 C15:E16 合并后的单元格中，单元格名称为 C15。

【2】输入计算公式。在编辑框中输入“=C5&”的“&F2&”成绩是“&F5”。

【3】输出结果。单击 Enter 键，C15 显示为“卢骁的总评成绩是 62”，显示结果如图 12-3 所示。

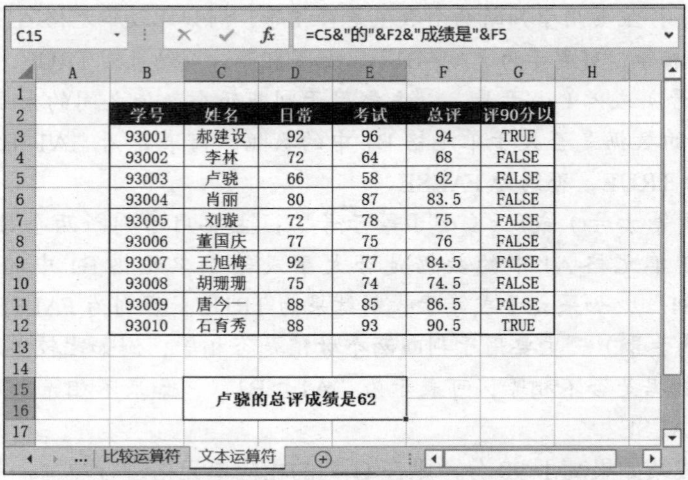

C15 =C5&"的"&F2&"成绩是"&F5

学号	姓名	日常	考试	总评	评90分以
93001	郝建设	92	96	94	TRUE
93002	李林	72	64	68	FALSE
93003	卢骁	66	58	62	FALSE
93004	肖丽	80	87	83.5	FALSE
93005	刘璇	72	78	75	FALSE
93006	董国庆	77	75	76	FALSE
93007	王旭梅	92	77	84.5	FALSE
93008	胡珊珊	75	74	74.5	FALSE
93009	唐今一	88	85	86.5	FALSE
93010	石育秀	88	93	90.5	TRUE

卢骁的总评成绩是62

比较运算符 文本运算符

图 12-3　文本运算符

12.1.4　引用运算符

引用运算符用于标明工作表中的单元格或单元格区域。引用运算符包含以下两种：

：（冒号）称为“区域运算符”，对两个引用之间，包括两个引用在内的所有单元格进行引用，例如选择 G2、H2、G3 和 H3 区域，可表示为“G2:H3”。

，（逗号）称为“联合操作符”，用以将多个引用合并为一个引用。例如，将 C2:F2 之间单元格内容进行求和，将 I2:J2 之间单元格内容进行求和，然后将两部分计算结果再次求和，则表达方式为“=SUM（C2:F2，I2:J2）”。

例如，显示工作表中“应发工资”情况。

【1】选取存放文本结果的单元格。选中单元格 H2，用于存放计算结果。

【2】输入计算公式。在编辑框中输入“=SUM（B2:E2，G2）-F2”。

【3】输出结果。单击 Enter 键，显示计算结果。

【4】填充结果到相应单元格。拖动 H2 填充柄到 H14，显示结果如图 12-4 所示。

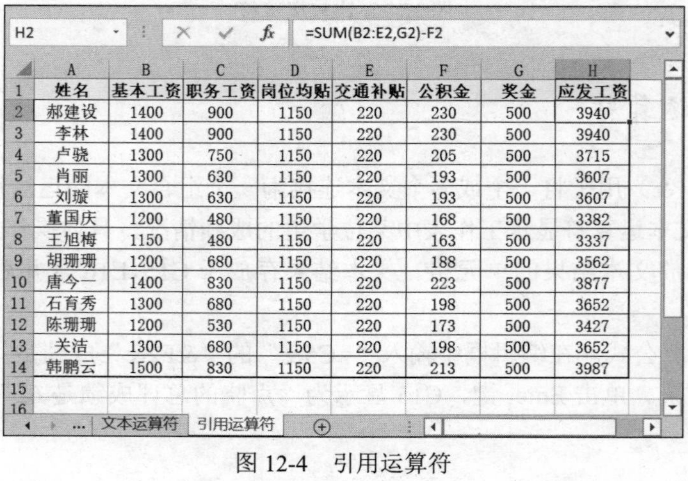

H2 =SUM(B2:E2,G2)-F2

姓名	基本工资	职务工资	岗位均贴	交通补贴	公积金	奖金	应发工资
郝建设	1400	900	1150	220	230	500	3940
李林	1400	900	1150	220	230	500	3940
卢骁	1300	750	1150	220	205	500	3715
肖丽	1300	630	1150	220	193	500	3607
刘璇	1300	630	1150	220	193	500	3607
董国庆	1200	480	1150	220	168	500	3382
王旭梅	1150	480	1150	220	163	500	3337
胡珊珊	1200	680	1150	220	188	500	3562
唐今一	1400	830	1150	220	223	500	3877
石育秀	1300	680	1150	220	198	500	3652
陈珊珊	1200	530	1150	220	173	500	3427
关洁	1300	680	1150	220	198	500	3652
韩鹏云	1500	830	1150	220	213	500	3987

文本运算符 引用运算符

图 12-4　引用运算符

12.2　单元格引用

在使用函数时，经常要引用单元格，单元格的引用一般有 3 种方式：相对引用、绝对引用以及混合引用。

12.2.1　相对引用

对单元格的相对引用是基于单元格的相对位置，如果公式所在单元格的位置改变，引用也随之改变。如果多行或多列地复制公式，引用会自动调整。默认情况下，新公式使用相对引用。对单元格的相对引用由行名和列名组成，如 B3。

例如，如果将单元格 C3 中的相对引用复制到单元格 C4，则引用也会自动从原先的“=B2*B3”调整到“=B3*B4”，分别如图 12-5 和图 12-6 所示。

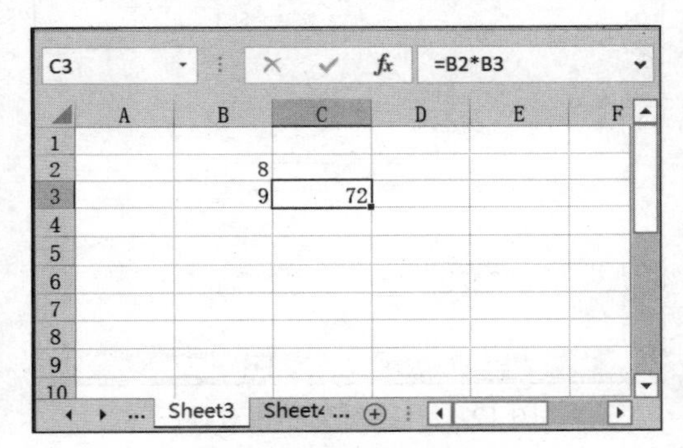

图 12-5　相对引用原始数据

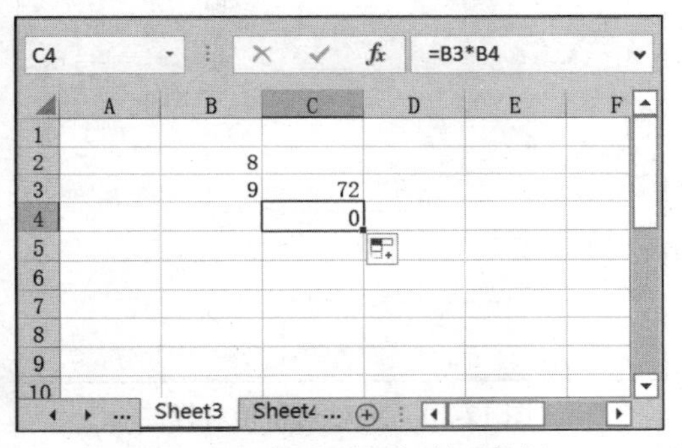

图 12-6　相对引用复制后数据

12.2.2　绝对引用

绝对引用即总是在指定位置引用单元格，如果公式所在单元格的位置改变，绝对引用保持不变。对单元格的绝对引用由行名和列名以及 $ 组成，如 $B$3。

例如，如果将单元格 D3 中的绝对引用复制到单元格 D4，则引用也会保持原先的“=$B$2*$B$3”不变，分别如图 12-7 和图 12-8 所示。

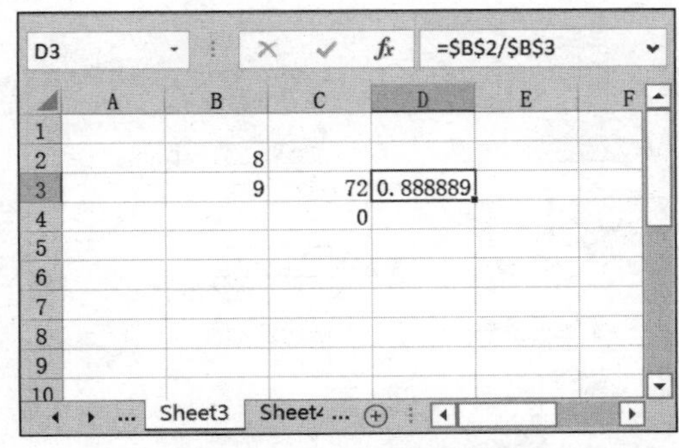

图 12-7　绝对引用原始数据

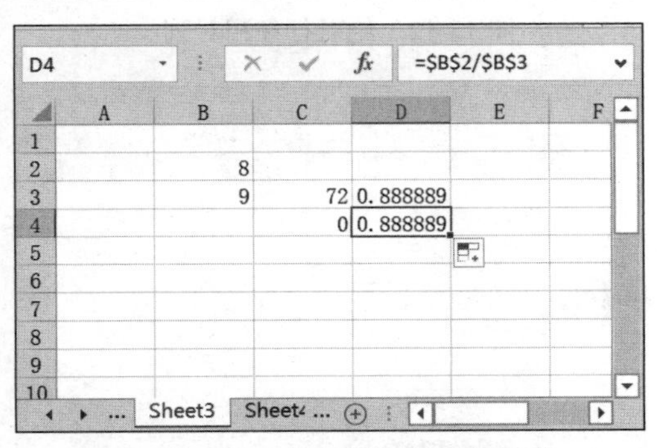

图 12-8　绝对引用复制后数据

12.2.3 混合引用

混合引用是相对引用和绝对引用的组合，具有绝对列和相对行，或是绝对行和相对列。绝对引用列采用 $A1、$B1 等形式；绝对引用行采用 A$1、B$1 等形式。如果公式所在单元格的位置改变，则相对引用改变，而绝对引用不变。如果多行或多列地复制公式，相对引用自动调整，而绝对引用不作调整。

【1】绝对列和相对行。例如，如果将一个混合引用从 C4 复制到 C5，它将从“=$B3”调整到“=$B4”；从C4复制到D4，它将从“=$B3”调整到“=$B3”，分别如图 12-9～图 12-11 所示。

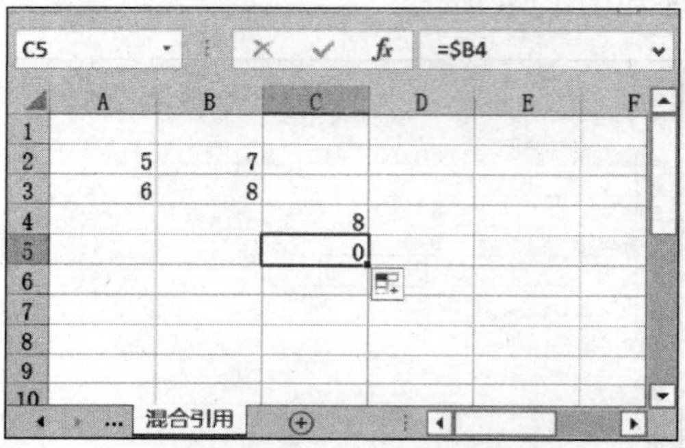

图 12-9　绝对列和相对行一

图 12-10　绝对列和相对行二

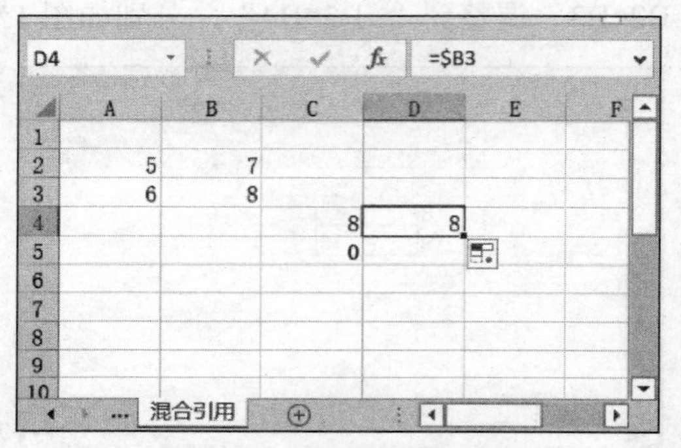

图 12-11　绝对列和相对行三

【2】绝对行和相对列。例如，如果将一个混合引用从 C4 复制到 C5，它将从“=B$3”调整到“=B$3”；从 C4 复制到 D4，它将从“=B$3”调整到“=C$3”，分别如图 12-12～图 12-14 所示。

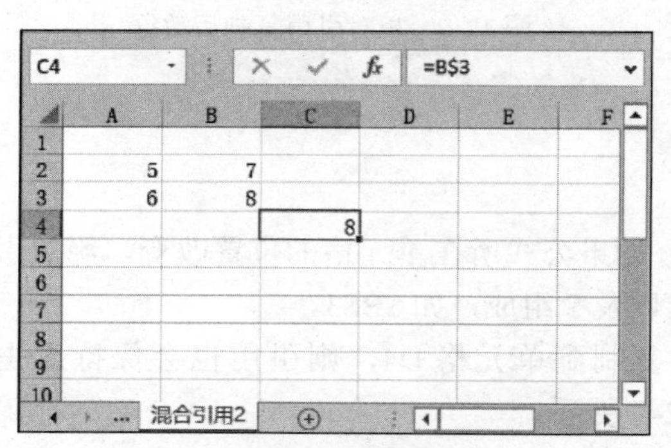

图 12-12　绝对行和相对列一

图 12-13　绝对行和相对列二

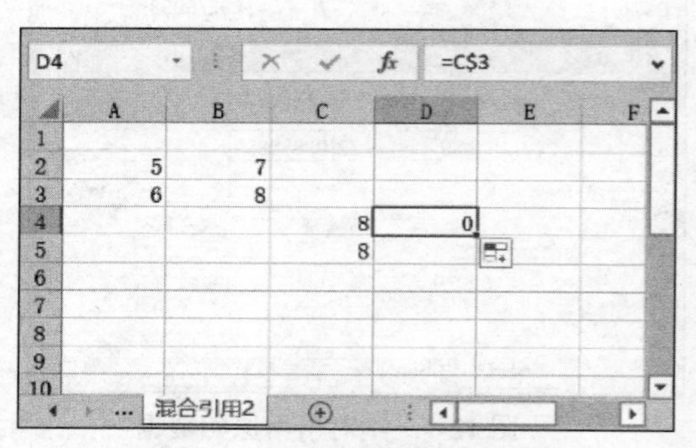

图 12-14　绝对行和相对列三

12.3　公式和函数的输入和编辑

公式是一组表达式，由单元格引用、常量、运算符、括号组成，复杂的公式还可以包括函数，用于计算生成新的值。在 Excel 中，公式总是以等号“=”开始，默认情况下，公式的计算结果显示在单元格中，公式本身显示在编辑栏中。

函数是一类特殊的、事先编辑好的公式。函数主要用于处理简单四则运算不能处理的算法，是为解决那些复杂计算需求提供的一种预置算法。Excel 提供大量预置函数以供构建公式，如求和函数 SUM、平均值函数 AVERAGE 和条件函数 IF 等。

12.3.1　公式的输入和编辑

【1】公式的输入。例如，在 C3 单元格中输入公式，用于对 A3 单元格和 B3 单元格中的数据进行求和，具体操作如下。

①选中输入公式的单元格。单击选中 C3 单元格。

②输入公式。首先输入“=”，用于引起公式；然后选中 A3 单元格，用以对 A3 单元格中内容的引用；再次输入“+”，用于求和；最后，选中 B3 单元格，用以对 B3 单元格中内容的引用，如图 12-15 所示。

③完成输入。按 Enter 键，完成输入，如图 12-16 所示。

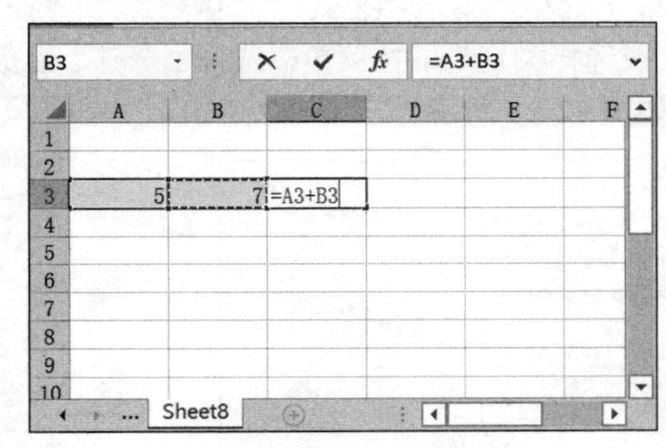

图 12-15　输入公式

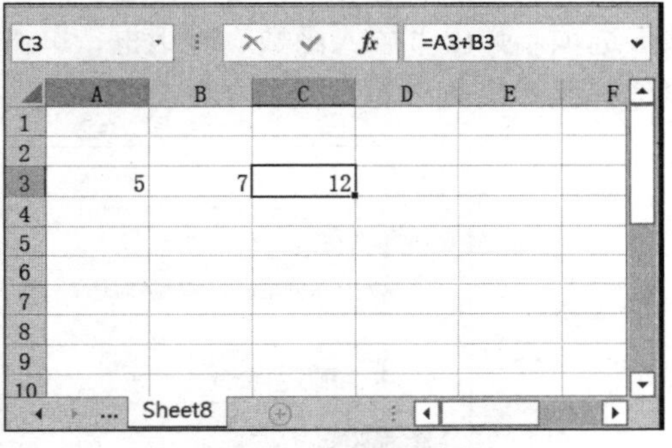

图 12-16　完成输入

【注意】在公式中所输入的运算符都必须是西文的半角字符。

【2】修改公式。例如，在 C3 单元格中修改公式，用于对 A3 单元格和 B3 单元格中的数据进行求积，具体操作如下。

①进入公式编辑状态。双击选中 C3 单元格，在单元格和编辑栏中同时显示公式，如图 12-17 所示。

②编辑公式。在单元格或者编辑栏中都可以进行公式修改，如图 12-18 所示。

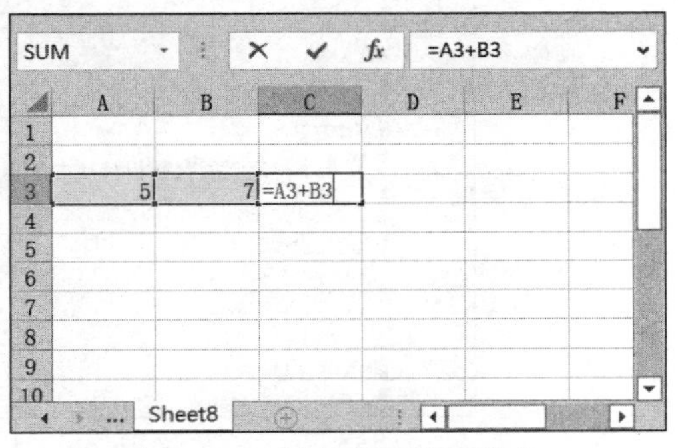

图 12-17　进入公式编辑状态

③完成编辑。按 Enter 键，完成输入，如图 12-19 所示。

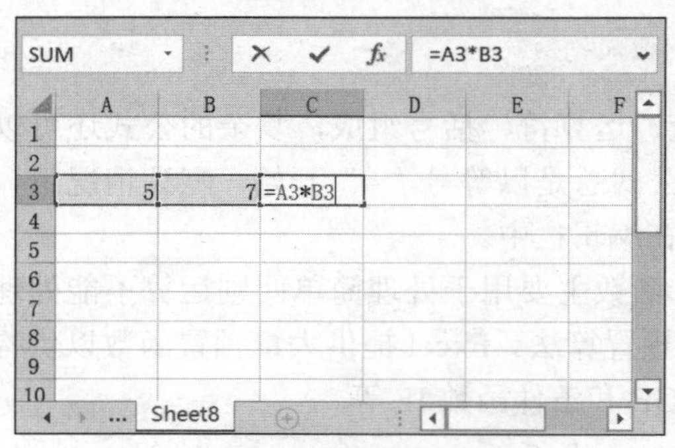

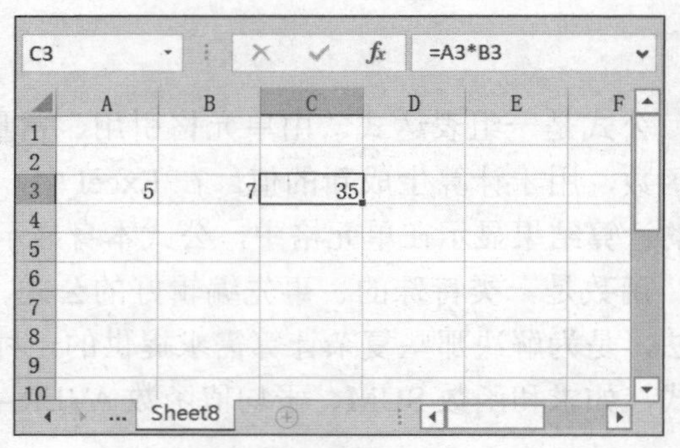

图 12-18　编辑公式　　　　图 12-19　完成编辑

12.3.2　函数的输入和编辑

函数常用于在公式中辅助解决复杂的运算，从而增强公式的计算功能。

例如，将字符串“yoU aRe weLcome”转换为“you are welcome”。完成这个功能需要应用 LOWER 函数，具体操作如下。

【1】选中单元格。选中要存放原始字符串的 A3 单元格。

【2】输入字符串。在 A3 单元格中输入“yoU aRe weLcome!”。

【3】选择插入的函数。选中存放公式的 B3 单元格，单击“公式”|“函数库”|“插入函数”选项，弹出“插入函数”对话框，单击“或选择类别”下拉菜单，选择“全部”函数，在“选择函数”列表框中选择 LOWER 函数，如图 12-20 所示。

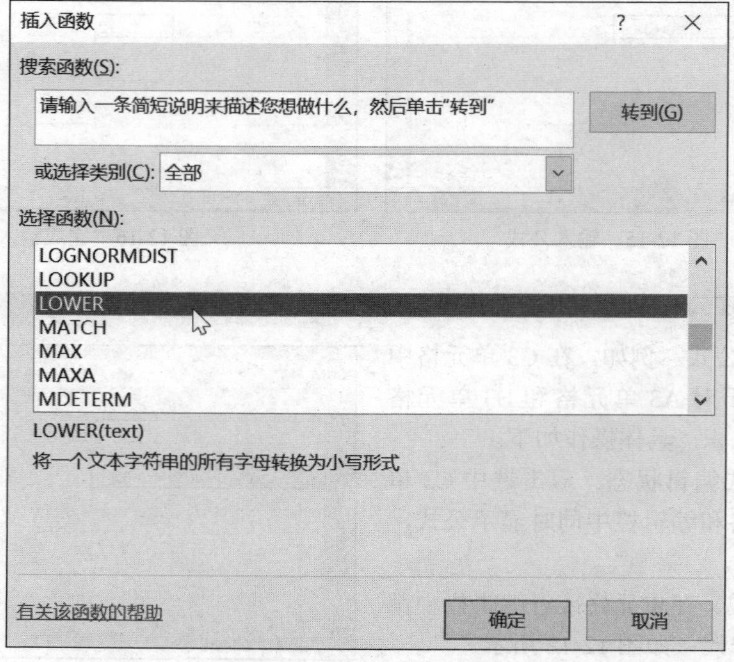

图 12-20　选择插入的函数

【4】设置函数选项。单击“插入函数”对话框的“确定”按钮，弹出“函数参数”对话框，在 Text 文本框中输入 LOWER 函数所应用的参数，引用 A3 单元格中的文本，参数设置如图 12-21 所示。

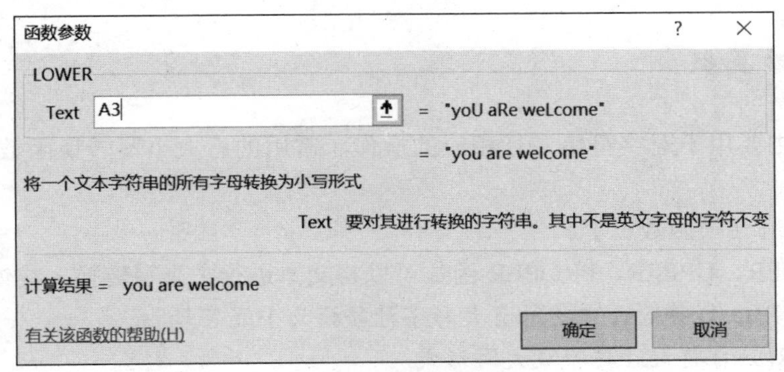

图 12-21　设置函数参数

【5】设置完成。单击“函数参数”对话框的“确定”按钮，完成设置，如图 12-22 所示。

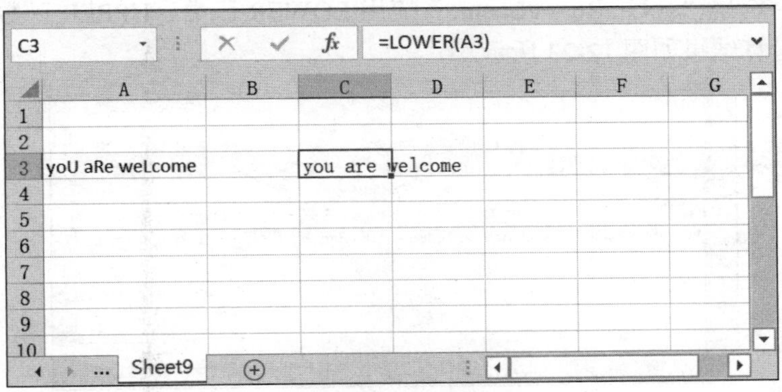

图 12-22　函数结果

12.3.3　公式或函数中的常见错误

在公式或函数输入过程中，常会出现错误，系统会给出不同的错误提示，分别表示不同的意思。常见错误如下。

#####：当某一列的宽度不够而无法在单元格中显示所有字符时，或者单元格包含负的日期或时间值时，Excel 将显示此错误。

#DIV/0!：当一个数除以零或不包括空单元格时，Excel 将显示此错误。

#N/A：当某个值不允许被用于函数或公式运算却被其错误引用时，Excel 将显示此错误。

#NAME?：当 Excel 无法识别公式中的文本时，将显示此错误。

#NULL!：当指定两个不相交的区域的交集时，Excel 将显示此错误。

#NUM!：当公式或函数包含无效数值时，Excel 将显示此错误。

#REF!：当单元格引用无效时，Excel 将显示此错误。

#VALUE!：如果公式所包含的单元格有不同的数据类型，则 Excel 将显示此错误。

12.4 常用函数

12.4.1 文本函数

文本函数主要用于对字符串进行相应的操作，常用的有大小写转换函数、获取字符函数等类型。

【1】大小写转换函数。

使用 LOWER、UPPER、PROPER 函数可以将文本进行大小写转换。具体用法为：

- LOWER(text) 将 text 中的所有大写字母转换为小写字母。
- UPPER(text) 将 text 转换成大写形式。
- PROPER(text) 将 text 中各英文单词的第一个字母转换成大写，将其他字符转换成小写。

例如，将字符串“yoU aRe weLcome”应用 LOWER 函数、UPPER 函数和 PROPER 函数进行转换，运算结果如图 12-23 所示。

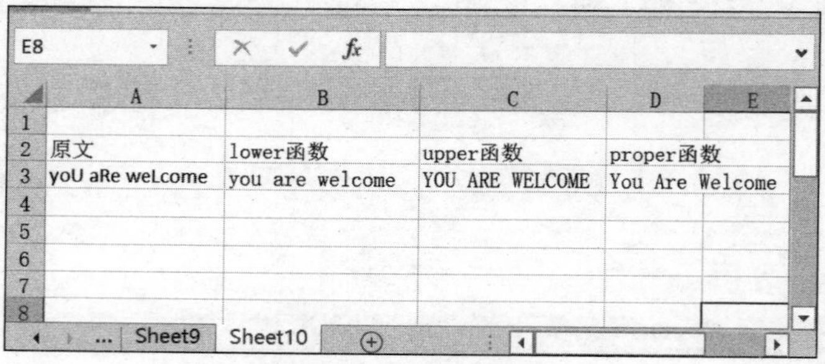

E8

	A	B	C	D	E
1					
2	原文	lower函数	upper函数	proper函数	
3	yoU aRe weLcome	you are welcome	YOU ARE WELCOME	You Are Welcome	
4					
5					
6					
7					
8					

Sheet9 Sheet10

图 12-23 函数计算结果

【2】获取字符函数。

使用 LEFT、MID、RIGHT 等函数可以从长字符串内获取一部分字符。具体用法为：

- LEFT(text，num_chars)，从文本字符串的第一个字符开始返回指定个数的字符。其中 text 是包含要提取字符的文本，num_chars 是要提取的字符数。
- MID(text，start_num，num_chars)，从文本字符串指定的起始位置起返回指定长度的字符。其中 text 是包含要提取字符的文本，start_num 是文本中要提取的第一个字符的位置，num_chars 是要提取的字符数。
- RIGHT(text，num_chars)，从文本字符串的最后一个字符开始返回指定个数的字符。其中 text 是包含要提取字符的文本，num_chars 是要提取的字符数。

如，从字符串“You are welcome!”分别取出字符“You”“come!”“are”的具体函数写法：

```
LEFT("You are welcome!",3)= You
RIGHT("You are welcome!",5)= come!
MID("You are welcome! ",5,3)= are
```

对于中文字符串，如在“追忆似水年华！”字符串中分别取出字符“追忆”“年华！”“似水”的具体函数写法：

```
LEFT("追忆似水年华！",2)=追忆
RIGHT("追忆似水年华！",3)=年华！
MID("追忆似水年华！ ",3,2)=似水
```

【3】字符串连接函数。

CONCATENATE 函数是最为常用的字符串连接函数之一，CONCATENATE 函数可将若干文字项合并至一个文字项中。具体语法为：

```
CONCATENATE(textl,text2……)
```

其中，text1、text2 为待合并的字符串。

例如，合并“My name”，“is”，“Kate”3 个字符串，具体函数写法：

```
CONCATENATE("My name","is","Kate")= My nameisKate
```

例如，合并“我爱你”，“中国”，“！”3 个字符串，具体函数写法：

```
CONCATENATE("我爱你","中国","!")=我爱你中国！
```

【4】字符串比较函数。

EXACT 函数是最为常用的字符串比较函数之一，EXACT 函数可用来比较两个字符串是否完全相同。具体语法为：

```
EXACT(textl, text2)
```

其中，text1、text2 分别为待比较的字符串。如果它们完全相同，则返回 TRUE；否则，返回 FALSE。函数 EXACT 能区分大小写。

例如，比较“China”和“china”字符串是否相同，具体函数写法：

```
"=EXACT("China","china")"
```

在 Excel 中的计算结果如图 12-24 所示。

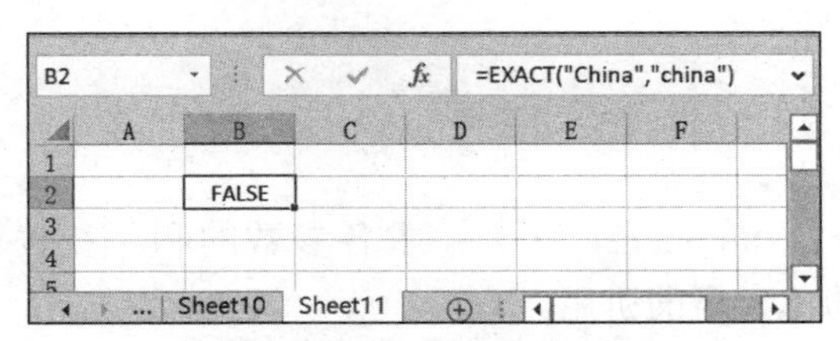

图 12-24　函数计算结果

12.4.2　日期与时间函数

在数据表的处理过程中，日期与时间的函数是相当重要的处理依据。Excel 中常用的日期和时间函数有 NOW、TODAY、YEAR、MONTH、DAY、HOUR 和 MINUTE 函数。这些函数大致分为两类：无参数函数和有参数函数。

【1】无参数函数。

NOW()：返回日期时间格式的当前日期和时间。

TODAY()：返回日期格式的当前日期。

在 Excel 表格中应用 NOW() 函数和 TODAY() 函数，分别如图 12-25 和图 12-26 所示。

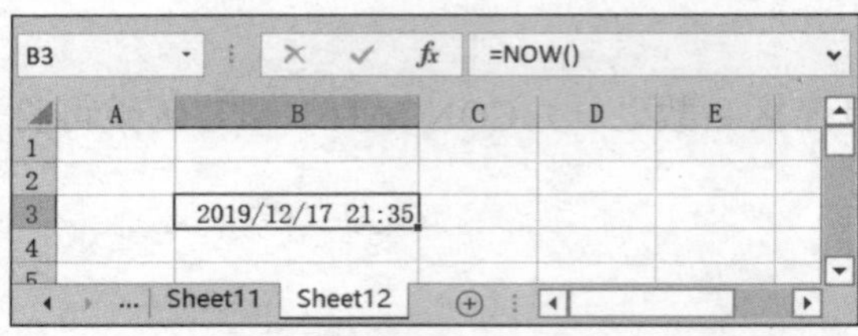

图 12-25　NOW() 函数

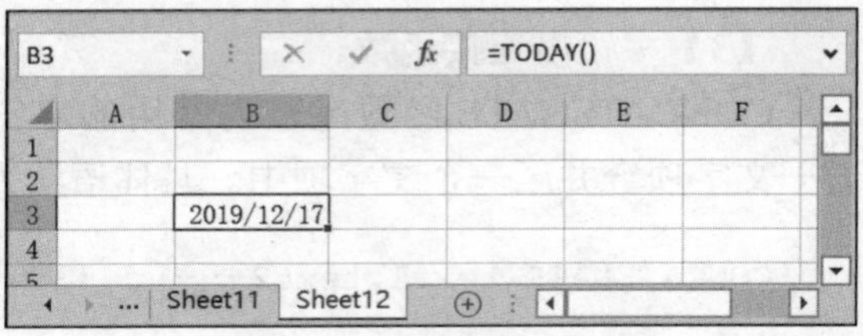

图 12-26　TODAY() 函数

【2】有参数函数。

YEAR（serial_number）：返回日期的年份值。serial_number 是 1900 到 9999 之间的数字。

MONTH（serial_number）：返回日期的月份值。

DAY（serial_number）：返回一个月中的第几天的数值。

HOUR（serial_number）：返回小时数值。

MINUTE（serial_number）：返回分钟数值。

例如，返回 2013-7-24 12:43 的年份、月份、日数及小时数，可以分别采用相应函数实现。函数表达式如图 12-27 所示。

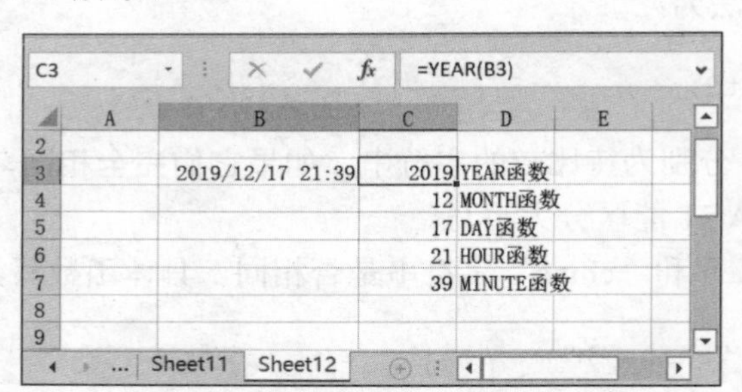

图 12-27　时间函数

12.4.3　统计函数

【1】SUM（number1，number2，…）：求各参数的和。参数 number1，number2，…可以是数值或含有数值的单元格的引用。

【2】AVERAGE（number1，number2，…）：求各参数的平均值。参数 number1，number2，…可以是数值或含有数值的单元格的引用。

【3】SUMIF（range，criteria，sum_range）：其功能是对满足条件的单元格区域进行求和。其中，Range 为要进行计算的单元格区域；Criteria 为指定的条件；Sum_range 为用于求和的实际单元格区域。

【4】SUMIFS（sum_range，criteria_range1，criteria1，[criteria_range2，criteria2]，...)：其功能是对满足多个条件的单元格区域进行求和。

- 参数 sum_range（必需），对一个或多个单元格求和，包括数字或包含数字的名称、区域或单元格引用，空值和文本值将被忽略。
- 参数 criteria_range1（必需），计算关联条件的第一个区域。
- 参数 criteria1（必需）为指定的条件，条件的形式为数字、表达式、单元格引用或文本，可用来定义将对 criteria_range1 参数中的哪些单元格求和。
- 参数 criteria_range2，criteria2，…为可选项，表示附加的区域及其关联条件。Excel 最多允许 127 个区域 / 条件对。

【5】MAX(number1，number2，…)：其功能是求各参数中的最大值。参数 number1，number2，…可以是数值或含有数值的单元格的引用。

【6】MIN（number1，number2，…）：其功能是求各参数中的最小值。参数 number1，number2，…可以是数值或含有数值的单元格的引用。

【7】COUNT（value1，value2，…）：其功能是求各参数中的包含数字的单元格的个数。参数 value1，value2，…可以包含或引用不同类型的数据，但只对数字型数据进行计数。

【8】COUNTIF（range，criteria）：其功能是对区域中满足单个指定条件的单元格区域进行计数。其中，range 是进行计数的一个或多个单元格，其中包括数字或名称、数组或包含数字的引用。空值和文本值将被忽略。criteria 用于定义将对哪些单元格进行计数的数字、表达式、单元格引用或文本字符串。例如，条件可以表示为 60、“>=80”、苹果等。

【9】COUNTIFS（criteria_range1，criteria1，[criteria_range2，criteria2]…）：其功能是将条件应用于跨多个区域的单元格，并计算符合所有条件的次数。

- criteria_range（必需）表示用于计算关联条件的第一个区域。
- criteria1（必需），以条件的形式表示为数字、表达式、单元格引用或文本，可用来定义将对哪些单元格进行计数。例如，条件可以表示为 32、“>32”、B4、“苹果”或“32”。
- criteria_range2，criteria2，... 可选，表示附加的区域及其关联条件。Excel 中最多允许 127 个区域 / 条件对。

【10】MEDIAN（number1，number2，…）返回一组数的中值。

【11】MODE（number1，number2，…）返回一组数据或数据区域中的众数（出现频率最高的数）。

12.4.4　查找和引用函数

【1】VLOOKUP 函数。

VLOOKUP 函数的功能是在指定单元格区域中的第 1 列查找满足条件的数据，并根据指定的列号返回对应的数据。

其语法格式为：VLOOKUP（lookup_value，table_array，col_index_num，range_lookup），共有 4 个参数。

- lookup_value 为需要在指定单元格区域中第 1 列查找的数值，可以为数值、引用或字符串；
- table_array 为指定的需要查找数据的单元格区域；
- col_index_num 为 table_array 中待返回的匹配值的列序号；

- range_lookup 为一逻辑值，它决定 VLOOKUP 函数的查找方式：如果为 FALSE，函数进行精确匹配，如果找不到会返回错误值 #N/A；如果为 TRUE 或省略，函数进行近似匹配，也就是说找不到时会返回小于 lookup_value 的最大值。

但是，这种查找方式要求数据表必须按第 1 列升序排列。

【2】COLUMN 函数。

COLUMN([reference])：返回指定单元格引用的列号。reference 可选，标识需要得到其列号的单元格或单元格区域。例如，公式 =COLUMN(D10) 返回 4，因为列 D 为第四列。

如果省略 reference，则假定是对函数 ROW 所在单元格的引用。例如，在 C 列输入公式 =COLUMN()，值为 3。

如果 reference 为一个单元格区域，并且 COLUMN 函数是以水平数组公式的形式输入的，则 COLUMN 函数将以水平数组的形式返回参数 reference 的列号。

【3】ROW 函数。

ROW（[reference]）：返回引用的行号。reference 可选，标识需要得到其行号的单元格或单元格区域。

如果省略 reference，则假定是对函数 ROW 所在单元格的引用。

如果 reference 为一个单元格区域，并且 ROW 作为垂直数组输入，则 ROW 将以垂直数组的形式返回 reference 的行号。

reference 不能引用多个区域。

12.4.5 逻辑函数

IF 函数：判断是否满足某个条件，如果满足返回一个值，如果不满足则返回另一个值。IF 函数允许嵌套。

语法形式为：

```
IF(logical_test,value_if_true,value_if_false)
```

其中，logical_test 指的是数值或表达式，用于设定判断条件。value_if_true 是 logical_test 为 TRUE 时的返回值。如果忽略，则返回 TRUE。value_if_false 是 logical_test 为 FALSE 时的返回值。如果忽略，则返回 FALSE。

【说明】if 函数最多可嵌套七层。

12.4.6 数学和三角函数

ROUND(number，num_digits)：按指定位数 num_digits 对数值 Number 进行四舍五入。

INT(number)：将 number 向下取整为最接近的整数，参数 number 为要取整的实数。

TRUNC(number，num_digits)：将数字的小数部分截去返回整数或保留为指定位数的小数。参数 number 是需要截尾取整的数字，num_digits 用于指定取整精度的数字，默认值为 0。

例如，

ROUND(4.36，1)：对 4.36 四舍五入，返回 4.4；

INT(8.9)：将 8.9 向下舍入到最接近的整数，返回 8；

INT(-8.9)：将 -8.9 向下舍入到最接近的整数，返回 -9；

TRUNC(4.3) 返回 4，TRUNC（4.36，1）返回 4.3。

INT 和 TRUNC 在处理负数时有所不同：TRUNC（-4.3）返回 -4，而 INT（-4.3）返回 -5，因为 -5 是较小的数。

12.4.7　兼容性函数

RANK.EQ(number，ref，order)：用于返回某数字在一列数字中相对于其他数值的大小排名。其中，number 是要查找排名的数字；ref 是一组数或对一个数据列表的引用，非数字值将被忽略；order 为一数字，指明排名的方式，如果为 0 或省略，则降序排列，如果 order 不为 0，则升序排列。

例如，在下表中，计算“郝建设”总分成绩排名，计算公式为 RANK.EQ(F2，$F$2∶$F$11，0)。H3 为引用陈蕾的平均分所在的单元格；order 参数设为 0，按降序排列；F2：F11 为总分成绩列表所在单元格区域，由于需要进行公式填充，所以将成绩列表设为绝对引用 $F$2∶$F$11，如图 12-28 所示。

G2　=RANK.EQ(F2,$F$2:$F$11,0)

学号	姓名	日常	考试	总分	排名
93001	郝建设	92	96	94	1
93002	李林	72	64	68	9
93003	卢骁	66	58	62	10
93004	肖丽	80	87	83.5	5
93005	刘璇	72	78	75	7
93006	董国庆	77	75	76	6
93007	王旭梅	92	77	84.5	4
93008	胡珊珊	75	74	74.5	8
93009	唐今一	88	85	86.5	3
93010	石育秀	88	93	90.5	2

Sheet12　Sheet14

图 12-28　RANK.EQ（number，ref，order）函数

RANK.EQ 函数实际上是 Excel 2007 以及较早版本中的 RANK 函数，它们的语法格式以及作用是相同的。另外，在 Excel 2016 中还有 RANK.AVG 函数，RANK.AVG 函数参数的个数以及意义与 RANK.EQ 函数基本相同。其不同之处在于，对于数值相等的情况，RANK.AVG 返回该数值的平均排名。如果用 RANK.AVG 函数进行成绩的排名次，对于两个相同的分数 86.7，函数将返回它们平均的排名，即（2+3）/2=2.5，也就是两名学生的名次均为 2.5。然而，用 RANK.EQ 函数进行排名次，如两个学生的平均分都是 86.7，名次同样是第 2 名，出现两个第 2 名，但下一个名次则不再是第 3 名，而是从第 4 名开始排。

12.4.8　财务函数

PMT(rate，nper，pv，fv，type)：用于计算在固定利率下，贷款的等额分期偿还额。参数 rate 表示贷款利率；nper 表示贷款分期付款的时间；pv 表示本金累计和；fv 为最后一次

付款后的期望现金余额，默认为 0；type 的值如果为 0 或者忽略表示期末付款，为 1 表示期初付款。

例如，D2 单元格中公式为"=PMT(C2/12，B2*12，A2)"，表示贷款 30 万元，年利率为 9%，共计 10 年付清，则月还款额的计算方法为 PMT(C2/12，B2*12，A2)，如图 12-29 所示。

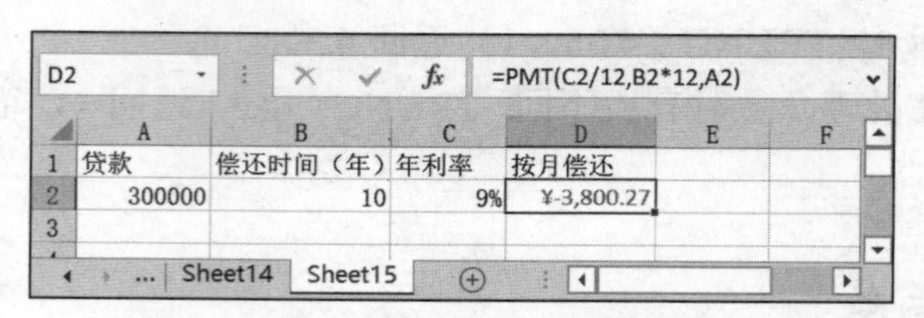

图 12-29　PMT 函数计算结果

12.5　函数应用示例

12.5.1　学生成绩表的计算

例如，在学生成绩表中分别计算学生总分、平均分、成绩排名等。

1. 计算成绩总分

计算"总分"的步骤如下。

【1】选定输入公式的单元格。打开"学生成绩表"，选定 F3 单元格，如图 12-30 所示。

学生成绩表

学号	姓名	高等数学	大学英语	物理	总分	平均分	名次	最高平均分	最低平均分
93001	郝建设	92	96	90					
93002	李林	72	64	55					
93003	卢骁	66	58	94					
93004	肖丽	80	87	82					
93005	刘璇	72	78	81					
93006	董国庆	77	75	64					
93007	王旭梅	92	77	73					
93008	胡珊珊	75	74	65					
93009	唐今一	88	85	78					
93010	石育秀	88	93	97					

图 12-30　学生成绩表基本数据

【2】打开"插入函数"对话框。单击"公式"|"函数库"|"插入函数"按钮 *fx*，打开"插入函数"对话框，如图 12-31 所示。

【3】选择函数。在"选择函数"列表中选择 SUM 函数，单击"确定"按钮，打开"函数参数"对话框。

【4】设置函数选项。在"函数参数"对话框中，单击 Number1 右侧的范围按钮，用鼠标拖动选定 C3:E3 区域，再单击右侧的范围按钮，返回"函数参数"对话框，如图 12-32 所示。

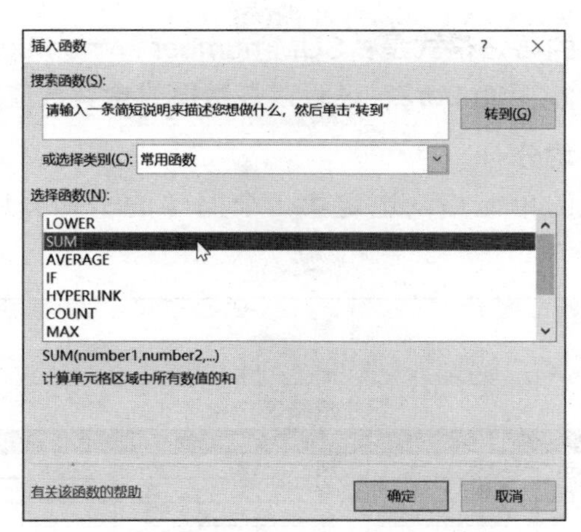

图 12-31　“插入函数”对话框

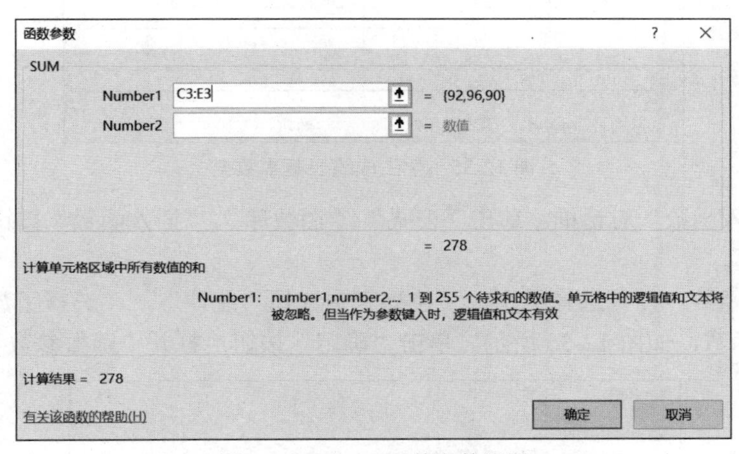

图 12-32　SUM 函数参数设置

【5】完成插入。单击“函数参数”对话框中的“确定”按钮，完成函数插入。此时，F3 单元格显示的是单元格区域 C3:E3 的求和结果，如图 12-33 所示。

【6】填充公式。用鼠标拖动 F3 单元格右下角的填充柄，直到 F12 为止，进行公式填充，如图 12-34 所示。

F3　=SUM(C3:E3)

	A	B	C	D	E	F	
1	学生成绩表						
2	学号	姓名	高等数学	大学英语	物理	总分	平
3	93001	郝建设	92	96	90	278	
4	93002	李林	72	64	55		
5	93003	卢骁	66	58	94		
6	93004	肖丽	80	87	82		
7	93005	刘璇	72	78	81		
8	93006	董国庆	77	75	64		
9	93007	王旭梅	92	77	73		
10	93008	胡珊珊	75	74	65		
11	93009	唐今一	88	85	78		
12	93010	石育秀	88	93	97		
13							

学生成绩表

图 12-33　第一个学生“总分”计算结果

F3　=SUM(C3:E3)

	A	B	C	D	E	F	
1	学生成绩表						
2	学号	姓名	高等数学	大学英语	物理	总分	平
3	93001	郝建设	92	96	90	278	
4	93002	李林	72	64	55	191	
5	93003	卢骁	66	58	94	218	
6	93004	肖丽	80	87	82	249	
7	93005	刘璇	72	78	81	231	
8	93006	董国庆	77	75	64	216	
9	93007	王旭梅	92	77	73	242	
10	93008	胡珊珊	75	74	65	214	
11	93009	唐今一	88	85	78	251	
12	93010	石育秀	88	93	97	278	
13							

学生成绩表

图 12-34　自动填充结果

【说明】SUM 函数的语法格式是：SUM(number1，number2，…)。其功能是求各参数的和。参数 number1，number2，…可以是数值或含有数值的单元格的引用。

2. 计算每名同学的平均分

【1】选定输入公式的单元格。选定第 1 个同学的平均分所在的 G3 单元格，如图 12-35 所示。

学号	姓名	高等数学	大学英语	物理	总分	平均分	名次
93001	郝建设	92	96	90	278		
93002	李林	72	64	55	191		
93003	卢骁	66	58	94	218		
93004	肖丽	80	87	82	249		
93005	刘璇	72	78	81	231		
93006	董国庆	77	75	64	216		
93007	王旭梅	92	77	73	242		
93008	胡珊珊	75	74	65	214		
93009	唐今一	88	85	78	251		
93010	石育秀	88	93	97	278		

图 12-35　学生成绩表基本数据

【2】“插入函数”对话框。单击“公式”|“函数库”|“插入函数”按钮 fx，打开“插入函数”对话框。

【3】选择函数。在“选择类别”下拉列表中选择“统计”，“选择函数”列表框中选择 AVERAGE 函数，如图 12-36 所示。单击“确定”按钮，打开“函数参数”对话框。

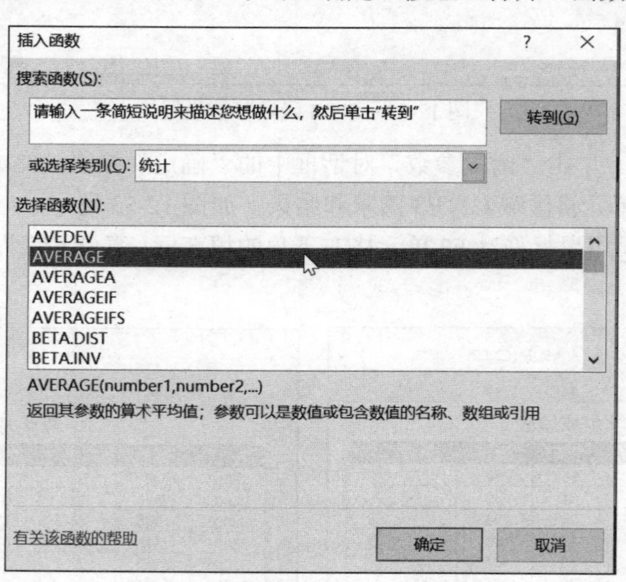

图 12-36　插入 AVERAGE 函数

【4】设置函数选项。在“函数参数”对话框中，单击 Number1 右侧的范围按钮，用鼠标拖动选定 C3:E3 区域，再单击右侧的范围按钮，返回“函数参数”对话框中，如图 12-37 所示。

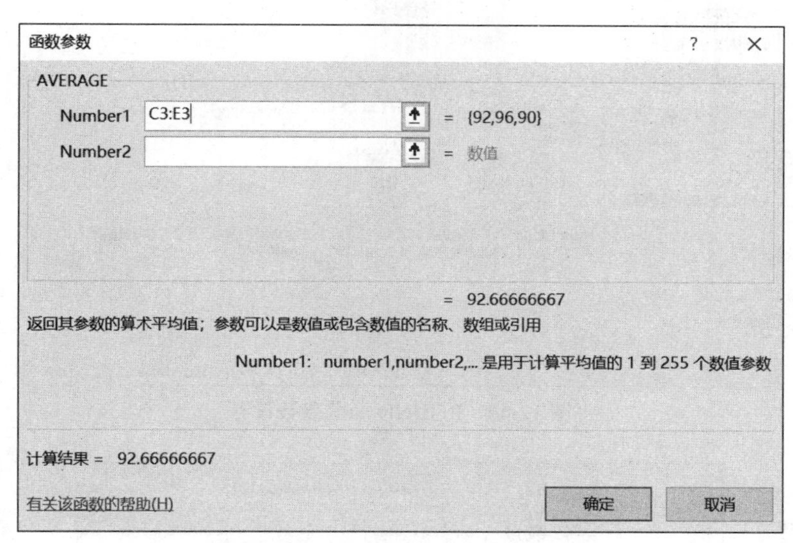

图 12-37　AVERAGE 函数参数设置

【5】完成插入。单击“函数参数”对话框中的“确定”按钮，完成插入。这时，G3 单元格显示的是单元格区域 C3:E3 的求平均值结果，如图 12-38 所示。

【6】填充公式。用鼠标拖动 G3 单元格右下角的填充柄到 G12 为止，如图 12-39 所示。

G3　=AVERAGE(C3:E3)

学生成绩表

学号	姓名	高等数学	大学英语	物理	总分	平均分	名次
93001	郝建设	92	96	90	278	92.66667	
93002	李林	72	64	55	191		
93003	卢骁	66	58	94	218		
93004	肖丽	80	87	82	249		
93005	刘璇	72	78	81	231		
93006	董国庆	77	75	64	216		
93007	王旭梅	92	77	73	242		
93008	胡珊珊	75	74	65	214		
93009	唐今一	88	85	78	251		
93010	石育秀	88	93	97	278		

图 12-38　第一个学生“平均分”计算结果

G3　=AVERAGE(C3:E3)

学生成绩表

学号	姓名	高等数学	大学英语	物理	总分	平均分	名次
93001	郝建设	92	96	90	278	92.66667	
93002	李林	72	64	55	191	63.66667	
93003	卢骁	66	58	94	218	72.66667	
93004	肖丽	80	87	82	249	83	
93005	刘璇	72	78	81	231	77	
93006	董国庆	77	75	64	216	72	
93007	王旭梅	92	77	73	242	80.66667	
93008	胡珊珊	75	74	65	214	71.33333	
93009	唐今一	88	85	78	251	83.66667	
93010	石育秀	88	93	97	278	92.66667	

图 12-39　自动填充结果

在图 12-39 自动填充结果中看出，计算出的平均分小数点后面保留了多位小数。为了减轻统计的工作量，可以按四舍五入处理。下面应用 ROUND 函数进行四舍五入操作，将平均分仅保留一位小数，具体操作如下。

【1】选中单元格，插入函数。选定第 1 个学生“平均分”所在的单元格 G3，按 Delete 键删除原来的 AVERAGE 计算函数。单击“公式”|“函数库”|“数学与三角函数”按钮的下拉箭头，选择 ROUND 函数，打开 ROUND 的“函数参数”对话框。

【2】设置函数选项。在参数 Number 文本框中输入 AVERAGE(C3:E3)，其中，AVERAGE(C3:E3) 用于求解该同学的平均分数；在参数 Num_digits 文本框中输入“1”，表示按小数点后一位四舍五入，如图 12-40 所示。

【3】完成插入。单击“函数参数”对话框中的“确定”按钮。这时，G3 单元格显示的是单元格区域 C3:E3 的求平均值并四舍五入保留一位小数的结果。

【4】填充公式。用鼠标拖动 G3 单元格右下角的填充柄，到 G12 为止，如图 12-41 所示。

函数参数

ROUND

Number AVERAGE(C3:E3) = 92.66666667

Num_digits 1 = 1

= 92.7

按指定的位数对数值进行四舍五入

Num_digits 执行四舍五入时采用的位数。如果此参数为负数，则圆整到小数点的左边；如果此参数为零，则圆整到最接近的整数

计算结果 = 92.7

有关该函数的帮助(H) 确定 取消

图 12-40 ROUND 函数参数设置

G3 =ROUND(AVERAGE(C3:E3),1)

	A	B	C	D	E	F	G	H
1				学生成绩表				
2	学号	姓名	高等数学	大学英语	物理	总分	平均分	名次
3	93001	郝建设	92	96	90	278	92.7	
4	93002	李林	72	64	55	191	63.7	
5	93003	卢骁	66	58	94	218	72.7	
6	93004	肖丽	80	87	82	249	83	
7	93005	刘璇	72	78	81	231	77	
8	93006	董国庆	77	75	64	216	72	
9	93007	王旭梅	92	77	73	242	80.7	
10	93008	胡珊珊	75	74	65	214	71.3	
11	93009	唐今一	88	85	78	251	83.7	
12	93010	石育秀	88	93	97	278	92.7	
13								

学生成绩表

图 12-41 自动填充结果

3. 计算名次

对每名学生平均分的高低进行排列名次，可以采用 RANK.EQ 函数实现，具体操作如下。

【1】选定输入函数单元格。选定 H3 单元格。

【2】打开“函数参数”对话框。单击“公式”|“函数库”|“统计函数”选项，从“统计”菜单项中选择 RANK.EQ 函数，打开“函数参数”对话框，如图 12-42 所示。

函数参数

RANK.EQ

Number = 数值

Ref = 引用

Order = 逻辑值

=

返回某数字在一列数字中相对于其他数值的大小排名；如果多个数值排名相同，则返回该组数值的最佳排名

Number 指定的数字

计算结果 =

有关该函数的帮助(H) 确定 取消

图 12-42 RANK.EQ 函数参数对话框

【3】设置函数选项。Number 参数设置为 G3，Ref 参数设置为 \$G\$3:\$G\$12，Order 参数设置为“0”，或者省略输入任何字符。参数设置完成后的结果如图 12-43 所示。

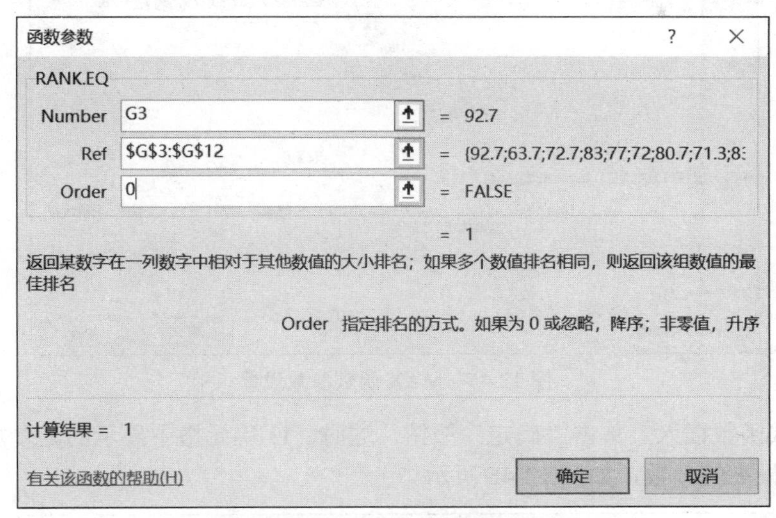

图 12-43　RANK.EQ 函数参数设置

【4】完成函数插入。单击“函数参数”对话框中的“确定”按钮。这时 H3 单元格显示的是郝建设同学的名次为 1。

【5】公式填充。用鼠标拖动 H3 单元格右下角的填充柄，到 H12 为止。求得各位同学的名次如图 12-44 所示。

H3　=RANK.EQ(G3,\$G\$3:\$G\$12,0)

学生成绩表

学号	姓名	高等数学	大学英语	物理	总分	平均分	名次
93001	郝建设	92	96	90	278	92.7	1
93002	李林	72	64	55	191	63.7	10
93003	卢骁	66	58	94	218	72.7	7
93004	肖丽	80	87	82	249	83	4
93005	刘璇	72	78	81	231	77	6
93006	董国庆	77	75	64	216	72	8
93007	王旭梅	92	77	73	242	80.7	5
93008	胡珊珊	75	74	65	214	71.3	9
93009	唐今一	88	85	78	251	83.7	3
93010	石育秀	88	93	97	278	92.7	1

学生成绩表

图 12-44　自动填充结果

4. 计算最高平均分

【1】选定输入函数单元格。选定 I3 单元格。

【2】打开“函数参数”对话框。单击“公式”|“函数库”|“其他函数”选项，从“统计”菜单项中选择 MAX 函数，打开“函数参数”对话框。

【3】设置函数选项。在“函数参数”对话框的 Number1 文本框中输入“G3:G12”，表示函数作用区域为 G3:G12 单元格区域，如图 12-45 所示。

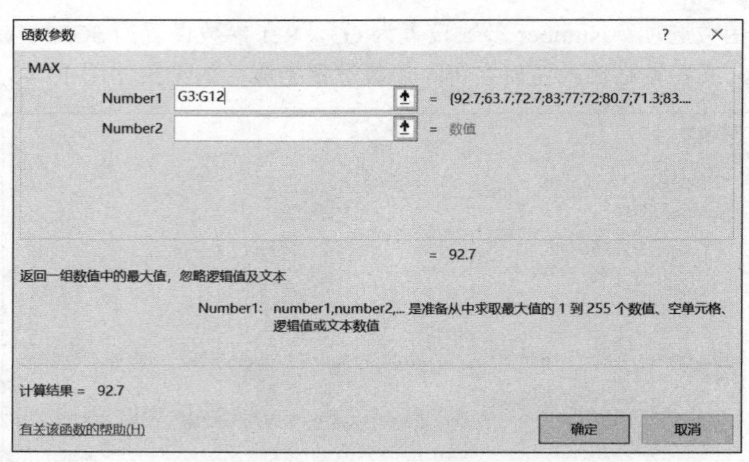

图 12-45 MAX 函数参数设置

【4】完成函数插入。单击“确定”按钮，这时，I3 单元格中显示的是参加考试的所有学生中平均分最高的分数，如图 12-46 所示。

I3 =MAX(G3:G12)

学号	姓名	高等数学	大学英语	物理	总分	平均分	名次	最高平均分
93001	郝建设	92	96	90	278	92.7	1	92.7
93002	李林	72	64	55	191	63.7	10	
93003	卢骁	66	58	94	218	72.7	7	
93004	肖丽	80	87	82	249	83	4	
93005	刘璇	72	78	81	231	77	6	
93006	董国庆	77	75	64	216	72	8	
93007	王旭梅	92	77	73	242	80.7	5	
93008	胡珊珊	75	74	65	214	71.3	9	
93009	唐今一	88	85	78	251	83.7	3	
93010	石育秀	88	93	97	278	92.7	1	

图 12-46 最高平均分的计算结果

5. 计算最低平均分

计算过程与计算最高平均分类相似，所选函数为 MIN，插入完成结果如图 12-47 所示。

J3 =MIN(G3:G12)

学号	姓名	高等数学	大学英语	物理	总分	平均分	名次	最高平均分	最低平均分
93001	郝建设	92	96	90	278	92.7	1	92.7	63.7
93002	李林	72	64	55	191	63.7	10		
93003	卢骁	66	58	94	218	72.7	7		
93004	肖丽	80	87	82	249	83	4		
93005	刘璇	72	78	81	231	77	6		
93006	董国庆	77	75	64	216	72	8		
93007	王旭梅	92	77	73	242	80.7	5		
93008	胡珊珊	75	74	65	214	71.3	9		
93009	唐今一	88	85	78	251	83.7	3		
93010	石育秀	88	93	97	278	92.7	1		

图 12-47 最低平均分的计算结果

6. 计算参加考试人数

【1】选定输入函数单元格。选定 K3 单元格。

【2】打开“函数参数”对话框。单击“公式”|“函数库”|“其他函数”选项，从“统计”菜单项中选择 COUNT 函数，打开“函数参数”对话框。

【3】设置函数选项。在“函数参数”对话框中，在 Value1 文本框中输入“G3:G12”，表示函数作用区域为 G3:G12 单元格区域，如图 12-48 所示。

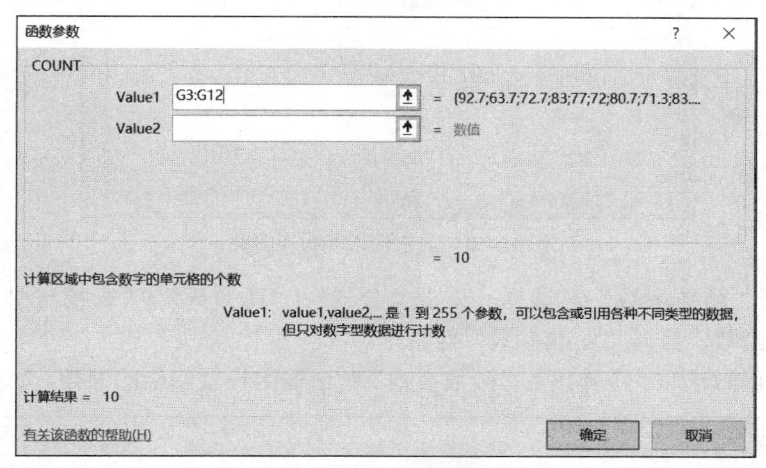

图 12-48　COUNT 函数参数设置

【4】完成函数插入。单击“确定”按钮，完成函数插入，这时，K3 单元格中显示的是参加考试的学生人数为 10 人。

7. 查找学生成绩

在学生成绩信息查询工作中，经常需要完成的是根据给定的某个字段值，快速查找到相应学生的详细信息。下面介绍如何通过 Excel 的查找函数 VLOOKUP，实现自动根据用户输入的学生学号实时查询学生成绩信息的功能，具体操作如下。

【1】打开学生成绩表。学生成绩表如图 12-49 所示。

	A	B	C	D	E	F	G
1	学生成绩表						
2	学号	姓名	高等数学	大学英语	物理	总分	平均分
3	93001	郝建设	92	96	90	278	92.7
4	93002	李林	72	64	55	191	63.7
5	93003	卢骁	66	58	94	218	72.7
6	93004	肖丽	80	87	82	249	83
7	93005	刘璇	72	78	81	231	77
8	93006	董国庆	77	75	64	216	72
9	93007	王旭梅	92	77	73	242	80.7
10	93008	胡珊珊	75	74	65	214	71.3
11	93009	唐今一	88	85	78	251	83.7
12	93010	石育秀	88	93	97	278	92.7

学生成绩表　就绪　100%

图 12-49　学生成绩表

【2】选定输入函数单元格。打开“查询”工作表，选定 B3 单元格，如图 12-50 所示。

图 12-50 选定输入函数单元格

【3】打开“函数参数”对话框。单击“公式”|“函数库”|“查找与引用”选项，选择 VLOOKUP 函数，打开“函数参数”对话框。

【4】设置函数选项。在弹出的“函数参数”对话框中设置相应的参数，如图 12-51 所示。

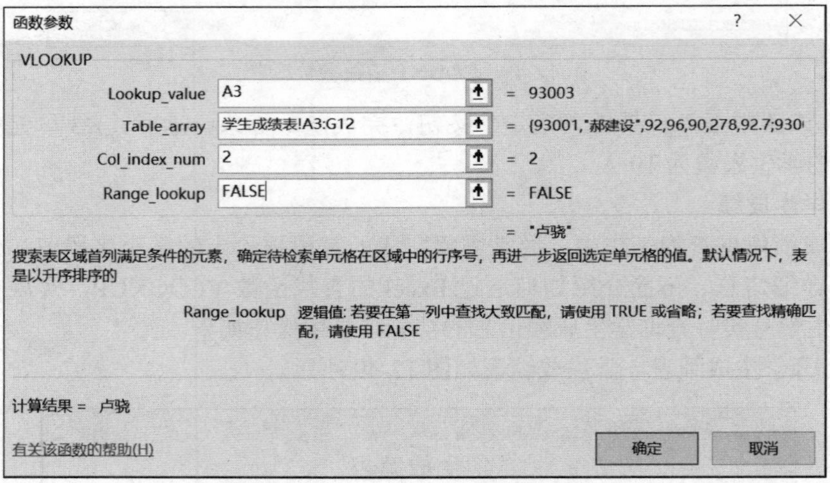

图 12-51 VLOOKUP 函数参数设置

根据公式可以看出，要查找的数值是 A3 单元格中指定的学号；需要查找的单元格区域是“学生成绩表”中的 A3:G12；待返回的列序号为“2”，即“姓名”所在的列；查找方式为精确匹配。因为指定的学号是“93003”，所以该函数的返回值是“卢骁”。函数运算结果如图 12-52 所示。

【5】填充公式。由于其他信息的查询公式与“姓名”的查询公式类似，只是需要返回的列序号相应改为“3”“4”“5”等，这正好和公式所在的列号一致，所以可以将公式中的 VLOOKUP 函数的第 3 个参数改为 COLUMN()。另外，由于在自动填充公式时，公式中的单元格相对引用会自动改变，而这里希望不变，所以应将它们改为绝对引用。完善后的“班级”查询公式为“=VLOOKUP($A$3，学生成绩表 !$A$3:$G$12，COLUMN()，FALSE)”，具体计算结果如图 12-53 所示。

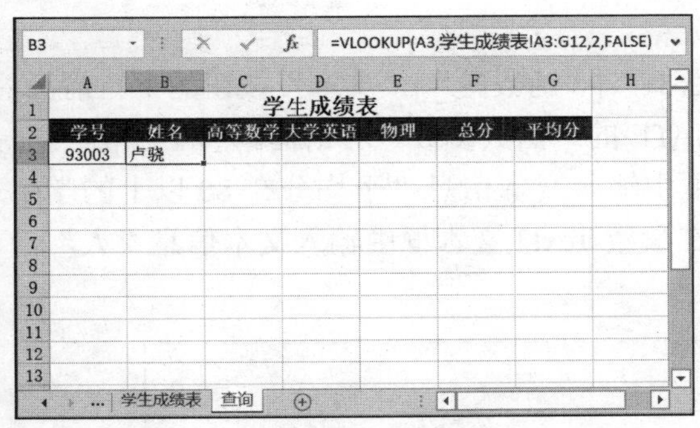

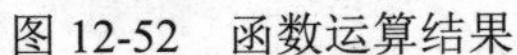

图 12-52　函数运算结果

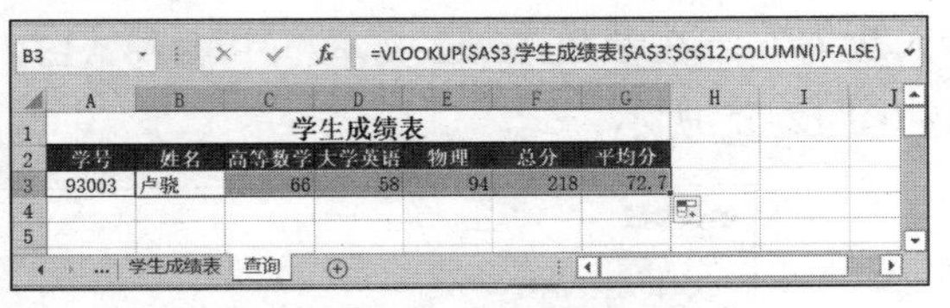

图 12-53　自动填充结果

此时，在 A3 单元格输入不同的学号，B3:G3 单元格区域将会自动显示相应学生的各项明细信息。

8. 条件计算学生人数

在学生成绩信息统计时，需要获知平均分在 80 以上的学生人数，并将“平均分在 80 以上的学生人数为？人”字样显示在 A14 单元格中。

该任务可以分解为两个子任务来完成：首先应用条件计数函数 COUNTIF 计算满足“平均分在 80 以上”这个条件的学生人数；其次应用 CONCATENATE 函数将文本字符串“平均分在 80 以上的学生人数为”与上一步计算的结果“多少人”连接在一起，显示在 A14 单元格中。具体操作步骤如下。

【1】选定输入函数单元格。选定 A13 单元格。

【2】打开“函数参数”对话框。单击“公式”|“函数库”|“其他函数”按钮的下拉箭头，选择“统计”中的 COUNTIF 函数，打开 COUNTIF 的“函数参数”对话框。

【3】设置函数选项。在参数 Range 文本框指定平均分信息所在的单元格区域为 G3:G12；在参数 Criteria 文本设置条件，这里输入“>=80”，如图 12-54 所示。

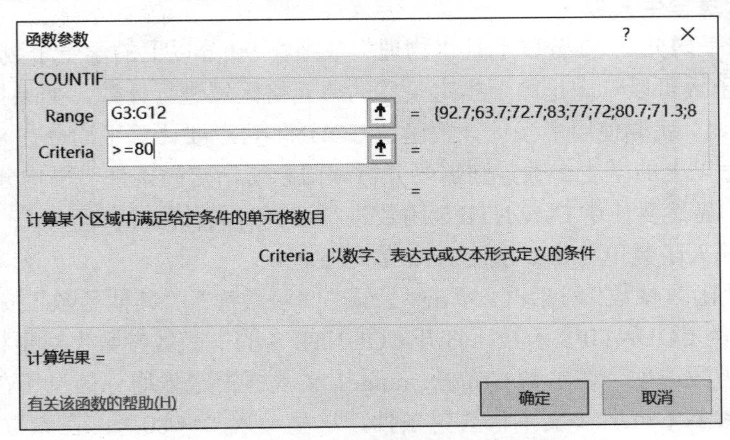

图 12-54　COUNTIF 函数参数设置

【4】完成 COUNTIF 函数插入。单击“确定”按钮，在 A13 单元格中将显示“5”，表示平均分在以上的学生人数为 5 人。

下面介绍如何利用 CONCATENATE 函数将文本提示信息与计算出的学生人数显示在同一个单元格 K4 中。

【1】选定输入函数单元格。选定 A14 单元格。

【2】打开“函数参数”对话框。单击“公式”|“函数库”|“文本”按钮的下拉箭头，选择 CONCATENATE 函数，打开 CONCATENATE 的“函数参数”对话框。

【3】设置函数选项。在参数 Text1 文本框中输入文本信息“平均分在 80 以上的学生人数为”，在参数 Text2 文本框中输入 A13，在参数 Text3 文本框中输入文本信息“人”，如图 12-55 所示。

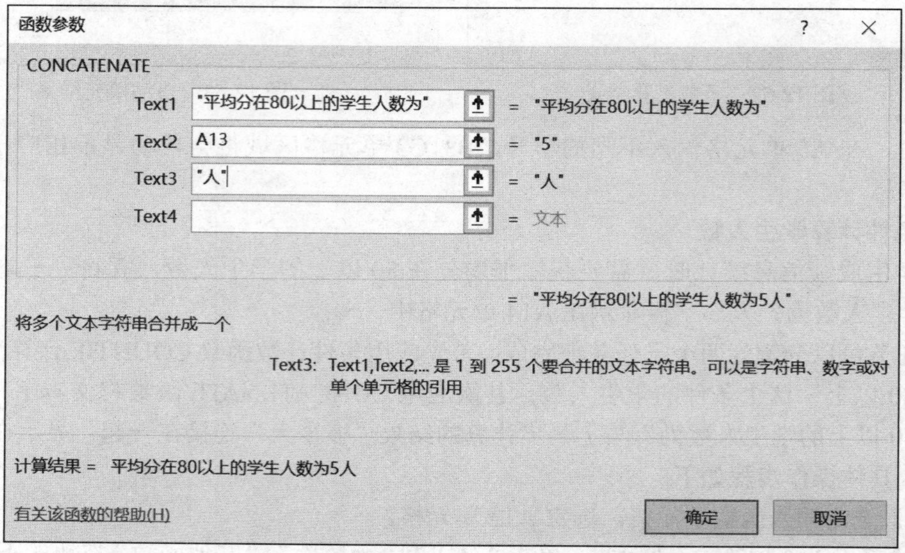

函数参数 ? ×

CONCATENATE

Text1 "平均分在80以上的学生人数为" = "平均分在80以上的学生人数为"

Text2 A13 = "5"

Text3 "人" = "人"

Text4 = 文本

= "平均分在80以上的学生人数为5人"

将多个文本字符串合并成一个

Text3: Text1,Text2,... 是 1 到 255 个要合并的文本字符串。可以是字符串、数字或对单个单元格的引用

计算结果 = 平均分在80以上的学生人数为5人

有关该函数的帮助(H) 确定 取消

图 12-55 CONCATENATE 函数参数设置

【4】完成 CONCATENATE 函数插入。单击“确定”按钮，A14 单元格将显示“平均分在 80 以上的学生人数为 5 人”。

9. 多条件计算学生人数

例如，计算平均分在 80 分以上且“物理”成绩在 90 分以上的学生个数。

COUNTIF 函数可以对满足单个指定条件的单元格区域进行计数。如果指定的条件为两个或者两个以上时，就要使用多条件计数函数 COUNTIFS。要计算平均分在 80 分以上且“物理”成绩在 90 分以上的学生个数，则需要分析该问题所指定的条件“平均分 >=80”且“物理分数 >=90”，显然要使用 COUNTIFS 函数进行运算，具体操作如下。

【1】选定输入函数单元格。选定 A16 单元格。

【2】打开“函数参数”对话框。单击“公式”|“函数库”|“其他函数”按钮的下拉箭头，选择“统计”中的 COUNTIFS 函数，打开 COUNTIFS 的“函数参数”对话框。

【3】设置函数选项。在参数 Criteria_range1 文本框指定平均分信息所在的单元格区域为 G3:G12；在参数 Criteria1 文本框设置条件，这里输入“>=80”；在参数 Criteria_range2 文本框指定物理分数所在的单元格区域为 E3:E12；在参数 Criteria2 框设置条件，这里输入“>=90”，如图 12-56 所示。

【4】完成函数插入。单击“确定”按钮，A16 单元格显示计算结果为 2，即平均分在 80 分以上且“物理”成绩在 90 分以上的学生有 2 名，计算结果如图 12-57 所示。

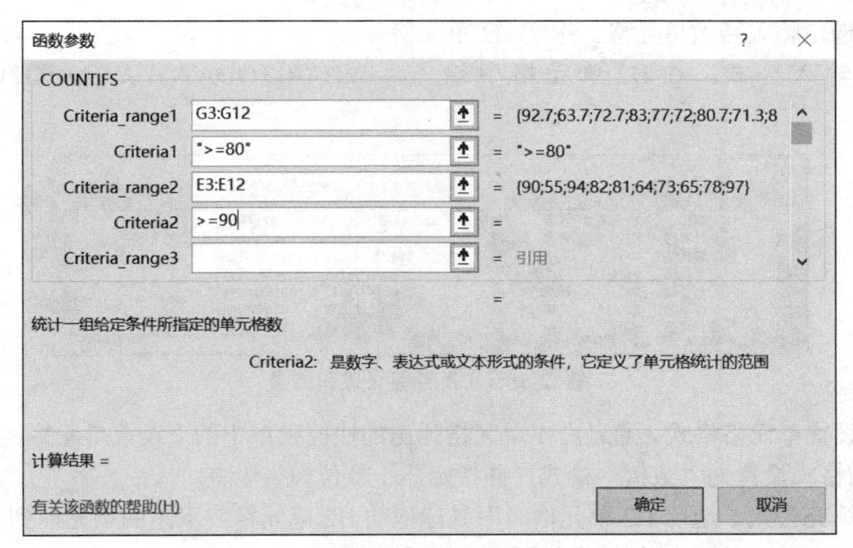

图 12-56　COUNTIFS 函数参数设置

	A	B	C	D	E	F	G
1	学生成绩表						
2	学号	姓名	高等数学	大学英语	物理	总分	平均分
3	93001	郝建设	92	96	90	278	92.7
4	93002	李林	72	64	55	191	63.7
5	93003	卢骁	66	58	94	218	72.7
6	93004	肖丽	80	87	82	249	83
7	93005	刘璇	72	78	81	231	77
8	93006	董国庆	77	75	64	216	72
9	93007	王旭梅	92	77	73	242	80.7
10	93008	胡珊珊	75	74	65	214	71.3
11	93009	唐今一	88	85	78	251	83.7
12	93010	石育秀	88	93	97	278	92.7
13	5						
14	平均分在80以上的学生人数为5人						
15	平均分在80分以上且“物理”成绩在90分以上学生个数：						
16	2						

学生成绩表　查询

图 12-57　学生成绩表计算结果

12.5.2　年龄与工龄的计算

在人事档案管理中，员工的年龄以及工龄会随着时间的推移而发生变化，所以在档案管理中都是填写出生日期以及参加工作日期等信息，再根据出生日期以及参加工作日期计算出相应员工的年龄和工龄。

在“人事档案”工作簿中的“人员清单”工作表里分别增加“年龄”与“工龄”两个字段，并计算出每名员工相应信息的步骤如下。

1. 工龄的计算

工龄是按年头计算的，即每到新一年的 1 月 1 日，每人的工龄都增加一年，而不管是 1 月 1 日参加工作，还是 12 月 31 日参加工作的。所以工龄可用下述公式计算：=YEAR(TODAY())-YEAR(参加工作日期)，具体操作如下。

【1】选定输入函数单元格。选定 H2 单元格。

【2】输入公式。在 H2 单元格中输入“=YEAR(TODAY())−YEAR(G2)”，如图 12-58 所示。

H2 =YEAR(TODAY())-YEAR(G2)

	A	B	C	D	E	F	G	H
1	序号	部门	员工编号	姓名	性别	出生日期	参加工作日期	工龄
2	1	开发部	K12	郭鑫	男	1969年7月12日	1984年8月3日	1900年2月4日
3	2	测试部	C24	周小明	男	1972年7月6日	1990年8月28日	
4	3	文档部	W24	刘思萌	女	1984年8月2日	1996年9月19日	
5	4	市场部	S21	杨灵	男	1989年7月1日	2010年9月1日	
6	5	市场部	S20	尹红群	女	1972年1月15日	1996年9月1日	
7	6	开发部	K01	田明	男	1975年6月17日	1998年8月4日	

员工信息表 个人月度预算 Sheet2

图 12-58 工龄计算公式和结果

【3】设置单元格格式。通过右击单元格弹出的快捷菜单中的“设置单元格格式”命令，将单元格的格式设置为“数值”格式，并指定“小数位数”为 0。

【4】填充公式。选定 H2 单元格，用鼠标拖动 H2 单元格右下角的填充柄到 H13 为止，计算出所有员工的工龄，计算结果如图 12-59 所示。

H2 =YEAR(TODAY())-YEAR(G2)

	A	B	C	D	E	F	G	H
1	序号	部门	员工编号	姓名	性别	出生日期	参加工作日期	工龄
2	1	开发部	K12	郭鑫	男	1969年7月12日	1984年8月3日	35
3	2	测试部	C24	周小明	男	1972年7月6日	1990年8月28日	29
4	3	文档部	W24	刘思萌	女	1984年8月2日	1996年9月19日	23
5	4	市场部	S21	杨灵	男	1989年7月1日	2010年9月1日	9
6	5	市场部	S20	尹红群	女	1972年1月15日	1996年9月1日	23
7	6	开发部	K01	田明	男	1975年6月17日	1998年8月4日	21
8	7	文档部	W22	黄振华	男	1991年3月18日	2015年7月2日	4
9	8	测试部	C22	赵文	男	1990年8月5日	2015年7月2日	4
10	9	开发部	K11	王童童	女	1978年2月18日	2000年10月20日	19
11	10	市场部	S10	张淑芳	女	1975年4月15日	2004年6月7日	15
12	11	市场部	S13	胡刚	男	1988年9月30日	2008年5月9日	11
13	12	测试部	C19	周静怡	女	1984年12月23日	2012年6月7日	7
14								

员工信息表 个人月度预算 Sheet2

图 12-59 工龄的计算结果

2. 年龄的计算

年龄通常需要计算实足年龄，即到了生日相对应的日期才增加一年，所以应用下述公式计算：=(TODAY()− 出生日期)/365.25，具体操作如下。

【1】选定输入函数单元格。选中 I2 单元格。

【2】输入公式。在 I2 单元格中输入“=(TODAY()−F2)/365.25”，按 Enter 键，结果如图 12-60 所示。

I2 =(TODAY()-F2)/365.25

	C	D	E	F	G	H	I	J
1	员工编号	姓名	性别	出生日期	参加工作日期	工龄	年龄	
2	K12	郭鑫	男	1969年7月12日	1984年8月3日	35	1900年2月19日	
3	C24	周小明	男	1972年7月6日	1990年8月28日	29		
4	W24	刘思萌	女	1984年8月2日	1996年9月19日	23		
5	S21	杨灵	男	1989年7月1日	2010年9月1日	9		
6	S20	尹红群	女	1972年1月15日	1996年9月1日	23		
7	K01	田明	男	1975年6月17日	1998年8月4日	21		

员工信息表 个人月度预算 Sheet2

图 12-60 年龄计算公式和结果

员工的年龄显示为日期格式，这是因为如果单元格的公式中包含了日期函数，Excel 会自动按日期格式显示数据。这时可以通过右击单元格弹出的快捷菜单中的“设置单元格格式”命令，将单元格的格式设置为“数值”格式，并指定“小数位数”为 0。

【3】填充公式。选定 I2 单元格，用鼠标拖动 I2 单元格右下角的填充柄到 I13 为止，计算出所有员工的年龄，计算结果如图 12-61 所示。

I2 =(TODAY()-F2)/365.25

	C	D	E	F	G	H	I
1	员工编号	姓名	性别	出生日期	参加工作日期	工龄	年龄
2	K12	郭鑫	男	1969年7月12日	1984年8月3日	35	50
3	C24	周小明	男	1972年7月6日	1990年8月28日	29	47
4	W24	刘思萌	女	1984年8月2日	1996年9月19日	23	35
5	S21	杨灵	男	1989年7月1日	2010年9月1日	9	30
6	S20	尹红群	女	1972年1月15日	1996年9月1日	23	48
7	K01	田明	男	1975年6月17日	1998年8月4日	21	45
8	W22	黄振华	男	1991年3月18日	2015年7月2日	4	29
9	C22	赵文	男	1990年8月5日	2015年7月2日	4	29
10	K11	王童童	女	1978年2月18日	2000年10月20日	19	42
11	S10	张淑芳	女	1975年4月15日	2004年6月7日	15	45
12	S13	胡刚	男	1988年9月30日	2008年5月9日	11	31
13	C19	周静怡	女	1984年12月23日	2012年6月7日	7	35

员工信息表 | 个人月度预算 | Sheet2

图 12-61　年龄的计算结果

12.5.3　销售信息统计

图 12-62 所示是 2007 年某公司的销售明细表，现需要统计每个员工的销售额以及每个员工销售 D2526 型号彩电的产品数量。

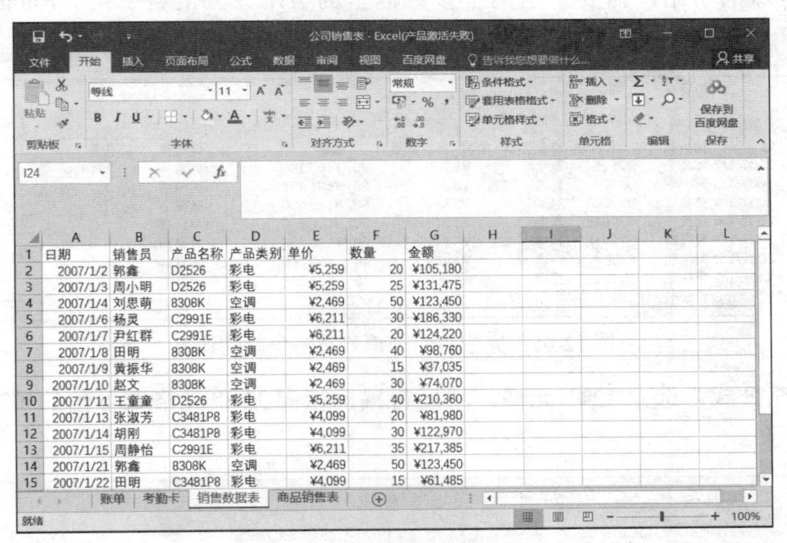

	A	B	C	D	E	F	G
1	日期	销售员	产品名称	产品类别	单价	数量	金额
2	2007/1/2	郭鑫	D2526	彩电	¥5,259	20	¥105,180
3	2007/1/3	周小明	D2526	彩电	¥5,259	25	¥131,475
4	2007/1/4	刘思萌	8308K	空调	¥2,469	50	¥123,450
5	2007/1/6	杨灵	C2991E	彩电	¥6,211	30	¥186,330
6	2007/1/7	尹红群	C2991E	彩电	¥6,211	20	¥124,220
7	2007/1/8	田明	8308K	空调	¥2,469	40	¥98,760
8	2007/1/9	黄振华	8308K	空调	¥2,469	15	¥37,035
9	2007/1/10	赵文	8308K	空调	¥2,469	30	¥74,070
10	2007/1/11	王童童	D2526	彩电	¥5,259	40	¥210,360
11	2007/1/13	张淑芳	C3481P8	彩电	¥4,099	20	¥81,980
12	2007/1/14	胡刚	C3481P8	彩电	¥4,099	30	¥122,970
13	2007/1/15	周静怡	C2991E	彩电	¥6,211	35	¥217,385
14	2007/1/21	郭鑫	8308K	空调	¥2,469	50	¥123,450
15	2007/1/22	田明	C3481P8	彩电	¥4,099	15	¥61,485

图 12-62　销售数据表

1. 统计每个销售员的销售额

该任务可以利用条件求和函数 SUMIF 来完成，具体操作如下。

【1】打开工作表。销售员清单如图 12-63 所示。

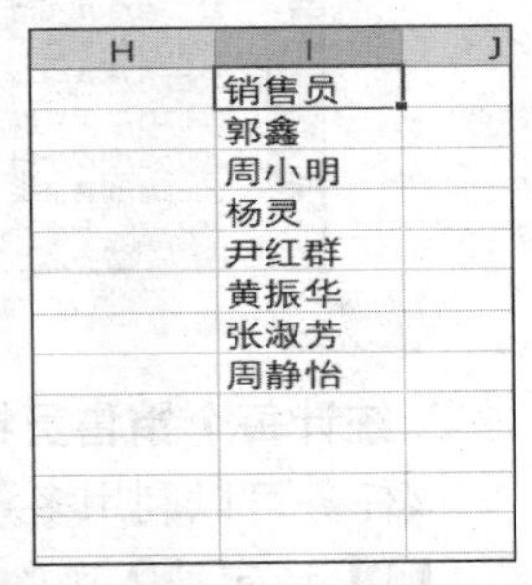

H
I
J
销售员
郭鑫
周小明
杨灵
尹红群
黄振华
张淑芳
周静怡

图 12-63　建立的销售员清单

【2】选定输入函数单元格。选中 J2 单元格。

【3】打开 SUMIF 的“函数参数”对话框。单击“公式”|“函数库”|“数学与三角函数”按钮的下拉箭头，选择 SUMIF 函数，打开 SUMIF 的“函数参数”对话框。

【4】设置函数选项。在参数 Range 文本框指定销售员信息所在的单元格区域为“B2:B13”；在参数 Criteria 文本框设置条件，这里指定为第一个销售员所在的单元格 I2；在参数 Sum_range 文本框指定需要汇总的销售额单元格区域为“G2:G13”，如图 12-64 所示。

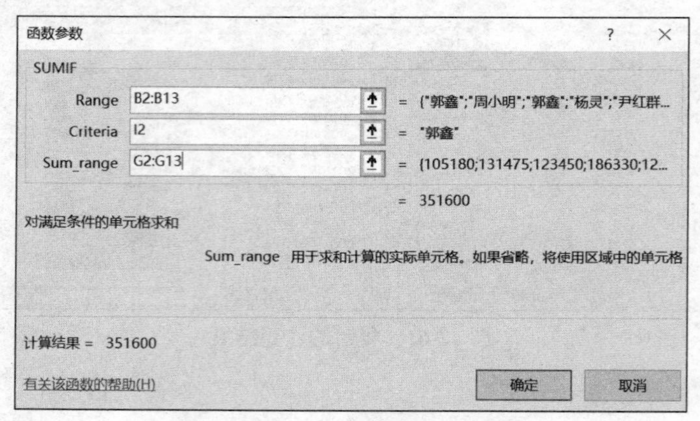

图 12-64 SUMIF 函数参数设置

【5】完成函数输入。单击“确定”按钮，计算出第一个销售员“陈明华”的销售额，如图 12-65 所示。为了保证自动填充时不改变对 Range 文本框以及 Sum_range 文本框指定的单元格区域的引用，需要将这两个参数框里的引用改为混合引用。Range 文本框改为“B$2:B$13”，Sum_range 文本框改为“G$2:G$13”。

J2 =SUMIF(B2:B13,I2,G2:G13)

	A	B	C	D	E	F	G	H	I	J	K
1	日期	销售员	产品名称	产品类别	单价	数量	金额		销售员	销售额	
2	2007/1/2	郭鑫	D2526	彩电	¥5,259	20	¥105,180		郭鑫	351600	
3	2007/1/3	周小明	D2526	彩电	¥5,259	25	¥131,475		周小明		
4	2007/1/4	郭鑫	830BK	空调	¥2,469	50	¥123,450		杨灵		
5	2007/1/6	杨灵	C2991E	彩电	¥6,211	30	¥186,330		尹红群		
6	2007/1/7	尹红群	C2991E	彩电	¥6,211	20	¥124,220		黄振华		
7	2007/1/8	周小明	830BK	空调	¥2,469	40	¥98,760		张淑芳		
8	2007/1/9	黄振华	830BK	空调	¥2,469	15	¥37,035		周静怡		

帐单 | 考勤卡 | 商品销售表 | 销售数据表

图 12-65 完成第一个销售员销售额的计算

【6】填充公式。选定 J2 单元格，然后将鼠标指向 J2 单元格右下角的填充柄并双击，如图 12-66 所示。

J2 =SUMIF(B$2:B$13,I2,G$2:G$13)

	A	B	C	D	E	F	G	H	I	J	K
1	日期	销售员	产品名称	产品类别	单价	数量	金额		销售员	销售额	
2	2007/1/2	郭鑫	D2526	彩电	¥5,259	20	¥105,180		郭鑫	351600	
3	2007/1/3	周小明	D2526	彩电	¥5,259	25	¥131,475		周小明	230235	
4	2007/1/4	郭鑫	830BK	空调	¥2,469	50	¥123,450		杨灵	396690	
5	2007/1/6	杨灵	C2991E	彩电	¥6,211	30	¥186,330		尹红群	198290	
6	2007/1/7	尹红群	C2991E	彩电	¥6,211	20	¥124,220		黄振华	37035	
7	2007/1/8	周小明	830BK	空调	¥2,469	40	¥98,760		张淑芳	81980	
8	2007/1/9	黄振华	830BK	空调	¥2,469	15	¥37,035		周静怡	217385	

帐单 | 考勤卡 | 商品销售表 | 销售数据表

图 12-66 销售额计算

2. 统计每个销售员销售彩电的产品数量

该任务可以利用多条件求和函数 SUMIFS 来完成，具体操作如下。

【1】选定输入函数单元格。选定 K2 单元格。

【2】打开 SUMIFS 的“函数参数”对话框。单击“公式”|“函数库”|“数学与三角函数”按钮的下拉箭头，选择 SUMIFS 函数，打开 SUMIFS 的“函数参数”对话框。

【3】设置函数选项。在参数 Sum_range 文本框中指定需要汇总的数量单元格区域为“F$2:F$181”；在参数 Criteria_range1 文本框中指定销售员信息所在的单元格区域为“B2:B13”；在参数 Criteria1 文本框中设置条件，这里指定为第一个销售员所在的单元格 I2；在参数 Criteria_range2 文本框中指定产品类别信息所在的单元格区域为“D2: D13”；在参数 Criteria12 文本框中设置条件，这里指定为“彩电”。具体设置如图 12-67 所示。

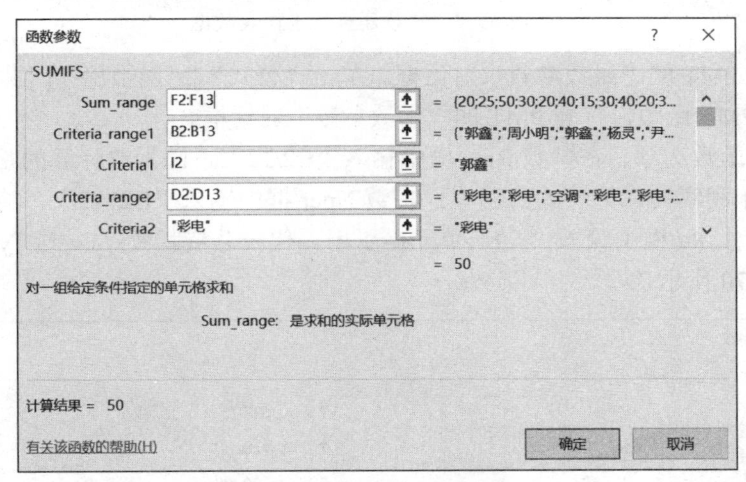

图 12-67　SUMIFS 函数参数设置

【4】完成函数输入。单击“确定”按钮，计算出第一个销售员彩电的销售数量。

【5】填充公式。选定 K2 单元格，然后将鼠标指向 K2 单元格右下角的填充柄并双击，可计算出每一名销售员销售彩电的数目，如图 12-68 所示。

K2　=SUMIFS(F$2:F$13,B$2:B$13,I2,D$2:D$13,"彩电")

	A	B	C	D	E	F	G	H	I	J	K
1	日期	销售员	产品名称	产品类别	单价	数量	金额		销售员	销售额	彩电销售量
2	2007/1/2	郭鑫	D2526	彩电	¥5,259	20	¥105,180		郭鑫	351600	50
3	2007/1/3	周小明	D2526	彩电	¥5,259	25	¥131,475		周小明	230235	25
4	2007/1/4	郭鑫	830BK	空调	¥2,469	50	¥123,450		杨灵	396690	70
5	2007/1/6	杨灵	C2991E	彩电	¥6,211	30	¥186,330		尹红群	198290	20
6	2007/1/7	尹红群	C2991E	彩电	¥6,211	20	¥124,220		黄振华	37035	0
7	2007/1/8	周小明	830BK	空调	¥2,469	40	¥98,760		张淑芳	81980	20
8	2007/1/9	黄振华	830BK	空调	¥2,469	15	¥37,035		周静怡	217385	35
9	2007/1/10	尹红群	830BK	空调	¥2,469	30	¥74,070				

帐单　考勤卡　商品销售表　销售数据表

图 12-68　每名销售员彩电销售量

【注意】SUMIFS 和 SUMIF 函数的参数顺序有所不同。具体而言，Sum_range 参数在 SUMIFS 中是第一个参数，而在 SUMIF 中则是第三个参数。如果要复制和编辑这些相似函数，请确保按正确的顺序放置参数。

12.5.4　贷款分期付款额的计算

某人买房贷款 30 万元，计划分 10 年偿还。假设年利率为 9%，试计算按月偿还的金额。

一般情况下，基于固定利率的等额分期付款方式可以使用PMT函数计算贷款的每期付款额。使用PMT函数计算月偿还额的步骤如下。

【1】选定输入函数单元格。选中D2单元格，如图12-69所示。

	A	B	C	D	E	F
1	贷款	偿还时间（年）	年利率	按月偿还		
2	300000	10	9%			
3						

图12-69 “贷款还款”工作表数据

【2】打开PMT的“函数参数”对话框。单击“公式”|“函数库”|“财务”按钮的下拉箭头，选择PMT函数，打开PMT的“函数参数”对话框。

【3】设置函数选项。在参数Rate框中输入“C2/12”，因为要计算的是月还款额，所以需要将贷款年利率转化为贷款月利率；参数Nper框中输入“B2*12”，将贷款期转化为以“月”为单位；Pv框中输入“A2”单元格引用，代表总贷款额；Fv与Type框可以忽略不写，如图12-70所示。

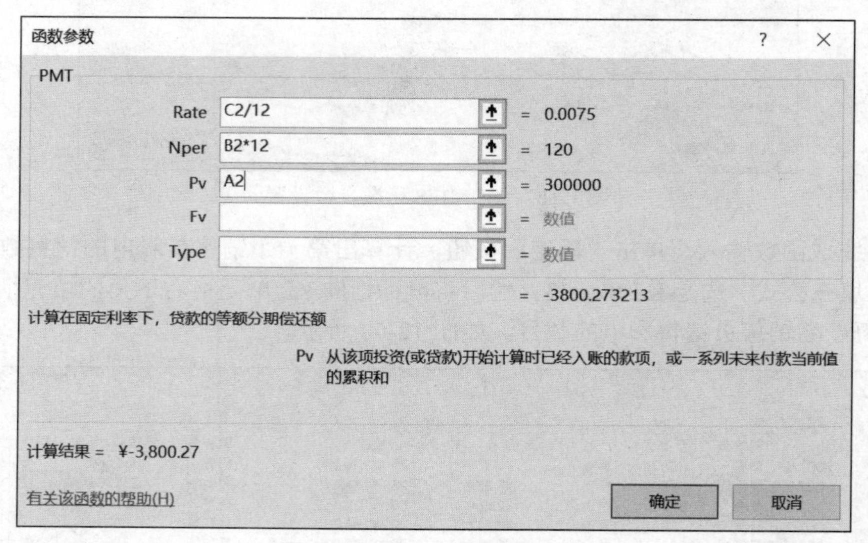

图12-70 PMT函数参数设置

【4】完成函数输入。单击“确定”按钮，D2单元格显示计算的结果，即月还款额约为3800元，如图12-71所示。

D2 =PMT(C2/12,B2*12,A2)

	A	B	C	D	E	F
1	贷款	偿还时间（年）	年利率	按月偿还		
2	300000	10	9%	¥-3,800.27		
3						

图12-71 PMT函数计算结果

12.5.5　身份证信息提取

身份证号码中包含了丰富的信息，通过函数的适当应用，可以自动提取出所需的信息，方便快捷。

目前身份证一般为 18 位，其中 1 ～ 6 位为地区代码；7 ～ 10 位为出生年份（4 位）；11 ～ 12 位为出生月份；13 ～ 14 位为出生日期；15 ～ 17 位为顺序号，并能够判断性别，奇数为男，偶数为女；18 位为效验位。因此，通过函数应用自动提取性别信息和年龄信息。

1. 根据身份证号码求性别

应用 IF、VALUE 和 MID 函数获取性别信息，具体操作如下。

【1】选定输入函数单元格。选中 D2 单元格。

【2】打开 IF 的“函数参数”对话框。单击“公式”|“函数库”|“逻辑”按钮的下拉箭头，选择 IF 函数，打开 IF 的“函数参数”对话框。

【3】设置函数选项。在参数 Logical_test 框中输入“VALUE(MID(C2,15,3))/2=INT(VALUE(MID(C2,15,3))/2)”，在参数 Value_if_true 框中输入“女”； 在参数 Value_if_false 框中输入“男”，如图 12-72 所示。

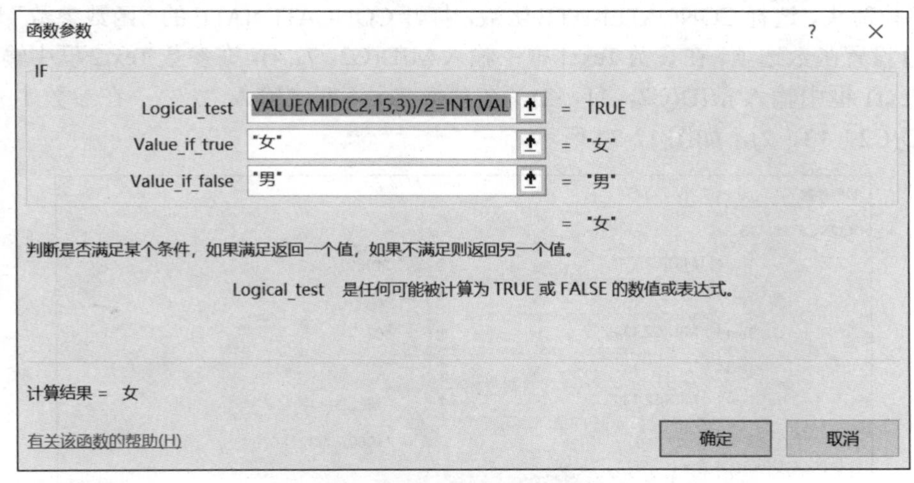

图 12-72　设置函数选项

由于公式比较复杂，分拆予以解释：

① MID(C2,15,3) 用于求出身份证号码中代表性别的数字，实际求得的为代表数字的字符串。

② VALUE(MID(C2,15,3)) 用于将上一步所得的代表数字的字符串转换为数字。

③ VALUE(MID(C2,15,3))/2=INT(VALUE(MID(C2,15,3))/2) 用于判断这个身份证号码是奇数还是偶数，当然也可以用 Mod 函数来做出判断。

④ IF(VALUE(MID(C2,15,3))/2=INT(VALUE(MID(C2,15,3))/2),"女","男")：如果上述公式判断出这个号码是偶数时，显示“女”，否则，这个号码是奇数则返回“男”。

【4】完成函数输入。单击“确定”按钮，D2 单元格显示计算的结果，性别为男。

【5】填充公式。选定 D2 单元格，然后将鼠标指向 D2 单元格右下角的填充柄并双击，可计算出所有人员的性别，如图 12-73 所示。

D2 =IF(VALUE(MID(C2,15,3))/2=INT(VALUE(MID(C2,15,3))/2),"女","男")

	A	B	C	D	E	F	G	H
1	员工编号	姓名	身份证号码	性别				
2	K12	郭鑫	67****196907120251	男				
3	C24	周小明	32****197207060313	男				
4	W24	刘思萌	51****198208020162	女				
5	S21	杨灵	37****198907010255	男				
6	S20	尹红群	01****197201150244	女				
7	K01	田明	63****197506170357	男				
8	W22	黄振华	27****199103180379	男				
9	C22	赵文	19****199008050153	男				
10	K11	王童童	35****197802180562	女				
11	S10	张淑芳	29****197504150624	女				
12	S13	胡刚	52****198809300337	男				
13	C19	周静怡	31****198412230166	女				
14								

员工信息表 | 个人月度预算 | Sheet2

图 12-73　填充公式

2. 根据身份证号码求出生日期

应用 CONCATENATE 和 MID 函数获取出生日期，具体操作如下。

【1】选定输入函数单元格。选中 E2 单元格。

【2】打开 CONCATENATE 的“函数参数”对话框。单击“公式”|“函数库”|“文本”按钮的下拉箭头，选择 CONCATENATE 函数，打开 CONCATENATE 的“函数参数”对话框。

【3】设置函数选项。在参数 Text1 框中输入 MID(C2，7，4)，在参数 Text2 框中输入“/”；在参数 Text1 框中输入 MID(C2，11，2)，在参数 Text4 框中输入“/”；在参数 Text5 框中输入 MID(C2，13，2)，如图 12-74 所示。

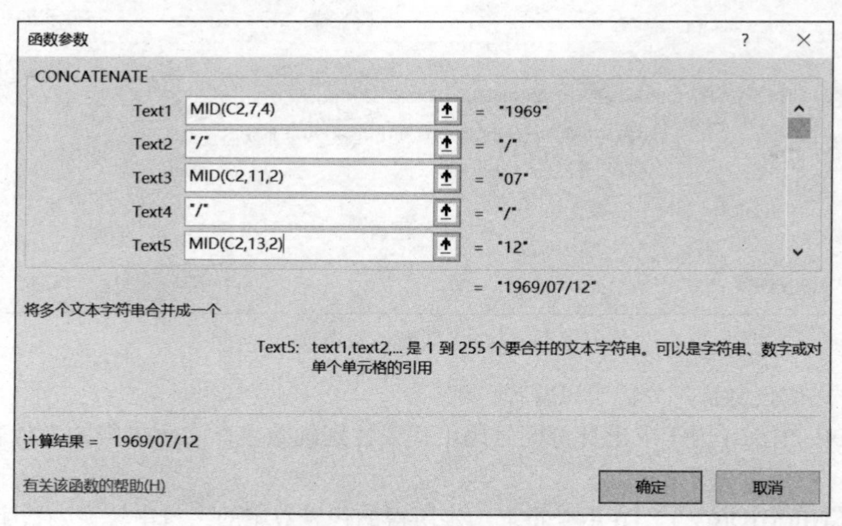

图 12-74　设置函数选项

E2 单元格中输入的公式为“=CONCATENATE(MID(C2，7，4)，"/"，MID(C2，11，2)，"/"，MID(C2，13，2))”，公式解释是：

① MID(C2，7，4) 为在身份证号码中获取表示年份的数字的字符串。

② MID(C2，11，2) 为在身份证号码中获取表示月份的数字的字符串。

③ MID(C2，13，2) 为在身份证号码中获取表示日期的数字的字符串。

④ CONCATENATE(MID(C2，7，4)，"/"，MID(C2，11，2)，"/"，MID(C2，13，2))

目的就是将多个字符串合并在一起显示。

【4】完成函数输入。单击“确定”按钮，E2 单元格显示计算的结果，出生日期为 1969/07/12。

【5】填充公式。选定 F3 单元格，然后将鼠标指向 E2 单元格右下角的填充柄并双击，可计算出所有人员的出生日期，如图 12-75 所示。

E2　=CONCATENATE(MID(C2,7,4),"/",MID(C2,11,2),"/",MID(C2,13,2))

	A	B	C	D	E	F	G	H
1	员工编号	姓名	身份证号码	性别	出生日期			
2	K12	郭鑫	67****196907120251	男	1969/07/12			
3	C24	周小明	32****197207060313	男	1972/07/06			
4	W24	刘思萌	51****198208020162	女	1982/08/02			
5	S21	杨灵	37****198907010255	男	1989/07/01			
6	S20	尹红群	01****197201150244	女	1972/01/15			
7	K01	田明	63****197506170357	男	1975/06/17			
8	W22	黄振华	27****199103180379	男	1991/03/18			
9	C22	赵文	19****199008050153	男	1990/08/05			
10	K11	王童童	35****197802180562	女	1978/02/18			
11	S10	张淑芳	29****197504150624	女	1975/04/15			
12	S13	胡刚	52****198809300337	男	1988/09/30			
13	C19	周静怡	31****198412230166	女	1984/12/2			
14								

员工信息表　个人月度预算　Sheet2

图 12-75　公式填充

第13章 图表

使用 Excel 2016 提供的丰富图表功能能够对工作表中的数据进行直观、形象地说明。同时，Excel 图表具有自动调整功能，对于已创建好的图表，如果对应数据源中数据内容发生变化，图表会自动更新，无须重新绘制图表，这为用户带来了极大的便利。

内容提要

本章首先介绍图表的类型；其次介绍图表插入、修改和完善的方法；然后介绍新增功能迷你图的概念、创建迷你图的方法，以及如何应用填充功能快速生成迷你图；最后讲解数据透视表和数据透视图的制作和修改方法。

重要知识点

- 修改和完善图表
- 迷你图的制作
- 数据透视表的创建和修改
- 数据透视图的创建和修改

13.1　图表类型

向 Excel 工作表中插入图表，首先需要确定图表的类型。Excel 中常见的图表类型有柱形图、条形图、折线图、饼图以及圆环图等。不同类型的图表，适合不同的数据源。

- 柱形图：用于显示一段时间内的数据变化或说明各项之间的比较情况。在柱形图中，通常沿横坐标轴组织类别，沿纵坐标轴组织数据。
- 折线图：用于显示随时间而变化的连续数据，通常适用于显示在相等时间间隔下数据的趋势。在折线图中，类别沿横坐标轴均匀分布，所有的数值沿纵坐标轴均匀分布。
- 饼图：显示一个数据系列中各项数值的大小、各项数值占总和的比例。饼图中的数据点显示为整个饼图的百分比。
- 条形图：显示各持续型数值之间的比较情况。
- 面积图：显示数值随时间或其他类别数据变化的趋势线。面积图强调数量随时间而变化的程度，也可用于引起人们对总值趋势的注意。
- XY 散点图：散点图显示若干数据系列中各数值之间的关系，或者将两组数字绘制为 xy 坐标的一个系列。散点图有两个数值轴，沿横坐标轴（x 轴）方向显示一组数值数据，沿纵坐标轴（y 轴）方向显示另一组数值数据。散点图通常用于显示和比较数值，例如科学数据、统计数据和工程数据。
- 股价图：通常用来显示股价的波动，也可用于其他科学数据。例如，可以使用股价图来说明每天或每年温度的波动。但是，必须按照正确的顺序来组织数据才能创建股价图。
- 曲面图：曲面图可以找到两组数据之间的最佳组合。当类别和数据系列都是数值时，可以使用曲面图。
- 圆环图：像饼图一样，圆环图显示各个部分与整体之间的关系，但是它可以包含多个数据系列。
- 气泡图：用于比较成组的 3 个值而非两个值，第 3 个值确定气泡数据点的大小。
- 雷达图：用于比较几个数据系列的聚合值。

13.2　图表的编辑

13.2.1　插入图表

例如，“汽车销售情况”工作表中给出 2013 年 4 ～ 6 月汽车销售情况，根据销售数据，在工作表中插入三维簇状柱形图，具体操作如下。

【1】选取用于生成图表的数据。

【2】显示图表工具栏。单击“插入”选项卡，进入“图表”选项组，出现常用图表类型，有柱形图、折线图、饼图等，如图 13-1 所示。

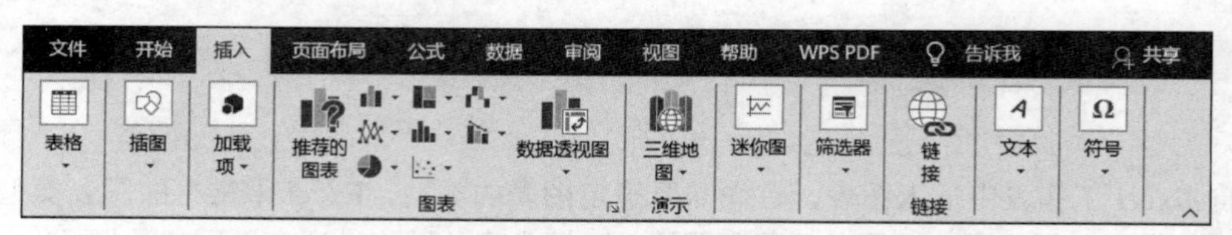

图 13-1　图表工具栏

【3】打开“柱形图”下拉菜单。单击“插入”|“图表”|“柱形图”的倒立三角按钮，弹出下拉菜单。下拉菜单中显示了不同类型的柱形图，如图 13-2 所示。

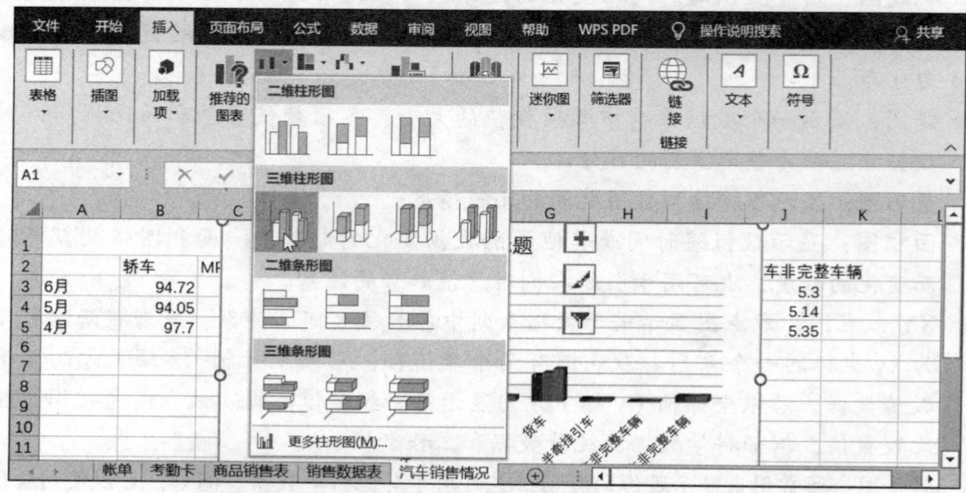

图 13-2　“柱形图”下拉菜单

【4】选择图表样式，生成图表。在“柱形图”下拉菜单中选择“三维柱形图”中的“三维簇状柱形图”选项，生成“三维簇状柱形图”，如图 13-3 所示。

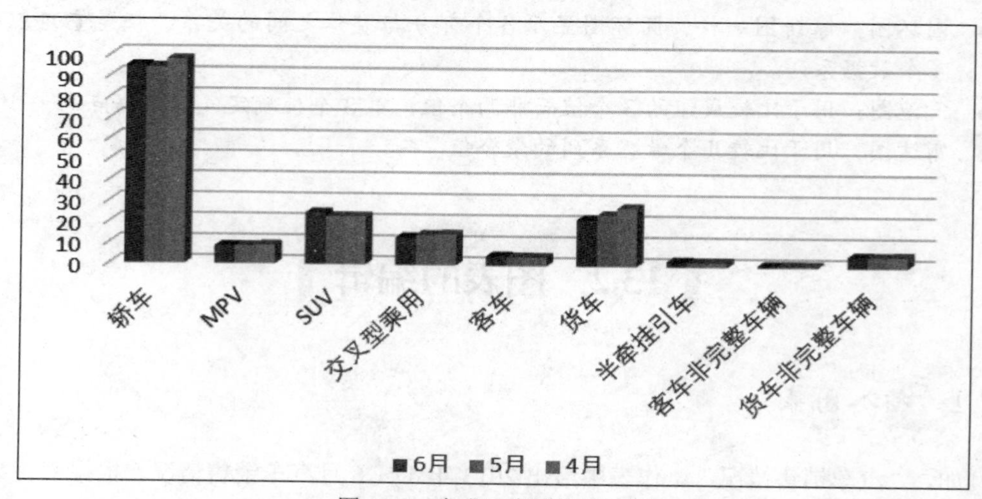

图 13-3　生成三维簇状柱形图

【说明】如果想查看所有图表类型，只需单击“图表”选项组右下角的“对话框启动器”按钮，弹出“插入图表”对话框，如图 13-4 所示。

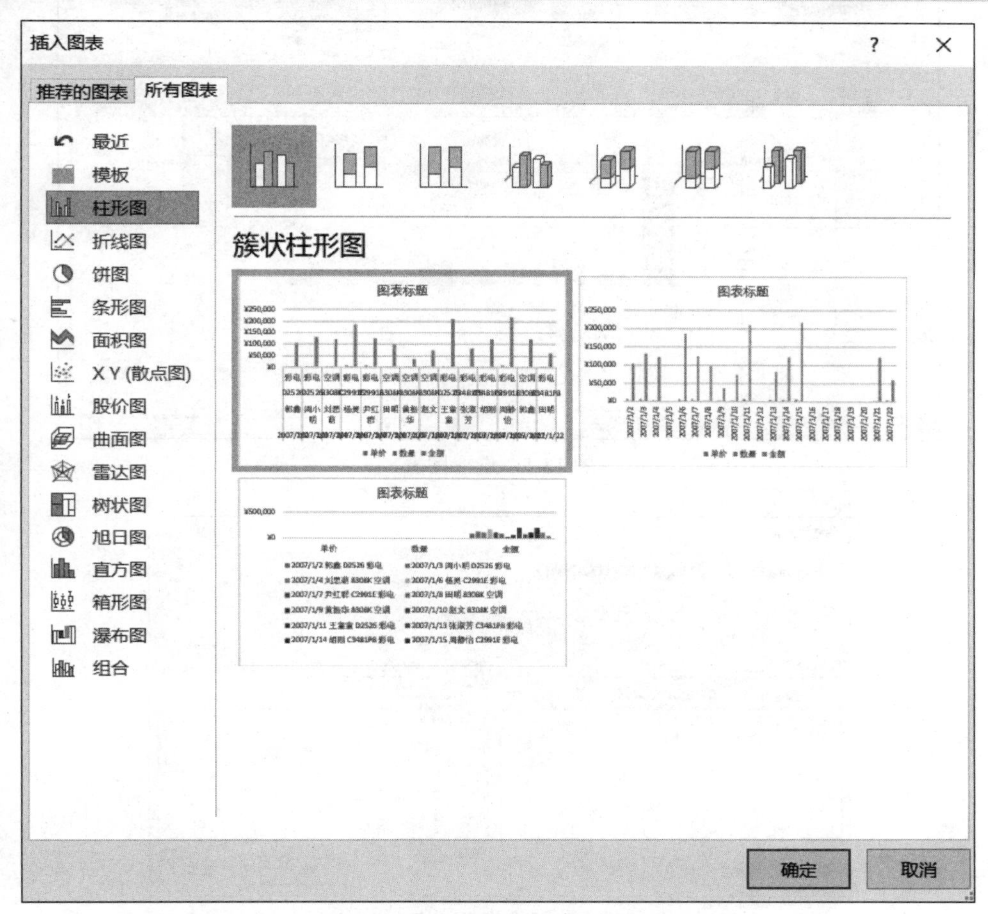

图 13-4　“插入图表”对话框

13.2.2　修改图表

日常工作中，常需要对已生成的图表进行修改，主要包括数据源的修改、行列切换、图表样式以及图表类型的修改。

【1】修改图表数据源。数据源跟图表的关系十分密切，修改数据源，图表也会有相应变化。例如将“2013 年 4-6 月汽车销售状况”图形更改为“2013 年 4-6 月家庭用车销售状况”图形，设置图表数据源具体操作如下。

①选中需要修改数据源的图表。选中图表后，在选项卡区域会出现“图表工具”选项卡，如图 13-5 所示。

②打开“选择数据源”对话框。单击“图表工具（设计）”|“数据”|“选择数据”选项，弹出“选择数据源”对话框，如图 13-6 所示。

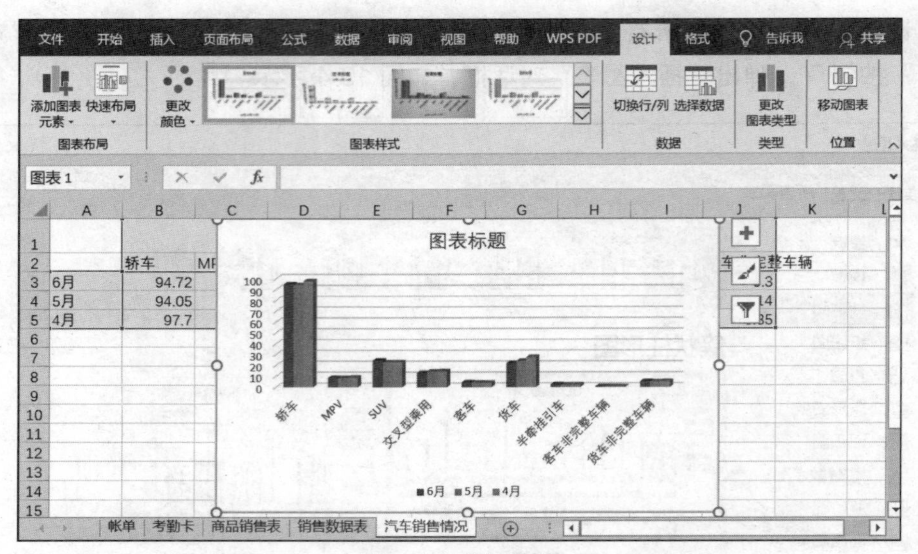

图 13-5　选取图表

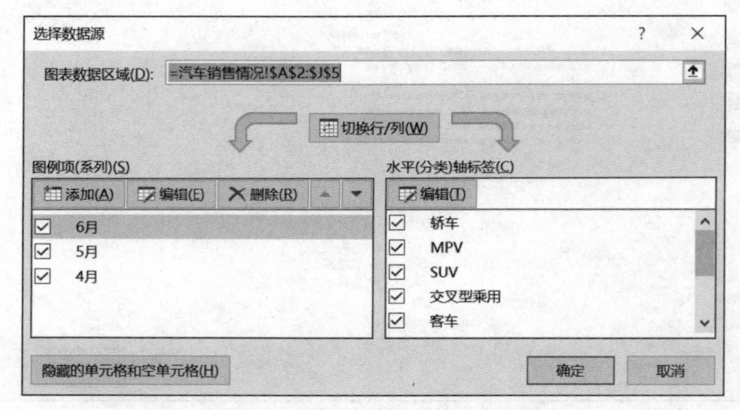

图 13-6　“选择数据源”对话框

③选择数据源。在“图表数据区域”文本框中输入生成图表的数据区域，即选择不同数据源。例如，将图 13-6 改为“家庭用车的销售情况”图表，数据源由“汽车销售情况 !$A$2:$J$5”更改为“汽车销售情况 !$A$2:$D$5”，单击“确定”按钮，生成新的图表，如图 13-7 所示。

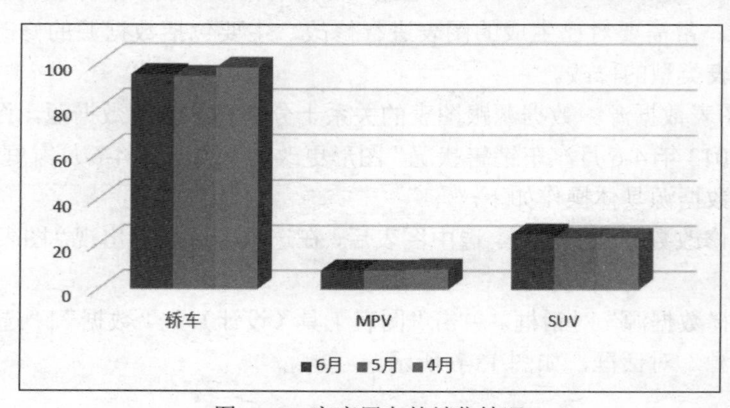

图 13-7　家庭用车的销售情况

【2】切换行 / 列。为了从不同角度查看数据，需要切换行列数据。例如，将已设置完成的“汽车销售状况”图更改为汽车类型作为系列数据，月份作为横坐标数据，具体操作如下。

①选中需要更改的图表，如图 13-8 所示。

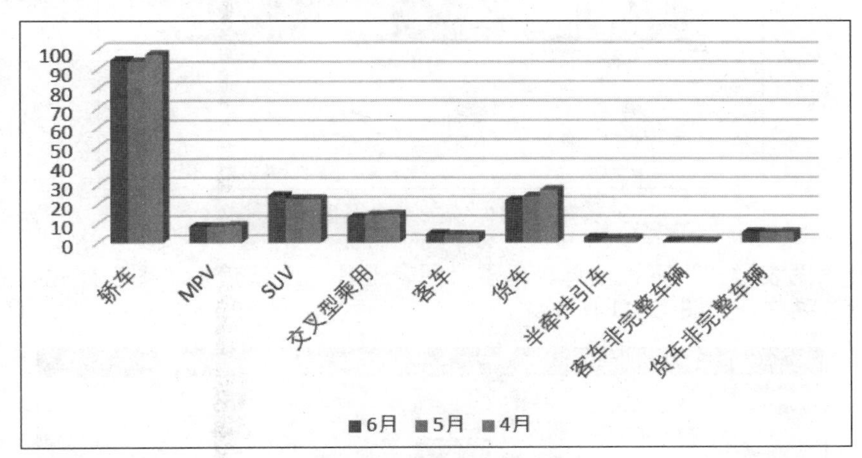

图 13-8　原始图

②行列数据切换。单击“图表工具（设计）”|“数据”|“切换行 / 列”选项，则“系列数据”与“横坐标数据”进行切换，如图 13-9 所示。

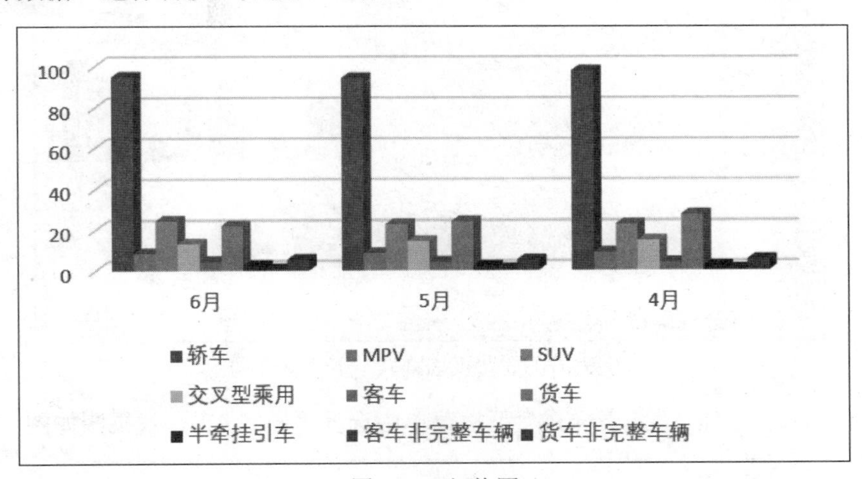

图 13-9　切换图

图 13-8 原始图中，“销售数量”作为纵坐标数据，“车辆类型”作为横坐标数据，“时间”作为系列数据，从图中可以看出不同类型的汽车在 4 ～ 6 月的销售情况。

图 13-9 切换图中，“销售数量”作为纵坐标数据，“时间”作为横坐标数据，“车辆类型”作为系列数据，从图中可以看出每个月的不同类型汽车的销售情况。

【3】修改图表样式。根据工作要求，需要对图表的样式进行修改，使其呈现出更好的表现效果。

例如，将原有的“三维簇状柱形图”的样式更改为“样式 34”，具体操作如下。

①选中需要修改的图表，如图 13-10 所示。

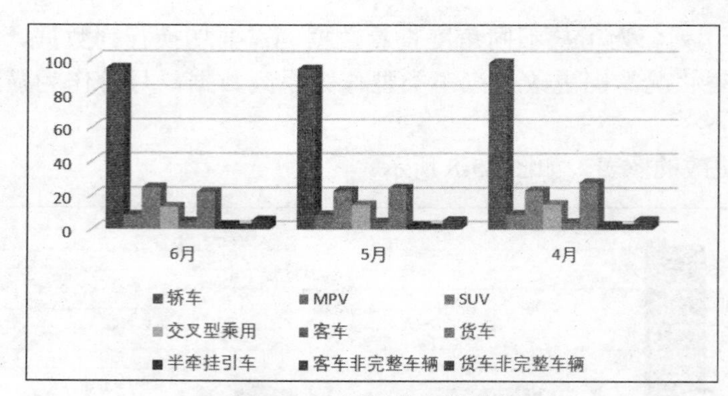

图 13-10　需要修改的图表

②打开“图表样式”下拉菜单。单击“图表工具（设计）”|“图表样式”的按钮，弹出样式下拉菜单，如图 13-11 所示。

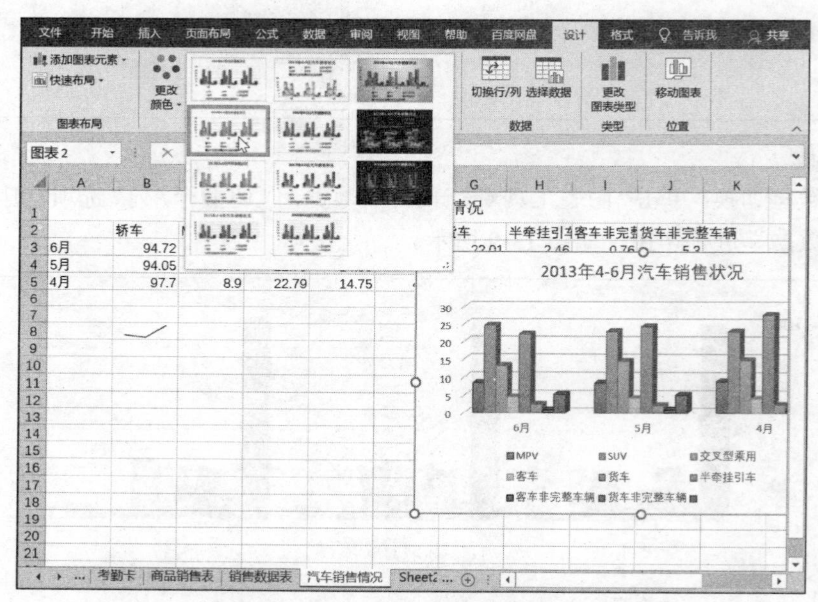

图 13-11　“图表样式”下拉菜单

③设定图表样式。在“图表样式”下拉菜单中选择“样式 4”，效果图如图 13-12 所示。

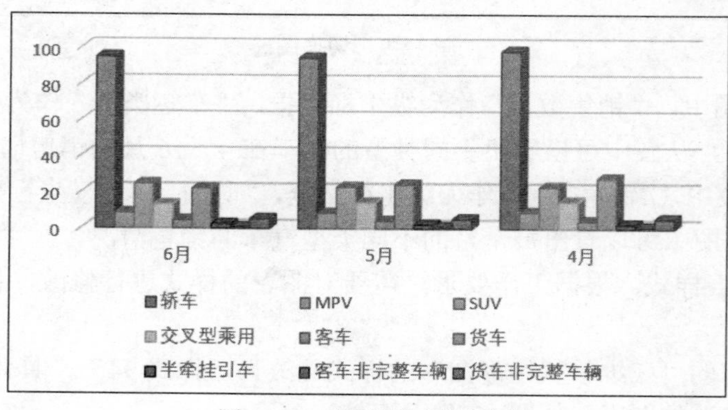

图 13-12　图表样式效果图

【4】更改图表类型。如果不希望用柱形图展现现有的数据信息，则可以更改图表类型。例如，将“汽车销售”的柱形图更改为饼图展现，具体操作如下。

①选中需要修改数据源的图表，如图 13-13 所示。

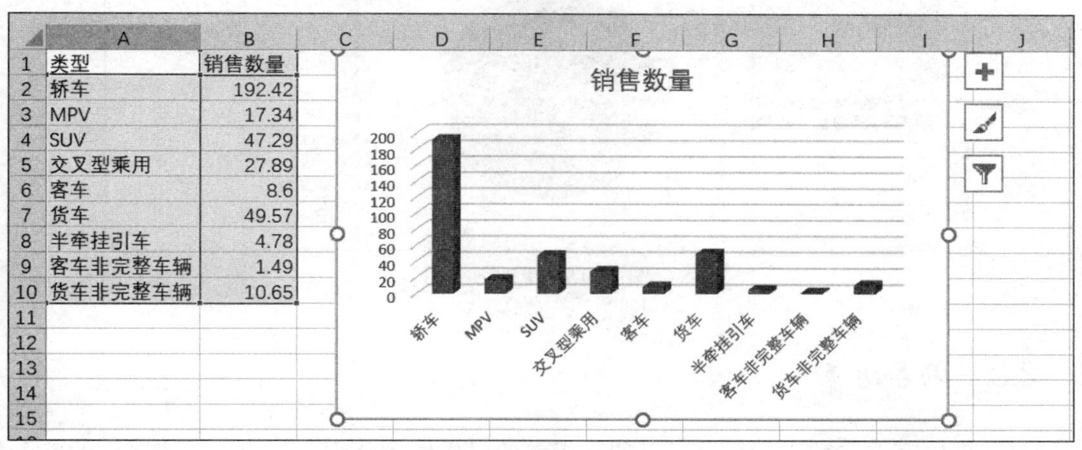

图 13-13　选取图表

②打开“更改图表类型”对话框。右击，弹出右键菜单，选择“更改图表类型”命令，弹出“更改图表类型”对话框，如图 13-14 所示。

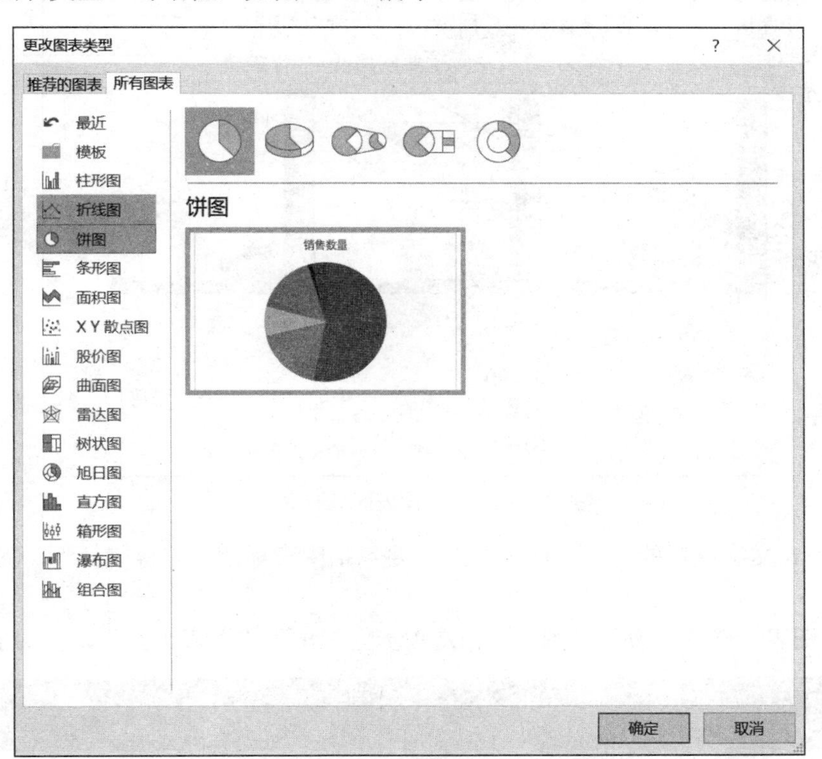

图 13-14　“更改图表类型”对话框

③更改图表类型。在“更改图表类型”对话框中，选择“所有图表”选项卡下的“饼图”，单击“确定”按钮，完成图表类型更改，效果如图 13-15 所示。

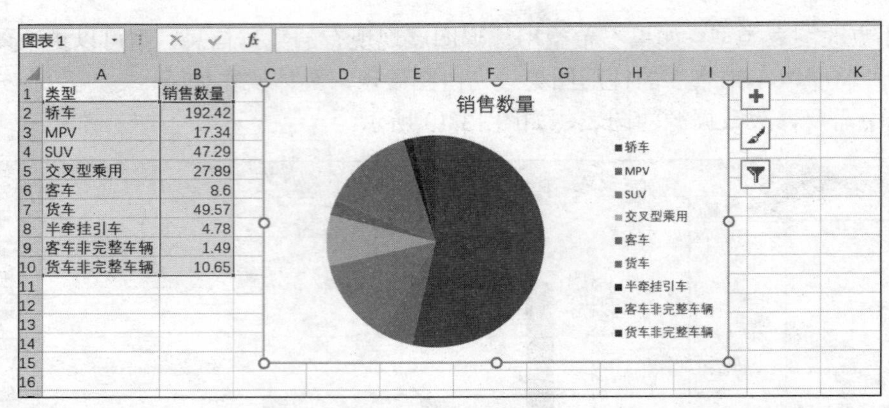

图 13-15　更改效果图

13.2.3　完善图表

对图表的有关选项进行设置，以便在查看的时候做到直观、高效。图表区域的整个分布如图 13-16 所示。本节主要以图表文字选项的设置和图表区背景的设置为例来阐释完善图表的操作。

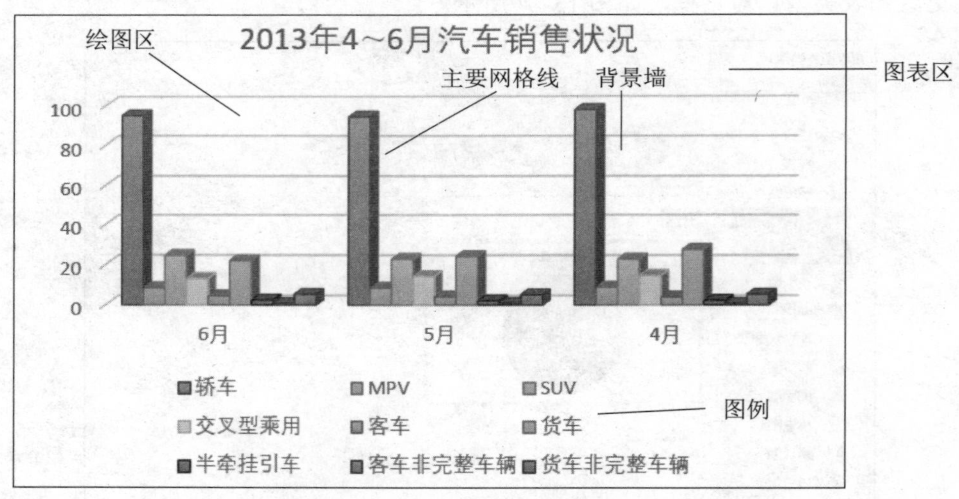

图 13-16　图表区域布局

【1】图表文字选项的设置。图表文字主要包括图表标题、坐标轴标题、图例等，具体操作步骤如下。

①选中图表。选中要设置的图表，在选项卡区域出现“图表工具”，如图 13-17 所示。

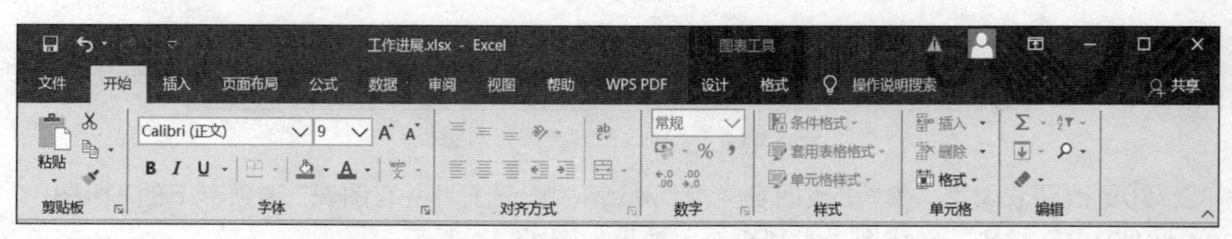

图 13-17　“图表工具”选项组

②设置图表文字选项。在“图表工具（设计）”|“图表布局”选项组“添加图表元素”列表框中，主要涵盖以下几项：

- “坐标轴标题”用于显示坐标轴的名称。
- “图表标题”按钮用于输入图表的标题。例如，此处设置为“2013 年 4 ~ 6 月汽车销售状况”。
- “数据标签”用于将图表元素的实际值以标签的形式标注于图表上。
- “图例”用于指定是否显示图例及图例的位置，这里的图例即指系列字段的名称。

选择“图表标题”|“居中覆盖”命令，如图 13-18 所示。在“图表标题”编辑框中输入名称，单击图表其他位置，完成输入。

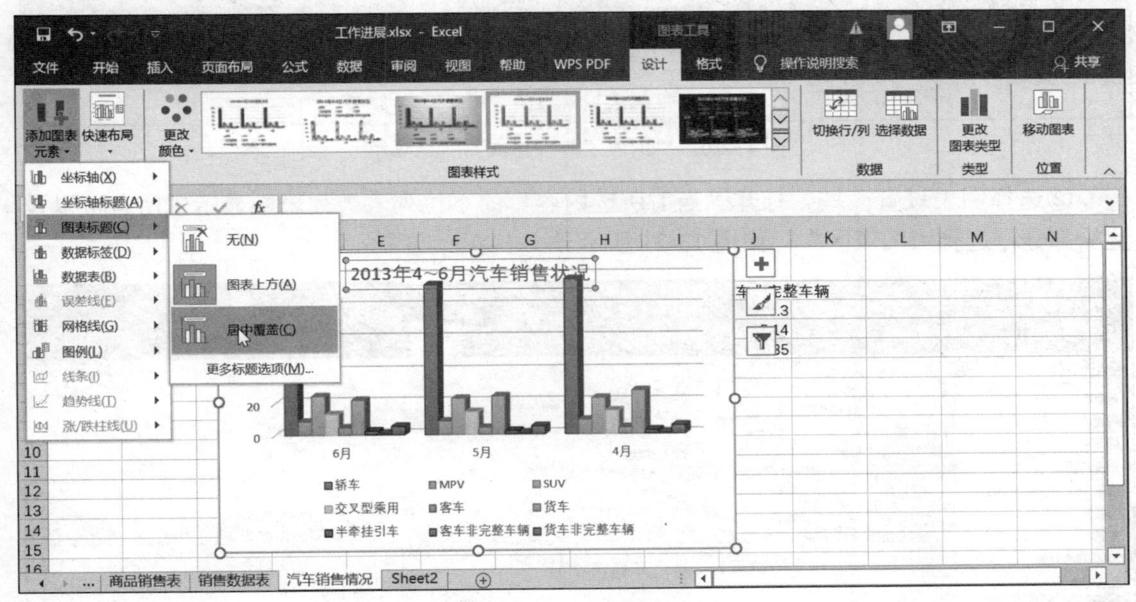

图 13-18　生成图表标题

③设置完成。设置完成后的图表如图 13-19 所示。

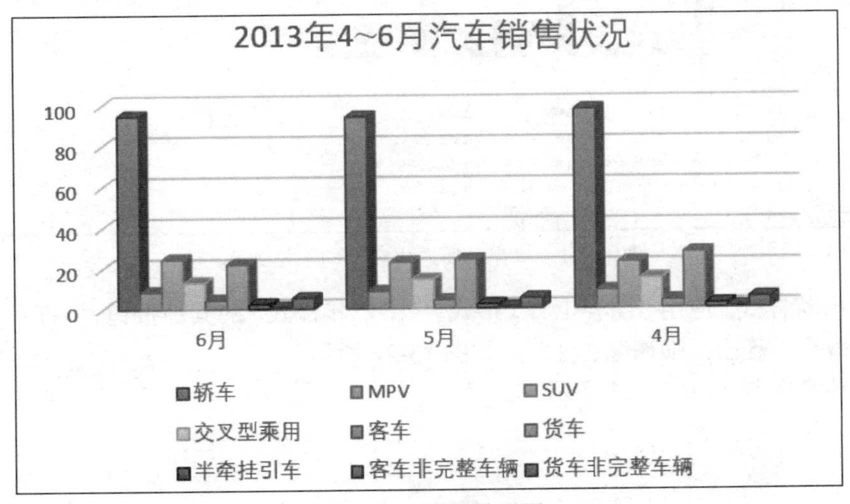

图 13-19　设置效果图

> **【说明】如果想设置图表中的文字格式，则应用“图表工具(格式)”选项卡下的“艺术字样式”选项组中的工具来实现。**

【2】设置图表区背景。

对图表的有关选项进行设置，以便在查看的时候做到直观高效，具体的操作步骤如下。

①选中图表。选中要设置的图表，打开“图表工具（格式）”选项卡，如图 13-20 所示。

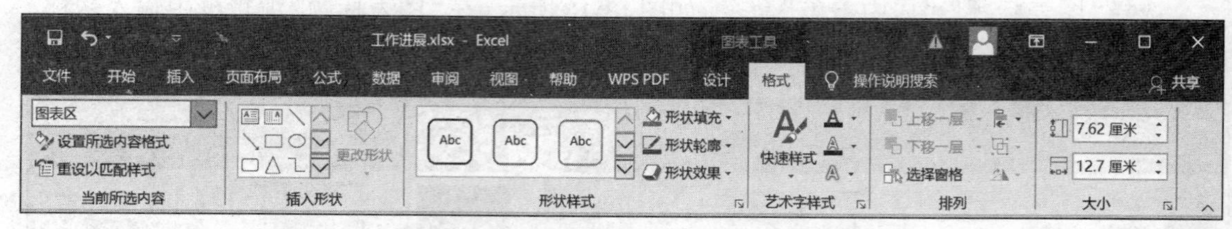

图 13-20　“图表工具（格式）”选项组

②选择图表设置区域。打开“当前所选内容”的下拉列表，列表中显示了所有可以设置的部分，选择“图表区”，如图 13-21 所示。

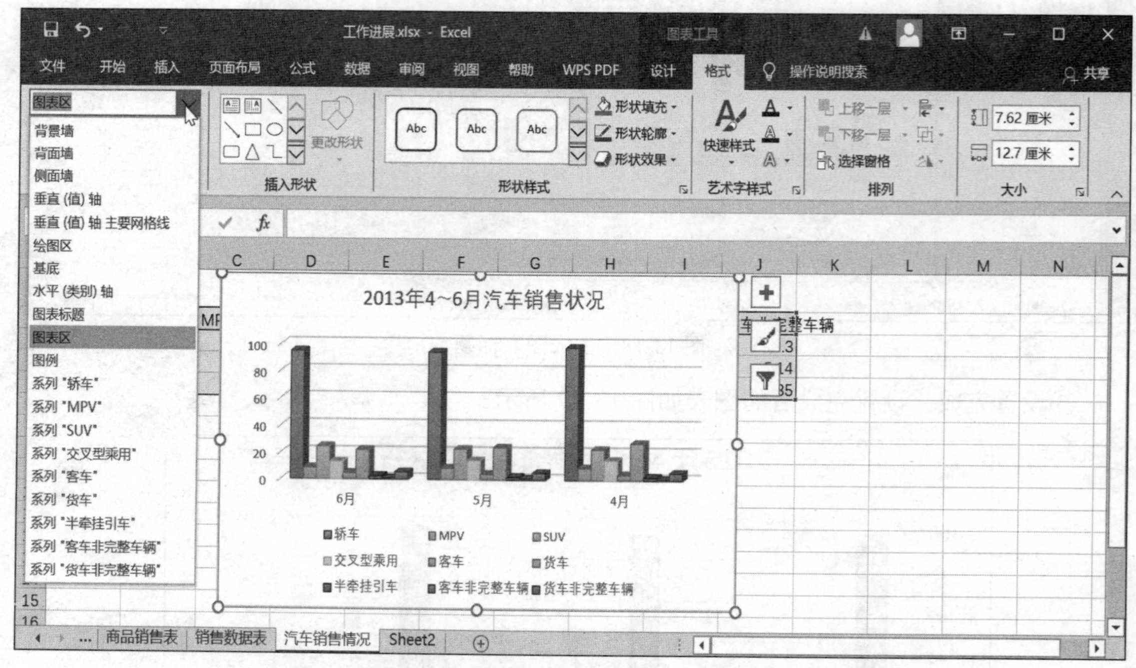

图 13-21　“当前所选内容”的下拉列表

③设定形状样式。应用“图表工具（格式）”|“形状样式”的其他按钮，打开下拉列表，选择“强烈效果 - 蓝色，强调颜色 1”，如图 13-22 所示。

设定完成，效果如图 13-23 所示。

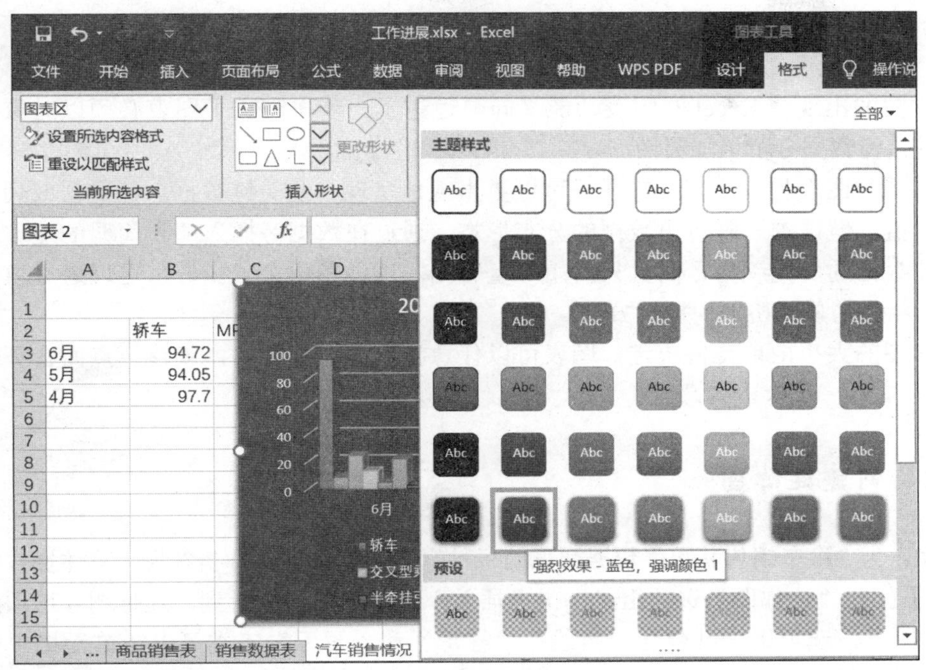

图 13-22　设定形状样式

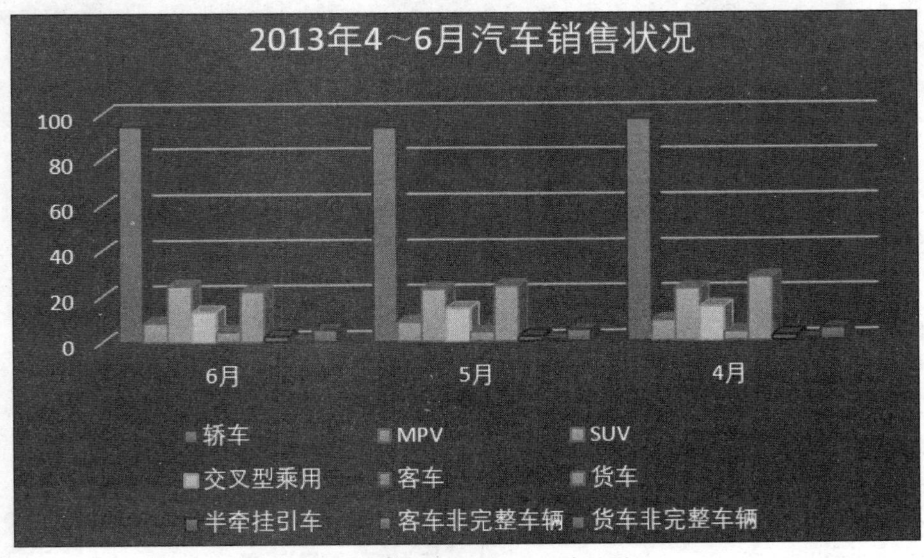

图 13-23　形状样式设定效果图

13.3　迷你图

迷你图是存在于工作表中单元格中的一个微型图表，主要用于对单元格数据进行分析。例如，分析一行或一列单元格数值的变动趋势。

13.3.1 迷你图与图表的关系

迷你图的出现使 Excel 的图表功能又向前迈进了一步，突破了图表必须以对象形式存在的限制，使数据分析更加灵活。

迷你图与图表相比，其优势在于可以更直观地呈现一些关键数据。行数据或列数据虽然很有价值，但很难一眼看出数据的分布形态，通过在数据旁插入清晰简明的迷你图可以展现相邻数据的变化趋势，而且只占用少量空间。迷你图像公式一样，可以通过填充的方式填充到相应的单元格，快捷、方便。

迷你图的大小由单元格决定，图表可以任意拖动并调整大小，就这一点而言不如图表灵活。

13.3.2 创建迷你图

例如，为“汽车销售状况”数据列表的每种汽车类型创建迷你折线图，具体操作如下。

【1】打开“迷你图”选项组。单击“插入”选项卡，可以看到“迷你图”选项组，如图 13-24 所示。选项组中共包含“折线”“柱形”和“盈亏”三类可以在单元格中创建的迷你图类型。

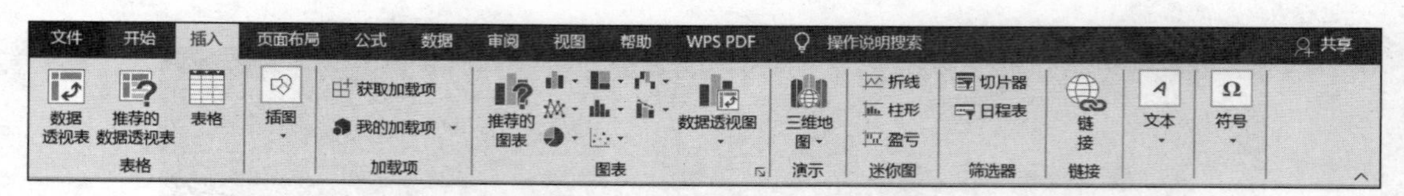

图 13-24 “迷你图”选项组

【2】打开“创建迷你图”对话框。单击“迷你图”选项组中的“折线图”按钮，打开“创建迷你图”对话框，如图 13-25 所示。

【3】设置“创建迷你图”对话框中选项。在“创建迷你图”对话框中设置用于绘制迷你折线图的数据范围，以及存放迷你图的位置，具体设置如图 13-26 所示。

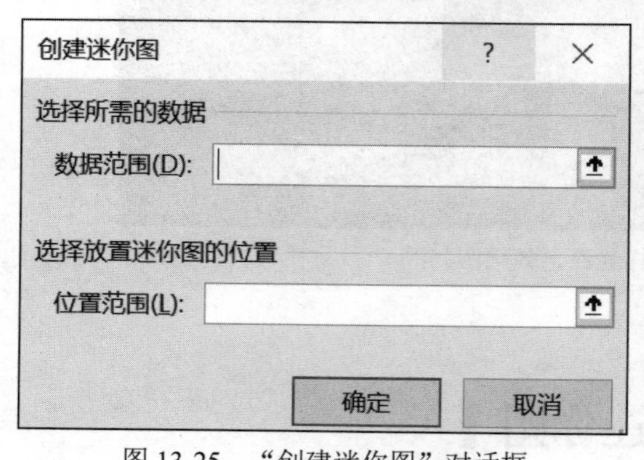

图 13-25 “创建迷你图”对话框

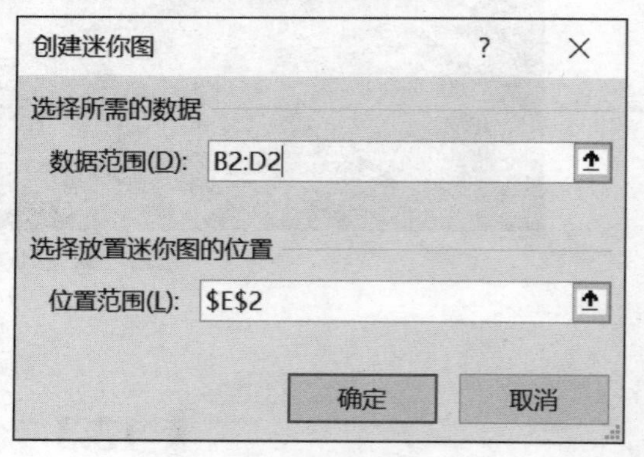

图 13-26 迷你图选项设置

【4】完成设置。单击“创建迷你图”对话框中的“确定”按钮，完成设置，效果如图 13-27 所示。

	A	B	C	D	E	F
1		6月	5月	4月	图表显示	
2	轿车	94.72	94.05	97.7		
3	MPV	8.44	8.46	8.9		
4	SUV	24.5	22.79	22.79		
5	交叉型乘用	13.14	14.39	14.75		
6	客车	4.53	4.18	4.07		
7	货车	22.01	24.17	27.56		
8	半牵挂引车	2.46	2.13	2.32		
9	客车非完整	0.76	0.84	0.73		
10	货车非完整	5.3	5.14	5.35		

图 13-27　迷你图效果图

【5】更改迷你图样式。如果希望每个月的数据节点在图上有所显示，则选中存放迷你图的单元格，单击“迷你图工具（设计）”选项卡中的“显示”组中，勾选“标记”复选框，如图 13-28 所示。

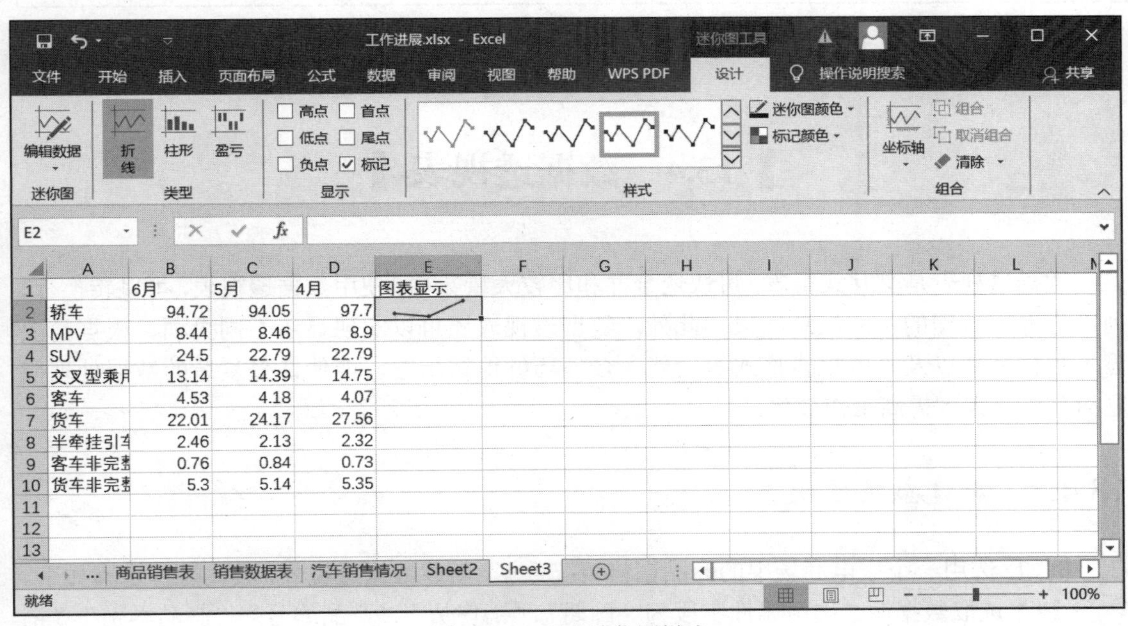

	A	B	C	D	E
1		6月	5月	4月	图表显示
2	轿车	94.72	94.05	97.7	
3	MPV	8.44	8.46	8.9	
4	SUV	24.5	22.79	22.79	
5	交叉型乘用	13.14	14.39	14.75	
6	客车	4.53	4.18	4.07	
7	货车	22.01	24.17	27.56	
8	半牵挂引车	2.46	2.13	2.32	
9	客车非完整	0.76	0.84	0.73	
10	货车非完整	5.3	5.14	5.35	

图 13-28　更改迷你图样式

13.3.3　填充迷你图

其他各类车型的迷你图无须绘制，只需应用 Excel 提供的填充功能完成，具体操作如下。

【1】选中已生成迷你图的单元格。选中 E2 单元格，将光标移至 E2 单元格的右下角，变为黑色十字形的填充柄。

【2】填充迷你图。向下拖动填充柄，快速复制迷你图从而生成一个迷你图组，如图 13-29 所示。

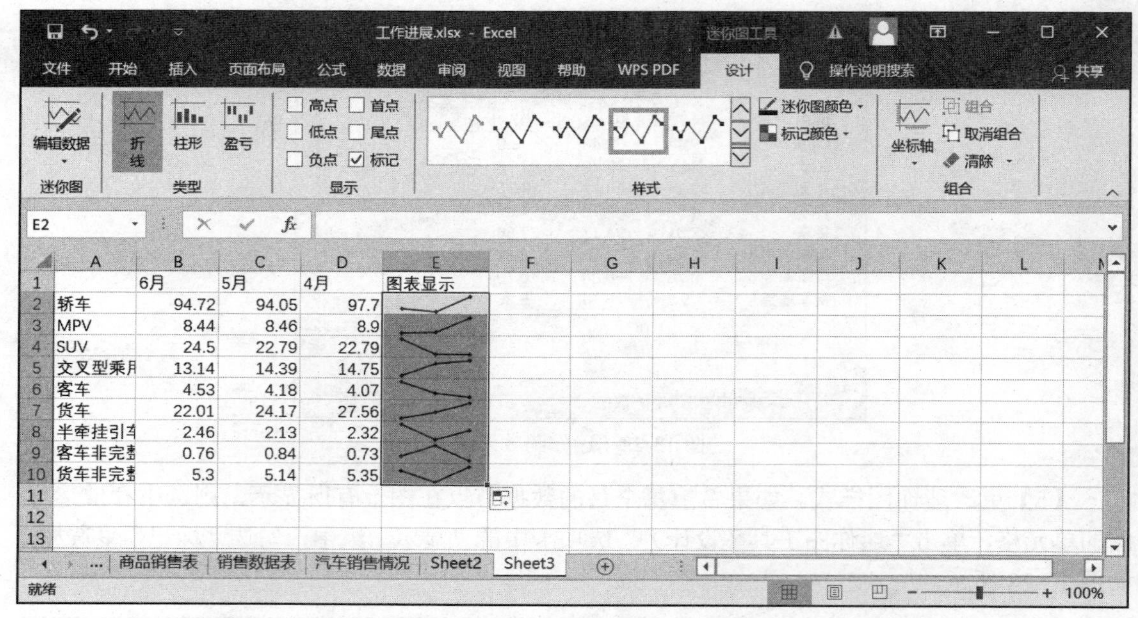

图 13-29 填充迷你图

13.4 数据透视表

数据透视表是交互式报表，可快速合并和比较大量数据。使用数据透视表，可以转换行、列以查看原数据的不同汇总结果。此外，数据透视表还可以实现显示不同页面、根据需要显示数据细节以及设置报告格式等功能。合理巧妙地运用它，能使许多复杂的数据处理问题简单化，大大提高工作效率。

13.4.1 新建数据透视表

例如，选用一个家电商场中的商品销售情况数据，新建数据透视表，具体操作步骤如下。

【1】选取数据源。选用属性字段为“日期”“销售员”“产品编号”“产品类别”“销售城市”“单价”“数量”“金额”，如图 13-30 所示。

【2】打开“创建数据透视表”对话框。单击“插入”|“表格”|“数据透视表”选项，弹出“创建数据透视表”对话框。

【3】设置“创建数据透视表”对话框。在“创建数据透视表”对话框中，在“请选择要分析的数据”选项组中，填写要分析的数据区域，由于本案例所使用的数据为 Excel 表，故使用“选择一个表或区域”，在“表 / 区域”中填写分析的数据区域。在“选择放置数据透视表的位置”选项组中，选择放置数据透视表的位置，可以新建工作表，也可放在原有工作表中，本案例选择新建工作表放置，故选择“新工作表”，如图 13-31 所示。

图 13-30　设置数据源

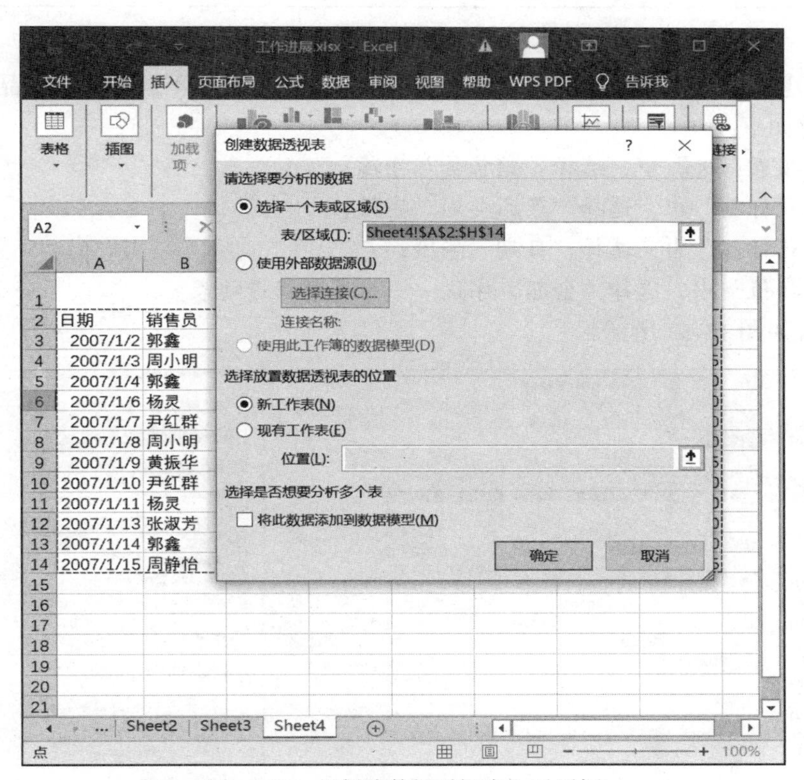

图 13-31　“创建数据透视表”对话框

【4】生成数据透视表编辑区。单击“创建数据透视表”对话框中的“确定”按钮，打开新的工作表，生成数据透视表编辑区。左边界面为数据透视表的生成区域，右边界面为字段设置和选择区域，如图 13-32 所示。

图 13-32　数据透视表编辑区

【5】构建数据透视表。本案例中，希望获知某位销售员在不同时间的产品销售金额状况，具体设置如下：

- 在“报表筛选”中，选择“销售员”字段；
- 在“列标签”中，选择“产品类别”字段；
- 在“行标签”中，选择“日期”字段；
- 在“数值”中，选择“金额”字段——生成数据透视表。

具体设置如图 13-33 所示。

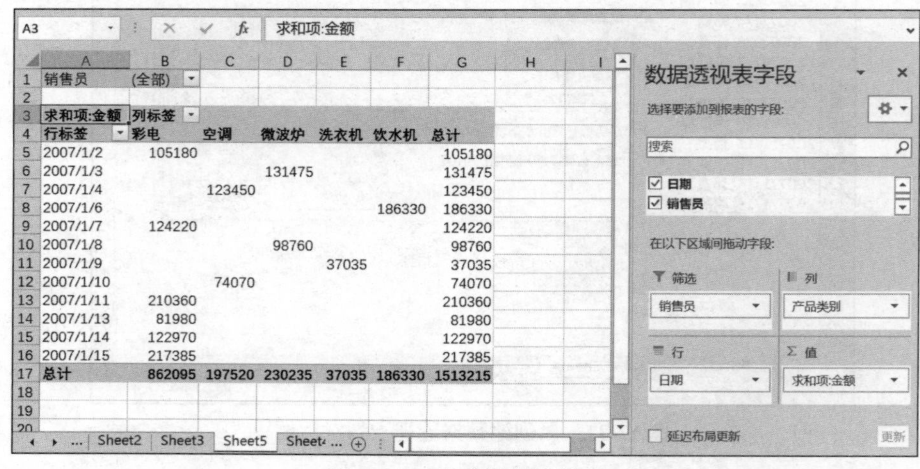

销售员　(全部)

求和项:金额	列标签					
行标签	彩电	空调	微波炉	洗衣机	饮水机	总计
2007/1/2	105180					105180
2007/1/3			131475			131475
2007/1/4		123450				123450
2007/1/6					186330	186330
2007/1/7	124220					124220
2007/1/8			98760			98760
2007/1/9				37035		37035
2007/1/10		74070				74070
2007/1/11	210360					210360
2007/1/13	81980					81980
2007/1/14	122970					122970
2007/1/15	217385					217385
总计	862095	197520	230235	37035	186330	1513215

图 13-33　构建数据透视表

【6】应用数据透视表。如果想查看某位销售员的销售情况，可在左上角销售员字段进行筛选，如图 13-34 所示。

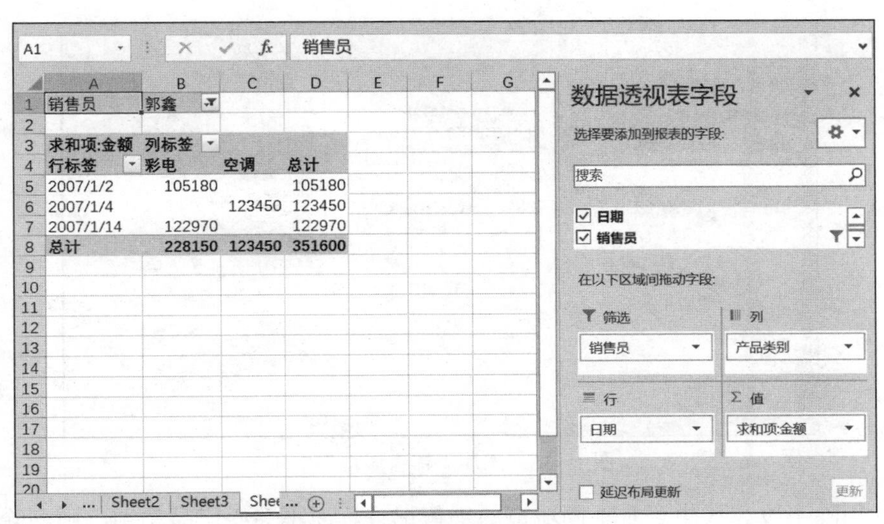

图 13-34　应用数据透视表

13.4.2　添加和删除字段

有时需要从不同角度进行查看数据透视表，这时需要在已经设置好的数据透视表中添加或删除字段。

【1】添加字段。例如，希望查看不同城市的销售记录，则需要添加“销售城市”字段到列区域，具体操作如下。

①选取数据透视表，如图 13-35 所示。

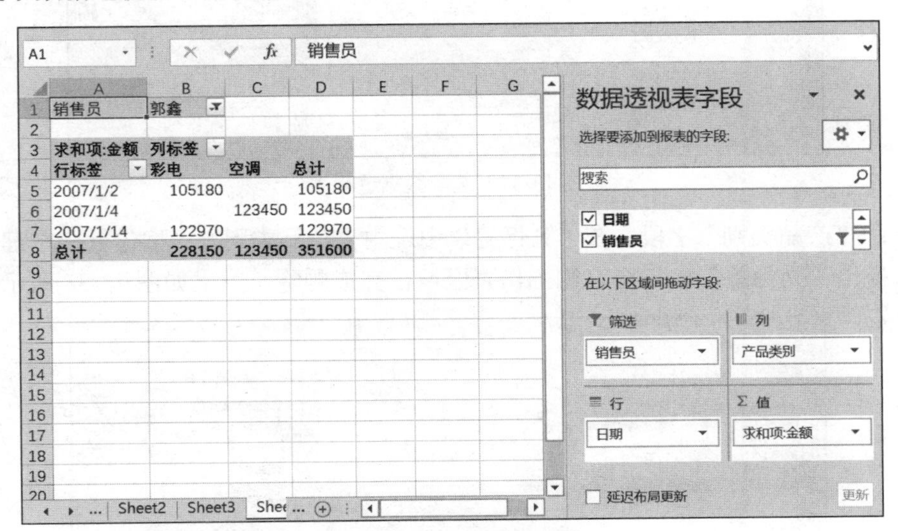

图 13-35　选取数据透视表

②添加“销售城市”字段。在“数据透视表字段列表”界面，在“选择要添加到报表的字段：”选项框中，选中“销售城市”字段，将其拖入“列标签”中，成功添加相应操作，显示结果如图 13-36 所示。

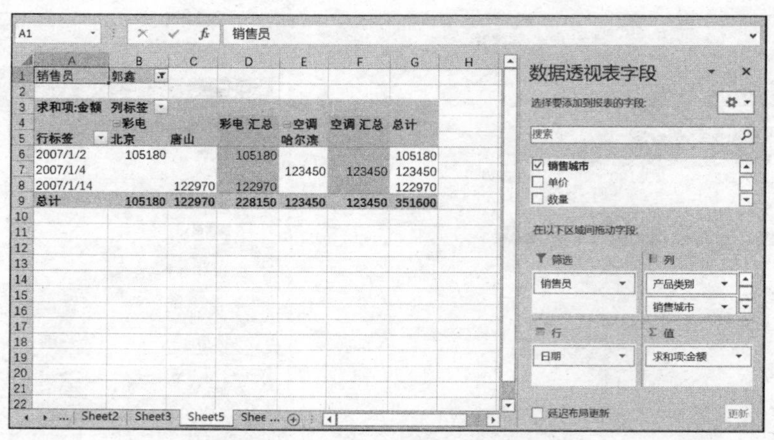

图 13-36　添加“销售城市”字段

【2】删除字段。只想查看不同城市的销售记录，而不关心产品类别，则删除“产品类别”字段，具体操作如下。

①选取数据透视表，如图 13-37 所示。

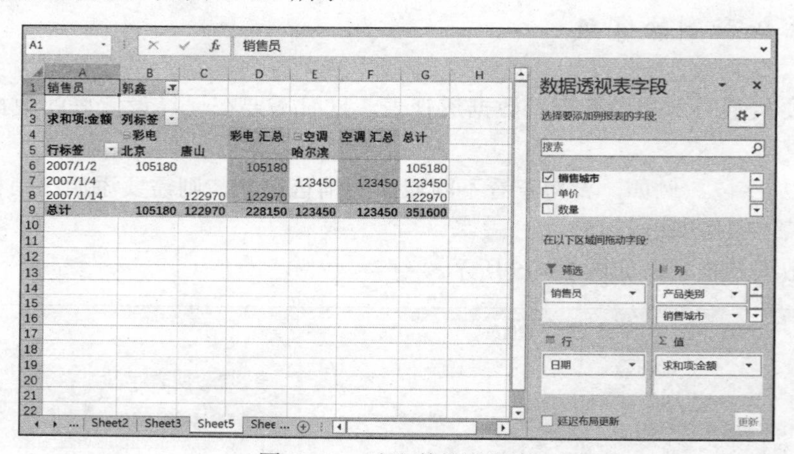

图 13-37　选取数据透视表

②删除“产品类别”字段。在“列标签”中选中“产品类别”，按住鼠标左键，将“产品类别”拖出“列标签”，拖至左侧工作表区域，完成删除，效果如图 13-38 所示。

图 13-38　删除“产品类别”字段

13.4.3　删除“汇总”和“总计”数据

【1】删除“汇总”数据。

①选取图表，如图 13-39 所示。

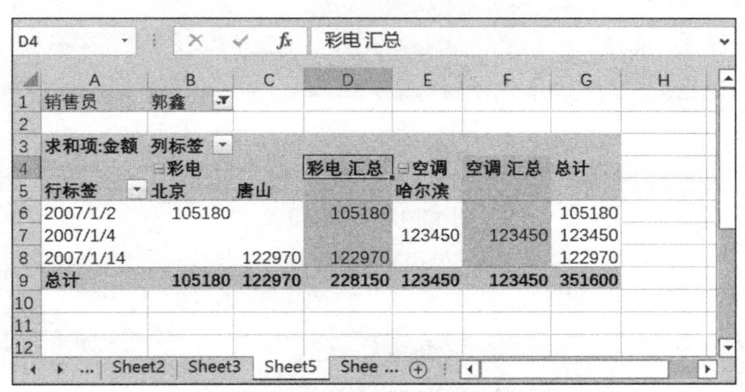

D4　彩电 汇总

	A	B	C	D	E	F	G
1	销售员	郭鑫					
2							
3	求和项:金额	列标签					
4		⊟彩电		彩电 汇总	⊟空调	空调 汇总	总计
5	行标签	北京	唐山		哈尔滨		
6	2007/1/2	105180		105180			105180
7	2007/1/4				123450	123450	123450
8	2007/1/14		122970	122970			122970
9	总计	105180	122970	228150	123450	123450	351600

图 13-39　选取图表

②打开右键菜单。右击任意“汇总”单元格，打开右键菜单，如图 13-40 所示。

③删除“汇总”数据。选择右键菜单中的“分类汇总‘产品类别’”命令，所有“汇总”字段全部删除，如图 13-41 所示。

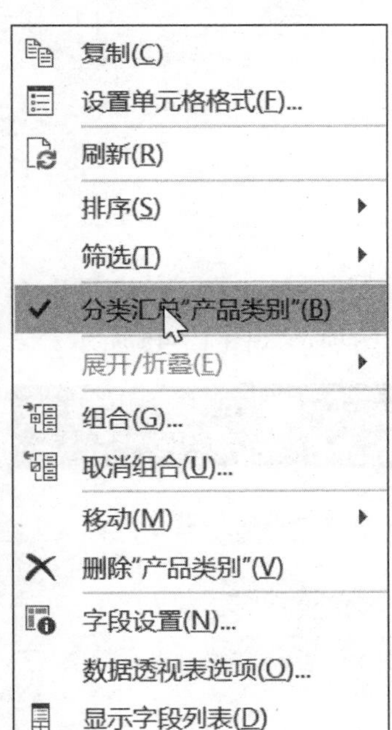

图 13-40　右键菜单

E11

	A	B	C	D	E
1	销售员	郭鑫			
2					
3	求和项:金额	列标签			
4		⊟彩电		⊟空调	总计
5	行标签	北京	唐山	哈尔滨	
6	2007/1/2	105180			105180
7	2007/1/4			123450	123450
8	2007/1/14		122970		122970
9	总计	105180	122970	123450	351600

图 13-41　效果图

【2】撤销“总计”数据。

①选取图表，如图 13-42 所示。

②打开右键菜单。右击 A9 单元格，弹出右键菜单，如图 13-43 所示。

③删除“总计”数据。选择右键菜单的“删除总计”命令，则“总计”数据被删除，如图 13-44 所示。

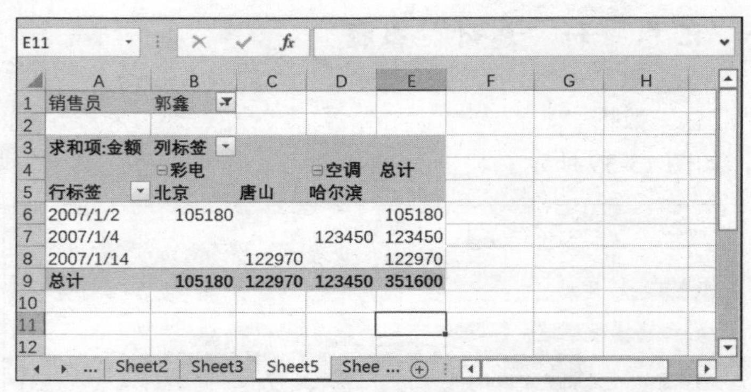

	A	B	C	D	E
1	销售员	郭鑫			
2					
3	求和项:金额	列标签			
4		⊟彩电		⊟空调	总计
5	行标签	北京	唐山	哈尔滨	
6	2007/1/2	105180			105180
7	2007/1/4			123450	123450
8	2007/1/14		122970		122970
9	总计	105180	122970	123450	351600

图 13-42　选取图表

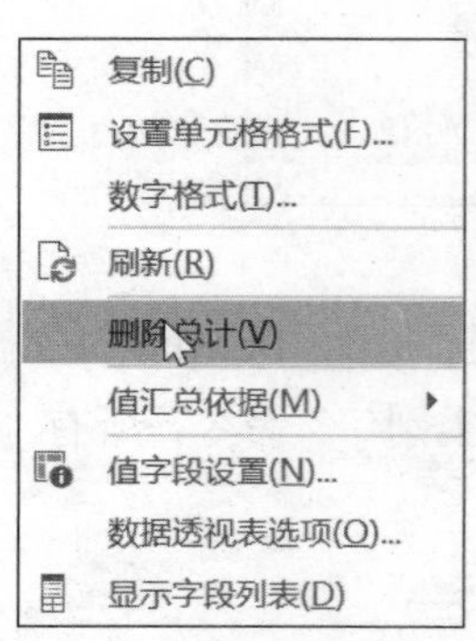

图 13-43　右键菜单

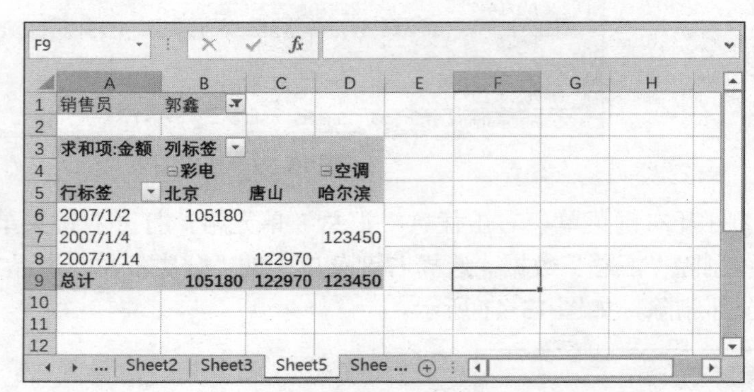

	A	B	C	D
1	销售员	郭鑫		
2				
3	求和项:金额	列标签		
4		⊟彩电		⊟空调
5	行标签	北京	唐山	哈尔滨
6	2007/1/2	105180		
7	2007/1/4			123450
8	2007/1/14		122970	
9	总计	105180	122970	123450

图 13-44　效果图

13.4.4　套用数据透视表格式

【1】显示“数据透视表工具”选项卡。选中数据透视表中的任一单元格，选项卡中会显示“数据透视表工具”选项卡，其中包括“分析”和“设计”两项，如图 13-45 所示。

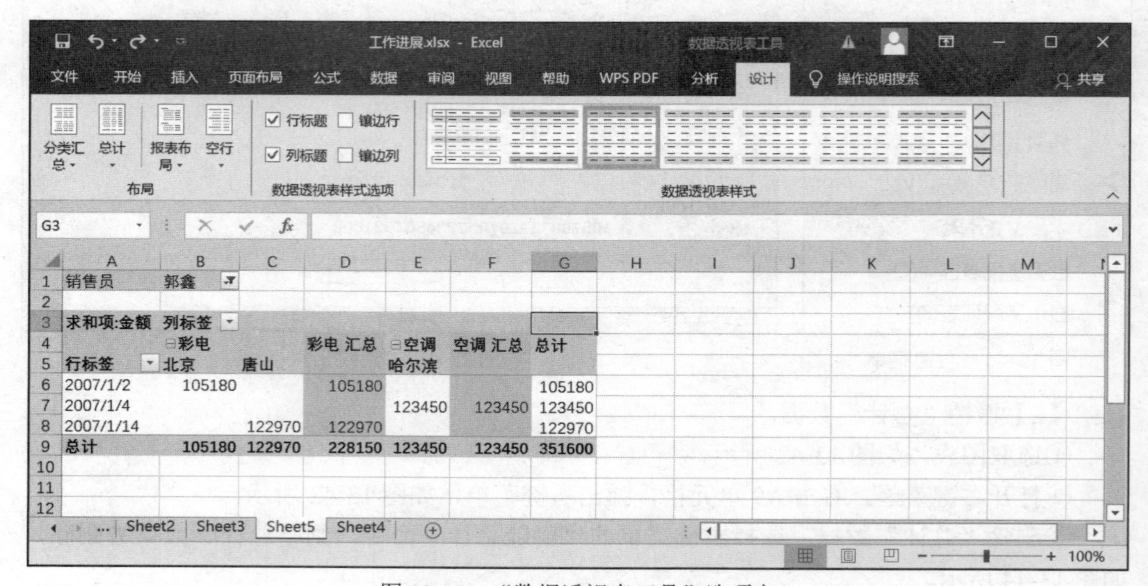

	A	B	C	D	E	F	G
1	销售员	郭鑫					
2							
3	求和项:金额	列标签					
4		⊟彩电		彩电 汇总	⊟空调	空调 汇总	总计
5	行标签	北京	唐山		哈尔滨		
6	2007/1/2	105180		105180			105180
7	2007/1/4				123450	123450	123450
8	2007/1/14		122970	122970			122970
9	总计	105180	122970	228150	123450	123450	351600

图 13-45　“数据透视表工具”选项卡

【2】套用数据透视表样式。单击“数据透视表工具（设计）”选项卡，在“数据透视表样式”选项组，选择“白色数据透视表样式浅色 11”，显示结果如图 13-46 所示。

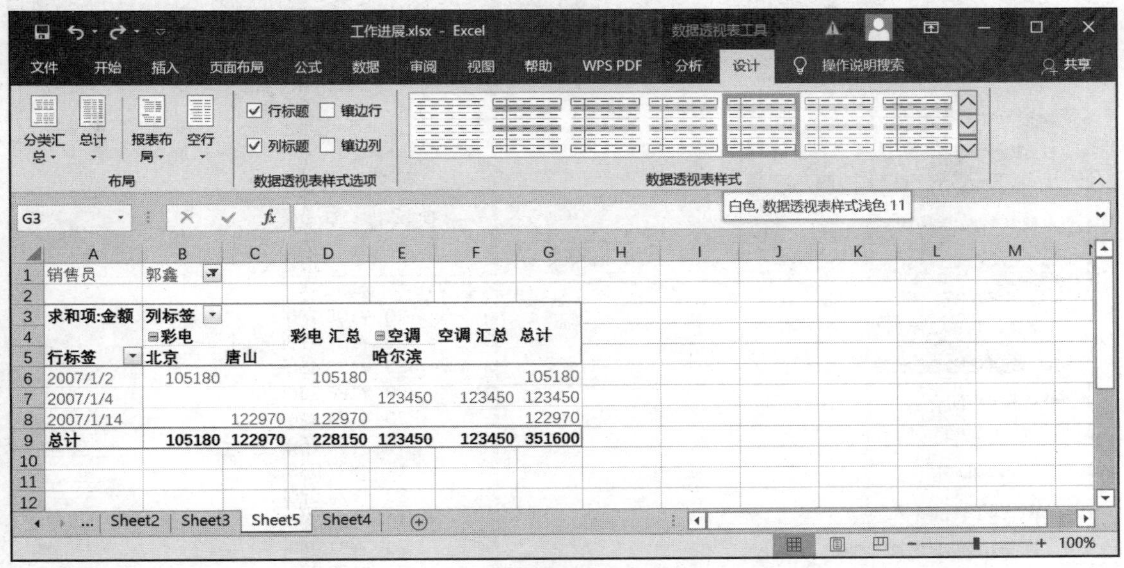

图 13-46　套用数据透视表样式

13.5　数据透视图

数据透视图是另一种数据表现形式，与数据透视表不同的地方在于它可以选择适当的图形、多种色彩来描述数据的特性。

13.5.1　创建数据透视图

创建数据透视图既可以单独创建数据透视图，也可以在已有数据透视表的基础上生成数据透视图。

1. 新建数据透视图

【1】打开“创建数据透视图”对话框。打开用于创建数据透视图的 Excel 工作表，单击“插入” | “图表” | “数据透视图”的倒立三角，弹出下拉菜单，选择“数据透视图”，打开“创建数据透视图”对话框，如图 13-47 所示。

【2】选择分析数据及生成图表存放位置。在“请选择要分析的数据”选项组中选择“选择一个表或区域”单选按钮，在“表 / 区域”文本框中输入数据范围为 $A$2:$H$14 区域；在“选择设置数据透视图的位置”选项组中选择“新工作表”单选按钮。

【3】进入数据透视图编辑状态。单击“确定”按钮，进入数据透视图编辑状态，如图 13-48 所示。

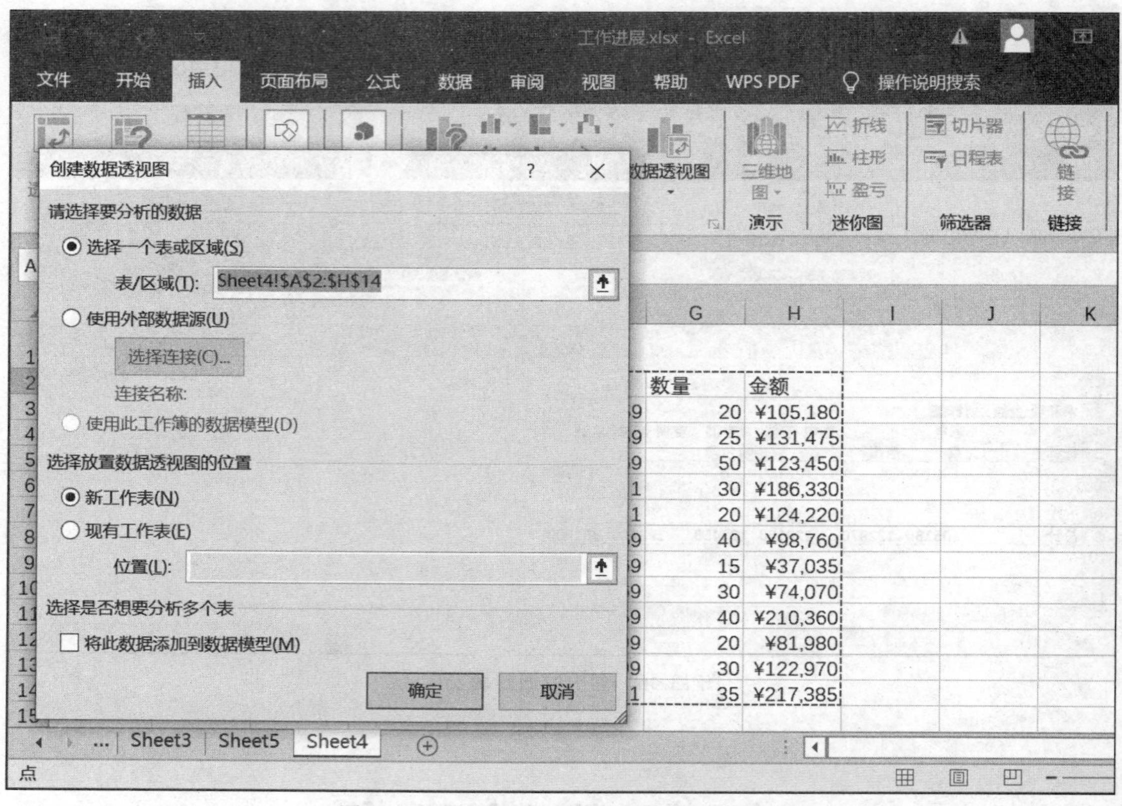

图 13-47　打开“创建数据透视图”对话框

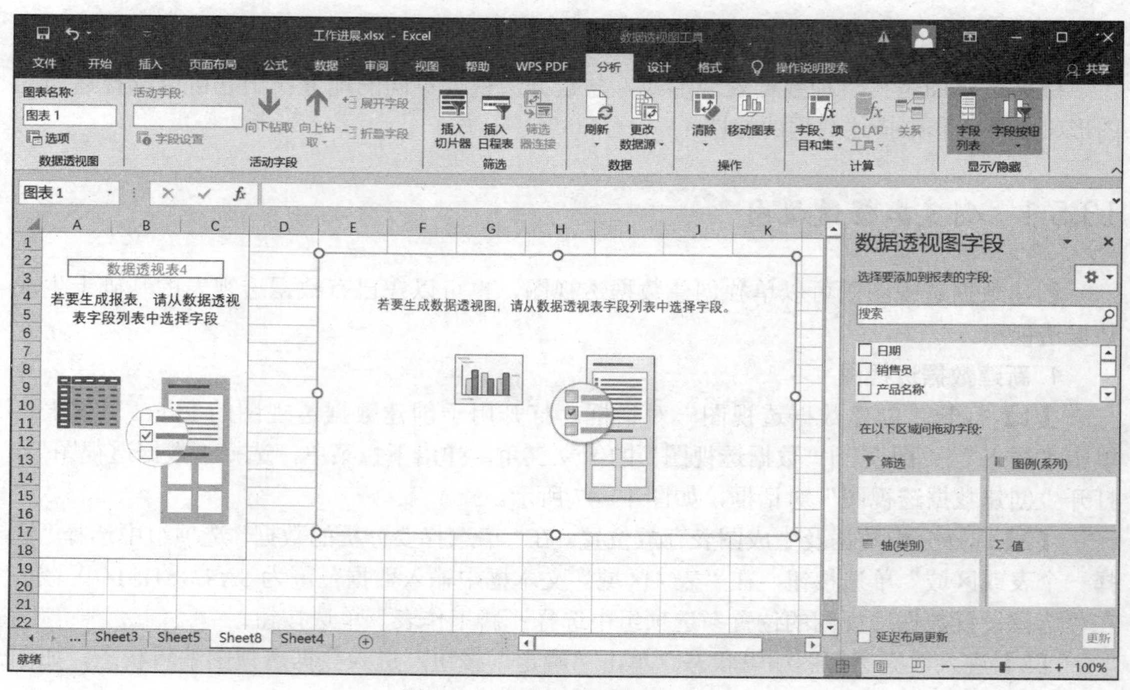

图 13-48　数据透视图编辑状态

【4】设置数据透视图选项，生成数据透视图。在右侧条件筛选区域，“筛选”设置为“销售员”，“图例（系列）”设置为“销售城市”，“轴（类别）”设置为“产品类别”，“Σ值”设置为“求和项：金额”，生成数据透视图，数据透视表也一并生成，如图 13-49 所示。

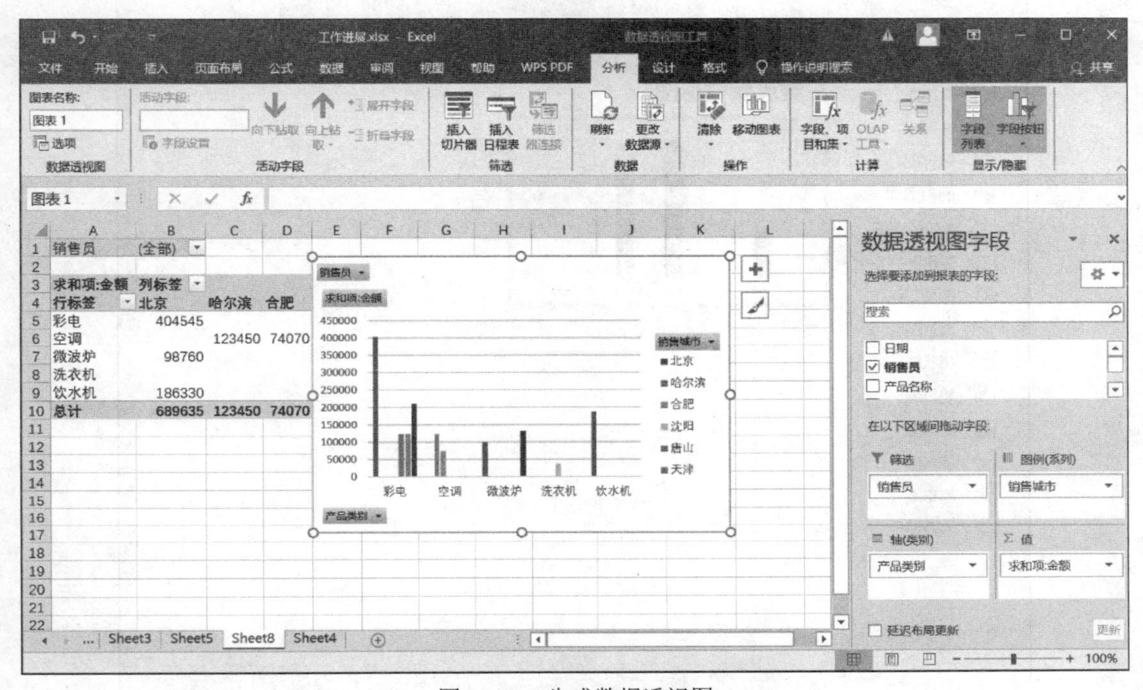

图 13-49　生成数据透视图

2. 依据数据透视表生成数据透视图

例如，已有数据透视表如图 13-50 所示，在此基础上生成数据透视图，具体操作如下。

F12

	A	B	C	D	E	F	G
1	销售员	郭鑫					
2							
3	求和项:金额	列标签					
4		⊟彩电		⊟空调	总计		
5	行标签	北京	唐山	哈尔滨			
6	2007/1/2	105180			105180		
7	2007/1/4			123450	123450		
8	2007/1/14		122970		122970		
9	总计	105180	122970	123450	351600		
10							
11							
12							
13							

Sheet3　Sheet5　Shee…

图 13-50　已有数据透视表

【1】打开“插入图表”对话框。选中数据透视表中任意单元格，单击“插入”|“数据透视图”按钮，打开“插入图表”对话框，如图 13-51 所示。

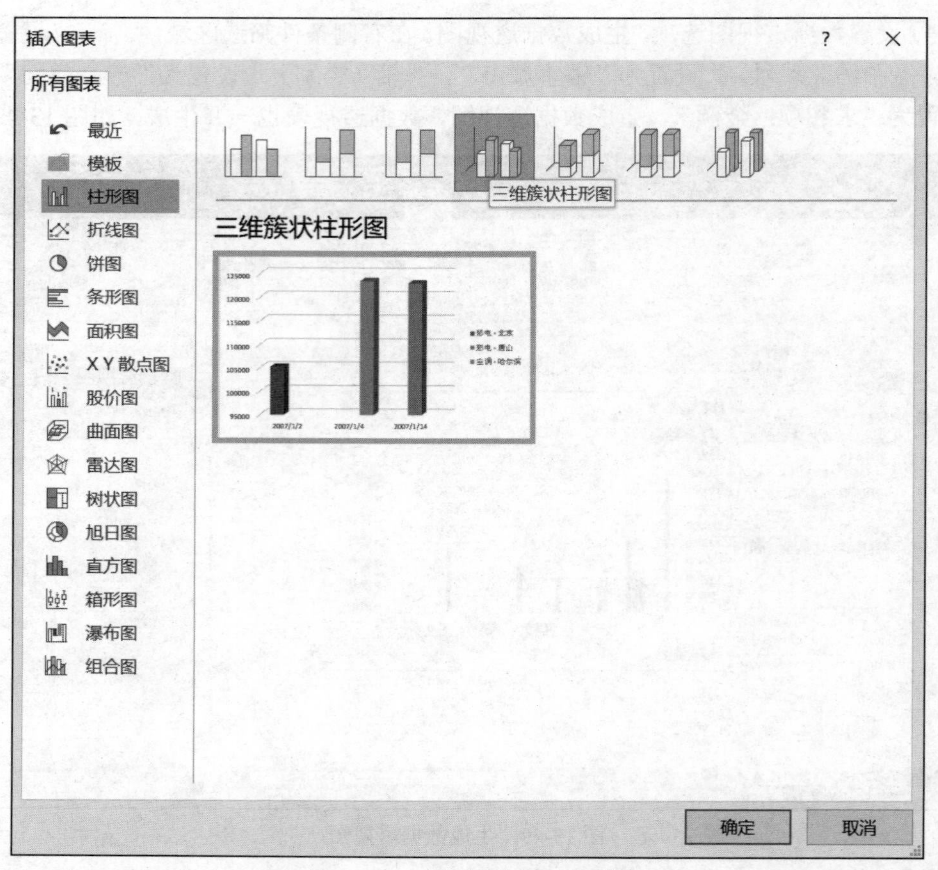

图 13-51 “插入图表”对话框

【2】插入数据透视图。在“插入图表”对话框中，打开“柱形图”选项卡，选择“三维簇状柱形图”，单击“确定”按钮，插入数据透视图，如图 13-52 所示。

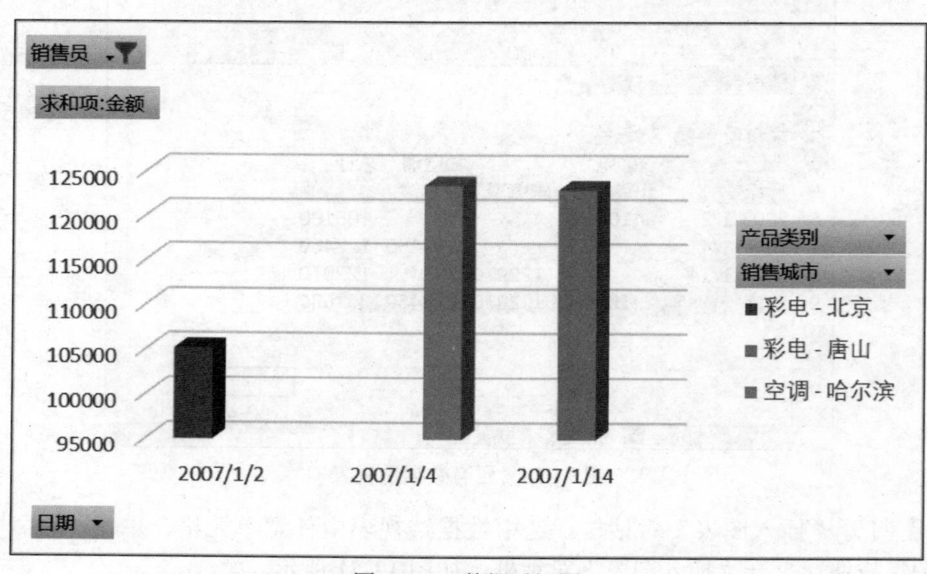

图 13-52 数据透视图

13.5.2　修改数据透视图

已经生成的数据透视图，是根据约束条件创建的，如果想更改约束条件，则需要修改数据透视图。例如，图 13-52 描述的“销售员郭鑫”的销售信息，如果想查看“销售员杨灵”的销售信息，则需要修改数据透视图，具体操作如下。

【1】打开下拉菜单。单击图 13-52 左上角的“销售员”的倒立三角，打开下拉菜单，如图 13-53 所示。

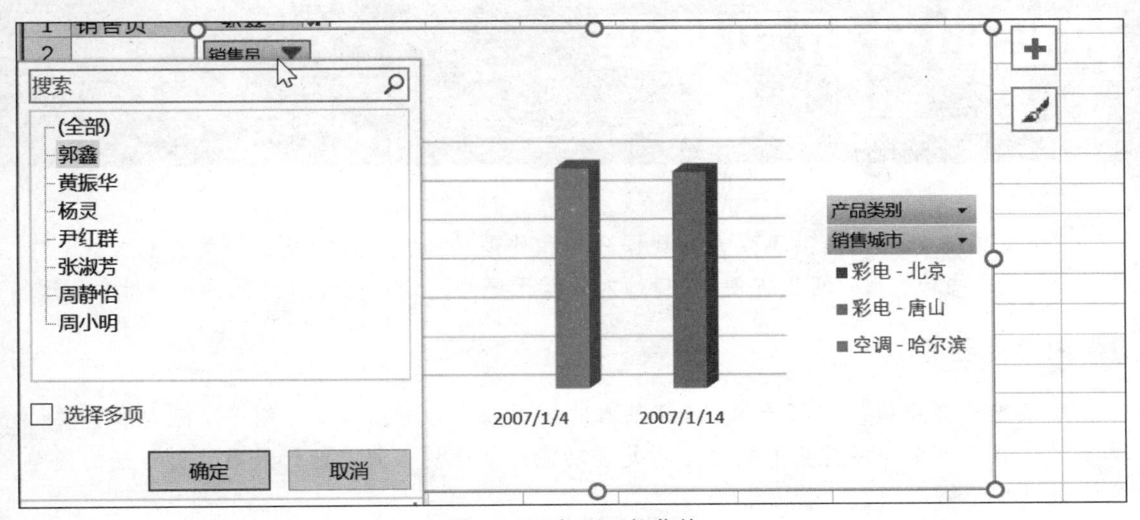

图 13-53　打开下拉菜单

【2】完成修改。选择“杨灵”，单击“确定”按钮，完成修改，如图 13-54 所示。

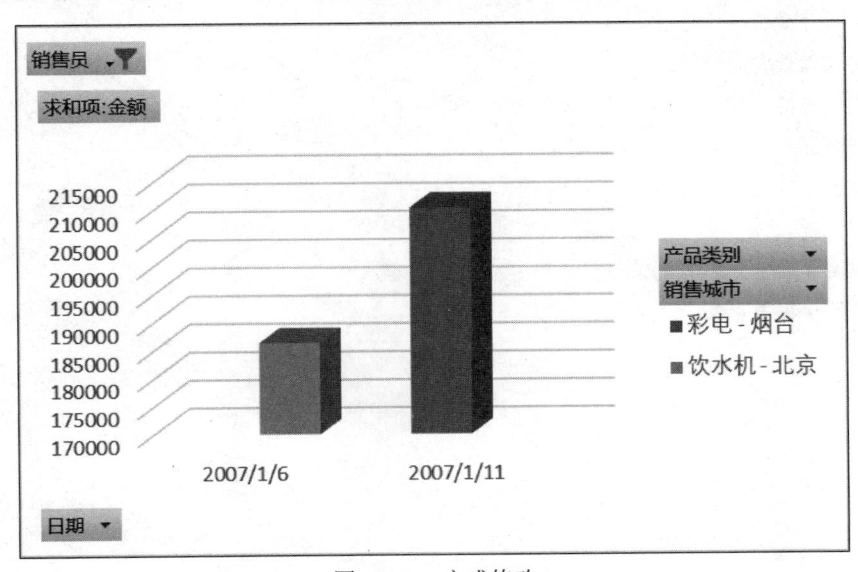

图 13-54　完成修改

第14章 数据的分析和处理

Excel 2016 为用户提供了强大的数据分析和处理功能，例如筛选、分类汇总、规划求解等，应用这些功能用户可以方便、快捷地对大量无序的原始数据资料进行深入分析和处理。

内容提要

本章首先介绍排序和筛选等 Excel 基本的数据分析功能；其次介绍分类汇总和合并计算功能；然后详细介绍复杂的数据分析处理功能，如规划求解功能；最后，对于宏的简单应用进行了介绍。

重要知识点

- 复合排序和特殊排序
- 自定义筛选和高级筛选
- 分类汇总的创建
- 合并计算
- 单变量求解
- 规划求解
- 模拟运算表
- 宏的简单应用

14.1　排序

数据排序是指将 Excel 表格中的数据按照某种规律进行排列。本节主要介绍简单排序、复合排序、特殊排序和自定义排序 4 种不同的排序方法。

14.1.1　简单排序

Excel 数据表格通常由多个不同的属性字段数据构成。简单排序是指以某一属性字段数据的顺序关系作为整个表格的排列依据，对整个表格进行排序。

例如，对 Sheet1 中的职员信息按照“出生日期”字段进行升序排序，具体操作如下。

【1】选中排序的属性字段。选中“出生日期”属性所在的 D1 单元格，如图 14-1 所示。

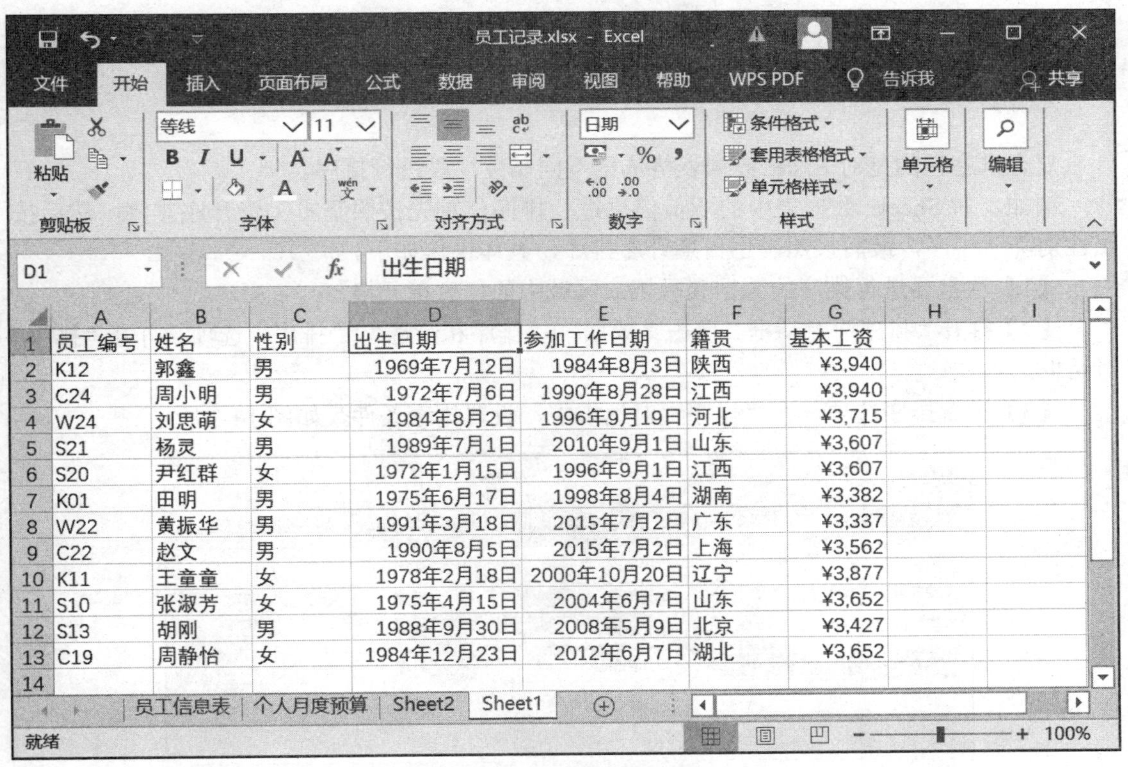

员工编号	姓名	性别	出生日期	参加工作日期	籍贯	基本工资
K12	郭鑫	男	1969年7月12日	1984年8月3日	陕西	¥3,940
C24	周小明	男	1972年7月6日	1990年8月28日	江西	¥3,940
W24	刘思萌	女	1984年8月2日	1996年9月19日	河北	¥3,715
S21	杨灵	男	1989年7月1日	2010年9月1日	山东	¥3,607
S20	尹红群	女	1972年1月15日	1996年9月1日	江西	¥3,607
K01	田明	男	1975年6月17日	1998年8月4日	湖南	¥3,382
W22	黄振华	男	1991年3月18日	2015年7月2日	广东	¥3,337
C22	赵文	男	1990年8月5日	2015年7月2日	上海	¥3,562
K11	王童童	女	1978年2月18日	2000年10月20日	辽宁	¥3,877
S10	张淑芳	女	1975年4月15日	2004年6月7日	山东	¥3,652
S13	胡刚	男	1988年9月30日	2008年5月9日	北京	¥3,427
C19	周静怡	女	1984年12月23日	2012年6月7日	湖北	¥3,652

图 14-1　选中排序属性字段

【2】升序排序。单击“数据”选项卡，进入排序界面，单击“排序和筛选”| 升序选项，显示结果如图 14-2 所示。

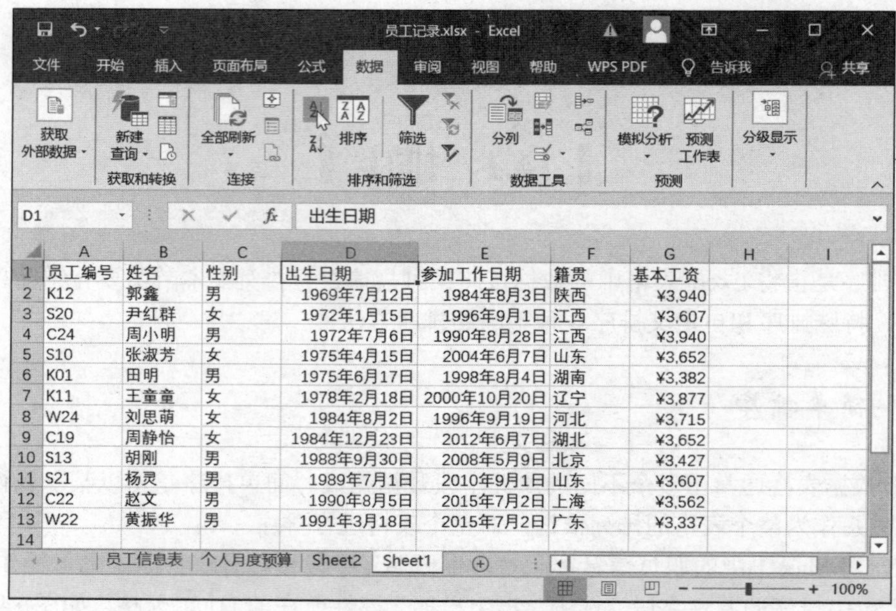

图 14-2　排序效果图

14.1.2　复合排序

复合排序指的是对 Excel 数据表格依据不同属性字段进行排序。

例如，对 Sheet1 数据表中的职员信息进行排序，首先按照基本工资升序排序，然后按照性别降序排序，最后按照出生日期升序排序，具体操作如下。

【1】选定要进行排序的数据表区域或区域中的任意单元格。

【2】打开“排序”对话框。单击“数据”|“排序和筛选”|“排序”选项，打开“排序”对话框。

【3】设置排序选项。在“排序”对话框中，设置排序条件，如图 14-3 所示。

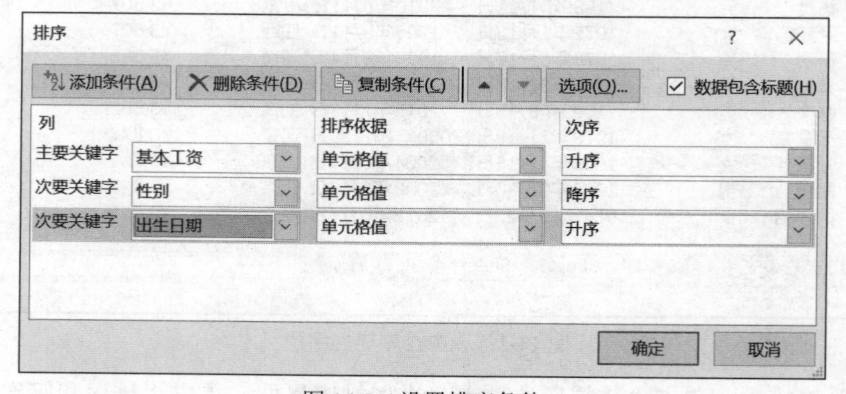

图 14-3　设置排序条件

【4】完成排序。单击“排序”对话框中的“确定”按钮，完成排序，排序结果如图 14-4 所示。

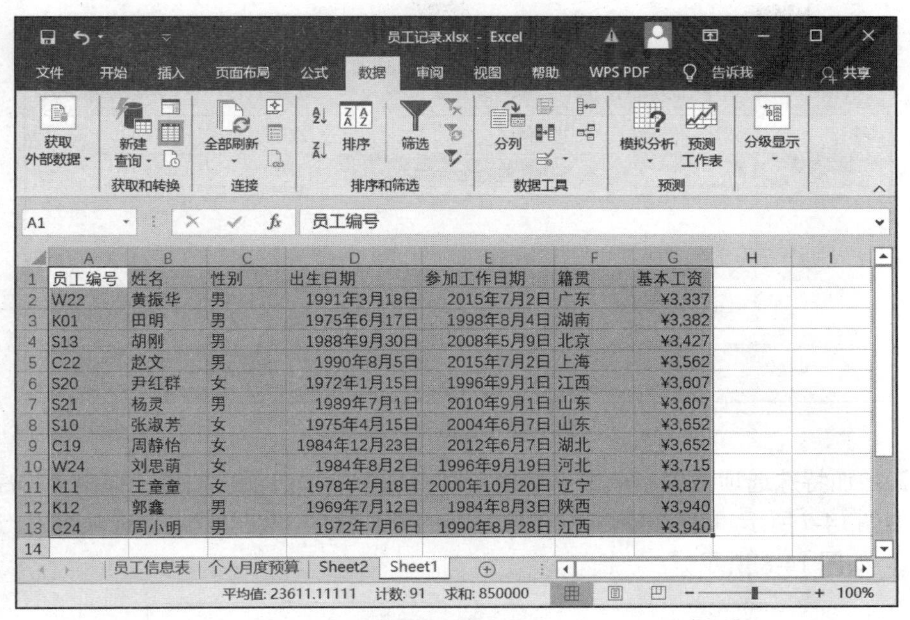

图 14-4　排序结果

14.1.3　特殊排序

在对Excel表格以某一属性字段进行排序时，所谓升序、降序不太好界定，需要进行设置，例如，以“姓名”字段进行排序时，如果以“拼音”的先后顺序是一种排序结果，如果以“笔画”排序就是另外一种排序结果。

例如，对 Sheet1 中的职员数据以“姓名”（按笔画）进行升序排序，具体操作如下。

【1】选中排序的属性字段。选中“姓名”属性所在的 B1 单元格。

【2】打开“排序”对话框。单击“数据”|“排序和筛选”|“排序”选项，打开“排序”对话框，如图 14-5 所示。

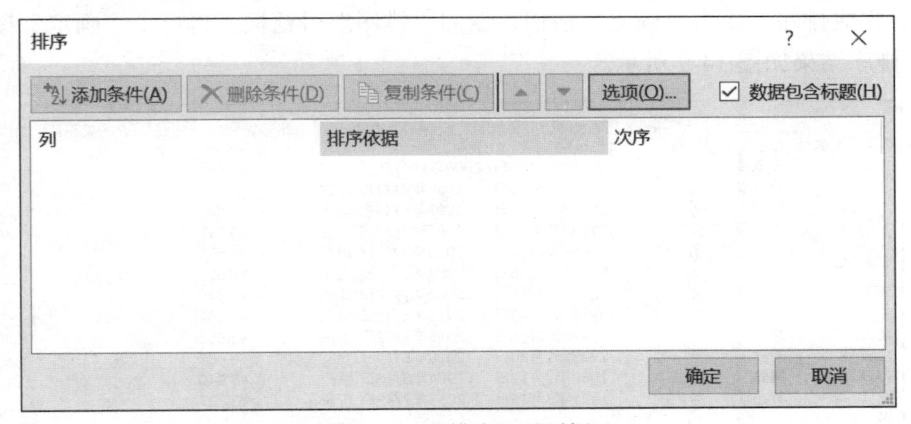

图 14-5　“排序”对话框

【3】设置排序选项。在“排序”对话框中，设置排序条件，如图 14-6 所示。

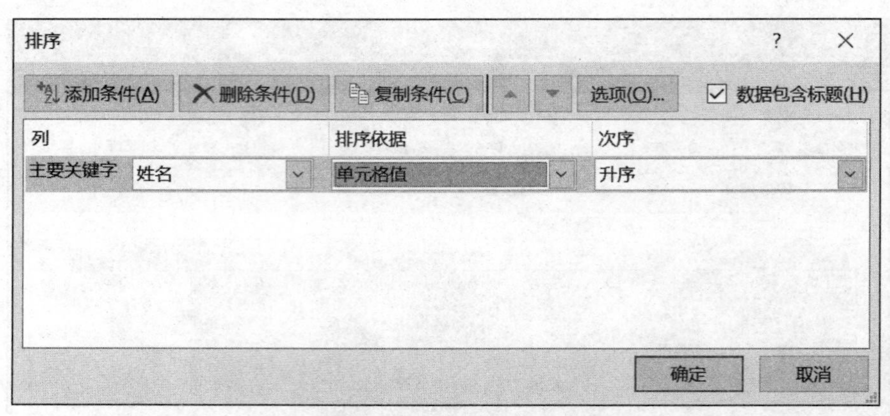

图 14-6　设置排序选项

【4】增加特殊选项设置。单击“排序”对话框中的“选项”按钮，弹出“排序选项”对话框，如图 14-7 所示。因为案例要求按照姓名的笔画排序，故在“方法”选项组内，选择“笔画排序”，如图 14-8 所示。

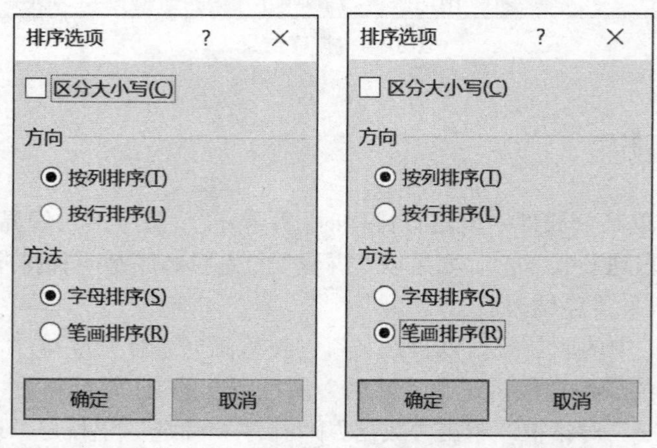

图 14-7　“排序选项”对话框　　图 14-8　特殊选项设置

【5】完成排序。单击“确定”按钮，返回“排序”对话框，再单击“确定”按钮，完成排序，排序结果如图 14-9 所示。

	A	B	C	D	E	F	G	H	I
1	员工编号	姓名	性别	出生日期	参加工作日期	籍贯	基本工资		
2	K11	王童童	女	1978年2月18日	2000年10月20日	辽宁	¥3,877		
3	S20	尹红群	女	1972年1月15日	1996年9月1日	江西	¥3,607		
4	K01	田明	男	1975年6月17日	1998年8月4日	湖南	¥3,382		
5	W24	刘思萌	女	1984年8月2日	1996年9月19日	河北	¥3,715		
6	S21	杨灵	男	1989年7月1日	2010年9月1日	山东	¥3,607		
7	S10	张淑芳	女	1975年4月15日	2004年6月7日	山东	¥3,652		
8	C24	周小明	男	1972年7月6日	1990年8月28日	江西	¥3,940		
9	C19	周静怡	女	1984年12月23日	2012年6月7日	湖北	¥3,652		
10	C22	赵文	男	1990年8月5日	2015年7月2日	上海	¥3,562		
11	S13	胡刚	男	1988年9月30日	2008年5月9日	北京	¥3,427		
12	K12	郭鑫	男	1969年7月12日	1984年8月3日	陕西	¥3,940		
13	W22	黄振华	男	1991年3月18日	2015年7月2日	广东	¥3,337		
14									

员工信息表 | 个人月度预算 | Sheet2 | Sheet1　100%

图 14-9　排序结果

14.1.4 自定义排序

Office 2016 中系统提供的是常用的排序规则，日常工作则可能需要根据工作要求对某些字段进行排序，而系统中未包含这些排序规则，此时，需要自定义列表设置排序。

例如，对 Excel 表格中的数据以“学历”属性字段作为排序依据，进行自定义排序，具体操作如下。

【1】单击“文件”|“选项”|“高级”选项，显示“高级”选项设置界面，如图 14-10 所示。

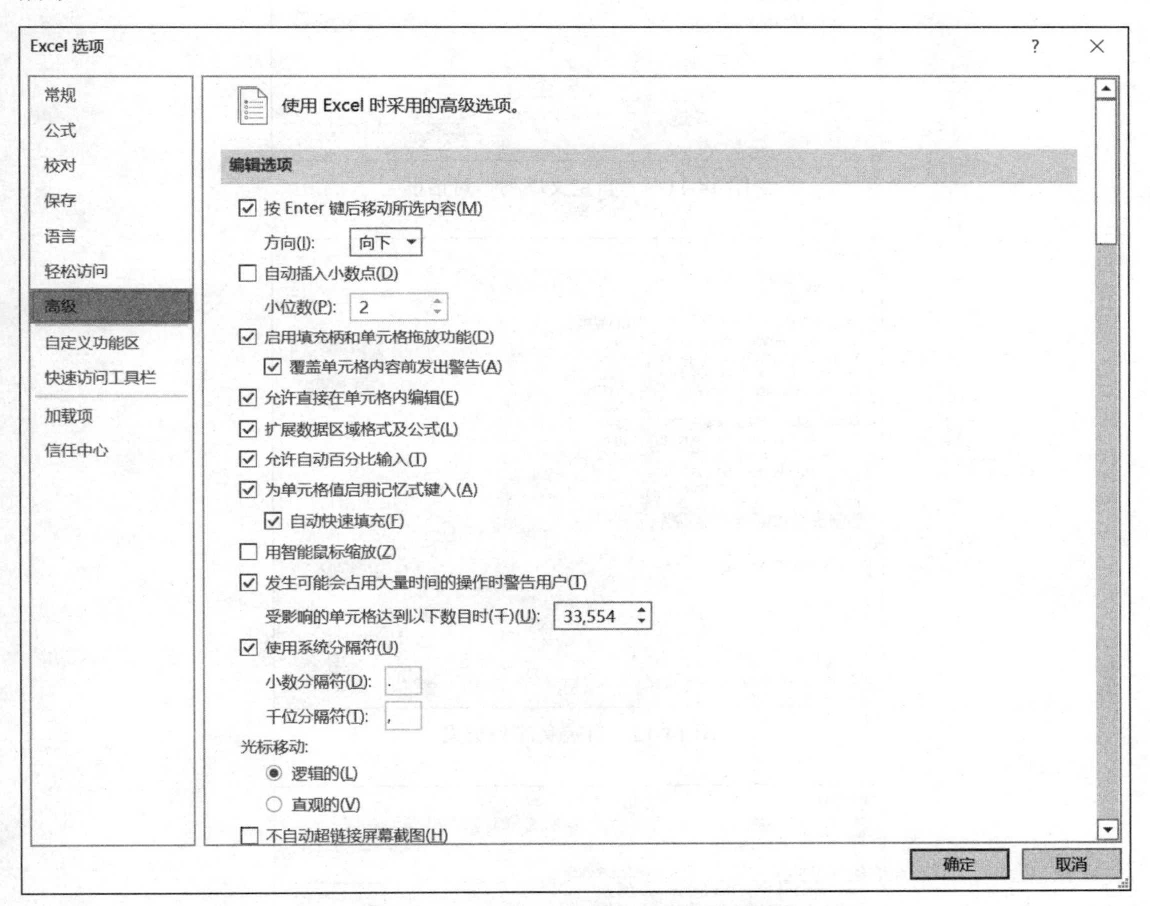

图 14-10 Excel“高级”选项设置界面

【2】打开“自定义序列”对话框。在“高级”选项卡右侧的“常规”选项组中，单击“编辑自定义列表”按钮，弹出“自定义序列”对话框，如图 14-11 所示。

【3】自定义序列。将光标定位于“输入序列”列表框中，输入要添加的排序序列，如图 14-12 所示。

【4】设置完成。单击“自定义序列”对话框中的“添加”按钮，新添加的序列将会出现在“自定义序列”列表框中，如图 14-13 所示，单击“确定”按钮，完成序列设置。

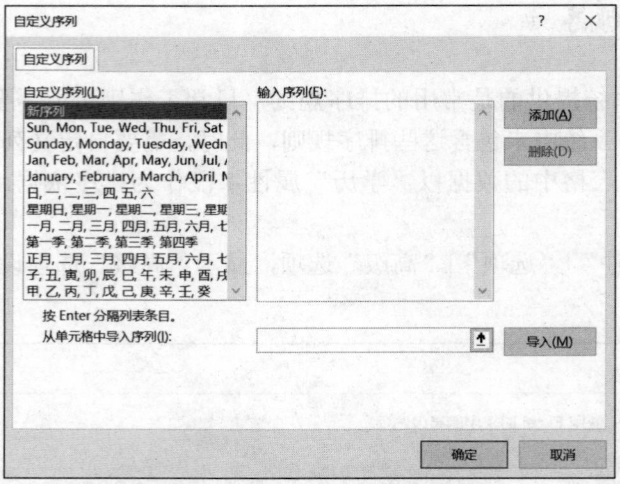

自定义序列 ? ×

自定义序列

自定义序列(L):
新序列
Sun, Mon, Tue, Wed, Thu, Fri, Sat
Sunday, Monday, Tuesday, Wedn
Jan, Feb, Mar, Apr, May, Jun, Jul, A
January, February, March, April, M
日, 一, 二, 三, 四, 五, 六
星期日, 星期一, 星期二, 星期三, 星期
一月, 二月, 三月, 四月, 五月, 六月, 七
第一季, 第二季, 第三季, 第四季
正月, 二月, 三月, 四月, 五月, 六月, 七
子, 丑, 寅, 卯, 辰, 巳, 午, 未, 申, 酉, 戌
甲, 乙, 丙, 丁, 戊, 己, 庚, 辛, 壬, 癸

输入序列(E):

添加(A)
删除(D)

按 Enter 分隔列表条目。

从单元格中导入序列(I):

导入(M)

确定 取消

图 14-11 “自定义序列”对话框

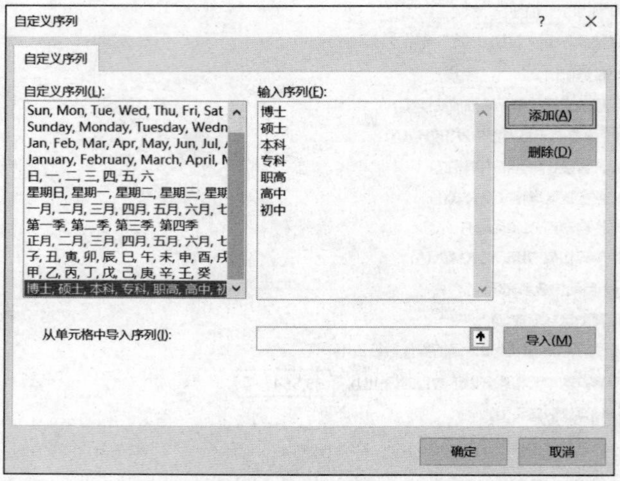

自定义序列 ? ×

自定义序列

自定义序列(L):
Sun, Mon, Tue, Wed, Thu, Fri, Sat
Sunday, Monday, Tuesday, Wedn
Jan, Feb, Mar, Apr, May, Jun, Jul, A
January, February, March, April, M
日, 一, 二, 三, 四, 五, 六
星期日, 星期一, 星期二, 星期三, 星期
一月, 二月, 三月, 四月, 五月, 六月, 七
第一季, 第二季, 第三季, 第四季
正月, 二月, 三月, 四月, 五月, 六月, 七
子, 丑, 寅, 卯, 辰, 巳, 午, 未, 申, 酉, 戌
甲, 乙, 丙, 丁, 戊, 己, 庚, 辛, 壬, 癸
博士, 硕士, 本科, 专科, 职高, 高中, 初

输入序列(E):
博士
硕士
本科
专科
职高
高中
初中

添加(A)
删除(D)

从单元格中导入序列(I):

导入(M)

确定 取消

图 14-12 自定义序列结果

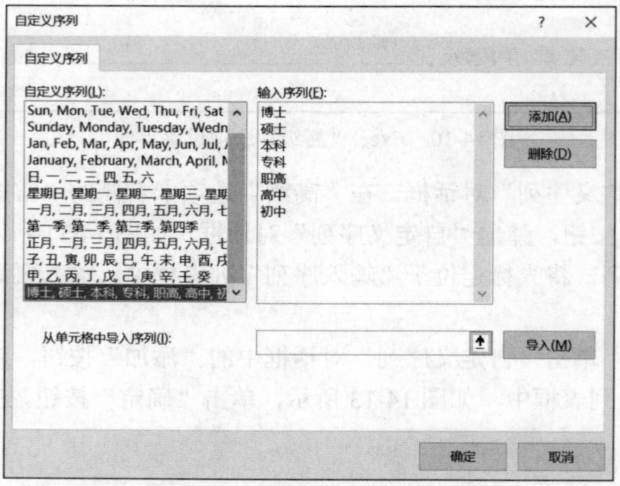

自定义序列 ? ×

自定义序列

自定义序列(L):
Sun, Mon, Tue, Wed, Thu, Fri, Sat
Sunday, Monday, Tuesday, Wedn
Jan, Feb, Mar, Apr, May, Jun, Jul, A
January, February, March, April, M
日, 一, 二, 三, 四, 五, 六
星期日, 星期一, 星期二, 星期三, 星期
一月, 二月, 三月, 四月, 五月, 六月, 七
第一季, 第二季, 第三季, 第四季
正月, 二月, 三月, 四月, 五月, 六月, 七
子, 丑, 寅, 卯, 辰, 巳, 午, 未, 申, 酉, 戌
甲, 乙, 丙, 丁, 戊, 己, 庚, 辛, 壬, 癸
博士, 硕士, 本科, 专科, 职高, 高中, 初

输入序列(E):
博士
硕士
本科
专科
职高
高中
初中

添加(A)
删除(D)

从单元格中导入序列(I):

导入(M)

确定 取消

图 14-13 完成设置

【5】应用“自定义序列”进行排序。

①选中排序的属性字段。选中“学历”属性所在的 H1 单元格。

②打开“排序”对话框。单击“数据”|“排序和筛选”|“排序”按钮，打开“排序”对话框，如图 14-14 所示。

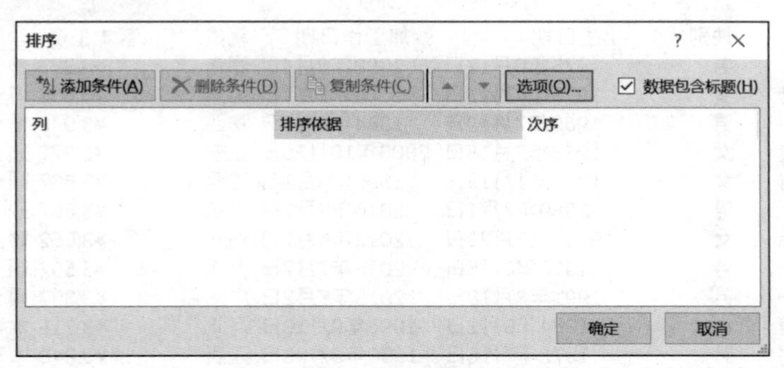

图 14-14 “排序”对话框

③设置排序选项。单击“添加条件”按钮，设置排序条件，“主要关键字”设置为“学历”，“排序依据”设置为“数值”，“次序”下拉列表中选择“自定义序列”，如图 14-15 所示，弹出“自定义序列”对话框，选择所选用的排序序列，单击“确定”按钮，完成“次序”设置，如图 14-16 所示。

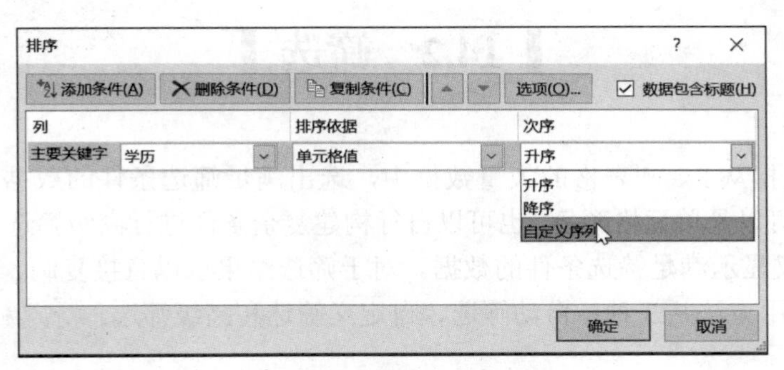

图 14-15 排序条件设置

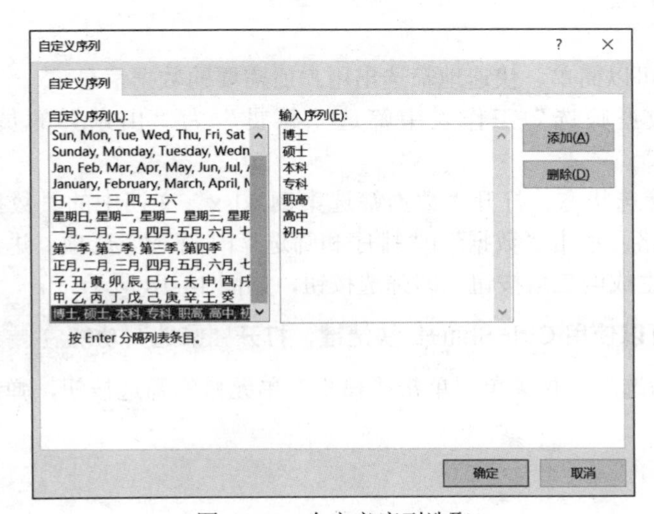

图 14-16 自定义序列选取

【6】完成设置。单击“排序”对话框的“确定”按钮，完成设置，设置效果如图14-17 所示。

	A	B	C	D	E	F	G	H
1	员工编号	姓名	性别	出生日期	参加工作日期	籍贯	基本工资	学历
2	K01	田明	男	1975年6月17日	1998年8月4日	湖南	¥3,382	博士
3	S10	张淑芳	女	1975年4月15日	2004年6月7日	山东	¥3,652	博士
4	K12	郭鑫	男	1969年7月12日	1984年8月3日	陕西	¥3,940	博士
5	K11	王童童	女	1978年2月18日	2000年10月20日	辽宁	¥3,877	硕士
6	S20	尹红群	女	1972年1月15日	1996年9月1日	江西	¥3,607	硕士
7	S21	杨灵	男	1989年7月1日	2010年9月1日	山东	¥3,607	硕士
8	C19	周静怡	女	1984年12月23日	2012年6月7日	湖北	¥3,652	硕士
9	C22	赵文	男	1990年8月5日	2015年7月2日	上海	¥3,562	硕士
10	W22	黄振华	男	1991年3月18日	2015年7月2日	广东	¥3,337	硕士
11	W24	刘思萌	女	1984年8月2日	1996年9月19日	河北	¥3,715	本科
12	C24	周小明	男	1972年7月6日	1990年8月28日	江西	¥3,940	本科
13	S13	胡刚	男	1988年9月30日	2008年5月9日	北京	¥3,427	本科
14								

员工信息表 | 个人月度预算 | Sheet2 | Sheet1

图 14-17 设置效果图

14.2 筛选

筛选数据是指从 Excel 表格的大量数据中，选出满足筛选条件的数据。筛选条件可以是数值或文本，可以是单元格颜色，也可以自行构建复杂条件进行高级筛选。通过筛选功能，Excel 表格中会仅显示满足筛选条件的数据。对于筛选结果可以直接复制、查找、编辑以及打印等。筛选常用方法共 3 种：自动筛选、自定义筛选和高级筛选。

14.2.1 自动筛选

使用自动筛选可以简单、快速地筛选出用户所需要的数据信息。

例如，在“数据筛选”工作表中筛选“籍贯”为“山东”的员工，具体操作步骤如下。

【1】设置为筛选状态。打开“数据筛选案例 .xlsx”文档中的“数据筛选”工作表，选择任意数据单元格，单击“数据”|“排序和筛选”|“筛选”选项，进入筛选状态，表格中各属性字段右侧生成倒三角按钮，即筛选按钮，如图 14-18 所示。

【技巧】也可以使用 Ctrl+Shift+L 快捷键，打开“筛选”功能。

【2】打开“筛选”下拉菜单。单击“籍贯”单元格的筛选按钮，弹出下拉菜单，如图14-19 所示。

员工记录.xlsx - Excel

文件　开始　插入　页面布局　公式　数据　审阅　视图　帮助　WPS PDF　告诉我　共享

获取外部数据　新建查询　全部刷新　排序　筛选　分列　模拟分析　预测工作表　分级显示

获取和转换　连接　排序和筛选　数据工具　预测

D1　出生日期

	A	B	C	D	E	F	G	H
1	员工编号	姓名	性别	出生日期	参加工作日期	籍贯	基本工资	学历
2	K01	田明	男	1975年6月17日	1998年8月4日	湖南	¥3,382	博士
3	S10	张淑芳	女	1975年4月15日	2004年6月7日	山东	¥3,652	博士
4	K12	郭鑫	男	1969年7月12日	1984年8月3日	陕西	¥3,940	博士
5	K11	王童童	女	1978年2月18日	2000年10月20日	辽宁	¥3,877	硕士
6	S20	尹红群	女	1972年1月15日	1996年9月1日	江西	¥3,607	硕士
7	S21	杨灵	男	1989年7月1日	2010年9月1日	山东	¥3,607	硕士
8	C19	周静怡	女	1984年12月23日	2012年6月7日	湖北	¥3,652	硕士
9	C22	赵文	男	1990年8月5日	2015年7月2日	上海	¥3,562	硕士
10	W22	黄振华	男	1991年3月18日	2015年7月2日	广东	¥3,337	硕士
11	W24	刘思萌	女	1984年8月2日	1996年9月19日	河北	¥3,715	本科
12	C24	周小明	男	1972年7月6日	1990年8月28日	江西	¥3,940	本科
13	S13	胡刚	男	1988年9月30日	2008年5月9日	北京	¥3,427	本科
14								

员工信息表　个人月度预算　Sheet2　Sheet1　100%

图 14-18　进入筛选状态

图 14-19　“筛选”下拉菜单

【3】设置筛选内容。系统默认为全部都选中，鉴于本案例筛选籍贯为“山东”的人员，故只保留“山东”，其余对号全部去掉，如图 14-20 所示。

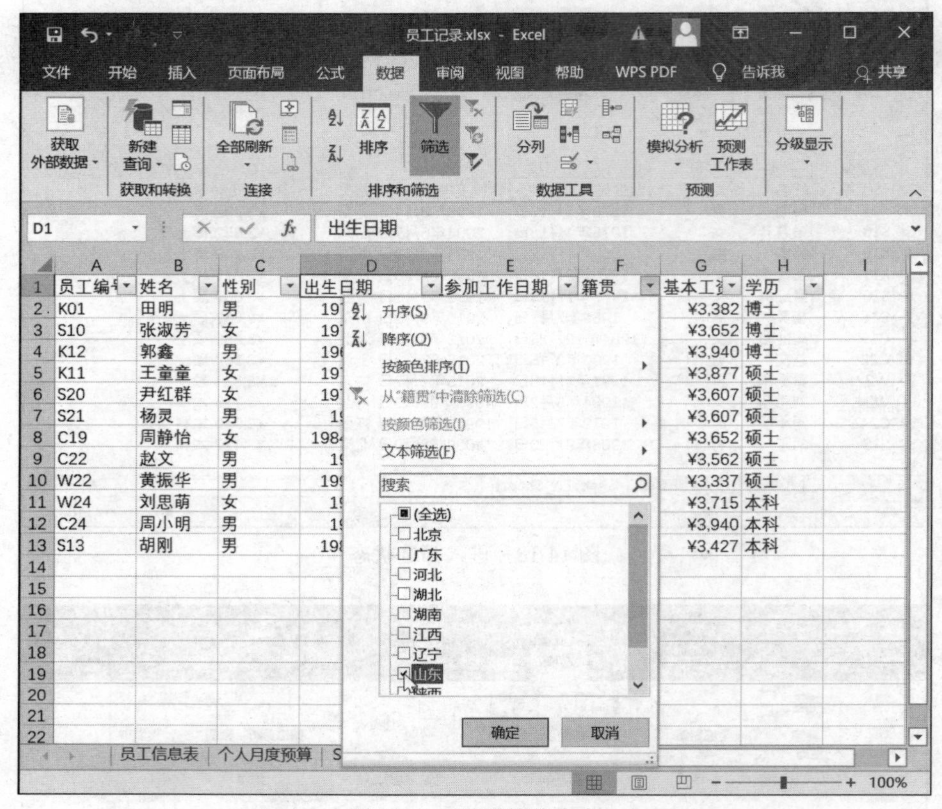

图 14-20　设置筛选内容

【4】完成筛选。单击“确定”按钮，完成筛选，筛选结果如图 14-21 所示。

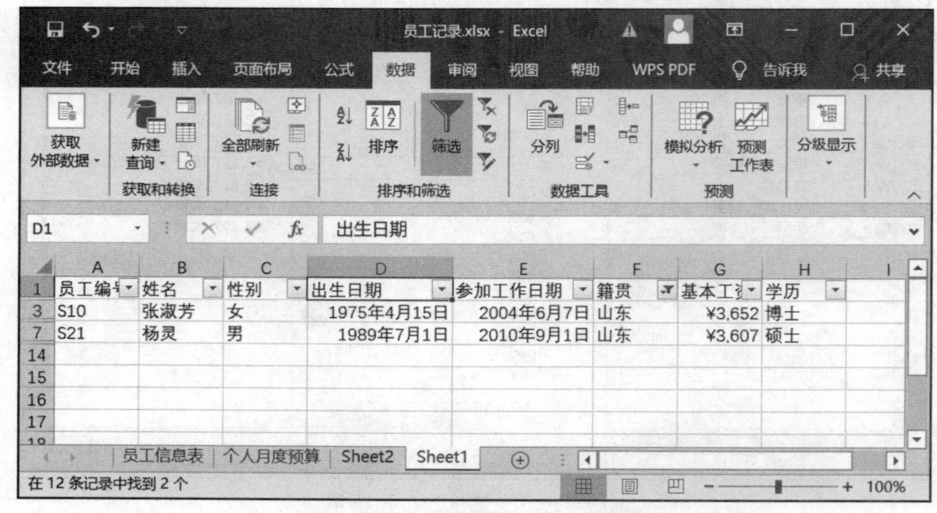

图 14-21　筛选结果

【5】撤销筛选。单击“数据”|“排序和筛选”|“筛选”按钮，撤销筛选。

14.2.2　自定义筛选

自动筛选功能很大程度受制于 Excel 表格中数据的特点，而使用自定义筛选功能，能设置更为复杂的条件来实现筛选功能，扩宽筛选功能的应用范围。

例如，检索 Sheet1 工作表中“职称”属性为“高级”的员工。

【1】设置为筛选状态。打开“员工记录 .xlsx”文档中的 Sheet1 工作表，选择任意数据单元格，单击“数据”|“排序和筛选”|“筛选”选项，进入筛选状态。

【2】打开“自定义筛选”下拉菜单。单击“职称”单元格的筛选按钮，弹出下拉菜单，单击“文本筛选”按钮，弹出右键菜单，如图 14-22 所示。

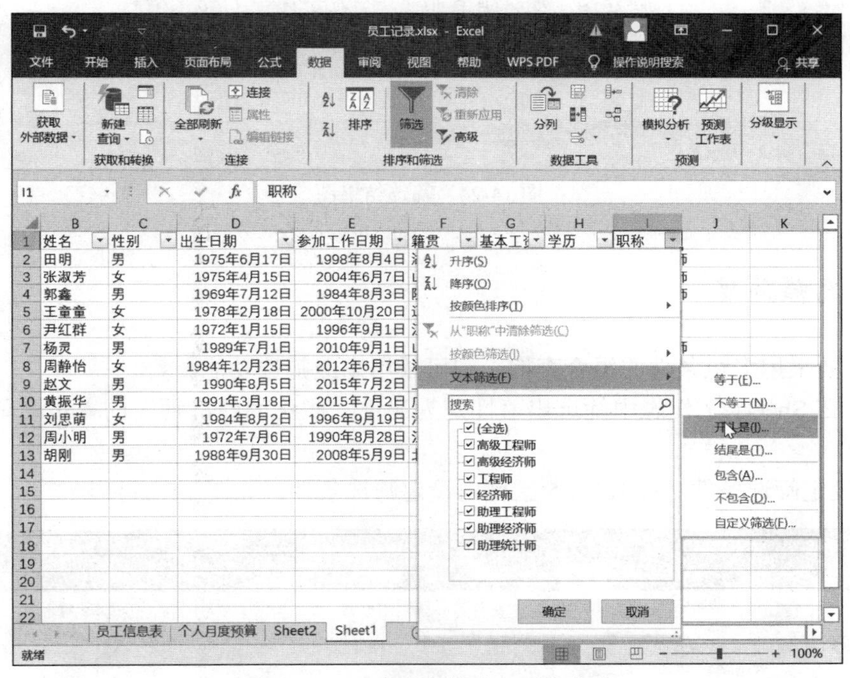

图 14-22　“自定义筛选”下拉菜单

【3】打开“自定义自动筛选方式”对话框，设定筛选选项。在“文本筛选”的下级菜单中选择“开头是”命令，弹出“自定义自动筛选方式”对话框，筛选条件“开头是”设置为“高级”，如图 14-23 所示。

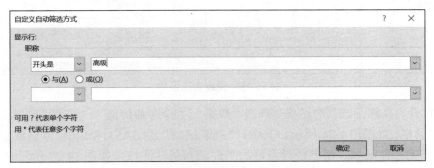

图 14-23　设置筛选选项

【4】完成筛选。单击“确定”按钮，完成筛选，结果如图 14-24 所示。

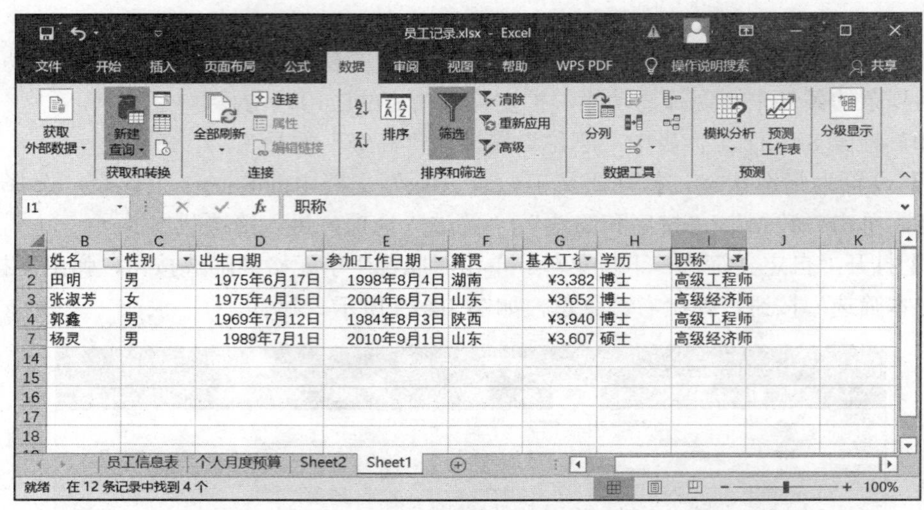

图 14-24　筛选结果图

14.2.3　高级筛选

如果需要采用多组条件的组合查询，则可采用高级筛选功能。

例如，在 Sheet1 工作表中筛选出“性别为男性，职称为经济师”的人员名单，具体操作如下。

【1】设定筛选条件。在 K4:L5 区域内设定筛选条件，如图 14-25 所示。

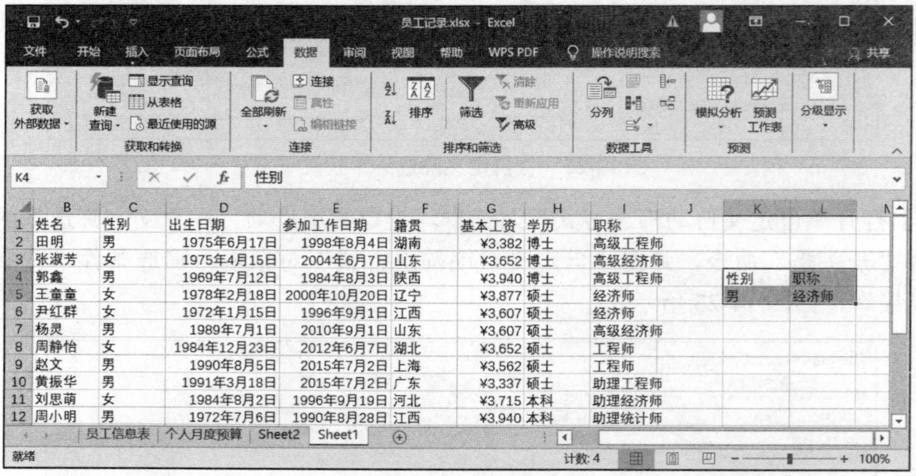

图 14-25　设定筛选条件

【2】打开“高级筛选”对话框。单击“数据”|“排序和筛选”|“高级”选项，弹出“高级筛选”对话框，如图 14-26 所示。其中，“列表区域”为 $A$1:$I$13，默认选定。

【3】设定条件区域。将已经设置好的条件填入条件区域，如图 14-27 所示。

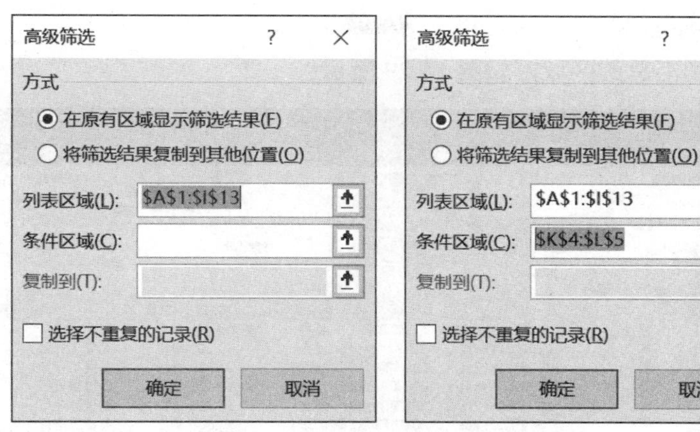

图 14-26　“高级筛选”对话框　　　图 14-27　设定条件区域

【4】完成筛选。单击“高级筛选”对话框中的“确定”按钮，完成筛选，筛选结果如图 14-28 所示。

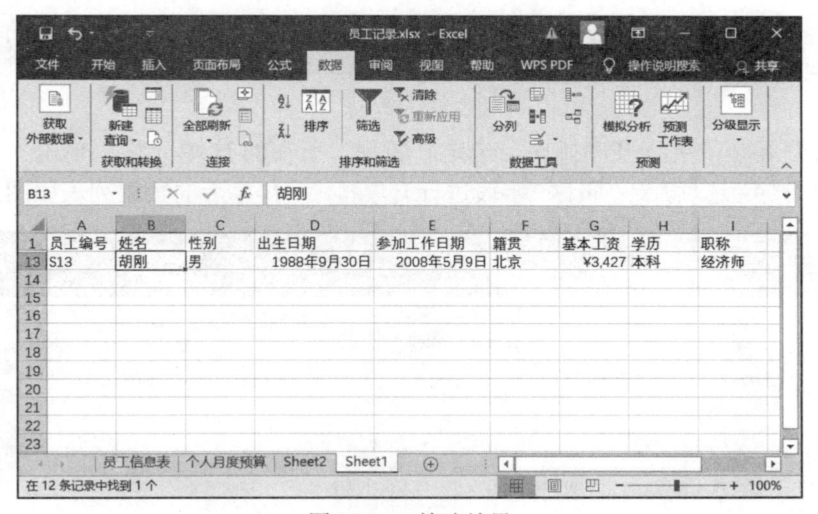

图 14-28　筛选结果

14.3　分类汇总

分类汇总功能是将 Excel 工作表中的数据按照不同类别进行汇总统计，并通过分级显示操作显示或隐藏分类汇总的明细行。在处理“财务报表”“销售数据”“金融数据”等包含大量数据信息的数据列表时，分类汇总功能非常实用。

14.3.1　创建分类汇总

例如，对 Sheet1 工作表中的员工信息以“职称”作为分类字段，对“基本工资”进行平均值汇总。具体操作如下。

【1】选定待分类汇总的区域，如图 14-29 所示。

员工编号	姓名	性别	出生日期	参加工作日期	籍贯	基本工资	学历	职称
K01	田明	男	1975年6月17日	1998年8月4日	湖南	¥3,382	博士	高级工程师
K12	郭鑫	男	1969年7月12日	1984年8月3日	陕西	¥3,940	博士	高级工程师
C24	周小明	男	1972年7月6日	1990年8月28日	江西	¥3,940	本科	助理统计师
W24	刘思萌	女	1984年8月2日	1996年9月19日	河北	¥3,715	本科	助理经济师
S21	杨灵	男	1989年7月1日	2010年9月1日	山东	¥3,607	硕士	高级经济师
S20	尹红群	女	1972年1月15日	1996年9月1日	江西	¥3,607	硕士	经济师
W22	黄振华	男	1991年3月18日	2015年7月2日	广东	¥3,337	硕士	助理工程师
C22	赵文	男	1990年8月5日	2015年7月2日	上海	¥3,562	硕士	工程师
K11	王童童	女	1978年2月18日	2000年10月20日	辽宁	¥3,877	硕士	经济师
S10	张淑芳	女	1975年4月15日	2004年6月7日	山东	¥3,652	博士	高级经济师
S13	胡刚	男	1988年9月30日	2008年5月9日	北京	¥3,427	本科	经济师
C19	周静怡	女	1984年12月23日	2012年6月7日	湖北	¥3,652	硕士	工程师

图 14-29　选定区域

【2】对分类字段进行升序排序。选定“职称”所在的 I1 单元格，单击“数据”|“排序和筛选”|“升序”选项，对“职称”字段进行升序排序，排序后的数据列表如图 14-30 所示。

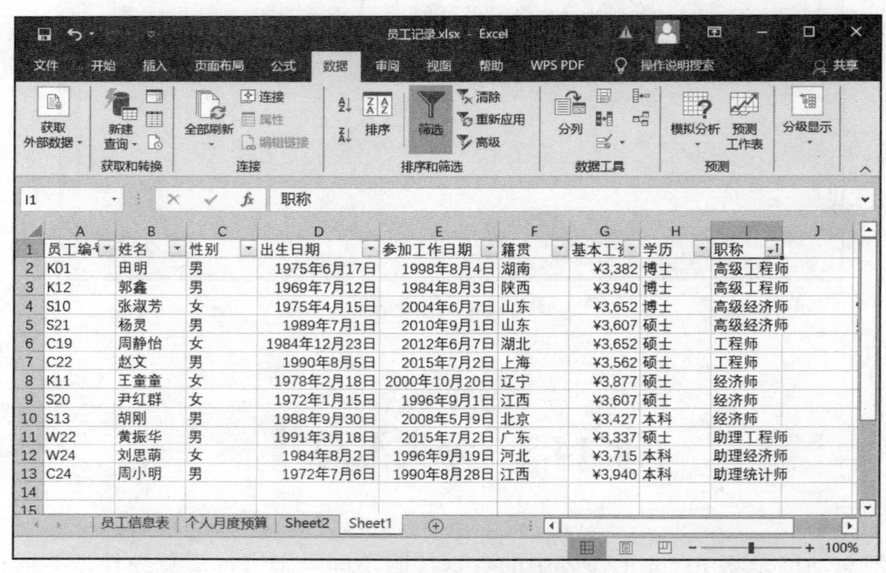

员工编号	姓名	性别	出生日期	参加工作日期	籍贯	基本工资	学历	职称
K01	田明	男	1975年6月17日	1998年8月4日	湖南	¥3,382	博士	高级工程师
K12	郭鑫	男	1969年7月12日	1984年8月3日	陕西	¥3,940	博士	高级工程师
S10	张淑芳	女	1975年4月15日	2004年6月7日	山东	¥3,652	博士	高级经济师
S21	杨灵	男	1989年7月1日	2010年9月1日	山东	¥3,607	硕士	高级经济师
C19	周静怡	女	1984年12月23日	2012年6月7日	湖北	¥3,652	硕士	工程师
C22	赵文	男	1990年8月5日	2015年7月2日	上海	¥3,562	硕士	工程师
K11	王童童	女	1978年2月18日	2000年10月20日	辽宁	¥3,877	硕士	经济师
S20	尹红群	女	1972年1月15日	1996年9月1日	江西	¥3,607	硕士	经济师
S13	胡刚	男	1988年9月30日	2008年5月9日	北京	¥3,427	本科	经济师
W22	黄振华	男	1991年3月18日	2015年7月2日	广东	¥3,337	硕士	助理工程师
W24	刘思萌	女	1984年8月2日	1996年9月19日	河北	¥3,715	本科	助理经济师
C24	周小明	男	1972年7月6日	1990年8月28日	江西	¥3,940	本科	助理统计师

图 14-30　数据列表排序

【3】打开“分类汇总”对话框。单击“数据”|“分级显示”|“分类汇总”选项，弹出“分类汇总”对话框，如图 14-31 所示。

【4】设置分类汇总选项。“分类字段”设置为“职称”，“汇总方式”设置为“平均值”，“选定汇总项”设置为“基本工资”，显示方式设置为“汇总结果显示在数据下方”，设置情况如图 14-32 所示。

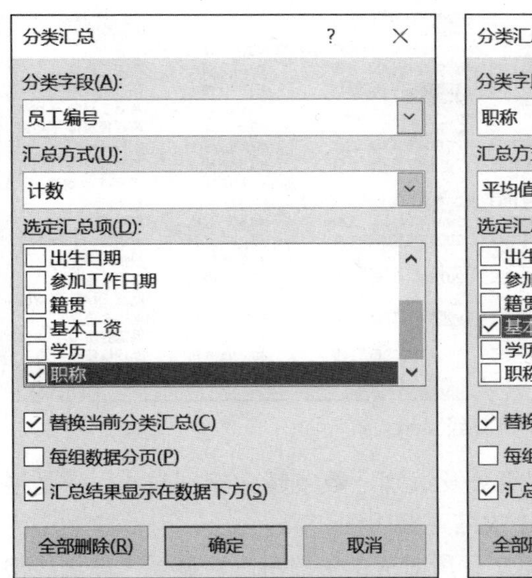

图 14-31　“分类汇总”对话框

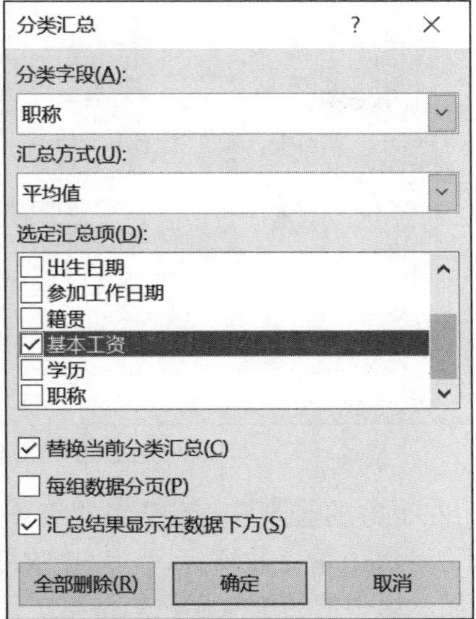

图 14-32　分类汇总选项设置

【5】完成设定。单击“分类汇总”对话框的“确定”按钮，完成设定，效果如图 14-33 所示。

	A	B	C	D	E	F	G	H	I	J	K
1	员工编号	姓名	性别	出生日期	参加工作日期	籍贯	基本工资	学历	职称		
2	K01	田明	男	1975年6月17日	1998年8月4日	湖南	¥3,382	博士	高级工程师		
3	K12	郭鑫	男	1969年7月12日	1984年8月3日	陕西	¥3,940	博士	高级工程师		
4							¥3,661		**高级工程师 平均值**		
5	S10	张淑芳	女	1975年4月15日	2004年6月7日	山东	¥3,652	博士	高级经济师		性别
6	S21	杨灵	男	1989年7月1日	2010年9月1日	山东	¥3,607	硕士	高级经济师		男
7							¥3,630		**高级经济师 平均值**		
8	C19	周静怡	女	1984年12月23日	2012年6月7日	湖北	¥3,652	硕士	工程师		
9	C22	赵文	男	1990年8月5日	2015年7月2日	上海	¥3,562	硕士	工程师		
10							¥3,607		**工程师 平均值**		
11	K11	王童童	女	1978年2月18日	2000年10月20日	辽宁	¥3,877	硕士	经济师		
12	S20	尹红群	女	1972年1月15日	1996年9月1日	江西	¥3,607	硕士	经济师		
13	S13	胡刚	男	1988年9月30日	2008年5月9日	北京	¥3,427	本科	经济师		
14							¥3,637		**经济师 平均值**		
15	W22	黄振华	男	1991年3月18日	2015年7月2日	广东	¥3,337	硕士	助理工程师		
16							¥3,337		**助理工程师 平均值**		
17	W24	刘思萌	女	1984年8月2日	1996年9月19日	河北	¥3,715	本科	助理经济师		
18							¥3,715		**助理经济师 平均值**		
19	C24	周小明	男	1972年7月6日	1990年8月28日	江西	¥3,940	本科	助理统计师		

员工信息表　个人月度预算　Sheet2　Sheet1

图 14-33　分类汇总效果图

14.3.2　分级显示

在数据列表中创建分类汇总后，可以通过分级显示功能隐藏或显示数据细节，方便用户对大量数据信息快速、精准地把握。

【1】分级显示设置界面。已经设置分级汇总的 Excel 表格，在工作表左侧区域显示分级设置界面，如图 14-34 所示。

	A	B	C	D	E	F	G	H	I	J
1	员工编号	姓名	性别	出生日期	参加工作日期	籍贯	基本工资	学历	职称	
2	K01	田明	男	1975年6月17日	1998年8月4日	湖南	¥3,382	博士	高级工程师	
3	K12	郭鑫	男	1969年7月12日	1984年8月3日	陕西	¥3,940	博士	高级工程师	
4							¥3,661		**高级工程师 平均值**	
7							¥3,630		**高级经济师 平均值**	
8	C19	周静怡	女	1984年12月23日	2012年6月7日	湖北	¥3,652	硕士	工程师	
9	C22	赵文	男	1990年8月5日	2015年7月2日	上海	¥3,562	硕士	工程师	
10							¥3,607		**工程师 平均值**	
11	K11	王童童	女	1978年2月18日	2000年10月20日	辽宁	¥3,877	硕士	经济师	
12	S20	尹红群	女	1972年1月15日	1996年9月1日	江西	¥3,607	硕士	经济师	
13	S13	胡刚	男	1988年9月30日	2008年5月9日	北京	¥3,427	本科	经济师	
14							¥3,637		**经济师 平均值**	
15	W22	黄振华	男	1991年3月18日	2015年7月2日	广东	¥3,337	硕士	助理工程师	
16							¥3,337		**助理工程师 平均值**	
17	W24	刘思萌	女	1984年8月2日	1996年9月19日	河北	¥3,715	本科	助理经济师	
18							¥3,715		**助理经济师 平均值**	
19	C24	周小明	男	1972年7月6日	1990年8月28日	江西	¥3,940	本科	助理统计师	
20							¥3,940		**助理统计师 平均值**	

员工信息表 | 个人月度预算 | Sheet2 | Sheet1

图 14-34　分级显示设置界面

其中，左上方的 1 2 3 表示分级的级数及级别，数字越大级别越小；+是展开标识，用于展开下级明细；-是收缩标识，用于收缩下级明细。

【2】显示组中的明细数据。单击第 7 行所对应的+按钮，将显示“高级经济师”员工的明细数据，如图 14-35 所示。

	A	B	C	D	E	F	G	H	I	J
1	员工编号	姓名	性别	出生日期	参加工作日期	籍贯	基本工资	学历	职称	
2	K01	田明	男	1975年6月17日	1998年8月4日	湖南	¥3,382	博士	高级工程师	
3	K12	郭鑫	男	1969年7月12日	1984年8月3日	陕西	¥3,940	博士	高级工程师	
4							¥3,661		**高级工程师 平均值**	
5	S10	张淑芳	女	1975年4月15日	2004年6月7日	山东	¥3,652	博士	高级经济师	
6	S21	杨灵	男	1989年7月1日	2010年9月1日	山东	¥3,607	硕士	高级经济师	
7							¥3,630		**高级经济师 平均值**	
8	C19	周静怡	女	1984年12月23日	2012年6月7日	湖北	¥3,652	硕士	工程师	
9	C22	赵文	男	1990年8月5日	2015年7月2日	上海	¥3,562	硕士	工程师	
10							¥3,607		**工程师 平均值**	
11	K11	王童童	女	1978年2月18日	2000年10月20日	辽宁	¥3,877	硕士	经济师	
12	S20	尹红群	女	1972年1月15日	1996年9月1日	江西	¥3,607	硕士	经济师	
13	S13	胡刚	男	1988年9月30日	2008年5月9日	北京	¥3,427	本科	经济师	
14							¥3,637		**经济师 平均值**	
15	W22	黄振华	男	1991年3月18日	2015年7月2日	广东	¥3,337	硕士	助理工程师	
16							¥3,337		**助理工程师 平均值**	
17	W24	刘思萌	女	1984年8月2日	1996年9月19日	河北	¥3,715	本科	助理经济师	
18							¥3,715		**助理经济师 平均值**	

员工信息表 | 个人月度预算 | Sheet2 | Sheet1

图 14-35　显示组中的明细数据

【3】隐藏组中的明细数据。单击第 4 行所对应的-按钮，将隐藏“高级工程师”员工的明细数据，如图 14-36 所示。

I1　　fx　职称

	A	B	C	D	E	F	G	H	I	J
1	员工编号	姓名	性别	出生日期	参加工作日期	籍贯	基本工资	学历	职称	
4							¥3,661		**高级工程师 平均值**	
5	S10	张淑芳	女	1975年4月15日	2004年6月7日	山东	¥3,652	博士	高级经济师	
6	S21	杨灵	男	1989年7月1日	2010年9月1日	山东	¥3,607	硕士	高级经济师	
7							¥3,630		**高级经济师 平均值**	
8	C19	周静怡	女	1984年12月23日	2012年6月7日	湖北	¥3,652	硕士	工程师	
9	C22	赵文	男	1990年8月5日	2015年7月2日	上海	¥3,562	硕士	工程师	
10							¥3,607		**工程师 平均值**	
11	K11	王童童	女	1978年2月18日	2000年10月20日	辽宁	¥3,877	硕士	经济师	
12	S20	尹红群	女	1972年1月15日	1996年9月1日	江西	¥3,607	硕士	经济师	
13	S13	胡刚	男	1988年9月30日	2008年5月9日	北京	¥3,427	本科	经济师	
14							¥3,637		**经济师 平均值**	
15	W22	黄振华	男	1991年3月18日	2015年7月2日	广东	¥3,337	硕士	助理工程师	
16							¥3,337		**助理工程师 平均值**	
17	W24	刘思萌	女	1984年8月2日	1996年9月19日	河北	¥3,715	本科	助理经济师	
18							¥3,715		**助理经济师 平均值**	
19	C24	周小明	男	1972年7月6日	1990年8月28日	江西	¥3,940	本科	助理统计师	
20							¥3,940		**助理统计师 平均值**	

员工信息表 | 个人月度预算 | Sheet2 | Sheet1

图 14-36　隐藏明细数据

14.3.3　删除分类汇总

【1】删除分类汇总。单击“数据”|“分级显示”|“分类汇总”选项，弹出“分类汇总”对话框，如图 14-37 所示。

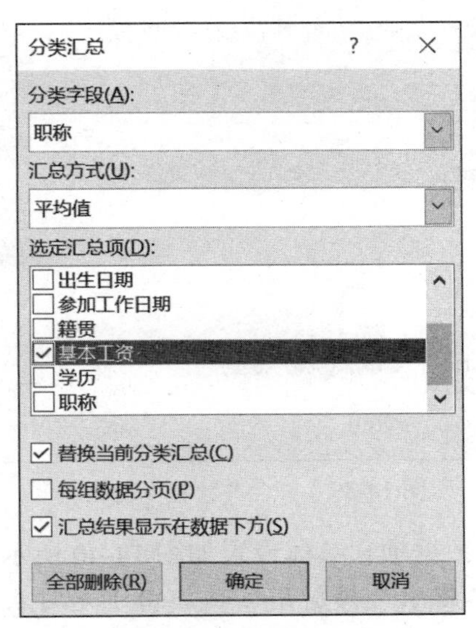

图 14-37　“分类汇总”对话框

【2】删除分类汇总。单击“分类汇总”对话框中的“全部删除”按钮，完成删除。

14.4　合并计算

工作中需要将多个工作表中的数据汇总合并到一张主工作表中，此时，可以应用合并计算功能来实现。合并计算的数据源区域可以是同一工作表中的不同表格，也可以是同一工作簿中的不同工作表，还可以是不同工作簿中的工作表。

例如，销售员的销售业绩分别存放在表一和表二中，如图 14-38 所示。现在需要统计销售人员的销售业绩，具体操作如下。

	A	B	C	D	E	F	G	H	I
1									
2		表一				表二			
3		销售员	销售数量（台）	销售金额（元）		销售员	销售数量（台）	销售金额（元）	
4		郭鑫	20	¥105,180		黄振华	15	¥37,035	
5		周小明	25	¥131,475		尹红群	30	¥74,070	
6		郭鑫	50	¥123,450		杨灵	40	¥210,360	
7		杨灵	30	¥186,330		张淑芳	20	¥81,980	
8		尹红群	20	¥124,220		郭鑫	30	¥122,970	
9		周小明	40	¥98,760		周静怡	35	¥217,385	
10									
11		销售总表							
12									
13									
14									

B12　… Sheet2 Sheet3 Sheet5 Sheet8 Sheet4 Sheet1

图 14-38　原始销售数据

【1】选中合并计算后结果存放的起始单元格。选中 B12 单元格。

【2】打开“合并计算”对话框。单击“数据”|“数据工具”|“合并计算”选项，弹出“合并计算”对话框，如图 14-39 所示。

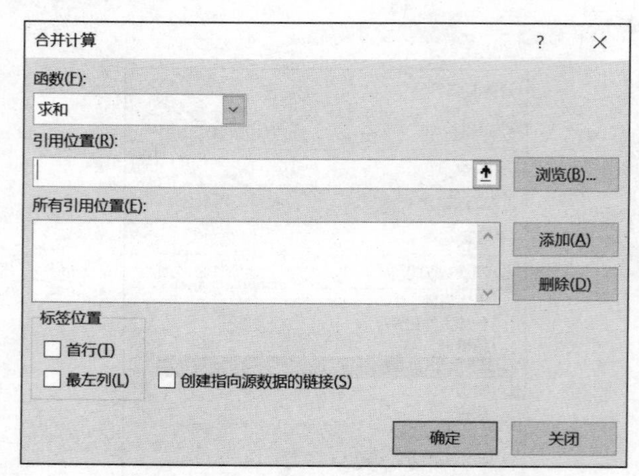

图 14-39 “合并计算”对话框

【3】设置“合并计算”数据项。具体设置如图 14-40 所示。

- 在“引用位置”文本框中选择引用区域。由于是对表一和表二中的内容进行合并计算，所以引用位置分别为“B3:D9”区域和“F3:H9”区域。选中 B3:D9，单击“添加”按钮；选中 F3:H9，单击“添加”按钮；则在“所有引用位置”列表框中会出现“B3:D9”区域和“F3:H9”区域。
- 打开“函数”下拉菜单，选择合并计算的方式。由于是对表一和表二中的内容进行求和计算，所以函数选择“求和”。
- 由于合并计算是依据于“首行”和“最左列”的标签进行合并，所以在“标签位置”选项组中勾选“首行”和“最左列”复选框。

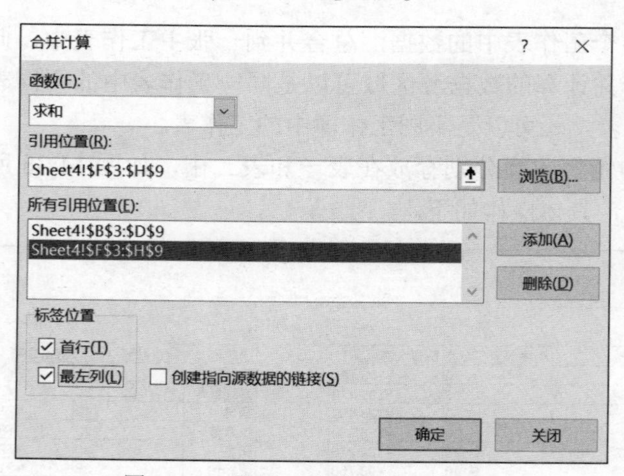

图 14-40 设置“合并计算”数据项

【4】完成合并计算。单击“合并计算”对话框的“确定”按钮，完成合并计算，如图 14-41 所示。

表一

销售员	销售数量（台）	销售金额（元）
郭鑫	20	¥105,180
周小明	25	¥131,475
郭鑫	50	¥123,450
杨灵	30	¥186,330
尹红群	20	¥124,220
周小明	40	¥98,760

表二

销售员	销售数量（台）	销售金额（元）
黄振华	15	¥37,035
尹红群	30	¥74,070
杨灵	40	¥210,360
张淑芳	20	¥81,980
郭鑫	30	¥122,970
周静怡	35	¥217,385

销售总表

	销售数量（台）	销售金额（元）
张淑芳	20	¥81,980
郭鑫	100	¥351,600
周小明	65	¥230,235
杨灵	70	¥396,690
黄振华	15	¥37,035
尹红群	50	¥198,290
周静怡	35	¥217,385

图 14-41　合并计算结果

14.5　单变量求解

当已知公式的计算结果，需要求解公式当中的某个变量数值时，可以使用单变量求解的方法。用户可以使用单变量求解方法求解生活中各种实际问题，如公司利润计算、银行理财等。

例如，已知某旅行社获利的计算方法如下：毛利润为营业额的 23%，必要支出资金为毛利润的 31%，净收入为毛利润去除必要支出资金，该旅行社希望下个月的净收入达到 75 万元，求公司营业额达到多少才能实现？

具体求解方法如下。

【1】构建变量之间的逻辑关系。将变量间的关系表达为下面的关系式：

毛利润 = 营业额 ×23%

必要支出资金 = 毛利润 ×31%

净收入 = 毛利润 - 必要支出资金

【2】在 Excel 表格中表达变量之间的逻辑关系。具体操作如下。

①输入已知和未知条件名称。新建 Excel 工作表，在单元格 A4 至 A7 中分别输入已知和未知条件的名称，如图 14-42 所示。

图 14-42　输入变量名称

②设定变量之间的逻辑关系。单击选取单元格 B5，输入计算公式“=B4*23%”，如图 14-43 所示。

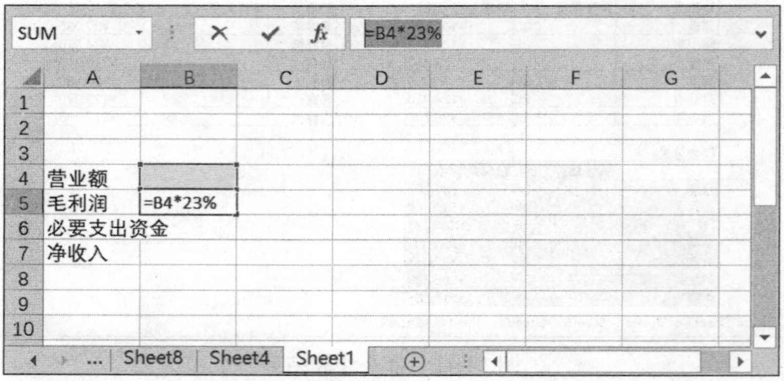

图 14-43 设定变量逻辑关系一

单击单元格 B6，输入计算公式“=B5*31%”，如图 14-44 所示。

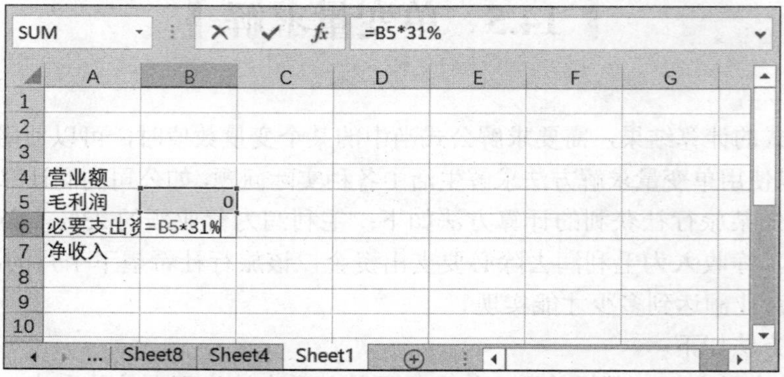

图 14-44 设定变量逻辑关系二

单击单元格 B7，输入计算公式“=B5-B6”，如图 14-45 所示。

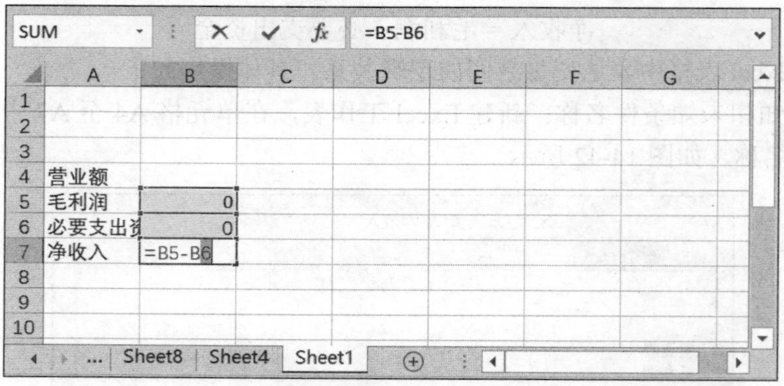

图 14-45 设定变量逻辑关系三

设定完成，初步显示结果如图 14-46 所示。

	A	B	C	D	E	F	G
1							
2							
3							
4	营业额						
5	毛利润	0					
6	必要支出资	0					
7	净收入	0					
8							
9							
10							

图 14-46　变量逻辑关系设定图

③打开“单变量求解”对话框。单击“数据”|“预测”|“模拟分析”选项，打开下拉菜单，选择“单变量求解”命令，弹出“单变量求解”对话框，如图 14-47 所示。

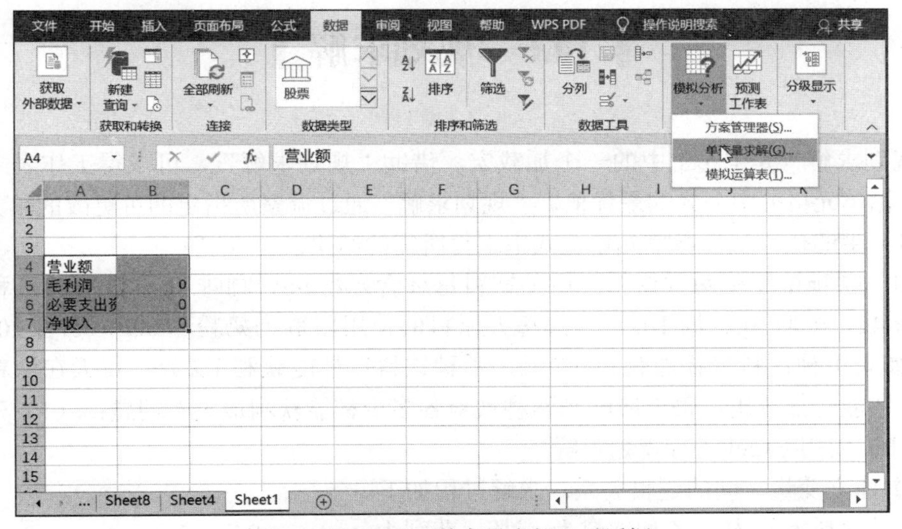

图 14-47　打开“单变量求解”对话框

单击“单变量求解”按钮，弹出对话框，如图 14-48 所示。

④设定“单变量求解”对话框。“目标单元格”文本框中输入“$B$7”，“目标值”文本框中输入“750000”，“可变单元格”文本框中设为“$B$4”，条件设定如图 14-49 所示。

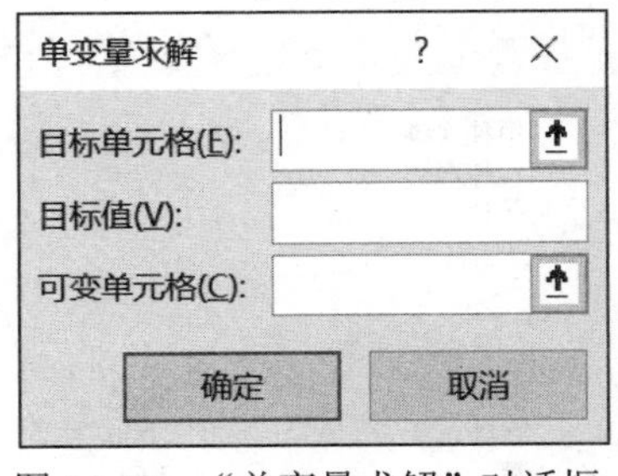

图 14-48　“单变量求解”对话框

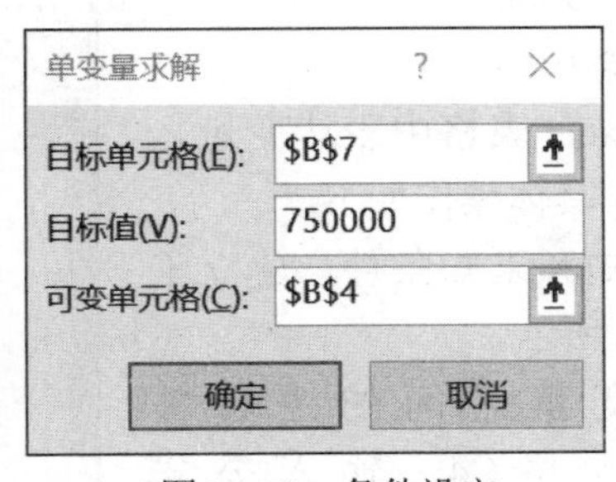

图 14-49　条件设定

⑤完成求解。单击“单变量求解”对话框的“确定”按钮，求解结果如图 14-50 所示。

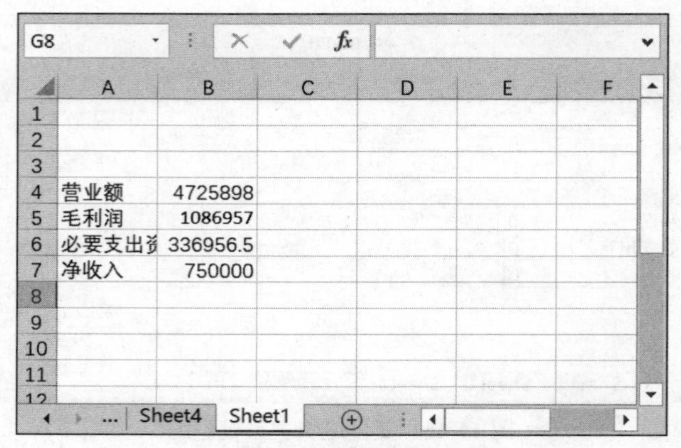

图 14-50　求解结果

14.6 规划求解

“规划求解”是 Excel 中的一个加载宏，借助“规划求解”，可求得工作表上某个单元格（目标单元格）中公式的最优值。“规划求解”通过调整所指定的可更改的单元格（可变单元格）中的值，从目标单元格公式中求得所需的结果。

例如，咖啡馆配制两种饮料。甲种饮料每杯含奶粉 9g、咖啡 4g、糖 3g；乙种饮料每杯含奶粉 4g、咖啡 5g、糖 10g。已知每天原料的使用限额为奶粉 3600g，咖啡 2000g，糖 3000g，如果甲种饮料每杯能获利 0.7 元，乙种饮料每杯能获利 1.2 元，每天在原料的使用限额内饮料能全部售出，每天应配制两种饮料各多少杯能获利最大？问题：（1）建立规划模型；（2）使用 Excel 进行规划求解。

【1】建立变量之间的逻辑关系。求解过程如下。

设甲种饮料为 x_1 杯，乙种饮料为 x_2 杯，获利为 y 元，$y=0.7x_1+1.2x_2$

约束条件为

$9x_1+4x_2 \leqslant 3600$

$4x_1+5x_2 \leqslant 2000$

$3x_1+10x_2 \leqslant 3000$

$x_1 \geqslant 0$ $x_2 \geqslant 0$

【2】在 Excel 表格中表达变量之间的逻辑关系。具体操作如下。

①输入已知和未知条件，建立工作表如图 14-51 所示。

②设定变量之间的逻辑关系。单击单元格 C4，输入公式“=0.7*C2+1.2*C3”，如图 14-52 所示。

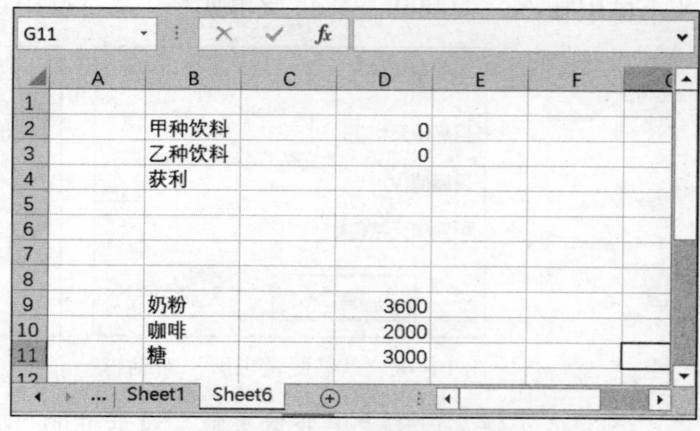

图 14-51　输入已知和未知条件

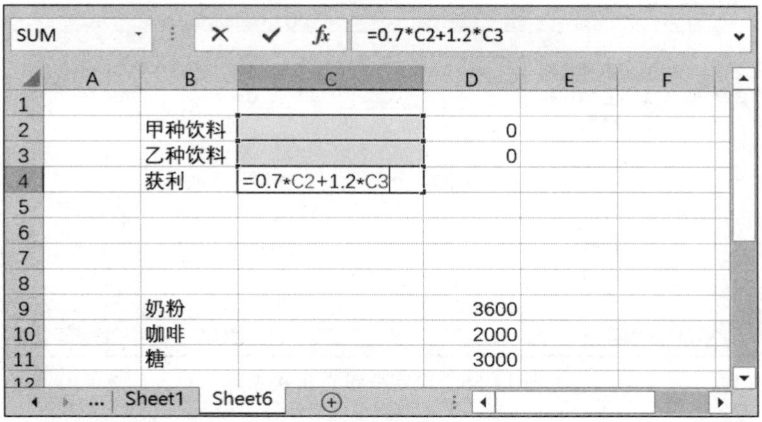

图 14-52　设定变量逻辑关系一

单击单元格 C9，输入公式“=9*C2+4*C3”，如图 14-53 所示。

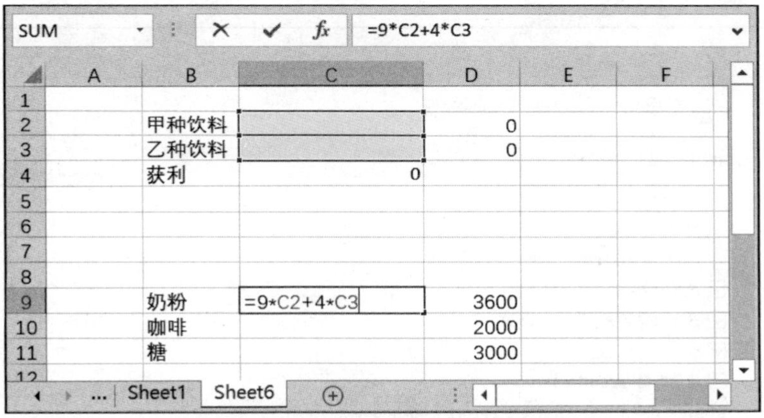

图 14-53　设定变量逻辑关系二

单击单元格 C10，输入公式“=4*C2+5*C3”，如图 14-54 所示。

单击单元格 C11，输入公式，如图 14-55 所示。

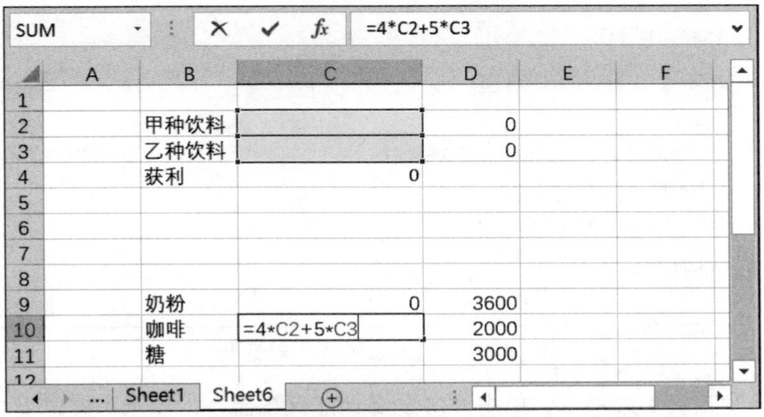

图 14-54　设定变量逻辑关系三

	A	B	C	D	E	F
1						
2		甲种饮料		0		
3		乙种饮料		0		
4		获利	0			
5						
6						
7						
8						
9		奶粉	0	3600		
10		咖啡	0	2000		
11		糖	=3*C2+10*C3	3000		

... Sheet1 Sheet6

图 14-55　设定变量逻辑关系四

【3】添加“规划求解”功能。

①打开“Excel 选项”对话框。单击“文件”|“选项”选项，打开“Excel 选项”对话框，如图 14-56 所示。

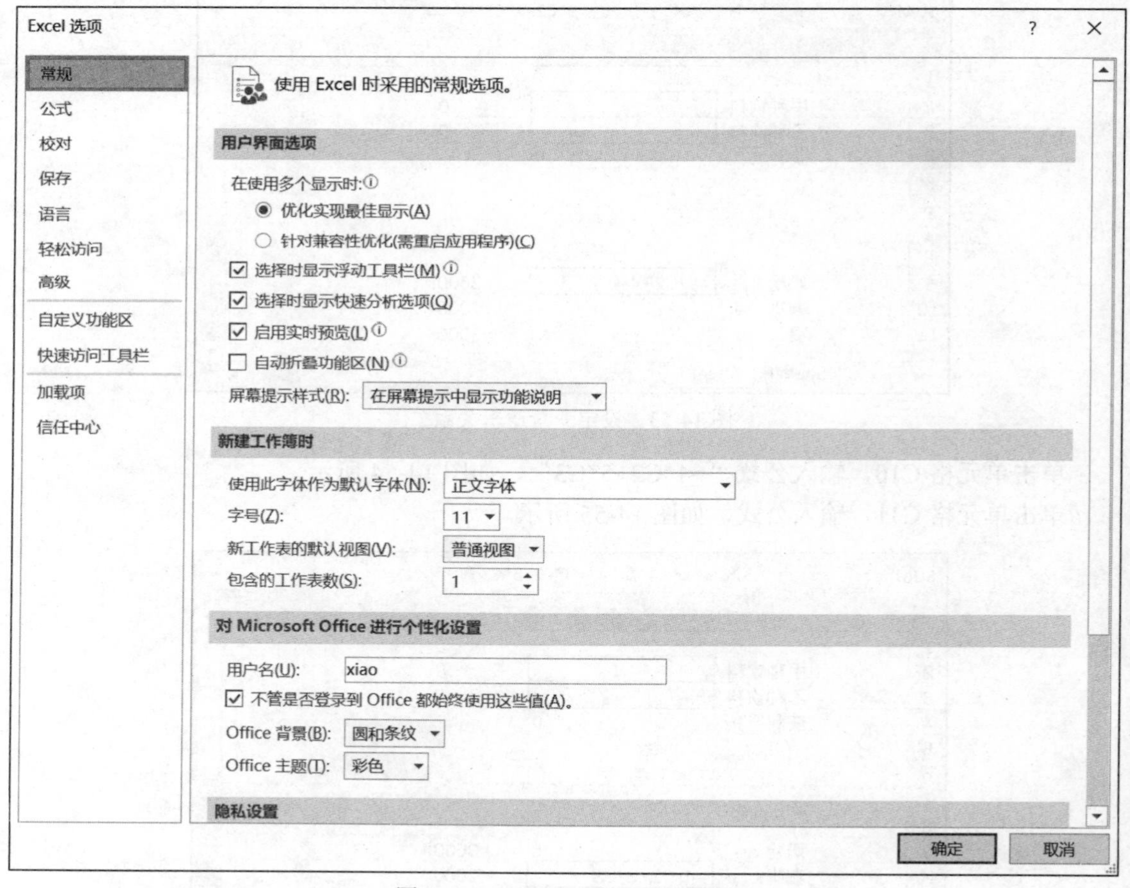

图 14-56　“Excel 选项”对话框

②添加“开发工具”选项卡。单击“自定义功能区”命令，显示“自定义功能区”界面，如图 14-57 所示。

图 14-57　“自定义功能区”界面

在对话框右边区域的“自定义功能区”部分，勾选“开发工具”复选框，则原来的主选项卡中就增加了“开发工具”一项，如图 14-58 所示。

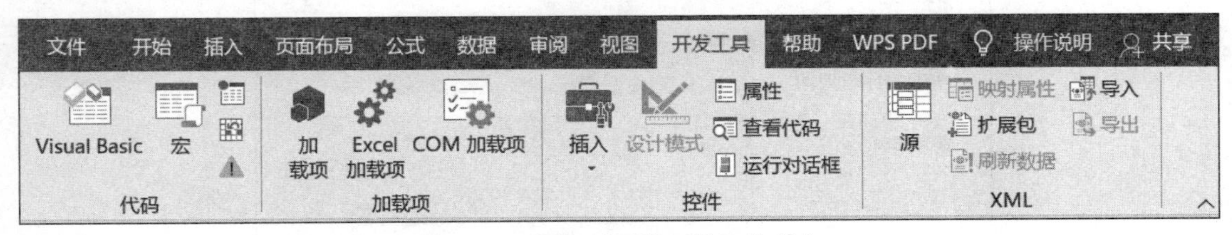

图 14-58　添加“开发工具”选项卡

③添加“规划求解”功能。单击“开发工具”|“加载项”|“Excel 加载项”选项，弹出“加载项”对话框，勾选“规划求解加载项”复选框，如图 14-59 所示。

④完成添加。单击“加载宏”对话框的“确定”按钮，完成添加。此时，在“数据”选项卡下，增加“分析”选项组，其中包含了“规划求解”功能，如图 14-60 所示。

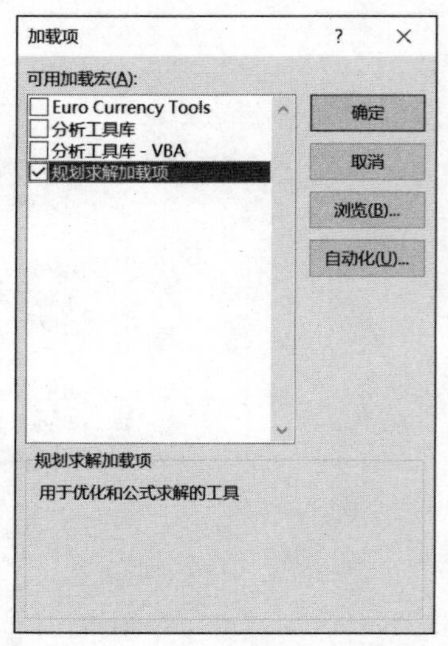

图 14-59 “加载宏”对话框

图 14-60 添加规划求解选项

【4】设置规划求解选项。

①打开“规划求解参数”对话框。单击“数据”|“分析”|“规划求解”选项，弹出“规划求解参数”对话框，如图 14-61 所示。

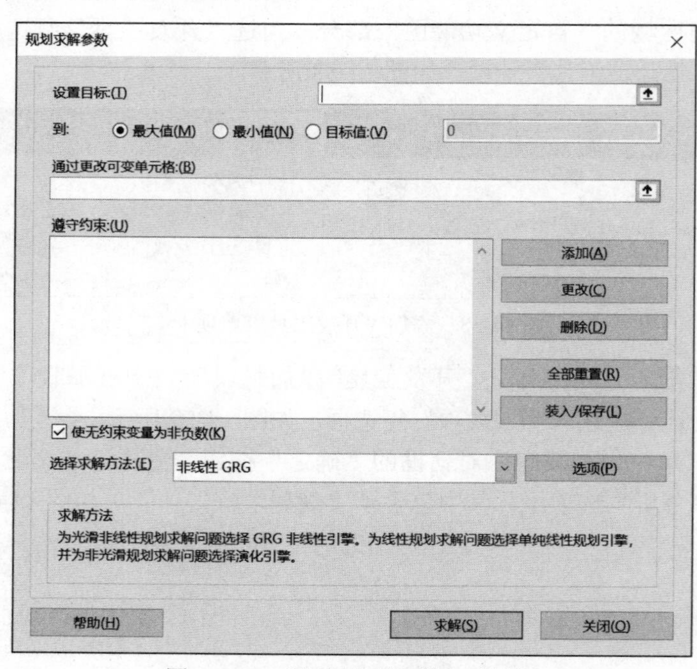

图 14-61 “规划求解参数”对话框

②条件设置。根据前面构建的模型进行条件设置，如图 14-62 所示。

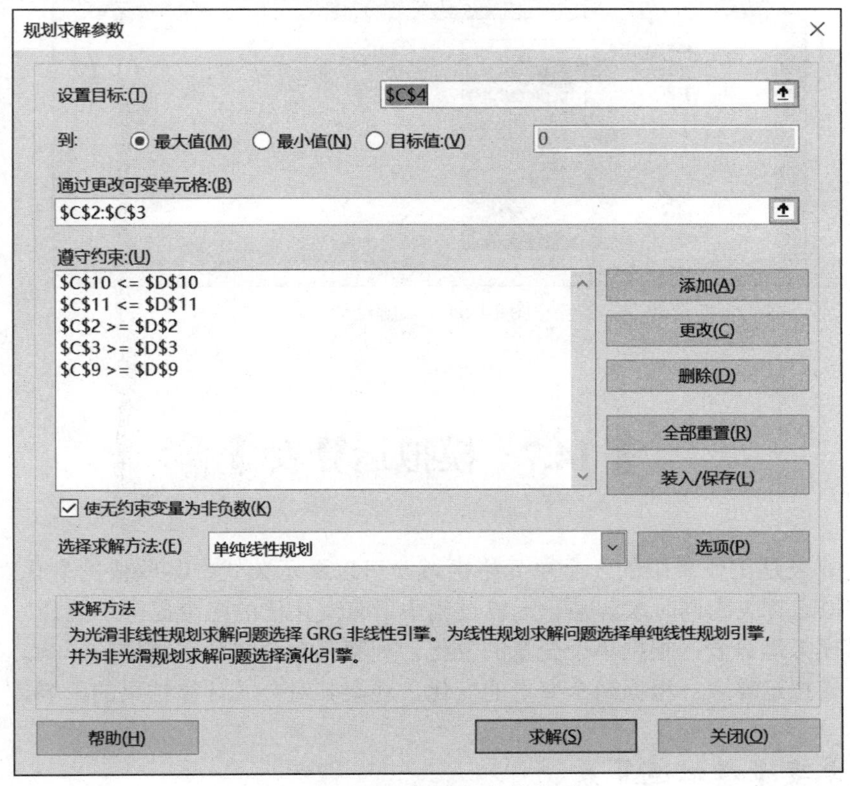

图 14-62　规划求解条件设置

【5】完成求解。单击“规划求解参数”对话框的“求解”按钮，弹出“规划求解参数”对话框，如图 14-63 所示。

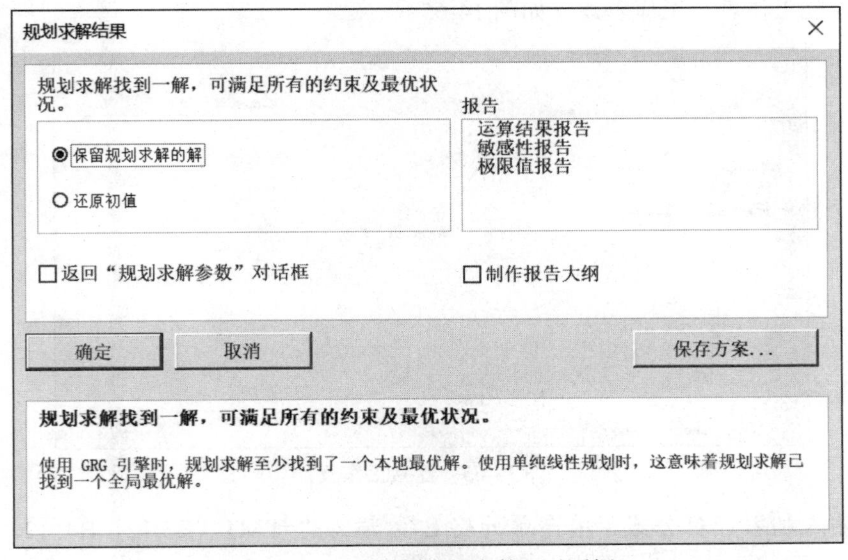

图 14-63　“规划求解参数”对话框

单击“确定”按钮，得到求解结果，如图 14-64 所示。

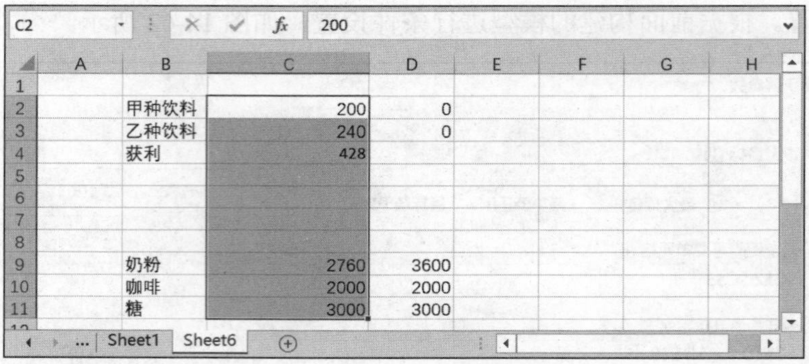

C2 | 200

	A	B	C	D	E	F	G	H
1								
2		甲种饮料	200	0				
3		乙种饮料	240	0				
4		获利	428					
5								
6								
7								
8								
9		奶粉	2760	3600				
10		咖啡	2000	2000				
11		糖	3000	3000				

... Sheet1 Sheet6

图 14-64　求解结果

14.7　模拟运算表

模拟运算表是工作表中的一个单元格区域，可以显示公式中某些值的变化对计算结果的影响。模拟运算表为同时求解某一运算过程中所有变化值的组合提供了捷径。

单变量模拟运算表：根据单个变量的变化，观察其对公式计算结果的影响。

双变量模拟运算表：根据两个变量的变化，观察其对公式计算结果的影响。

14.7.1　单变量模拟运算表

例如，陈宁要贷款 135 万元买房，年利率为 9%，还贷年限为 30 年，现在需要分析不同年利率（年利率在 7% ～ 13% 变动）对每月还贷额度的影响。

【1】建立工作表。工作表建立如图 14-65 所示。

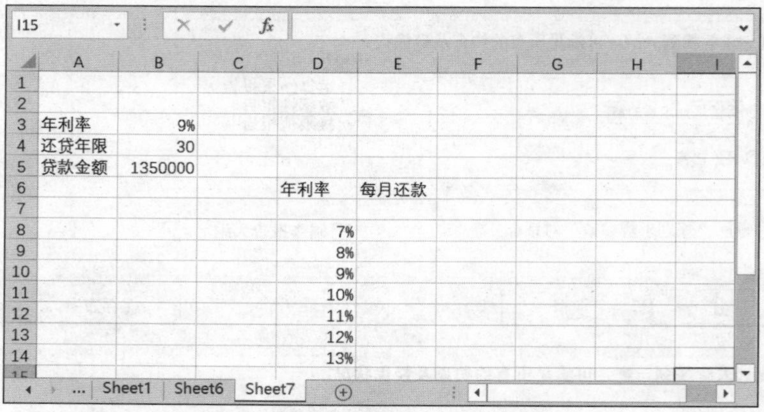

I15

	A	B	C	D	E	F	G	H	I
1									
2									
3	年利率	9%							
4	还贷年限	30							
5	贷款金额	1350000							
6				年利率	每月还款				
7									
8				7%					
9				8%					
10				9%					
11				10%					
12				11%					
13				12%					
14				13%					

... Sheet1 Sheet6 Sheet7

图 14-65　建立工作表

【2】输入利率计算公式。单击单元格 E7，输入“=PMT（B3/12，B4*12，B5）”，如图 14-66 所示。

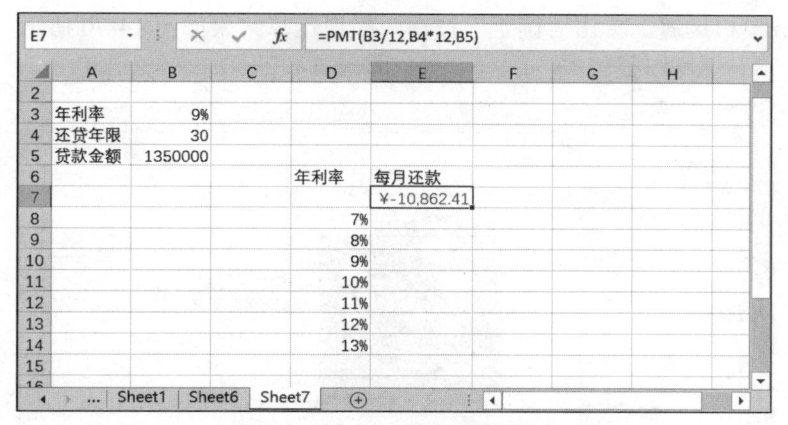

图 14-66　月还款计算公式

【3】选取模拟运算表范围，如图 14-67 所示。

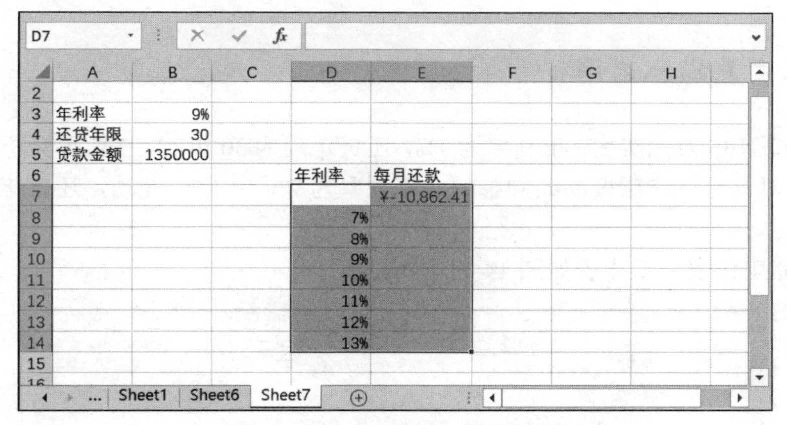

图 14-67　选取模拟运算表范围

【4】打开“模拟运算表”对话框。单击“数据”|“预测”|“模拟分析”|“模拟运算表”选项，打开“模拟运算表”对话框，如图 14-68 所示。

【5】设置模拟运算参数。单击“模拟运算表”对话框中的“输入引用列的单元格”文本框，输入“$B$3”，如图 14-69 所示。

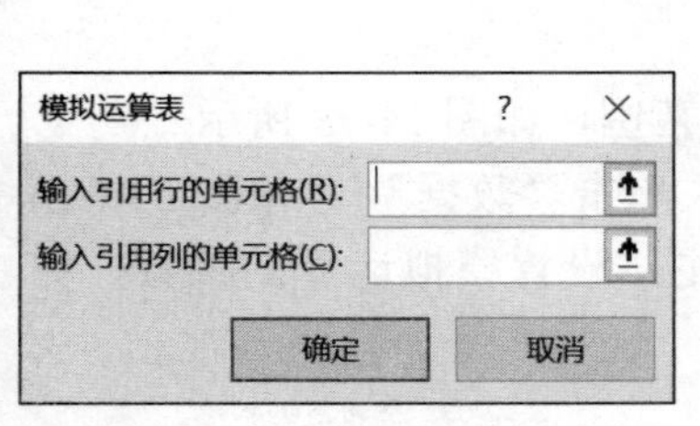

图 14-68　“模拟运算表”对话框

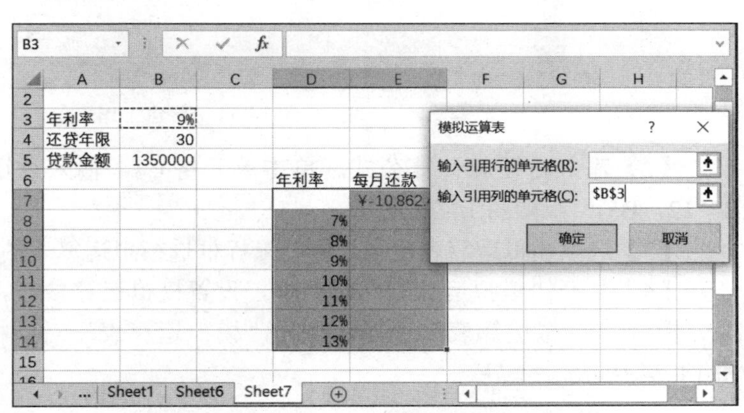

图 14-69　设置模拟运算参数

【6】完成模拟运算。单击“确定”按钮，模拟运算结果如图 14-70 所示。

D7

	A	B	C	D	E	F	G	H
2								
3	年利率	9%						
4	还贷年限	30						
5	贷款金额	1350000						
6				年利率	每月还款			
7					¥-10,862.41			
8				7%	-8981.5837			
9				8%	-9905.8217			
10				9%	-10862.405			
11				10%	-11847.216			
12				11%	-12856.366			
13				12%	-13886.27			
14				13%	-14933.694			
15								

Sheet1 | Sheet6 | Sheet7

图 14-70　模拟运算结果

14.7.2　双变量模拟求解

陈宁要贷款 135 万元买房，年利率为 9%，还贷年限为 30 年，现在需要分析不同年利率、不同还款年限对每月还贷额度的共同影响（年利率为 7% ～ 13% 变动，还款年限在 28 年到 33 年变动）。

【1】建立工作表。工作表如图 14-71 所示。

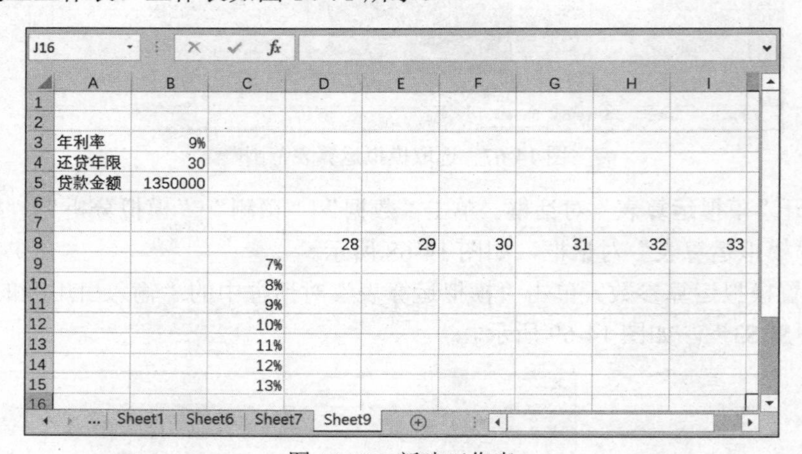

J16

	A	B	C	D	E	F	G	H	I
1									
2									
3	年利率	9%							
4	还贷年限	30							
5	贷款金额	1350000							
6									
7									
8				28	29	30	31	32	33
9			7%						
10			8%						
11			9%						
12			10%						
13			11%						
14			12%						
15			13%						

Sheet1 | Sheet6 | Sheet7 | Sheet9

图 14-71　新建工作表

【2】输入月还款计算公式。单击单元格 C8，输入月还款计算公式“=PMT(B3/12，B4*12，B5)”，如图 14-72 所示。

【3】选取模拟运算表范围。拖动鼠标框选模拟运算表的范围，如图 14-73 所示。

【4】打开“模拟运算表”对话框，设置模拟运算参数。单击“数据”|“预测”|“模拟分析”|“模拟运算表”选项，打开“模拟运算表”对话框，设置模拟运算的参数，如图 14-74 所示。

C8　=PMT(B3/12,B4*12,B5)

	A	B	C	D	E	F	G	H	I
1									
2									
3	年利率	9%							
4	还贷年限	30							
5	贷款金额	1350000							
6									
7									
8			¥-10,862.41	28	29	30	31	32	33
9			7%						
10			8%						
11			9%						
12			10%						
13			11%						
14			12%						
15			13%						
16									

Sheet1　Sheet6　Sheet7　Sheet9

图 14-72　月还款计算公式

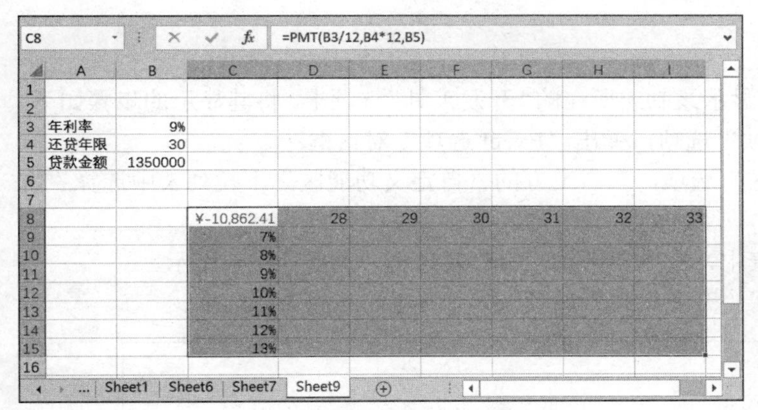

图 14-73　模拟运算表的范围

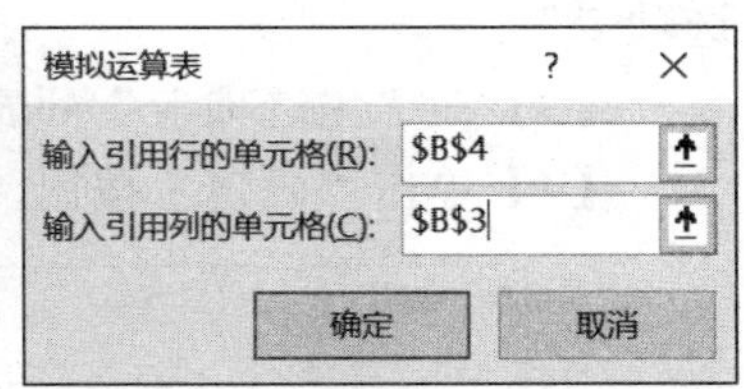

图 14-74　设置模拟运算的参数

【5】完成模拟运算。单击“确定”按钮，模拟运算结果如图 14-75 所示。

C8　=PMT(B3/12,B4*12,B5)

	A	B	C	D	E	F	G	H	I
1									
2									
3	年利率	9%							
4	还贷年限	30							
5	贷款金额	1350000							
6									
7									
8			¥-10,862.41	28	29	30	31	32	33
9			7%	-9174.72	-9073.76	-8981.58	-8897.3	-8820.11	-8749.32
10			8%	-10081.2	-9989.27	-9905.82	-9830	-9761.01	-9698.16
11			9%	-11020	-10937.1	-10862.4	-10795	-10734.1	-10679
12			10%	-11987.5	-11913.4	-11847.2	-11787.9	-11734.7	-11687
13			11%	-12980	-12914.5	-12856.4	-12804.7	-12758.8	-12717.9
14			12%	-13994.3	-13936.8	-13886.3	-13841.7	-13802.4	-13767.7
15			13%	-15027.3	-14977.3	-14933.7	-14895.6	-14862.2	-14833
16									

Sheet1　Sheet6　Sheet7　Sheet9

图 14-75　模拟运算结果

14.8　Excel 宏的简单应用

宏类似于计算机程序，但是在 Office 组件中它是完全运行于某一组件之中的（如 Excel）。宏是可以运行任意次数的一个操作或一组操作，因此我们可以使用宏来完成频繁的重复性工作。创建宏的方法有两种：一是在 Excel 中快速录制宏；二是利用 Visual Basic for Application（VBA）创建，但是需要软件开发人员使用 Visual Basic（VB）语言来编写。

录制宏使用户在不用学习 VB 语言的情况下也可以建立自己的宏，但缺点是对于一些复杂的宏要录制的操作很多，而且有些功能并非能通过现有的操作录制完成；自己动手使用 VB 语言编写宏则不必进行烦琐的操作，而且能实现录制宏所不能完成的一些功能。本节将介绍如何利用第一种方法在 Excel 中录制并运行宏。

14.8.1　加载宏

Excel 在默认情况下，不会显示录制宏所在的“开发工具”选项卡，将其显示的步骤如下。

【1】单击“文件”|“选项”选项，弹出“Excel 选项”对话框。

【2】单击“自定义功能区”选项，在右上方的“自定义功能区”下拉列表中选择“主选项卡”。

【3】在“主选项卡”列表中，选中“开发工具”复选框，如图 14-76 所示。

【4】单击“确定”按钮，“开发工具”选项卡显示在 Excel 的功能区中。

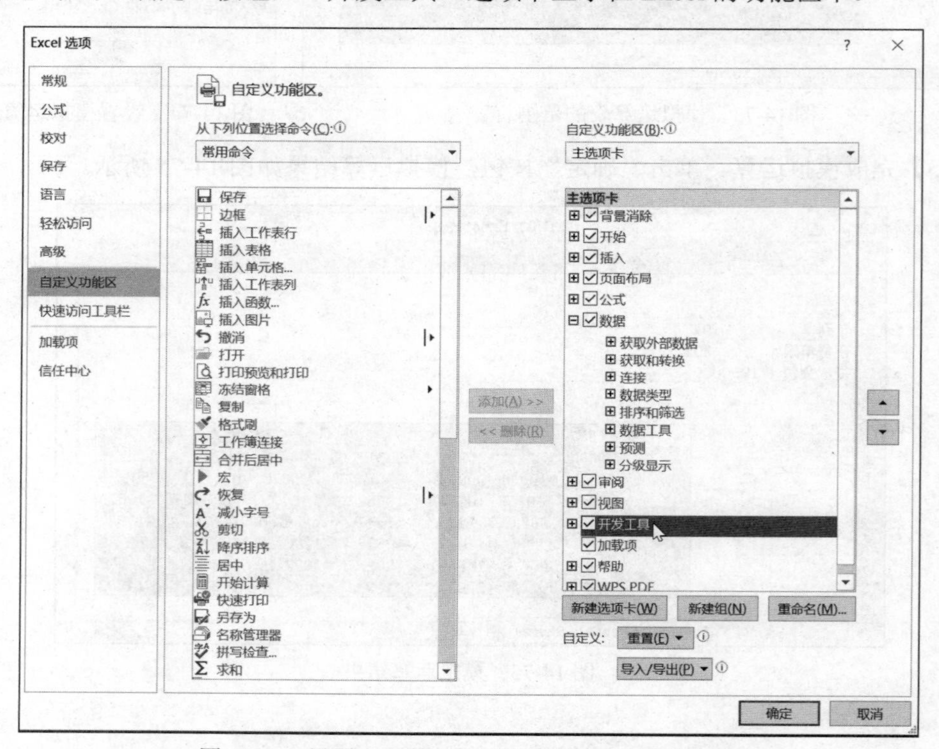

图 14-76　设置“开发工具”选项卡显示在功能区中

14.8.2　宏安全设置

在默认情况下，Excel 禁用了所有的宏，以防止运行有潜在危险的代码。通过更改宏安全设置，可以控制打开工作簿时哪些宏将运行以及在什么情况下运行。

【1】单击“开发工具”|“代码”|“宏安全性”选项，打开“信任中心”对话框，如图 14-77 所示。

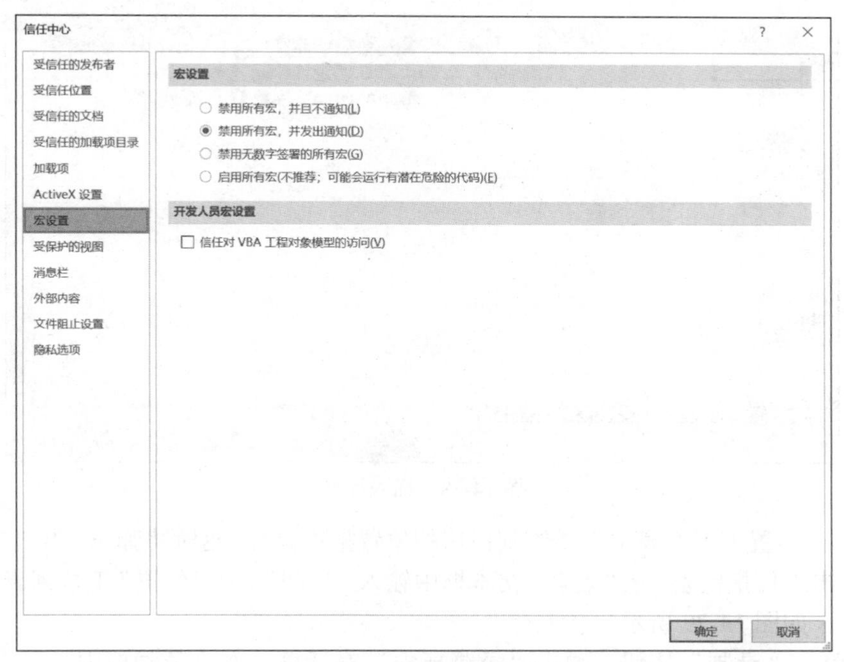

图 14-77　“信任中心”对话框

【2】单击左侧的“宏设置”选项，选中右侧“宏设置”区域下的“启用所有宏（不推荐：可能会运行有潜在风险的代码）”。

【3】单击“确定”按钮，完成宏安全性设置。

【注意】使用完宏之后，在如图 14-77 所示的“信任中心”对话框中将“宏设置”恢复为某一种禁用宏的设置，以保证计算机的安全性。

14.8.3　录制宏

录制宏就是记录鼠标单击操作和键盘敲击操作的过程。录制宏时，宏录制器会记录需要宏来执行的所需操作的一切步骤，但是记录的步骤中不包括在功能区上导航的步骤。

例如，在 Sheet1 工作表中添加一个按钮，按钮的标题为“复制”，单击按钮，可以将 Sheet1 中的数据复制到 Sheet2 中，并在 Sheet2 的 D1 单元格显示文字“复制成功”。具体操作步骤如下。

【1】在 Sheet1 工作表中，单击“开发工具”|“控件”|“插入”中的“按钮（窗体控件）”，如图 14-78，光标变为十字形状。

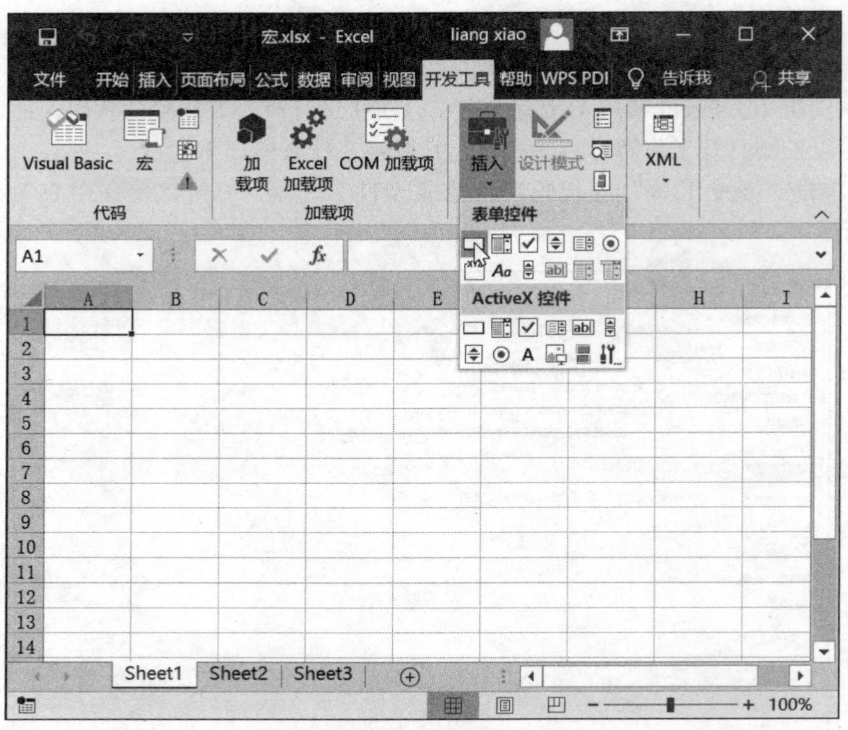

图 14-78　插入控件

【2】将光标置于工作表中需要绘制按钮的位置拖曳鼠标，这时将弹出“指定宏”对话框，为按钮的单击事件指定宏。在“宏名”文本框中输入“复制”，从“位置”下拉列表中选择“当前工作簿”，如图 14-79 所示。

【3】单击“录制”按钮，弹出“录制新宏”对话框，在“录制新宏”|“说明”文本框中可以输入对该宏功能的简单描述，如图 14-80 所示。同时在 Sheet1 中出现刚才绘制的按钮控件。

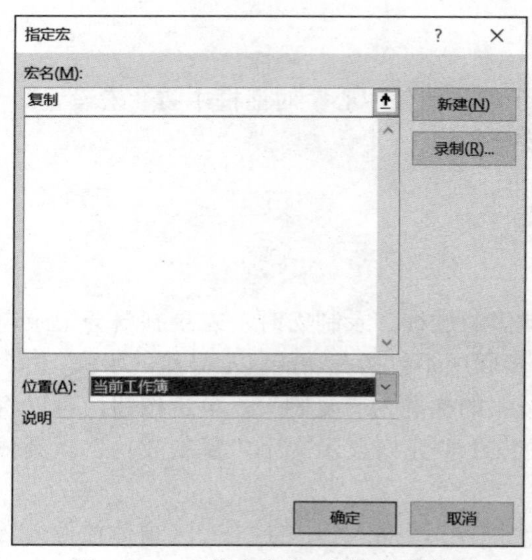

图 14-79　“指定宏”对话框参数设置

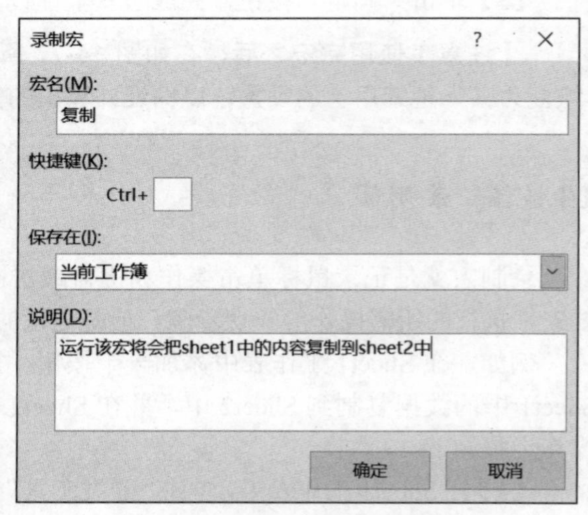

图 14-80　“录制新宏”对话框

【4】单击“确定”按钮，退出对话框，进入宏录制的过程。这时，“开发工具” | “代码”中的“录制宏”按钮会变为“停止录制”。

【5】运用鼠标、键盘对工作表进行各项操作，这些操作过程均将被记录到宏中。这里，用鼠标选中 Sheet1 工作表中的全部内容，按快捷键 Ctrl+C 对所选内容进行复制；单击 Sheet2 工作表，将光标定位在 A1 单元格中；按快捷键 Ctrl+V 即可将 Sheet1 中的内容复制到 Sheet2 中；选中 Sheet2 中的 D1 单元格，在其中输入文字“复制成功”。

【6】操作执行完毕，单击“开发工具” | “代码” | “停止录制”选项。

【7】在 Sheet1 中，右击绘制的按钮，在弹出的快捷菜单中选择“编辑文字”菜单项，在按钮中输入文本“复制”。

【8】将工作簿文件保存为可以运行宏的格式。单击“文件” | “另存为”命令，打开“另存为”对话框，在“保存类型”下拉列表中选择“Excel 启用宏的工作簿”，文件名命名为“复制”，然后单击“保存”按钮。

14.8.4　运行宏

【1】打开包含宏的工作簿，选择运行宏的工作表。这里打开 14.8.3 节保存的包含宏的“复制 .xlsm”工作簿（包含宏的文件扩展名为 xlsm），单击 Sheet1 工作表。

【2】单击 Sheet1 工作表中的“复制”按钮即可运行宏，并在 Sheet2 工作表中显示相应的操作结果；或者单击“开发工具” | “代码” | “宏”选项，弹出“宏”对话框，在“宏名”列表中单击要运行的宏“复制”，然后单击“执行”按钮，如图 14-81 所示，Excel 可以自动运行宏并显示相应的执行结果。

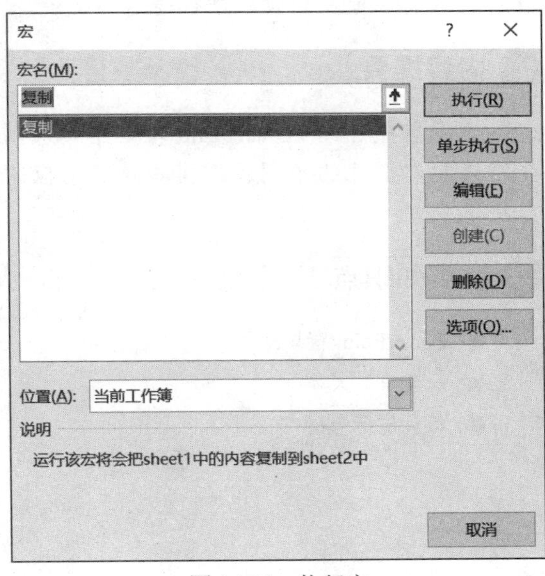

图 14-81　执行宏

14.8.5　删除宏

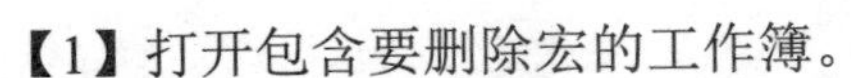

【1】打开包含要删除宏的工作簿。

【2】单击“开发工具” | “代码” | “宏”选项，弹出“宏”对话框。

【3】在“宏名”列表中选择要删除的宏的名称，然后单击“删除”按钮，弹出删除确认对话框。

【4】单击“是”按钮，即可删除指定的宏。

第15章
PowerPoint 2016 基础

PowerPoint 2016 作为 Microsoft Office 2016 中的一个重要组件，主要用于制作和放映演示文稿，广泛应用于教学、演讲、报告、产品演示等工作场合，主要用于展示所要讲解的内容，应用演示文稿可更有效地进行表达和交流。

内容提要

本章首先介绍 PowerPoint 窗口结构及功能；其次介绍新建演示文稿的多种方法；然后介绍查看幻灯片的不同视图模式及所适应的场合；最后介绍添加、删除幻灯片及顺序调整方法。

重要知识点

- PowerPoint 窗口结构
- 新建演示文稿
- 幻灯片视图模式

15.1　PowerPoint 窗口结构

PowerPoint 的功能是通过窗口实现的，启动 PowerPoint 即打开 PowerPoint 应用程序工作窗口，如图 15-1 所示。

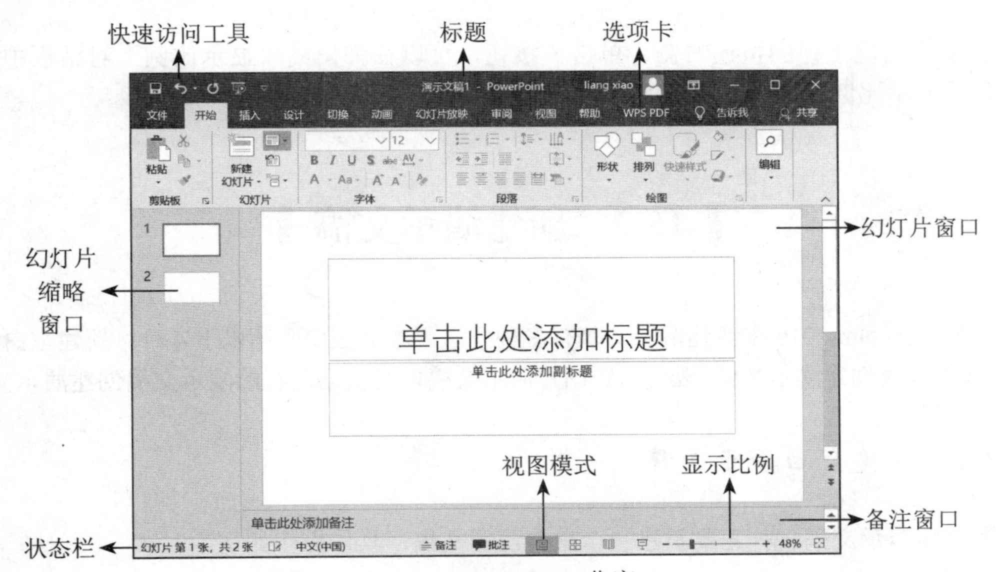

图 15-1　PowerPoint 工作窗口

工作窗口由快速访问工具栏、标题栏、选项卡、功能区、幻灯片缩略窗口、幻灯片窗口、备注窗口、状态栏、视图模式、显示比例等部分组成。

15.1.1　演示文稿编辑区

演示文稿编辑区位于功能区下方，包括幻灯片缩略窗口、大纲缩览窗口、幻灯片窗口和备注窗口。拖动窗口之间的分界线或显示比例按钮可以调整各窗口的大小。

- 幻灯片缩略窗口 / 大纲缩览窗口含有“幻灯片”和“大纲”两个选项卡。单击“幻灯片”选项卡，可以显示各幻灯片缩略图，单击某幻灯片缩略图，将在幻灯片窗口中显示该幻灯片。在“大纲”选项卡中，可以显示幻灯片中的文本信息，可用于对文本信息的快速编辑。
- 幻灯片窗口显示当前幻灯片的内容，包括文本、图片、表格等各种对象，在该窗口可编辑幻灯片内容。
- 备注窗口用于标注对幻灯片的解释、说明等备注信息，供用户参考。

在“普通”视图下，3 个窗口同时显示在演示文稿编辑区，用户可从不同角度编辑演示文稿。

15.1.2 视图模式

视图模式提供了显示演示文稿的不同方式，利用“普通视图”“幻灯片浏览”“阅读视图”和“幻灯片放映”4 个按钮，可以方便地切换到相应视图。例如“普通”视图下可以同时显示幻灯片窗口、幻灯片 / 大纲缩览窗口和备注窗口，而在“幻灯片浏览”视图下可以总览演示文稿中所包含的全部幻灯片，用于快速浏览和调整演示文稿内容。

15.1.3 显示比例

显示比例位于视图按钮右侧，单击该按钮，可以在弹出的“显示比例”对话框中选择幻灯片的显示比例，拖动其右方的滑块，也可以调节显示比例。

15.2 新建演示文稿

在 PowerPoint 2016 中新建演示文稿有多种方法。本节主要介绍以下 4 种：新建空白演示文稿、根据模板创建演示文稿、根据主题创建演示文稿以及根据已有的演示文稿创建演示文稿。

15.2.1 新建空白演示文稿

要制作演示文稿，首先要新建一个空白演示文稿，具体操作如下。

【1】打开 PowerPoint 2016 程序。启动 PowerPoint 2016 程序，默认创建一个空白演示文稿，自动出现标题页，如图 15-2 所示。

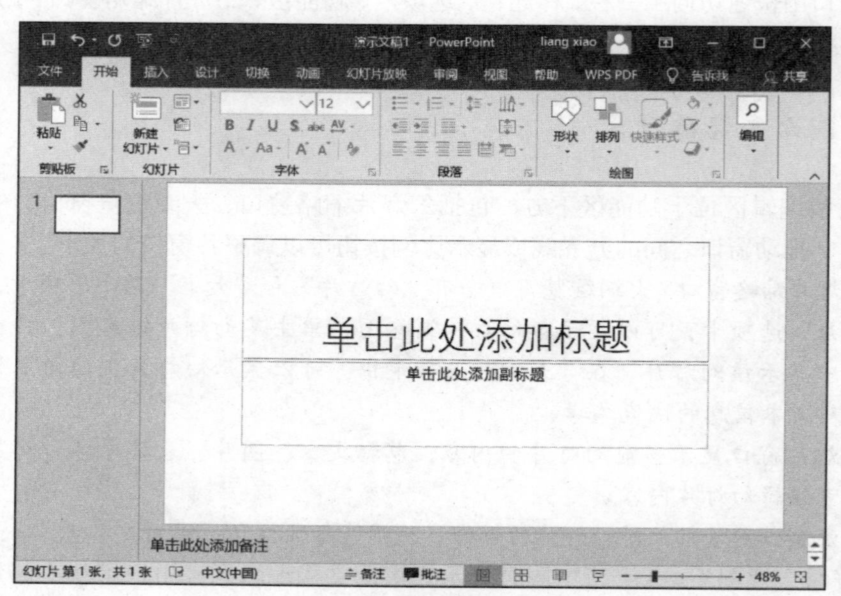

图 15-2 新建空白演示文稿

【2】自动新建幻灯片。单击“开始”|“幻灯片”|“新建幻灯片”图标选项，自动生成新的幻灯片，如图 15-3 所示。

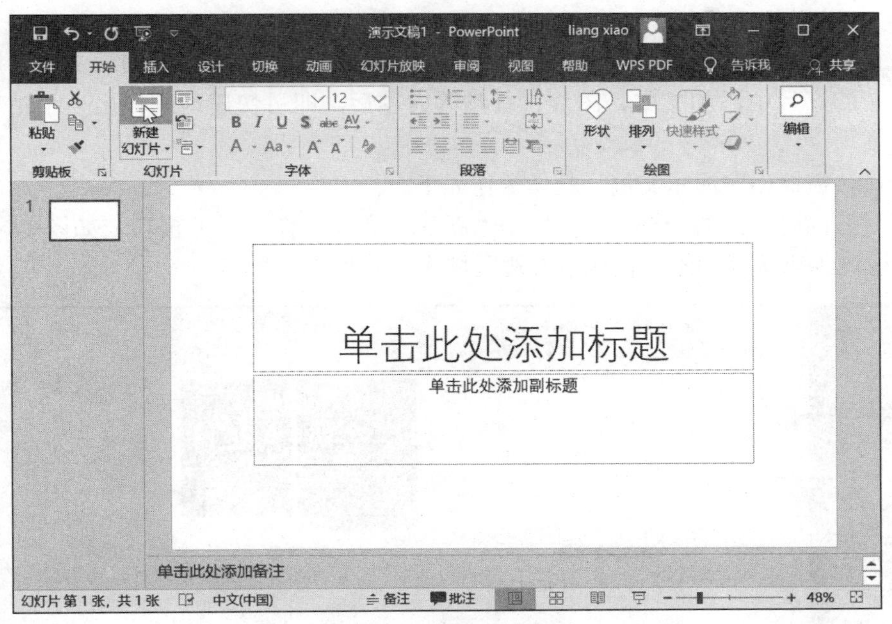

图 15-3　自动新建幻灯片

【3】选择性新建幻灯片。单击“开始”|“幻灯片”|“新建幻灯片”文字选项，打开下拉菜单，如图 15-4 所示，选择不同布局的幻灯片，选择性新建幻灯片。

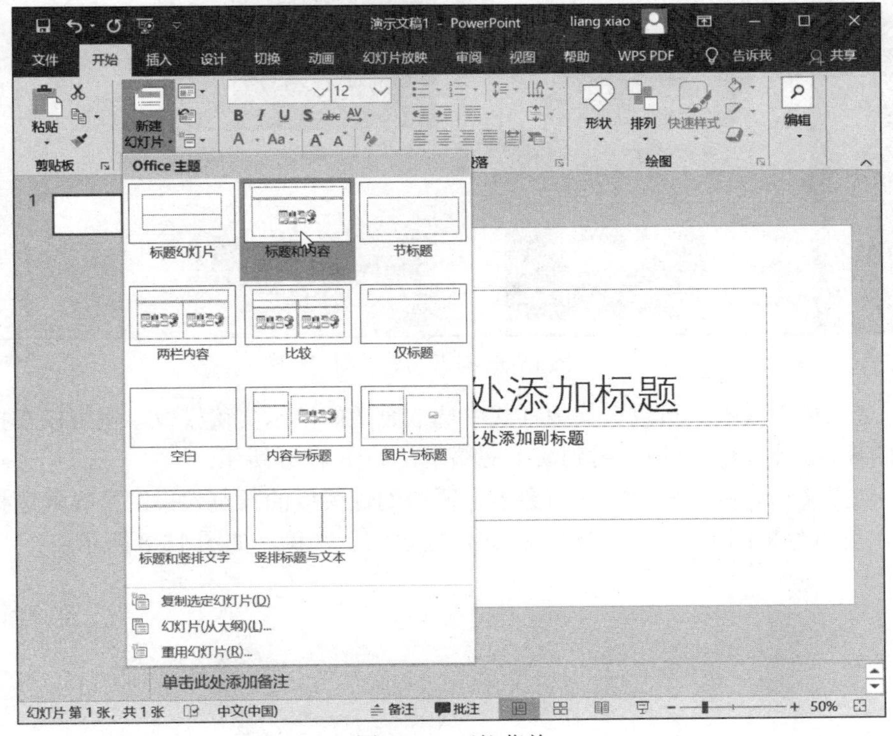

图 15-4　下拉菜单

15.2.2 根据设计模板创建演示文稿

设计模板就是已经为用户设置好了幻灯片的布局、颜色等内容的演示文稿，用户根据设计模板在幻灯片中添加文本、图片、音频等内容后，即可快速地制作出一个精美的演示文稿。

使用设计模板创建演示文稿，具体操作如下。

【1】打开新建窗口。选择“文件”|“新建”命令，弹出任务窗口，如图 15-5 所示。窗口中间区域为可选择的幻灯模板，右边区域为效果预览。

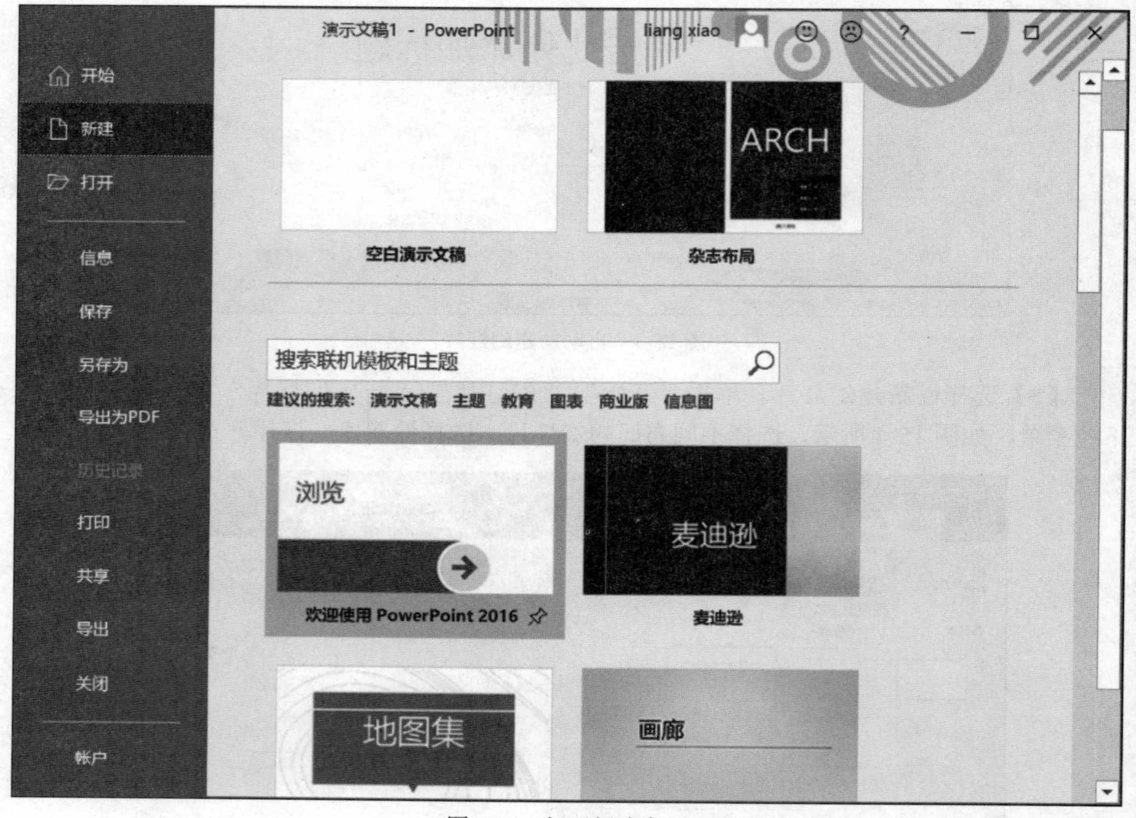

图 15-5 打开新建窗口

【2】选取样本模板。可以在模板样式中选取合适的演示文稿模板，也可以在搜索框中搜索想要的模板，该模板将被应用到演示文稿中，如图 15-6 所示。

【3】创建文稿。单击模板样式后会出现所选幻灯模板的预览效果图及样式选择，如图 15-7 所示。单击效果图下面的“创建”按钮，新建演示文稿，如图 15-8 所示。

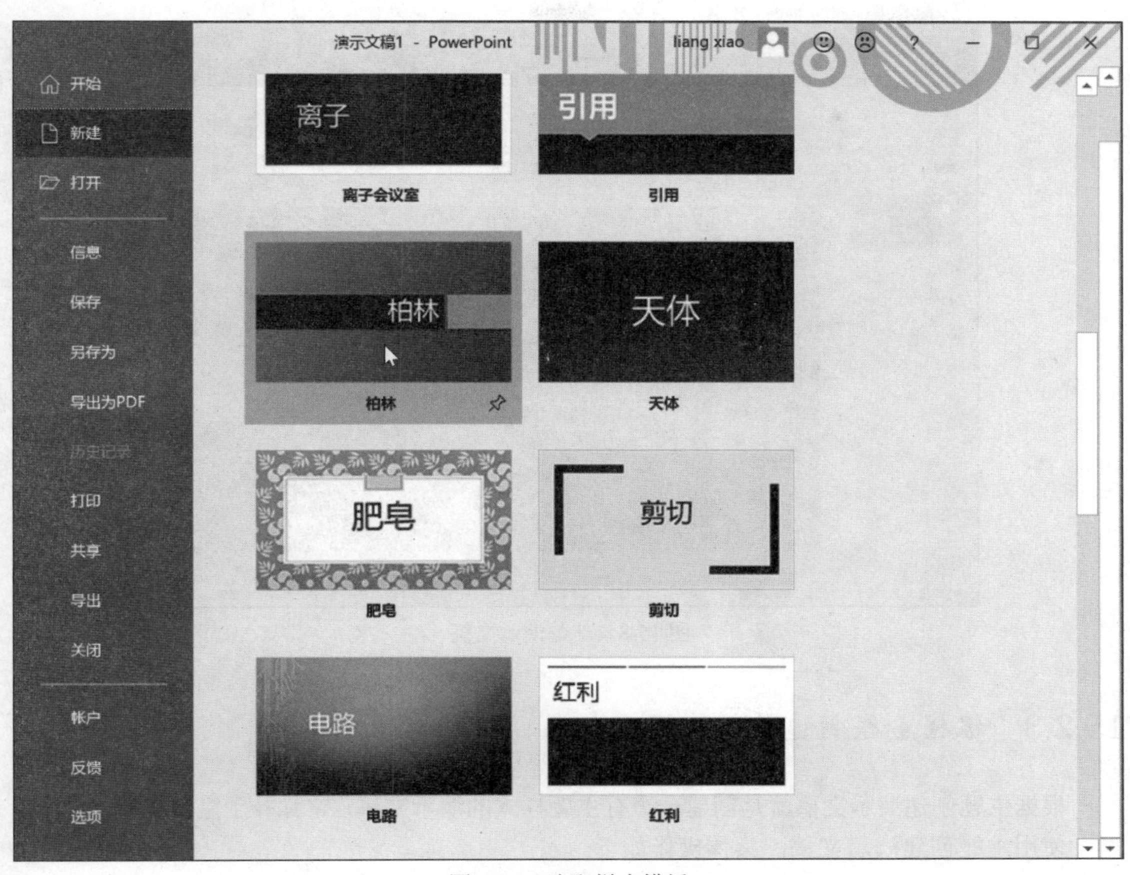

图 15-6　选取样本模板

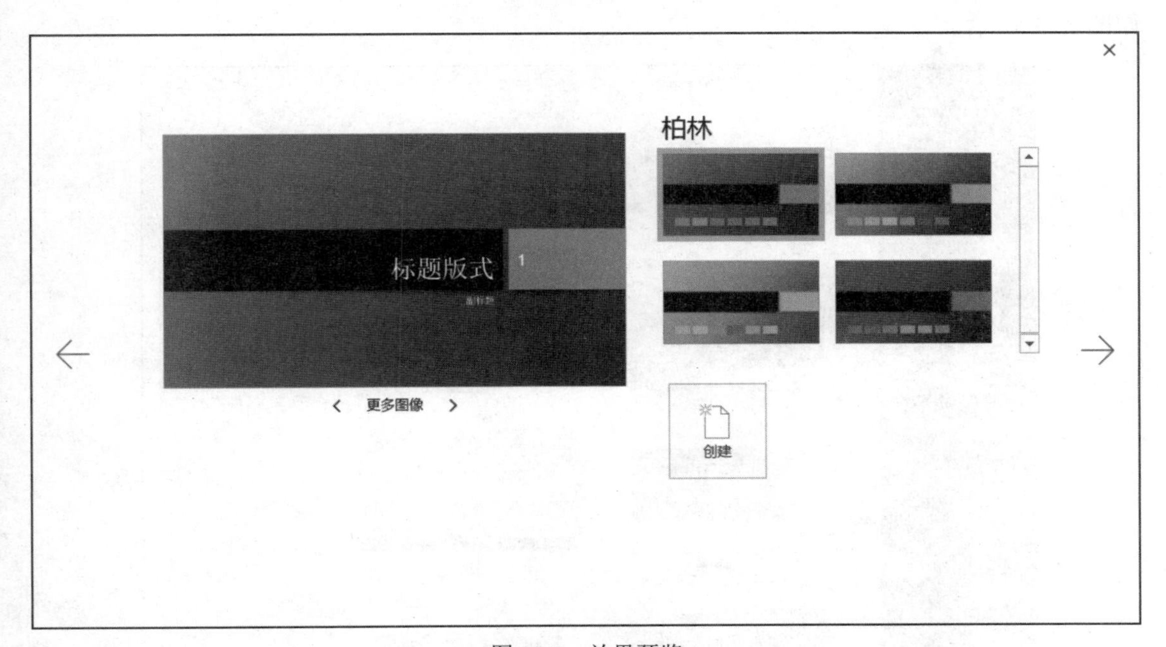

图 15-7　效果预览

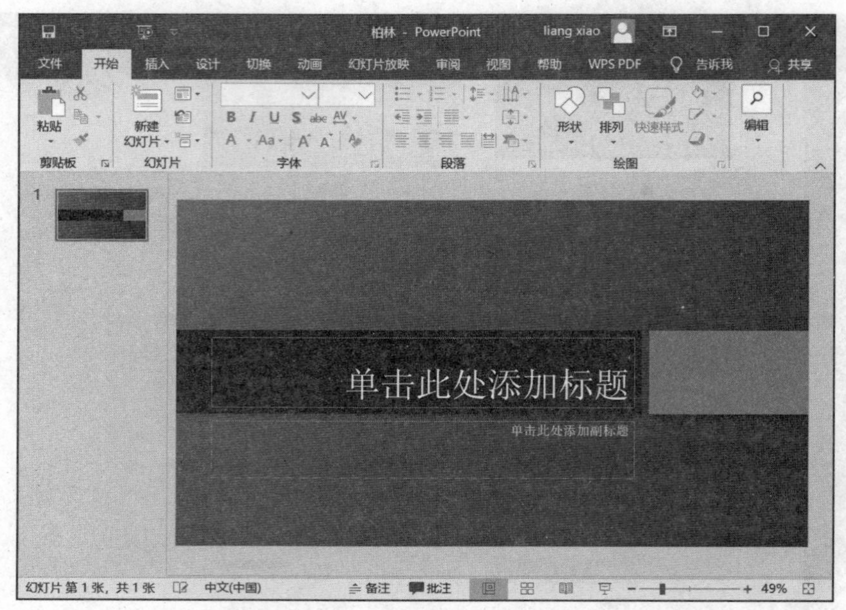

图 15-8　新建演示文稿

15.2.3　根据主题创建演示文稿

根据主题创建演示文稿就是创建一个有主题样式的演示文稿，它弥补了空白文稿的单调。使用主题创建演示文稿，具体操作如下。

【1】打开“新建”任务窗口。选择“文件”|“新建”命令，弹出“新建”任务窗口，如图 15-9 所示。

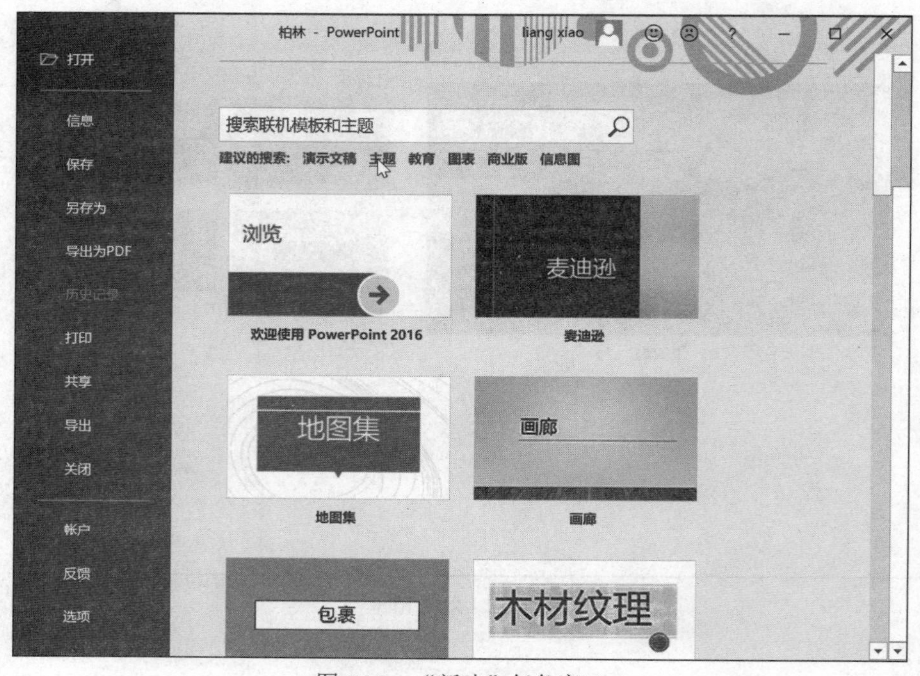

图 15-9　“新建”任务窗口

【2】选取主题。单击“主题”图标，打开“主题”界面，从中选取合适的主题，该主题将被应用到演示文稿中，如图 15-10 所示。

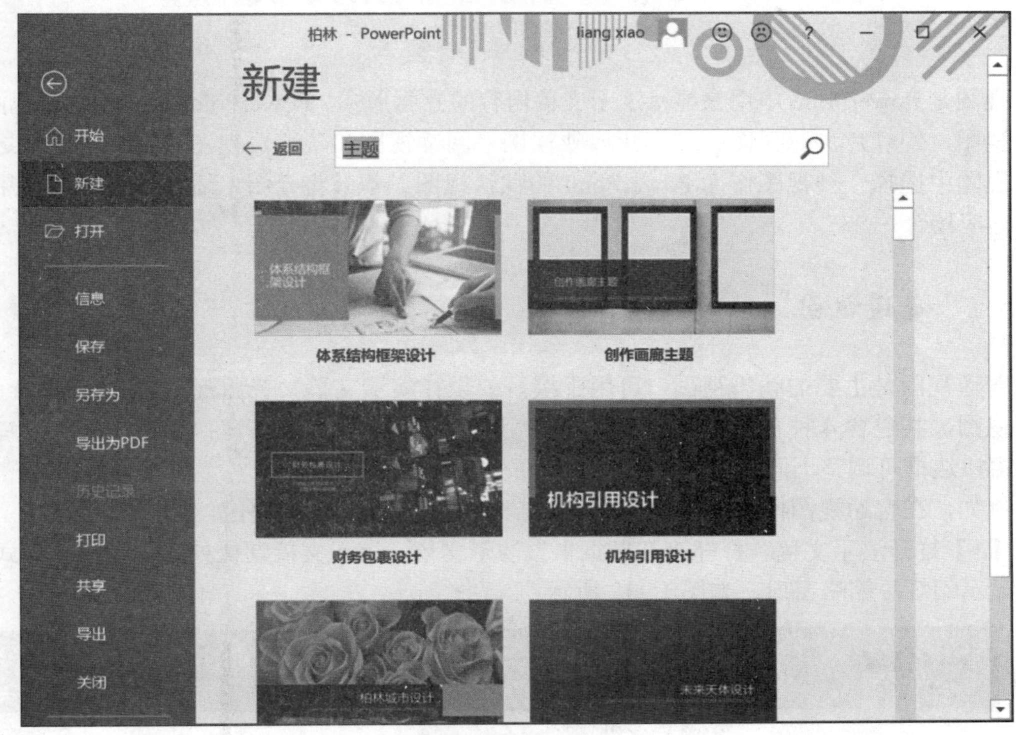

图 15-10 选取主题

【3】创建主题文稿。任务窗口右边区域显示了所选主题的预览效果，单击效果图下面的“创建”按钮，新建演示文稿，如图 15-11 所示。

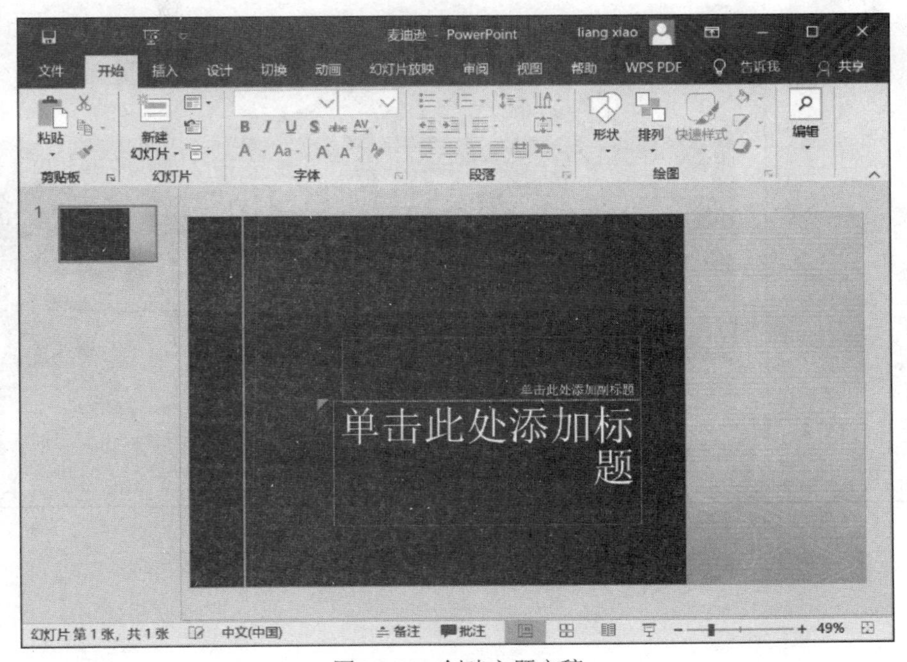

图 15-11 创建主题文稿

15.3 使用不同视图查看演示文稿

视图是 PowerPoint 中用来显示演示文稿内容的界面形式。PowerPoint 有 5 种主要视图：普通视图、幻灯片浏览视图、幻灯片放映视图、阅读视图和备注页视图。用户可以从这些主要视图中选择一种视图作为 PowerPoint 的默认视图。本节将介绍上述 5 种视图的使用方法和适应场合。

15.3.1 普通视图

普通视图是主要的编辑视图，可用于撰写或设计演示文稿。普通视图是 PowerPoint 的默认视图，共包含 4 种窗口：大纲窗口、幻灯片窗口、幻灯片缩略窗口和备注缩览窗口。拖动窗口边框可调整不同窗口的大小，从而便于查看和编辑。

例如，在普通视图模式下查看“开题报告”演示文稿，具体操作如下。

【1】打开演示文稿。打开“开题报告”演示文稿，演示文稿默认处于普通视图模式，并且显示幻灯片缩略窗口，如图 15-12 所示。

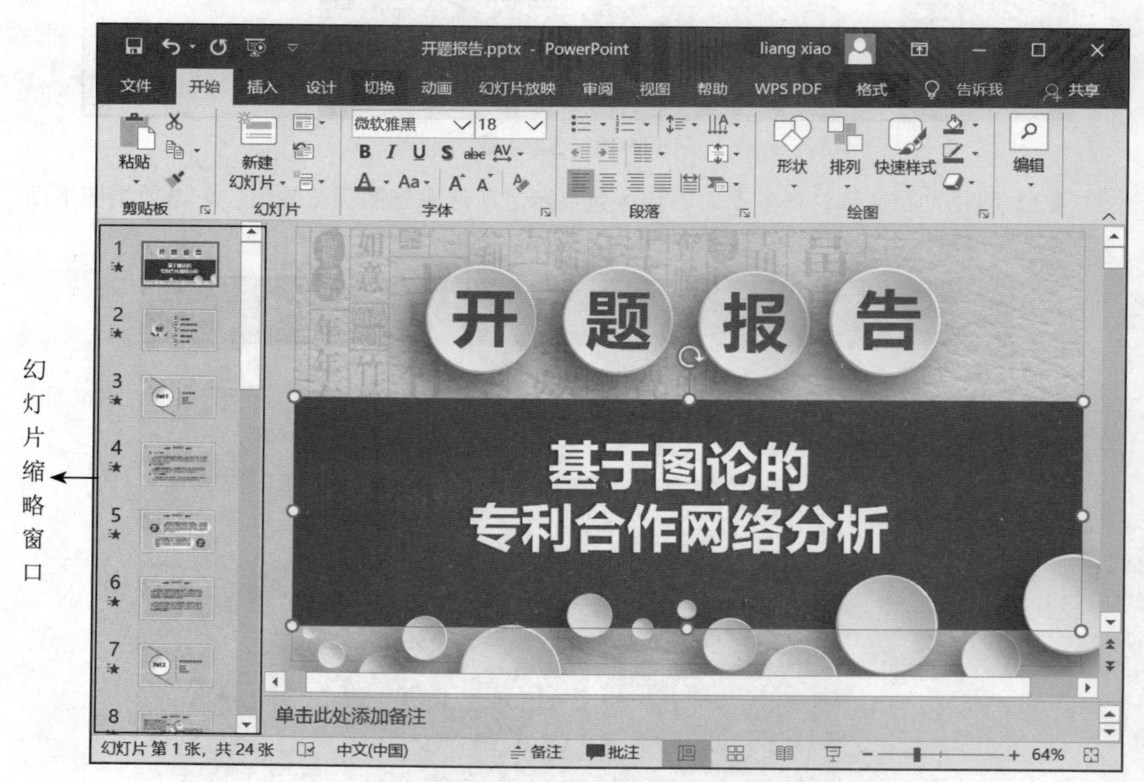

图 15-12 幻灯片缩略窗口

【2】查看演示文稿的大纲缩览窗口。单击“视图”|“演示文稿视图”中的“大纲视图”选项，显示演示文稿的大纲，如图 15-13 所示。

图 15-13　大纲缩览窗口

15.3.2 幻灯片浏览视图

幻灯片浏览视图是以缩略图形式显示幻灯片的视图。在幻灯片浏览视图中，可以同时看到演示文稿中的所有幻灯片。在该视图中主要进行以下操作：

- 浏览幻灯片的背景设计、配色方案或更换模板后演示文稿发生的整体变化，从而检查各个幻灯片是否前后协调等问题。
- 在幻灯片之间添加、删除和移动幻灯片的前后顺序以及选择幻灯片之间的切换方法等。

例如，使用幻灯片浏览视图快速查看演示文稿的某张幻灯片，具体操作如下。

【1】浏览幻灯片。单击“视图”|“演示文稿视图”|“幻灯片浏览”选项，演示文稿将切换到浏览视图模式，如图 15-14 所示。

【2】查看特定幻灯片。双击浏览视图中第 7 页幻灯片，自动切换到普通视图模式，详细显示该幻灯片，如图 15-15 所示。

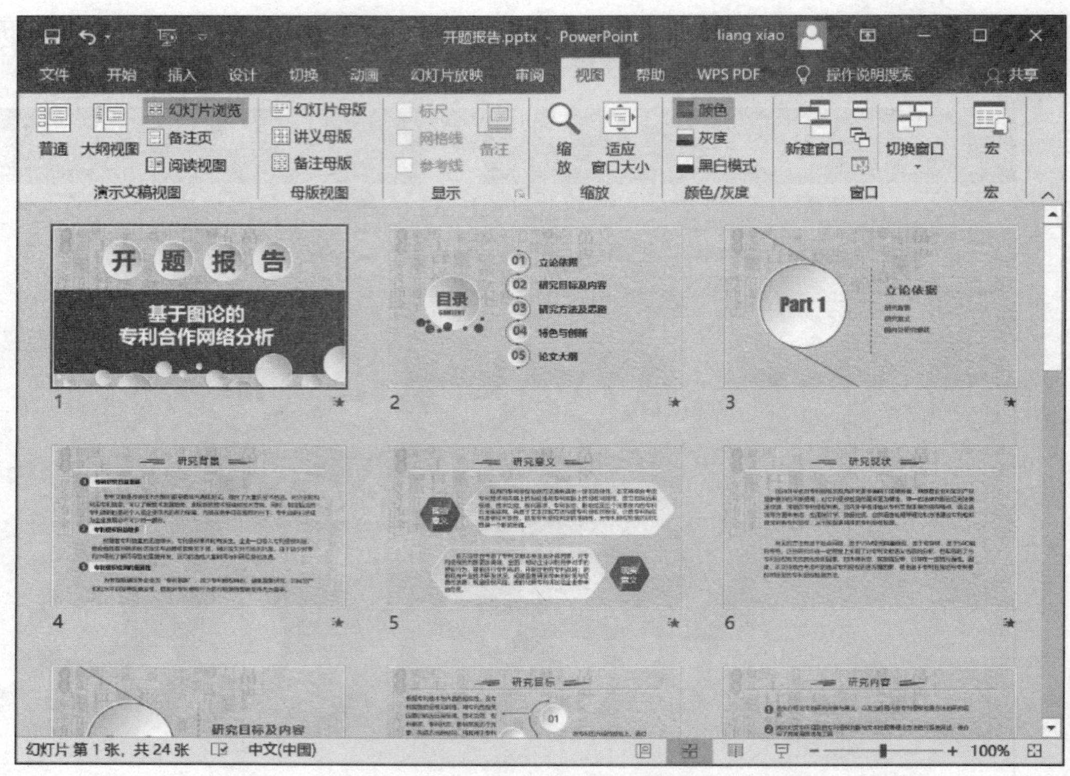

图 15-14　幻灯片浏览视图模式

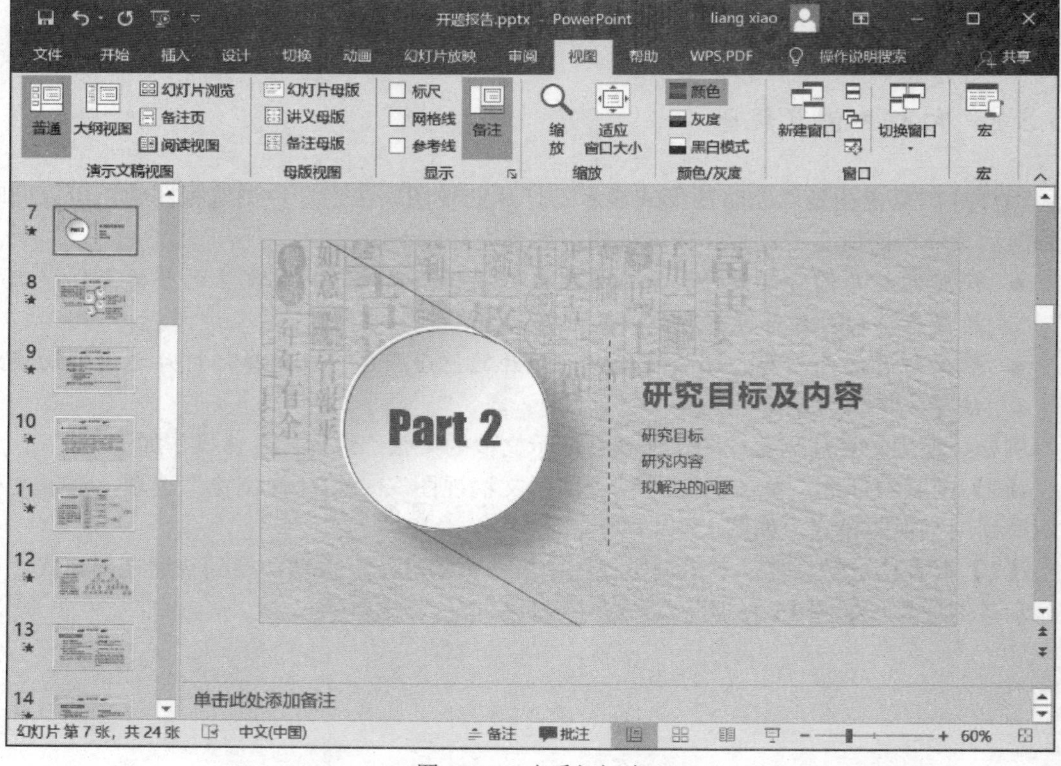

图 15-15　查看幻灯片

15.3.3　幻灯片放映视图

幻灯片放映视图占据整个计算机屏幕，是演示文稿的实际放映效果。在这种全屏幕视图中，用户可以看到图形、时间、影片、动画元素以及将在实际放映中看到的切换效果。在演示文稿创建期间，可以利用该视图来查看演示文稿，从而对不满意的地方进行及时修改。演示文稿创建完毕，可以应用该视图模式进行播放。

例如，将演示文稿以放映视图显示，具体操作如下。

【1】从头开始放映幻灯片。单击“幻灯片放映”|“从头开始”选项，将从演示文稿的第 1 页开始放映幻灯片，如图 15-16 所示。

图 15-16　放映幻灯片

【技巧】按 F5 键，从演示文稿首页放映幻灯片；按 Shift+ F5 快捷键将从演示文稿当前页开始放映。

【2】翻动幻灯片。在屏幕中任意位置单击将翻动幻灯片。也可以按 Enter 键翻动幻灯片。

【3】退出幻灯片放映视图模式。按下 Esc 键，或右击结束放映，如图 15-17，退出幻灯片放映模式，如图 15-18 所示。

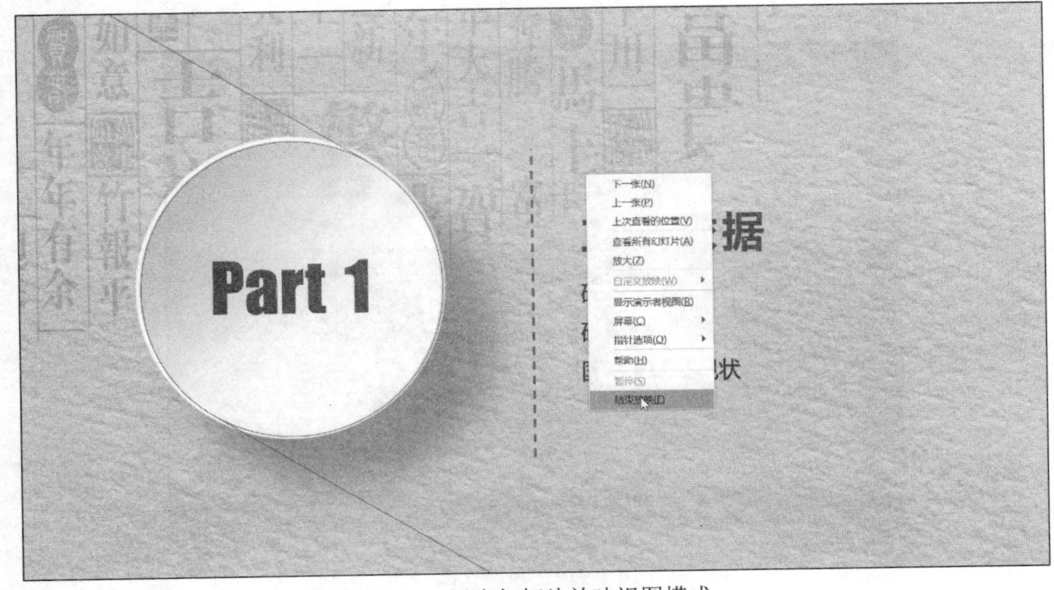

图 15-17　退出幻灯片放映视图模式一

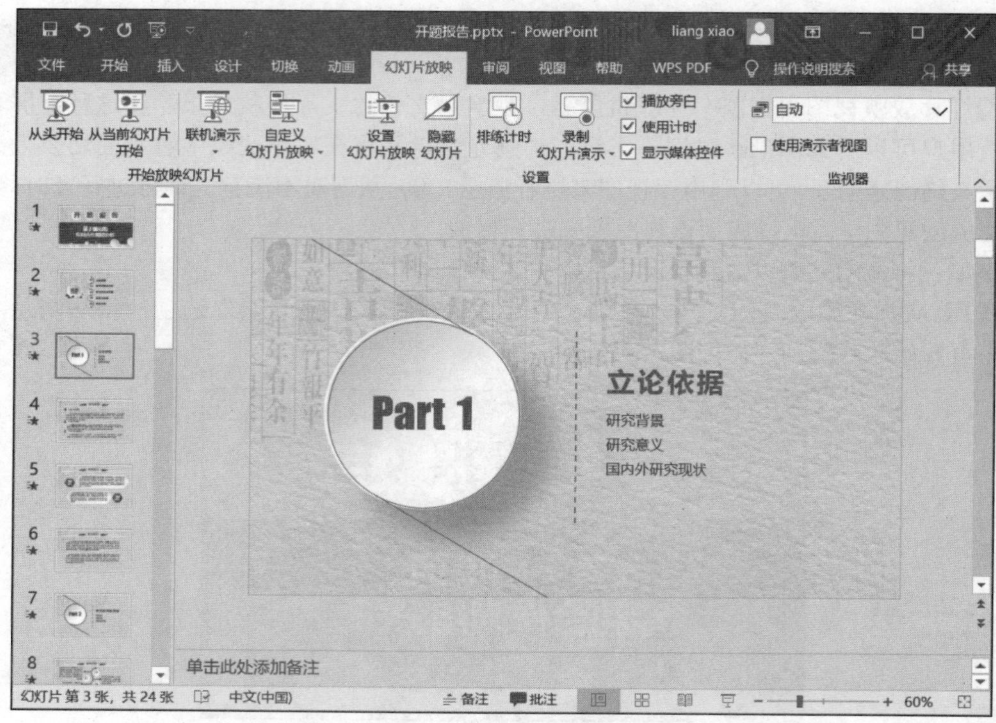

图 15-18 退出幻灯片放映视图模式二

15.3.4 其他视图

【1】阅读视图。

如果用户希望在一个设有简单控件以方便审阅的窗口中查看演示文稿，不想使用全屏的幻灯片放映视图，则可以使用阅读视图，如图 15-19 所示。

图 15-19 阅读视图

【2】备注页视图。

“备注”窗口位于“幻灯片”窗口下。用户可以输入要应用于当前幻灯片的备注，并将备注打印出来，在放映演示文稿时进行参考。用户也可以将打印好的备注分发给受众，或者将备注发布在网页上的演示文稿中。

如果要以整页格式查看和使用备注，则单击“视图”|“演示文稿视图”|“备注页”选项，备注页视图如图 15-20 所示。

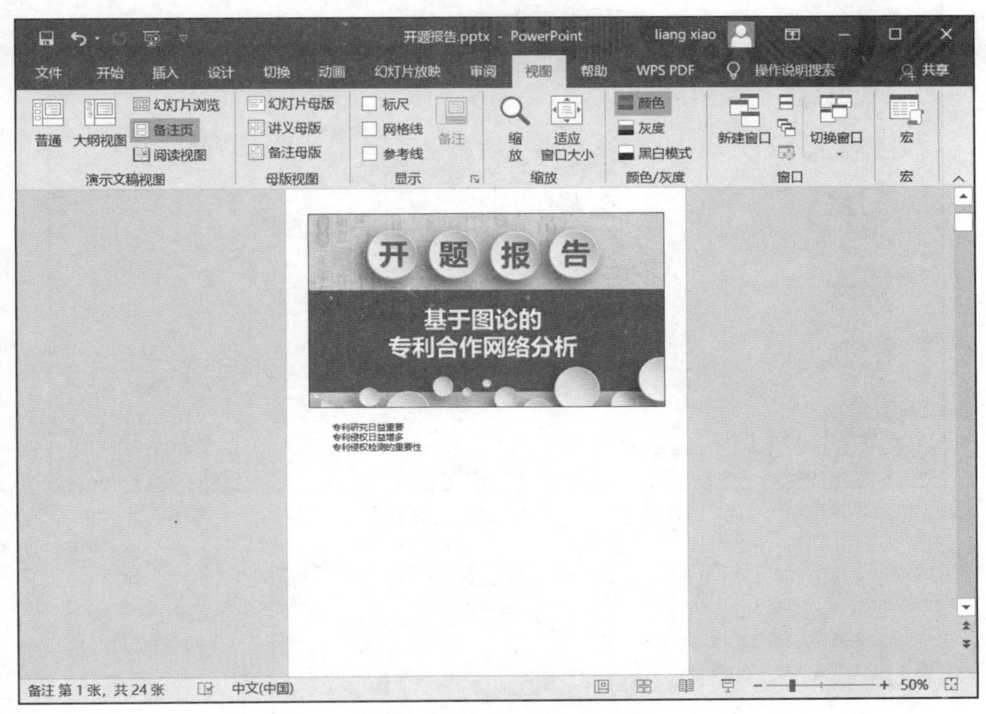

图 15-20　备注页视图

15.4　添加、删除和调整幻灯片顺序

用户在编辑演示文稿时，可以根据需要随时在文稿的任意位置添加、删除幻灯片以及调整幻灯片顺序的功能。

15.4.1　添加、删除幻灯片

例如，向“开题报告”演示文稿中添加和删除幻灯片，具体操作如下。

【1】选择添加幻灯片位置。单击幻灯片缩略窗口中第 2 张幻灯片，如图 15-21 所示。

【注意】新添加的幻灯片将插入当前选取幻灯片和下一张幻灯片之间。

【2】插入新幻灯片。单击“开始”|“幻灯片”|“新建幻灯片”文字选项，弹出下拉菜单，

其中包含不同版式的幻灯片模板，如图 15-22 所示。选择所需版式的幻灯模板，插入新幻灯片，如图 15-23 所示。

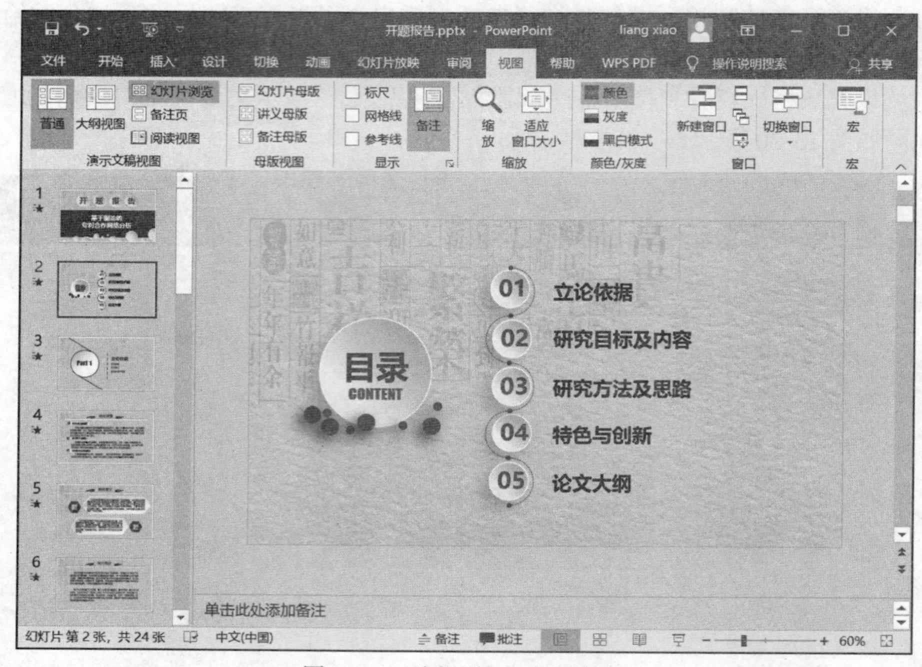

图 15-21　选择添加幻灯片位置

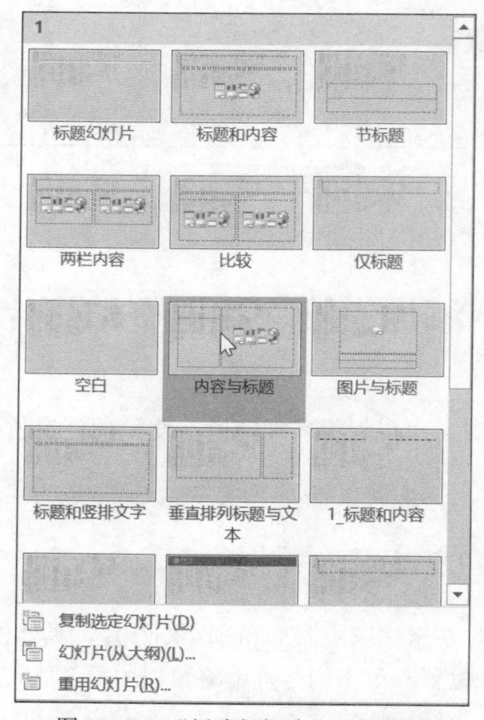

图 15-22　“新建幻灯片”下拉菜单

【3】删除幻灯片。右击要删除的幻灯片，弹出右键菜单，选择“删除幻灯片”命令，删除幻灯片，如图 15-24 所示。

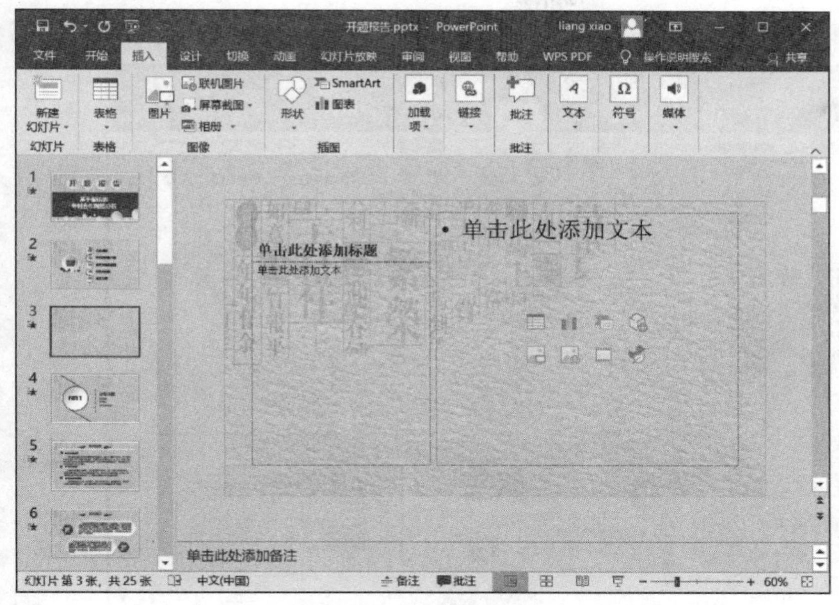

图 15-23　插入新幻灯片

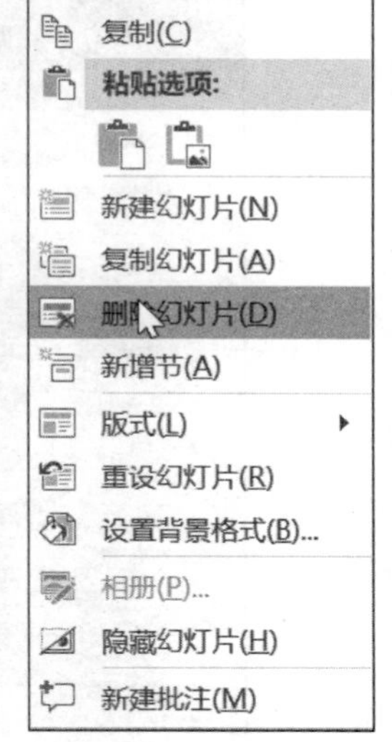

图 15-24　右键菜单

15.4.2　调整幻灯片顺序

在编辑演示文稿的过程中，有时需要对幻灯片的先后顺序进行调整。调整幻灯片的顺序一般在浏览视图模式下完成。

例如，将“开题报告”演示文稿中的第 6 张幻灯片放置到第 3 张幻灯片之前，具体操作如下。

【1】切换视图模式。单击“视图”|“演示文稿视图”|“幻灯片浏览”选项，切换至浏览视图模式，如图 15-25 所示。

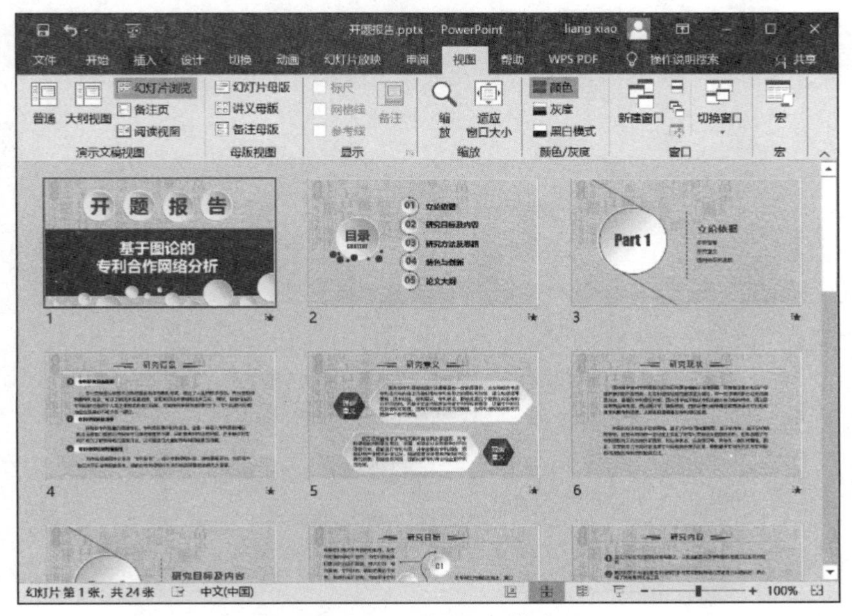

图 15-25　浏览视图模式

【2】移动幻灯片。单击要移动的幻灯片，直接拖动至目标位置，如图 15-26 所示。

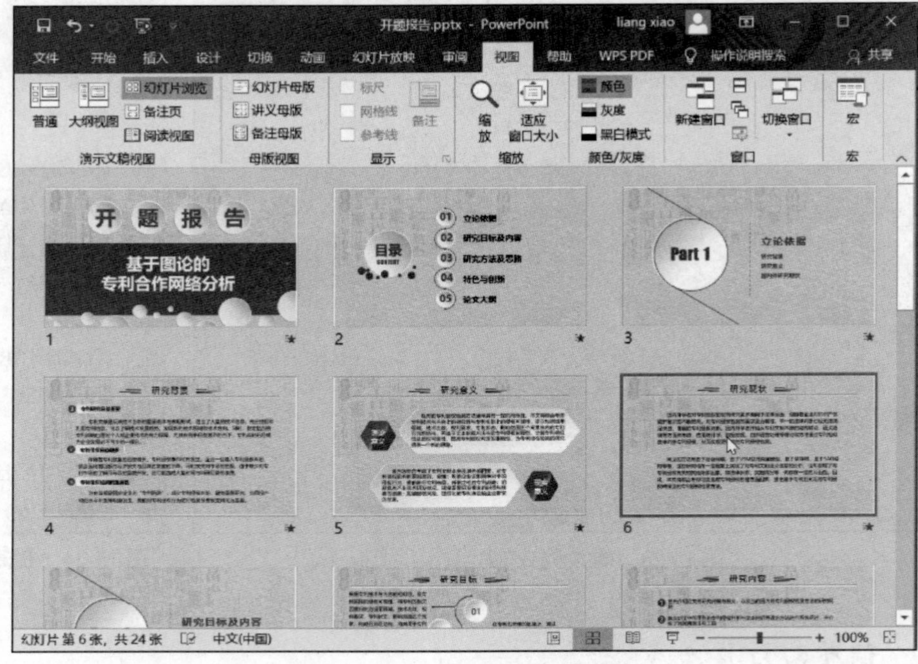

图 15-26　移动幻灯片

【3】完成幻灯片移动。松开鼠标完成幻灯片移动。

第16章
幻灯片的编辑

PowerPoint 为幻灯片中提供了丰富的资源和工具，用于制作富有表现力的幻灯片外观效果。其中，图形、图像、表格以及图表的插入，能够使幻灯片更加直观地说明问题；视频和音频的插入和播放可以让演示文稿更加生动，使观众印象深刻；使用幻灯片母版可以十分方便地使演示文稿具有统一的风格；幻灯片主题、颜色的设置使得演示文稿更为美观、和谐；动画效果、切换方案的构建将使演示文稿具有更好的整体播放效果。

内容提要

本章首先介绍在幻灯片中插入和编辑文本、图形、表格和图表的方法；其次介绍视频文件和音频文件的插入方法和播放设置；然后介绍通过幻灯片母版设计调整幻灯片外观；最后讲解幻灯片样式以及幻灯片切换效果的设计。

重要知识点

- 页眉页脚中插入文本
- 图表的插入和修改
- 视频文件的插入和播放设置
- 音频文件的插入和播放设置
- 母版设置
- 幻灯片主题、颜色方案、动画效果的设置
- 幻灯片切换方案的设置

16.1 插入文本

在幻灯片中插入和编辑文本的方法，和在Word文档中插入和编辑文本的方法基本相同。用户可以在幻灯片正文中插入文本，也可以设置幻灯片的页眉页脚文本。

16.1.1 在幻灯片中加入文本

在幻灯片中编辑文本的方法与在Word文档中编辑文本的方法基本相同。向幻灯片中插入的文本都放置在文本框中。用户使用鼠标激活文本框后，即可向幻灯片中插入文本。

例如，在空白演示文稿中添加主标题以及备注文本，具体操作如下。

【1】新建演示文稿，如图16-1所示。

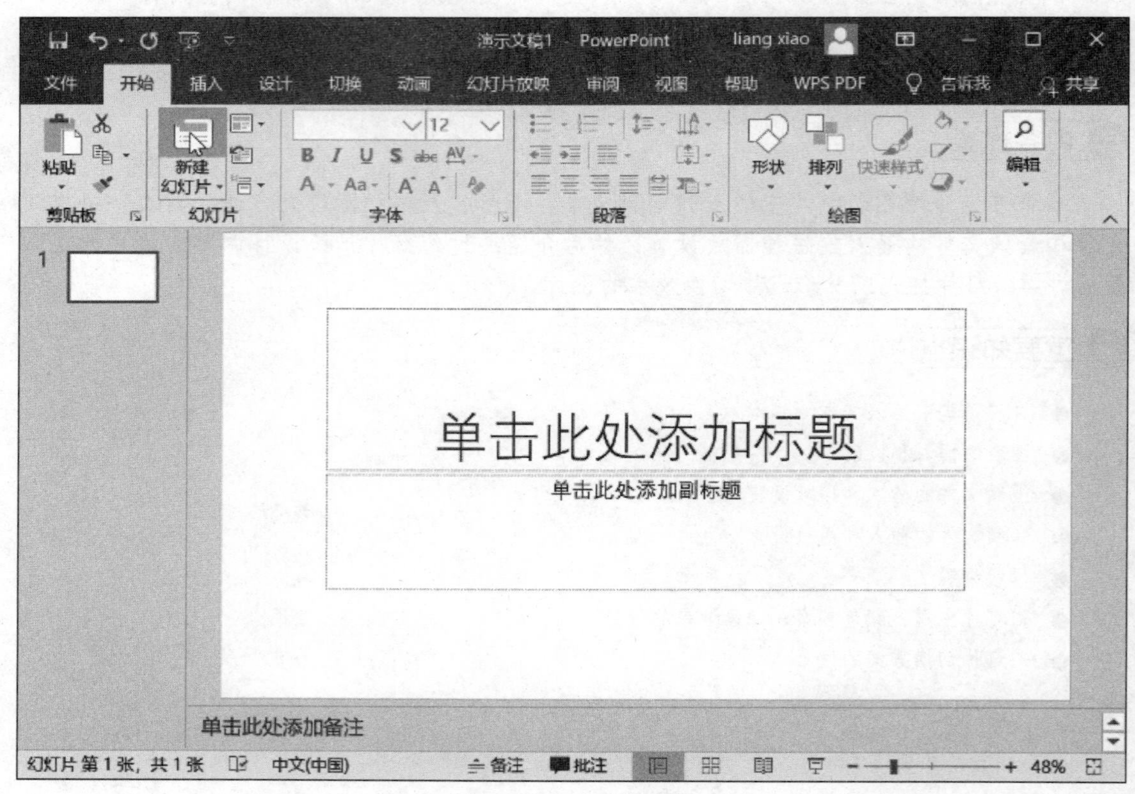

图16-1　空白演示文稿

【2】激活文本框。单击幻灯片窗口中“单击此处添加标题”文本框，激活主标题文本框，如图16-2所示。

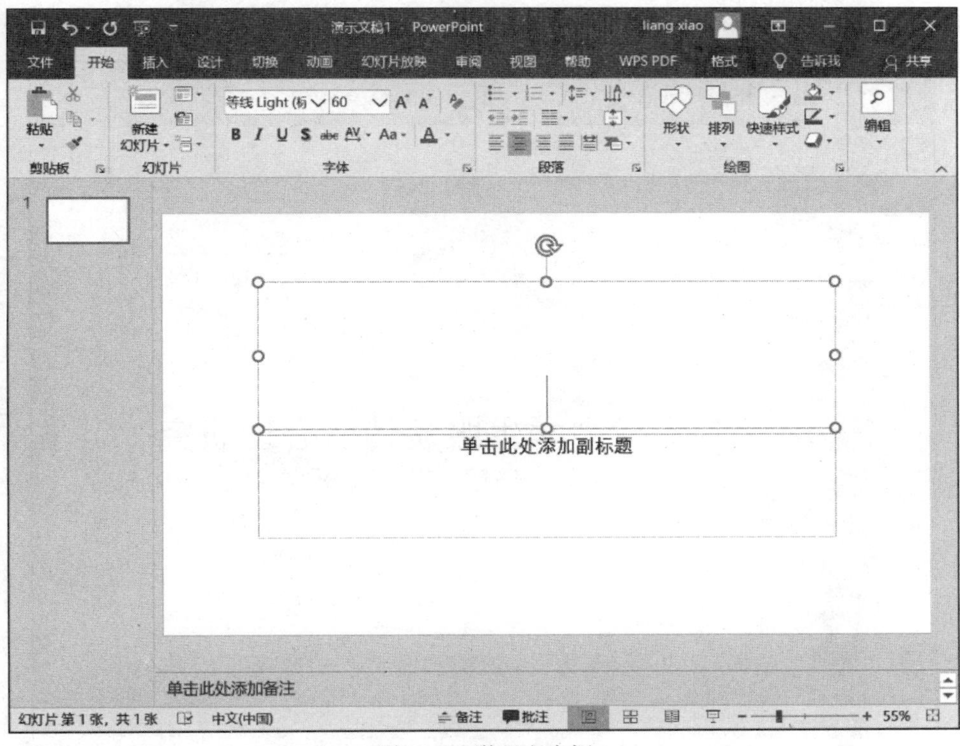

图 16-2　激活文本框

【3】输入文稿主标题。在主标题文本框中输入演示文稿主标题，如图 16-3 所示。

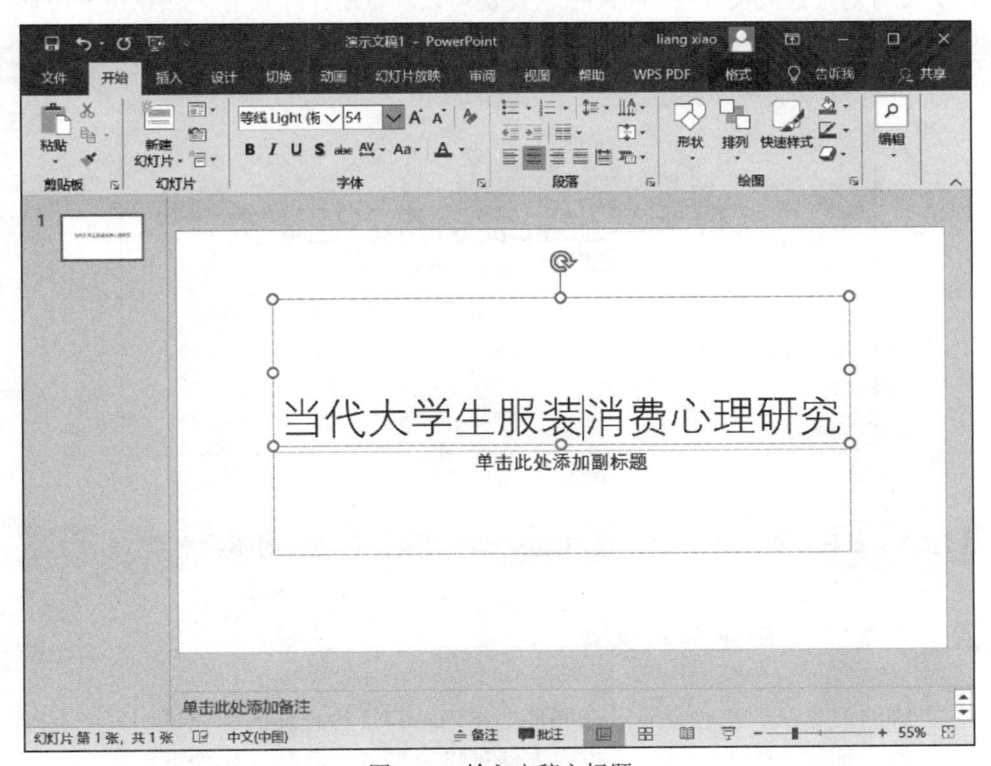

图 16-3　输入文稿主标题

【4】添加副标题和备注文本。按照上面方法，添加副标题和备注文本，如图 16-4 所示。

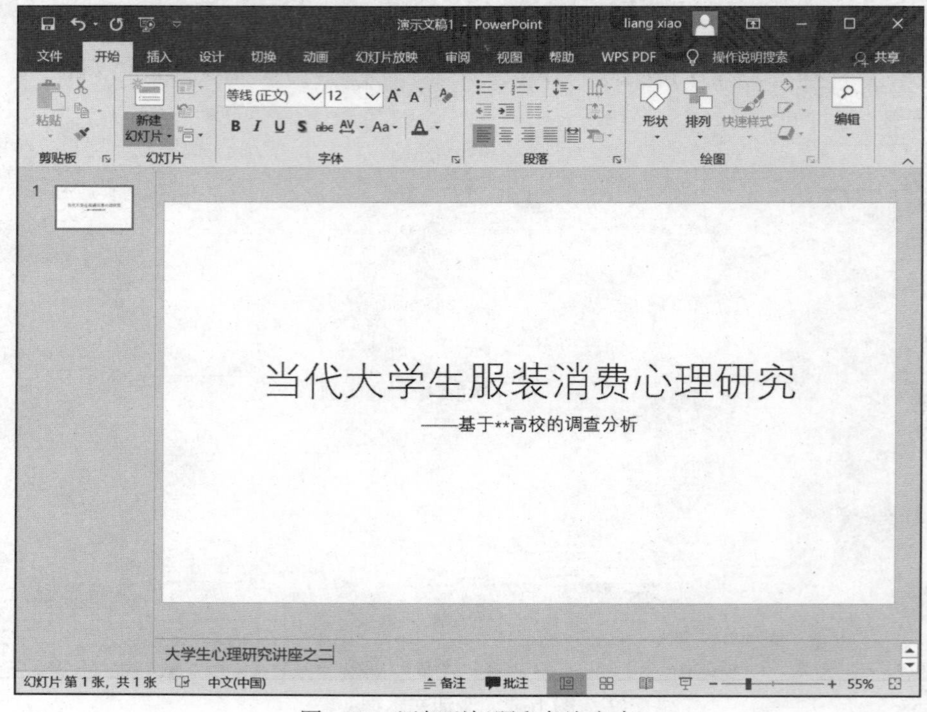

图 16-4 添加副标题和备注文本

【5】观看幻灯片效果。按 Shift+F5 快捷键可以观看幻灯片效果，如图 16-5 所示。

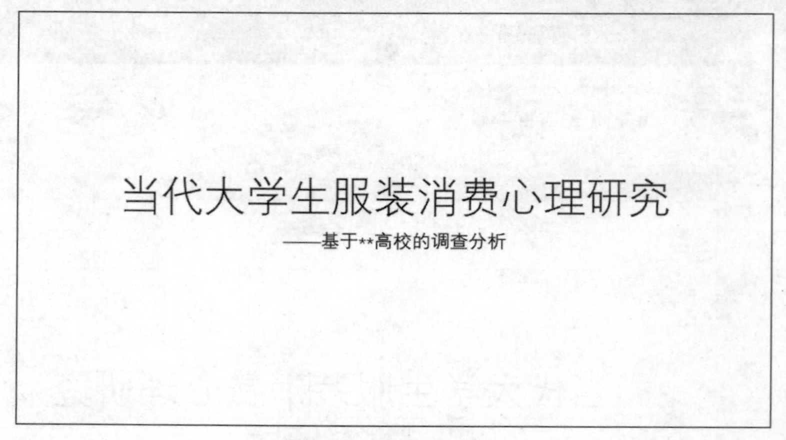

图 16-5 幻灯片放映

【注意】备注中的文本内容只是对放映者的提醒，在放映时不会显示。

16.1.2 在页眉页脚中加入文本

页眉页脚的内容在放映时会显示在屏幕上作为对幻灯片正文的补充说明。例如，为幻灯片页脚添加时间、报告人信息以及编号，具体操作如下。

【1】打开“页眉和页脚”对话框。单击“插入”|“文本”|“页眉和页脚”选项，弹出“页眉和页脚”对话框，如图 16-6 所示。

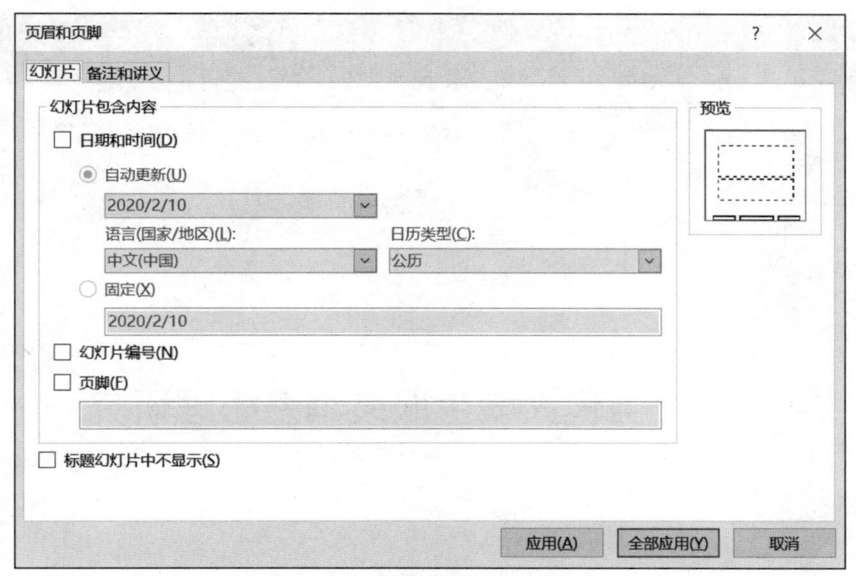

图 16-6　“页眉和页脚”对话框

【2】设置页眉和页脚选项。在【页眉和页脚】对话框中设置时间、编号和报告人信息，具体设置如图 16-7 所示。

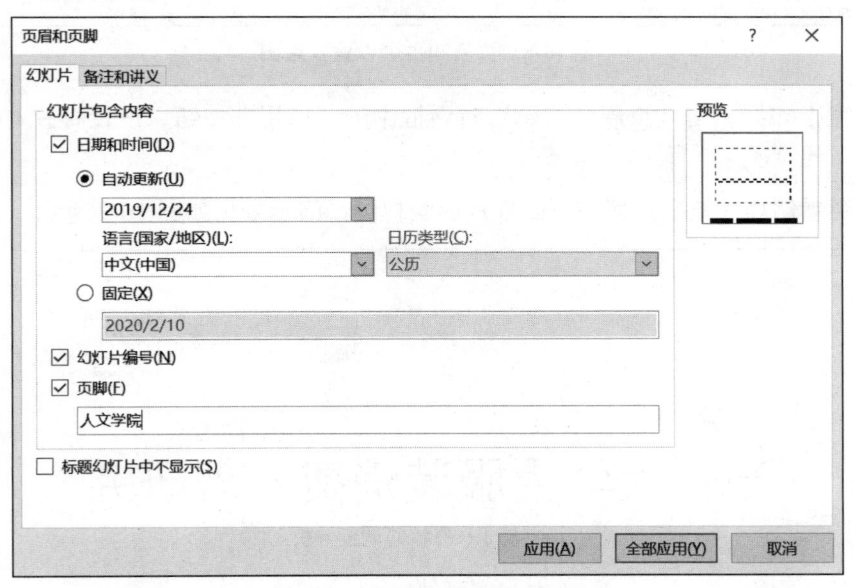

图 16-7　页眉和页脚选项设置

- 添加时间。选取“日期和时间”复选框，PowerPoint 会默认选取“自动更新”单选按钮。
- 添加幻灯片编号。选取“幻灯片编号”复选框，给幻灯片添加编号。
- 添加报告人信息。选取“页脚”复选框，在“页脚”文本框中输入“人文学院”。

在添加页脚中相应的选项时，在“页眉和页脚”对话框的预览区域会显示设置效果。

【3】设置完成。单击“页眉和页脚”对话框中的“全部应用”按钮，完成设置，效果图如图 16-8 所示。

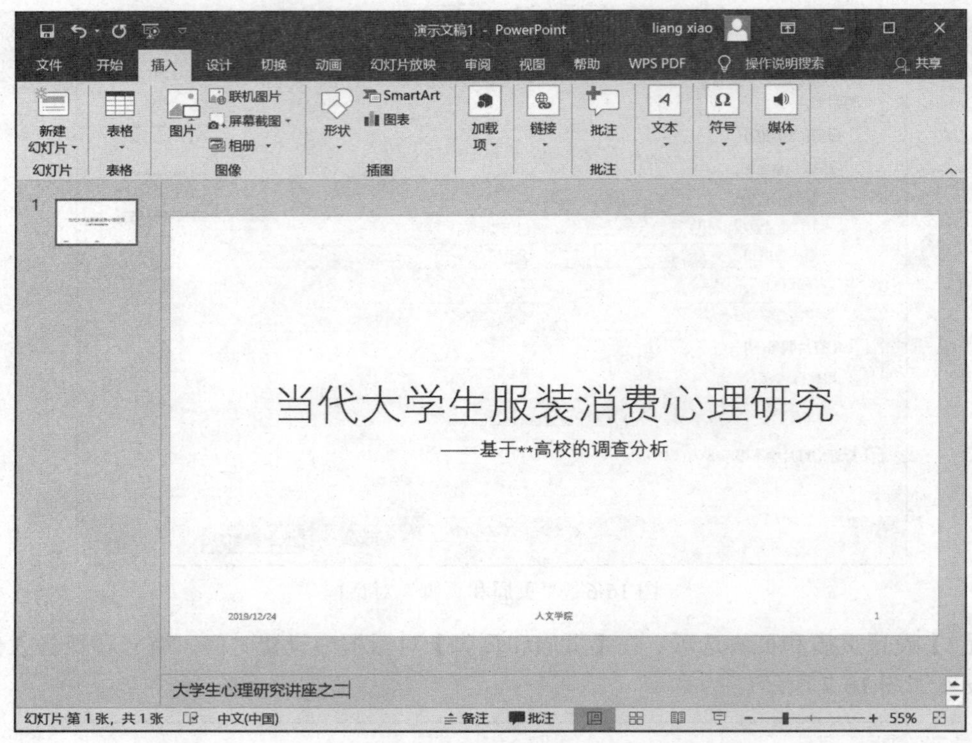

图 16-8　页眉和页脚设置效果图

【注意】如果单击“页眉和页脚”对话框中的“应用”按钮，设置将只对当前幻灯片起作用。

【4】观看幻灯片效果。切换到幻灯片放映视图，演示效果如图 16-9 所示。

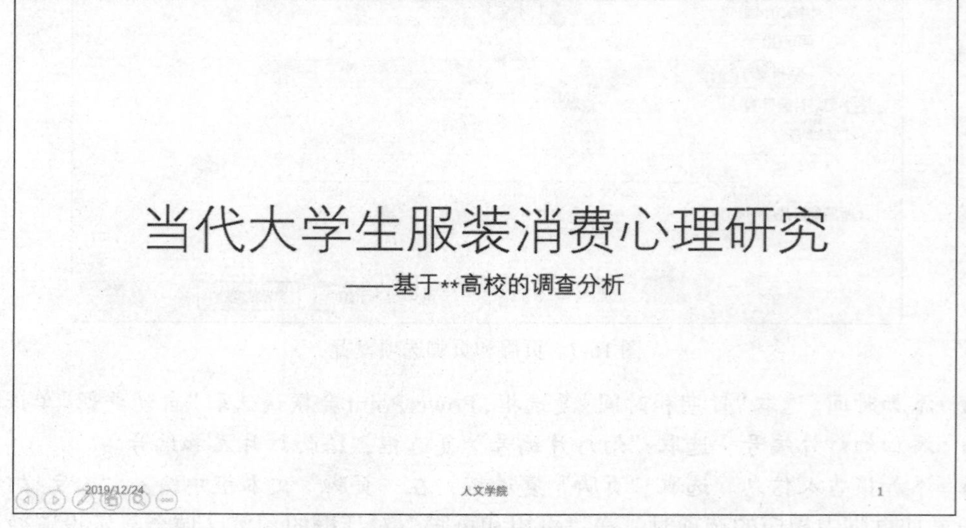

图 16-9　页眉和页脚的幻灯片放映效果

16.2　插入图形

PowerPoint 中的图形主要包括图片、剪贴画、形状和 SmartArt 图形，这些对象都可以作为演示文稿的内容。其中，图片既可以作为幻灯片背景，又可以作为幻灯片的主体内容；剪贴画、形状和 SmartArt 图形，则可以清楚地解释用文字不容易描述的概念或问题。

16.2.1　插入图片

【1】应用图片作为背景。插入图片作为幻灯片背景，使幻灯片更加美观。

例如，在“当代大学生消费行为表现”演示文稿中插入图片作为幻灯片背景，具体操作如下。

①选取要添加背景图案的幻灯片。在普通视图下选中要添加背景图案的幻灯片，如图 16-10 所示。

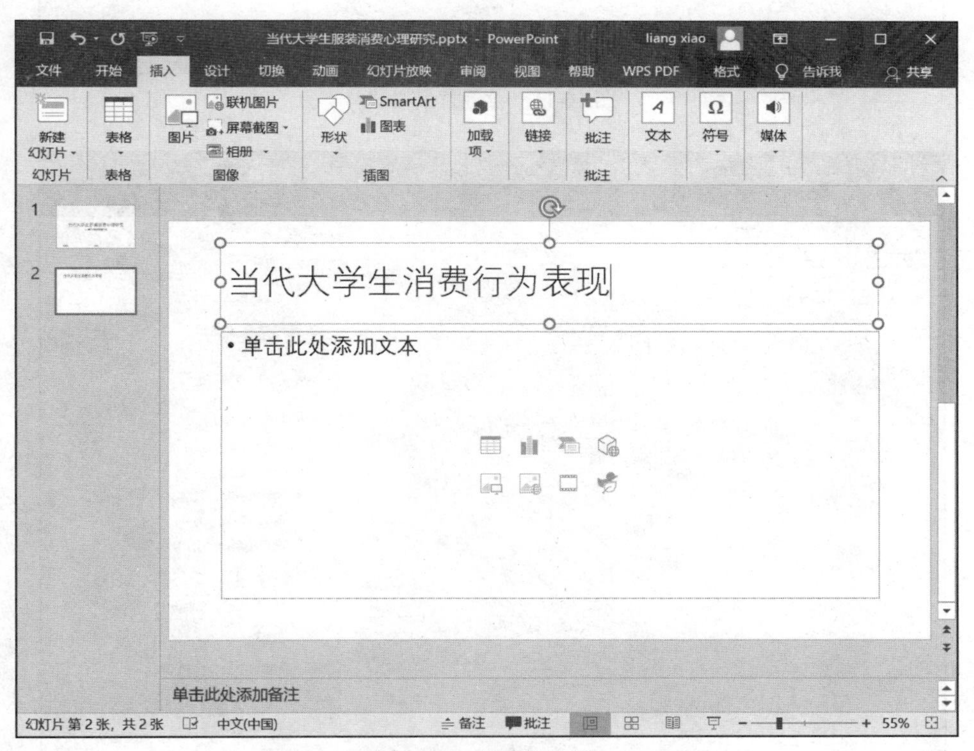

图 16-10　选取幻灯片

②右击幻灯片，选择设置背景格式，如图 16-11 所示。选择图片或文理填充选项，如图 16-12 所示。

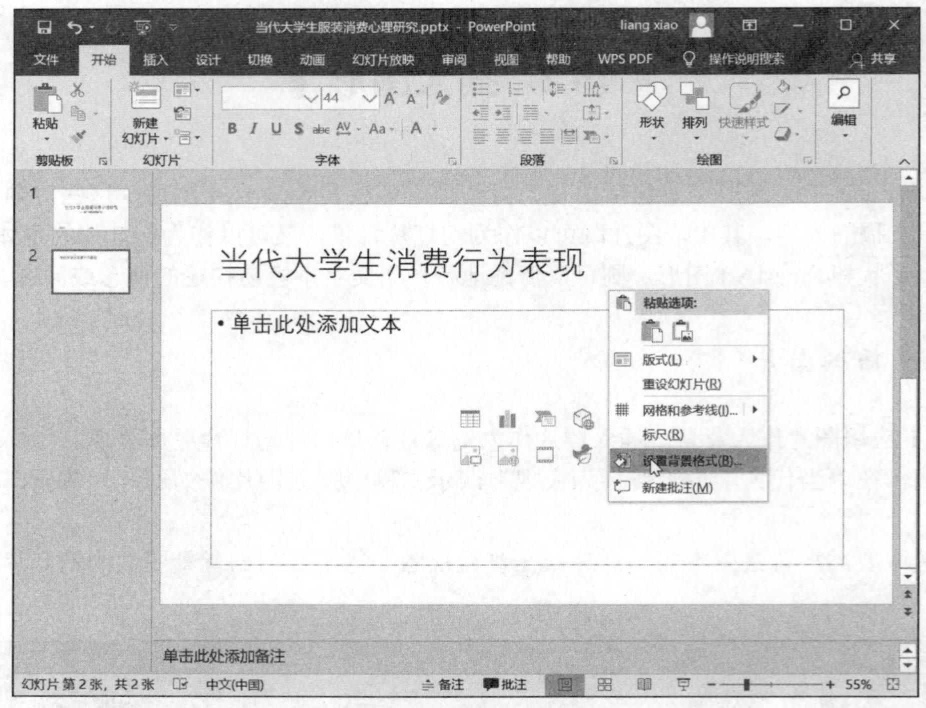

图 16-11　设置背景格式

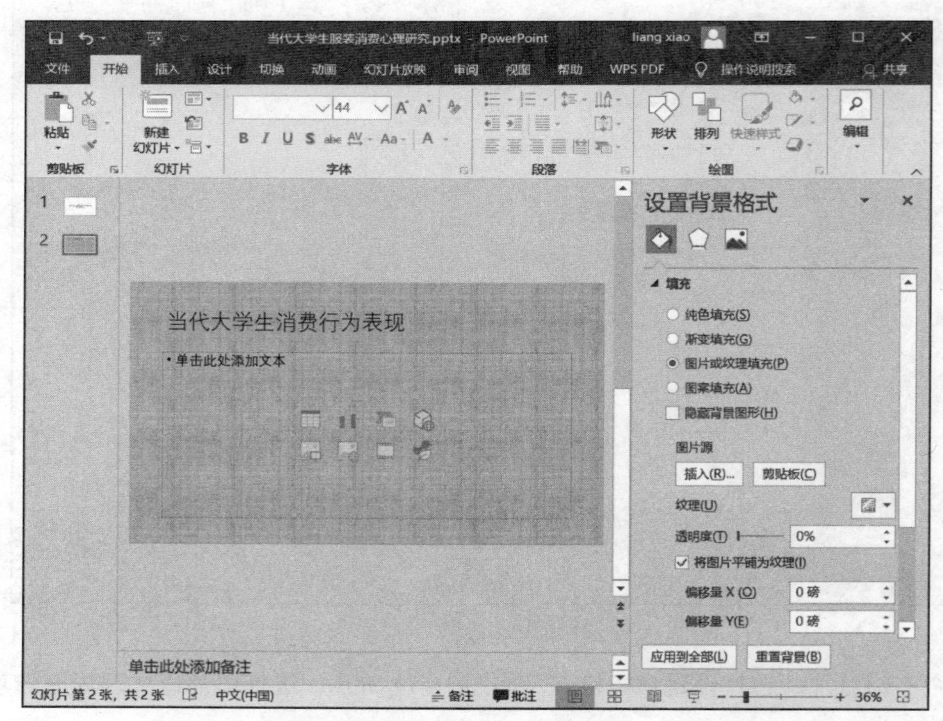

图 16-12　设置图片填充

③打开“插入图片”对话框。单击图片源下的插入，选择从文件插入，弹出“插入图片”对话框，如图 16-13 所示。

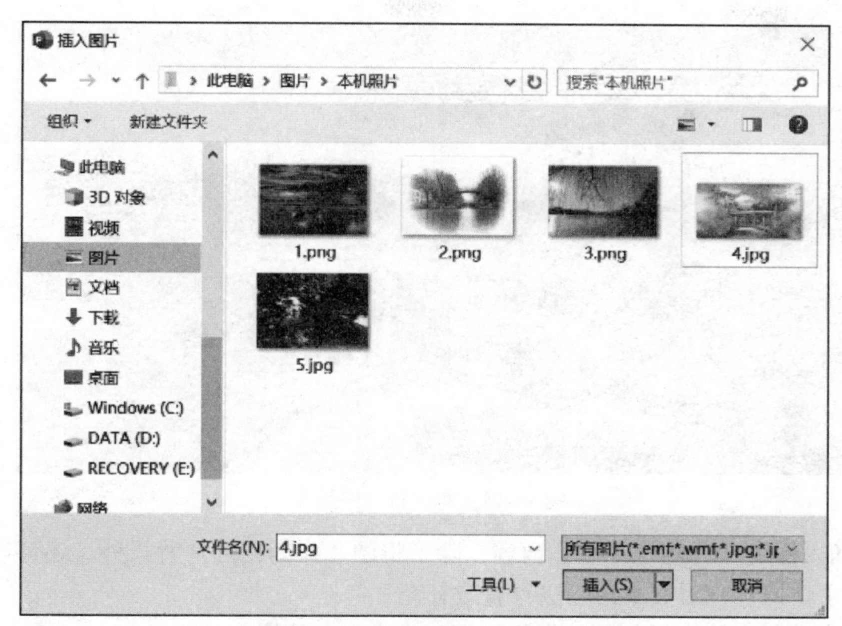

图 16-13　“插入图片”对话框

④插入图片。选中要添加的图片，单击对话框中的“插入”按钮，将图片插入幻灯片中，如图 16-14 所示。

图 16-14　插入图片

⑤观看幻灯片效果。切换到幻灯片放映视图，查看幻灯片效果，如图 16-15 所示。

图 16-15　图片背景效果图

【2】插入图片作为幻灯片主体内容。除了将图片作为幻灯片背景外，还可以将图片作为幻灯片的主体内容，对文本内容进行有效补充。

例如，在演示文稿中插入图片作为幻灯片内容，具体操作如下。

①选取添加图片的位置。在幻灯片中，选取添加图片的位置，如图 16-16 所示。

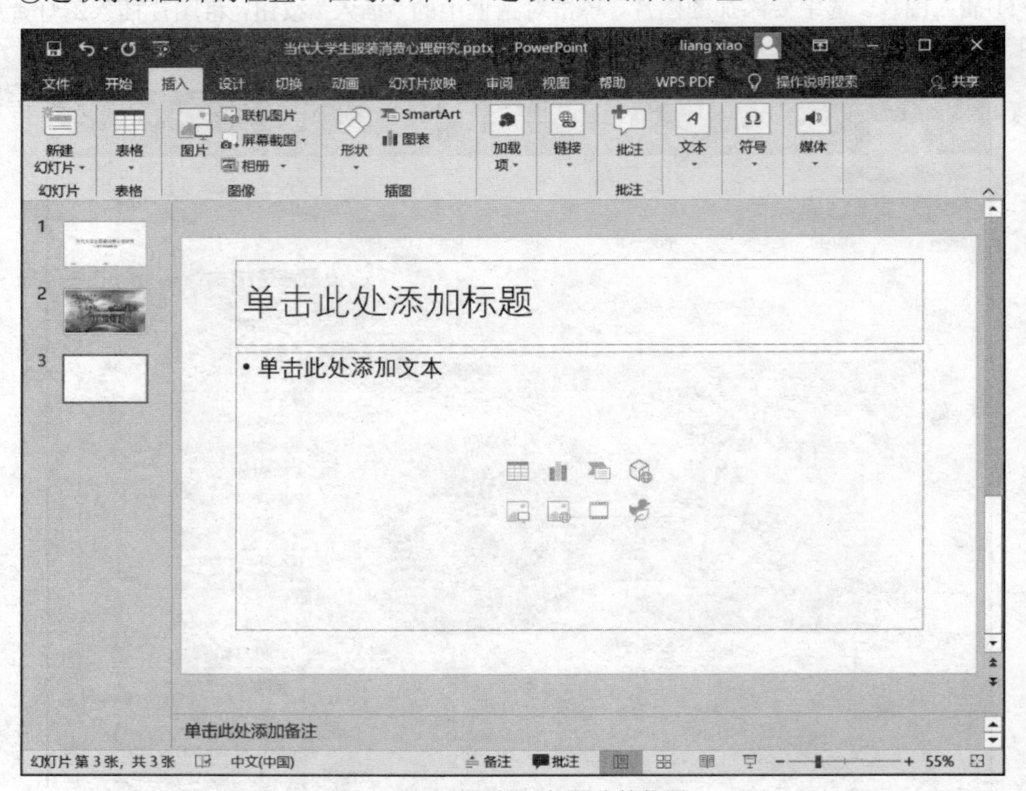

图 16-16　选取要添加图片的位置

②打开“插入图片”对话框。单击“插入”|“图片”选项，弹出“插入图片”对话框，如图 16-17 所示。

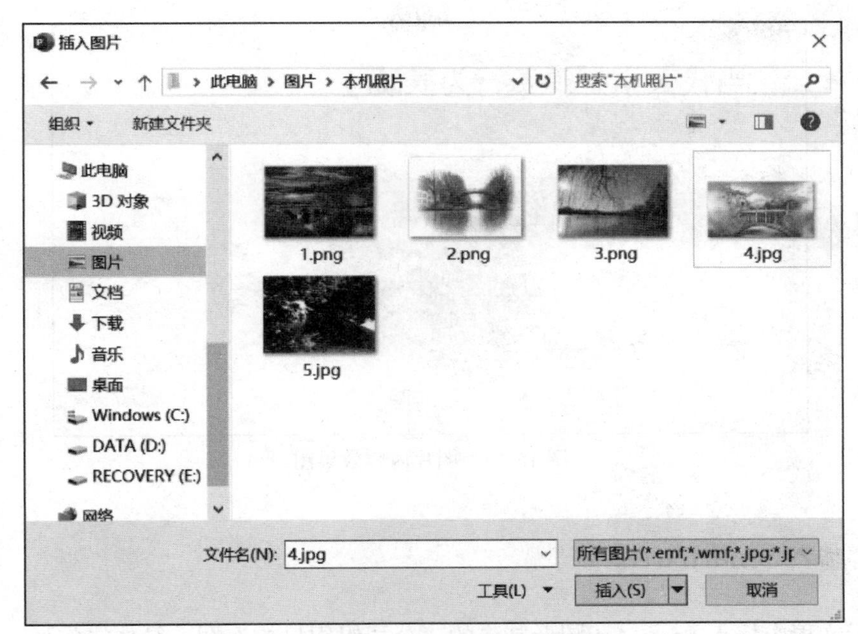

图 16-17　“插入图片”对话框

③插入图片。选中要添加的图片，单击“插入图片”对话框中的“插入”按钮，将图片插入幻灯片中，如图 16-18 所示。

图 16-18　插入图片

④观看幻灯片效果。切换至幻灯片放映视图，查看幻灯片效果，如图 16-19 所示。

图 16-19 图片内容效果图

16.2.2 插入SmartArt图形

在演示文稿中插入 SmartArt 图形制作的“公司组织机构”图，具体操作如下。

【1】选取添加 SmartArt 图形的位置。在幻灯片中，选取添加 SmartArt 图形的位置，如图 16-20 所示。

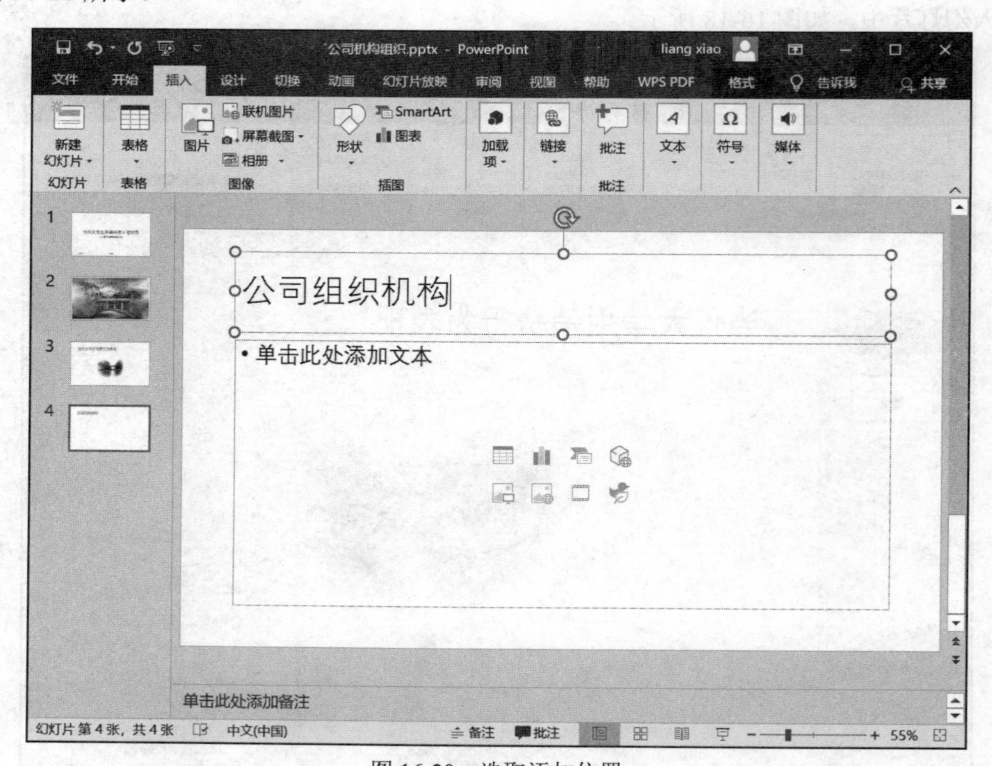

图 16-20 选取添加位置

【2】打开“选取 SmartArt 图形”对话框。选择“插入”|“插图”|SmartArt 命令，打开“选择 SmartArt 图形”对话框，如图 16-21 所示。

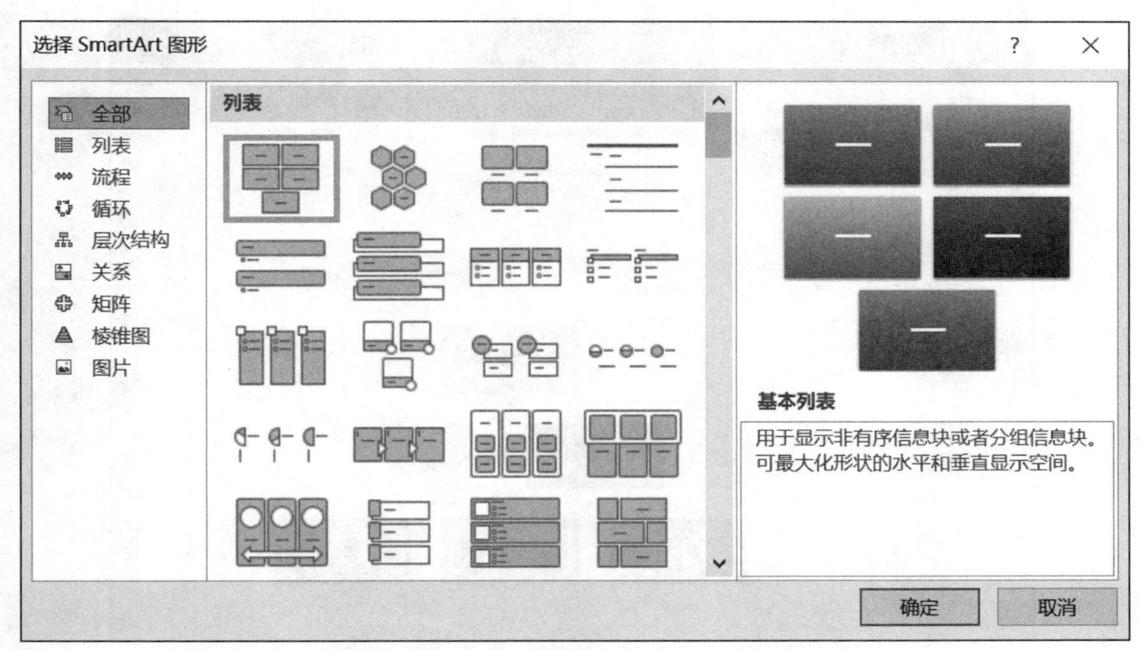

图 16-21　“选择 SmartArt 图形”对话框

【3】选择 SmartArt 图形。在“选择 SmartArt 图形”对话框中，单击“层次结构”选项卡，选择“组织机构图”样式。单击“确定”按钮，在幻灯片中插入组织机构图，如图 16-22 所示。

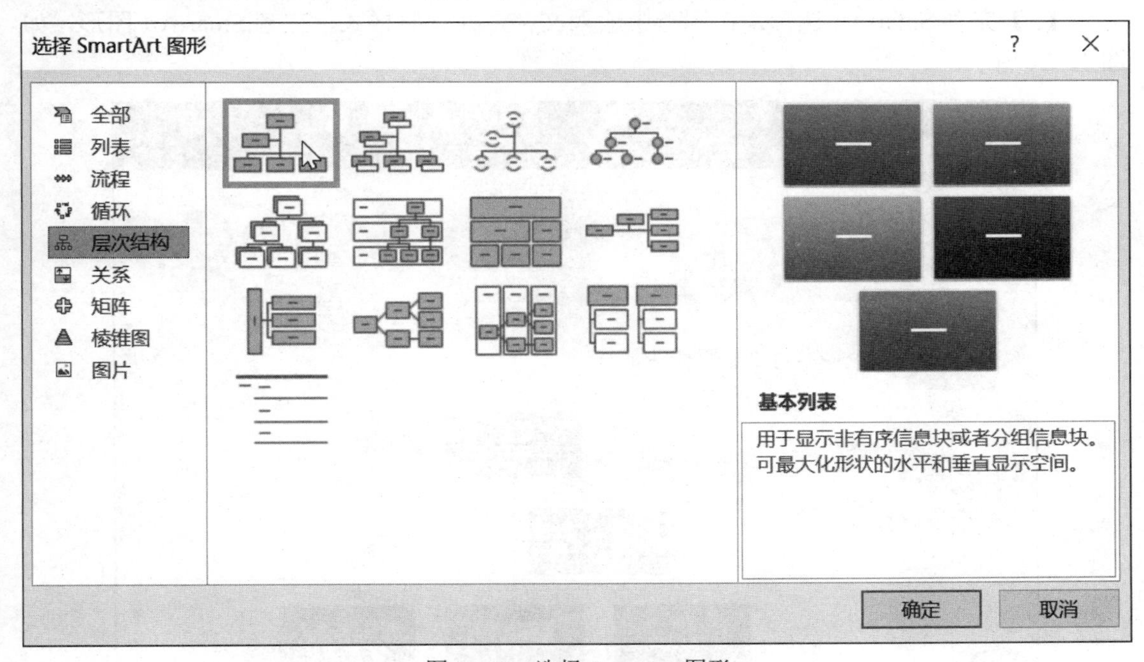

图 16-22　选择 SmartArt 图形

【4】插入 SmartArt 图形。在“选择 SmartArt 图形”对话框中，单击“确定”按钮，在幻灯片中插入组织机构图，如图 16-23 所示。

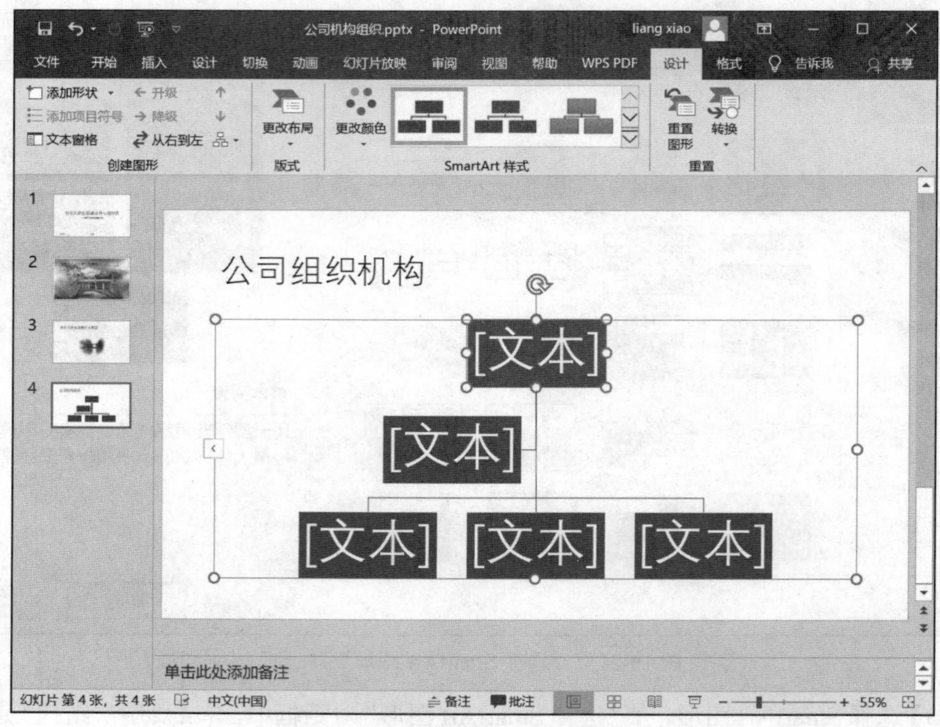

图 16-23　插入 SmartArt 图形

【5】完善 SmartArt 图形。在图形中输入文字，并调整样式，完善 SmartArt 图形，如图 16-24 所示。

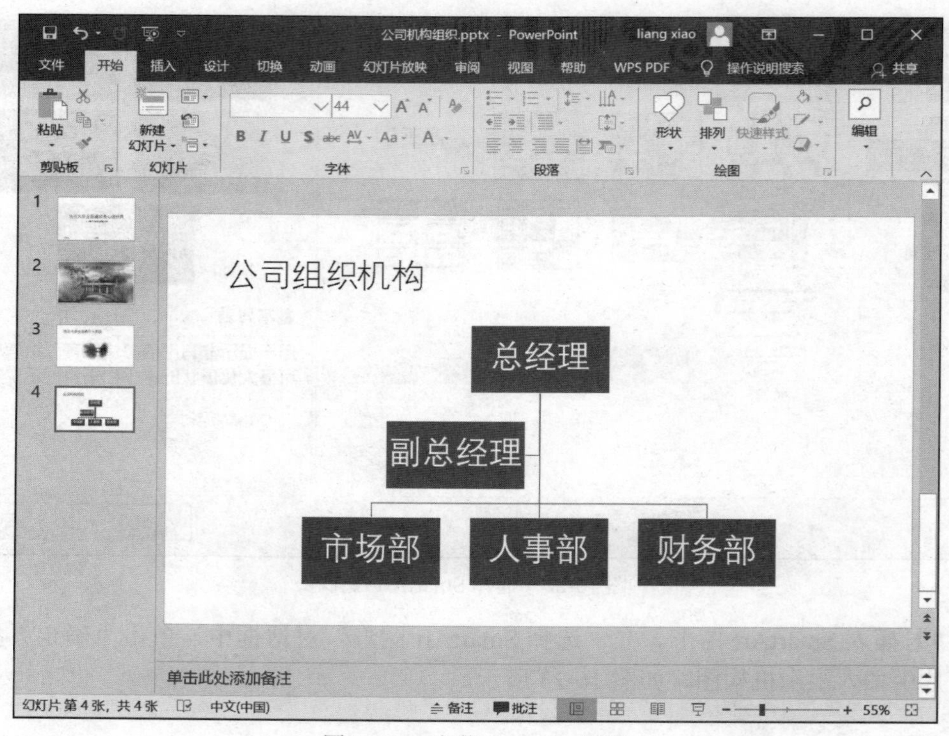

图 16-24　完善 SmartArt 图形

16.3　插入表格

在幻灯片中使用表格数据，可以客观、系统地阐述信息，从而有效增强演示文稿的说服力。

16.3.1　插入表格

例如，向“课程表”演示文稿中插入表格，具体操作如下。

【1】选取要插入表格的幻灯片。

【2】打开“表格”下拉菜单。单击“插入”|“表格”|“表格”选项，弹出下拉菜单，如图 16-25 所示。

【3】插入表格。在“表格”下拉菜单中，可以拖曳鼠标选择表格行数和列数，如图 16-26 所示，选择 4 列 3 行的表格。在表格中输入文字，完善表格内容。

4x3 表格

插入表格(I)...

绘制表格(D)

Excel 电子表格(X)

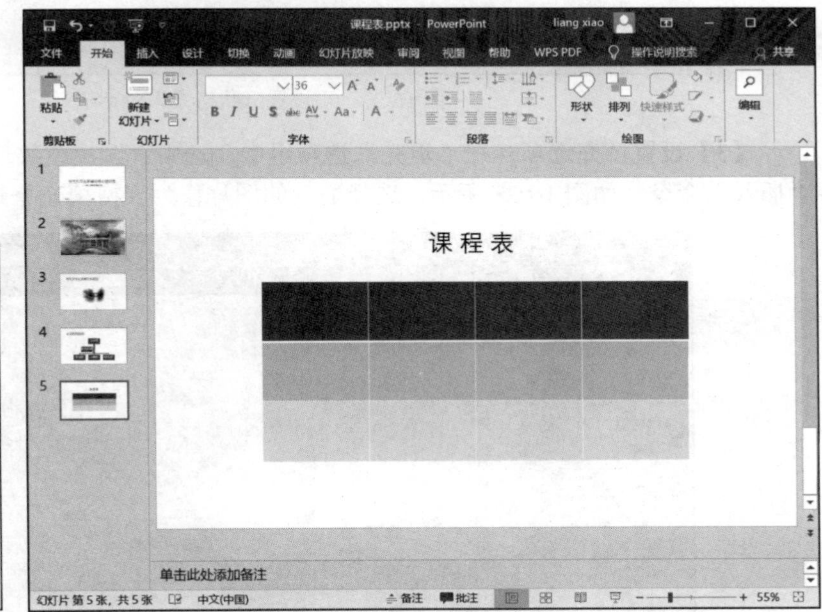

图 16-25　“表格”下拉菜单　　　　图 16-26　插入表格

16.3.2　修饰表格

为了使幻灯片中的表格呈现出更为美观的展示效果，对表格进行修饰。

例如，应用图片对课程表进行背景填充，具体操作如下。

【1】选择需要设置的表格。

【2】打开“设置形状格式”对话框。右击表格，弹出右键菜单，选择“设置形状格式”命令，右侧弹出“设置形状格式”界面，如图 16-27 所示。

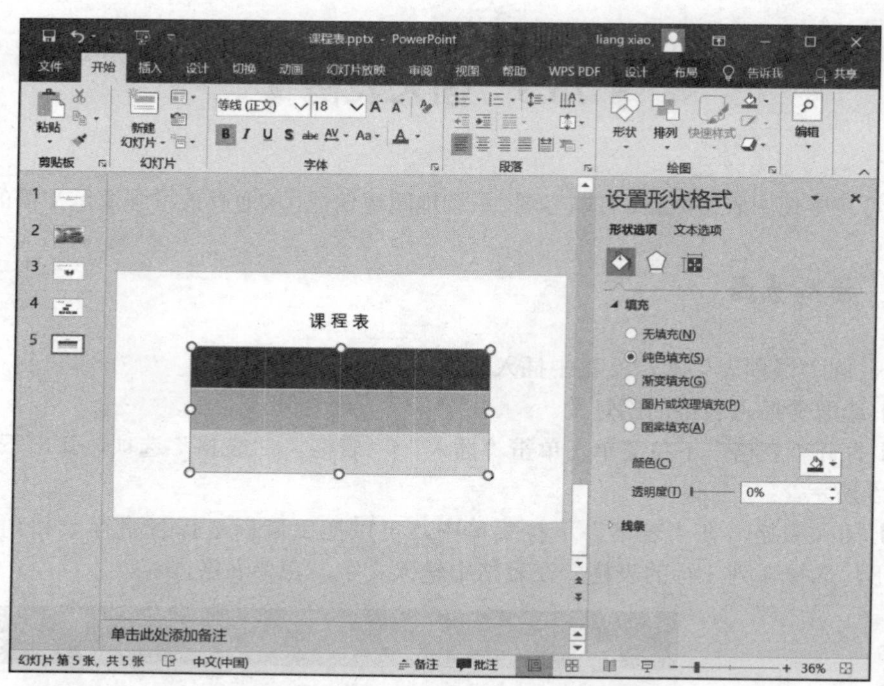

图 16-27 “设置形状格式”对话框

【3】设置填充选项。在“填充”选项组中，选中“图片或纹理填充”单选按钮，选择“插入”命令，如图 16-28 所示，选择适宜的图片作为表格填充背景。

图 16-28 “图片或纹理填充”设置

【4】设置完成。完成设置，效果图如图 16-29 所示。

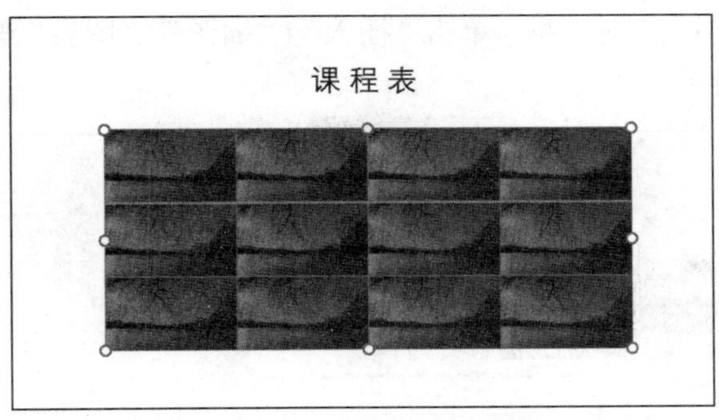

图 16-29　背景填充效果图

16.4　插入图表

在创建演示文稿时，经常需要用到图表，例如柱形图、折线图等，通过图表可以更加直观地阐述问题，增强说服力。在演示文稿中插入图表，实际是先插入一个图表模板，然后根据需要对图表进行编辑。

16.4.1　插入图表模板

例如，进行公司财务报告时，插入“公司销售汇总”图表，用以说明公司销售状况，具体操作如下。

【1】选取要插入图表的幻灯片。单击演示文稿缩略图中要插入图表的幻灯片，如图 16-30 所示。

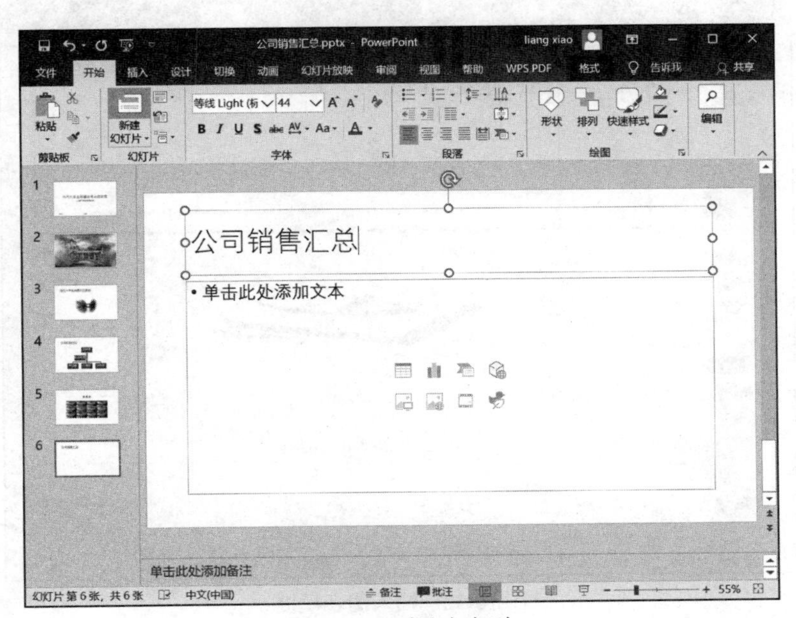

图 16-30　选取幻灯片

【2】打开“插入图表”对话框。单击“插入”|“插图”|“图表”选项，弹出“插入图表”对话框，如图 16-31 所示。

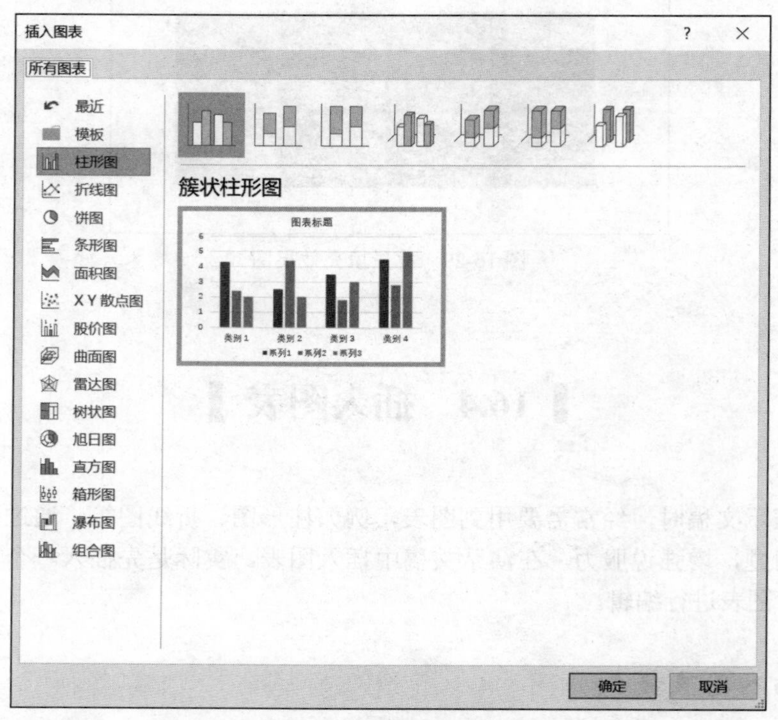

图 16-31 “插入图表”对话框

【3】插入图表模板。选择图表类型和样式，单击“确定”按钮，完成插入，如图 16-32 所示。其中下方为图形，上方的 Excel 数据表用于生成下方的图形。

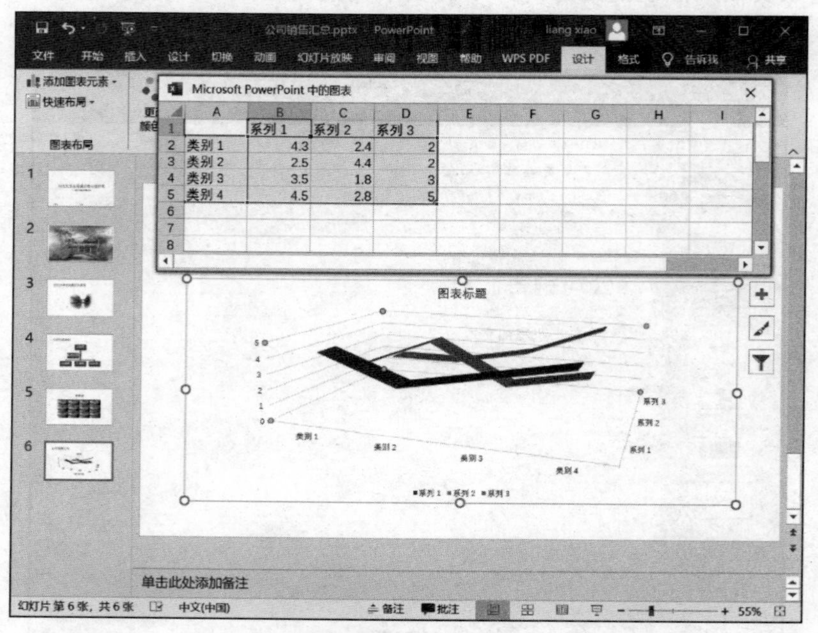

图 16-32 插入图表模板

16.4.2　修改图表

插入图表模板后，显示的内容与实际反映状况并不相同，需要对图表进行修改以满足实际需求。

例如，对 16.4.1 节的“公司销售汇总”图表进行修改，具体操作如下。

【1】修改图表内容。只需要调整“Microsoft PowerPoint 中的图表”工作簿中的数据来实现对图表的修改，原始数据和修改后的数据分别如图 16-33 和图 16-34 所示。

Microsoft PowerPoint 中的图表

	A	B	C	D	E	F	G	H	I
1		系列 1	系列 2	系列 3					
2	类别 1	4.3	2.4	2					
3	类别 2	2.5	4.4	2					
4	类别 3	3.5	1.8	3					
5	类别 4	4.5	2.8	5					
6									
7									
8									

图 16-33　原始数据

Microsoft PowerPoint 中的图表

	A	B	C	D	E	F	G	H	I
1		北京地区	河北地区	山东地区					
2	第一季度	1813	1762	1995					
3	第二季度	2679	2710	2890					
4	第三季度	2981	3015	3080					
5	第四季度	2870	2962	2761					
6									
7									
8									

图 16-34　修改后的数据

【2】完成图表内容修改。单击幻灯片中的空白处隐藏“Microsoft PowerPoint 中的图表”对话框，完成图表修改。

【3】观看图表效果。切换至幻灯片放映视图，查看幻灯片效果，如图 16-35 所示。

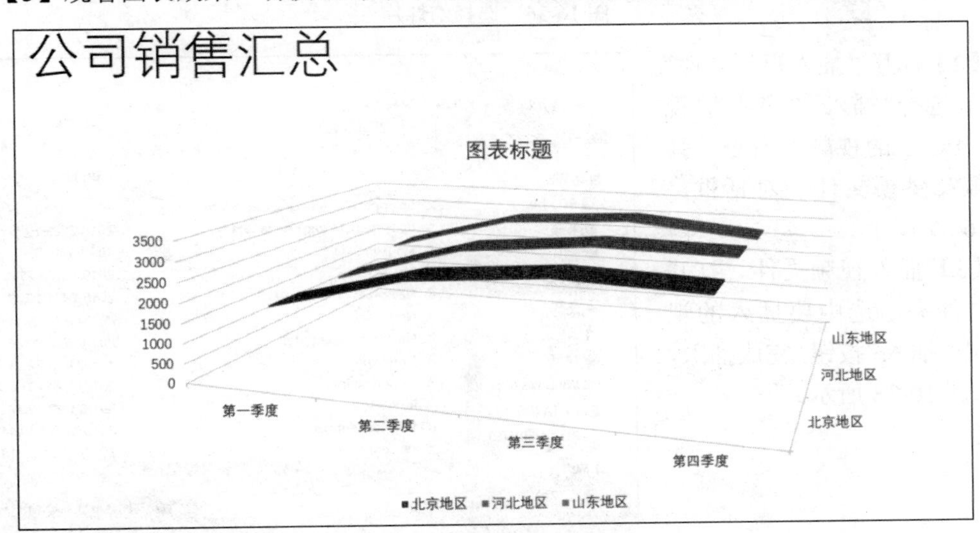

图 16-35　幻灯片放映效果

16.5 插入视频文件

在 PowerPoint 演示文稿中，可以插入视频文件，使演示文稿更加生动、直观，从而增强文稿的演示效果。PowerPoint 2016 中的视频文件包括“PC 上的视频”和“在线视频”。“PC 上的视频”内容丰富，一般是用户自己制作或者网络中获取的视频文件；“在线视频”为系统提供，很简短，但也使得演示文稿的内容更为生动。

16.5.1 插入文件中的视频

例如，在“我最喜欢的动画”演示文稿中添加视频作为示例，具体操作如下。

【1】选取要插入影片的幻灯片，如图 16-36 所示。

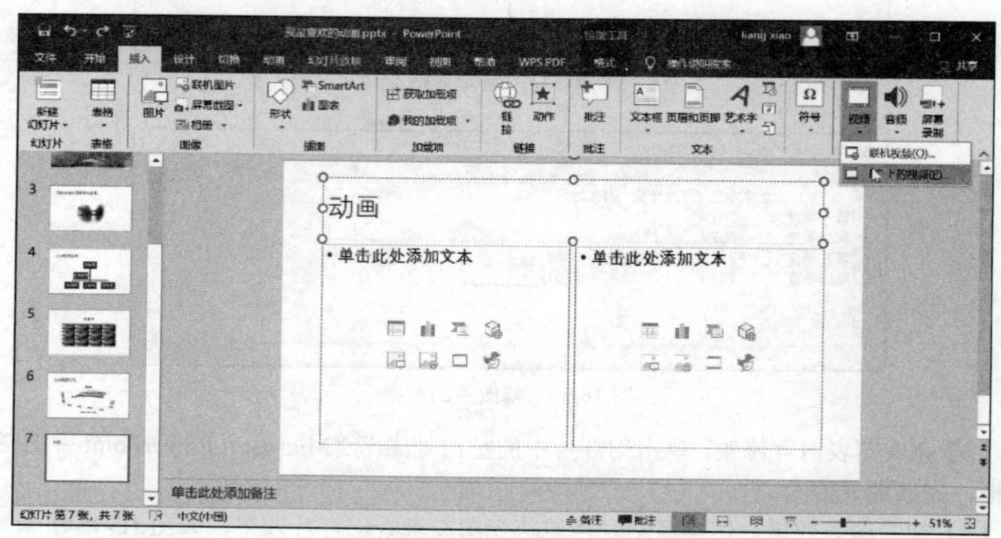

图 16-36 选择幻灯片

【2】打开“插入视频文件”对话框。选择“插入”|“媒体”|“视频”|“PC 上的视频”命令，弹出“插入视频文件”对话框，如图 16-37 所示。

【3】插入视频文件。打开目标文件夹，选中要插入的视频，单击“插入”按钮，完成插入，效果如图 16-38 所示。

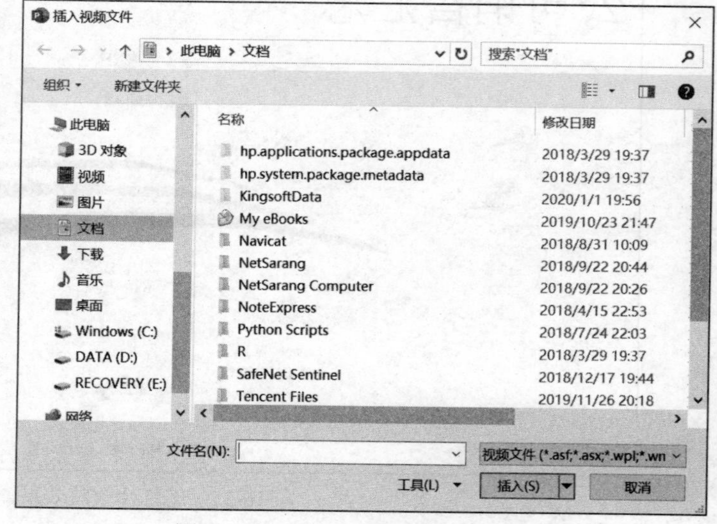

图 16-37 “插入视频文件”对话框

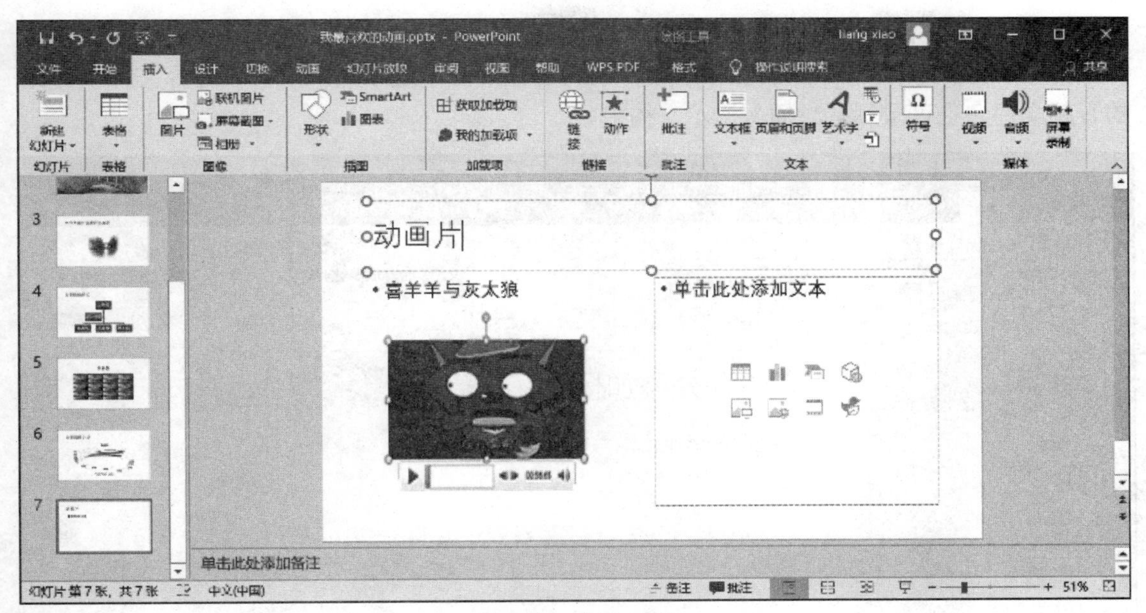

图 16-38　插入视频

16.5.2　插入在线视频

例如，为“我最喜欢的动画”演示文稿添加联机视频，具体操作如下所示。

【1】选取要插入视频的幻灯片。

【2】打开“在线视频”任务窗口。选择“插入”|“媒体”|“视频”|“联机视频”命令，弹出“在线视频”任务窗口，如图 16-39 所示。

【3】插入在线视频文件。在“在线视频”窗口中输入所要视频的网址，单击“确定”按钮，将视频文件插入演示文稿中，并调整位置和大小。

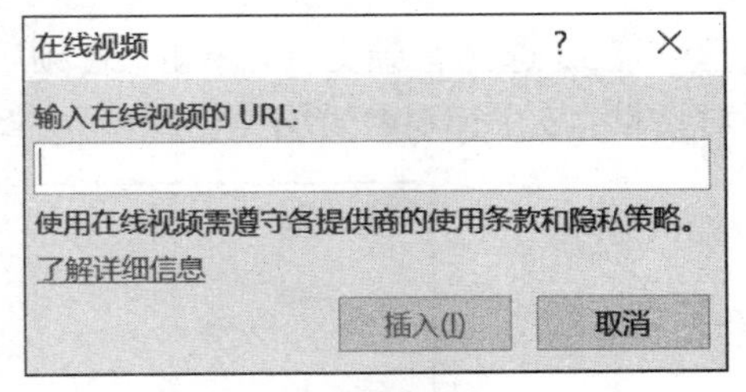

图 16-39　“在线视频”任务窗口

16.6　插入音频文件

日常工作或生活娱乐中，经常在演示文稿中插入音频文件，例如为演示文稿配备内容讲解或者背景音乐，从而增强演示文稿的展示效果。

16.6.1　插入音频文件

例如，为“我最喜欢的动画”演示文稿中配备背景音乐，具体操作如下。

【1】选取要添加音频的幻灯片。

【2】打开“音频”下拉菜单。单击“插入”|“媒体”|“音频”选项，弹出下拉菜单，如图 16-40 所示。有“PC 上的音频”和“录制音频”两个选项，既可直接选择文件中存储的音频文件，也可录制音频插入演示文稿中。

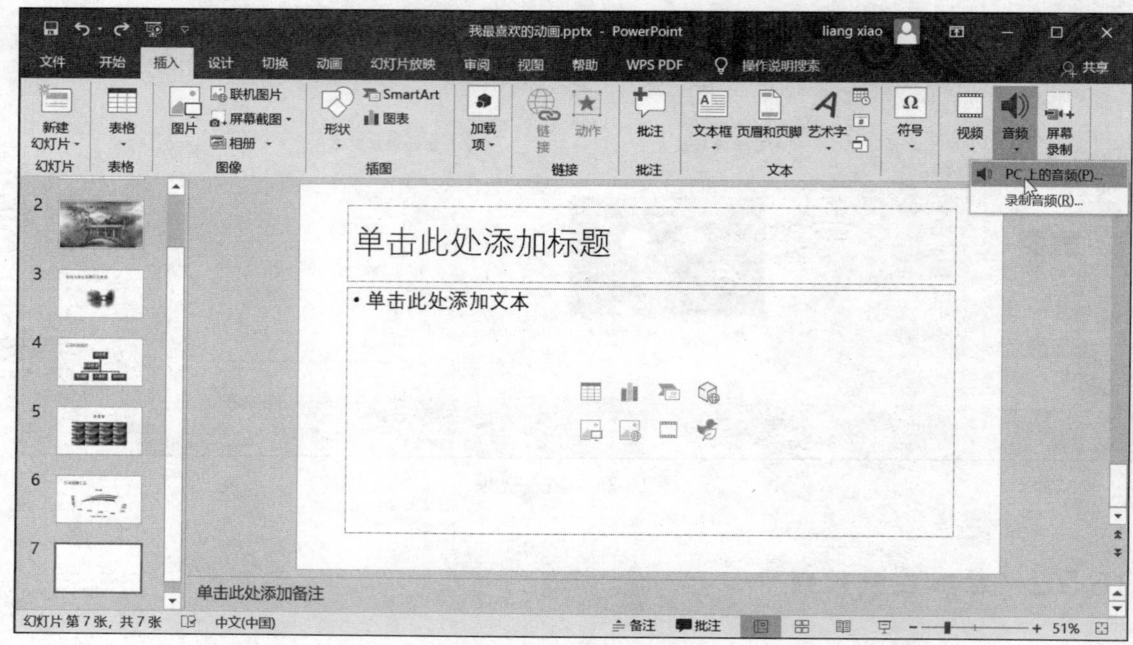

图 16-40 “音频”下拉菜单

【3】选择音频文件。单击“音频”下拉菜单中的“PC 上的音频”按钮，打开“插入音频”对话框，如图 16-41 所示。

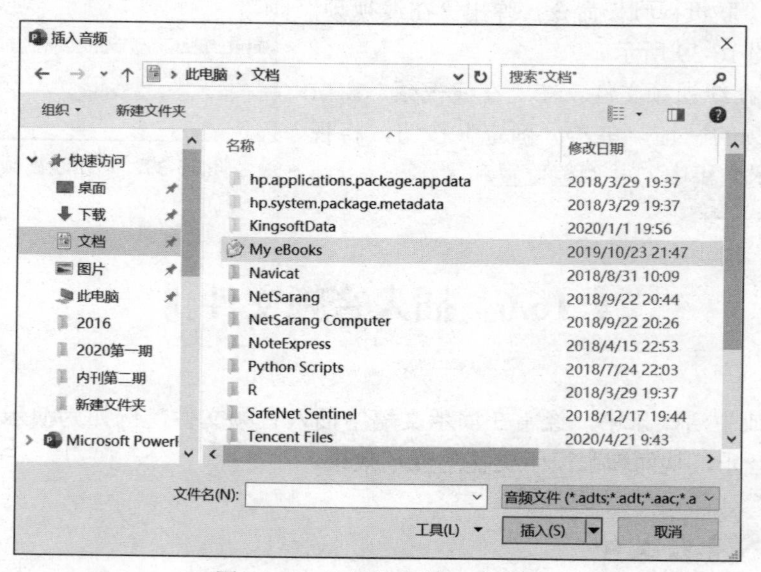

图 16-41 “插入音频”对话框

【4】插入音频文件。在计算机选中要插入的音频文件，单击“插入”按钮，插入文件，在幻灯片上出现“喇叭”标识和播放工具栏，如图 16-42 所示。

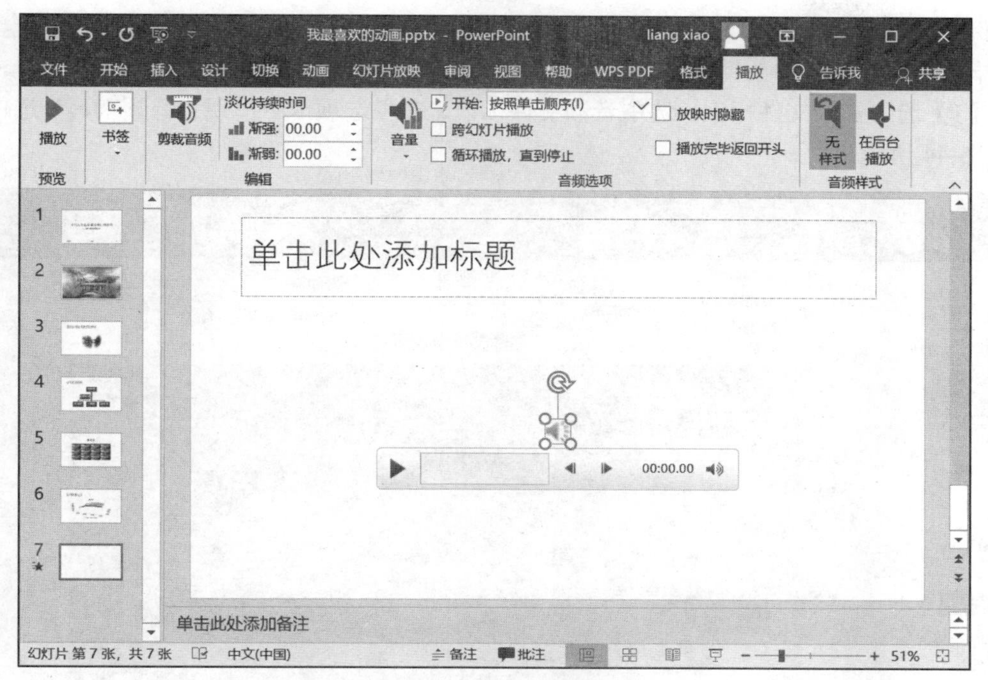

图 16-42 插入音频文件

【5】调整音频按钮位置。移动光标到音频按钮上方，光标变成十字箭头状，将音频按钮拖动幻灯片的右下角。

【6】播放演示文稿。切换到幻灯片放映视图模式，单击“喇叭”标识，播放音频文件，如图 16-43 所示。

图 16-43 播放演示文稿

16.6.2 设置音频文件播放选项

将音频文件插入演示文稿并切换至幻灯片放映视图模式时，音频文件通常不会自动播放，需要另外设置。

例如，将演示文稿中的音频文件设置为幻灯片放映时自动播放，直到演示文稿全部放映完毕，结束音频文件的播放，具体操作如下。

【1】选中音频文件标识。选中音频文件标识，在主选项卡中出现“音频工具”选项卡，如图 16-44 所示。

图 16-44 “音频工具”选项卡

【2】设置音频文件播放方式。设置选项如图 16-45 所示。

图 16-45 设置音频文件播放方式

- 设置播放开始方式。单击“音频工具（播放）”选项卡，在“音频选项”选项组中单击“开始”按钮的下拉菜单，默认情况下为“单击时”播放音频文件，本案例设置为“自动”。
- 设置播放时长。单击“音频工具（播放）”选项卡，在“音频选项”选项组中勾选“循环播放，直到停止”复选框。
- 设置音频标识。如果希望“喇叭”标识在幻灯片播放时不予显示，则勾选“音频选项”选项组中的“放映时隐藏”复选框。

16.6.3　插入录制音频

插入录制音频具有很强的适用性，非常灵活，可根据演示文稿内容添加录制音频。

【说明】插入录制音频的前提是计算机必须安装麦克风。

例如，在“我最喜欢的动画”演示文稿中插入自己演唱的歌曲，具体操作如下。

【1】选取要添加录制音频的幻灯片。

【2】打开“录制声音”对话框。选择“插入”|“媒体”|“音频”|“录制音频”命令，打开【录制声音】对话框，如图 16-46 所示。

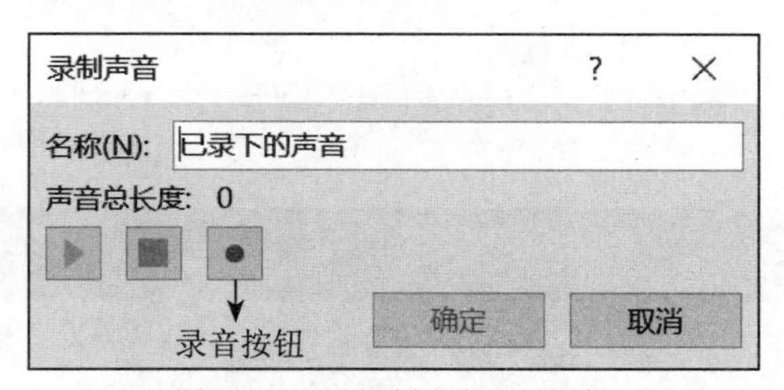

图 16-46　“录制声音”对话框

【3】录制音频。单击“录制声音”对话框左下方的录音按钮●开始录音，此时使用麦克风输入声音，录音状态显示如图 16-47 所示。输入结束后单击“录制声音”对话框中的停止按钮■，完成声音录制，状态显示如图 16-48 所示。

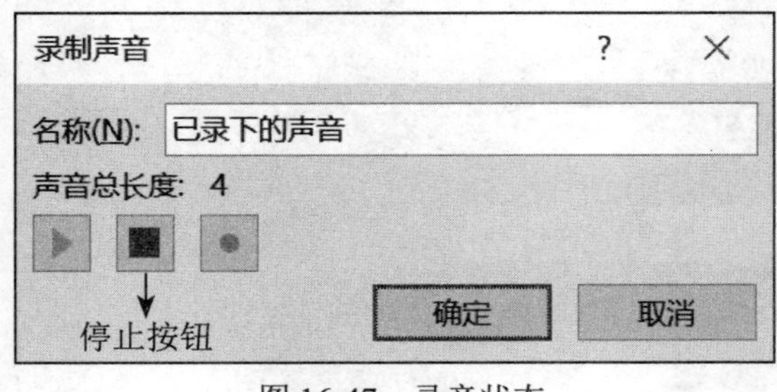

图 16-47　录音状态

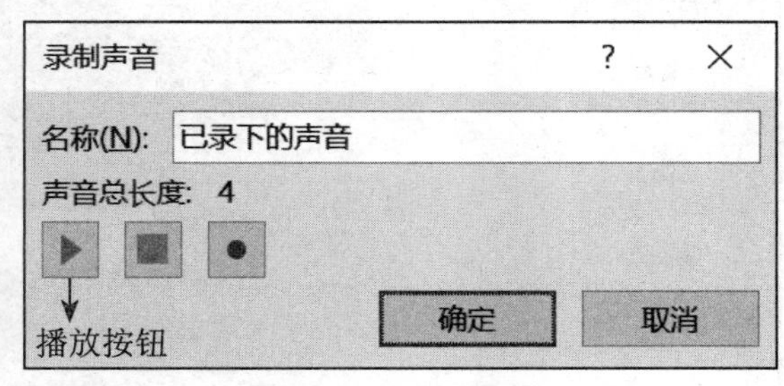

图 16-48　停止录音

【4】完成录制音频插入。单击“录制声音”对话框中的“确定”按钮，关闭该对话框，完成添加录制音频，如图 16-49 所示。

图 16-49　插入录制音频

【5】调整音频标识的样式和位置。

①选中音频标识，单击工作栏中“音频工具”|“格式”|“调整”|“更改图片”选项，如图 16-50 所示。

图 16-50　更改图片

②单击“更改图片”功能，打开“插入图片”对话框，选择适合的图片，单击“打开”按钮，完成更换，效果如图 16-51 所示。

图 16-51　更改音频标识图片

③更改音频标识的位置。移动光标到音频按钮上方，光标变成十字箭头状，将音频按钮拖动至幻灯片的右下方。

【6】展示播放效果。切换到幻灯片放映视图，查看播放效果，如图 16-52 所示。

图 16-52　展示播放效果

16.7 通过母版调整幻灯片外观

幻灯片母版是存储有关应用的设计模板信息的幻灯片，包括字形、占位符大小或位置、背景设计和配色方案等。幻灯片母版主要用于设置幻灯片的样式，编辑幻灯片中的文本、背景以及属性等，只需要对幻灯片母版进行修改就可更改演示文稿中所有幻灯片的设计，统一演示文稿的风格。在 PowerPoint 中有 3 种母版：幻灯片母版、讲义母版、备注母版。幻灯片母版包含标题样式和文本样式。

16.7.1 设置幻灯片母版

幻灯片母版可以控制幻灯片样式，设置幻灯片母版的目的是进行全局更改（如替换字形）并使该更改应用到演示文稿中的所有幻灯片。

例如，使用幻灯片母版修改演示文稿的样式，具体操作如下。

【1】进入幻灯片母版编辑模式。单击“视图”|“母版视图”|“幻灯片母版”选项，进入幻灯片母版编辑模式，如图 16-53 所示。

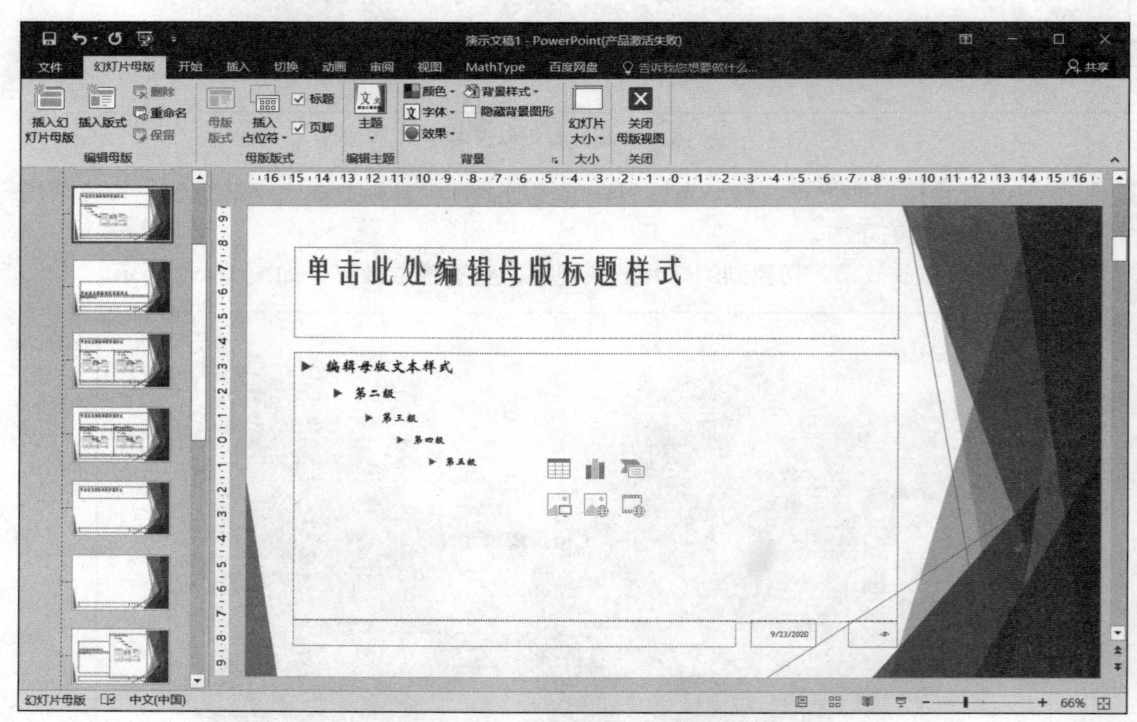

图 16-53　幻灯片母版编辑模式

【2】编辑母版标题样式。选中窗口中的“单击此处编辑母版标题样式”，调整母版标题字体、字形和对齐方式等特征，如图 16-54 所示。

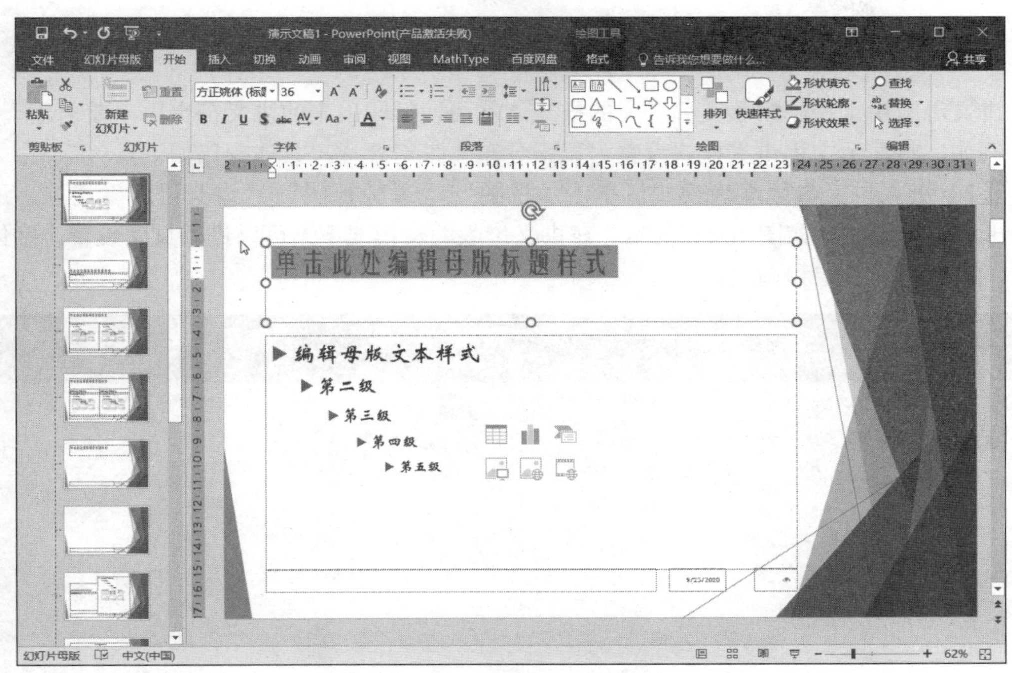

图 16-54　编辑母版标题模式

【注意】母版中文本的内容只是作为编辑的范例，不会在演示文稿中显示。更改的母版文本样式实际上是更改了对应位置的演示文稿中文本样式。

【3】编辑母版文本样式。按照第【2】步中的方法编辑母版文本样式，调整母版各级文本的字体、字形、对齐方式以及项目编号等，如图 16-55 所示。

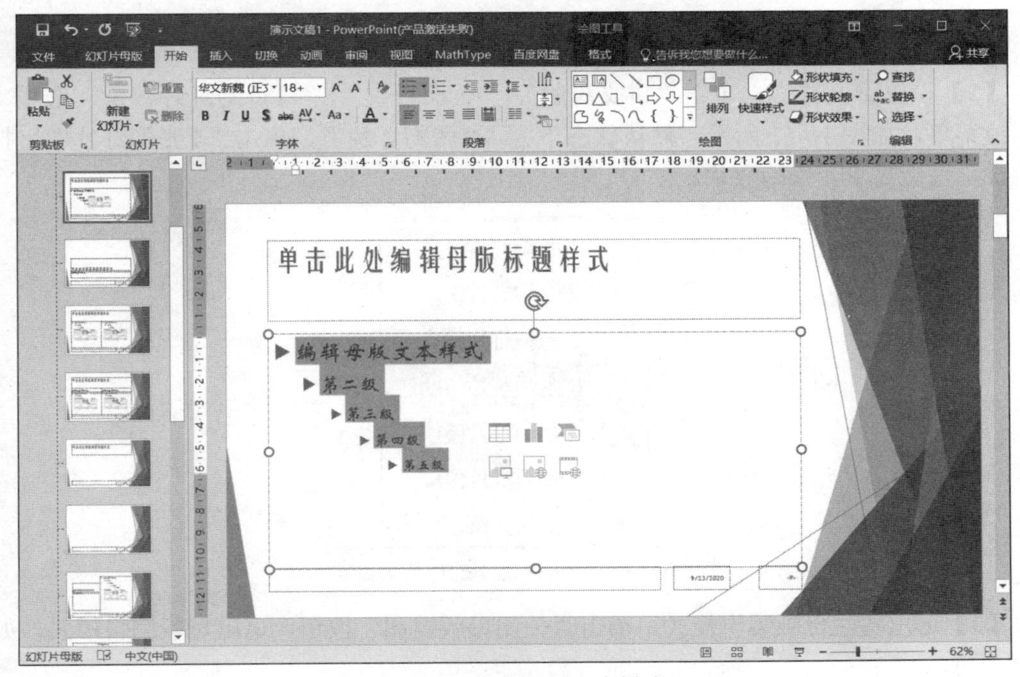

图 16-55　编辑母版文本样式

16.7.2 设置讲义母版

讲义母版用于控制演示文稿讲义的样式，从而使打印出来的讲义符合用户要求。

例如，将演示文稿讲义样式设置为每张分布 4 张幻灯片，具体操作如下。

【1】进入讲义母版编辑模式。单击“视图”|“母版视图”|“讲义母版”选项，进入讲义母版编辑模式，如图 16-56 所示。在讲义母版编辑模式下，可以进行页面设置，字体、背景、占位符的设定和调整。

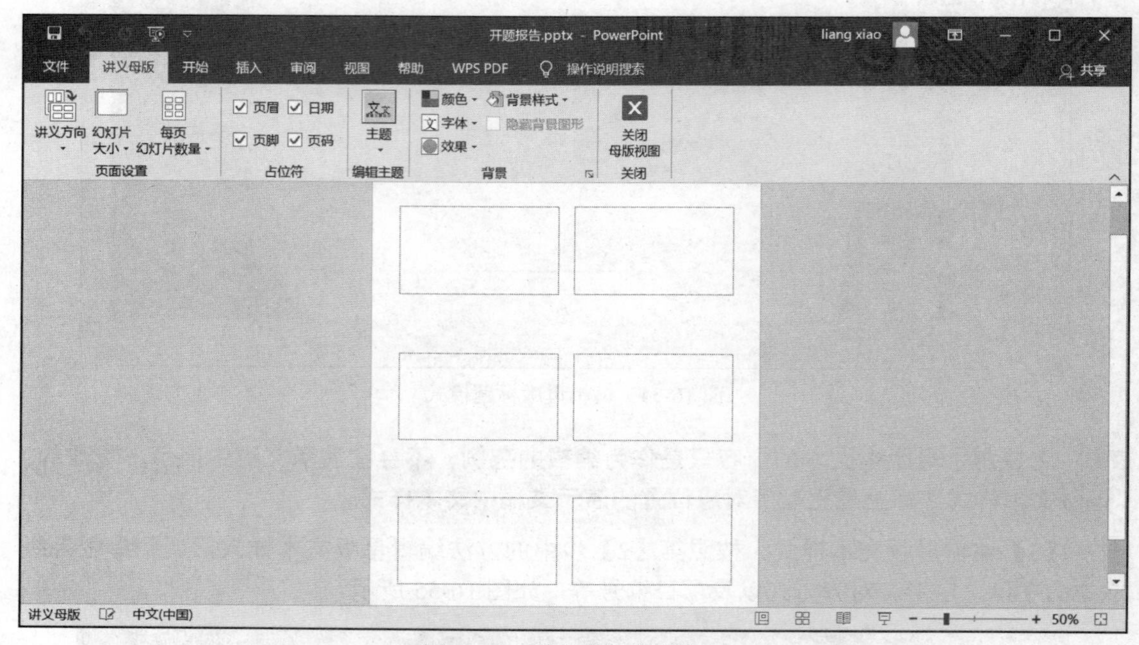

图 16-56 讲义母版编辑模式

【2】设置讲义样式。单击“讲义母版”|“页面设置”|“每页幻灯片数量”选项，弹出下拉菜单，如图 16-57 所示，默认状态下为“6 张幻灯片”，单击“4 张幻灯片”，打印出的讲义每页显示 4 张幻灯片。

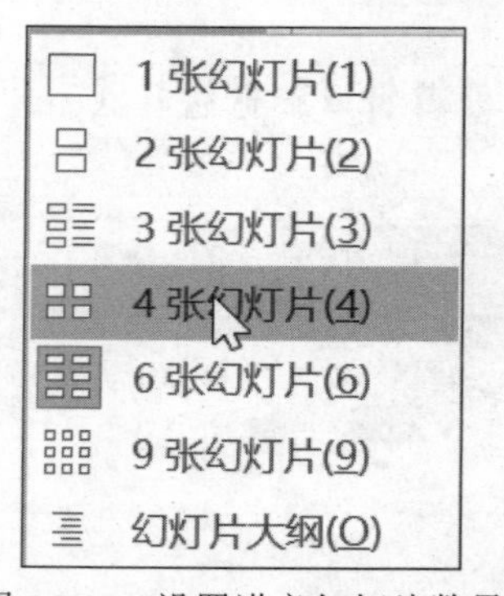

图 16-57 设置讲义幻灯片数量

【3】退出备注母版编辑模式。单击“关闭母版视图”按钮，退出母版编辑模式，如图 16-58 所示。

图 16-58　退出备注母版编辑模式

16.7.3　设置备注母版

备注母版用于控制演示文稿备注页的样式，方便用户打印出备注页进行应用。

例如，调整备注文本的字体、字形，具体操作如下。

【1】进入备注母版编辑模式。单击“视图”|“母版视图”|“备注母版”选项，进入备注母版编辑模式，如图 16-59 所示。在备注母版编辑模式下，可以对幻灯片和备注文字的位置及尺寸进行调整，同时可以进行备注页背景、占位符、备注字的字体等设定和调整。

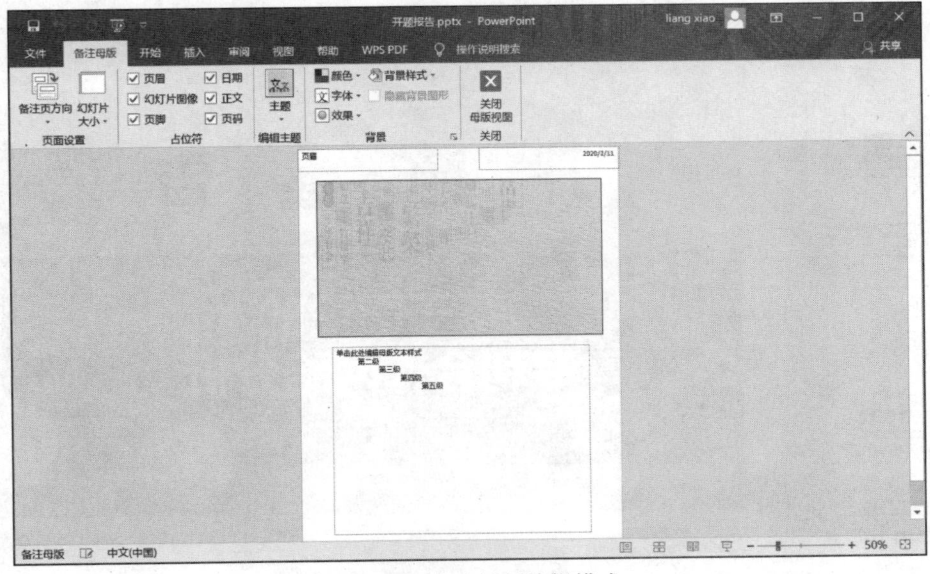

图 16-59　备注母版编辑模式

【2】设置备注样式。选中备注文字，打开“开始”选项卡，在“字体”选项组中调整备注文本的字体、字形等特征，如图 16-60 所示。

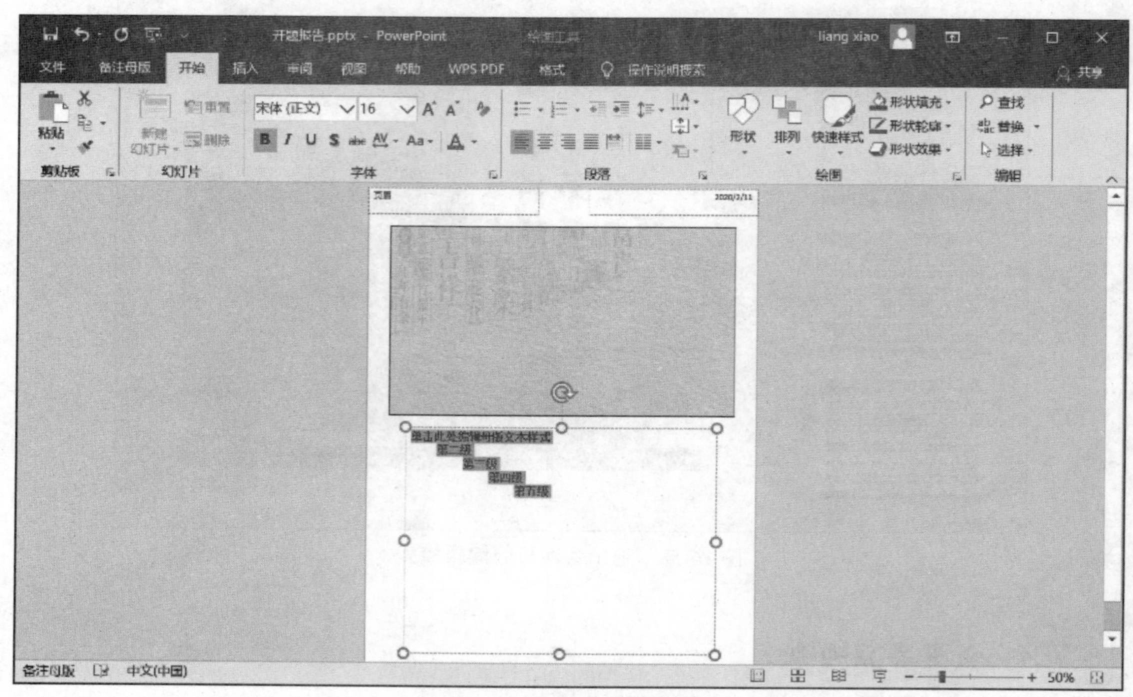

图 16-60　设置备注文字样式

【3】退出备注母版编辑模式。单击“关闭母版视图”按钮，退出母版编辑模式，如图 16-61 所示。

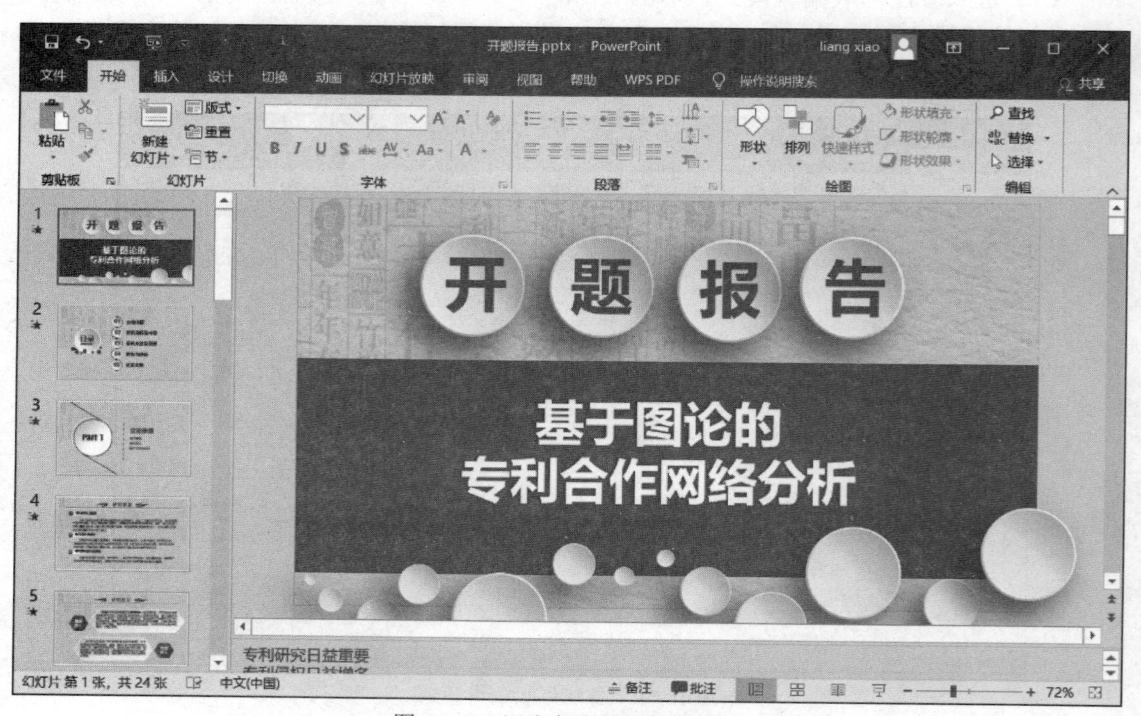

图 16-61　退出备注母版编辑模式

16.8　幻灯片外观设计

幻灯片外观设计包括使用主题、设置背景等，“设计”选项卡下可用工具如图 16-62 所示。

图 16-62　“设计”选项卡

16.8.1　设置主题

主题是 PowerPoint 2016 中的一种包含背景图形、字体选择及对象效果的组合，是颜色、字体、背景和效果的设置，作为一套独立的设计方案应用于演示文稿中，能有效简化演示文稿的创建过程，并使演示文稿具有统一风格。

例如，将下面演示文稿套用主题模板，使演示文稿更加美观，具体操作如下。

【1】选取要套用模板的演示文稿。单击演示文稿中任意幻灯片，如图 16-63 所示。

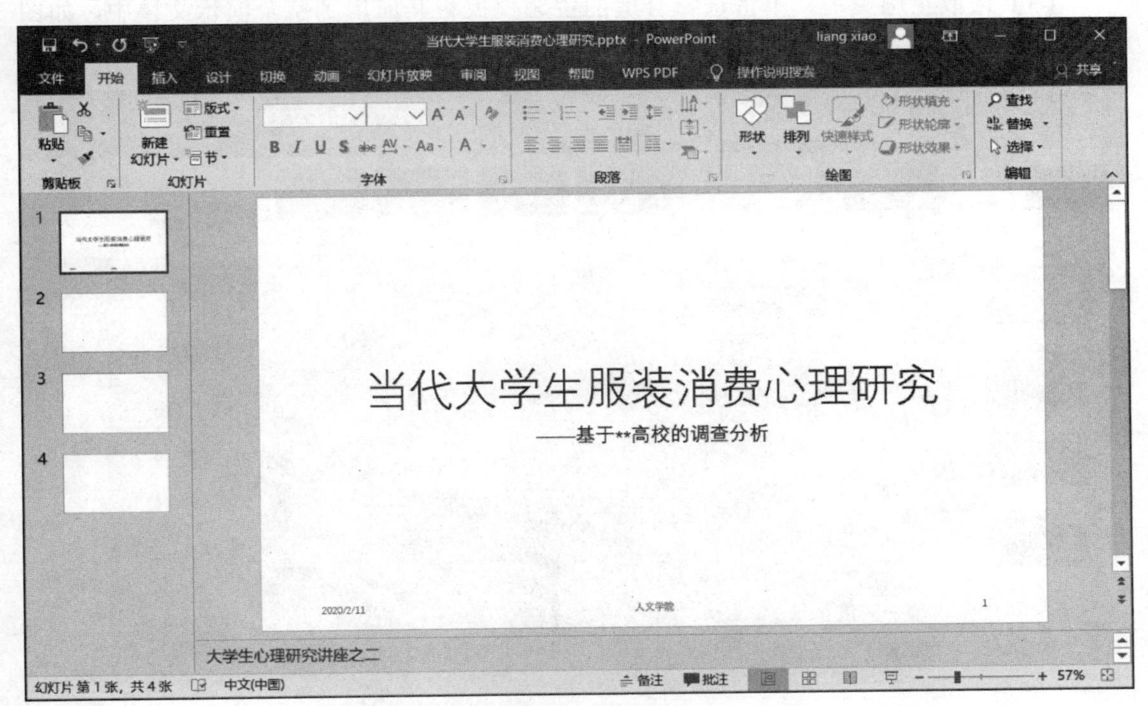

图 16-63　选取要套用主题模板的演示文稿

【2】打开“所有主题”列表框。打开“设计”选项卡，单击“主题”选项组中的倒立三角标识，打开幻灯片“所有主题”列表框，如图 16-64 所示。

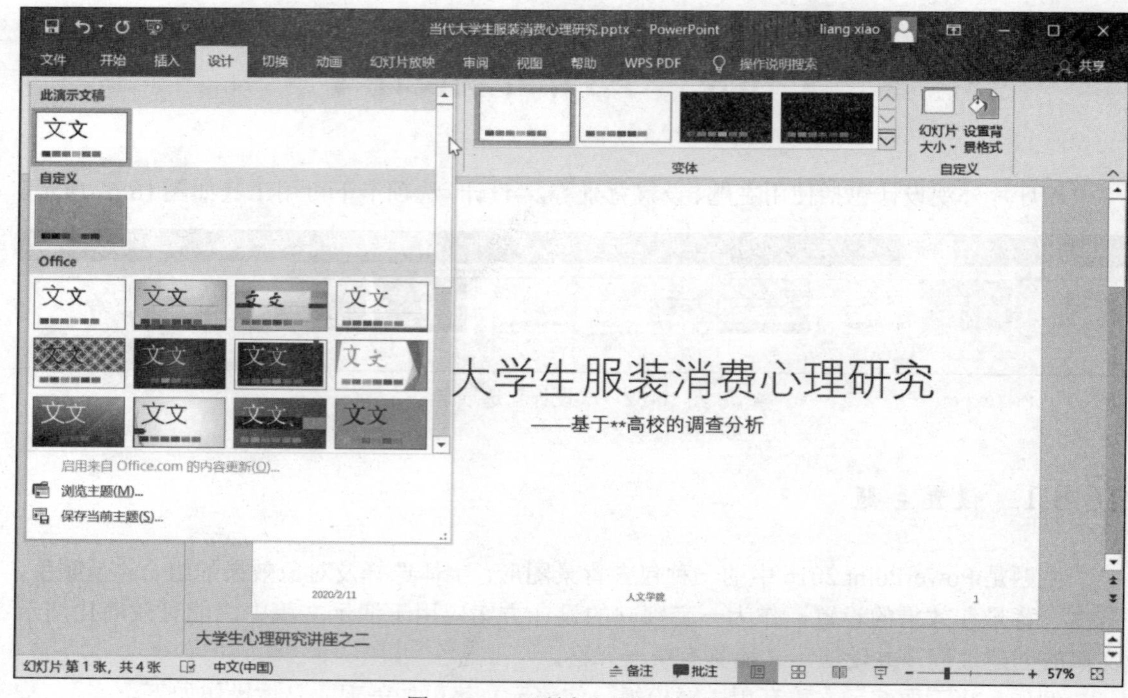

图 16-64 “所有主题”列表框

【3】选取主题模板。单击选择合适的主题模板将其应用到整个演示文稿中，如图 16-65 所示。

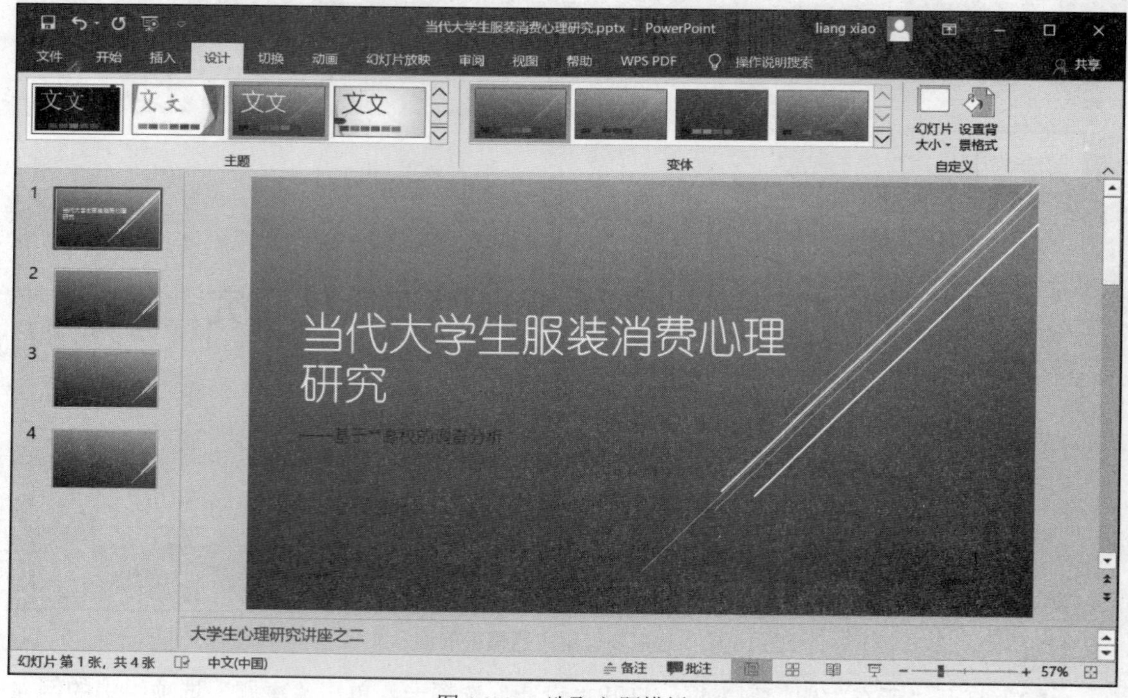

图 16-65 选取主题模板

【4】单独选取主题模板。如果并不希望演示文稿全部采用主题模板，仅仅对当前页采用，则具体操作步骤如下。

①选中要套用模板的幻灯片。

②选取主题模板。右击选中的主题模板，弹出下拉菜单，如图 16-66 所示。单击“应用于选定幻灯片”按钮，应用于选定的幻灯片。

图 16-66　选取主题模板

16.8.2　设置颜色方案

演示文稿中使用了主题模板统一风格后，还可以通过设置颜色方案进一步完善演示文稿。

例如，为演示文稿设计合适的配色方案，具体操作如下。

【1】打开“颜色”下拉菜单。选择“设计”|“变体”|“颜色”命令，打开“颜色”列表框，如图 16-67 所示。

【2】选取颜色方案。选择“气流”方案，将其应用到整个演示文稿中，如图 16-68 所示。

【3】设置文字颜色。选择“设计”|“变体”|“颜色”命令，打开“颜色”列表框，单击“自定义颜色”按钮，弹出“自定义颜色”对话框，将“超链接”颜色改为“黄色”，如图 16-69 所示。

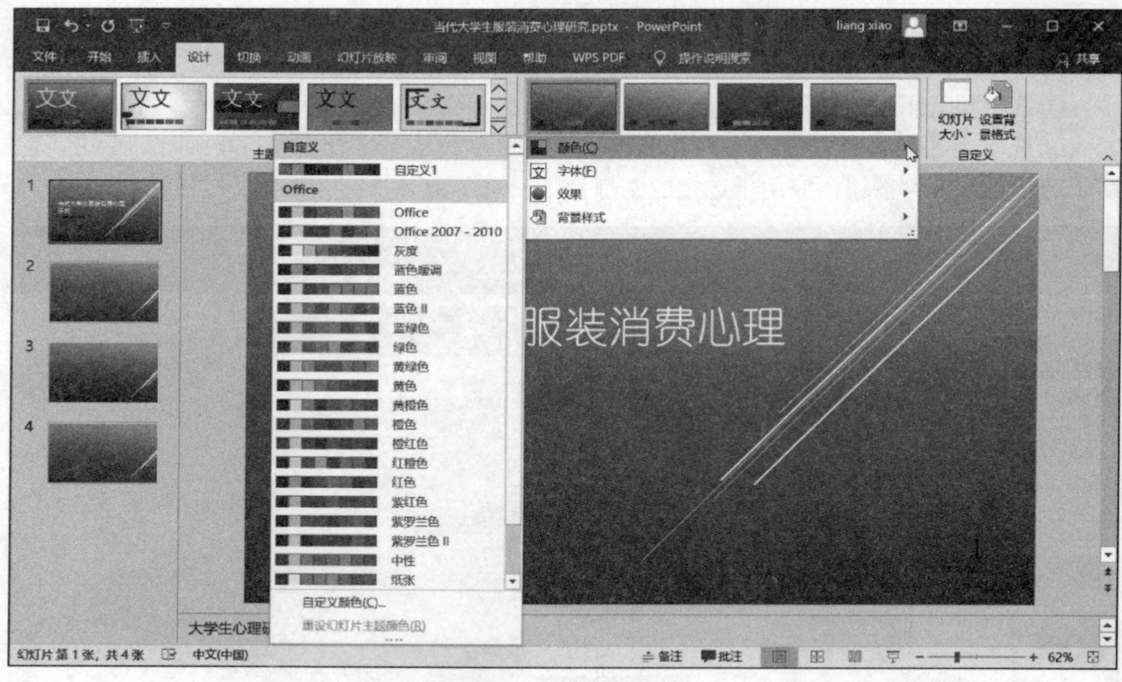

图 16-67 “颜色”列表框

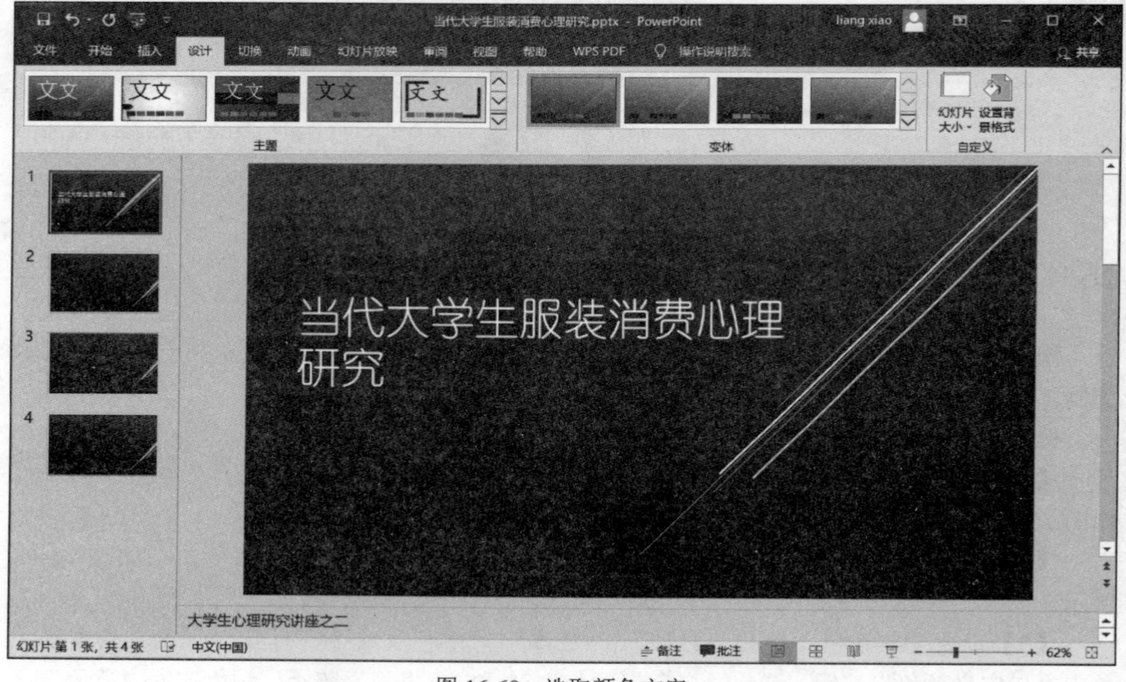

图 16-68 选取颜色方案

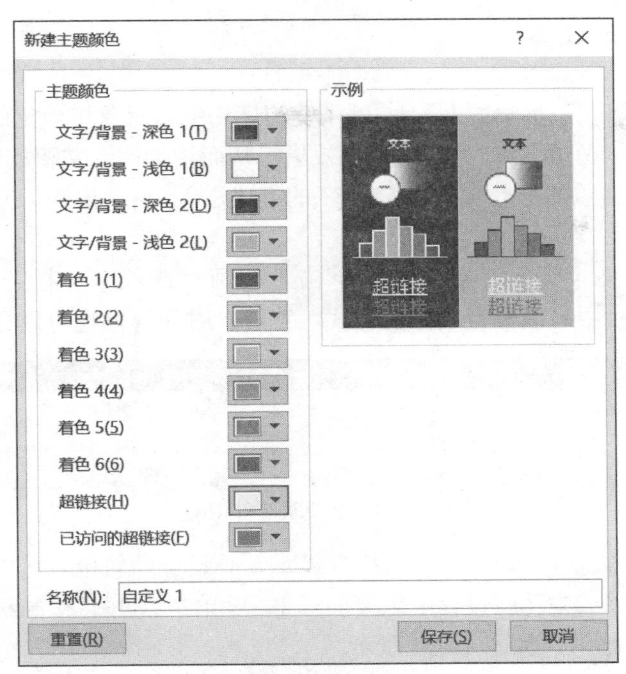

图 16-69　设置文字颜色

【4】设置完成。单击“新建主题颜色”对话框中的“保存”按钮，完成设置，效果如图 16-70 所示。

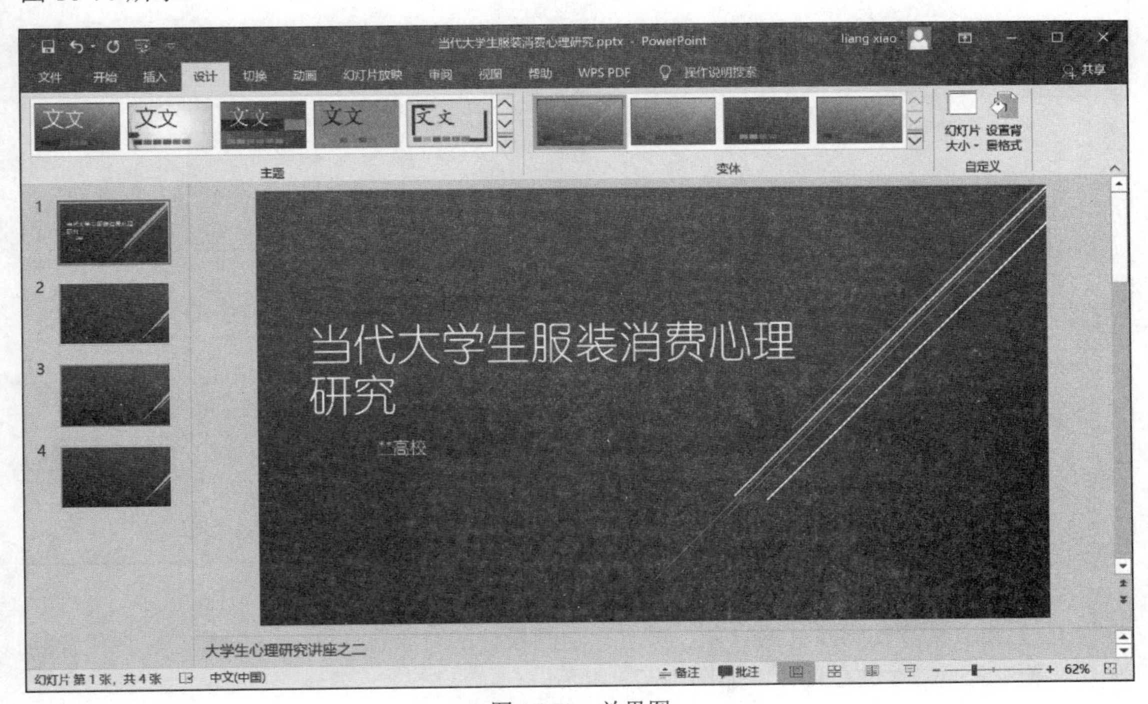

图 16-70　效果图

16.8.3 设计动画效果

通过对演示文稿进行动画效果设计，可以使幻灯片中的对象按一定的规则和顺序出现，在样式、声音和颜色等方面会有更好的视觉效果，从而增加演示文稿的生动性。

例如，设置演示文稿的标题文本以“弹跳”的方式进入，逐字出现，进入过程伴随风铃音，具体操作如下。

【1】打开“动画设计”任务窗口。单击“动画”选项卡，打开动画工具栏，如图16-71 所示。在工具栏中可以设置动画的样式、声音、时间等，也可以预览动画效果。

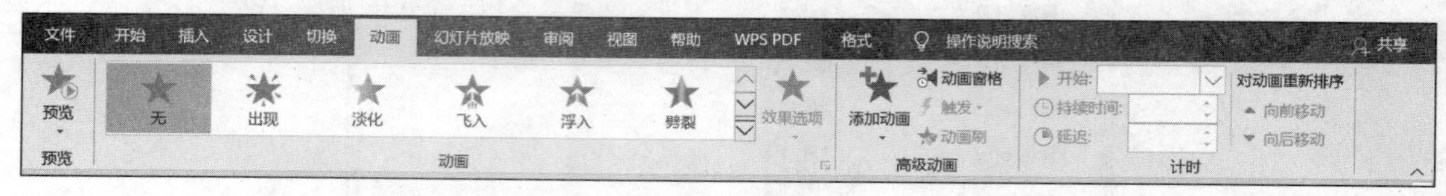

图 16-71 “动画”工具栏

【2】显示“动画窗格”。“动画窗格”显示动画设计的轨迹，可以清晰地看到动画设定的方案和先后顺序，成为动画设计中重要的一部分。单击“动画”|“高级动画”|“动画窗格”按钮，显示“动画窗格”，如图 16-72 所示。

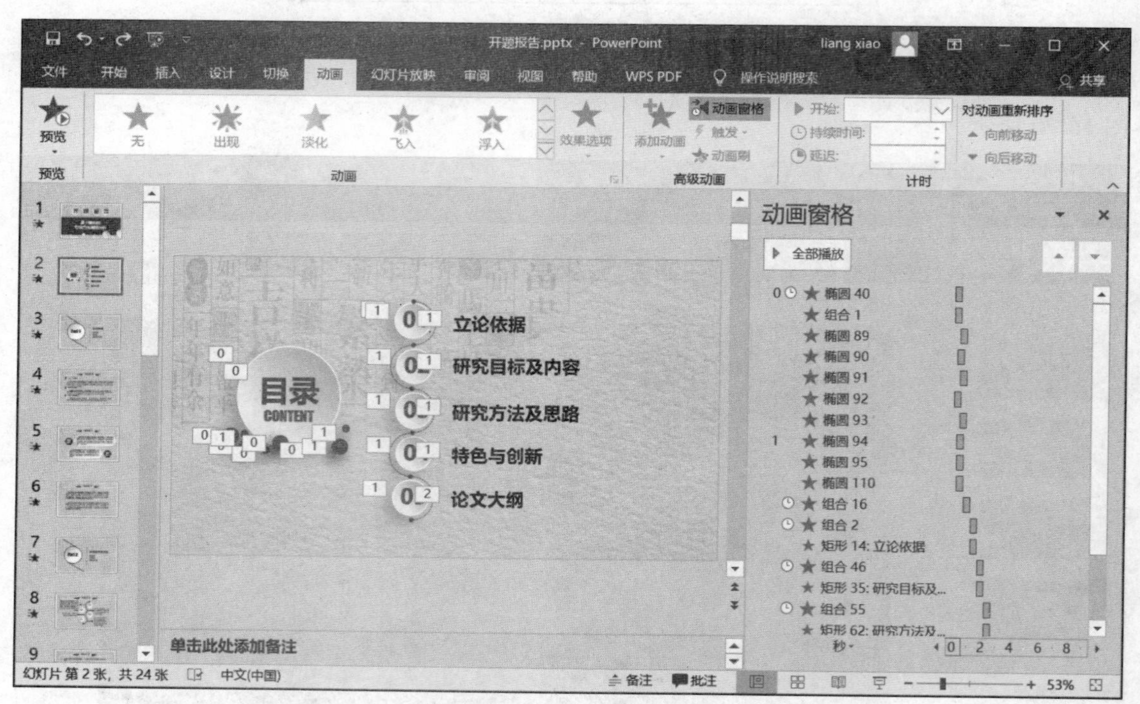

图 16-72 打开“动画窗格”

【3】选取进行动画设计的对象。可进行动画设计的对象包含文本、图片、视频和音频等，本案例选择文本进行设计，如图 16-73 所示。

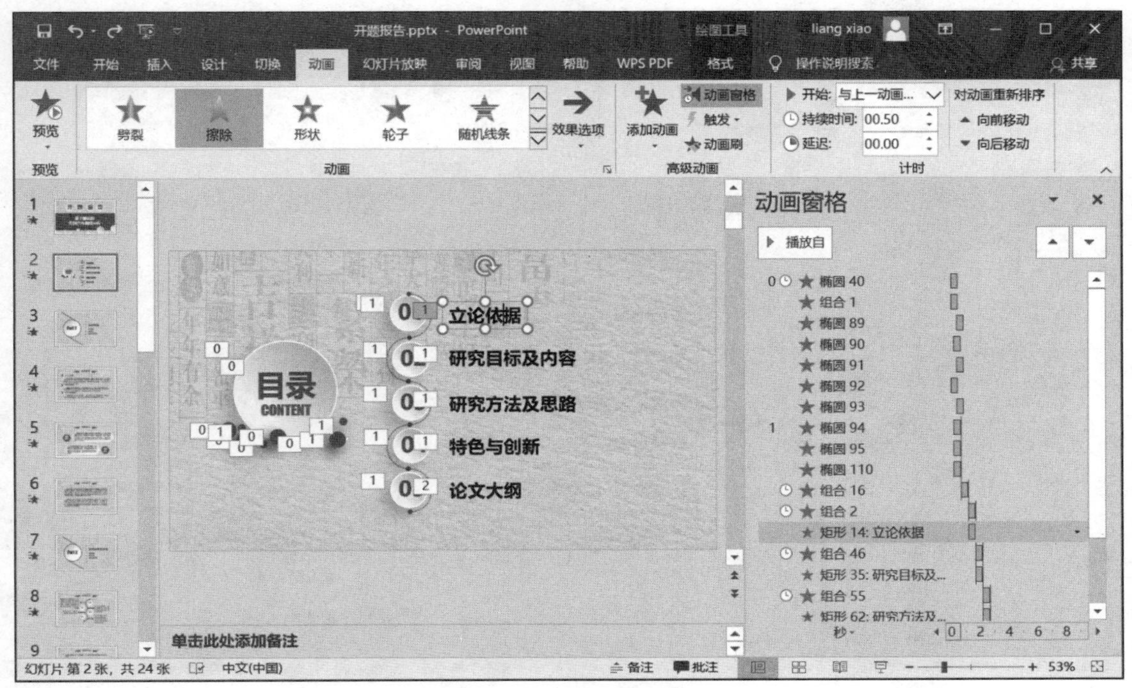

图 16-73 选取动画设计对象

【4】添加动画。单击“动画”|“高级动画”|“添加动画”选项，打开下拉菜单，如图 16-74 所示。选择“进入”选项组中的“弹跳”动画方案。

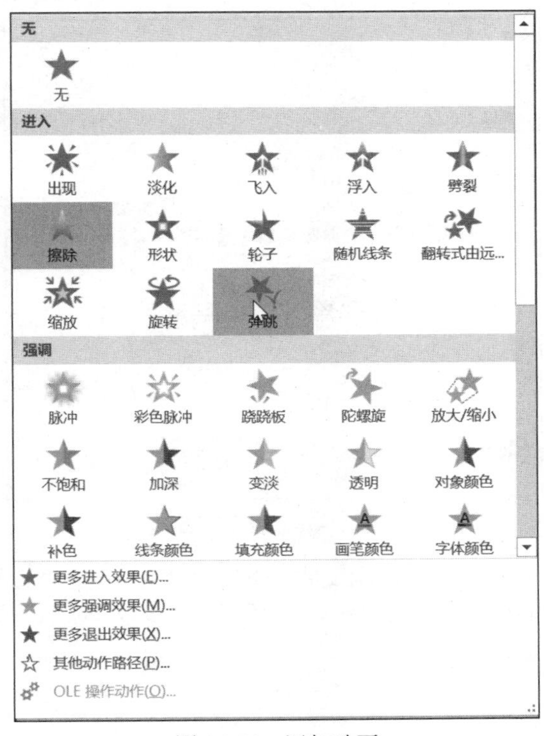

图 16-74 添加动画

【5】设置动画效果选项。第【4】步添加动画完成后，在“动画窗格”中出现动画标识，并且在幻灯片窗口出现动画的顺序标识。单击“动画窗格”中的动画标识，弹出下拉菜单，如图 16-75 所示。

单击“效果选项”命令，弹出“弹跳”对话框，设置效果选项。

①设置声音。在“弹跳”对话框中，打开“效果”选项卡，单击“声音”下拉菜单，选择“风铃”，如图 16-76 所示。

②设置动画文本播放后的效果。单击“动画播放后”下拉菜单，选择“不变暗”，如图 16-77 所示。

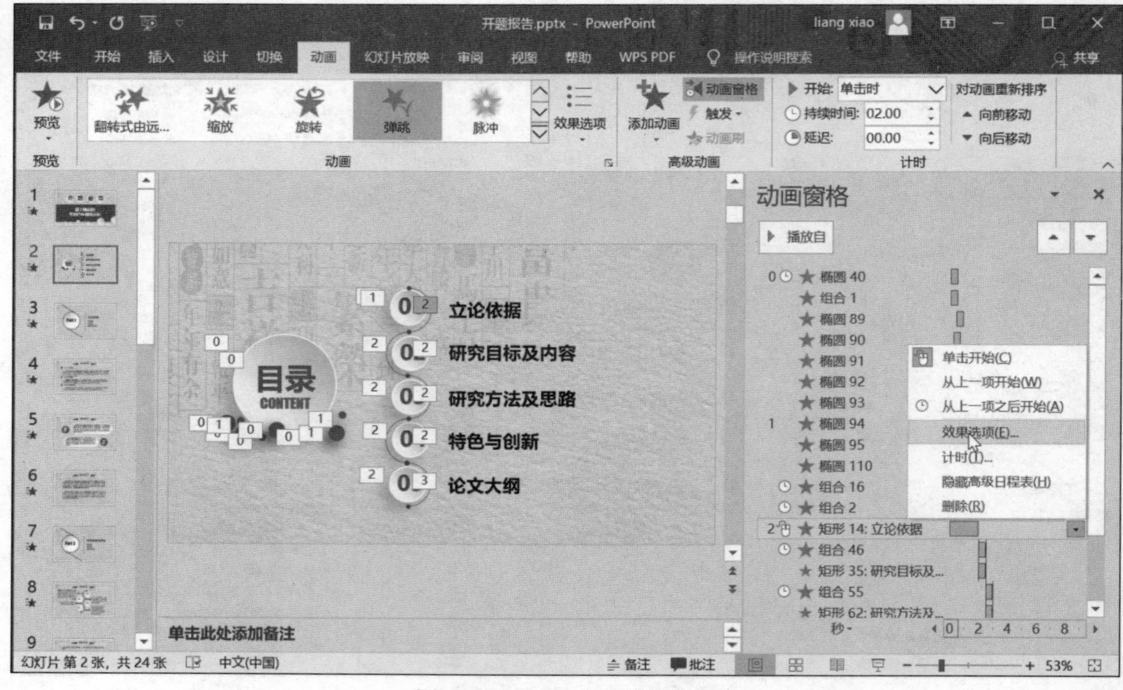

图 16-75　设置动画效果选项

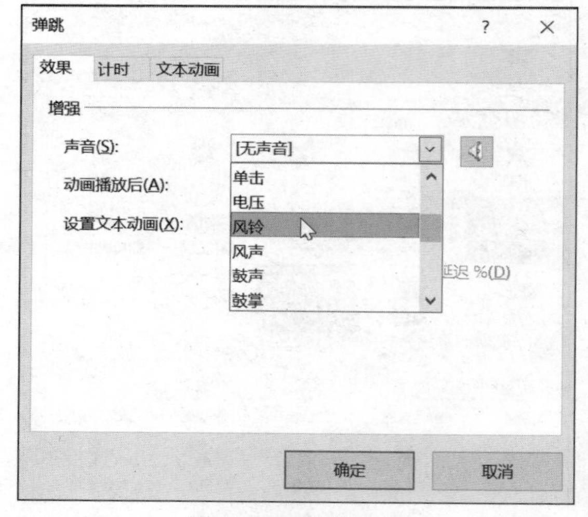

图 16-76　设置声音

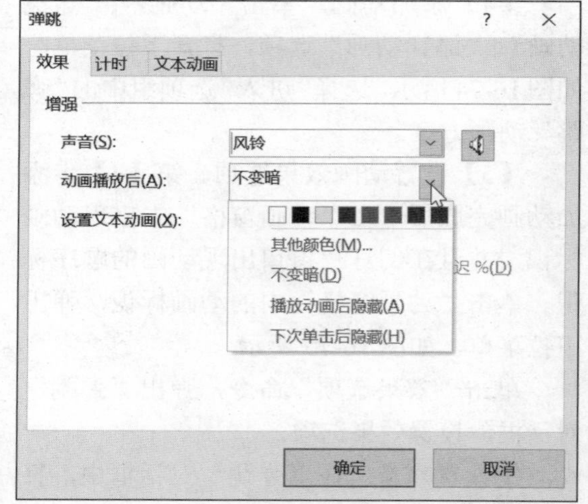

图 16-77　设置动画文本播放后效果

③设置动画文本出现的顺序。单击“设置文本动画”下拉菜单，选择“按词顺序”，如图 16-78 所示。

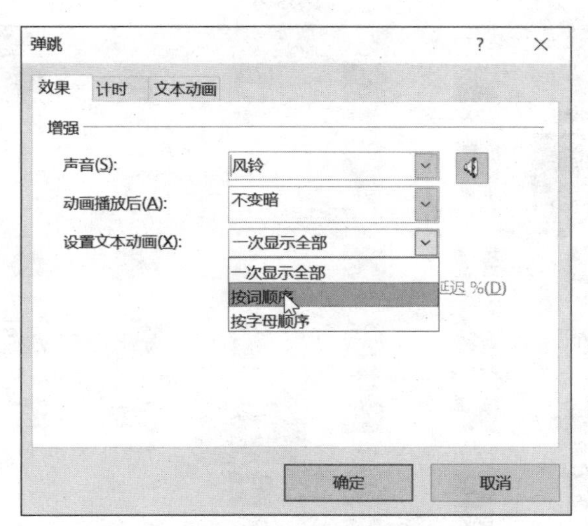

图 16-78　设置文本动画出现顺序

④设定完成。单击“弹跳”对话框中的“确定”按钮，自动播放设置效果，完成设置。

16.9　设计幻灯片切换效果

幻灯片的切换效果是指演示文稿放映时幻灯片进入和离开播放画面时的整体视觉效果。幻灯片的切换效果可以使幻灯片的过渡衔接更为自然，增强展示效果。

例如，设置“开题报告”演示文稿的切换样式为“切换”，幻灯片进入方式为“从右侧进入”，声音设置为“风铃”，持续时间设置为 2 秒钟，换片方式为“单击鼠标时”，具体操作如下。

【1】打开“切换”选项卡。单击“切换”选项卡，打开幻灯片切换工具栏，如图 16-79 所示。

图 16-79　幻灯片切换工具栏

应用“幻灯片切换”工具栏可以设置幻灯片切换方案、声音、换片方式等，并可以预览设置效果。

【2】设置幻灯片切换选项。具体操作如下。

①选取切换方案。单击“切换”选项卡，在“切换到此幻灯片”选项组中，单击▾按钮，打开下拉菜单，选择“切换”切换方案，如图 16-80 所示。

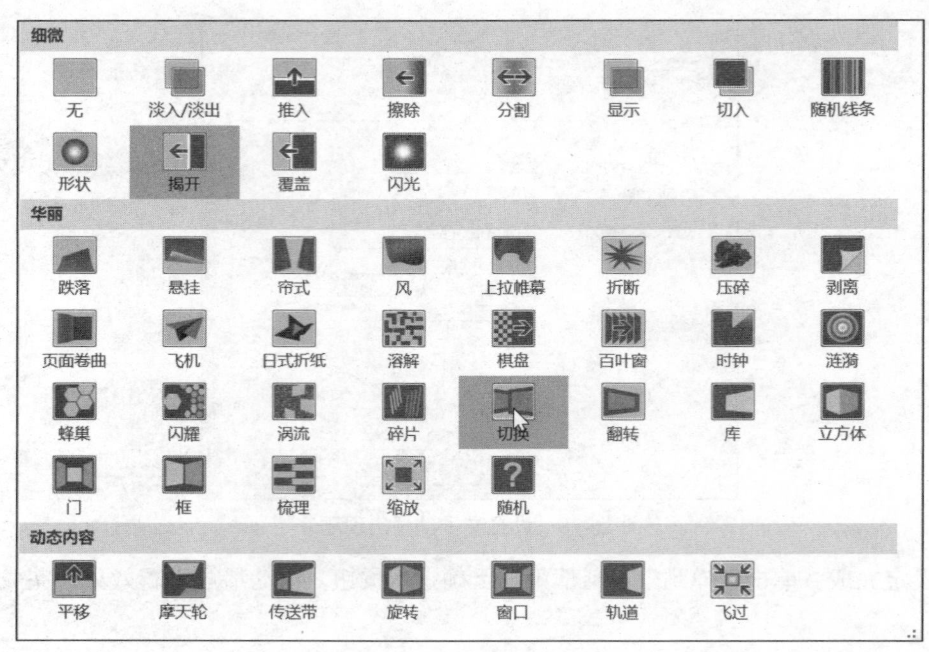

图 16-80　选取切换方案

②设置切换效果选项。在“切换到此幻灯片”选项组中，单击“效果选项”选项，打开下拉菜单，选择“自右侧”效果选项，使得幻灯片中的文字从右侧出现，如图 16-81 所示。

图 16-81　设置切换效果选项

③设置切换声音。设置“声音”为“风铃”，“持续时间”设置为“02∶00”，意味着幻灯片切换时声音为风铃音，从幻灯片切换开始至结束时长共计两秒。

④设置换片方式。在换片方式部分，选中“单击鼠标时”复选框，意味着单击时才会切换幻灯片。如果想自动切换幻灯片，则选中“设置自动换片时间”复选框，并设定换片时间。具体设置如图 16-82 所示。

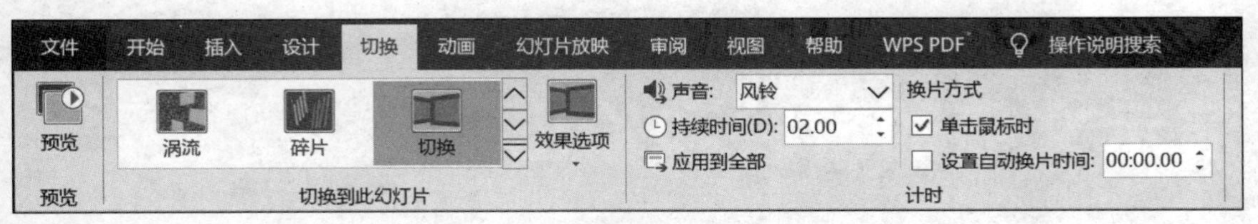

图 16-82　幻灯片切换选项设置

【3】预览切换效果。单击“切换”|“预览”|“预览”选项，预览幻灯片切换效果。

【4】设置应用范围。如果将演示文稿整体应用已设置的幻灯片切换选项，单击“切换”|“计时”|“全部应用”选项。

第17章
演示文稿的放映和输出

设计完成的演示文稿，需要使用投影仪或显示器等以全屏模式进行放映，从而实现其功能，满足用户需求。但为了方便用户对演示文稿多方位的应用，在放映演示文稿之前通过插入旁白、排练计时、自定义放映等使演示文稿的应用更为规范和专业，增强演示文稿的正式性；在放映过程中，通过控制演示文稿的放映、应用幻灯片书写和黑白板功能提高演示文稿的可用性；另外，为使得演示文稿获得更为广泛的应用，PowerPoint 2016 还提供了打包输出、打印输出等功能。

内容提要

本章首先介绍幻灯片正式放映前的准备工作，如插入旁白、排练计时、设定自定义放映等；其次介绍幻灯片放映过程中如何控制演示文稿的放映、幻灯片书写以及黑白板功能的使用；然后介绍在未安装 PowerPoint 软件的计算机上播放演示文稿所需的打包功能；最后介绍演示文稿页面设置和打印输出功能。

重要知识点

- 插入旁白
- 排练计时
- 自定义放映
- 幻灯片书写和黑白板功能
- 演示文稿打包
- 页面设置

17.1　插入旁白

给演示文稿插入旁白，从而对演示文稿中正文内容进行补充说明，增强演示文稿的表现力。

例如，给“开题报告”演示文稿第 2 张幻灯片录制旁白，便于用户理解，具体操作如下。

【1】选取要插入旁白的幻灯片。选中第 2 张幻灯片。

【2】选择开始录制旁白的幻灯片位置。单击“幻灯片放映”|“设置”|“录制幻灯片演示”文字选项，弹出下拉菜单，设定录制旁白的幻灯片位置，如图 17-1 所示。

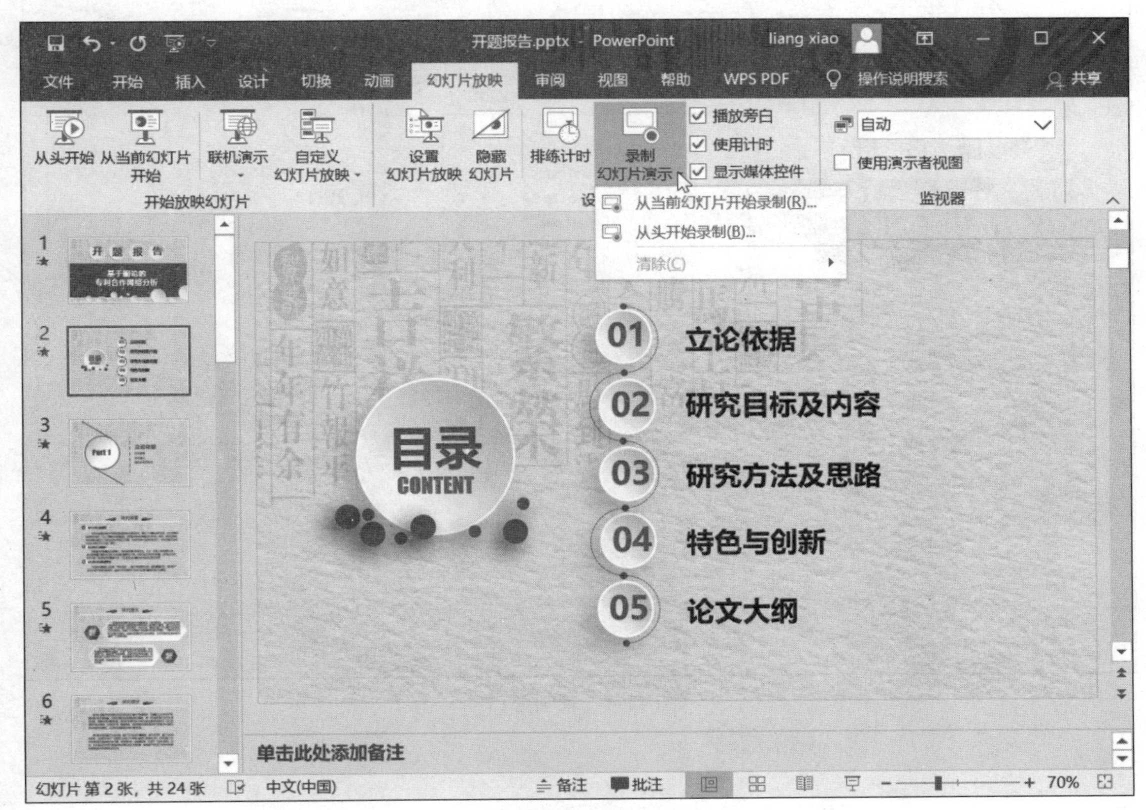

图 17-1　选择开始录制旁白的幻灯片位置

【3】打开“录制幻灯片演示”对话框。因本案例选择对第 2 张幻灯片录制旁白，故选择“从当前幻灯片开始录制”命令，弹出“录制幻灯片演示”对话框，如图 17-2 所示。

【4】开始录制旁白。单击“录制幻灯片演示”对话框中的“开始录制”按钮，进入幻灯片放映模式，并且在屏幕上弹出“录制”工具栏，记载录制时间，如图 17-3 所示。

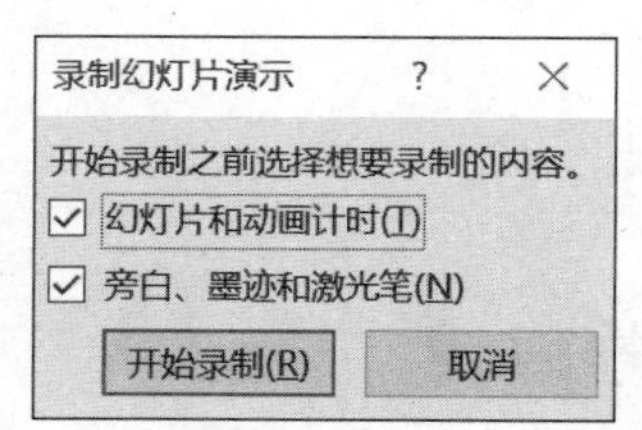

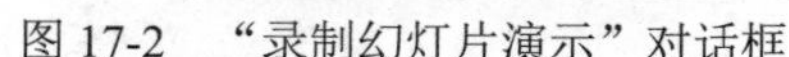
图 17-2 “录制幻灯片演示”对话框　　图 17-3 开始录制旁白

【5】完成旁白录制。当录制结束时，单击“录制”工具栏中的“关闭”按钮，自动切换至幻灯片浏览视图模式，在插入录制旁白的幻灯片的右下角都会出现“喇叭”标识，同时会在幻灯片的下方自动保存排列时间，如图 17-4 所示。图中第 2 张幻灯片插入了录制旁白。

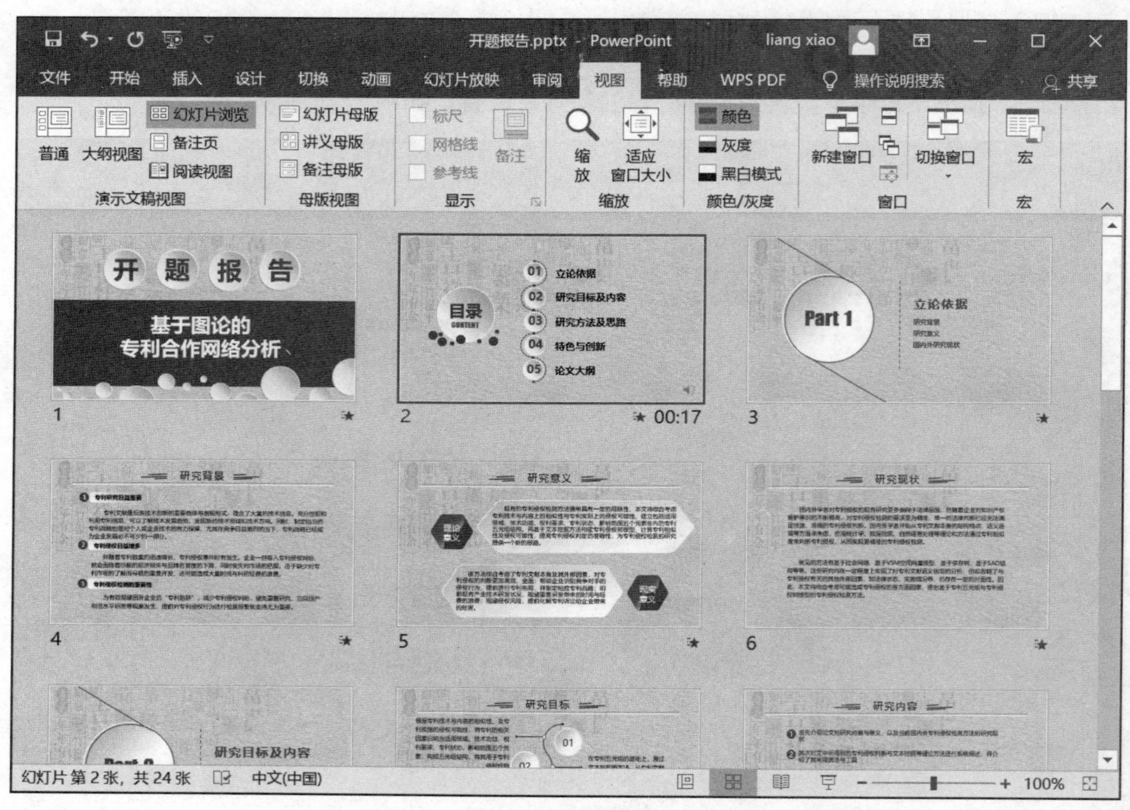

图 17-4 录制旁白

17.2 排练计时

利用排练计时功能，可以提前掌握和控制每张幻灯片讲解所需要的时间，一般用于演讲、授课等。

例如，应用排练计时功能对“开题报告”演示文稿进行预演，具体操作如下。

【1】开始计时练习。单击“幻灯片放映”|“设置”|“排练计时”选项，自动进入幻

灯片放映模式，同时在放映屏幕左上角出现“录制”工具栏，如图 17-5 所示。

【2】完成第 1 张幻灯片预演。完成第 1 张幻灯片放映后单击屏幕任意位置进入下一张幻灯片，此时 PowerPoint 已经记录下了放映该幻灯片使用的时间和累计放映时间。

【3】完成整个演示文稿预演。重复【2】中的操作步骤，完成整个演示文稿的预演，在最后一张幻灯片上任意位置单击，弹出 Microsoft PowerPoint 对话框，如图 17-6 所示。

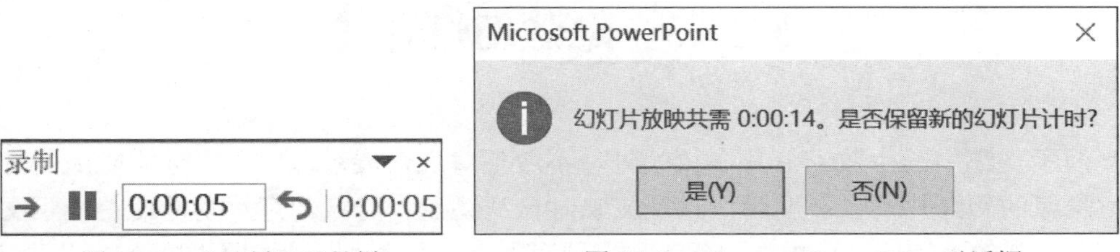

图 17-5　“录制”工具栏　　　　图 17-6　Microsoft PowerPoint 对话框

【注意】如果放映到任意一张幻灯片想结束排练计时，在该幻灯片任意位置右击，弹出右键菜单，选择“结束放映”命令，则弹出 Microsoft PowerPoint 对话框，确定保存排练时间即可。

【4】保存排练时间。单击 Microsoft PowerPoint 对话框中“是”按钮，保存排练时间。此时 PowerPoint 会自动转入幻灯片浏览视图，如图 17-7 所示。从图中可见每张幻灯片左下方标出了放映该幻灯片所用的时间，下次播放演示文稿时按照上面记录的时间自动播放。

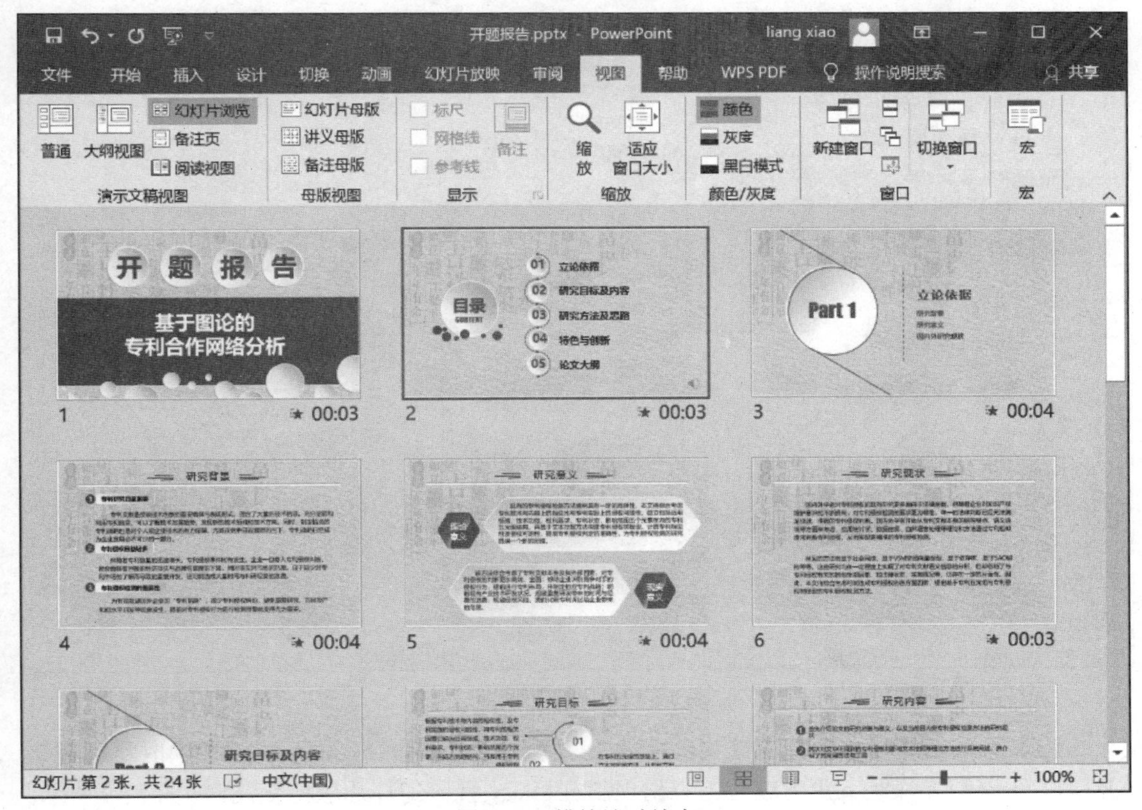

图 17-7　排练计时结束

【注意】如果排练计时仅仅是为了演讲或授课时的预演，并不希望真正放映时按照排练计时的时间播放幻灯片，则在“幻灯片放映”|“设置”选项组中，取消选中“使用计时”复选框。

17.3 隐藏幻灯片

当演示文稿中的少数幻灯片在放映时，不希望对观众展示，则可以采用隐藏幻灯片的方法。隐藏的幻灯片不会被删除，只是放映时自动跳过。隐藏幻灯片功能使得演示文稿的放映具有很强的灵活性，可根据实际工作需要以及观众的类型，播放不同的幻灯片内容。

以幻灯片浏览视图为例，隐藏“开题报告”演示文稿的某一张幻灯片，具体操作如下。

【1】切换到幻灯片浏览视图。单击“视图”|“演示文稿视图”|“幻灯片浏览”选项，切换到幻灯片浏览视图。

【2】打开右键菜单。右击要隐藏的幻灯片，打开右键菜单，如图 17-8 所示。

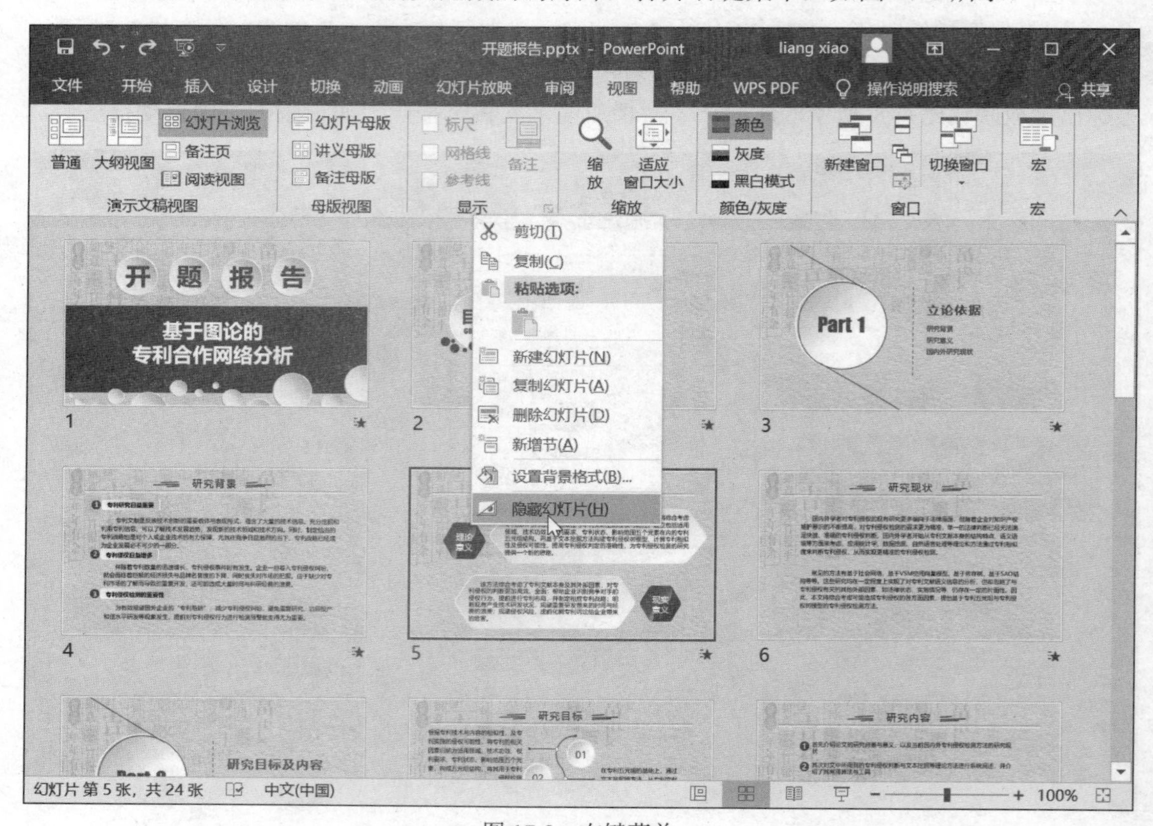

图 17-8　右键菜单

【3】隐藏幻灯片。选择右键菜单中的“隐藏幻灯片”命令，演示文稿放映时将跳过该幻灯片，在该幻灯片左下角的编号上方出现斜杠标记，且该幻灯片颜色变浅，如图 17-9 所示。

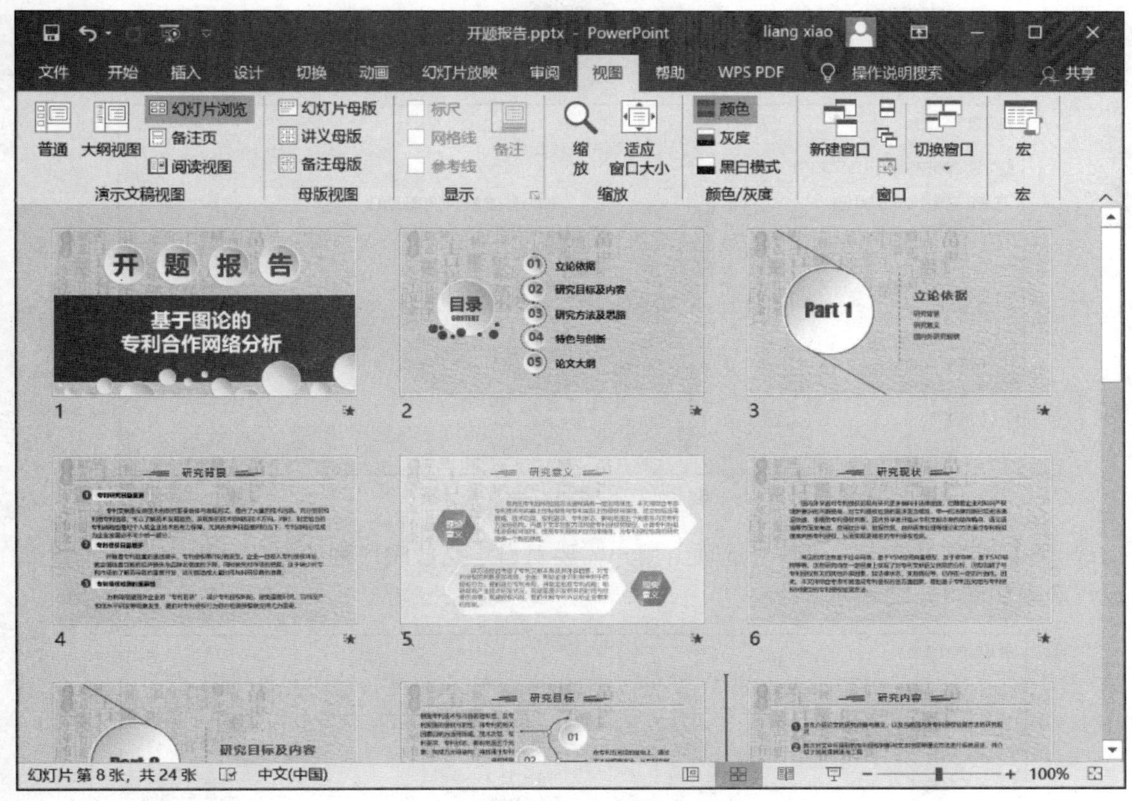

图 17-9　隐藏幻灯片

【4】显示幻灯片。如果想取消隐藏幻灯片，只需重复【2】【3】的操作即可。

17.4　设置自定义放映

如果不希望将演示文稿的所有部分展现给观众，而是根据工作需要或者受众类型，选取演示文稿中部分幻灯片组合成一个新的幻灯片放映序列，可以应用自定义放映功能来实现。自定义放映与隐藏幻灯片功能有所区别，自定义放映可以任意组合演示文稿中的幻灯片来组成新的放映序列，幻灯片的数量、顺序都可以灵活设置。

例如，为“开题报告”演示文稿自定义一个放映序列使演讲更加简练，具体操作如下。

【1】打开“自定义放映”对话框。单击“幻灯片放映”|“开始放映幻灯片”|“自定义幻灯片放映”选项，打开下拉菜单，选择“自定义放映”命令，弹出“自定义放映”对话框，如图 17-10 所示。

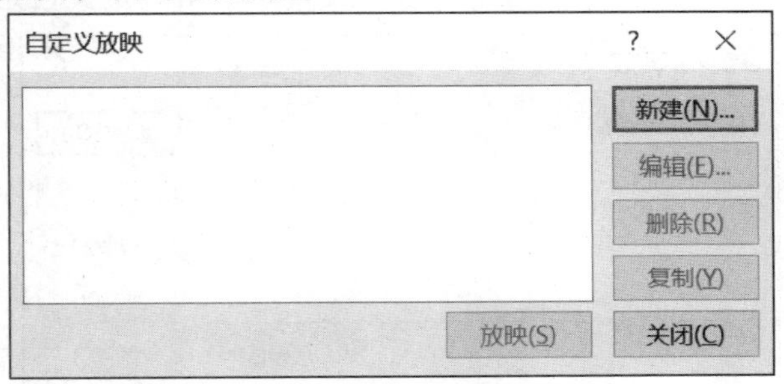

图 17-10　“自定义放映”对话框

【2】新建自定义放映。单击“自定义放映”对话框中的“新建”按钮，弹出“定义自定义放映”对话框，如图 17-11 所示。

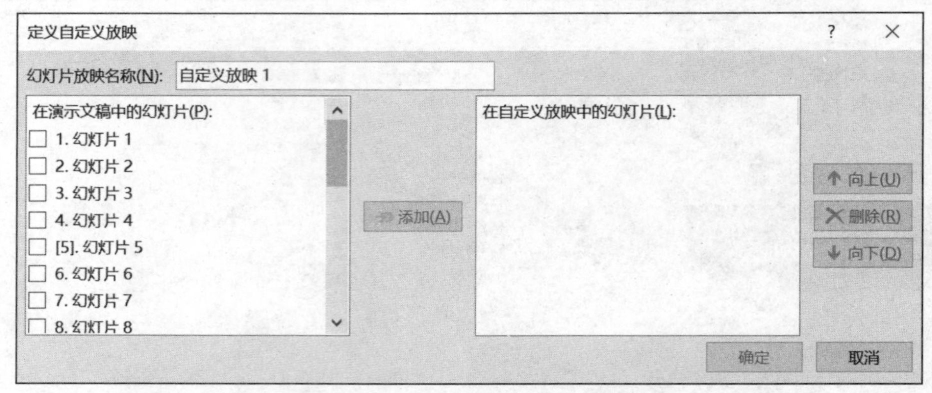

图 17-11　新建自定义放映

【3】设置“自定义放映”选项。用户需要对自定义放映序列的名称、内容进行设置，设置选项如图 17-12 所示。

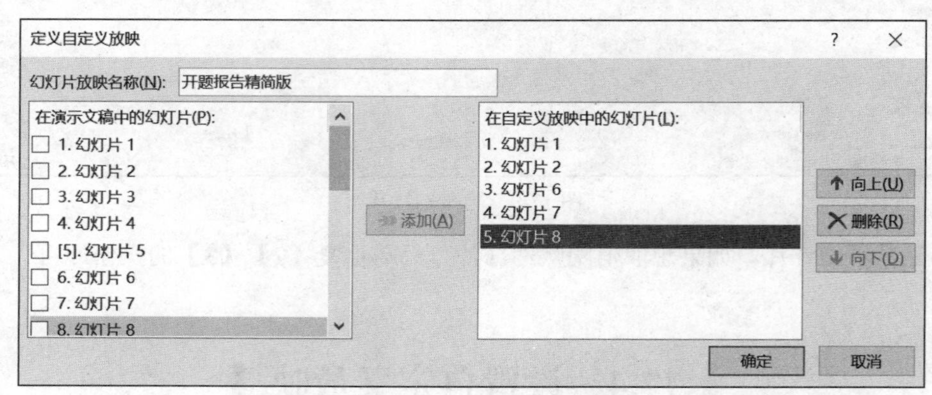

图 17-12　设置“自定义放映”选项

- 设置放映名称。在“幻灯片放映名称”文本框中输入“开题报告精简版”。
- 添加需要放映的幻灯片。在“在演示文稿中的幻灯片”列表框中存放着演示文稿中的全部幻灯片，单击选中需要放映的幻灯片，单击“添加”按钮，将该幻灯片添加到“在自定义放映中的幻灯片”列表框。

【4】完成自定义放映设置。单击“定义自定义放映”对话框中“确定”按钮关闭该对话框。完成定义自定义放映，返回到“自定义放映”对话框，在“自定义放映”列表中会看到新建的自定义放映序列，如图 17-13 所示。

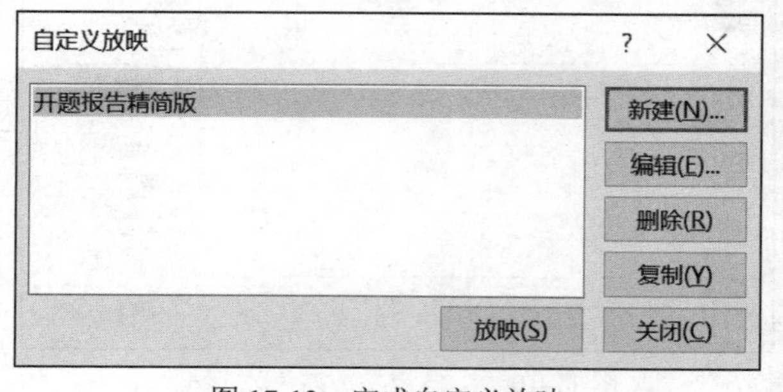

图 17-13　完成自定义放映

【5】放映自定义放映序列。选中“开题报告精简版”，单击“自定义放映”对话框中的“放映”按钮，播放新建的演示文稿。

17.5　控制演示文稿放映

演示文稿放映时会按照幻灯片的先后顺序进行播放，但在实际工作汇报中，有时需要跨越式地进行幻灯片展示，这时，需要应用“幻灯片”菜单来控制放映顺序。

例如，使用“幻灯片”菜单对放映过程进行控制，具体操作如下。

【1】放映演示文稿。单击“幻灯片放映”|“开始放映幻灯片”|“从头开始”选项，开始放映演示文稿。

【2】打开“幻灯片浏览”。屏幕左下角的功能按钮包括“上一页”“下一页”“电子笔”“幻灯片浏览”“放大镜”等功能，如图 17-14 所示。

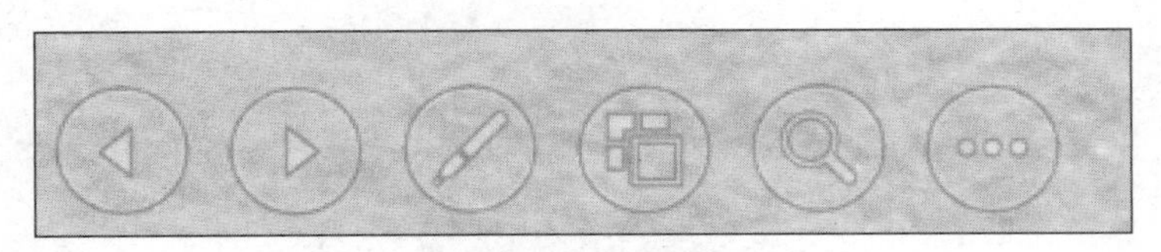

图 17-14　功能按钮

【3】单击 图标，打开“幻灯片浏览”界面，如图 17-15 所示。

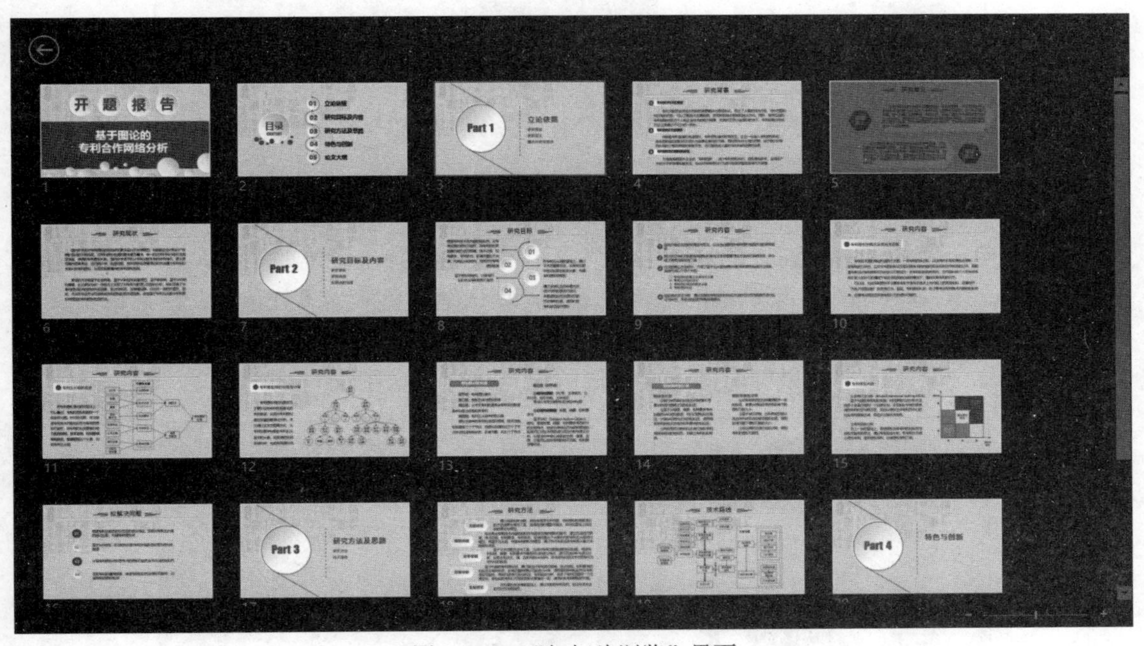

图 17-15　“幻灯片浏览”界面

【4】定位某一张幻灯片。在浏览界面选择要播放的幻灯片单击，放映视图直接跳转到选中幻灯片。

【5】结束放映。按 Esc 键可以随时结束幻灯片放映。

17.6 幻灯片书写

在演示文稿放映和讲解过程中，有时需要对部分内容进行讲解和标注，此时需要应用幻灯片书写功能。幻灯片书写功能是指使用鼠标控制电子笔，用以标记幻灯片中重点内容或书写新内容。

例如，使用幻灯片书写功能对“开题报告”演示文稿进行标记，具体操作如下。

【1】打开“幻灯片书写”菜单。在幻灯片放映模式下，单击屏幕左下侧的“电子笔”按钮，弹出“幻灯片书写”菜单，如图 17-16 所示。

图 17-16 “幻灯片书写”菜单

【2】电子笔的选择。在“幻灯片书写”菜单中首先选择电子笔的类型，然后设置笔的颜色。选择“幻灯片书写”菜单中的“笔”命令，默认笔的色彩为“红色”，然后单击“墨迹颜色”按钮，弹出颜色菜单，选择合适的颜色。

【3】标记文本。拖动鼠标，圈选要标记的重点内容，如图 17-17 所示。

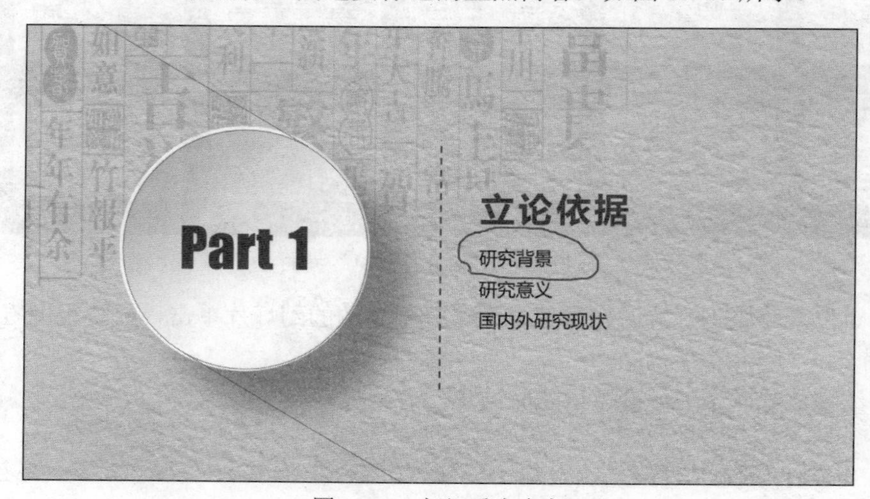

图 17-17 标记重点内容

【4】完成放映。放映结束时 PowerPoint 会自动弹出 Microsoft PowerPoint 对话框，询问“是否保留墨迹注释”，如图 17-18 所示。单击“保留”按钮，保留幻灯片上的笔迹。

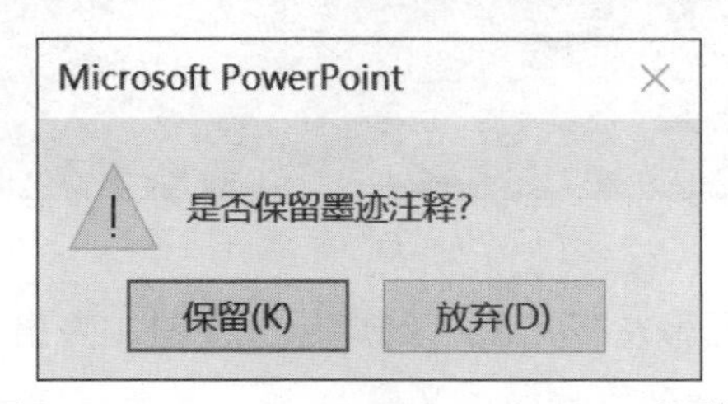

图 17-18　Microsoft Office PowerPoint 对话框

17.7　使用黑白板功能

在演示文稿讲解过程中，有时需要书写新的内容，对演示文稿进行补充，此时可以使用黑白板功能。黑白板功能就是在演示文稿中模拟出黑板或白板，用户可以应用它书写演讲内容。

例如，使用黑板功能在放映“开题报告”时书写新的演讲内容，具体操作如下。

【1】启动“幻灯片书写”功能。在幻灯片放映模式下，单击选取“电子笔”菜单中的选项。

【注意】只有在启动“幻灯片书写”后才能在黑白板上书写新的演讲内容。

【2】启动黑白板功能。单击屏幕左下角的⊙按钮，弹出“幻灯片”菜单，单击“屏幕”按钮，打开级联菜单，如图 17-19 所示，选择“黑屏”选项，启动黑屏功能。

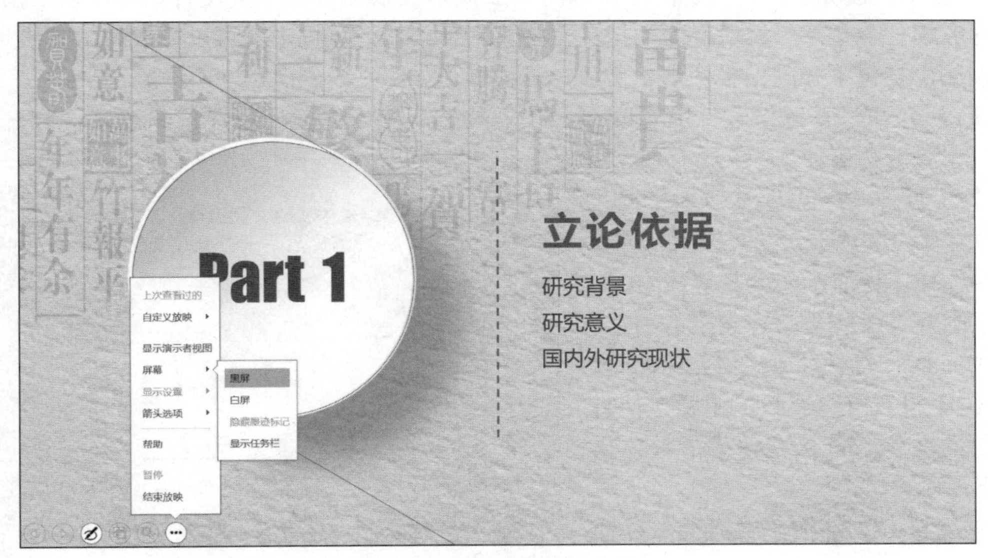

图 17-19　启动黑白板功能

【3】书写新演讲内容。按鼠标左键拖动，在黑板上书写新的演讲内容，如图 17-20 所示。

图 17-20　书写新演讲内容

【4】继续放映。单击屏幕左下角的“幻灯片”按钮，弹出“幻灯片”菜单，选择“下一张”选项，退出黑屏模式继续放映演示文稿。

【注意】与使用电子笔在幻灯片上书写不同，在黑白板上书写内容时无法保存到演示文稿中。

17.8　演示文稿输出

制作完成的演示文稿的扩展名为 pptx 的文件，可以直接在安装了 PowerPoint 应用程序的环境下演示。如果想在没有安装 PowerPoint 程序的计算机上播放演示文稿，可以利用 PowerPoint 的打包功能来实现。通常需要先打包演示文稿，然后将整个文件包复制到新的计算机上进行播放。

17.8.1　打包演示文稿

通过 PowerPoint 的打包功能，可以将播放演示文稿需要的相关文件、程序以及演示文稿本身形成一个文件，然后将这个打包文件复制到其他计算机中就可以播放演示文稿。

例如，打包“开题报告”演示文稿，具体操作如下。

【1】打开“开题报告”演示文稿。在安装 PowerPoint 应用程序的机器上，打开“开题报告”演示文稿。

【2】打开“打包成 CD”对话框。单击“文件”选项卡，在“导出”选项组内，选择“将演示文稿打包成 CD”命令，单击“打包成 CD”按钮，打开“打包成 CD”对话框，如图 17-21 所示。

【3】设置打包参数。主要包括打包文件的名称、链接文件等，具体操作如下所示。

①设置 CD 名称。在“将 CD 命名为”文本框中输入名称“演示文稿”，如图 17-22 所示。

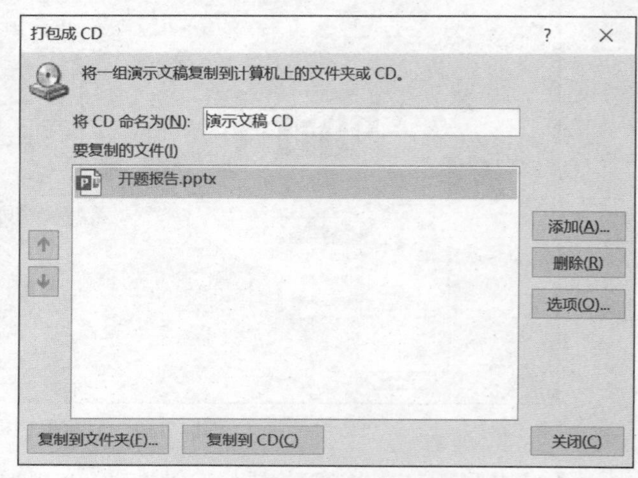

图 17-21　“打包成 CD”对话框

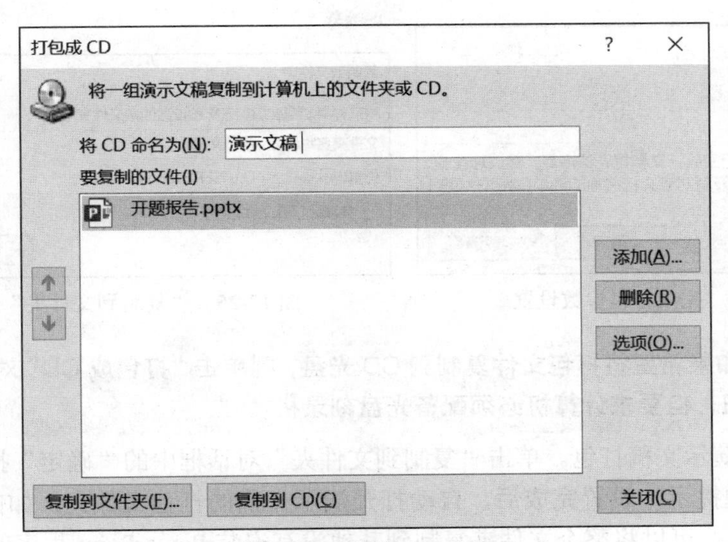

图 17-22　设置 CD 名称

②打开“选项”对话框，设置打包选项。单击“打包成 CD”对话框中的“选项”按钮，弹出“选项”对话框，设置打包选项，如图 17-23 所示。

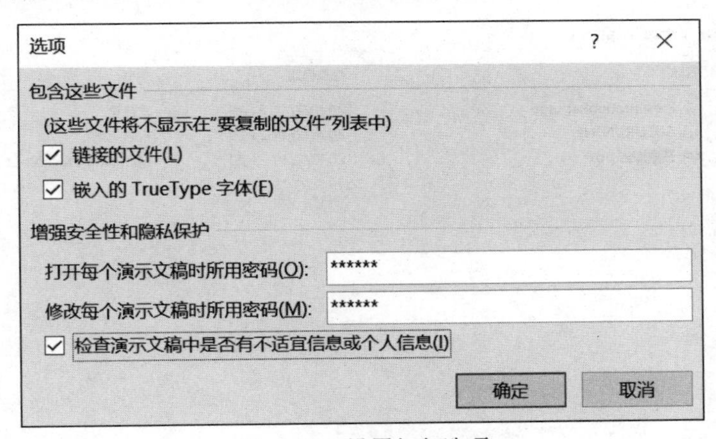

图 17-23　设置打包选项

设置包含的文件内容：

- 添加链接文件。选中“链接的文件”复选框。
- 添加字体文件。选中“嵌入的 TrueType 字体”复选框。
- 设置密码。设置打开和修改演示文稿时所需的密码，用以对演示文稿进行保护。
- 删除隐私信息。选中“检查演示文稿中是否有不适宜信息或个人信息”复选框。

【4】完成打包选项设置。单击“选项”对话框中的“确定”按钮，再次输入密码后，如图 17-24 所示，返回至“打包成 CD”对话框，完成打包参数设置。

【5】设置保存打包文件存放位置。单击“打包成 CD”对话框中的“复制到文件夹”按钮，弹出“复制到文件夹”对话框，如图 17-25 所示。在对话框中设置打包文件存放的位置，选取存放打包文件的文件夹。

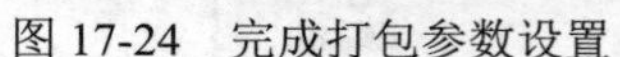

图 17-24　完成打包参数设置

复制到文件夹
将文件复制到您指定名称和位置的新文件夹中。
文件夹名称(N): 演示文稿
位置(L): D:\USER\Documents\
浏览(B)...
完成后打开文件夹(O)
确定
取消

图 17-25　“复制到文件夹”对话框

【说明】如果希望将打包文件复制到 CD 光盘，则单击“打包成 CD”对话框中的“复制到 CD”按钮，但要求计算机必须配备光盘刻录机。

【6】完成演示文稿打包。单击“复制到文件夹”对话框中的“确定”按钮，会给出相应的安全性问题提示，设置完成后，自动打开演示文稿的打包文件夹，如图 17-26 所示。演示文稿打包后，可以将整个文件夹复制到其他没有安装 PowerPoint 程序的计算机上进行放映。

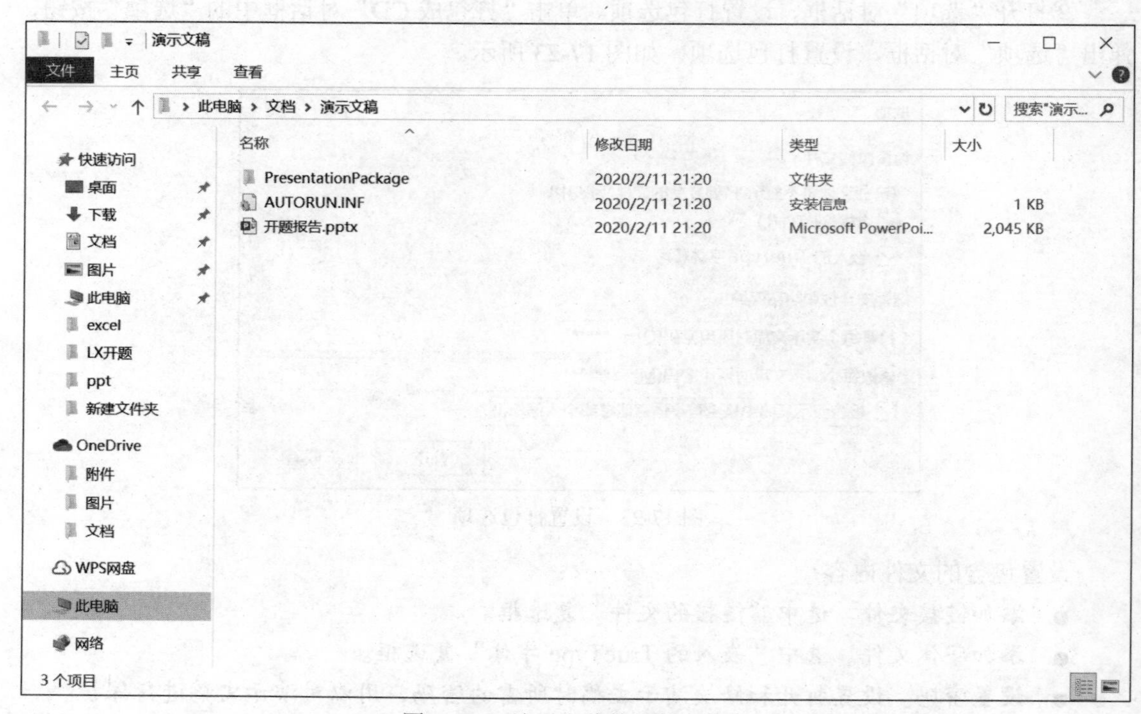

图 17-26　演示文稿的打包文件夹

【7】返回演示文稿。单击“打包成 CD”对话框中的“关闭”按钮，返回演示文稿。

17.8.2　播放演示文稿

将演示文稿文件包复制到没有安装 PowerPoint 程序的计算机上，就可以开始播放演示文稿了，具体操作如下。

【1】打开目标文件夹。打开演示文稿所在文件夹，如图 17-27 所示。

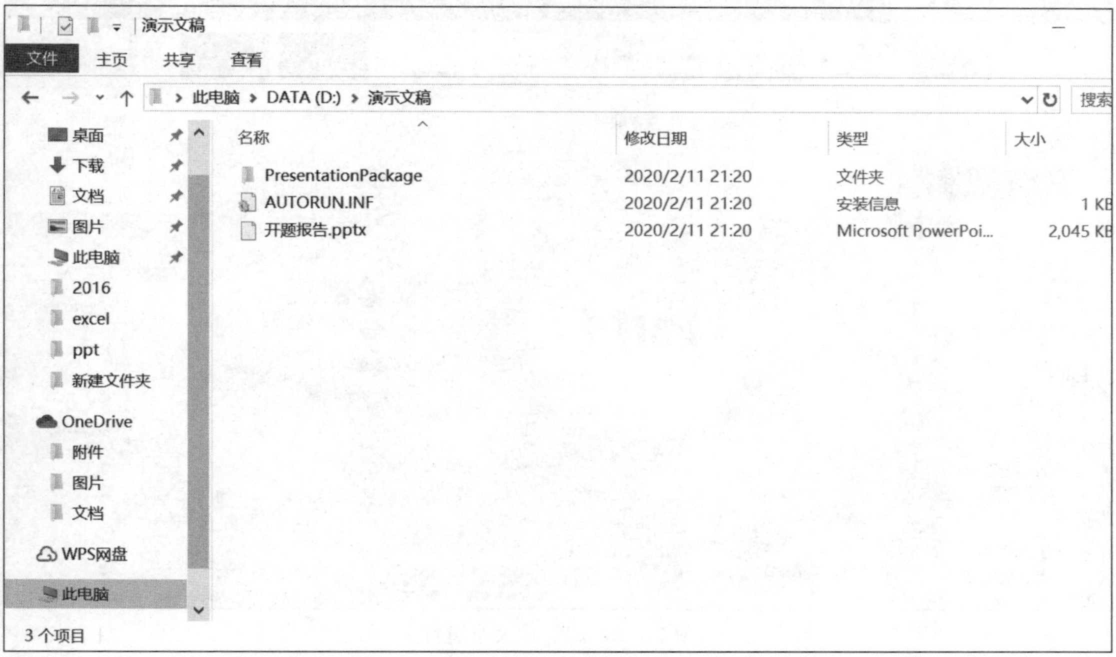

图 17-27　打开目标文件夹

【2】下载并安装 PowerPoint Viewer 组件。打开 PresentationPackage 文件夹，打开 Presentation- Package.html 文件，链接到微软网站，下载 PowerPoint Viewer 组件并安装。

【注意】如果用于播放演示文稿的计算机未连接网络，可提前下载 PowerPoint Viewer 组件。

【3】播放演示文稿。双击打开“开题报告 .pptx”，切换到放映时图模式，播放演示文稿。

17.9　页面设置

在进行演示文稿放映或者打印输出时，需要对演示文稿的幅面和方向进行调整，PowerPoint 2016 提供了页面设置功能来实现该目标。

例如，将演示文稿设置成“幻灯片为 A4 幅面、横向显示，讲义横向显示”的样式，具体操作如下。

【1】打开“页面设置”对话框。单击“设计”|“自定义”|“幻灯片大小”选项，可直接将幻灯片设置为 4 ∶ 3 或 16 ∶ 9 的大小，如图 17-28 所示。单击“自定义幻灯片大小”选项，打开“幻灯片大小”对话框，可进一步设置其大小，如图 17-29 所示。

【2】设置幻灯片大小和方向。单击“幻灯片大小”对话框中的“幻灯片大小”下拉框，选择其中的“A4 纸张（210×297 毫米）”选项，幻灯片“方向”选择“横向”，如图 17-30 所示。幻灯片大小和方向设置用于控制幻灯片放映时的展示效果。

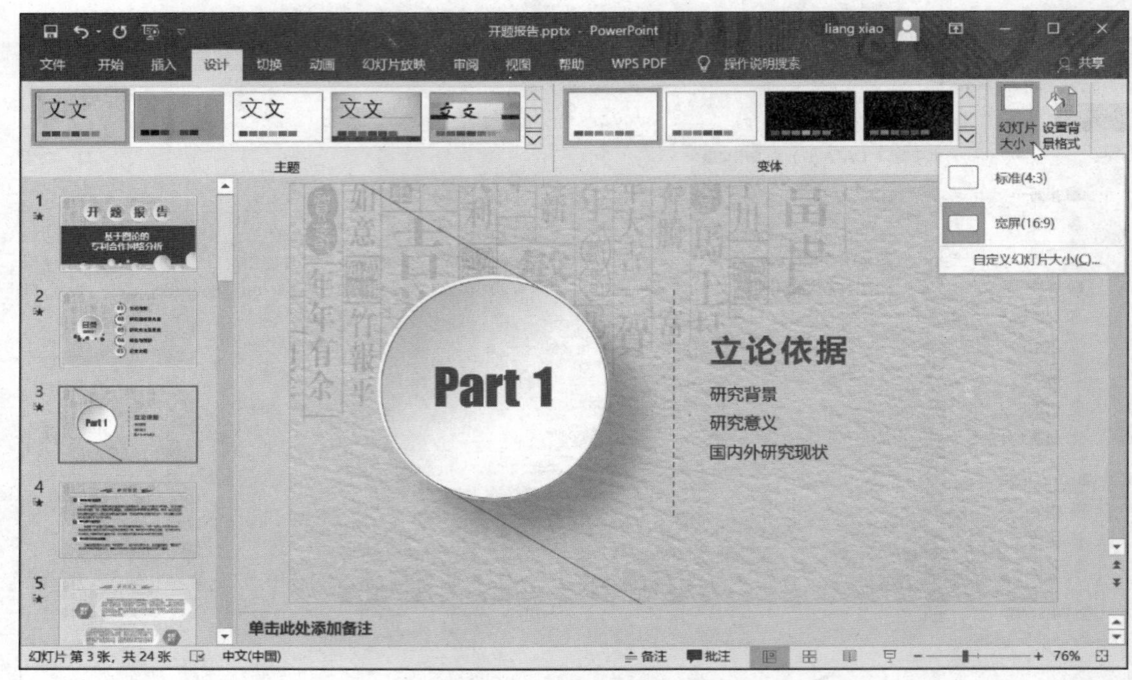

图 17-28　幻灯片大小设置

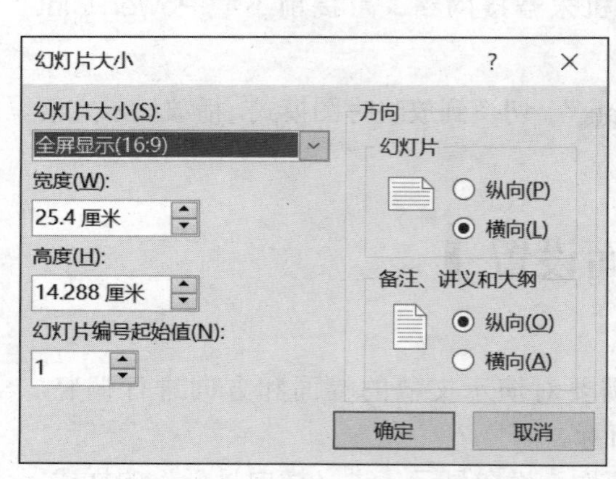

图 17-29　“幻灯片大小”对话框

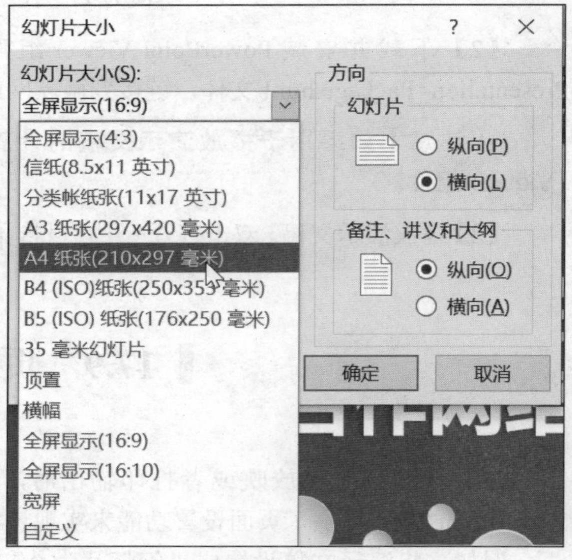

图 17-30　设置幻灯片大小和方向

【3】设置讲义方向。选择对话框“备注、讲义和大纲”选项组中的“横向”单选按钮。讲义方向的设置用于控制文档的打印效果。

【4】完成页面设置。单击“幻灯片大小”对话框中的“确定”按钮，完成页面设置。

17.10　打印演示文稿

演示文稿放映时，讲解过程中需要将幻灯片内容打印出来以供参考。演示文稿的打印通常有 4 种方式：幻灯片打印、讲义打印、备注打印以及大纲打印。

17.10.1　幻灯片打印

幻灯片打印是指直接打印演示文稿中幻灯片的内容不对幻灯片进行缩放，可以通过“打印”窗口来打印幻灯片。

例如，打印“决策支持”演示文稿，具体操作如下。

【1】打开“打印”窗口。单击“文件”|“打印”选项，显示“打印”窗口，如图 17-31 所示。“打印”窗口中间区域为打印选项设置区域，右侧部分为打印效果预览窗口。

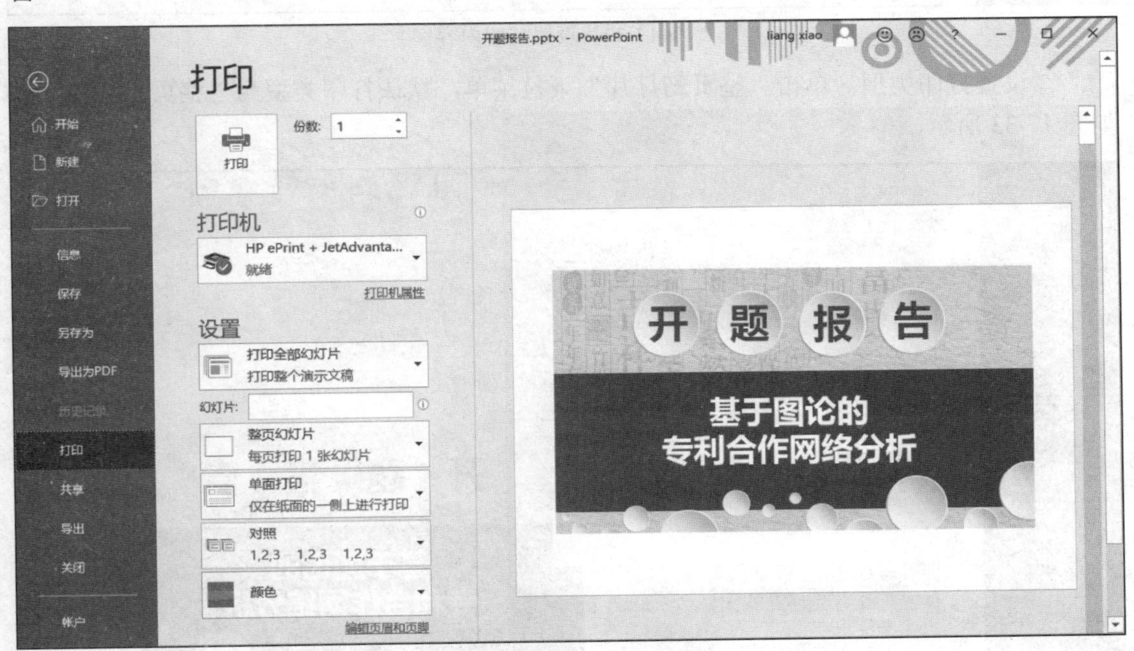

图 17-31　打印窗口

【2】打印幻灯片。用户在打印窗口中间区域设置幻灯片打印选项，具体操作如下。

①设置打印内容。单击“打印全部幻灯片”下拉列表框，选择其中的打印内容范围，既可以打印全部幻灯片，也可以打印当前幻灯片等，如图 17-32 所示。

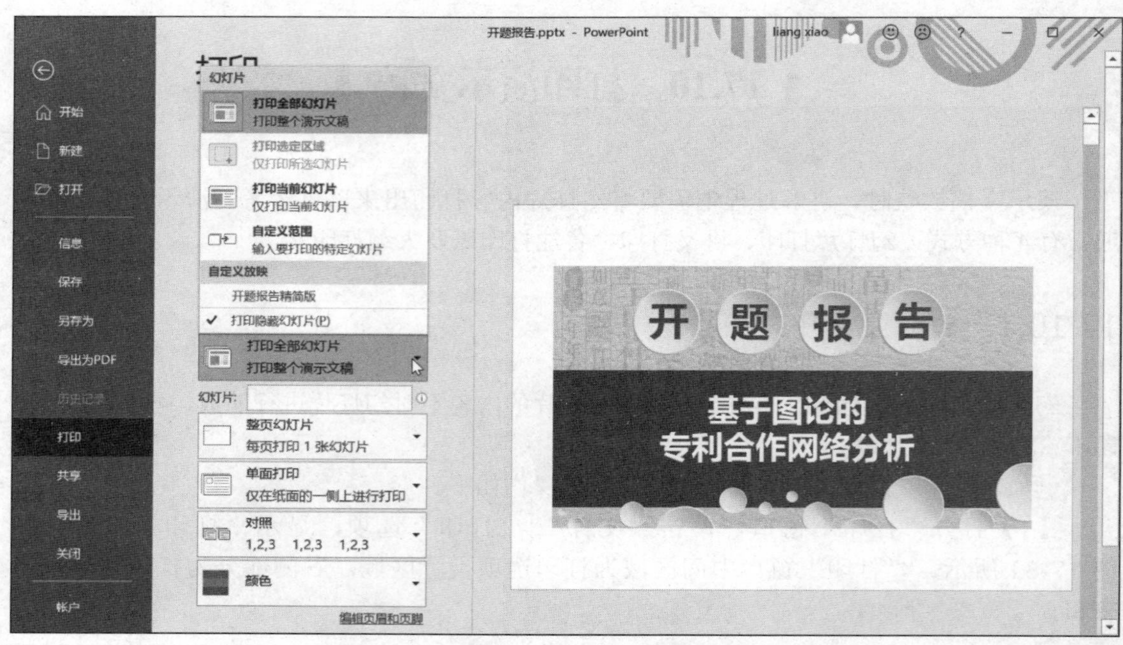

图 17-32 设置打印内容

②设置打印类型。单击“整页幻灯片”下拉菜单，默认打印类型为“整页幻灯片”，如图 17-33 所示。

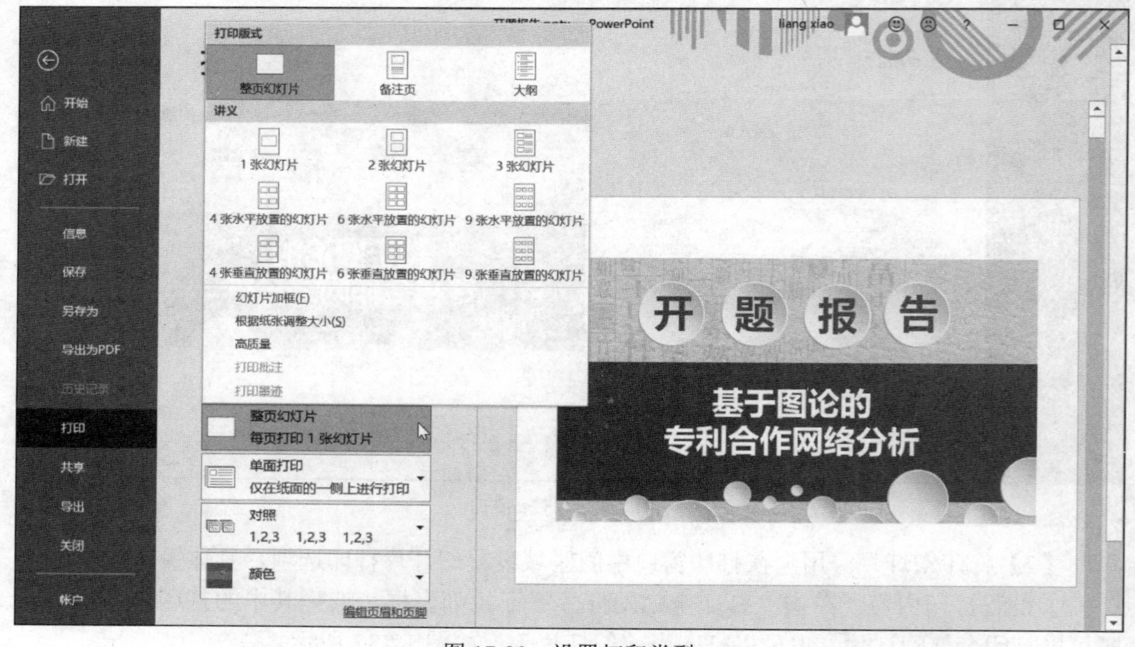

图 17-33 设置打印类型

③设置页眉页脚。单击“编辑页眉和页脚”文字链接，打开“页眉和页脚”对话框，设置“日期和时间”以及“幻灯片编号”，如图 17-34 所示。单击“全部应用”按钮，完成页眉页脚设置。

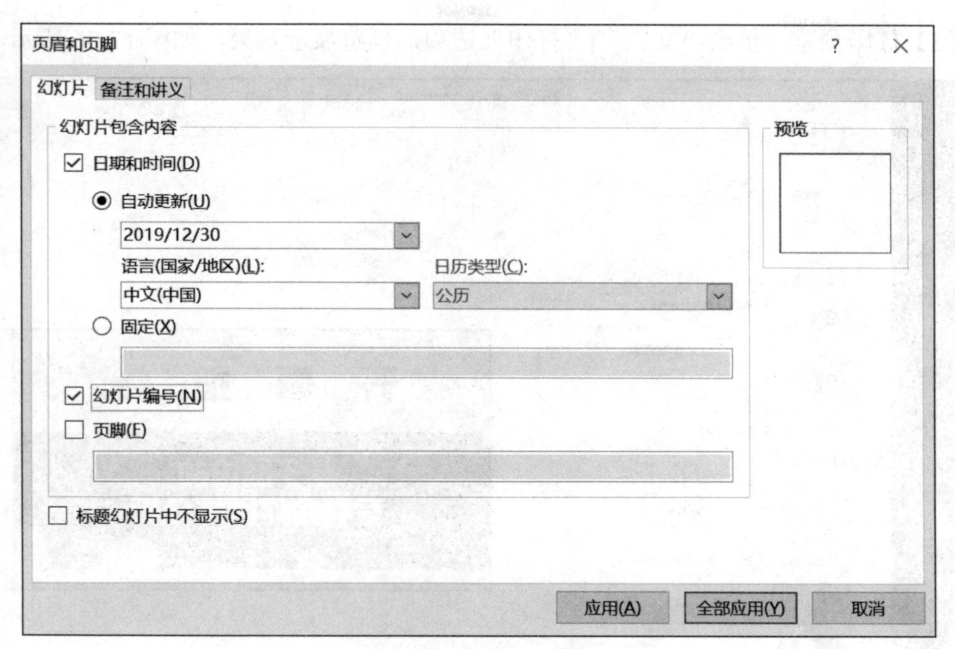

图 17-34　设置页眉页脚

④打印幻灯片边框。单击“文件”|“选项”选项，弹出“PowerPoint 选项”对话框，单击“高级”选项卡，在“打印此文档时”选项组中，选中“使用以下打印设置”单选按钮，选中“给幻灯片加框”复选框，如图 17-35 所示。

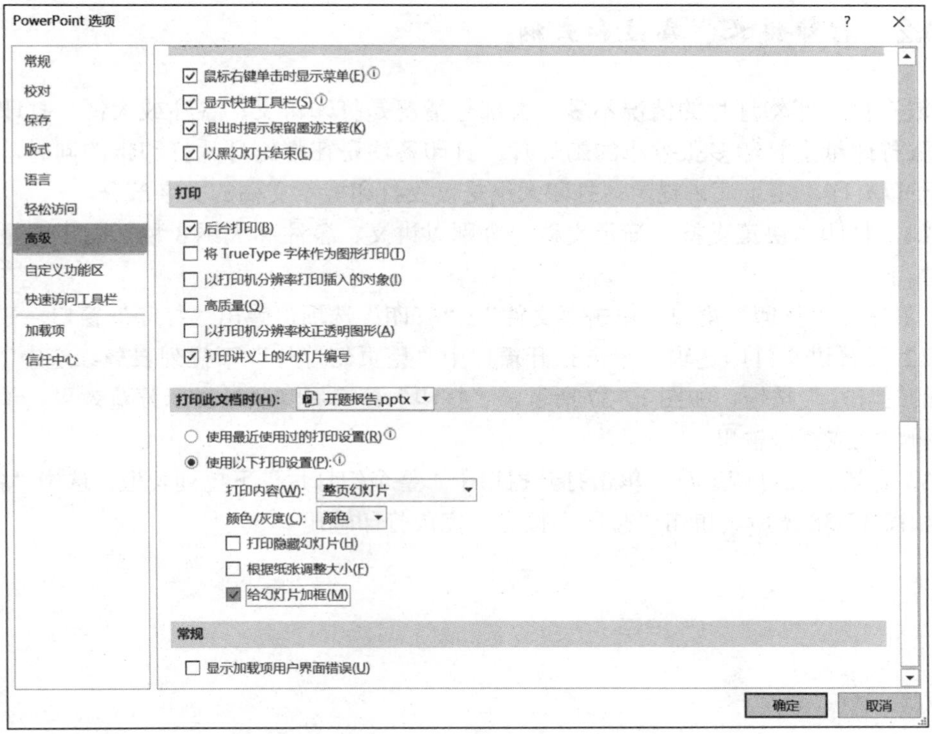

图 17-35　打印幻灯片边框

【3】打印预览。单击“文件”|“打印”选项，预览显示效果，如图 17-36 所示。

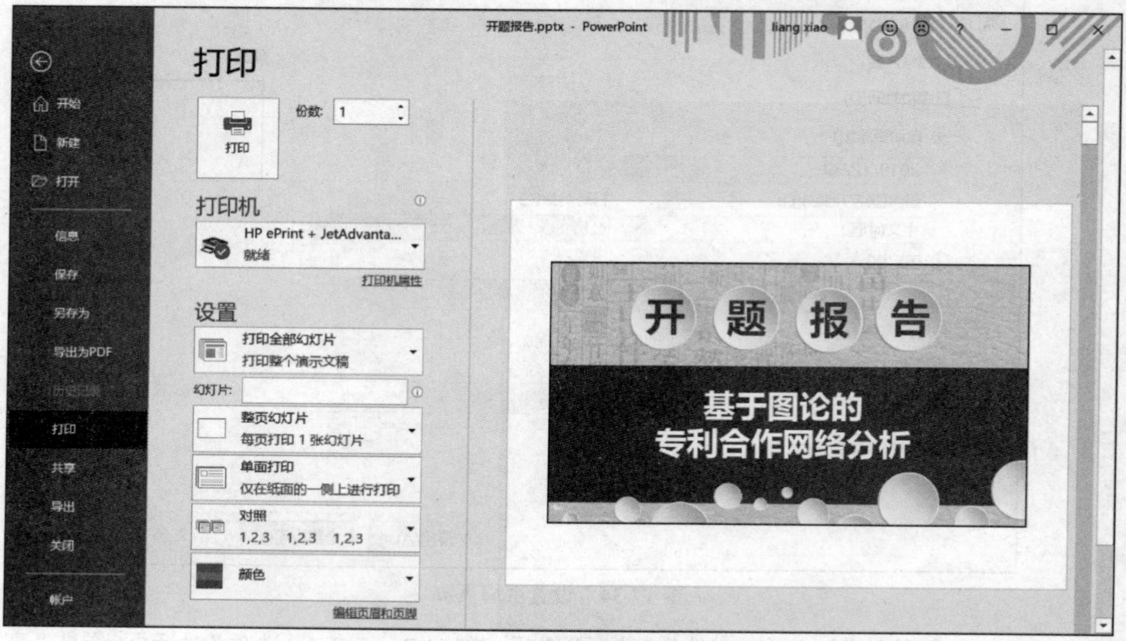

图 17-36 “打印”效果预览图

【4】打印幻灯片。单击“打印”按钮打印幻灯片。

17.10.2 打印讲义、备注和大纲

一般直接打印幻灯片的情况不多，大部分情况是打印讲义、备注或大纲。打印讲义就是在一张打印纸上打印多张缩小的幻灯片；打印备注是在将幻灯片打印出的同时，其备注内容也予以打印，用于演讲提示；打印大纲是仅仅打印演示文稿的文字部分。

例如，打印“决策支持”演示文稿，分别以讲义、备注和大纲 3 种不同形式呈现，具体操作如下。

【1】打开“打印”窗口。单击“文件”|“打印”选项，弹出“打印”窗口。

【2】设置讲义打印选项。单击打开窗口中“整页幻灯片”下拉列表框，选中“6 张水平放置的幻灯片”按钮，如图 17-37 所示，“打印”窗口右侧区域显示预览效果。单击“打印”按钮，完成打印输出。

【3】设置备注打印选项。单击打开窗口中“整个幻灯片”下拉列表框，选中“备注页”按钮，如图 17-38 所示。单击“打印”按钮，完成打印输出。

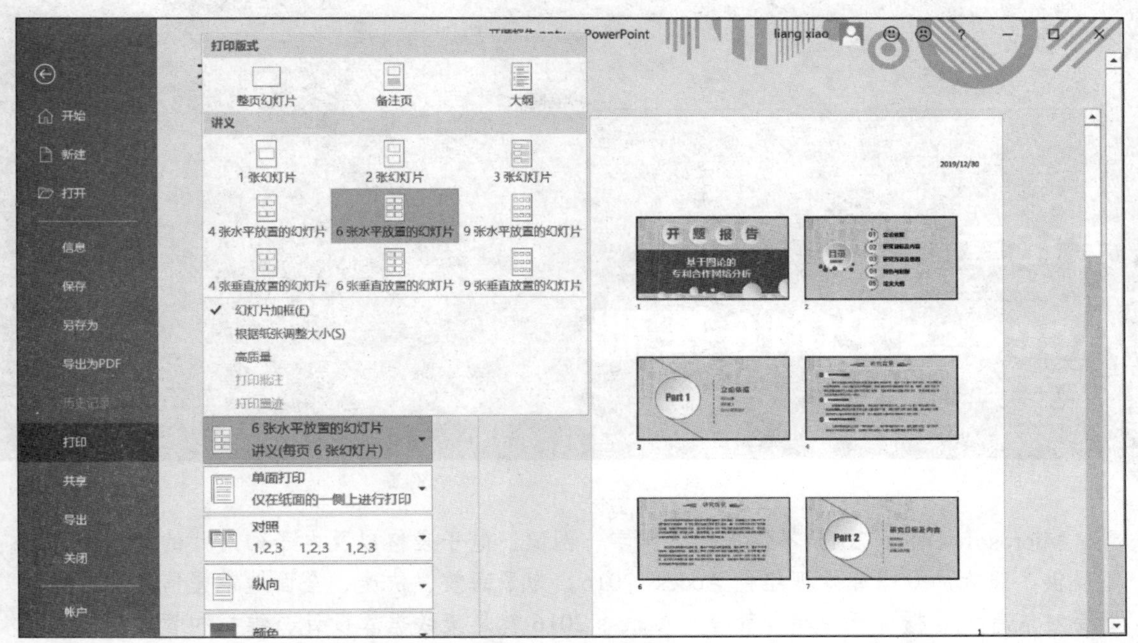

图 17-37　设置讲义打印选项

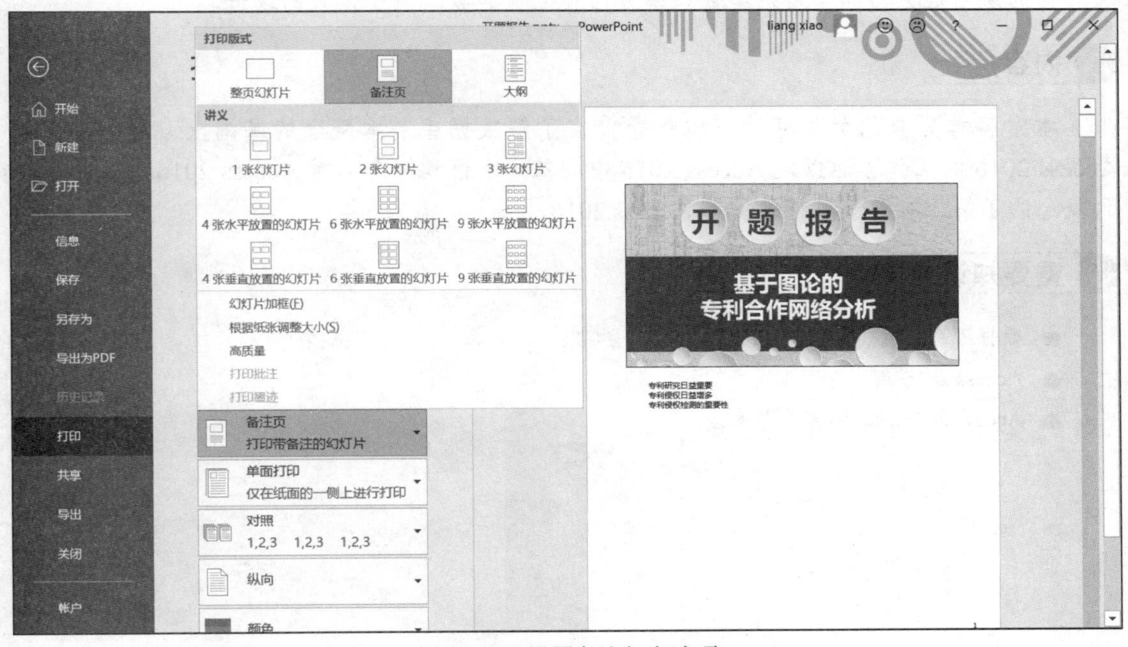

图 17-38　设置备注打印选项

第18章
Access 2016基础

Microsoft Office 2016 不仅提供了文字、图像、电子表格以及电子幻灯片的处理组件，还提供了强大的数据库处理组件 Access 2016。为了高效、快速、全面地掌握信息和数据，需要对信息和数据进行存储和管理。Access 2016 就是集数据库设计、维护和管理功能于一体的软件，它具有强大的数据库功能、友好的用户界面以及简单的使用方法等优点，尤其在界面的易用性方面和支持网络数据库方面较之前的版本有了很大的改进。

内容提要

本章将首先介绍数据库的基本概念，在了解数据库基本概念的基础上，进一步介绍 Access 2016 的工作界面以及 Access 2016 中的基本术语和概念。对 Access 2016 中基本术语和概念的了解，有利于熟练地使用 Access 2016。

重要知识点

- 数据库系统，数据模型，关系数据库
- Access 2016 工作界面构成
- Access 2016 的基本概念与术语

18.1　数据库基本概念

数据库技术产生于 20 世纪 60 年代末，是数据管理的最新技术。在信息时代的今天，数据库几乎涉及人类社会的各个方面。本节首先介绍数据、数据库、数据库管理系统、数据库应用系统以及数据库系统的概念，随后介绍数据模型以及数据库类型，最后介绍关系数据库系统——Access 以及关系数据模型的特点。

18.1.1　数据库系统

数据库系统（DataBase System，DBS）是指拥有数据库技术支持的计算机系统。它可以有组织地、动态地存储大量相关数据，提供数据处理和信息资源共享服务。数据库系统由计算机系统（硬件和基本软件）、数据库、数据库管理系统、数据库应用系统和有关人员（数据库管理员、应用设计人员、最终用户）组成。

- 数据：数据（Data）是数据库中存储的基本对象。数据在大多数人头脑中的第一反应就是数字，如 68、36.5、-6.3 等。数字只是最简单的一种数据，是数据的一种传统和狭义的理解。广义理解，数据不仅包括数值型的数字，还包括字母、文字、图形、图像以及声音等。数据具有多种形式，能够反映或描述事物的特征。
- 数据库：数据库（DataBase，DB）是存放数据的仓库。只不过这个仓库是在计算机存储设备上，而且数据是按一定的格式、有组织地存放的，能够被多个用户共享。例如，可以将员工姓名、性别、出生日期、部门序号、部门、职称以及联系电话等相关信息存储在一个数据库中，如图 18-1 所示。

	A	B	C	D	E	F	G	H	I	L	M
1-2	瑞丰公司员工基本信息										
3	部门序号	部门	姓名	性别	出生日期	职务	职称	学历	参加工作日期	联系电话	基本工资
4	7101	经理室	黄振华	男	1963/10/23	董事长	高级经济师	大专	1980/06/06	64000872	1125
5	7102	经理室	尹洪群	男	1956/04/01	总经理	高级工程师	大本	1978/10/31	65034080	956
6	7104	经理室	扬灵	男	1970/10/01	副总经理	经济师	博士	1998/06/18	66314390	660
7	7107	经理室	沈宁	女	1975/04/16	秘书	工程师	大专	1997/05/06	64272883	690
8	7201	人事部	赵文	女	1965/07/13	部门主管	经济师	大本	1988/08/01	64654756	950
9	7203	人事部	胡方	男	1946/10/21	业务员	高级经济师	大本	1966/07/08	61700659	1120
10	7204	人事部	郭新	女	1950/10/08	业务员	经济师	大本	1969/06/25	67719683	760
11	7205	人事部	周晓明	女	1949/01/01	业务员	经济师	大专	1970/09/18	65805905	510
12	7207	人事部	张淑纺	女	1966/05/24	统计	助理统计师	大专	1998/09/18	65761446	589
13	7301	财务部	李忠旗	男	1962/08/25	财务总监	高级会计师	大本	1984/07/15	63035376	956
14	7302	财务部	焦戈	女	1967/09/10	成本主管	高级会计师	大专	1987/05/16	66032221	950
15	7303	财务部	张进明	男	1972/05/10	会计	助理会计师	大本	1994/01/26	65430108	510
16	7304	财务部	傅华	女	1970/06/13	会计	会计师	大专	1995/04/03	67624956	775
17	7305	财务部	杨阳	男	1970/10/01	会计	经济师	硕士	1996/06/18	65090099	510
18	7306	财务部	任萍	女	1977/04/18	出纳	助理会计师	大本	2001/08/14	63267813	602
19	7401	行政部	郭永红	女	1967/03/08	部门主管	经济师	大本	1990/07/17	62175686	878

图 18-1　员工信息数据库

- 数据库管理系统：数据库管理系统（DataBase Management System，DBMS）是位于用户与操作系统(OS)之间的数据管理软件。其主要功能包括数据定义、数据操作、数据库的运行管理以及数据库的建立与维护等。Access 2016 就是一种在 Windows 环境下对数据库进行维护和管理的数据库管理系统，如图 18-2 所示。
- 数据库应用系统：数据库应用系统是为特定应用开发的数据库应用软件。数据库管理系统为数据的定义、存储、查询和修改提供支持，而数据库应用系统是对数据库中的数据进行处理和加工的软件，它面向特定的应用。例如，以数据库为基础的财务管理系统、人事管理系统、教学管理系统以及生产管理系统等都属于数据库应用系统。

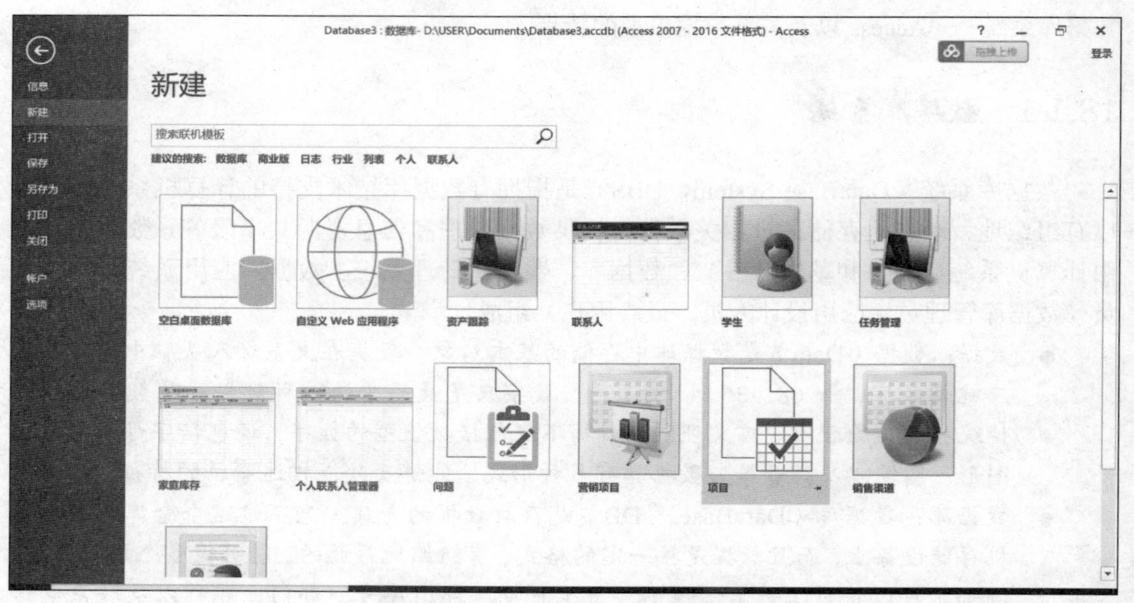

图 18-2 Microsoft Office Access 2016

一般在不引起混淆的情况下，常常把数据库系统简称为数据库。

18.1.2 数据模型

数据模型是对客观事物及其联系的数据描述，是对数据库中数据逻辑结构的描述，把信息世界数据抽象为机器世界数据。一般而言，数据模型是严格定义的一组概念的集合，这些概念精确地描述了系统的静态特征（数据结构）、动态特征（数据操作）和完整性约束条件，这就是数据模型的三要素。

- 数据结构。数据结构是所研究的对象类型的集合。这些对象是数据库的组成成分，数据结构指对象和对象间联系的表达和实现，是对系统静态特征的描述，包括数据本身和数据之间的联系两个方面。
  - 数据本身：类型、内容、性质。例如关系模型中的域、属性、关系等。
  - 数据之间的联系：数据之间是如何相互关联的。例如关系模型中的主码、外码等。
- 数据操作。对数据库中对象的实例允许执行的操作集合，主要指检索和更新（插入、删除和修改）两类操作。数据模型必须定义这些操作的确切含义、操作符号、操作规则（如优先级）以及实现操作的语言。

- 数据完整性约束。数据完整性约束是一组完整性规则的集合，规定数据库状态及状态变化所应满足的条件，以保证数据的正确性和有效性。

每个数据库管理系统都是基于某种数据模型的。在目前数据库领域中，常用的数据模型有层次模型、网状模型和关系模型。

- 层次模型。层次模型是以树状结构来表示对象及对象之间联系的模型，由父节点、子节点和连线组成。网中的每一个节点代表一个对象集，节点间的连线表示对象间的联系。所有的连线均由父节点指向子节点，具有同一父节点的节点称为兄弟节点。父节点与子节点之间为一对多的联系。图 18-3 所示为某学校的系所教课程的层次模型示例。其中系是根节点，树状结构反映的是对象之间的结构。

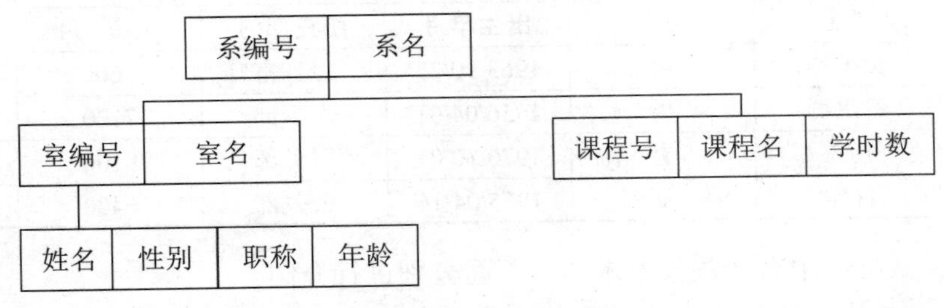

图 18-3　层次模型示例

- 网状模型。网状模型是用网状结构表示对象及对象之间联系的数学模型。它的特点是：①一个节点可以有多个父节点；②多个节点可以无父节点。如图 18-4 所示为某学校教学管理的简单网状模型。其中，一个学生可以选修多门课程，一个老师可以开多门课程，一门课程可以由多名教师任教，一个老师可以教多名学生等。

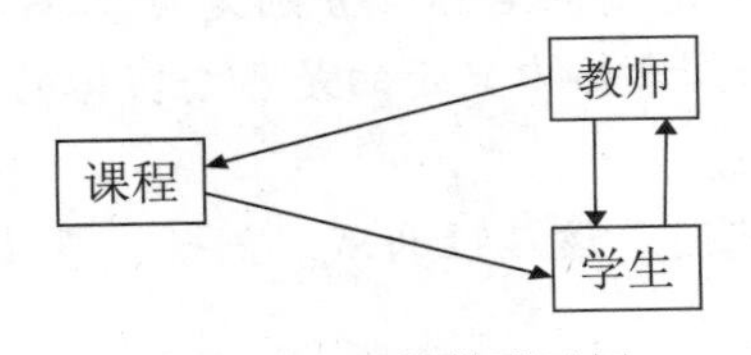

图 18-4　网状模型示例

- 关系模型。在关系模型中，基本数据结构就是二维表，如表 18-1 所示为教师关系模型的一个示例。

表 18-1　教师关系模型示例

教师编号	姓名	性别	所在系名
001	王华	女	信息管理系
002	李军	男	计算机系

关系数据库是建立在关系模型基础上的数据库，借助集合代数等数学概念和方法来处理数据库中数据。最早是在 1970 年由美国 IBM 公司的 San Jose 研究室的 E.F.Codd 提出的。因为其具有严格的数学理论基础，所以发展最为成熟，使用最为方便。其优点在于：有严格的

理论基础、提供单一的数据结构以及存储路径对用户透明等。关系数据库是目前使用最广泛的数据库技术。Access 2016 就是一种被广泛应用的关系数据库管理系统。

18.1.3 关系数据库管理系统——Access

Access 是一种典型的关系数据库管理系统，具有关系数据库系统的共同特征，采用了关系模型作为数据的组织方式。

Access 数据库系统中的数据以二维表格的形式进行存储和管理，其中数据的逻辑结构就是一张二维表格，由行和列组成，如表 18-2 所示。

表 18-2 Access 数据库示例

瑞丰公司员工基本信息						
员工编号	姓名	性别	出生年月	所在部门	工资 / 月	工龄 / 年
7101	黄振华	男	1963/10/23	经理室	7600	13
7102	尹洪群	男	1956/04/01	人事部	7100	12
7104	扬灵	男	1970/10/01	财务部	8100	15
7107	沈宁	女	1975/04/16	公关部	6400	10

在 Access 数据库中有一些基本术语，下面分别进行介绍。

- 关系。二维表结构称为关系，每个关系有一个关系名，如表 18-2 所示的“瑞丰公司员工基本信息”表。在数据库中，一个关系存储为一个数据表。
- 实体。二维表格中每一行表示一个实体，也称为记录。在同一个表格中不能有完全相同的两个记录。在表 18-2 中每名员工就是一个实体。
- 属性。二维表格中的列称为属性，也称为字段。例如，表 18-2 中有 7 列，则有 7 个属性。表格标题栏中是属性名称，分别是员工编号、姓名、性别、出生年月、所在部门、工资和工龄。表格中显示的是各个实体的属性值，属性值可以是文本、数字、日期等不同类型。
- 域。一个属性的取值范围是该属性的域。例如，表 18-2 中“性别”属性的取值范围是男、女。
- 关键字。二维表格中，如果某个属性或属性组可以唯一表示和区分实体，则称为关键字、主键或主码（例如，表 18-2 中的“员工编号”可以唯一确定一名员工，即本关系中的关键字）。
- 关系模式。关系模式是对关系的描述，一般可以表示为：关系名（属性 1，属性 2，…，属性 n）。一个关系模式对应一个关系结构，例如，表 18-2 中的关系模式可以表示为：瑞丰公司员工基本信息（员工编号，姓名，性别，出生年月，所在部门，工资，工龄）。

18.1.4 关系数据库的特点

关系数据库具有以下特点：

- 关系中的每一个数据项不可再分，也就是要求不出现嵌套表格的现象，例如，表 18-3 所示表格就不是关系数据库。

表 18-3　含有嵌套表格的关系

瑞丰公司员工基本信息						
员工编号	姓名	性别	出生年月	所在部门	工资	
					基本工资	奖金
7101	黄振华	男	1963/10/23	经理室	5000	2300
7102	尹洪群	男	1956/04/01	人事部	3400	3600
7104	扬灵	男	1970/10/01	财务部	4600	2700
7107	沈宁	女	1975/04/16	公关部	3800	1600

- 每个属性占据一列。
- 每个实体由多种属性构成。
- 实体与实体、属性与属性的次序可以任意交换，不改变关系的实际意义。

18.2　Access 2016 的工作界面

与以前的版本相比，Access 2016 的用户界面发生了一系列变化。在 Access 2016 中，对功能区进行了多处更改，同时引入了第三个用户界面组件 Microsoft Office Backstage 视图。

18.2.1　Backstage视图

启动 Access 2016 后，将出现如图 18-2 所示的主操作界面，该操作界面即为 Backstage 视图。Backstage 视图是功能区的“文件”选项卡上显示的命令集合，它包含很多以前出现在 Access 早期版本中“文件”菜单的命令（如“打印”），还包含应用于整个数据库文件的命令和信息（如“压缩和修复”）。在打开 Access 但未打开数据库时（例如，从 Windows“开始”菜单中打开 Access），可以看到 Backstage 视图。在 Backstage 视图中，可以创建新数据库、打开现有数据库，通过 SharePoint Server 将数据库发布到 Web，以及执行很多文件和数据库维护任务。

18.2.2　功能区

功能区是一个包含多组命令且横跨程序窗口顶部的带状选项卡区域（如图 18-5 所示），它替代了 Access 2007 之前的版本中存在的菜单和工具栏的主要功能，主要由多个选项卡组成，这些选项卡上有多个按钮组。

功能区含有：将相关常用命令分组在一起的主选项卡、只在使用时才出现的上下文选项卡，以及快速访问工具栏（可以自定义的小工具栏，可将您常用的命令放入其中）。

在功能区选项卡上，某些按钮提供选项样式库，而其他按钮将启动命令。

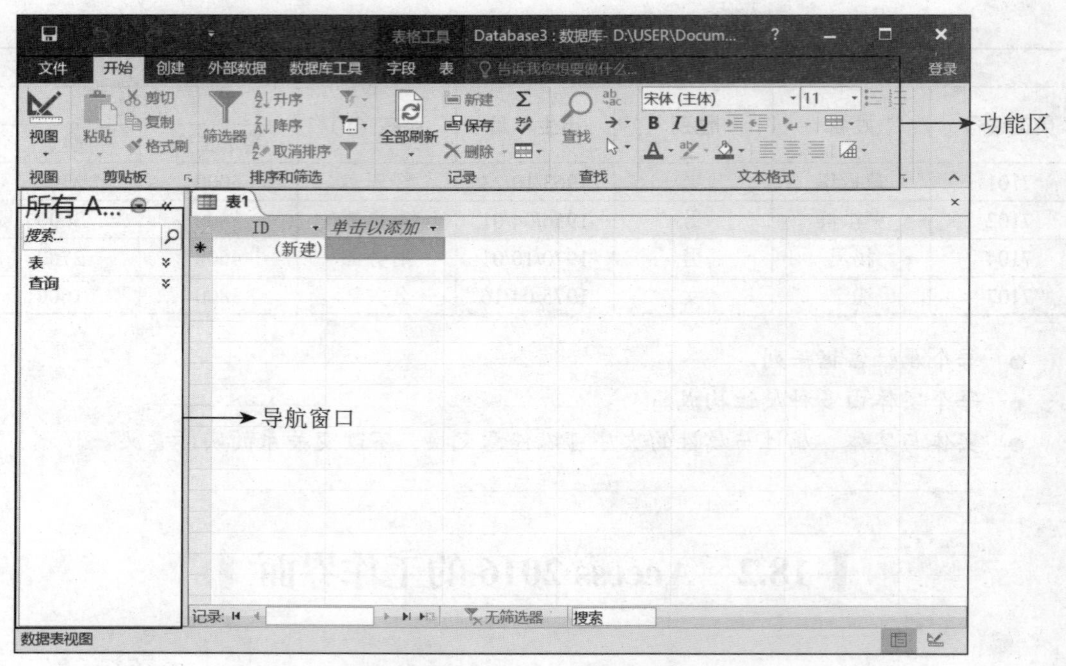

图 18-5　Access 2016 功能区和导航窗口

18.2.3　导航窗口

导航窗口是 Access 程序窗口左侧的窗口，可以在其中使用和组织归类数据库对象，并且是打开或更改数据库对象设计的主要方式（如图 18-5 所示）。

导航窗口按类别和组进行组织。可以从多种组织选项中进行选择，还可以在导航窗口中创建自定义组织方案。默认情况下，新数据库使用“对象类型”类别，该类别包含对应各种数据库对象的组。“对象类型”类别组织数据库对象的方式，与早期版本中的默认“数据库窗口”显示屏相似。

可以最小化导航窗口，也可以将其隐藏，但是不可以在导航窗口前面打开数据库对象将其遮挡。

18.3　Access 2016 的基本概念

Access 2016 具有一些常用的基本概念，了解这些概念有利于用户快速掌握 Access 2016 的使用方法。本节将介绍 Access 2016 的运行方式、操作方式、重要数据对象以及基本功能。

18.3.1　运行方式

Access 2016 有两种运行方式，即单机运行和网络运行。

- 单机运行。单机运行是指将 Access 2016 安装在个人计算机上，在单机环境下实现简单的个人或部门的数据管理。
- 网络运行。Access 2016 也可以在网络环境下工作，实现多用户访问和数据共享。

18.3.2　操作方式

Access 2016 支持两种操作方式，即交互操作方式和程序命令操作方式。

- 交互操作方式。主要通过点选 Access 2016 操作界面中功能区上的选项卡按钮组、快捷菜单等交互操作完成的操作方式。初学者一般采用交互操作的方式来进行数据库设计。
- 程序命令操作方式。主要通过程序命令来完成的操作方式，属于 Access 2016 的高级应用。Access 2016 同以前的版本一样，允许用户使用宏和 VBA（Visual Basic Application）语言等设计应用程序，实现对操作过程的复杂控制。

【说明】本书仅介绍基础的交互操作方式，不涉及程序命令操作方式。

18.3.3　Access 2016 主体结构

Access 2016 将数据库定义为一个 .accdb 文件，数据的管理和应用主要是通过基本数据对象完成的。Access 2016 的数据对象包括表、查询、窗体、报表、宏和模块等。每一个 Access 2016 数据库文件实际上包含了一个或者多个数据表以及多种其他数据库对象。

图 18-5 中左侧的导航窗口栏中列出了 Access 2016 中的所有数据对象，下面分别介绍这些数据对象。

- 表。表是 Access 数据库中实际存储数据的场所，一个 Access 2016 数据库可以包含一个或者多个相关的表。表由行和列组成，如图 18-6 教师表所示。表中的列称为字段，用来描述数据的某类特征。表中的行称为记录，用来反映某一实体的全部信息。记录由若干字段组成。能够唯一标识表中每一条记录的字段或字段组合称为主关键字，在 Access 中也称为主键。

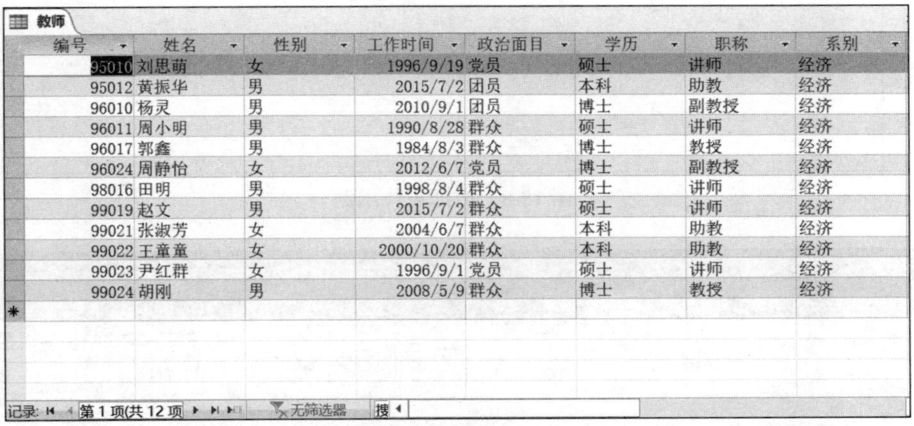

教师

编号	姓名	性别	工作时间	政治面目	学历	职称	系别
95010	刘思萌	女	1996/9/19	党员	硕士	讲师	经济
95012	黄振华	男	2015/7/2	团员	本科	助教	经济
96010	杨灵	男	2010/9/1	团员	博士	副教授	经济
96011	周小明	男	1990/8/28	群众	硕士	讲师	经济
96017	郭鑫	男	1984/8/3	群众	博士	教授	经济
96024	周静怡	女	2012/6/7	党员	博士	副教授	经济
98016	田明	男	1998/8/4	群众	硕士	讲师	经济
99019	赵文	男	2015/7/2	群众	硕士	讲师	经济
99021	张淑芳	女	2004/6/7	群众	本科	助教	经济
99022	王童童	女	2000/10/20	群众	本科	助教	经济
99023	尹红群	女	1996/9/1	党员	硕士	讲师	经济
99024	胡刚	男	2008/5/9	群众	博士	教授	经济
*							

记录: 第 1 项(共 12 项　无筛选器　搜

图 18-6　教师表

- 查询。查询是用户使用数据库最常用的方式。在查询时，通过设置某些条件，从表中获取所需要的数据。按照指定的规则，查询可以从一个表、一组相关表和其他查询中抽取全部或部分数据，并将其集中起来，形成一个集合供用户查看。将查询保存为一个数据库对象后，可以在任何时候查询数据库的内容，如图 18-7 所示。创建查询后，如果数据库中的数据发生变化，用户看到的查询结果也会同步改变。

教师 查询

编号	姓名	性别	工作时间	政治面目	学历	职称	系别
95010	刘思萌	女	1996/9/19	党员	硕士	讲师	经济
95012	黄振华	男	2015/7/2	团员	本科	助教	经济
96010	杨灵	男	2010/9/1	团员	博士	副教授	经济
96011	周小明	男	1990/8/28	群众	硕士	讲师	经济
96017	郭鑫	男	1984/8/3	群众	博士	教授	经济
96024	周静怡	女	2012/6/7	党员	博士	副教授	经济
98016	田明	男	1998/8/4	群众	硕士	讲师	经济
99019	赵文	男	2015/7/2	群众	硕士	讲师	经济
99021	张淑芳	女	2004/6/7	群众	本科	助教	经济
99022	王童童	女	2000/10/20	群众	本科	助教	经济
99023	尹红群	女	1996/9/1	党员	硕士	讲师	经济
99024	胡刚	男	2008/5/9	群众	博士	教授	经济

记录: 第 1 项(共 12 项) 无筛选器 搜索

图 18-7 教师查询结果

- 窗体。窗体是 Access 数据库对象中最具灵活性的一个对象，是数据库和用户的一个联系界面，用于显示包含在表或查询中的数据和操作数据库中的数据，如图 18-8 所示。在窗体上摆放各种控件，如文本框、列表框、复选框、按钮等，分别用于显示和编辑某个字段的内容，也可以通过单击、双击等操作，调用与之联系的宏或模块，完成较为复杂的操作。窗体中不仅可以包含普通的数据，还可以包含图片、图形、声音、视频等多种对象，如图 18-9 所示。

教师

编号 95010 政治面目 党员
姓名 刘思萌 学历 硕士
性别 女 职称 讲师
工作时间 1996/9/19 系别 经济

图 18-8 教师窗体示例

图 18-9 窗体布局工具

- 报表。报表可以按照指定的样式将多个表或查询中的数据显示出来。报表中包含了指定数据的详细列表。报表也可以进行统计计算，如求和、求最大值、求平均值等。报表与窗体类似，也是通过各种控件来显示数据的，报表的设计方法也与窗体大致相同。
- 页。页也称为数据访问页或网页，可以实现数据库与Internet（Intranet）的相互访问。通过使用Access 2016，可以打开包含数据访问页的数据库，这些数据访问页将不起作用。在尝试打开数据访问页时，会收到一条错误消息，指出Microsoft Office Access不支持对数据访问页执行此操作。作为使用数据访问页的备选方案，可以使用Access Services创建Web数据库并将其发布到SharePoint网站。
- 宏。宏是数据库若干操作指令的集合，用来简化一些经常性的操作。Access提供了几十种宏命令，用户可以十分方便地组合这些宏命令完成复杂的数据操作。
- 模块。模块是用VBA语言编写的程序段，它以Visual Basic为内置数据库程序语言。对于数据库的一些较为复杂或高级的应用功能，需要使用VBA代码编程实现。通过在数据库中添加VBA代码，可以创建出自定义菜单、工具栏和具有其他功能的数据库应用系统。Access 2016提供了很多函数和过程方便模块的设计。

第19章

创建和维护数据库

Access 数据库应用范围十分广泛，可以用在公司物流管理、仓库管理、资源调度以及订单管理等很多方面。在 Access 数据库管理系统中，数据库是一个容器，存储数据库应用系统中的其他数据库对象。也就是说，构成数据库应用系统的其他对象都存储在数据库中。本章将介绍使用 Access 2016 创建和维护数据库的方法。

内容提要

本章将首先介绍创建空白数据库和使用模板创建数据库的方法，必须先创建数据库才能进一步建立数据库中的数据对象。其次将介绍使用表设计器创建数据表以及向表中输入记录的方法。此外，还将介绍使用向导创建查询、使用向导创建报表以及自动创建报表的方法，以及在 Access 2016 中设计窗体的方法。最后将介绍维护数据库的方法，包括备份、压缩、修复以及加密数据库。

重要知识点

- 数据库的创建方法
- 数据库中表、查询、窗体、报表的创建方法
- 数据库的备份、压缩与修复以及加密方法

19.1　数据库的创建

创建数据库的方法有两种：一是先建立一个“空数据库”，然后向其中添加表、查询、窗体和报表等对象，这是创建数据库最灵活的方法；二是使用“样本模板”创建，利用系统提供的模板进行一次操作来选择数据库类型，并创建所需的表、窗体和报表，这是操作最简单的方法。无论哪种方法，在创建数据库之后，都可以在任何时候修改或扩展数据库。Access 2016 创建数据库的结果是在磁盘上生成一个扩展名为 .accdb 的数据库文件。

19.1.1　创建空数据库

例 19-1　创建名为“教学管理”的空数据库，并将建好的数据库保存在 C 盘 Access 文件夹中。

操作步骤如下。

【1】启动 Access 2016 程序，进入 Backstage 视图后，单击左侧导航窗口中的“新建”|“空白桌面数据库”，如图 19-1 所示。

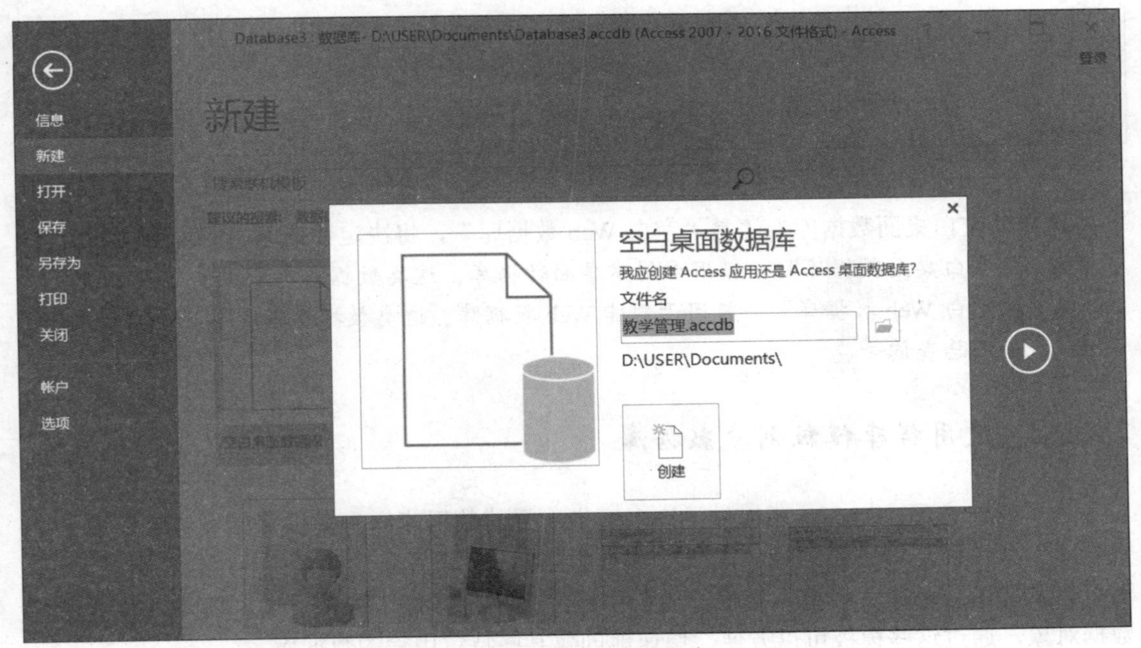

图 19-1　创建空白数据库

【2】在右侧窗口中的“空白桌面数据库”|“文件名”文本框中输入文件名“教学管理”。若要更改文件的默认位置，单击“浏览到某个位置来存放数据库”按钮（位于“文件名”框旁边），通过浏览找到新位置 D 盘的 Access 文件夹，然后单击“确定”按钮。

【3】单击“创建”。Access 将创建一个含有名为“表 1”的空表的数据库，然后在“数据表”视图中打开“表 1”。光标将被置于“单击以添加”列中的第一个空单元格中，如图 19-2 所示。

至此，已经完成“教学管理”空数据库的创建，同时出现“教学管理”数据库窗口。

【注意】此时这个数据库容器中除了空表“表 1”之外，没有任何其他数据库对象的存在，可以根据需要在该数据库容器中创建其他数据库对象。在创建数据库之前，最好先建立用于保存该数据库文件的文件夹，以便今后的管理。

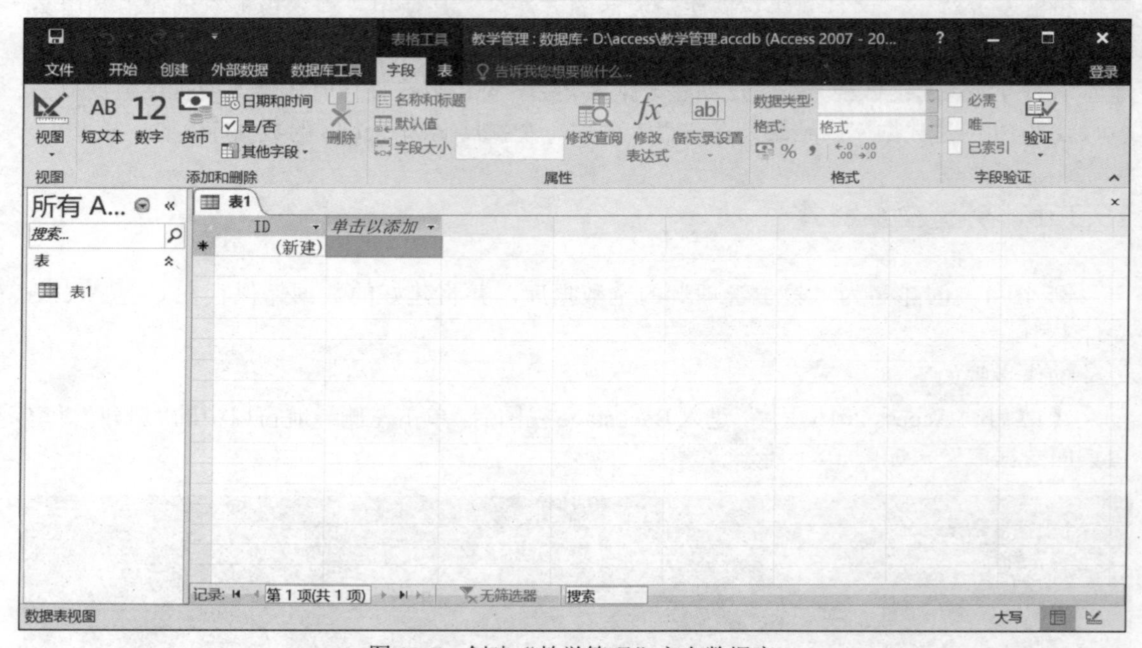

图 19-2　创建“教学管理”空白数据库

选择“空白桌面数据库”还是“空白 Web 数据库”，将决定数据库中的可用功能。

- “空白桌面数据库”一般用于创建桌面数据库，这类数据库不能被发布到 Web。
- “空白 Web 数据库”一般用于创建 Web 数据库，这类数据库不支持某些桌面功能，如汇总查询等。

19.1.2　使用样本模板创建数据库

为了操作方便，Access 还提供了许多可供选择的数据库样本模板，如“慈善捐赠 Web 数据库”“联系人 Web 数据库”“项目 Web 数据库”“教职员”“学生”“销售渠道”等，也可以从 Office.com 下载更多模板。模板中已经初步定义好了表、查询、窗体以及报表等数据对象，通过这些模板可以方便、快速地创建某些特定用途的数据库。

例 19-2　在 C 盘 Access 文件夹下创建名为“学生”的数据库。

在 Access 2016 提供的模板中，可以发现“学生”模板应该与要建立的数据库结构非常类似，因此选择“学生”模板作为该数据库的基础。

使用样本模板创建“学生”数据库的操作步骤如下。

【1】启动 Access 2016 程序，进入 Backstage 视图后，单击左侧导航窗口中的“新建”|“可用模板”|“样本模板”选项，然后浏览可用的样本模板。

【2】找到“学生”模板后，单击该模板，在右侧窗口中的“文件名”文本框中输入文件名“学生”。若要更改文件的默认位置，单击“浏览到某个位置来存放数据库”按钮（位于“文件名”框旁边），通过浏览找到新位置 D 盘的 Access 文件夹，然后单击“创建”按钮，如图 19-3 所示。

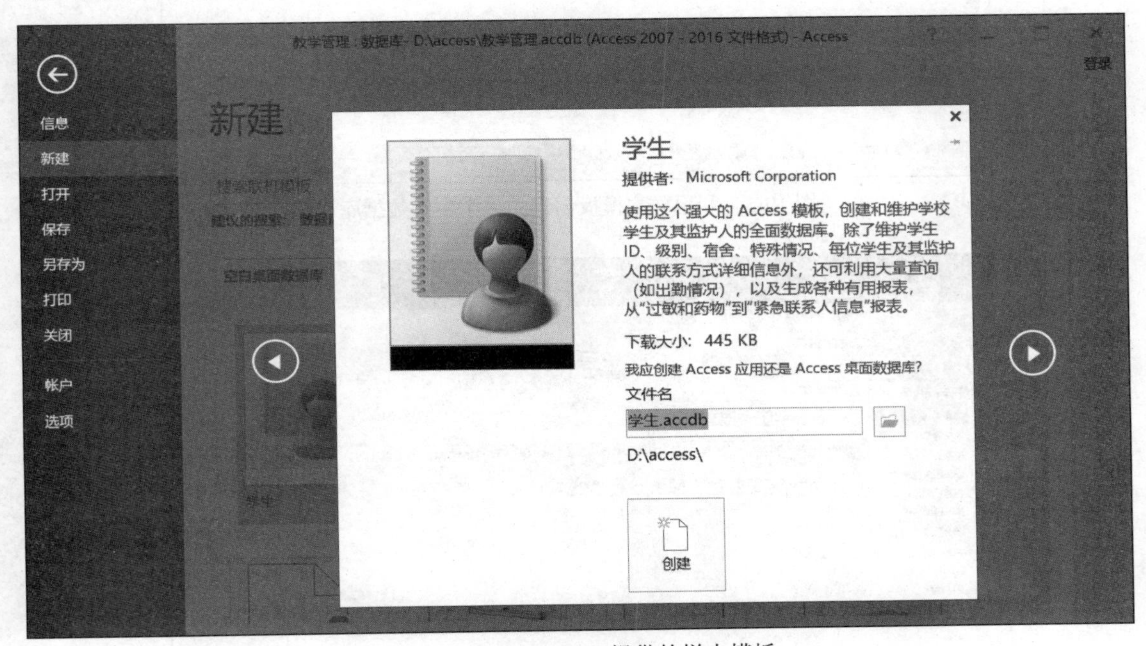

图 19-3　Access 2016 提供的样本模板

【3】单击“创建”。Access 将显示“正在准备模板…”提示框，如图 19-4 所示。经过几十秒之后，Access 将从“学生”模板创建新的“学生列表”数据库并打开该数据库，如图 19-5 所示。

【4】单击左侧“导航窗口”上部的“百叶窗开 / 关按钮”，打开“学生导航”窗口。然后单击右侧下拉箭头按钮，从下拉列表中选择“对象类型”，如图 19-6 所示，将显示出“学生”数据库中已有的数据对象（表、查询、窗体和报表），如图 19-7 所示。

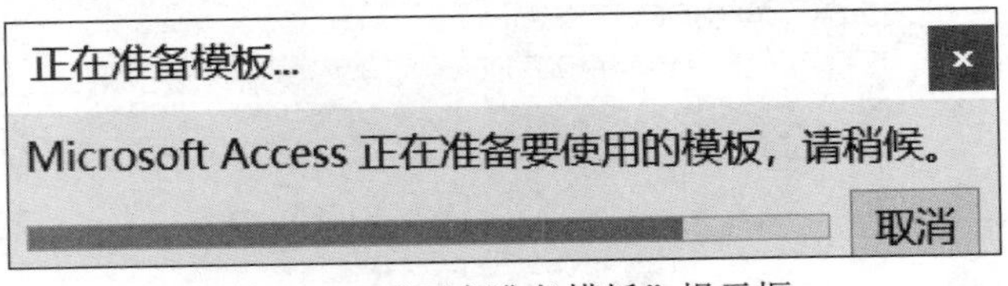

图 19-4　“正在准备模板”提示框

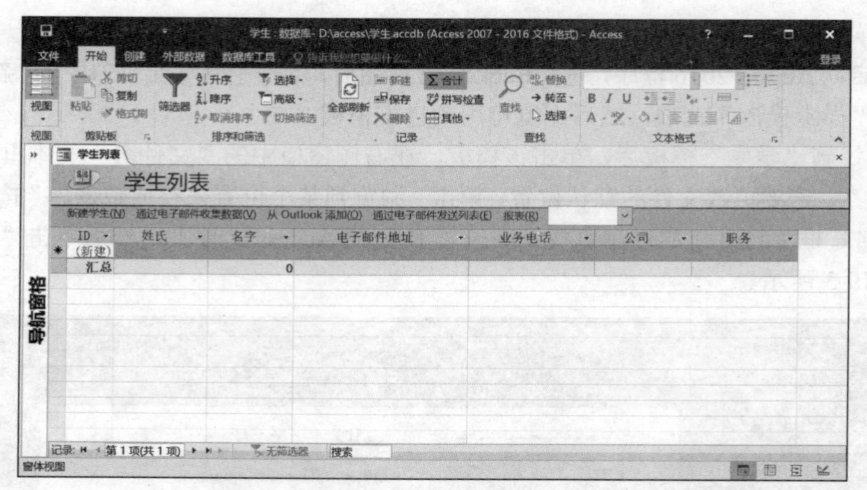

图 19-5　利用样本模板创建的“学生”数据库

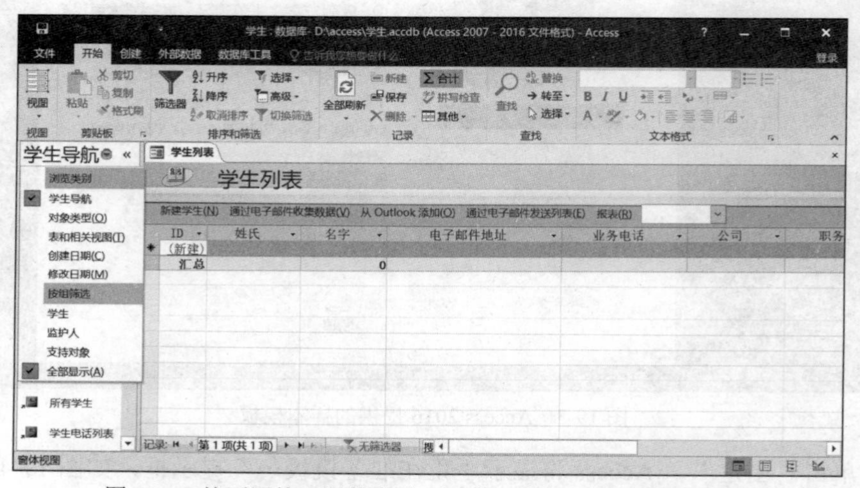

图 19-6　按不同的“浏览类别”浏览“学生”数据库中的内容

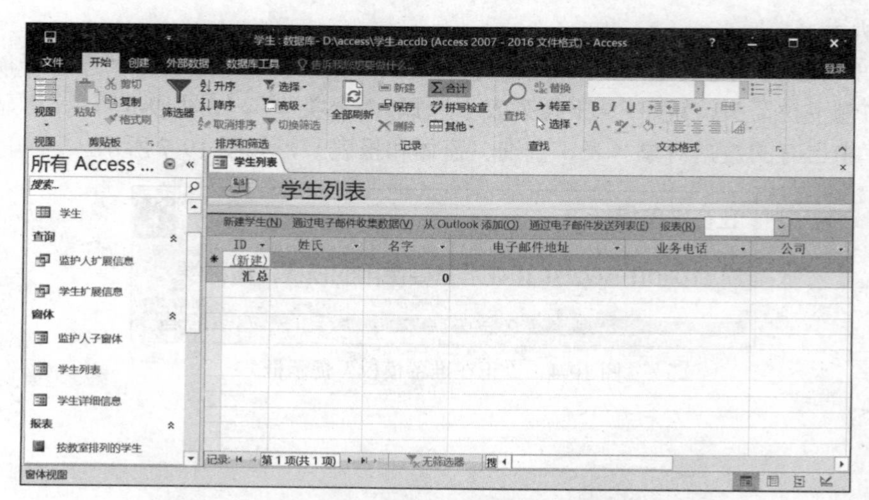

图 19-7　“学生”数据库中的数据对象

完成上述操作后，“学生”数据库的结构框架就建立起来了。利用“样本模板”创建数据库对象，在所创建的数据库对象容器中会包含其他一些 Access 对象，而不再是一个空数据库容器。由于“样本模板”创建的表可能与需要的表不完全相同，表中包含的字段可能与需要的字段不完全一样。因此使用“样本模板”创建完数据库之后，通常还需要对其进行补充和修改，具体方法将在下面的章节中介绍。

19.2　数据库的打开和关闭

数据库建好之后，可以对其进行各种操作。例如，可以在数据库中添加对象，可以修改其中某对象的内容。当然，在进行这些操作之前应该先打开它，操作结束之后要关闭它。

19.2.1　打开数据库

打开数据库的方法有两种，通过“最近所用文件”打开和“打开”命令打开。

- 通过“最近所用文件”打开。通过“最近所用文件”打开数据库的操作非常简单，只需在启动 Access 2016 后进入 Backstage 视图，单击右侧导航窗口的“最近”列表框中找到要打开的数据库名单击即可。如果在最近使用的数据库列表框中没有显示出所需要的数据库，可通过“打开”命令打开。
- 通过“打开”命令打开。

例 19-3　打开 C 盘 Access 文件夹中名为“教学管理”的数据库。操作步骤如下。

【1】在 Backstage 视图中，单击中间导航窗口的“这台电脑”选项，弹出“打开”对话框，如图 19-8 所示。

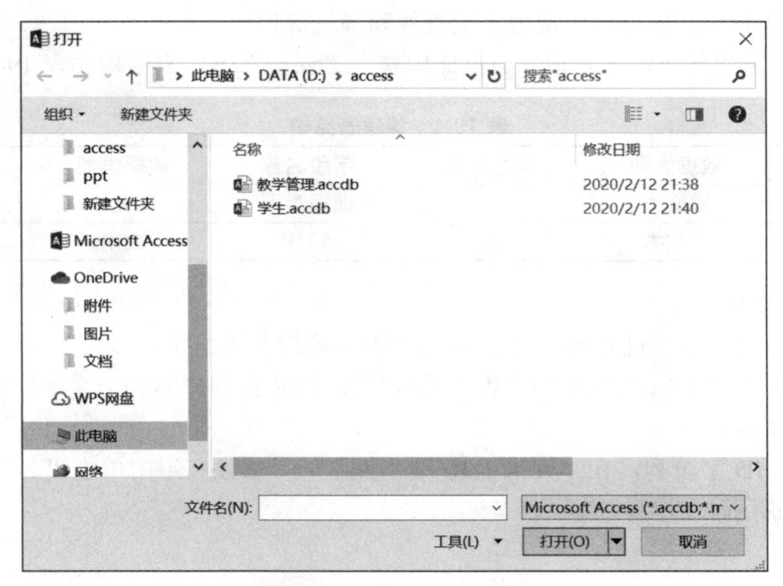

图 19-8　“打开”对话框

【2】在“打开”对话框的查找范围栏中找到保存该数据库的文件夹，在列表框中单击“教学管理”数据库文件名。

【3】单击“打开”按钮。

19.2.2 关闭数据库

当完成数据库的操作之后，需要将其关闭。单击“数据库”窗口右上角“关闭”按钮☒。

19.3 创建数据表

数据表是数据库中实际存储数据的场所。一个 Access 2016 数据库可以包含一个或者多个相关的表。创建了数据库之后，还需要在数据库中创建数据表以存放不同的数据。

创建数据表的常用方法有 3 种：一是在数据表视图中直接在字段名处输入字段名，这种方法比较简单，但无法对每一个字段的属性进行设置，一般还需要在设计视图中进行修改；二是使用设计视图，这是一种最常用的方法；三是通过使用表模板来创建数据表，其创建方法与使用样本模板创建数据库的方法类似。本节将介绍在 Access 2016 中创建数据表的前两种方法。

19.3.1 使用数据表视图

数据表视图是按行和列显示表中数据的视图。在数据表视图中，可以进行字段与记录的编辑、添加和删除，还可以实现数据的查找和筛选等操作。

在例 19-1 创建的“教学管理”数据库中建立“课程”表，表结构如表 19-1 所示。

表 19-1 课程表结构

字段名称	数据类型	字段大小	字段名称	数据类型	字段大小
课程编号	短文本	3	课程类别	短文本	2
课程名称	短文本	20	学分	数字	常规

操作步骤如下。

【1】在 Access 中，打开例 19-1 创建的“教学管理”数据库。

【2】单击“创建”|“表格”|“表”选项，这时将创建名为“表 1”的新表，并以数据表视图方式打开。

【3】选中 ID 字段列，在“表格工具”|“字段”|“属性”组中单击“名称和标题”选项，如图 19-9 所示。

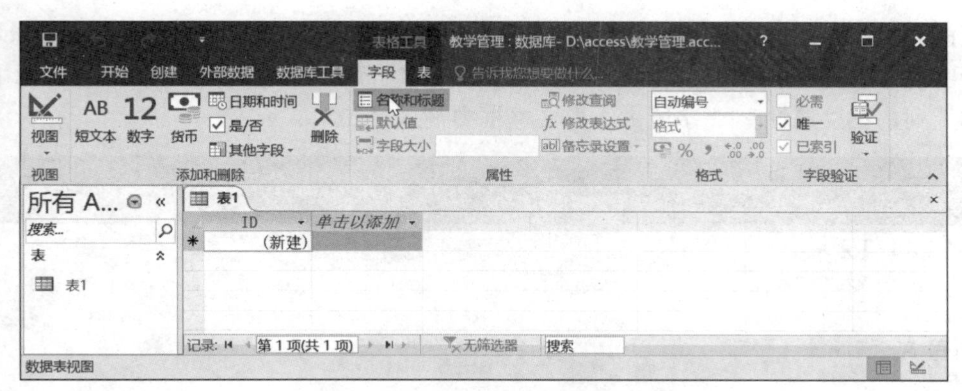

图 19-9　“名称和标题”选项

【4】弹出“输入字段属性”对话框，在该对话框的“名称”文本框中输入“课程编号”，如图 19-10 所示。单击“确定”按钮。

输入字段属性

名称　课程编号

标题

说明

确定　取消

图 19-10　“输入字段属性”对话框

【5】选中“课程编号”字段列，在“表格工具”|“字段”|“格式”组中，单击“数据类型”下拉列表框右侧下拉箭头按钮，从弹出的下拉列表中选择“短文本”；在“属性”组的“字段大小”文本框中输入“3”，如图 19-11 所示。

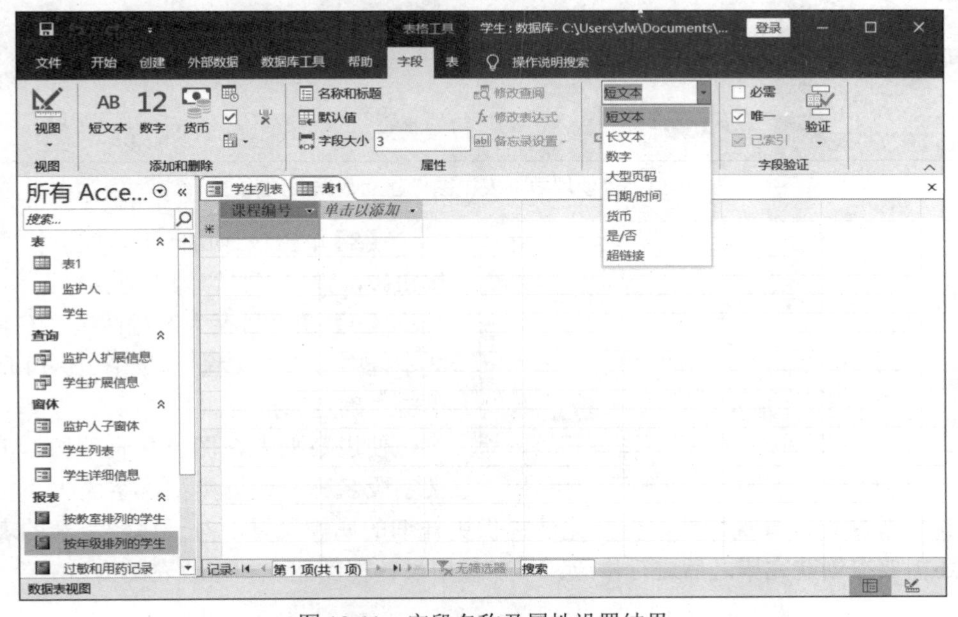

图 19-11　字段名称及属性设置结果

【6】单击“单击以添加”列，从弹出的下拉列表中选择“短文本”，这时 Access 自动为新字段命名为“字段 1”，如图 19-12 所示。在“字段 1”中输入“课程名称”，选中“课程名称”列，在“属性”|“字段大小”文本框中输入“20”。

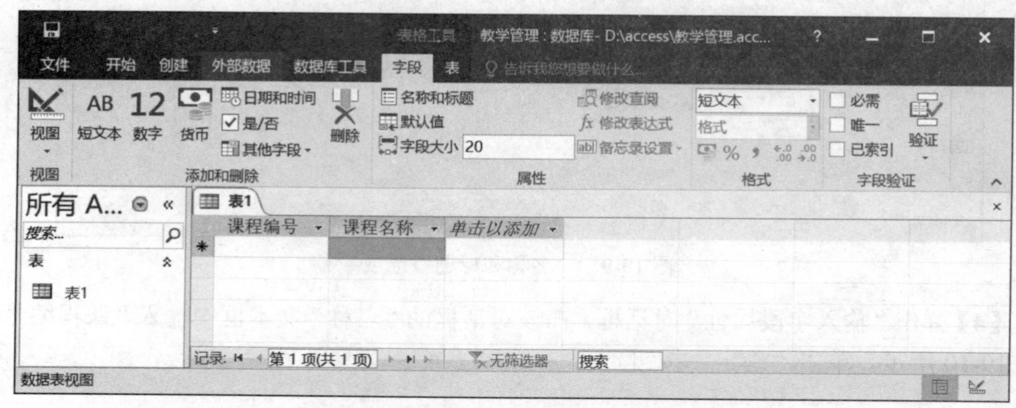

图 19-12　添加新字段

【7】根据“课程”表结构，参照第【6】步完成“课程类别”和“学分”字段的添加及属性设置。其中，“学分”字段的字段大小属性需要在设计视图中设置。结果如图 19-13 所示。

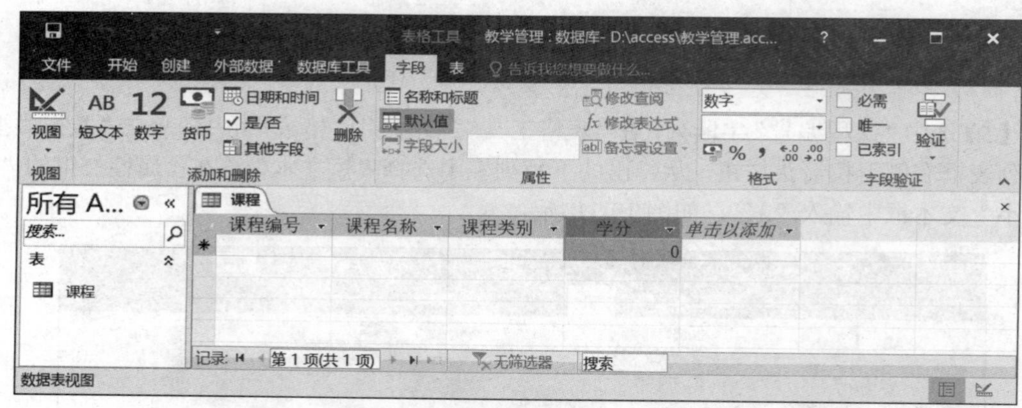

图 19-13　“使用数据表视图”建立数据表结构

图 19-14　“另存为”对话框

【8】单击快速访问工具栏上的“保存”按钮，弹出“另存为”对话框。

【9】在“另存为”对话框“表名称”文本框中输入“课程”，如图 19-14 所示。单击“确定”按钮。

使用数据表视图建立表结构，可以定义字段名称、数据类型、字段大小、格式以及默认值等属性，直观快捷，但是无法提供更详细的属性设置。对于比较复杂的表结构来说，还需要在创建完毕之后进行修改。可以使用设计视图建立和修改表结构。

19.3.2 使用设计视图

在设计视图中建立表结构，可以设置字段名称、数据类型、字段属性等内容。

例 19-4　在“教学管理”数据库中建立“学生”表，其结构如表 19-2 所示。

表 19-2　学生表结构

字段名称	数据类型	字段大小	字段名称	数据类型	格式
学生编号	短文本	10	入校日期	日期 / 时间	长日期
姓名	短文本	4	团员否	是 / 否	是 / 否
性别	短文本	1	简历	长文本	
年龄	数字	常规	照片	附件	

操作步骤如下。

【1】打开“教学管理数据库”。

【2】单击“创建”|“表格”|“表设计”选项，进入表设计视图，如图 19-15 所示。

表设计视图分为上下两部分。上半部分是字段输入区，从左到右分别为“字段名称”列、“数据类型”列和“说明”列。“字段名称”列用于说明字段的名称，“数据类型”列用于定义该字段的数据类型，如果需要可以在“说明”列中对字段进行必要的说明。下半部分是字段属性区，用于设置字段的属性值。

【3】单击设计视图的第一行“字段名称”列，并在其中输入“学生编号”；单击“数据类型”列，并单击其右侧下拉箭头按钮，从下拉列表中选择“短文本”数据类型；在“说明”列中输入说明信息“主键”，说明信息不是必需的，但可以增加数据的可读性；在字段属性区中，将字段大小设为“10”。

【4】使用相同的方法，按照表 19-2 所列字段名称和数据类型等信息，定义表中其他字段，表设计结果如图 19-16 所示。

【5】单击快速访问工具栏上的“保存”按钮，弹出“另存为”对话框。

【6】在“另存为”对话框的“表名称”文本框中输入“学生”，单击“确定”按钮。

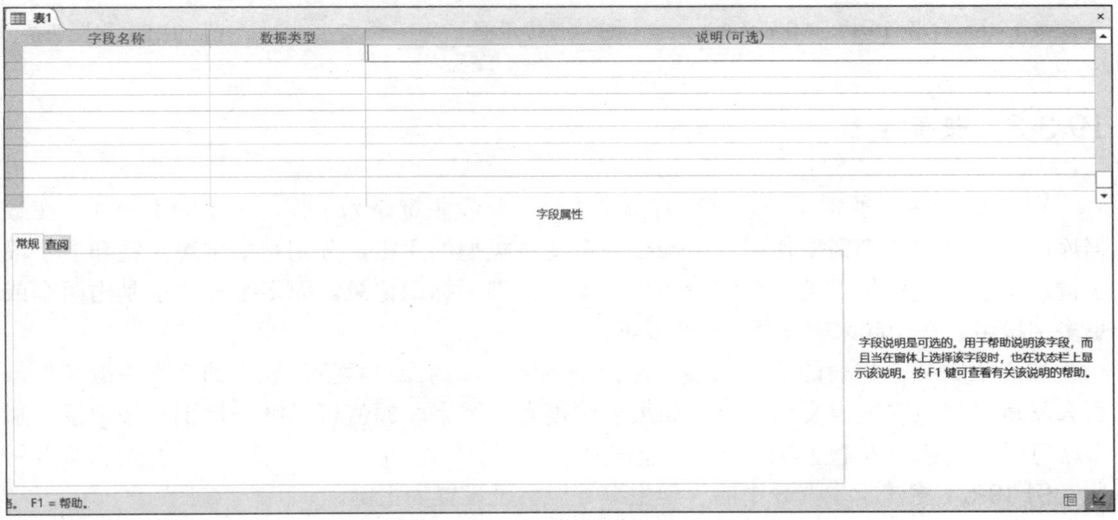

图 19-15　表设计视图

表1

字段名称	数据类型	说明（可选）
学生编号	短文本	
姓名	短文本	
性别	短文本	
年龄	数字	
入校日期	日期/时间	
团员否	是/否	
简历	长文本	
照片	附件	

字段属性

常规 查阅

字段大小	10
格式	
输入掩码	
标题	
默认值	
验证规则	
验证文本	
必需	是
允许空字符串	是
索引	有(无重复)
Unicode 压缩	否
输入法模式	开启
输入法语句模式	无转化
文本对齐	常规

在该字段中所能输入的最大字符数。可设置的最大值为 255。按 F1 键可查看有关字段长度的帮助。

F1 = 帮助。

图 19-16 “学生”表设计结果

默认新建表格的第一列为主键，若想删除或修改主键，可在设计视图界面下单击“表格工具”|“设计”|“工具”|“主键”选项，如图 19-17 所示。

同样，可以在表设计视图中对已建的“课程”表结构进行修改。修改时单击要修改字段的相关内容，并根据需要输入或选择所需内容。表设计视图是创建表结构以及修改表结构最方便和有效的工具。可通过单击工具栏左侧的“视图”按钮进行选择，也可右击表格名称进行视图切换，如图 19-18 所示。

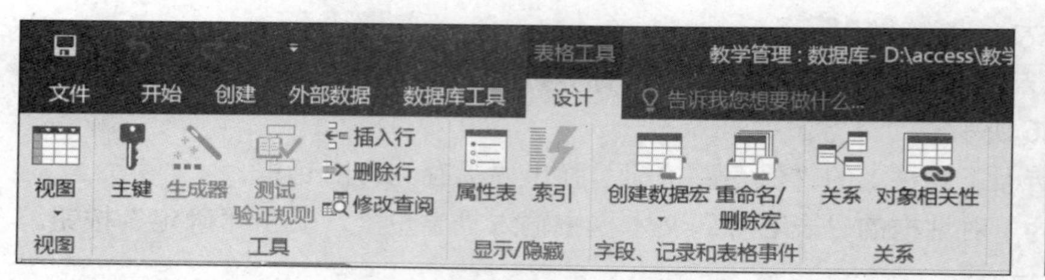

图 19-17 Microsoft Access 创建主键提示框

图 19-18 视图切换

19.3.3 设置主键

在 Access 中，通常每个表都应有一个主键。设置主键是为了保证记录的唯一性，在数据库的许多操作中都需要使用。Access 中有两种类型的主键，分别是单字段主键和多字段主键。单字段主键是以某一个字段作为主键，来唯一标识记录。而多字段主键是由两个或更多字段组合在一起来唯一标识表中记录。

如果表中某一字段的值可以唯一标识一条记录，例如“学生”表中的“学生编号”，那么就可以将该字段定义为主键。如果表中没有一个字段的值可以唯一标识一条记录，那么就可以考虑选择多个字段组合在一起作为主键。

例 19-5 将“学生”表中的“学生编号”字段设置为主键。

由于“学生编号”字段能够唯一标识“学生”表中的一条记录，因此可以将其定义为主键。具体操作步骤如下。

【1】打开“教学管理”数据库。

【2】鼠标右击“学生”表，从弹出的快捷菜单中选择“设计视图”命令，打开设计视图。

【3】单击“学生编号”字段，如果要定义多个字段，应按下 Shift 键，然后单击要作为主键字段的字段。

【4】单击“表格工具”|“设计”|“工具”|“主键”选项，这时主键字段选定器上显示一个“主键”图标，表明该字段是主键字段。设计结果如图 19-19 所示。

学生

字段名称	数据类型	说明(可选)
学生编号	短文本	主键
姓名	短文本	
性别	短文本	
年龄	数字	
入校日期	日期/时间	
团员否	是/否	
简历	长文本	
照片	附件	

图 19-19　设置主键

19.3.4　设置有效性规则

有效性规则是指某些字段中输入的内容必须满足一定条件才能作为有效信息，通过有效性规则可以定义这些条件。有效性规则的形式及设置目的随字段的数据类型不同而不同。对于文本型字段，可以设置输入的字符个数不能超过某一个值；对于数字型字段，可以使 Access 只接受一定范围内的数值；对于日期 / 时间型字段，可以将数值限制在某月份或年份以内。

例 19-6　将“学生”表中“年龄”字段的取值范围设为 14~40。

【1】用设计视图打开“学生”表，单击“年龄”字段行。

【2】在“验证规则”属性框中输入表达式：>=14 And <=40（或 Between 14 and 40）。输入结果如图 19-20 所示。

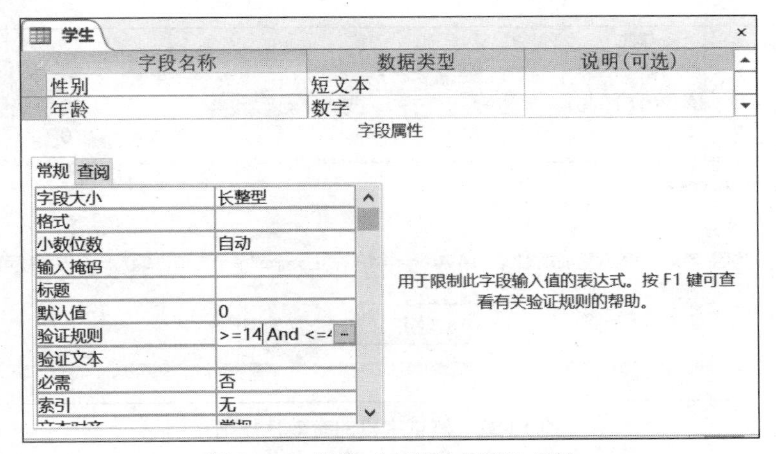

图 19-20　设置“有效性规则”属性

在此步操作中，也可以单击“生成器”按钮打开“表达式生成器”对话框，利用“表达式生成器”输入表达式，如图 19-21 所示。

【3】保存“学生”表。

属性设置后，可对其进行检验。方法是单击“表格工具”|“设计”|“视图”选项，切换到“数据表视图”，在最后一条记录的“年龄”列中输入 10，按 Enter 键。此时屏幕上会显示提示框，如图 19-22 所示。

这说明输入的值与有效性规则发生冲突，系统拒绝接收此数值。有效性规则能够检查错误的输入或者不符合逻辑的输入。有效性规则的实质是一个限制条件，通过限制条件完成对输入数据的检查。

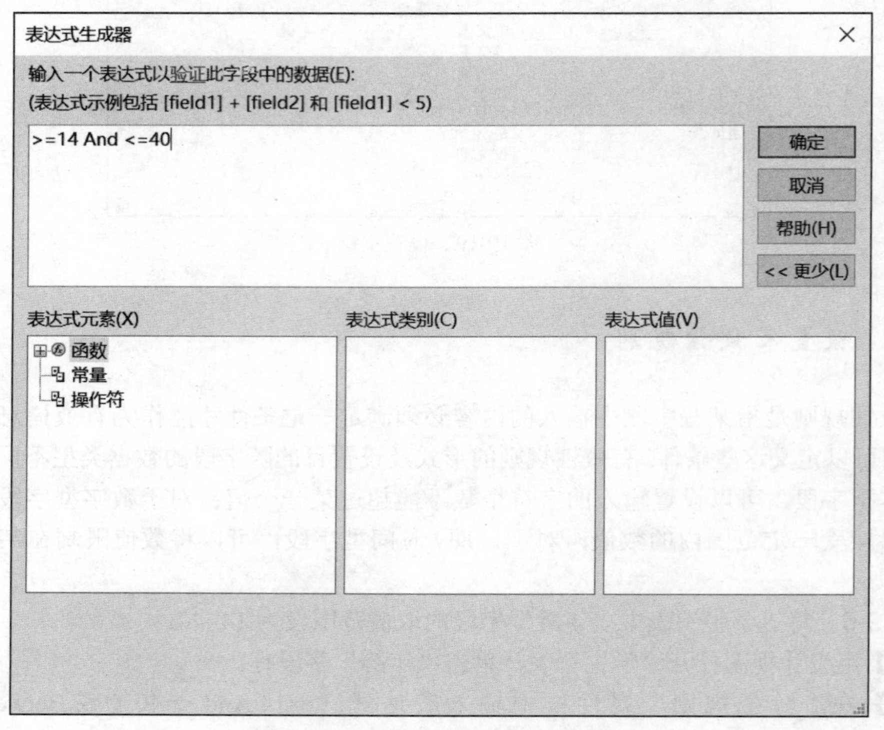

图 19-21 “表达式生成器”对话框

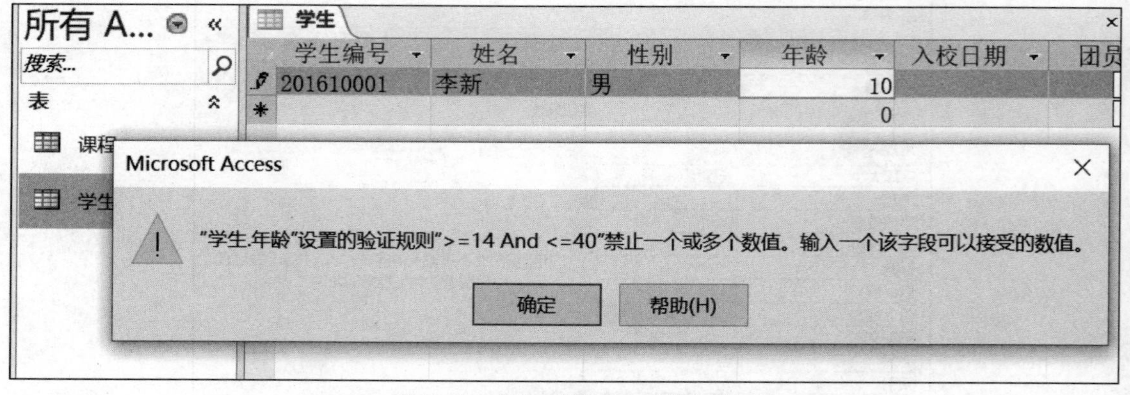

图 19-22 测试字段的有效性规则

19.3.5　设置有效性文本

当输入的数据违反了有效性规则，系统会显示如图 19-22 所示的提示信息。显然系统给出的提示信息不明确、不清晰。为了使错误提示信息更清楚和明确，可以定义有效性文本。

例 19-7　为“学生”表中“年龄”字段设置有效性文本。有效性文本值为：请输入 14~40 的数据。

操作步骤如下。

【1】用设计视图打开“学生”表，单击“年龄”字段行。

【2】在“验证文本”属性框中输入：“请输入 14~40 的数据！”，如图 19-23 所示。

【3】保存“学生”表。

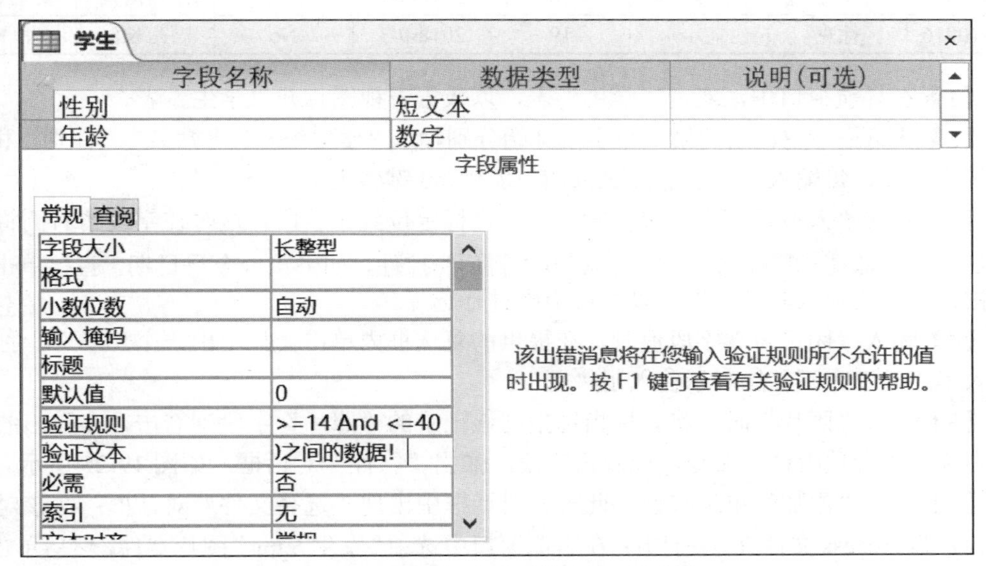

图 19-23　设置“有效性文本”属性

完成上述操作后，单击“表格工具”|“设计”|“视图”选项，切换到数据表视图。在数据表视图的最后一条记录的“年龄”列中输入 13，按 Enter 键，屏幕上将会显示如图 19-24 所示的提示框。

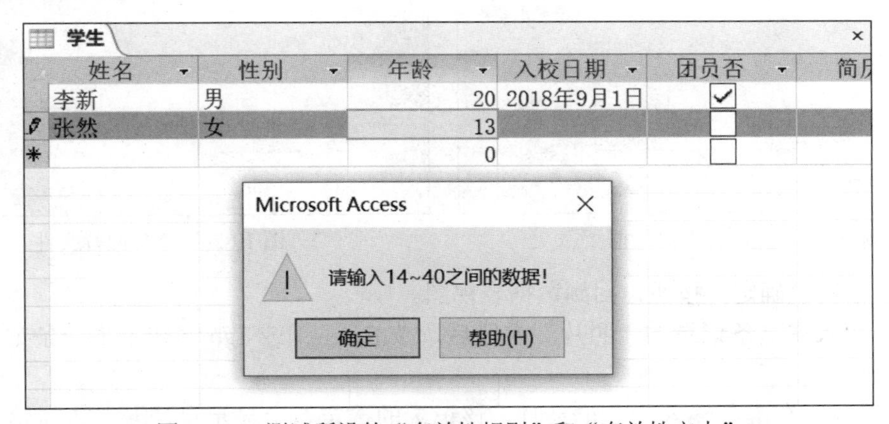

图 19-24　测试所设的“有效性规则”和“有效性文本”

19.3.6 向表中输入数据

创建表实际上是为存储数据制定了规则，一个完整的数据表还需要输入数据。在Access 中，可以在数据表视图中直接输入数据，也可以从已存在的外部数据源中获取数据。本节介绍第一种数据输入的方法。

例 19-8 向“学生”表中输入两条记录，输入内容如表 19-3 所示。其中“照片”字段列给出的是存储在 C：\Access 文件夹下的照片文件名。

表 19-3 “学生”表输入的数据

学生编号	姓名	性别	年龄	入校日期	团员否	简历	照片
201810015	张晶	女	18	2018-9-1	Yes	江西南昌	女生 6.jpg
201810016	徐克	男	19	2018-9-3	No	湖南长沙	男生 10.jpg

【1】在导航窗口中，双击“学生”表，以数据表视图打开“学生”表。

【2】从第一个空记录的第一个字段开始分别输入“学生编号”“姓名”“性别”和“年龄”等字段值，每输入完一个值按 Enter 键或按 Tab 键转至下一个字段。

【3】输入“入校日期”字段值时，先将光标定位到该字段，这时在字段的右侧将出现一个日期选择器图标▦，单击该图标打开“日历”控件，如果输入今日日期，直接单击“今日”按钮，如果输入其他日期可以在日历中进行选择。

【4】输入“团员否”字段值时，在提供的复选框内单击会显示出一个“√”，打钩表示输入了“是”，不打钩表示输入了“否”。

【5】输入“照片”时，将鼠标指针指向该记录的“照片”字段列右击，在弹出的快捷菜单中选择“管理附件”命令，或双击字段，弹出“附件”对话框，如图 19-25 所示。

【6】选中“添加”单选按钮，此时在对话框中出现“选择文件”对话框；在该对话框中找到D盘 Access 文件夹，并打开；在右侧窗口中选中“女生 6.jpg”图片文件，然后单击“确定”按钮，回到“附件”对话框，如图 19-26 所示。

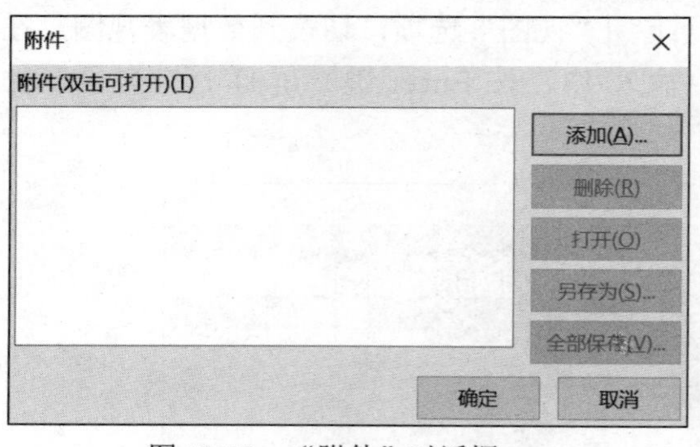

图 19-25 “附件”对话框

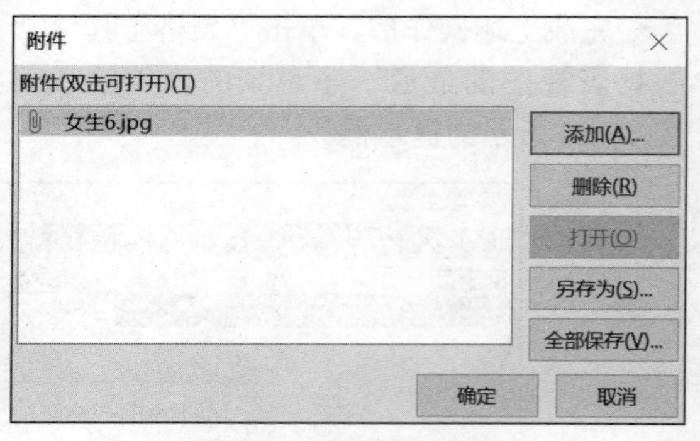

图 19-26 添加照片文件

【7】单击“确定”按钮，回到数据表视图。

【8】输入完这条记录的“照片”字段后，按 Enter 键或 Tab 键转至下一条记录，接着输入第二条记录。

可以看到，在准备输入一个记录时，该记录的选定器上显示星号*，表示这条记录是一个新记录；当开始输入数据时，该记录选定器上则显示铅笔符号，表示正在输入或编辑记录，同时会自动添加一条新的空记录，且空记录的选定器上显示星号。

【9】全部记录输入完后，单击快速工具栏上的“保存”按钮，保存表中数据。

19.4　创建查询

查询是 Access 数据库中的一个重要对象，是使用者按照一定的条件，从 Access 数据库表或已建立的查询中检索需要数据的最主要方法。查询创建后，如果数据库中的数据发生变化，用户看到的查询结果也会同步改变。

创建查询的常用方法有两种，一是使用设计视图创建，二是使用查询向导创建。

使用查询向导创建查询比较简单，操作者可以在向导引导下选择一个或多个表、一个或多个字段，但不能设置查询条件。这种方法尤其适合初学者使用。

19.4.1　使用查询向导创建查询

例 19-9　在创建的“教学管理”数据库中创建“学生选课成绩”查询，要求该查询能够观察学生编号、姓名、课程名称以及考试成绩的情况。

分析题目要求以及“教学管理”数据库发现，查询中观察到的学生编号、姓名、课程名称和考试成绩等信息分别来自学生、课程和选课成绩这 3 个表。因此，应该建立基于 3 个表的查询。

【1】打开“教学管理”数据库，单击“创建”|“查询”|“查询向导”选项，弹出【新建查询】对话框，如图 19-27 所示。

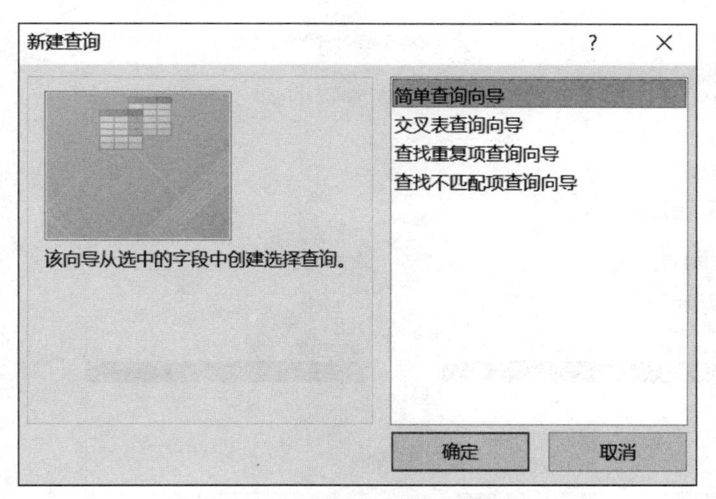

图 19-27　“新建查询”对话框

【2】选择“简单查询向导”，然后单击“确定”按钮，弹出“简单查询向导”的第一个对话框。

【3】选择查询的数据源。在该对话框中，单击“表/查询”下拉列表框右侧的下拉箭头按钮，从弹出的下拉列表中选择“学生”表。这时，“可用字段”列表框中显示“学生”表中包含的所有字段。双击“学生编号”和“姓名”字段，将其添加到“选定字段”列表框中，如图 19-28 所示。

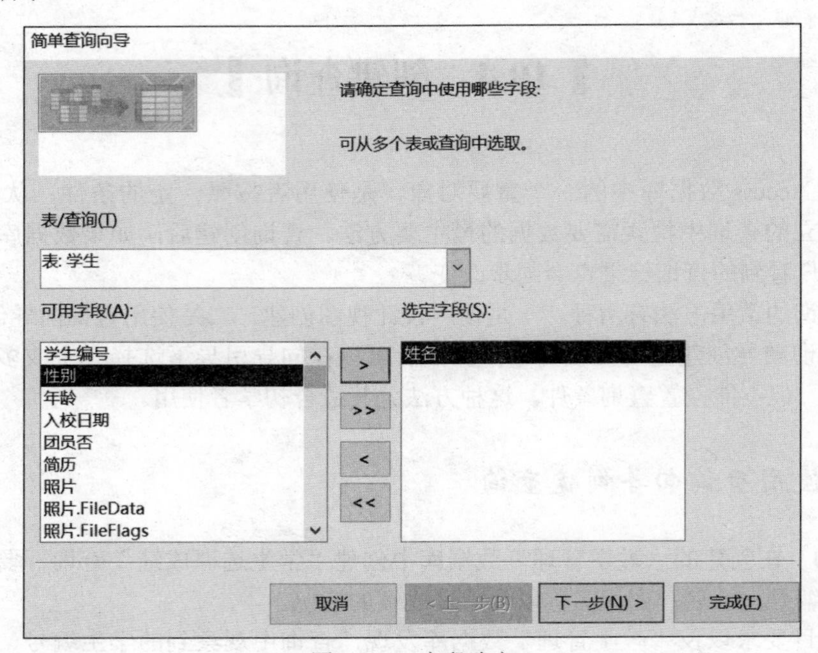

图 19-28　字段选定

使用相同的方法，将“课程”表中的“课程名称”以及“选课成绩”表中的“考试成绩”字段添加到“选定字段”列表框中。最终结果如图 19-29 所示。

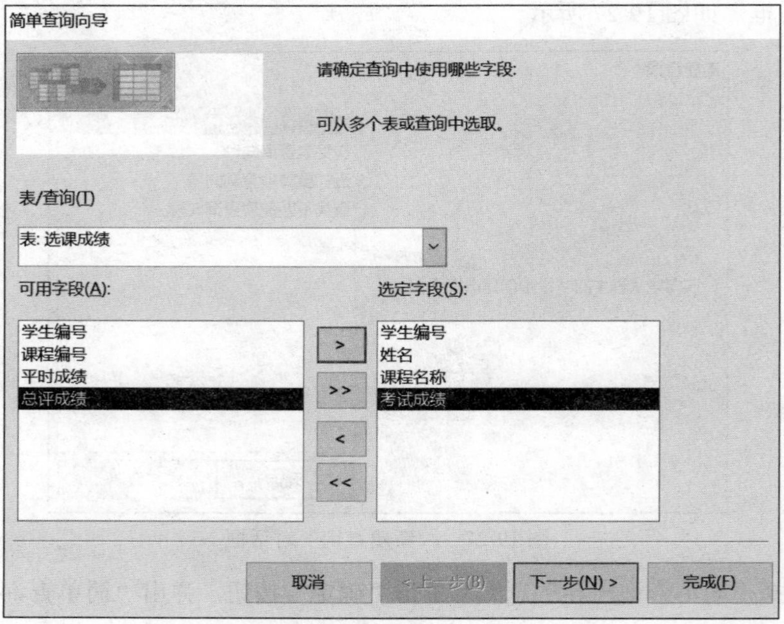

图 19-29　字段选定最终结果

【4】单击“下一步”按钮，弹出“简单查询向导”的第 2 个对话框。在该对话框中，需要确定建立明细查询还是汇总查询。建立明细查询，则查看详细信息；建立汇总查询，则对一组或全部记录进行各种统计。此处选择“明细”单选按钮，如图 19-30 所示。

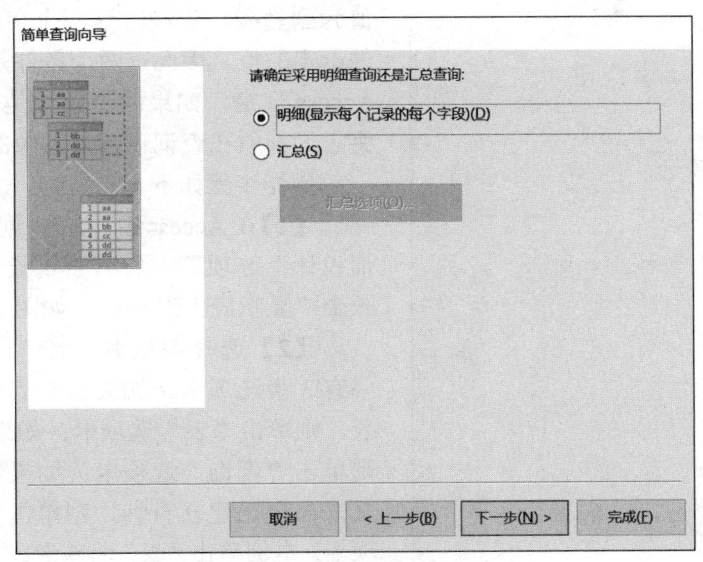

图 19-30　明细查询和汇总查询

【5】单击“下一步”按钮，弹出“简单查询向导”的第 3 个对话框。在“查询名称”文本框中输入“学生选课成绩”，如图 19-31 所示。

【6】单击“完成”按钮。

这时，Access 将开始建立查询，并将查询结果显示在屏幕上，如图 19-32 所示。

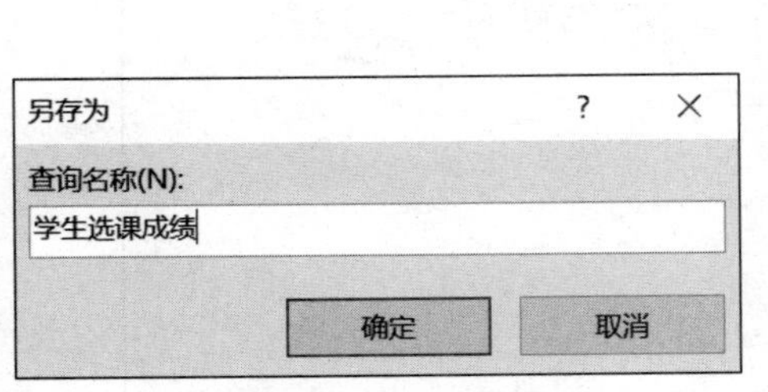

图 19-31　设置标题

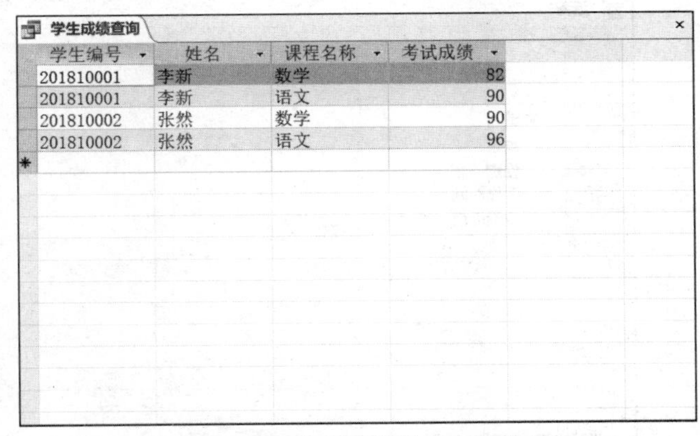
学生成绩查询

学生编号	姓名	课程名称	考试成绩
201810001	李新	数学	82
201810001	李新	语文	90
201810002	张然	数学	90
201810002	张然	语文	96

图 19-32　学生选课成绩查询结果

19.4.2　使用设计视图创建查询

使用查询向导虽然可以快速、方便地创建查询，但它只能创建不带条件的查询，而对于有条件的查询需要使用查询设计视图来完成。

例 19-10　查找职称为副教授的女老师，并显示“姓名”“性别”“学历”“职称”和“电

图 19-33 “显示表”对话框

话号码”。

要查询“职称为副教授的女老师”，需要两个条件，一是“性别”值为“女”，二是“职称”值为副教授，查询时这两个字段值都应等于条件给定的值。因此，两个条件是“与”的关系。Access 规定，如果两个条件是“与”关系，应将它们都放在查询设计视图中的“条件”行上。

操作步骤如下。

【1】在 Access 中，单击“创建”|“查询”|“查询设计”选项，打开查询设计视图，并显示一个“显示表”对话框，如图 19-33 所示。

【2】选择数据源。在“显示表”对话框中有 3 个选项卡。如果建立查询的数据源来自表，则单击“表”选项卡；如果自己建立查询，则单击“查询”选项卡；如果数据源既来自表又来自自己建立查询，则单击“两者都有”选项卡。本例单击“表”选项卡。然后双击“教师”表，这时“教师”表的字段列表添加到设计视图窗口的上方。单击“关闭”按钮关闭“显示表”对话框，如图 19-34 所示。

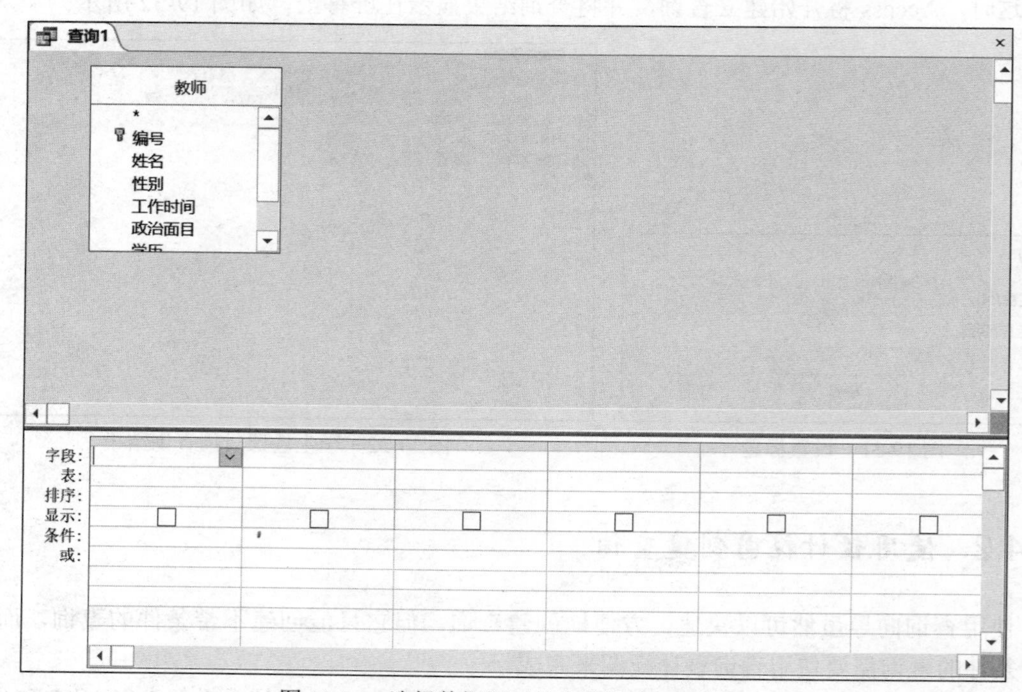

图 19-34 选择数据源后的查询设计视图窗口

【3】选择字段。双击“教师”字段列表中的“姓名”“性别”“学历”“职称”和“电话号码”字段，将它们分别添加到“字段”行的第 1 列～第 5 列。同时“表”行上显示这些字段所在表的名称。

【4】设置显示字段。“设计网格”中“显示”行上的每一列都有一个复选框，用它来确定其对应的字段是否显示在查询结果中。选中复选框，表示显示这个字段。取消选中的复选框，表示在查询结果中不显示相应的字段。按照本例要求，“字段”行上的所有字段都应该显示在查询结果中，因此所有字段的“显示”单元格中的复选框都被勾选。

【5】输入查询条件。在“性别”字段列的“条件”单元格中输入条件“女”，在“职称”字段列的“条件”单元格中输入条件“副教授”，如图 19-35 所示。

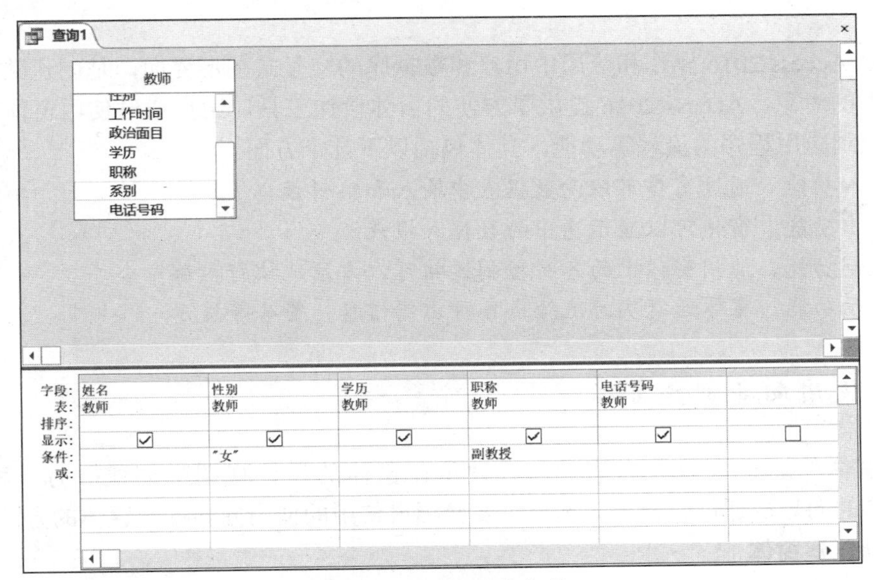

图 19-35　设置查询条件

【6】保存所建查询，将其命名为“职称为副教授的女老师”。

【7】单击“查询工具 / 设计”|“结果”|“运行”按钮，查询结果如图 19-36 所示。

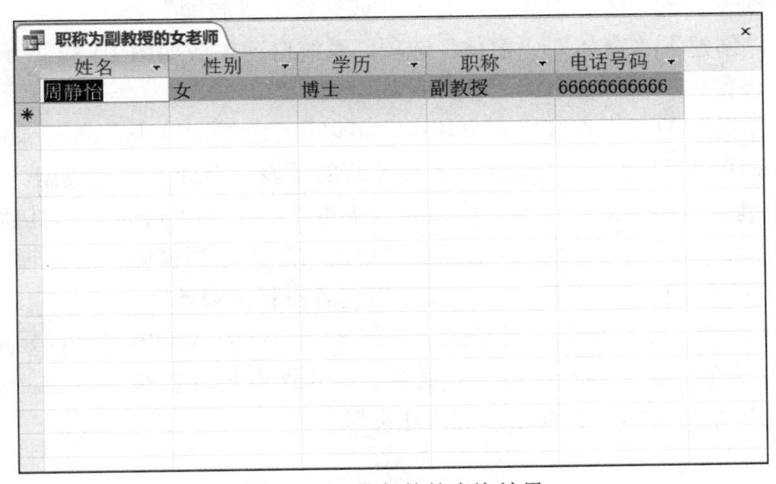

图 19-36　带条件的查询结果

19.5 设计窗体

完成了数据库中数据表和查询的创建后，为了方便对数据库中数据的输入和管理，用户还可以为数据库创建窗体。本节将介绍窗体的概念和主要功能，以及如何自动创建窗体和使用向导创建窗体的方法。

19.5.1 窗体的主要功能

窗体是 Access 2016 操作和应用中用户和数据库的交互式图形界面，是创建数据库应用系统最基本的对象。Access 2016 提供了方便的窗体设计工具，用户通过使用窗体来实现数据维护、控制应用程序的流程等功能，具体包括以下几个方面。

- 输入功能。通过窗体可以向数据表中输入和编辑数据。
- 输出功能。窗体可以显示输出的数据和报表。
- 控制功能。使用窗体上的各种控制按钮可以方便地执行控制命令。
- 提示功能。窗体还能实时地给出各种出错信息、警告等提示。

19.5.2 使用向导创建窗体

创建窗体的途径大致分为两种：一种是在窗体的设计视图中创建；另一种是使用 Access 提供的向导快速创建窗体。本节主要介绍最常用的使用向导创建窗体的方法。

1. 自动创建窗体

Access 2016 提供了多种自动创建窗体的方法。基本步骤都是先打开（或选定）一个表或者查询，然后选用某种自动创建窗体的工具创建窗体。

例 19-11 以“教师”表为数据源，使用“窗体”工具，创建“教师（纵栏式）”窗体。

【1】在导航窗口的“表”对象下，打开（或选定）“教师”表。

【2】单击“创建”|“窗体”|“窗体”选项，系统自动生成如图 19-37 所示的教师窗体。

【3】保存该窗体。窗体命名为“教师（纵栏式）”。

【4】将希望关联的表格直接拖到窗体中，可以显示主窗体中与当前记录联的子表中的相关记录。如图 19-38 显示了与“教师”表相关联的子表“授课”表的数据。

例 19-11 创建一个纵栏式的窗体。可以通过单击“创建”|“窗体”|“其他窗体”选项，在弹出的下拉列表中分别选择“多个项目”“数据表”“分割窗体”等选项，创建表格式的窗体、数据表式的窗体以及分割式的窗体。请读者自行实践。

纵栏式窗体一个页面只显示一条记录，表格式和数据表式窗体则可以显示多条记录。因此，前者适合单个记录的显示，后两者适合数据表所有记录的快速浏览。分割式窗体则兼顾了单条记录的突出显示和全部记录的快速浏览。

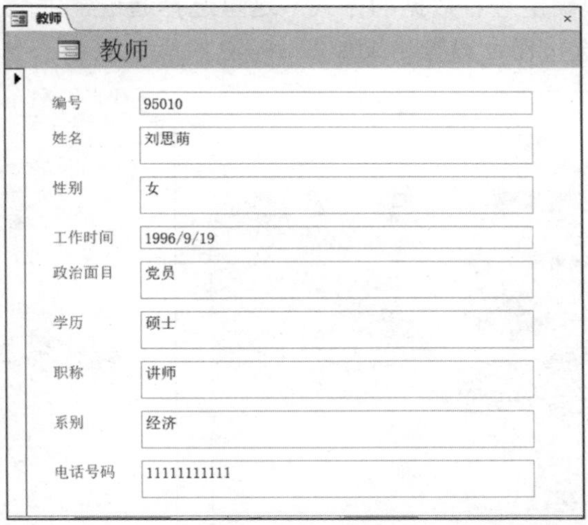

图 19-37　用“窗体”工具生成的“教师”窗体

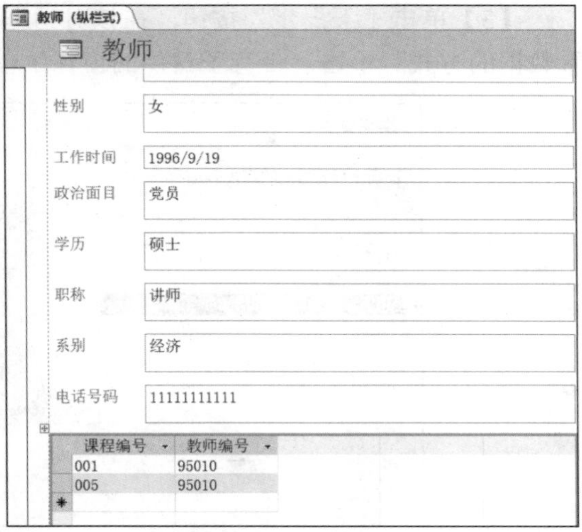

图 19-38　插入关联子表

2. 使用向导创建窗体

系统提供的自动创建窗体的工具方便快捷，但是多数内容和形式都受到限制，不能满足更复杂的要求。使用“窗体向导”就可以更为灵活、全面地控制窗体的数据来源和窗体的格式，因为“窗体向导”能从多个表或查询中获取数据。

例 19-12　使用向导创建窗体，显示所有学生的“学生编号”“姓名”“课程名称”和“考试成绩”。窗体命名为“学生考试成绩”。

【1】单击“创建”|“窗体”|“窗体向导”选项，启动窗体向导。

【2】在打开的窗口“表 / 查询”下拉列表中，选择“学生”表，添加“学生编号”和“姓名”字段到“选定字段”列表中；选择“课程”表中的“课程名称”以及“选课成绩”表中的“考试成绩”字段添加到“选定字段”列表框中。最终结果如图 19-39 所示。

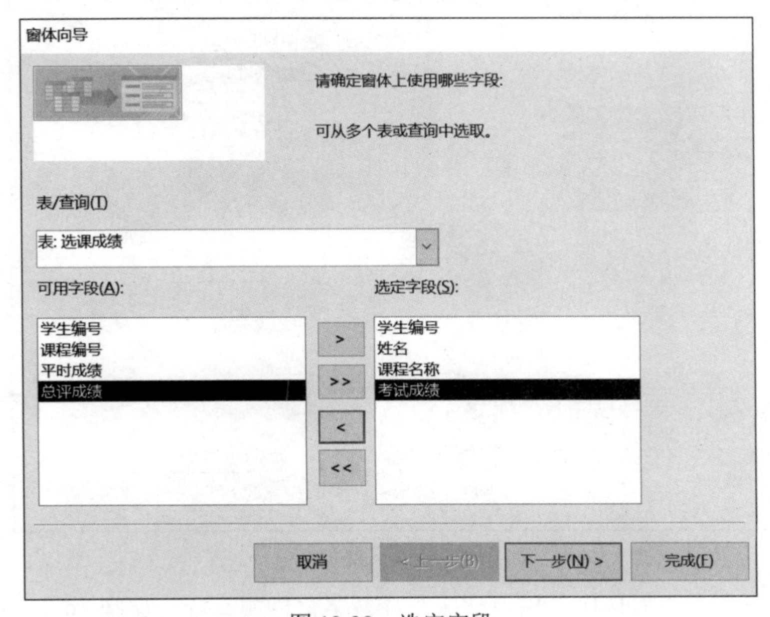

图 19-39　选定字段

【3】单击“下一步”按钮，在该对话框中确定查看数据的方式。这里选择通过学生查看数据的方式。单击“带有子窗体的窗体”单选按钮。设置结果如图 19-40 所示。

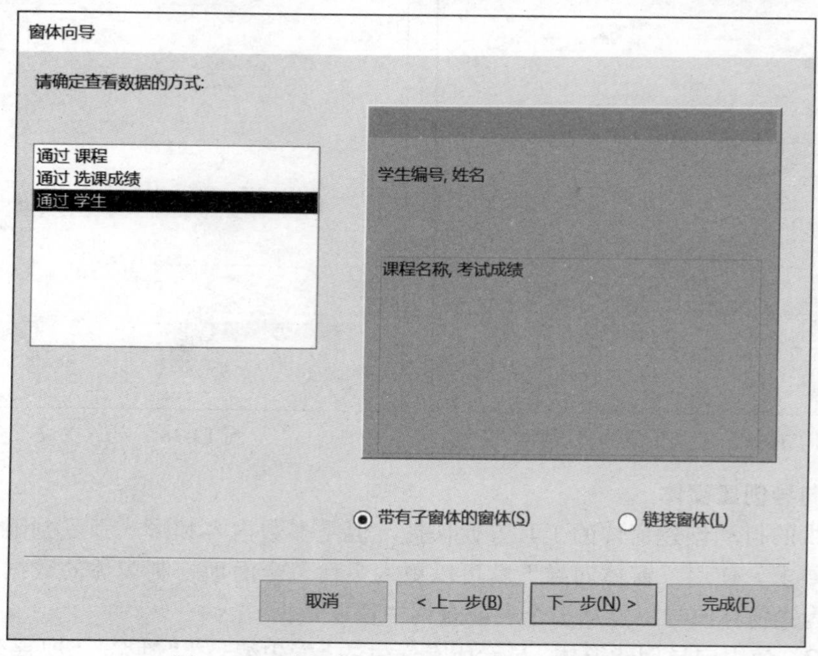

图 19-40　选择数据查看的方式和子窗体形式

【4】单击“下一步”按钮，在弹出的对话框中指定子窗体使用的布局为“表格”形式，如图 19-41 所示。

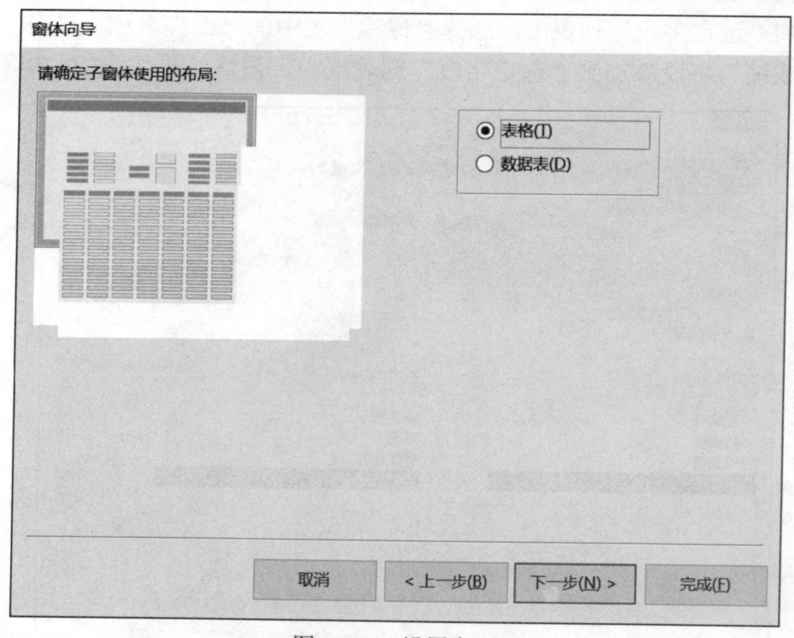

图 19-41　设置布局

【5】单击“下一步”按钮，指定窗体名称及子窗标题名称，如图 19-42 所示。

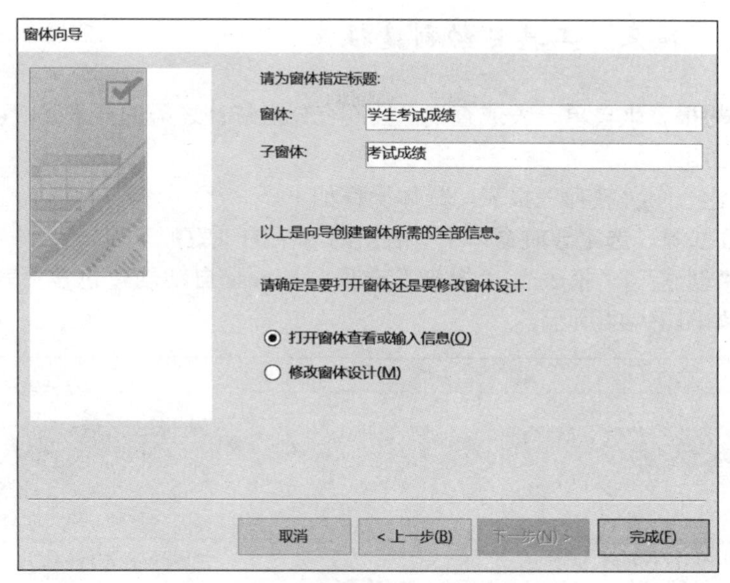

图 19-42　指定窗体及子窗体的标题

【6】单击“完成”按钮，保存该窗体。生成的窗体如图 19-43 所示。

学生考试成绩

学生编号　201810001

姓名　李新

考试成绩

课程名称	考试成绩
数学	82
语文	90

记录: 第 1 项(共 2 项)　无筛选器　搜索

图 19-43　学生总评成绩窗体

19.6　创建报表

报表是 Access 数据库的对象，创建报表就是为了将所需要的数据以确定的版式显示或打印。报表中的数据可以来自一个或多个表，也可以来自某个已经创建的查询。

当用户需要对数据中的内容进行打印输出时，需要先创建报表。创建报表的常用方法分别是在设计视图中创建报表和使用报表向导创建报表。对于比较简单的情况，还可以使用 Access 提供的自动创建报表的功能。本节将介绍使用自动创建报表的方法和使用报表向导创建报表的方法。

19.6.1 使用“报表”工具自动创建报表

如果要创建的报表来自单一表或查询，且没有分组统计之类的要求，就可以用“报表”工具按钮自动来创建。

例如，要创建一个“教师”报表，具体操作如下。

【1】选定数据源。选定导航窗口中“表”对象下的“教师”表。

【2】单击“创建”|“报表”|“报表”选项，Access 自动创建包含“教师”表中所有数据项的报表，如图 19-44 所示。

教师

编号	姓名	性别	工作时间	政治面目
96017	郭鑫	男	1984/8/3	群众
96011	周小明	男	1990/8/28	群众
95010	刘思萌	女	1996/9/19	党员
96010	杨灵	男	2010/9/1	团员
99023	尹红群	女	1996/9/1	党员
98016	田明	男	1998/8/4	群众
95012	黄振华	男	2015/7/2	团员
99019	赵文	男	2015/7/2	群众
99022	王童童	女	2000/10/20	群众
99021	张淑芳	女	2004/6/7	群众
99024	胡刚	男	2008/5/9	群众
96024	周静怡	女	2012/6/7	党员

图 19-44　使用“报表”自动创建报表

19.6.2 使用“报表向导”创建报表

使用“报表向导”创建报表时，用户需要根据向导的提示选择数据源、字段、版面及所需的格式，可以快速方便地创建数据库报表，还可以生成带子报表的报表。

例 19-13　使用“报表向导”创建报表，打印输出所有学生的考试成绩信息，要求报表中包括学生的“学生编号”“姓名”“性别”、所选“课程名称”以及“考试成绩”等字段。

操作步骤如下。

【1】单击“创建”|“报表”|“报表向导”选项，启动报表向导。

【2】在打开的窗口“表/查询”下拉列表中，选择“学生”表，添加“学生编号”“姓名”和“性别”字段到“选定字段”列表中；选择“课程”表中的“课程名称”以及“选课成绩”表中的“考试成绩”字段添加到“选定字段”列表框中。最终结果如图 19-45 所示。

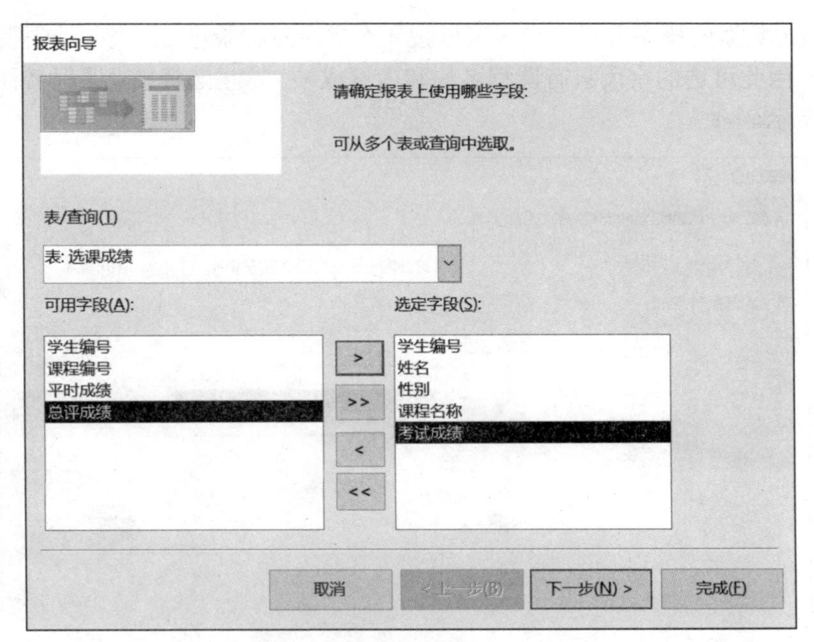

图 19-45　从多个数据源中选定字段

【3】单击“下一步”按钮，在该对话框中确定查看数据的方式。这里选择通过学生查看数据的方式。设置结果如图 19-46 所示。

【4】单击“下一步”按钮，确定是否添加分组字段。需要说明的是，是否需要分组由用户根据数据源中的记录结构及报表的具体要求决定。在该报表中，由于输出数据来自多个数据源，已经选择了查看数据的方式，实际是确立了一种分组形式，即按“学生”表中“学生编号 + 姓名 + 性别”组合字段分组，所以不需再做选择。直接单击“下一步”按钮。

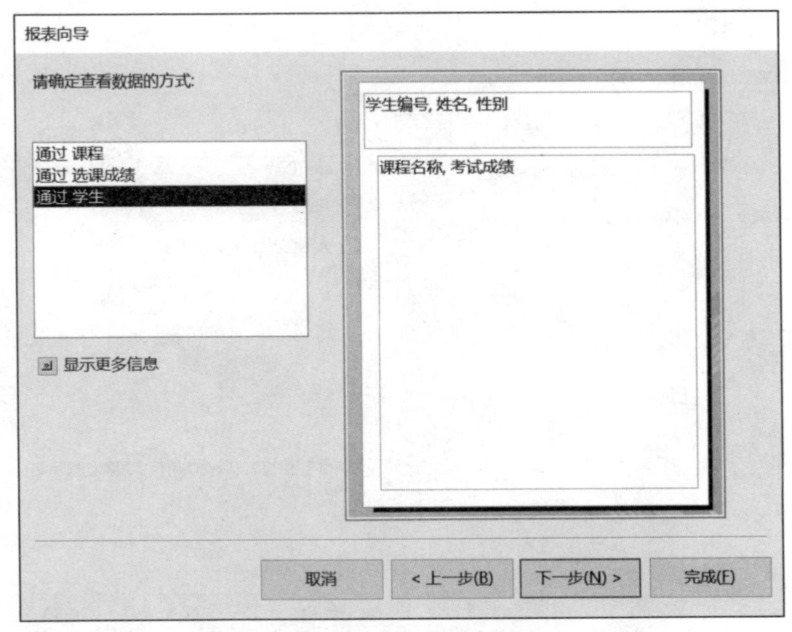

图 19-46　确定查看数据的方式

【5】确定数据的排序方式。最多可以按 4 个字段对记录进行排序。此排序是在分组前提下的排序，因此可选的字段只有课程名称和考试成绩。这里选择按“课程名称”进行排序，如图 19-47 所示。

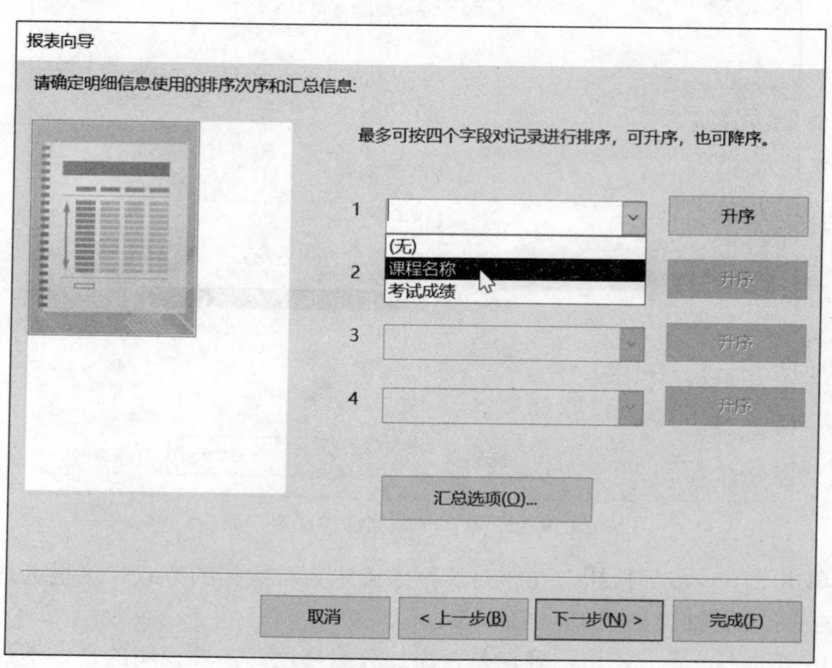

图 19-47　确定排序的信息

【6】单击“下一步”按钮，确定报表的布局方式，这里选择“递阶”方式，“方向”为“纵向”，如图 19-48 所示。

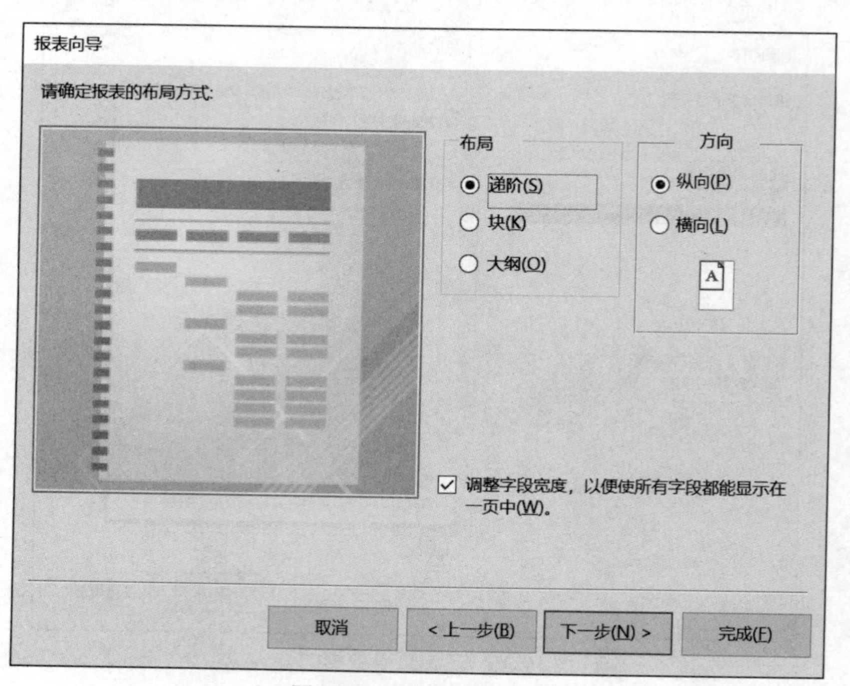

图 19-48　确定布局方式

【7】单击“下一步”按钮，为报表指定标题“学生考试成绩”。

【8】单击“完成”按钮，新建“学生考试成绩”报表的效果如图 19-49 所示。

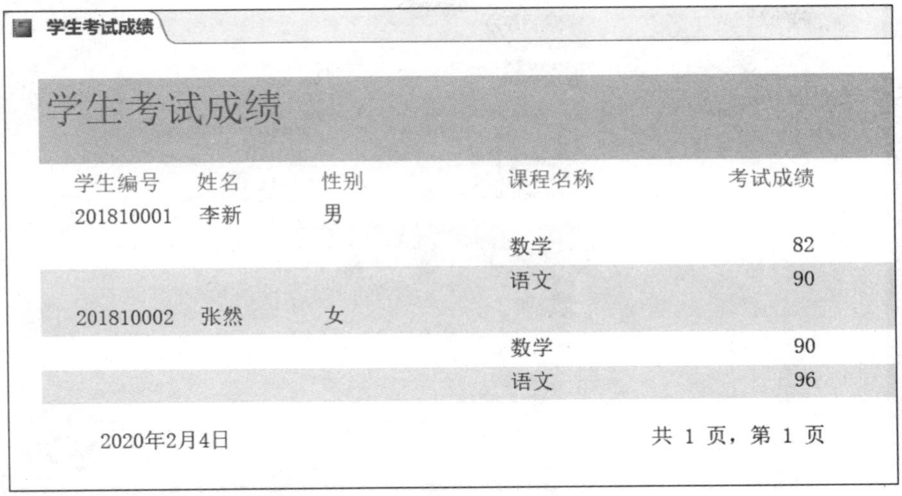

学生考试成绩

学生考试成绩

学生编号	姓名	性别	课程名称	考试成绩
201810001	李新	男		
			数学	82
			语文	90
201810002	张然	女		
			数学	90
			语文	96

2020年2月4日　　　　共 1 页，第 1 页

图 19-49　“学生考试成绩”报表

19.7　维护数据库

维护数据库是指对数据库进行必要的操作，以保证数据库正常运行。创建了数据库之后，在日常使用过程中需要随时对数据库进行维护。数据库维护的内容包括备份数据库、压缩数据库以及加密数据库等。

19.7.1　备份数据库

为了保证数据库的安全，保证数据库不会因为硬件故障或意外情况遭到破坏后无法使用，应经常备份数据库。这样一旦发生意外，就可以利用备份还原数据库。

例 19-14　备份“教学管理”数据库。

操作步骤如下。

【1】打开“教学管理”数据库，单击“文件”|“另存为”选项。显示如图 19-50 所示。

【2】在右侧窗口中，双击高级功能栏中的“备份数据库”，打开“另存为”对话框。在“文件名”文本框中显示出默认的备份文件名“教学管理 _2020-02-04.accdb”，如图 19-51 所示。

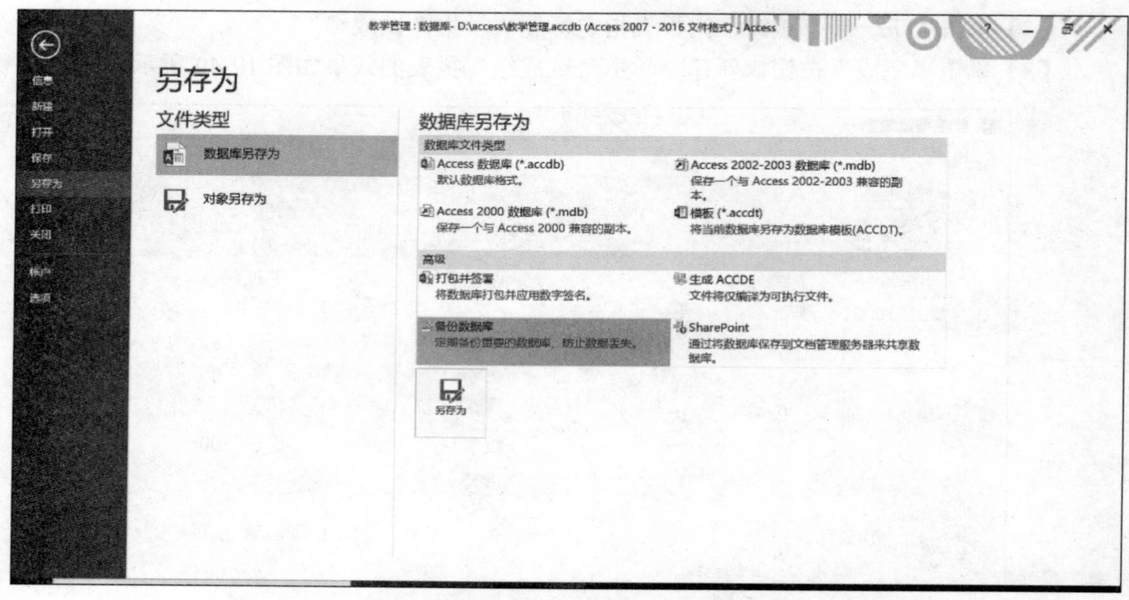

图 19-50 “另存为”对话框

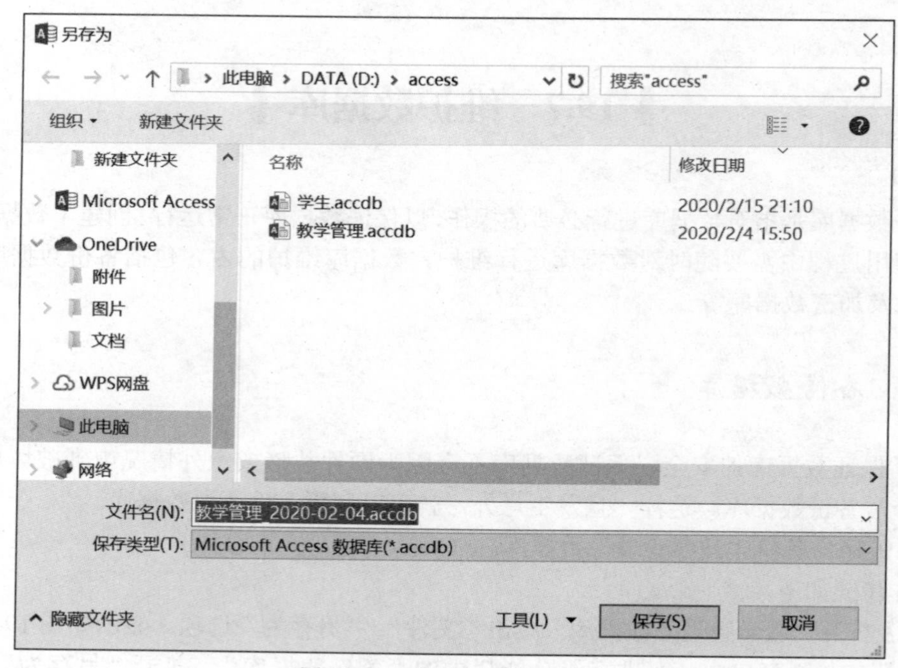

图 19-51 “另存为”对话框

【3】单击“保存”按钮，关闭该对话框，完成数据备份。

Access 2016 系统会自动给备份文件命名，规则是在原文件名后添加当前的日期。

19.7.2 压缩与修复数据库

压缩数据库可以消除磁盘碎片，释放碎片所占用的空间；修复可以将数据库文件中的错误进行修正。在对数据库文件进行压缩之前，Access 会对文件进行错误检查，如果检测到数据库损坏，就会要求修复数据库。压缩和修复数据库是同时进行的。

压缩数据库有两种方法：自动压缩和手动压缩。

1. 自动压缩

Access 2016 提供了关闭数据库时自动压缩数据库的方法。如果需要在关闭数据库时自动执行压缩，可以设置"关闭时压缩"选项，设置该选项只会影响当前打开的数据库。

例 19-15　使"教学管理"数据库在每次运行完关闭时，自动执行压缩数据库的操作。

操作步骤如下。

【1】打开"教学管理"数据库，单击"文件"|"选项"选项。

【2】在弹出的"Access 选项"对话框左侧窗口中，单击"当前数据库"，在右侧窗口中选中"应用程序选项"|"关闭时压缩"复选框，如图 19-52 所示。

图 19-52　设置关闭数据库时自动压缩

【3】单击"确定"按钮。

2. 手动压缩和修复数据库

除了使用"关闭时压缩"数据库选项外，还可以手动执行"压缩和修复数据库"的命令。

操作步骤如下。

【1】打开要压缩和修复的数据库。

【2】单击"数据库工具"|"压缩和修复数据库"按钮；或者单击"文件"|"信息"命令，在右侧窗口中单击"压缩和修复数据库"选项。

这时，系统将进行压缩和修复数据库的工作。在修复数据库过程中，Access 可能会截断已损坏的表中某些数据，因此建议在执行压缩和修复命令之前，先对数据库文件进行备份，以便恢复数据。此外，若不需要在网络上共享数据库，最好将数据库设为“关闭时压缩”。

19.7.3 加密数据库

使用 Access 2016 创建一个数据库后，默认的状态是对任意用户均开放操作权限。为了更好地保护数据库的安全，最简单的方法是为数据库设置打开密码，这样可以防止非法用户进入数据库。设置数据库密码的前提条件是，要求数据库必须以独占方式打开。所谓独占方式是指在某个时刻，只允许一个用户打开数据库。

例 19-16 为存储在 D 盘 Access 文件夹中的“教学管理”数据库设置打开密码。

操作步骤如下。

【1】启动 Access 2016，单击“文件”|“打开”选项。

【2】在弹出的“打开”对话框中，找到 D 盘 Access 文件夹，选中“教学管理”数据库。

【3】单击“打开”按钮右侧下拉箭头按钮，选择“以独占方式打开”选项，如图 19-53 所示。这时，就以独占方式打开了“教学管理”数据库。

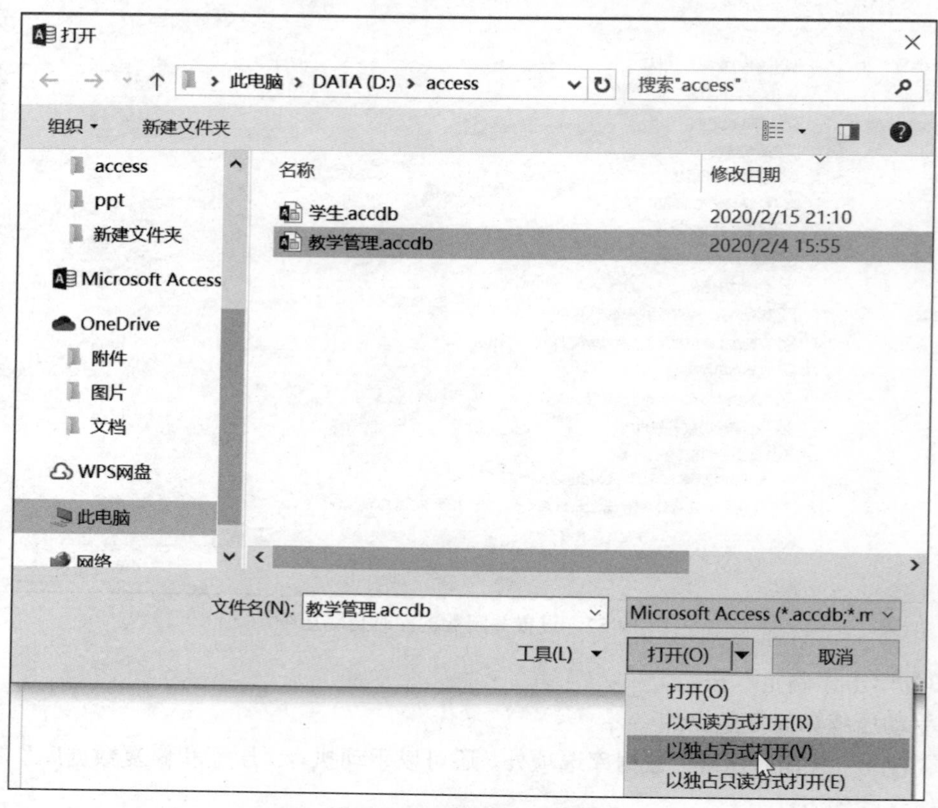

图 19-53 “打开”对话框

【4】单击“文件”|“信息”命令，在右侧窗口中单击“用密码进行加密”按钮，如图 19-54 所示。

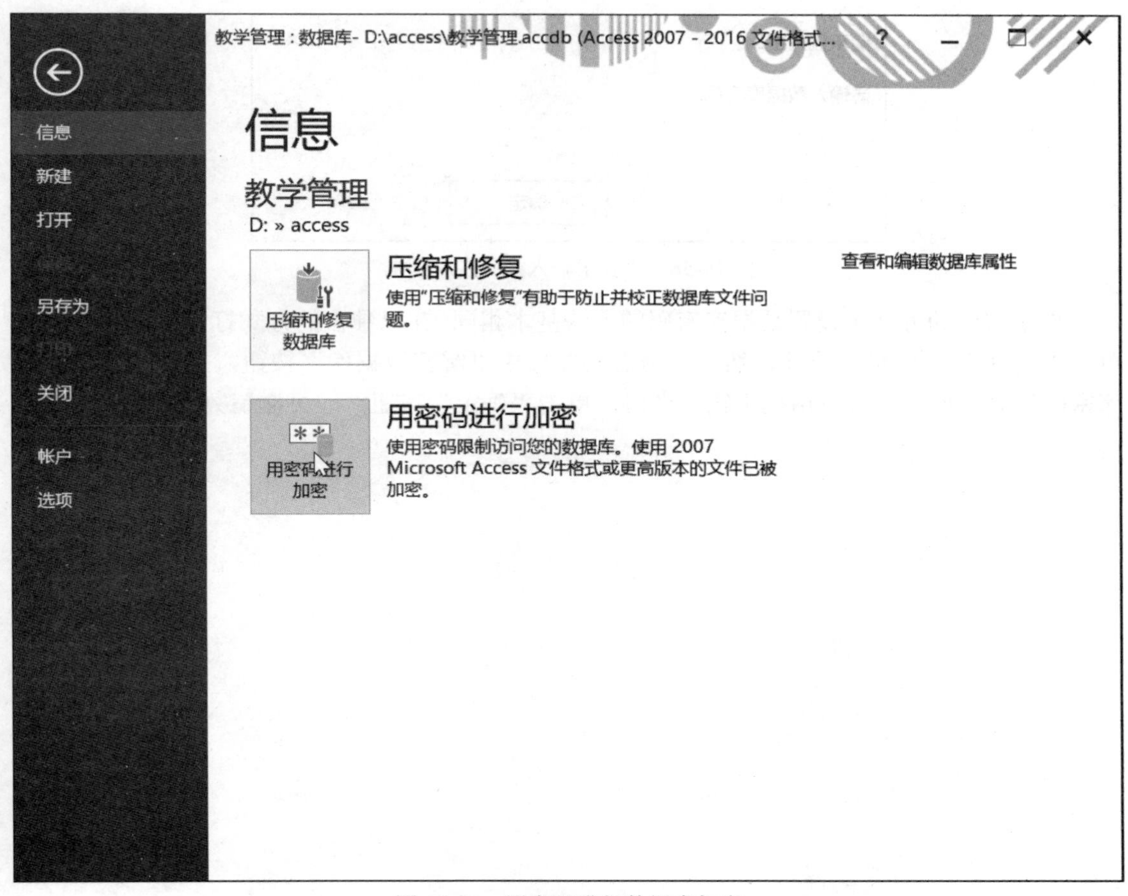

图 19-54　用密码进行数据库加密

【5】弹出“设置数据库密码”对话框，在“密码”文本框中输入密码，在“验证”文本框中再次输入相同的密码，如图 19-55 所示。

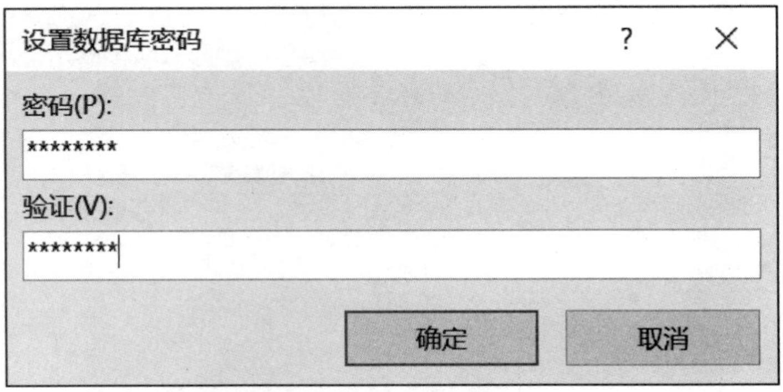

图 19-55　“设置数据库密码”对话框

【6】单击“确定”按钮。

设置密码后，在打开“教学管理”数据库时，系统将自动弹出“要求输入密码”对话框，如图 19-56 所示。这时，只有在“请输入数据库密码”文本框中输入正确密码，才能打开“教学管理”数据库。

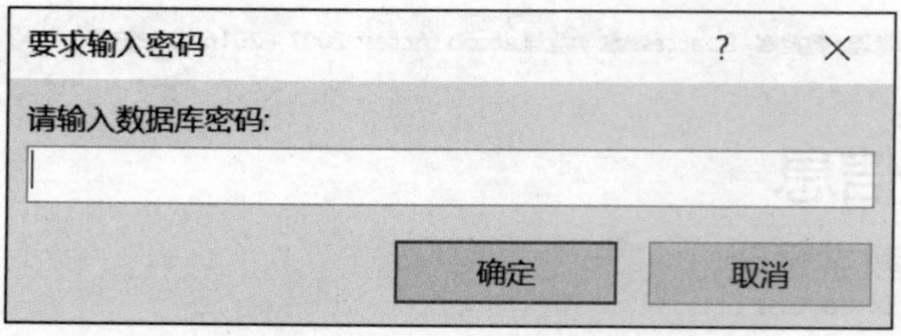

图 19-56 “要求输入密码”对话框

撤销密码的方法跟设置数据库密码的方法基本相同。在以独占的方式打开数据库之后，单击“文件”|“信息”选项，然后单击右侧窗口中“解密数据库”按钮，打开“撤销数据库密码”对话框，在该对话框中输入密码，单击“确定”按钮，即可撤销数据库密码。

第20章
用Visio创建绘图

Office 中用于专业绘图的组件是 Visio 2016，Visio 图形文件的扩展名是 .vsd，使用 Visio 2016 可以方便地绘制各种专业图形，例如工作流程图、机械管路设计图、电气工程图、工艺工程图、项目日程图以及组织结构图等。因而，Office Visio 被广泛应用于软件设计、办公自动化、项目管理、广告、企业管理、建筑、电子、机械、通信、科研和日常生活等众多领域。

内容提要

本章主要介绍如何通过 Visio 2016 软件制作各种专业绘图。具体内容包括 Visio 2016 绘图界面的构成及基本术语、新建绘图文件，以及如何使用模板向绘图页面添加图形 / 形状并设置其格式的方法和技巧。掌握 Visio 绘图处理的各种方法和技巧，可以制作出各种专业绘图。

重要知识点

- Visio 2016 绘图界面构成
- 使用模板创建图形
- 添加形状
- 连接形状
- 添加文本
- 设置文本 / 图表格式

20.1 Visio 2016 的绘图环境

启动 Visio 2016，其操作界面与前面介绍的 Office 2016 组件操作界面基本相同，如图 20-1 所示。在 Visio 操作界面中有与其他 Office 组件类似的部分，如 Microsoft Backstage 视图（“文件”选项卡中的命令集合）和功能区等。

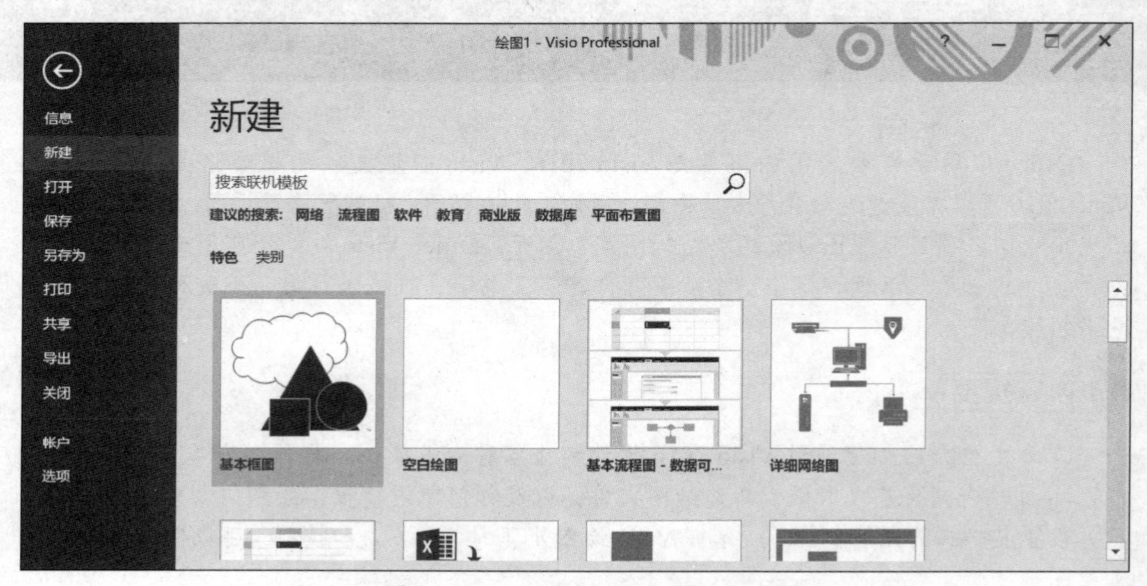

图 20-1 Microsoft Office Access 2016

单击“文件”|“新建”选项，从“模板类别”组中选择“基本流程图”，弹出创建窗口，选择合适模板，单击“创建”，如图 20-2 所示。

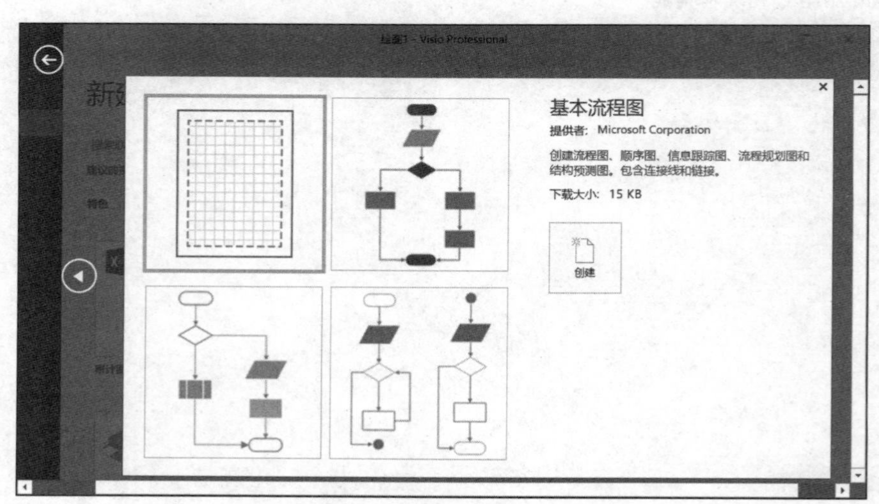

图 20-2 基本流程图

打开"绘图 1"窗口，如图 20-3 所示。在该窗口中，包含了 Visio 2016 中特有的窗口内容，如模板、模具、形状、绘图页面、网格以及页面标签等。

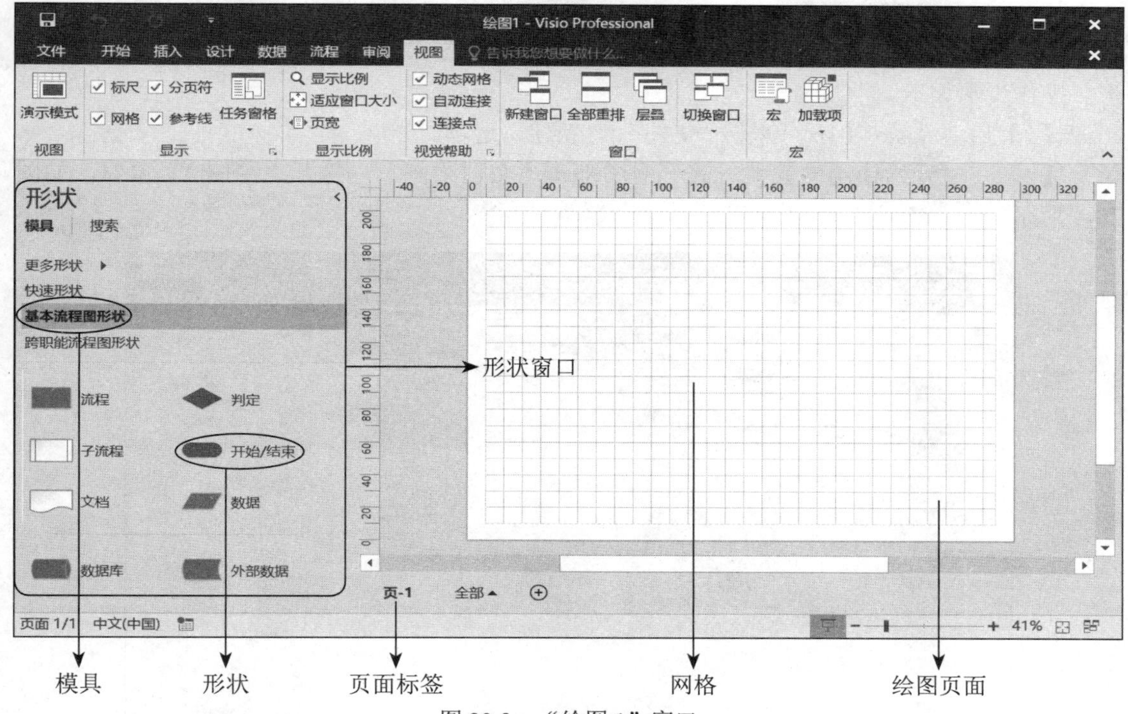

图 20-3　"绘图 1"窗口

模板是一种扩展名为 .vst 的文件，用于打开包含创建图形所需的形状的一个或多个模具。模板还包含适用于该绘图类型的样式、设置和工具。例如，"基本流程图形状"就是随"基本流程图"模板打开的模具之一。

模具是指与模板相关联的图件或形状的集合，其扩展名为 .vss。模具中包含了图件（形状）。在每个模具的形状列表中，都有一条浅色灰线将列表进行划分。灰线上半部分为该模具常用的形状，下半部分为其他形状，可以将形状拖曳到相应的区域。

形状是指可以用来反复创建绘图的图形。通过拖动形状到绘图页面中，可以迅速生成相应的图形。

绘图页面是 Visio 的工作区，用户在该区域中创建并编辑图形。

在绘图页面中，有大量的网格。网格用来帮助用户将形状在绘图页面上准确定位。在打印输出图形文件时，默认不打印网格。

一个 Visio 图形文件可以包含多个绘图页面。页面标签是用来区别绘图页面的标志。

Visio 2016 将"形状"相关的操作都统一到"形状窗口"（如图 20-3 所示），"形状窗口"显示文档中当前打开的所有模具。已打开模具的标题栏均位于该窗口内，单击标题栏即可查看相应模具中的形状。单击"更多形状"右侧的箭头按钮，可以查看到 Visio 组件中所有模板所包含的形状。同时，还可以通过单击模具上方的"快速形状"菜单，在一个工作区中可以查看所有已打开模具的常用的形状。

20.2 新建空白绘图

要绘制一个 Visio 图形，可以首先新建一个空白绘图，然后在该绘图页面中绘制所需图形。操作步骤如下。

【1】启动 Visio 2016，单击“文件”|“新建”选项。

【2】在“开始使用的其他方式”组中双击“空白绘图”，打开“绘图 2”窗口，如图 20-4 所示。

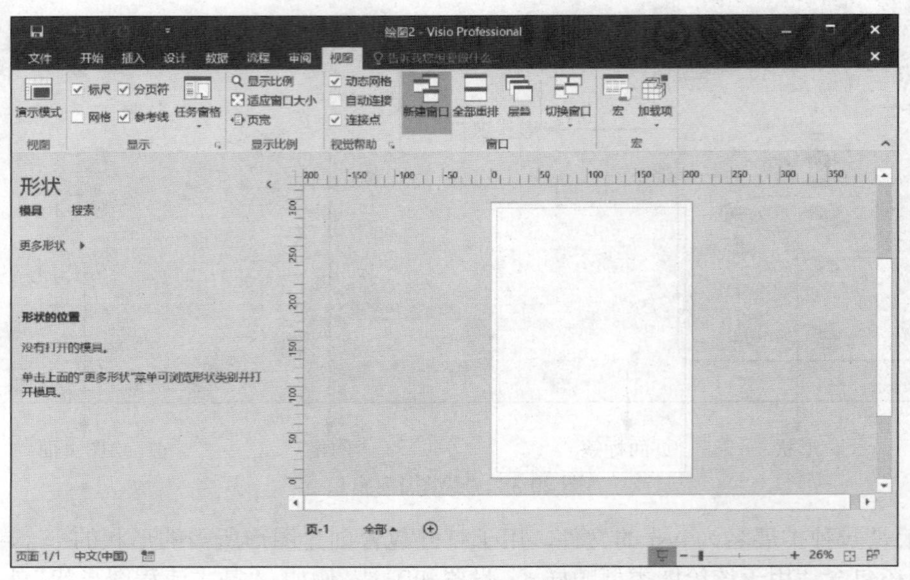

图 20-4　新建空白绘图

【3】单击“形状”窗口中的“更多形状”菜单，可以浏览形状类别，并打开绘图需要的模具，如图 20-5 所示。

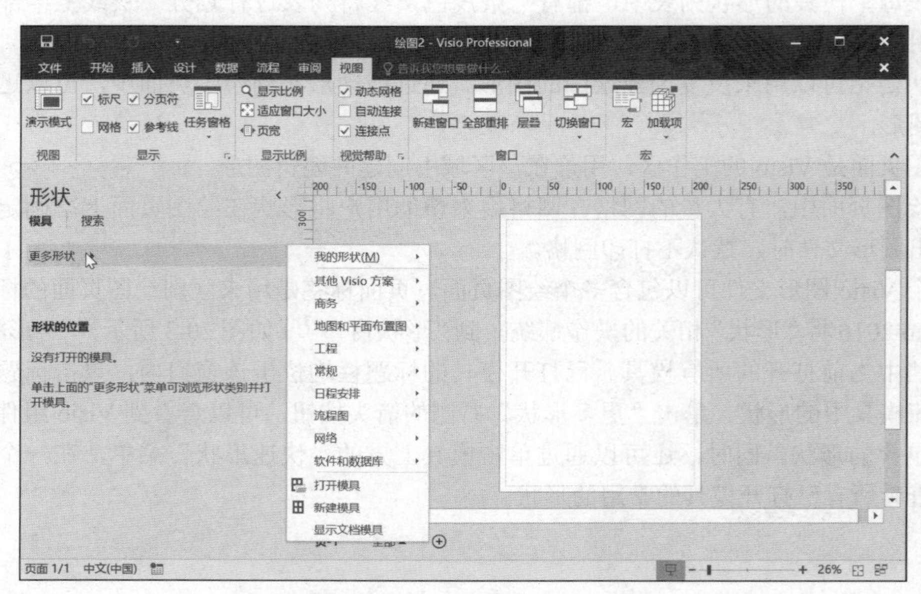

图 20-5　“更多形状”菜单

20.3　使用模板创建图形

使用 Visio 提供的大量模板可以快速创建图形。大部分情况下，用户都会使用模板创建图形，以减少绘图步骤，提高工作效率。

在程序设计当中，很重要的一个步骤就是绘制程序流程图，Visio 提供了十分专业的流程图绘制模板。使用该模板可以创建一个简单程序流程图。具体操作步骤如下。

【1】启动 Visio 2016，单击“文件”|“新建”选项。

【2】从“模板类别”组中选择单击“流程图”类别。

【3】双击“流程图”类别窗口（如图 20-6 所示）中“基本流程图”模板按钮，弹出“绘图 1”所示的流程图绘图界面，如图 20-3 所示。

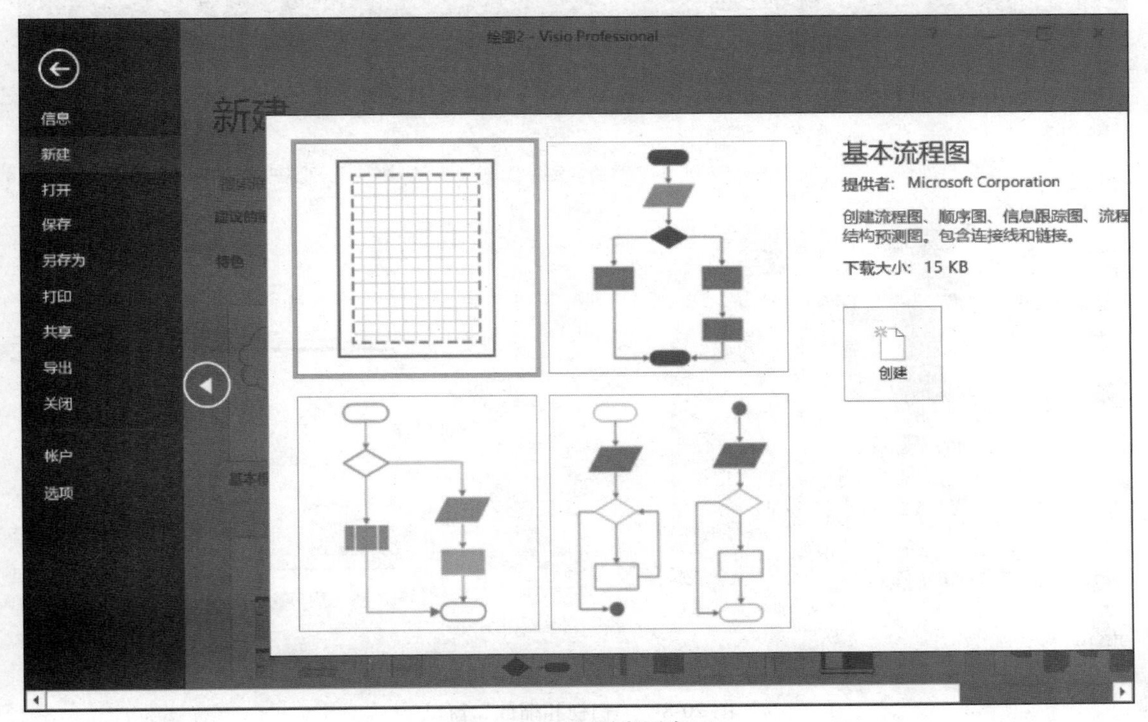

图 20-6　流程图类别窗口

通过上面的步骤，创建了一个流程图的专业绘图环境，下面将按照步骤详细介绍绘制完成流程图的方法。

20.4　调整绘图页面显示比例

通过调整绘图页面显示比例，用户可以显示图形全貌或者放大显示图形局部，为绘制图形提供方便。在 Visio 2016 的状态栏中包含绘图页面显示比例的一些工具，如图 20-7 所示。

这些工具从左至右分别为“演示模式”、可通过百分比来设置“缩放比例”“缩放”滑块、“调整页面以适合当前窗口”按钮以及“切换窗口”按钮。

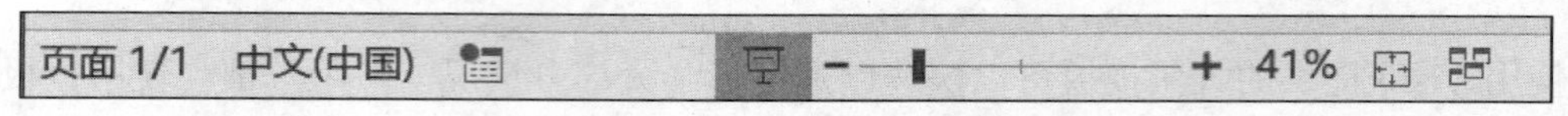

图 20-7　Visio 2016 状态栏工具按钮

在流程图绘制环境中，显示了绘图页面全貌。网格显示较小，不方便进行绘图操作，可使用“扫视和缩放” 窗口来调整绘图页面显示比例。具体操作步骤如下。

【1】打开“扫视和缩放”窗口。选择“视图”|“显示”|“任务窗格”中的“平铺和缩放”命令，弹出“扫视和缩放”窗口，如图 20-8 所示。

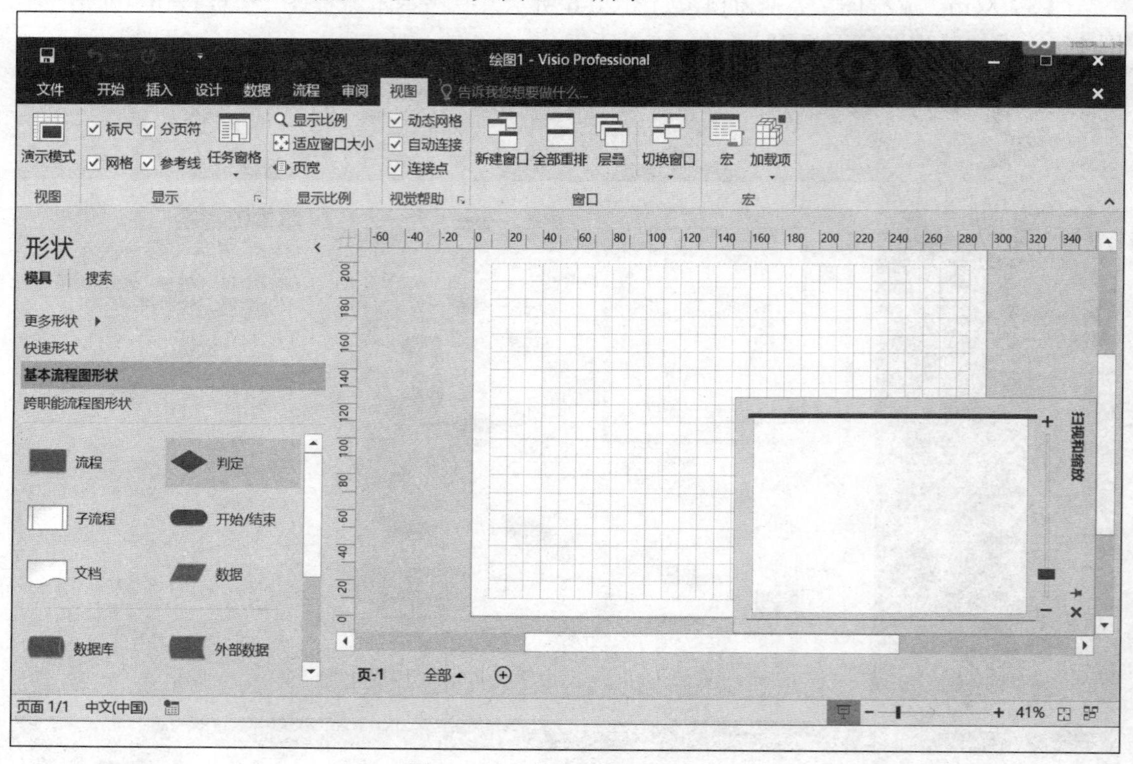

图 20-8　“扫视和缩放”窗口

【2】调节绘图页面显示比例。用鼠标拖动“扫视和缩放”窗口的垂直滚动条，可以调节绘图页面缩放比例。该窗口中的蓝色线框标记出了当前绘图窗口中显示的页面位置，如图 20-9 所示。

【3】单击“扫视和缩放”窗口的关闭按钮✖，可以关闭“扫视和缩放”窗口。

通过状态栏中的“缩放比例”和“缩放”滑块同样可以调节绘图页面显示比例，具体操作方法与前面 Word 章节中介绍的相同。

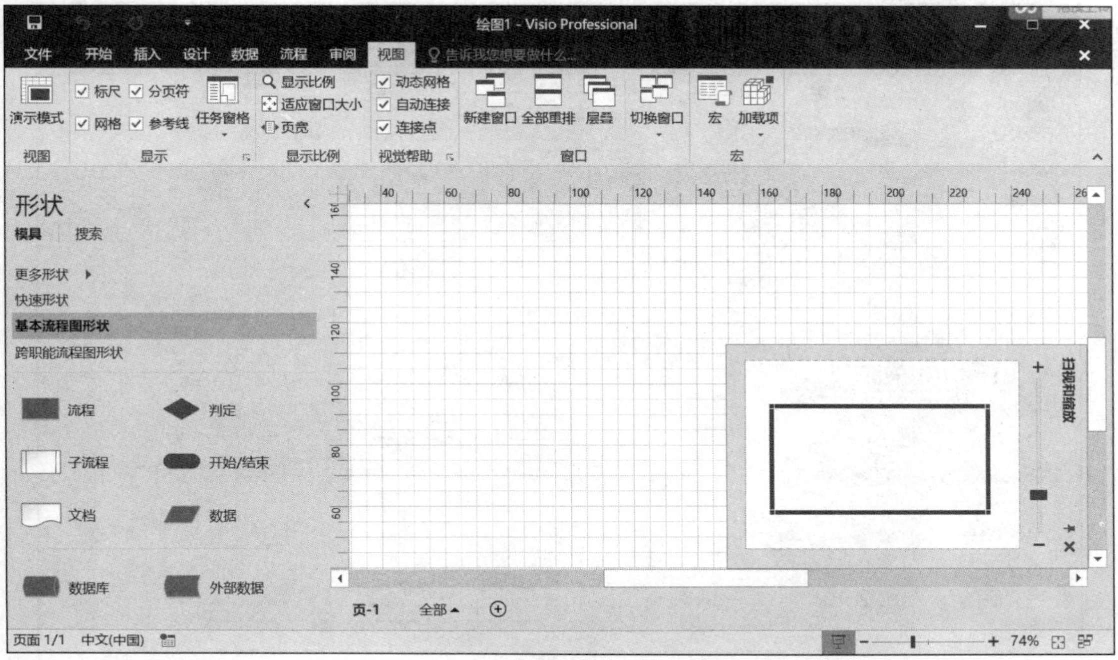

图 20-9　调节绘图页面显示比例

20.5　向绘图页面中添加形状

Visio 的流程图模板提供了很多流程图绘制中需要使用的基础的形状组件。用户可以直接将这些形状添加到绘图页面中，极大地提高了工作效率。

在前面例题中创建的流程图绘图环境下（如“图 20-3”），完成流程图中形状组件的添加，具体操作步骤如下。

【1】选取要添加的形状。单击左侧“形状”窗口中的“基本流程图形状”模具列表中要添加到绘图页面的形状“开始 / 结束”  开始/结束，如图 20-10 所示。

【2】向绘图页面中添加形状。按住鼠标左键，把选取的形状从形状列表中拖动到绘图页面中的合适位置，如图 20-11 所示。松开鼠标，选取的形状出现在目标位置，完成形状的添加。

【3】选取要添加的第 2 个形状。单击左侧“基本流程图形状”模具列表框中要添加到绘图页面的第 2 个形状“流程”，如图 20-12 所示。

【4】向绘图页面中添加形状。按住鼠标左键，把选取的图形从列表框中拖动到绘图页面中的合适位置。此时，会出现与添加第 1 个形状不同的提示，如图 20-13 所示。添加第 2 个和以后的形状时，Visio 2016 均会以橙色实线动态标明该形状与原有形状的位置关系。利用这一功能，用户可以十分方便地对齐流程图中的形状组件。

【5】完成第 2 个形状的添加。松开鼠标，该形状出现在目标位置，完成第 2 个形状的添加，如图 20-14 所示。

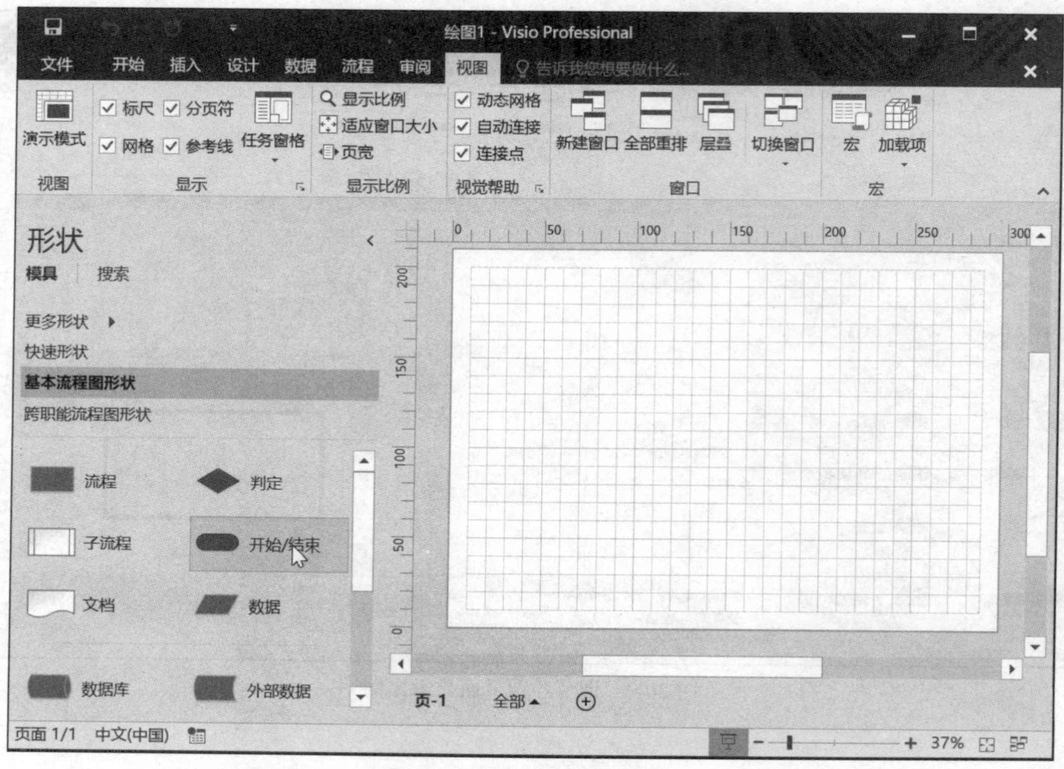

图 20-10　选取要添加的形状

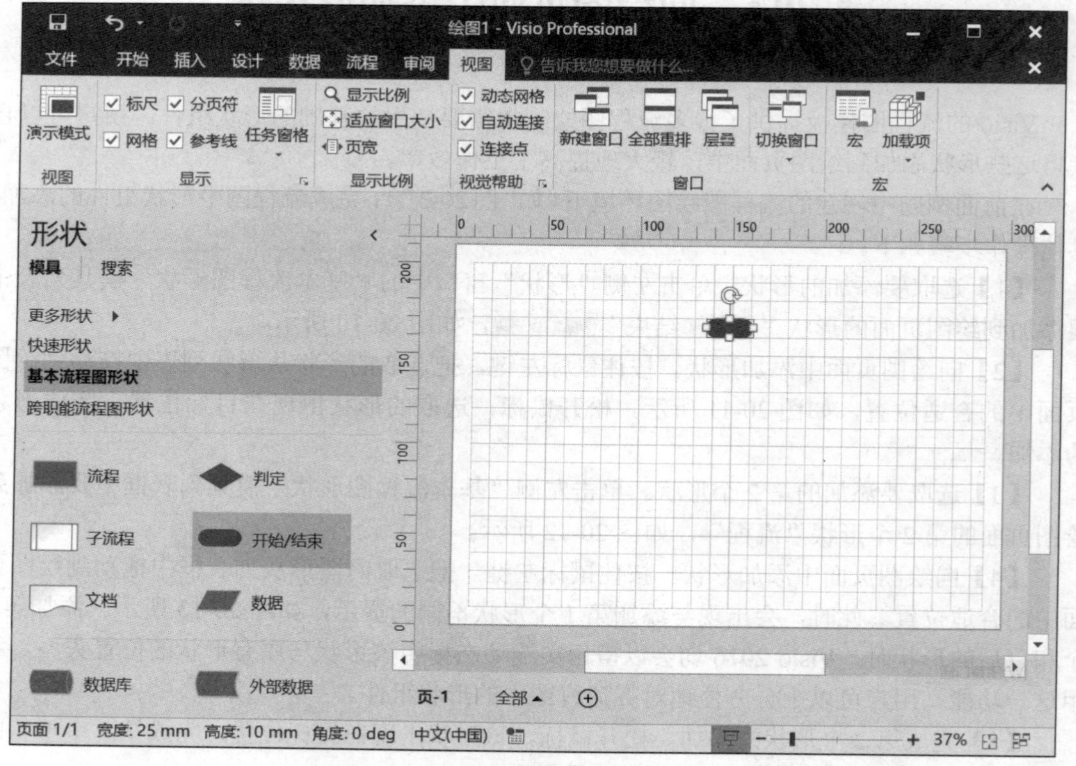

图 20-11　向绘图页面中添加形状

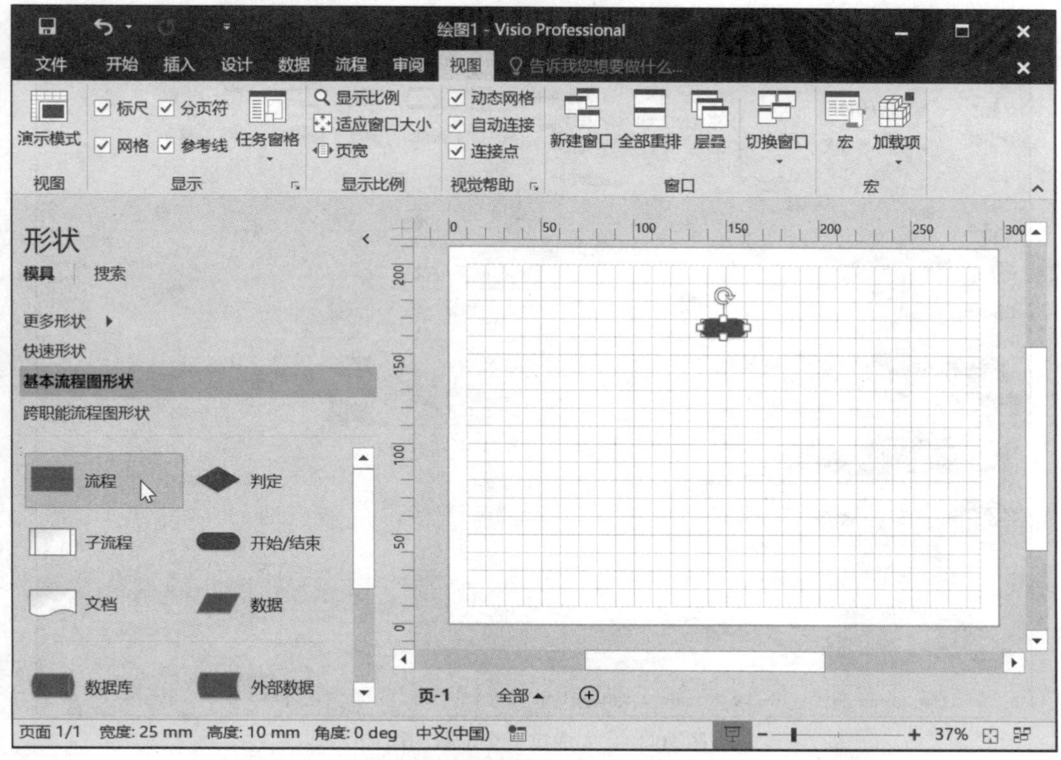

图 20-12　选取要添加的第 2 个形状

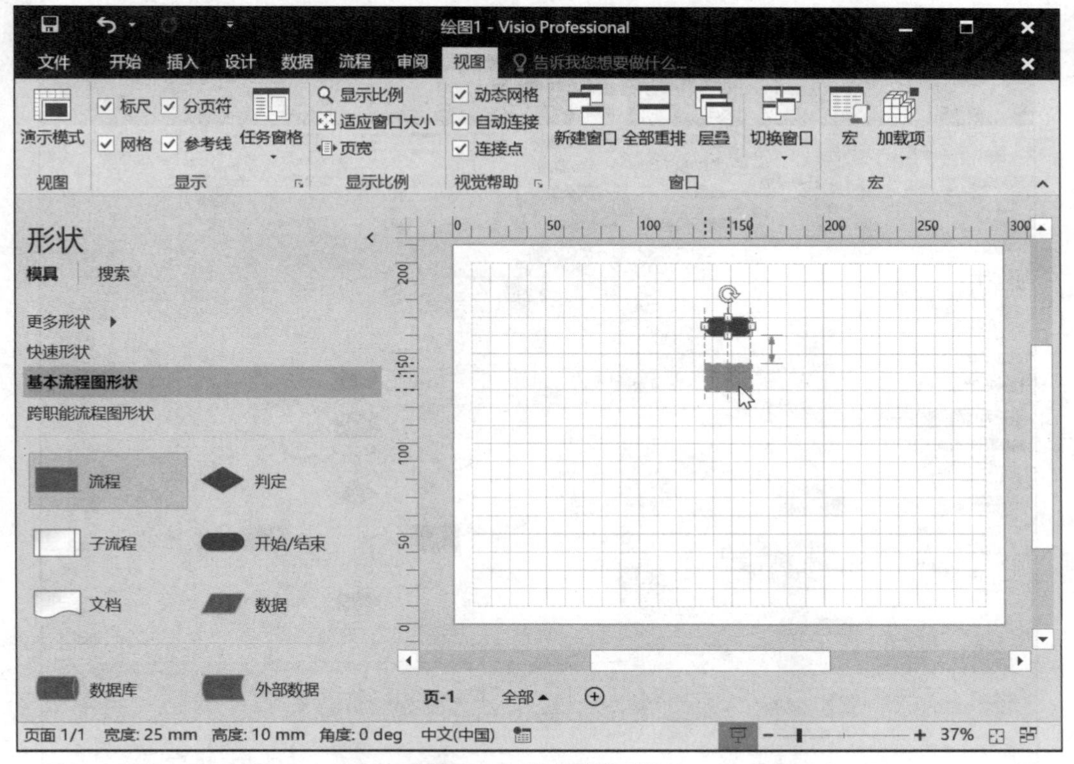

图 20-13　动态对齐形状

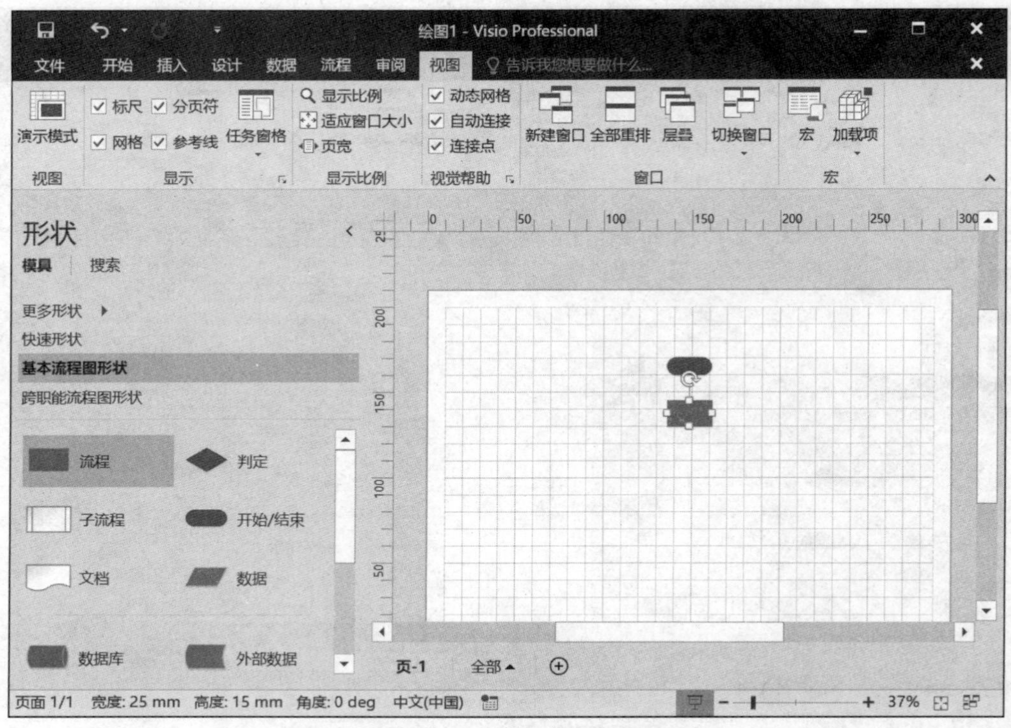

图 20-14　完成第 2 个形状的添加

【6】重复前面的操作，可以将流程图中需要的形状全部添加到绘图页面，如图 20-15 所示。

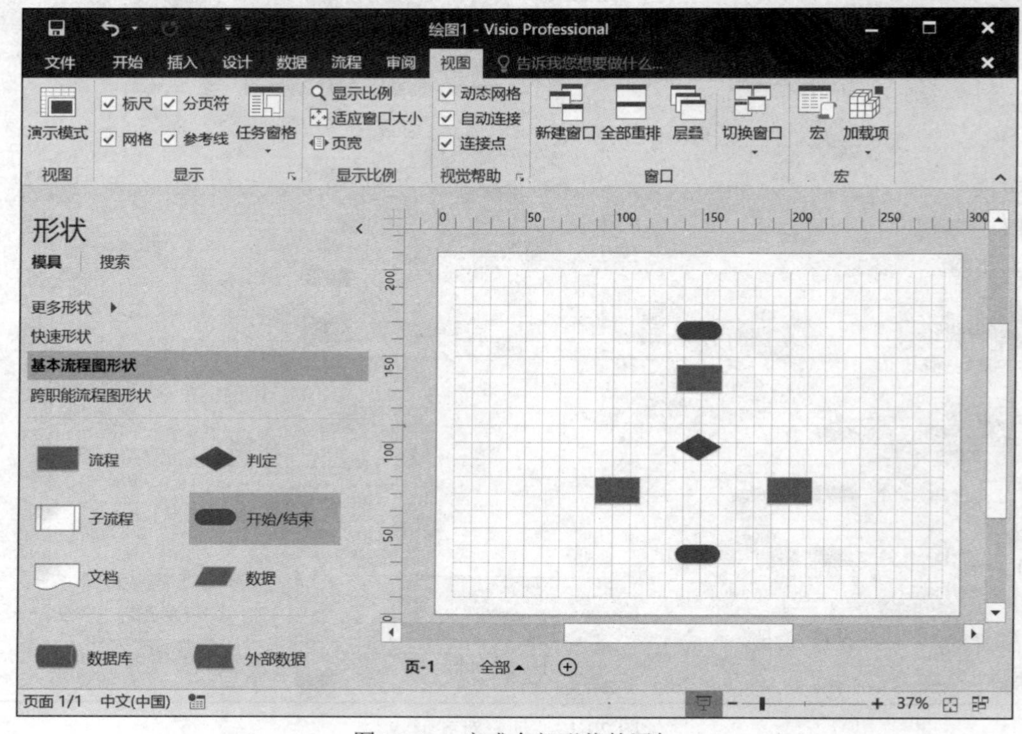

图 20-15　完成全部形状的添加

20.6　连接形状

当把 Visio 中的形状添加到合适的位置之后，还需要将这些图形连接起来以组成完整的流程图。本节介绍 3 种形状连接的方法。

20.6.1　方法1

若要将第 1 个形状添加到绘图页面上，并自动连接该形状。操作步骤如下。

【1】将第 1 个形状拖动到绘图页面上，完成页面中第 1 个形状的添加。

【2】将指针移动到绘图页面中已有的形状上。这时，该形状的四周将显示蓝色箭头，如图 20-16 所示。这些箭头称为“自动连接”箭头，可用于连接形状。

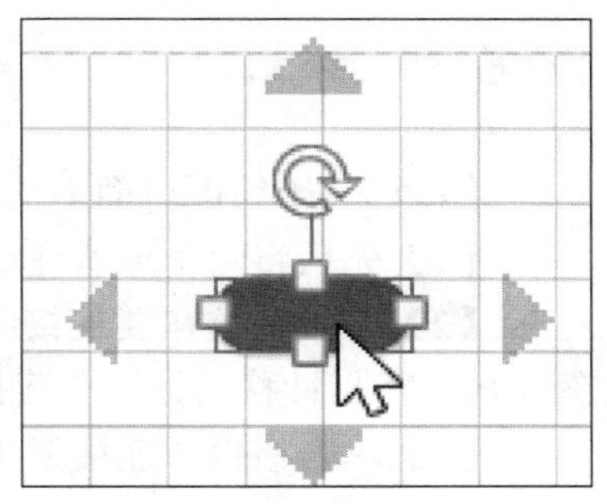

图 20-16　“自动连接”箭头

【3】将指针移到其中的一个蓝色箭头上，蓝色箭头指向第 2 个形状要放置的位置。此时将会显示一个浮动工具栏，该工具栏包含模具常用的一些形状，如图 20-17 所示。

【4】单击浮动工具栏中矩形的“流程”形状，该形状即会添加到绘图页面中，并自动连接到“开始 / 结束”形状，如图 20-18 所示。

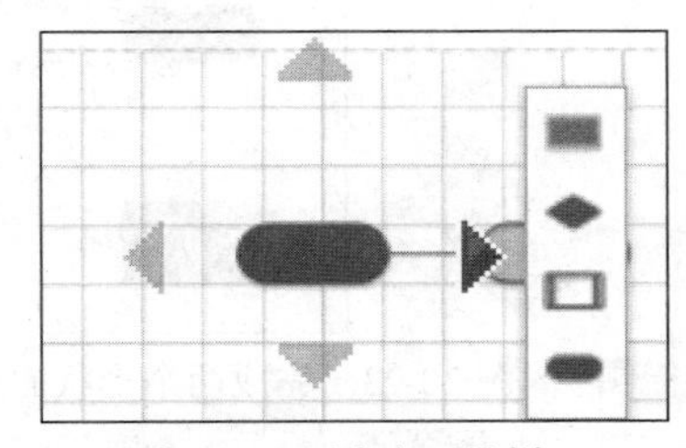

图 20-17　浮动工具栏

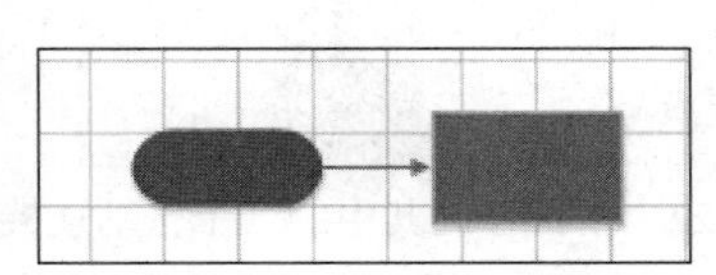

图 20-18　自动连接形状

如果要添加的形状未出现在浮动工具栏上，则可以将所需形状从“形状”窗口拖放到第一个形状的蓝色箭头上，新形状即会连接到第一个形状，就像在浮动工具栏上单击了它一样。

20.6.2　方法2

若要将第 2 个形状拖动到绘图页面上时，自动连接第 1 个和第 2 个两个形状。操作步骤如下。

【1】将第 1 个形状拖动到绘图页面上，完成页面中第 1 个形状的添加。

【2】将第 2 个形状拖动到绘图页面上，并让它覆盖第 1 个形状，但暂时不要释放鼠标，随即会出现自动连接箭头，如图 20-19 所示。

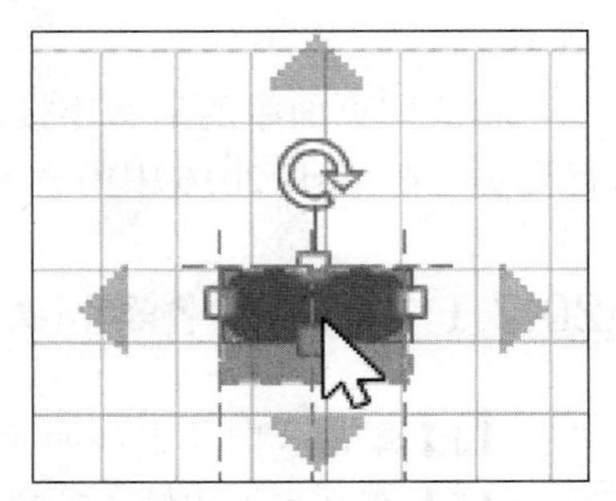

图 20-19　“流程”形状覆盖“开始 / 结束”形状

【3】将第 2 个形状（“流程”形状）移动到第 1 个形状（“开始 / 结束”形状）的指向所需方向的自动连接箭头上，如图 20-20 所示，然后释放鼠标。这时，“流程”形状已自动连接至“开始 / 结束”形状，且二者间隔标准距离，如图 20-21 所示。

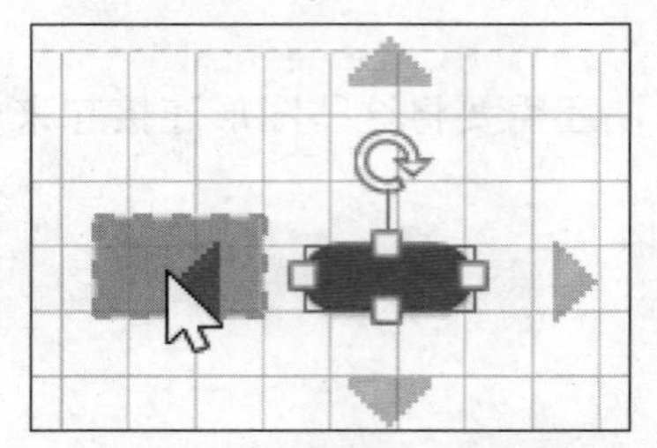

图 20-20　移动第 2 个形状到自动连接箭头

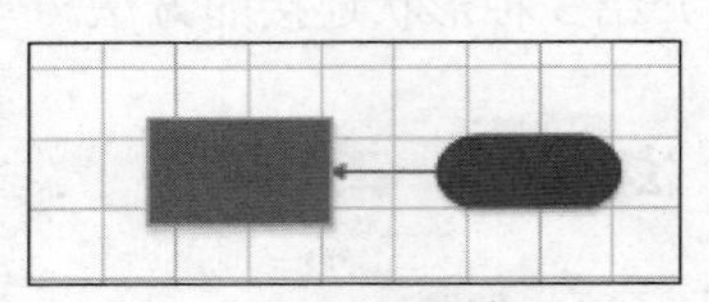

图 20-21　完成形状的自动连接

20.6.3　方法3

连接已位于绘图页面上的两个形状时，操作步骤如下。

【1】先后将两个形状拖动到绘图页面上。

【2】将指针放在要连接的其中一个形状（“开始 / 结束”形状）上。当出现自动连接箭头时，将指针移到指向要连接的另一个形状（“流程”形状）的箭头上，如图 20-22 所示。

【3】单击该自动连接箭头，即可完成两个形状的连接，如图 20-23 所示。

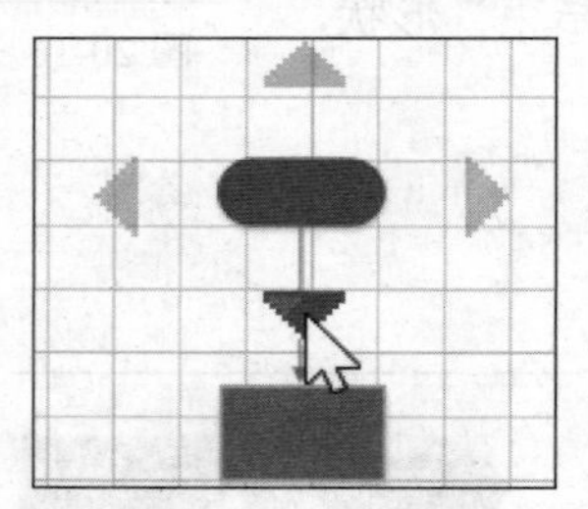

图 20-22　指针移向其中的一个自动连接箭头

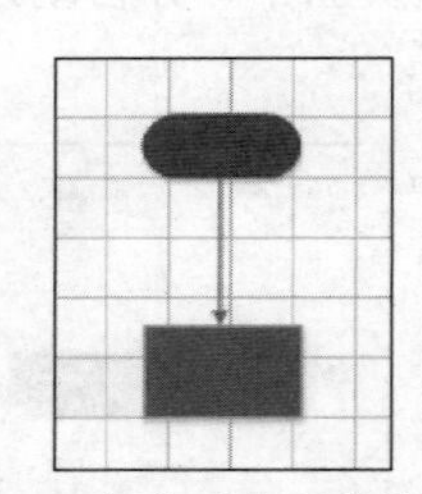

图 20-23　完成两个形状的连接

20.7　向形状或页面中添加文本

将绘图页面中的形状连接好后，还需要在形状中添加适当的文本，对流程图的步骤进行说明。在 Visio 2016 中用户可以方便地在形状或绘图页面空白处添加文本。

20.7.1　向形状中添加文本

【1】单击要向其中添加文本的形状，如图 20-24 所示。

【2】在文本框中输入所需的文本，如图 20-25 所示。

【3】输入完成后，单击页面空白区域，或者按 Esc 键，如图 20-26 所示。

按照以上方法，可以向绘图页面中其余的形状里依次添加文本。

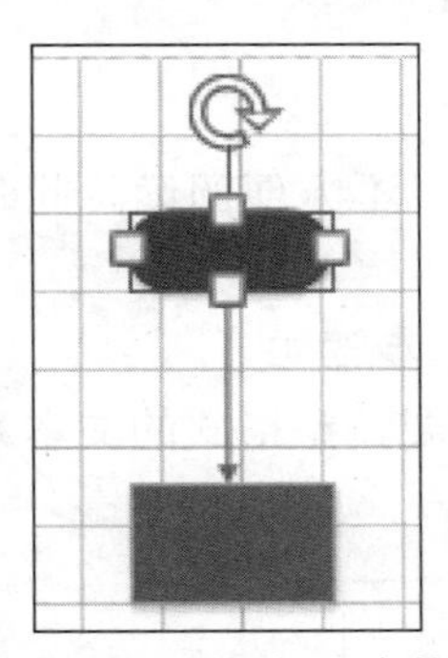

图 20-24　选取要添加文本的形状

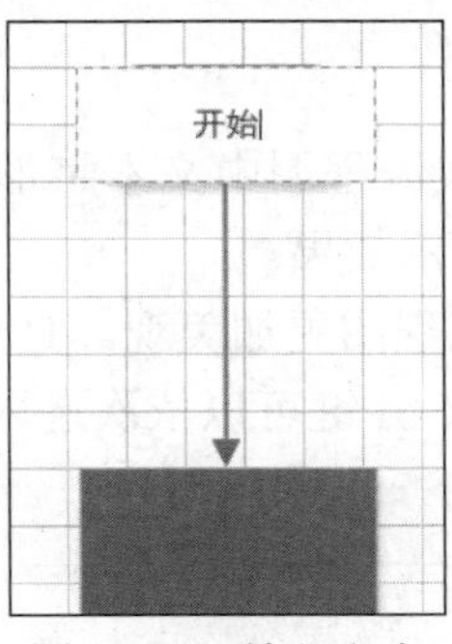

图 20-25　输入文本

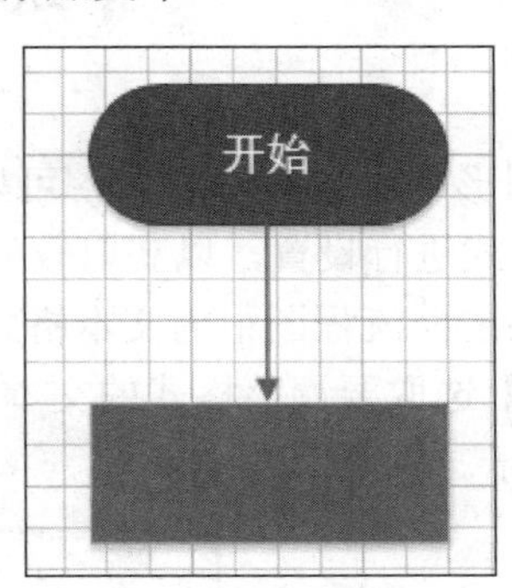

图 20-26　文本输入完成

20.7.2　向绘图页面中添加文本

【1】单击“开始”|“工具”|“文本”选项。

【2】单击页面的空白区域，此时将显示一个文本框，如图 20-27 所示。

【3】在文本框中输入所需的文本，如图 20-28 所示。

【4】单击“开始”|“工具”|“指针工具”选项以停止使用“文本”工具，如图 20-29 所示。

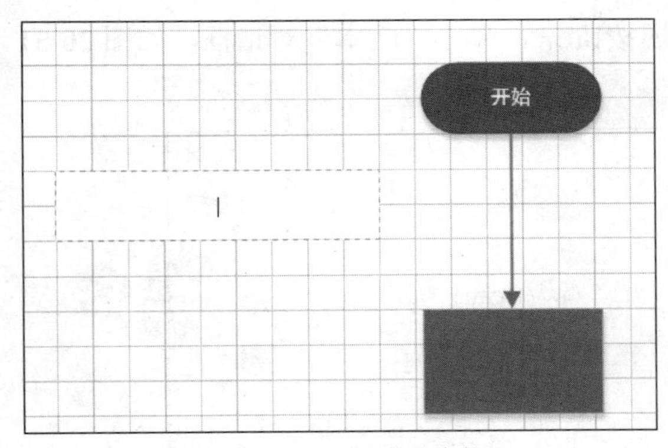

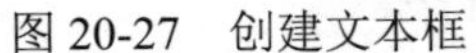

图 20-27　创建文本框

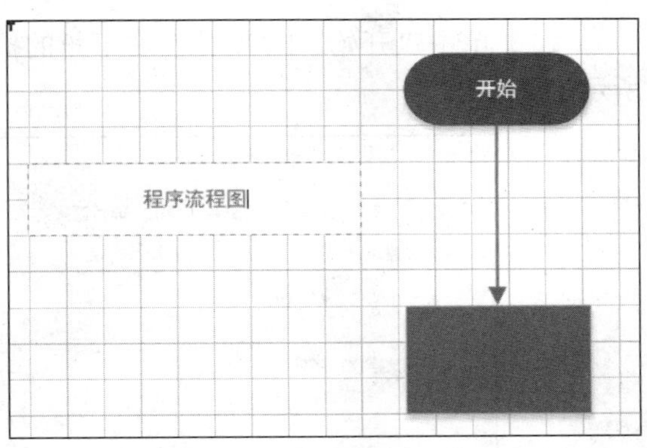

图 20-28　输入流程图标题

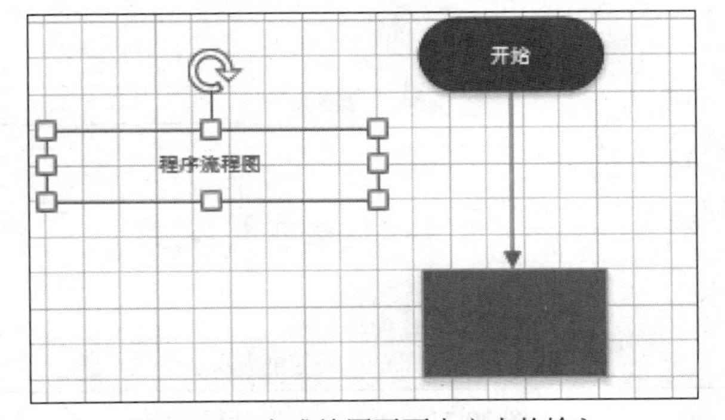

图 20-29　完成绘图页面中文本的输入

20.8 设置文本格式

在图形中添加文本之后，可以发现流程图中文本字形太小，不方便阅读。此时，需要对文本格式进行设置，以获取较好的显示效果。

调整上面流程图中的文本格式使流程图更加美观。具体操作步骤如下。

【1】选取要调整格式的文本（按 Ctrl 键可以依次选取所有要调整格式的文本），如图 20-30 所示。

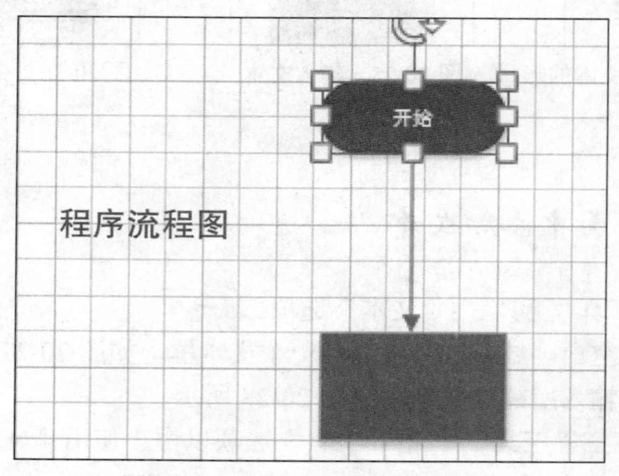

图 20-30　选取要调整格式的文本

【2】单击“开始”|“字体”右下角的扩展按钮，弹出“文本”对话框，如图 20-31 所示。

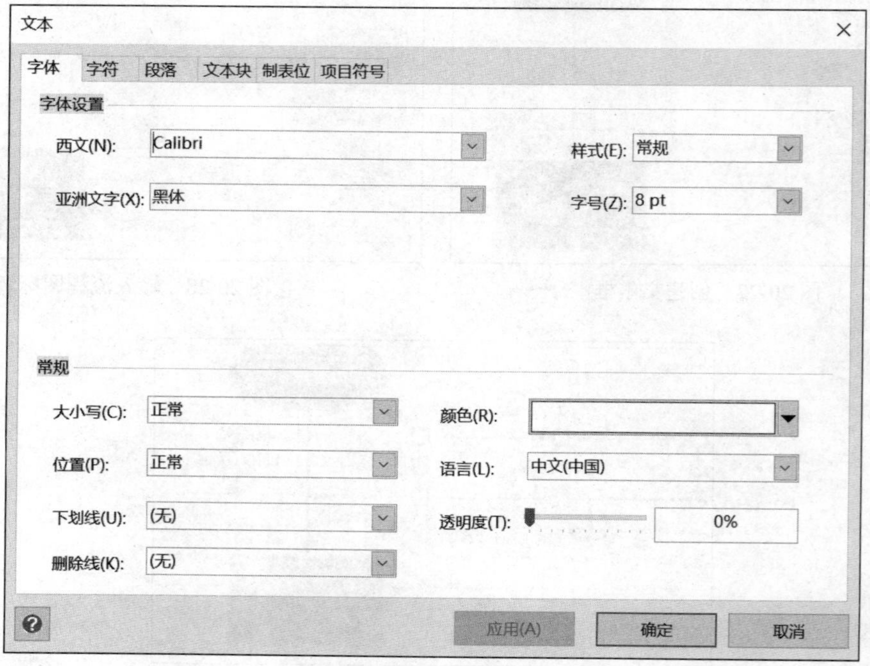

图 20-31　“文本”对话框

【3】设置字体。打开“字体设置”选项组中“亚洲文字”下拉列表框，选择其中的“黑体”选项；打开“字号”下拉列表框，选择其中的“8pt”；打开“常规”|“颜色”下拉列表框，选择“黑色”选项，如图 20-32 所示。

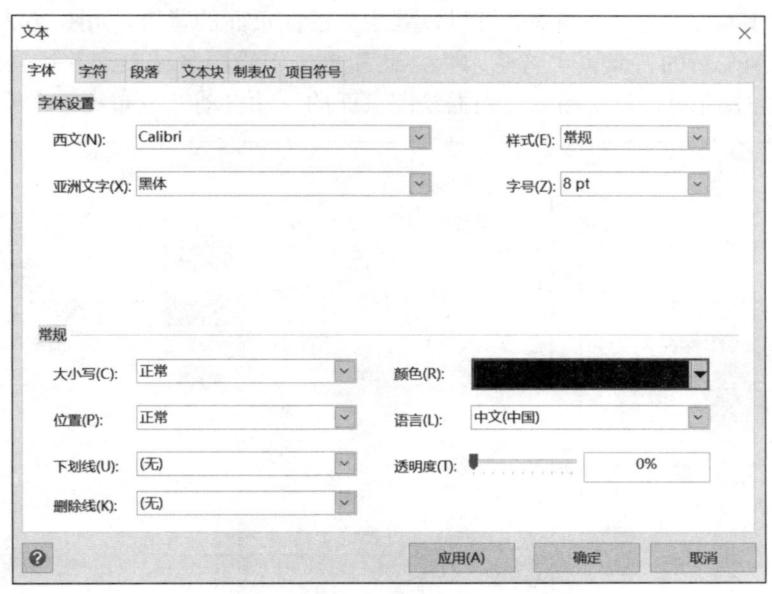

图 20-32　设置字体

【4】单击“确定”按钮关闭该对话框，完成文本格式的设置，如图 20-33 所示。

【5】重复上面的步骤，设置绘图页面中流程图标题文本的格式，如图 20-34 所示。

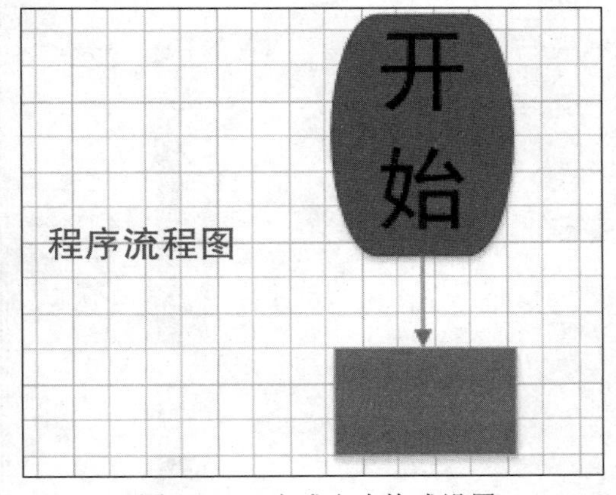

图 20-33　完成文本格式设置

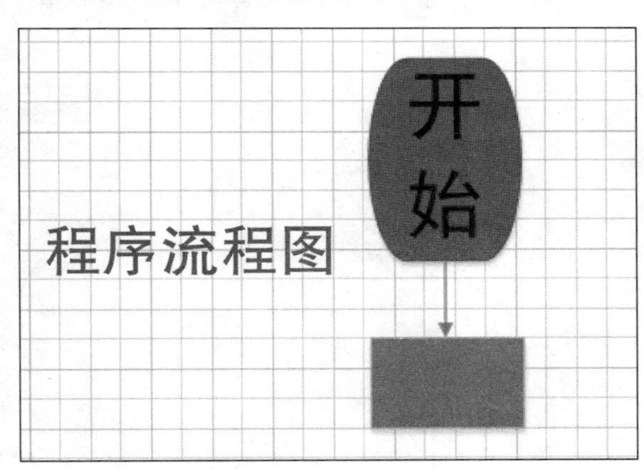

图 20-34　设置标题文本格式

20.9　设置图表格式

为图形设置了合适的格式后，用户可以进一步为图形设置背景图案。使用背景图案可以让图形更加美观。Visio 提供了多种常用的背景模板可供选择。设置背景图案的具体操作步骤如下。

【1】单击“设计”|“背景”|“背景”的倒立三角标识，弹出“背景”库，如图 20-35 所示。

【2】单击其中的“技术”背景，可以设置当前绘图页面的背景，如图 20-36 所示。同时，将向图表添加一个新的背景页“背景 -1”，此新页位于绘图区域底部并排显示的页面选项卡中，如图 20-37 所示。背景图案会根据绘图页面的尺寸自动缩放布满整个绘图页面。

图 20-35 “背景”库

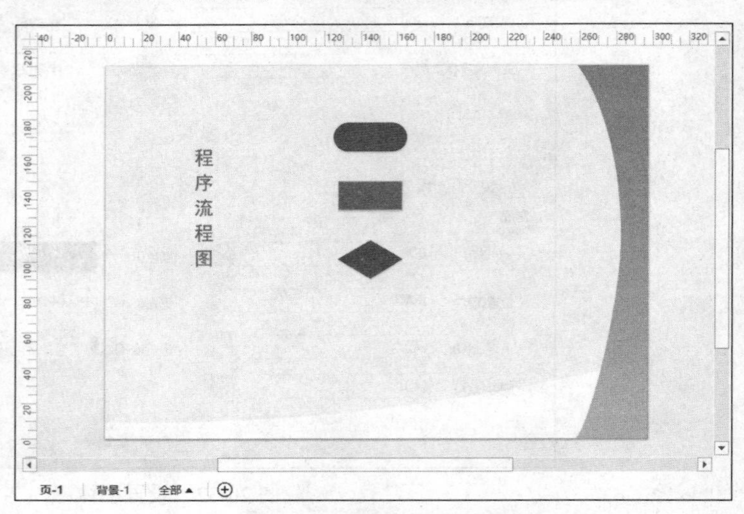

图 20-36 设置绘图页面背景

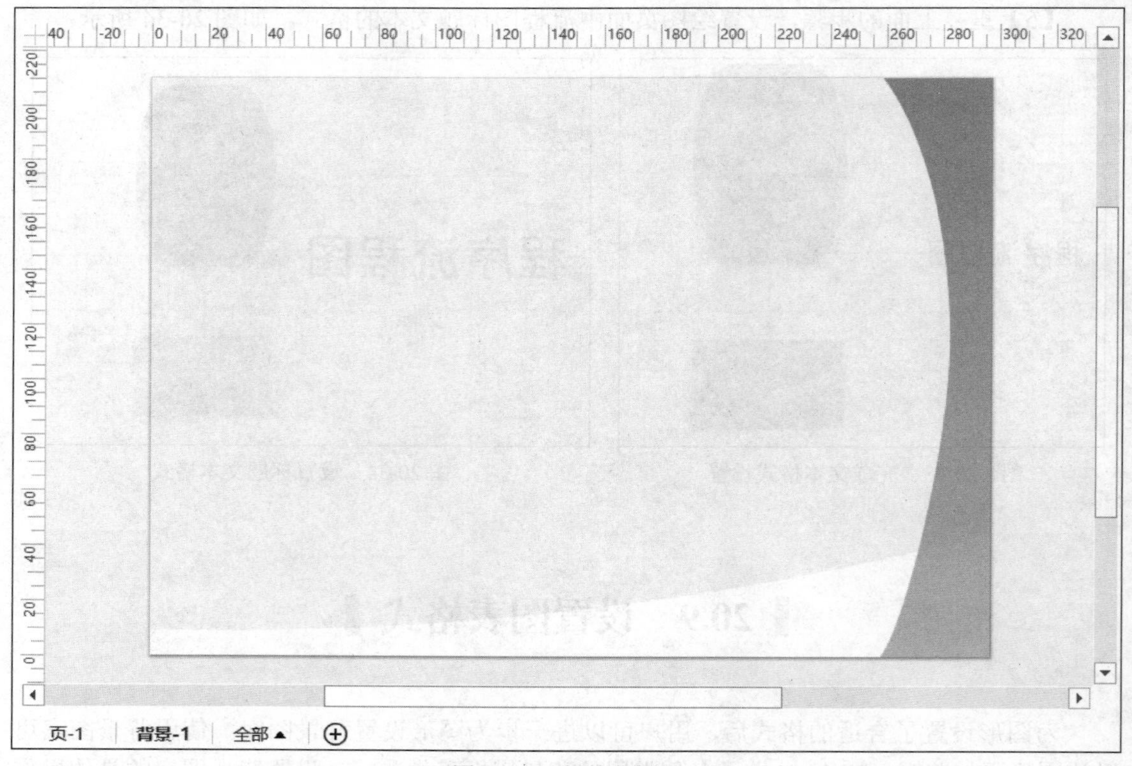

图 20-37 新的背景页